# 淡水名特优水产良种
# 绿色高效养殖技术

彭仁海　李旭东　王延晖　连凯琪　张国强　著

中国农业科学技术出版社

**图书在版编目（CIP）数据**

淡水名特优水产良种绿色高效养殖技术 / 彭仁海等著. --北京：中国农业科学技术出版社，2024.10
ISBN 978-7-5116-6502-7

Ⅰ.淡… Ⅱ.①彭… Ⅲ.①淡水鱼类—生态养殖 Ⅳ.①S965.1

中国国家版本馆CIP数据核字（2023）第 199182 号

| | |
|---|---|
| 责任编辑 | 周丽丽　崔改泵 |
| 责任校对 | 李向荣 |
| 责任印制 | 姜义伟　王思文 |

| | |
|---|---|
| 出 版 者 | 中国农业科学技术出版社 |
| | 北京市中关村南大街 12 号　　邮编：100081 |
| 电　　话 | （010）82106638（编辑室）　（010）82106624（发行部） |
| | （010）82109709（读者服务部） |
| 网　　址 | https: // castp.caas.cn |
| 经 销 者 | 各地新华书店 |
| 印 刷 者 | 北京虎彩文化传播有限公司 |
| 开　　本 | 185 mm × 260 mm　1/16 |
| 印　　张 | 29.75 |
| 字　　数 | 720 千字 |
| 版　　次 | 2024 年 10 月第 1 版　　2024 年 10 月第 1 次印刷 |
| 定　　价 | 100.00 元 |

# 序

　　淡水名特优水产良种是水产业异军突起、品质高、效益好、市场大的新秀，得到了广大养殖户和消费者的喜爱，已经成为水产产业乃至农业产业结构调整的重要抓手，是促进地方经济社会发展和农民增收致富的必选之路。在生产实践中，逐渐形成了很多成熟的绿色高效养殖模式，为农村脱贫攻坚和乡村振兴做出了巨大贡献。

　　彭仁海教授团队根据长期的科学研究和农业技术推广经验，汇聚集体智慧，撰写了《淡水名特优水产良种绿色高效养殖技术》一书。本书内容包括养殖经济效益突出、易于被渔（农）民掌握、市场前景广阔的二十一个主要品种：罗氏沼虾、小龙虾、中华绒螯蟹、杂交鲟、匙吻鲟、虹鳟、黄颡鱼、斑点叉尾鮰、南方大口鲶、加州鲈鱼、鳜鱼、乌鱼、淡水白鲳、奥尼罗非鱼、翘嘴红鲌、黄鳝、泥鳅、鳗鲡、牛蛙、鳖和大鲵等。书中比较系统地介绍了这些养殖对象的生物学特性、人工繁殖技术、苗种培育技术、成鱼养殖技术和病害防治技术等，同时还结合具体实践和产业发展需求，对名特优水产良种的加工食用方法和养殖典型实例做了介绍。

　　该书图文并茂、通俗易懂，适合作为水产技术人员、水产院校和科研院所、职业学校师生学习的参考书，更是农村水产养殖专业户致富的首选读物，相信大家均能从中受益。

中国科学院院士

2024年10月

# 前　言

近年来，随着人们生活水平的不断提高和水产科学研究的不断深入，淡水渔产业发展很快，许多淡水名特优水产良种由于养殖效益高、市场前景好，得到了广大养殖户的推崇，在生产实践中逐渐形成了很多成熟的绿色高效养殖模式，促进了水产产业结构的调整和经济社会效益的极大提高。为了及时总结最新养殖成功经验，满足广大技术人员和渔（农）民学习淡水名特优良种养殖先进技术和先进经验的迫切需要，我们根据多年来水产技术研究成果和长期生产实践经验，编写了这本著作。

本书的内容包括了养殖经济效益突出、易于被渔（农）民掌握、市场前景广阔的二十一个主要品种：罗氏沼虾、小龙虾、中华绒螯蟹、杂交鲟、匙吻鲟、虹鳟、黄颡鱼、斑点叉尾鮰、南方大口鲶、加州鲈鱼、鳜鱼、乌鱼、淡水白鲳、奥尼罗非鱼、翘嘴红鲌、黄鳝、泥鳅、鳗鲡、牛蛙、鳖和大鲵等，比较系统地介绍了养殖对象的生物学特性、人工繁殖技术、苗种培育技术、成鱼养殖技术和病虫害防治技术等。另外，结合具体实践和产业发展需求，还对名特优水产良种的加工食用方法和养殖实例做了典型介绍。书中介绍的养殖技术，一方面，反映了最新养殖技术水平，突出了实用性和可操作性；另一方面，很多内容是我们及同行们在长期进行科学研究和农业技术推广中总结的经验。本书可作为水产技术人员、水产院校和科研院所、职业学校师生培训的参考书，更是农村水产养殖专业户致富的首选读物。

本书是在2007年由中国农业科学技术出版社出版的《淡水名特优水产良种养殖新技术》基础上，经过十几年的生产实践经验总结，提炼汇总而成，是上一次版本的升华。

本书在编写过程中，得到全国水产界有关领导和专家的大力支持，在此深表感谢，同时也感谢中国农业科学技术出版社崔改泵主任等所付出的艰辛努力，没有他们的努力，本书不可能在这么短的时间内和读者见面。

由于著者水平有限，有不妥之处，希望广大读者提出宝贵意见。

著　者

2024年10月

# 目　录

# 第一章
# 罗氏沼虾

罗氏沼虾（*Macrobrachium rosenbergii*）又名马来西亚大虾、淡水长臂大虾，是世界上最大的淡水虾类，有"淡水虾王"之称，原产东南亚地区。罗氏沼虾个体大、食性广、病害少、生长快、营养好，具有较高的经济价值。

## 第一节　生物学特性

### 一、形态特征

罗氏沼虾外形与常见的青虾相似，但体型较大，躯体肥壮，比海水对虾粗短。全身分为头胸部和腹部。头胸部较大（又称大头虾），腹部自前向后逐渐变小，末端尖细。整个身体由20节组成，头部5节，胸部8节，腹部7节，头胸部的体节无法明显地区分开来。外被几丁质甲壳，头胸甲两侧有数条黑色斑纹，与身体呈平行状。罗氏沼虾体大，最大雄性个体的体长可达400 mm，养殖1年通常可达到150~200 mm。额角长，其长度常随着年龄的增长而变短，末端超出鳞片的末缘，基部具一鸡冠状隆起，末半向上翘，上缘具12~15齿，在鸡冠部的齿排列较紧密，末半的齿排列较稀疏，约3齿在眼眶后缘的头胸甲上，下缘具11~13齿，分布于下缘末端约3/4处，基端排列较末端为紧密。头胸甲与腹部均光滑，无颗粒状突起。第六腹节为第五腹节长的1.5~1.8倍，尾节为第六腹节长的1.7~1.8倍，其背面后半具2对小的活动刺，前对位于尾节的中部，后对位于前对与尾节的后端之间稍靠近前对的位置，末端呈尖刺状，两侧各具2个侧刺，外小内大，其内侧刺的长度不超越尾节中央刺的末端。

罗氏沼虾的第一触角柄刺短小，伸至角膜的中部到末端，约为基节长的2/5，前侧刺短小，超出第二节的中部，末节清楚地长于末2节。第二触角鳞片长约为宽的3倍。第三颚足伸至第一触角柄第三节的中部附近。

罗氏沼虾的第一对步足腕节约1/5超出鳞片的末端，指节稍稍短于掌部，腕节约为螯长的2.2倍，长节短于腕节，约为腕节长的0.76倍。第二对步足两性均左右对称，雄性显著地粗大，腕节4/5~5/6超出鳞片的末端，各节表面均覆盖有刺，可动指表面密覆

图1.1　罗氏沼虾
（彭仁海　供图）

短绒毛，不动指则仅有刺和分散的毛，在两指切缘的基部各具2齿，不动指的基部1齿由1个大齿和1~2个小齿组成，末齿位于可动指2齿的中部，指节短于掌部，约为掌部长的0.78倍，掌部呈圆柱状，基半部稍稍膨大，稍短于腕节，长节约为腕节长的0.8倍，稍长于座节。后三对步足形状相似。第三对步足伸至靠近鳞片的末端，掌节约为指节长的2.5倍，长节长于掌节，约为腕节长的2.1倍。第五对步足伸至靠近鳞片的末端附近，掌节约为指节长的3.5倍，长节与掌节近等长，约为腕节长的1.7倍。

## 二、生活习性

罗氏沼虾在不同的生长发育阶段，栖息习性有所不同，甚至是相反。罗氏沼虾幼体发育阶段，必须生活在具有一定盐度的咸淡水中，行浮游生活，总是腹部朝天，背部朝地，尾部倾斜向上，头部倾斜向下。若此期放入纯淡水中，不久就会死亡。幼体喜群集生活，有较强的趋光性，但又避开强光和直射光。当幼体变态成幼虾后，直到成虾和抱卵亲虾，均生活在淡水中，并行底栖生活。平日多分布在水域边缘，喜欢攀缘于水草、树枝或其他固着物之上，具明显的负趋光性，白天多呈隐蔽状态而活动较少，但在投饵时也会进行觅食。到了夜晚，则活动较为频繁，觅食、产卵等多在夜间进行，因此在夜间捕捞效果往往比白天好。罗氏沼虾仅能做短距离游泳，主要靠腹部的6对附肢和尾节划动。

罗氏沼虾活动性的强弱与外界环境的变化有关，特别是对水温、水流以及水中溶氧量等的变化，反应极为敏感。当水温下降到18℃时，活动减弱；16~17℃时，反应变迟钝，14℃以下持续一定时间即会冻死。当注入新水时便朝着新水方向集群游泳，甚至游到进水口逆水而上；当水中溶氧低时可造成浮头，并集群攀缘于岸边，反应迟钝，严重时跳于堤岸，不久将会因窒息而死亡。

## 三、食性

罗氏沼虾营底栖生活，喜栖息在水草丛中。一般白天潜伏在水底或水草丛中，晚上出来觅食，摄食的方式主要用2对螯足来捕捉小动物和有机碎屑。

罗氏沼虾属杂食性动物，随着不同的生长发育阶段，其要求的食物组成是不同的。在人工饲养条件下，刚孵出的幼体主要以丰年虫幼体为食，经4~5次蜕皮后个体逐渐长大，可以摄食鱼肉碎片、鱼卵、蛋黄等以及其他细小的动物性饵料。经过淡化处理后的幼虾则转化为杂食性，主要以水生昆虫幼体、小型甲壳类、水生蠕虫、其他动物尸体以及有机碎屑、幼嫩植物碎片等为食。成虾阶段食物更杂，动物性饵料有水生昆虫、软体动物、蚯蚓、小鱼、小虾以及各种动物尸体，植物性饵料有鲜嫩的水生植物、藻类、谷物、豆类等。

在人工饲养条件下，以人工投喂商品饵料为主，天然饵料为辅。通常动物性饵料是鱼、虾、贝类、蚕蛹和蚯蚓等。植物性饵料是豆渣、豆饼、花生麸、麦麸、米糠、酒渣、浮萍和水草等。若采取高密度养殖则必须投喂人工配合颗粒饵料。因为配合颗粒饵料是以虾体营养需要及虾的适口性加工而成的。但颗粒饵料必须有一定的耐溶性，以避免泡水后散失造成浪费和水质污染。

罗氏沼虾虽食性很广，但其对动物性饵料有偏爱，若同时投喂颗粒饵料和蚯蚓则先摄取蚯蚓。在饥饿和放养密度大的情况下，还以同类为食，这对蜕壳虾来说，危害是比较大的。

罗氏沼虾的摄食量有着明显的季节变化，主要受水温变化影响。水温20～30 ℃摄食旺盛，水温18 ℃以下，摄食量减少。

## 四、年龄与生长

罗氏沼虾有降海洄游性，在淡水中成长、发育至成熟，集群于河口半咸水区域繁殖场所，进行交配、产卵、孵育子代；刚孵出的幼体即是蚤状幼体，经过11次蜕皮，变成幼虾，1～2周内开始溯河洄游至淡水中。

刚孵出的幼体长1.5～2.0 mm，营浮游生活。经过25～35天培育，蜕皮11次，变态为幼虾，体长可达6～9 mm，转为淡水栖息生活。体长达3～5 cm，经过4～5个月饲养，雄体长30 cm以上，体重85 g左右，雌体长10 cm以上，体重在40 g左右。若将越冬后的幼体（体长5～7 cm）在春天放养，到年底雌虾可达体长13～15 cm，体重60～75 g，雄虾可达体长15～18 cm，体重200 g左右。

## 五、繁殖特性

在自然条件下，一冬龄的罗氏沼虾可达性成熟。在人工养殖条件下达到性成熟的最小个体，雌体长7 cm，体重12 g左右；雄体长10 cm，体重25 g左右。性成熟的雄虾第二步足特别发达，粗而长，呈蔚蓝色。生殖孔开口于第五步足基部。性成熟的雌虾第二步足较小，呈浅蓝色，腹部较发达，侧甲延伸形成抱卵腔，用以附着卵，生殖孔开口在第三步足基部。

性腺位于头胸甲的背部，性成熟时，通过透明的头胸甲背面近胃区可以见到橙黄色的卵巢和乳白色的精巢。雌虾在产卵前要蜕一次壳，称生殖蜕壳。蜕壳前活动减弱，对阳光反应迟钝，摄食明显减少。雌虾蜕壳后几小时开始交配，此时，雄虾主动接近雌虾，并守护在雌虾旁边，不让其他虾靠近，雌虾行动迟缓，不久就开始产前蜕壳，蜕壳后，雄虾兴奋地举头竖身，不停地摆动触须，并伸出强有力的大螯，呈抱雌虾状态，并连续跳动，几分钟后，便将雌虾抱住，并把雌虾抱举起反转位置，胸腹部紧紧相贴，游泳足不断拍击，很快就完成了交配过程。射出的精液成块状附着于雌虾胸腹部的附肢之间，由一层薄的胶状物包住。雌虾在交配后数小时开始产卵，多在夜间进行。产卵时对光线反应迟钝，时而将背部隆起，胸部呈屈伸动作，并在水中上下翻动，忽而卷曲身体，忽而伸直腹部微微向前游动，产卵过程一般持续3～5小时。产出的卵粘在携带精块的刚毛上，此时精荚散放出精子，精卵结合完成受精过程，腹部侧甲延伸形成抱卵腔，用于保护受精卵，未受精卵在1～3天自行脱落。

罗氏沼虾的卵为中黄卵，充满着卵黄，随着胚胎发育，卵径由0.4～0.6 mm增加到0.6～0.8 mm，卵色由橙黄色依次变为淡黄、淡灰，最后变为瓦灰色。

罗氏沼虾属一年产卵多次的一次性产卵类型，两次产卵间隔为30～40天。怀卵量随个体大小、营养水平而异，由几千到数万粒不等。

## 六、蜕皮和变态习性

罗氏沼虾刚孵出的幼体为蚤状幼体。这是罗氏沼虾整个生命周期中唯一在咸淡水中度过的生活阶段，在此期间，幼体在一定的温度、盐度、溶氧量和饵料等适宜的生活条件下，历时一个月左右，经过11次蜕皮后变态成幼虾。变态时间随水温和饵料等的条件而异。从幼虾开始转为底栖生活，摄食底栖生物和有机碎屑。

当有90%以上的幼体变为幼虾后，即应把幼虾移出进行淡化处理，使其逐步适应淡水生活。幼虾经过淡化处理后，即可移入培育池进行强化培育，当幼虾平均规格达2.5 cm左右即为幼虾。幼虾经过暂养达到3~5 cm即可作为虾种用来进行成虾养殖。

罗氏沼虾幼体发育共分为十二期，各期的交替是通过蜕壳（幼体阶段称为蜕皮）实现的，每进行一次蜕皮或蜕壳，幼体就出现新的形态构造特征，使幼体发育逐步完善。幼虾和成虾的生长则在旧壳蜕去之后，新壳硬化之前这段时间进行；雌虾在繁殖前，必须蜕壳，才能与雄虾交配产卵。罗氏沼虾在不同生长发育阶段，两次蜕壳相隔的时间不同：在水温26~28℃时，幼体2~3天蜕皮一次，幼虾4~6天蜕壳一次，成虾7~10天蜕壳一次，性成熟以后的亲虾则20天左右蜕壳一次。如果水温明显下降，在20℃以下时，则很少蜕壳。另外，雌虾在抱卵孵化期间也不蜕壳。发育期的主要形态特征和习性见表1.1。

**表1.1 罗氏沼虾幼体各期的主要形态特征和生活习性**

| 幼体期 | 形态特征 | 生活习性 |
|---|---|---|
| I | 无眼柄，尾节与第六腹节未分开，步足3对，触角鞭未分节 | 游浮生活，以自身卵黄为营养，有明显的集群和趋光现象 |
| II | 有眼柄，尾节与第六腹节有分离的痕迹，步足5对 | 自身卵黄大减，开始摄食丰年虫幼体等 |
| III | 额角背齿一个，尾节与第六腹节分开，触角鞭2节 | 卵黄消失，大量摄食 |
| IV | 额角背齿2个，触角鞭3节 | 集群和趋光现象有所减弱 |
| V | 触角鞭3节，尾节侧刺1对 | 食量增多，除摄食丰年虫幼体外，并喜食鱼肉碎片 |
| VI | 腹肢芽5对，尾节侧刺2对，触角鞭4节与触角片等长 | 个体差异明显，大量摄食，浮游，较分散 |
| VII | 腹肢芽延长，并分成内、外肢无刚毛，触角鞭6节，并长于触角片 | 与前期基本相似，但个体差异不如前期明显 |
| VIII | 腹肢外肢有刚毛，内肢无刚毛第一、二步足有不完全的螯，触鞭7节 | 出现向后倒退呈直线运动，集群现象明显，喜弹跳 |
| IX | 腹肢内、外肢均有刚毛，内肢有棒状腹肢，第一、第二步足有完全的螯，触角鞭9节 | 向后倒退呈直线运动更加明显，喜弹跳 |
| X | 额角背齿2个，偶尔有3个，触角鞭11~12节 | 个体差异较大，争食现象明显，趋光性强 |
| XI | 额角背齿2个，并额角背缘全有齿刻，触角鞭14~15节 | 出现垂直旋转运动，将变态成仔虾 |
| XII | 额角背齿11个，额角下缘5~6个，触角鞭32节或更多 | 水平游泳，底栖生活，杂食性 |

罗氏沼虾即将蜕壳时，停止运动，侧卧于水底，很快头胸甲与腹甲之间薄膜裂开，接着头胸部先蜕出，然后整个虾体从旧壳中一跃而出。此时的罗氏沼虾，外壳柔软，活动力弱，特别是侧卧水底蜕壳之际，往往被同类或其他肉食性鱼类残食，造成较大伤亡。因此，在养殖生产中要采取适当的保护措施，才能取得较高的成活率。

# 第二节　苗种繁殖技术

## 一、亲虾的选择

亲虾是搞好人工繁殖的物质基础。亲虾是指达到性成熟年龄，可作为繁殖后代的雌雄个体。由于水域条件和饲养管理条件的不同，其个体生长存在一定的差距，必须"择优录取"亲虾。要求个体大、健康无病、附肢完整、年龄适中以及性比合理等。

个体大：一般可在成虾养殖池中直接选择亲虾，要求雌体长10 cm以上，体重25～30 g；雄体长要求比雌体更大些。所有亲虾都要求规格整齐、体形标准。

健康无病：作亲虾用，必须选择虾体肥壮、体色鲜艳、活动敏捷、健康无病的虾。

附肢完整：亲虾必须具备触角、附肢完整，特别是步足和腹足要完好。在捕捞过程中要特别细致，以带水操作为好，避免亲虾的步足脱落与受伤。

年龄适中：一般亲虾以一冬龄为好，这样的亲虾产卵后性腺发育成熟较快，两次产卵相隔的时间较短。

性比合理：罗氏沼虾的雄虾有和雌虾多次交配的习性，故在人工繁殖过程中，亲虾的雌雄比例以3∶1或4∶1为宜。在此范围内，可使雌虾产出的卵有较高的受精率。

## 二、亲虾的培育

### （一）培育池建设

培育池条件的优劣直接影响到亲虾的发育和生长，因此创造一个良好的亲虾培育池是非常必要的。

1. 场址选择

场址必须选择有良好的水源，最好海淡水兼有之，排灌方便，无旱涝之忧、阳光充足、无污染、环境安静、不受自然或人为干扰、交通便利的地方。

2. 虾池面积

在有条件的地方，亲虾培育池应该分为两种类型：一种是规格比较小，面积以4～10 m²为宜，主要是用于产卵期的亲虾培育。另一种是规格比较大，面积可以达到50～100 m²，主要是用于产卵期过后直至越冬期来到之前的亲虾培育，这种水池有较大的水体，有利于育肥，培育效果好。在一个规模较大的育苗场内（或综合场），应坚持因地制宜，统筹规划，根据生产需要，大小池子按一定的面积比例进行建造，以充分发挥效益。

### 3. 虾池水深

亲虾培育池的建设深度一般为1.5 ~ 2 m，保水深度为1 ~ 1.5 m。在产卵期池水应浅些，以70 ~ 80 cm为宜，以利于观察和操作。秋季越冬期，池水以1 ~ 1.5 m为宜，以便能较好地保持水温的相对稳定。

### 4. 水质水温

在亲虾培育期间要求水质新鲜，溶氧保持在4 mg/L以上。要有良好的进排水系统和排污设施，便于经常排除污水，注入新水，水源有困难的池子，应增加增氧设备。亲虾池的水温一般应保持在23 ~ 30 ℃的范围内，冬季要增加防寒和升温设备，使水温不低于20 ℃，pH值7 ~ 8。

### 5. 虾池底质

亲虾培育池可以是水泥池，也可以是土池。土池以沙壤土底质较好。不论是哪种类型的水池，都要求池底平坦，并有一定的坡比，便于池水排放。还应在池子底部投放一些隐蔽物，如"Λ"形瓦片、砖块、瓦管、竹筒等，作为亲虾躲避敌害和栖息之用。

### （二）亲虾池的清整

培育池的清整是搞好亲虾生活环境的一项重要工作。通过清整，可以消灭水体中的敌害、加固水池、改善水质。清塘时，先把池水放干，清除池底污泥和污物，修补好漏洞，检修好防逃和排灌设施，再用生石灰或漂白粉等药物进行消毒。采用药物消毒，在亲虾放养前必须进行试水，待药性消失后方可放养。一般可用水桶盛些池水，放入几只小虾，待半天后，若小虾活动正常，证明池水已无毒，则可以进行亲虾放养。

### （三）亲虾的放养

亲虾的放养要视水池面积、培育季节、亲虾的生理状况及个体大小等来决定放养密度。根据近年来亲虾培育的放养情况，一般来说，面积大的池子每平方米可放养亲虾8 ~ 10只，面积小一些的池子每平方米养6 ~ 8只为宜。

### （四）亲虾的投饲和水质管理

保持丰富的营养、充足的氧量、适宜的水温则是饲养管理的重要措施。

#### 1. 投喂数量充足营养全面的饵料

虾类饵料中蛋白质含量比鱼类高，一般在40% ~ 50%。根据试验测定，体重在30 ~ 50 g的雌虾，一次产出的卵子重量占体重的15%左右，且可多次产卵，所以罗氏沼虾在生殖期内营养消耗很大，性腺发育又需要大量的营养物质作补充。据此必须投喂数量充足、营养全面的饵料，做到量足质优适口性好。通常饵料中蛋白质含量为38% ~ 40%的比较好，可用豆饼、麦麸、米糠、鱼粉、矿物质及多种维生素制成颗粒饵料，并可常年投喂，效果较好。平日还可增加投喂一些鱼肉、蚯蚓、蚕蛹、贝类等动物性饵料，这样既能促进生长发育，又能减少互相残杀和争斗，提高亲虾培育的成活率。

#### 2. 水质管理

罗氏沼虾的耗氧率高、窒息点低。因此，要经常注入新水，更换老水，使水质保持清新、溶氧量高，有条件的可通过增氧机来增氧，以增进虾的食欲，促进亲虾的性腺发育。

### （五）亲虾的分期培育

亲虾培育可分越冬期培育、产卵期培育和产后培育3个阶段。

1. **越冬期培育**

罗氏沼虾的耐寒力较差，所以必须做好亲虾的越冬工作。亲虾越冬的主要设施以及越冬期的饲养管理有如下几种方法。

塑料大棚保温培育法：水池最好是土池，水泥池次之。设在背风向阳处，面积以10~20 m²为佳，池底要平坦、少淤泥、硬底质、保水力强、排灌方便，水深1~1.5 m，在底部放些瓦片、竹枝作隐蔽物，在水池上搭架，呈"△"形，入冬时可用两层塑料薄膜覆盖，水温可保持在18 ℃以上。此法在长江以南地区使用较多。

电热器加温培育法：在塑料大棚（越冬池）内加入电热器，一方面进行加温，另一方面可利用塑料棚保持水温，使亲虾安全越冬。一般在面积4~5 m²的水泥越冬池中，安装1个0.5~1.0 kW的电热器，并采用控温措施。

温泉越冬法：在有温泉的地方，可在泉边造越冬池或架设网箱，利用温泉水使亲虾安全越冬。也可挖深井，利用井水使亲虾安全越冬。温泉水、井水中缺乏天然饵料，水质贫瘠，必须进行人工投喂。另外放养之前一定要进行水质分析或先放几只小虾试养几小时，确认水质无毒无害，才能正式放养，使其安全越冬。

工厂余热水越冬法：在余热水较多的工厂附近建造越冬池引进余热水进行亲虾越冬。这与温泉水越冬方法相似，具有投资少、管理方便等优点。平时要做好防盗、防逃，注意适当投喂，并经常检查水质防止污染，做到安全越冬。

玻璃温室越冬法：利用温室进行越冬是比较安全的。温室要求建在换水方便、背风、向阳，便于升温、保温的地方。玻璃温室有直接加温和间接加温两种。一种是将电热器放入水中直接加温。另一种是利用煤炉、火炉、暖气片等提高室内温度，然后间接提高水温。这两种方法要因地制宜，选择使用。

2. **产卵期的培育**

当水温上升到20 ℃以上，亲虾越冬期基本结束，并进入产卵期。这一阶段亲虾要进行多次交配产卵，每经过一次繁殖，亲虾要消耗大量的体内营养物质，体质显著减弱，这时要有专人精心护理，加强营养，再次完成交配产卵，如此重复多次。产卵培育期管理方面要抓好以下几点。

饲料投喂：除了投喂人工配合饵料外，增加投喂新鲜鱼肉、碎蚌肉、蚯蚓、蚕蛹等。投饵量以干饵计算，占亲虾体重7%~10%，并根据天气和摄食情况适当增减，分上、下午两次投喂，以下午一次为主。必要时晚间增喂一次。在投喂动物饵料和人工颗粒饵料时要交叉进行。

保持良好的水质：这一阶段要求水质清新溶氧量高，最好保持在4~5 mg/L以上。

抓好日常管理：认真观察亲虾的活动情况，主要观察性腺的发育情况，卵巢颜色已变橘黄色并占据头胸甲的背部，说明雌虾即将产卵，一旦产卵要及时将抱卵虾小心移出，专池饲养，在人力和设备条件许可的情况下，可将已发育成熟的雌虾移出，单独饲养，让其顺利进行产前蜕壳。2~3小时之后，壳变硬，要及时将雄虾移入，进行交配产卵。

3. **产后亲虾的培育**

经多次产卵后的亲虾，体质较弱，为了使其尽快恢复健康增强体质，安全越冬，必须做到合理放养、喂足饵料、管理好水质，使其达到膘肥体壮。

### 三、产卵与孵化

越冬后的亲虾经蜕壳、交配后，在适当水温（24～30 ℃）条件下，陆续进入了产卵期。亲虾产卵后，其卵并不马上离开母体，而成葡萄状黏附于雌虾腹足之携卵刚毛上，此时，精荚内的精子释放出来，卵子在雌虾腹部完成体外受精。携带卵子的亲虾称为抱卵虾。受精卵在雌虾的保护下进行胚胎发育，经过20天左右，蚤状幼体蜕膜而出。从受精卵到幼体孵化出膜，称为孵化期。这一时期的管理工作主要是满足亲虾和卵子孵化所需要的生态条件，如水温、盐度、含氧量以及饵料等。搞好虾卵孵化期的培育，提高虾卵孵化率，应掌握以下几个关键技术。

#### （一）抱卵虾的饲养

抱卵虾要单独饲养，为了便于孵化之后进行幼体培育，可在蚤状幼体培育槽中进行饲养。每天投喂新鲜碎鱼肉、碎蚌肉、螺蛳肉等营养较好的动物性饵料，投喂量以第2天早上稍有剩余为宜。并经常吸去污物残饵，防止水质污染。

#### （二）管好池水

抱卵虾除了要满足本身的溶氧需要外，还要不断地划动腹肢保证腹部所抱卵子发育对溶氧的需要。试验表明：抱卵亲虾的耗氧量要比非抱卵亲虾高出50%左右。在孵化期内要给予连续不断地充气，使水中溶氧量处于饱和状态，以保证胚胎发育有充足的溶氧。

#### （三）调节好水中盐度

抱卵虾一般都在淡水环境中培育，当亲虾产卵12天左右，卵由橙黄色变成灰色时，坚持每天向培育池内加入少量海水，使池水盐度逐步达到1.2%～1.4%，这样蚤状幼体孵出后，就能在适宜的盐度中生活。如果不采取逐步加海水的方法，而在同一时间内将抱卵虾直接移入盐度为1.2%～1.4%的咸淡水中，也能收到同样的效果。

#### （四）控制好池水温度

罗氏沼虾孵化的适宜水温是25～30 ℃，最适水温是26～28 ℃。在适温范围内，随着水温的升高而使孵化速度加快。为了提高虾卵的孵化率，必须对池水进行人工加温、控温，使池水温度始终保持在受精卵孵化的最适范围内。

除此之外，在受精卵孵化期间还应保持培育池周围环境的安静，不受惊动，特别要避免捕捉亲虾。如果需要移动，操作一定要小心谨慎，以免虾卵脱落。另外，孵化期内既要做到光线充足，空气流通，又要防止阳光直射、漏雨等，以免使水温、盐度发生波动，不利于虾卵胚胎发育。

# 第三节　苗种培育技术

### 一、蚤状幼体的培育

当蚤状幼体孵出1～2天后，即应把亲虾捕出，对蚤状幼体进行专池培育。

## （一）建造培育池

蚤状幼体的培育主要在水泥池内进行。水泥培育池以砖结构，底铺白瓷砖，规格：1 m×2 m×0.8 m或2 m×2 m×0.8 m两种，通常两个育苗池为一组，并配备好充气、加温和排水等机械设备。要搭棚遮盖，避免阳光直射，引起水温上升和水分蒸发，导致水位下降，盐度增加。

罗氏沼虾的蚤状幼体以丰年虫无节幼体为主要饵料，因此在建培育池时也要相应配备好饵料培育池，即丰年虫卵的孵化容器。可建成水泥池，也可用塑料桶。

## （二）海水来源及配备

蚤状幼体需要在咸淡水中才能正常生长发育。幼体对盐度的适应性较大，在1.2%～1.4%范围内。因此培育池最好建在海边，直接利用天然海水培育蚤状幼体效果较好。无天然条件可搬运天然海水或人工制备海水，但目前流传的多种人工海水配方有较大的局限性，无太大的实用价值，因此使用者必须辨清真假，以防造成损失。

## （三）幼体培育密度

一般一个培育槽内幼体必须同时孵出，否则不同日龄的幼体会影响成活率。在3 m×0.7 m×0.8 m的培育槽，水体为1 m³，可育成2万～3万只淡化虾苗。

## （四）饵料的培养与投喂

刚孵出的幼体靠自身卵黄营养，可不投喂，3天后，幼体进行了第一次蜕皮并进入了第二蚤状幼体期，便开始摄食，要及时投喂丰年虫无节幼体，否则会影响生长发育甚至死亡。当进入第5、6蚤状幼体期应进一步加喂煮熟的鱼肉碎片或蒸熟的蛋黄。

每天投喂3次，7:00—8:00，14:00—15:00，20:00各喂1次。投喂量要适当以食饱为原则。每次投喂前用玻璃杯盛起池水检查是否有剩余丰年虫，以剩少量为宜。随着蚤状幼体不断蜕皮长大，摄食量也随之增加，因而投饵量也相应增加，除继续投喂丰年虫无节幼体外，还应增投一部分鲜杂鱼，先将鱼肉绞碎，并漂洗干净再投喂，鸡蛋黄捣碎可单独喂也可与鱼肉混合后投喂。投喂人工饵料以少量多次为主，每天可分3～5次投喂。投喂人工饵料一定要保证新鲜适口，严格消毒，严防带入病菌或寄生虫。

只要饵料充足，温度、盐度稳定，水质清新，溶氧充足，在此条件下幼体经25～30天的培育即能顺利变成幼虾。

## （五）水质管理

罗氏沼虾蚤状幼体培育池应装备充气系统。由空气压缩机、橡皮管（塑料管）及气石等组成。整个培育期应不停地向池内充气，使池水不停地转动。使蚤状幼体飘浮在水中，不至下沉互相残杀而死亡。要适时调节送气流量大小，并经常检修充气设备，严防压缩机发生故障、气石脱落、皮管漏气等。送气量的大小要根据放养密度大小、池水量等灵活掌握，保证池水溶氧丰富，流速适当。

由于大量投喂人工饵料，必须保持池水清洁卫生，每天用虹吸管排污2～3次，并根据水质情况适时换水。换水时可先将水排出一部分，再徐徐加入新鲜水，所用的工具都要保持清洁。

幼体对盐度改变较敏感，培育用水要保持盐度相对稳定，变异太大，幼体表面会发白而下沉，导致死亡。罗氏沼虾蚤状幼体适宜的海水盐度为0.8%～2.2%，最适盐度为1.2%～1.4%，而我国沿海海水的盐度为2.7%～3.5%。因此天然海水培育蚤状幼体要加新鲜淡水，使盐度保持在最适范围内。采取海水调节比重的方法加以控制，兑入新鲜淡水后比重达到1.007～1.008，即能满足幼体发育所需。使用人工配制的海水培育蚤状幼体，在排换水时，要加入与培育池盐度相同的海水。平时，也要注意调节培育池水的盐度，特别是在高温天气。在阳光直射引起池水蒸发，盐度会加大，这时要加入新鲜淡水，让其保持一定温度。

### （六）幼虾淡化

罗氏沼虾成虾是在淡水中生长，因此必须对幼虾进行淡化处理，使其能逐步适应淡水生活。当90%以上的蚤状幼体变态成幼虾后，可进行淡水驯养即淡化。淡化处理的方法是：逐步向培育池内加注新鲜淡水，降低池水盐度，开始可将池水比重由1.008调整为1.004，再降至1.002，最后下降至1.000。淡化时间一般在16～24小时内完成。在幼虾进行淡化处理前，先把池内未变态的蚤状幼体用筛网捞起，合并到与其大小相似的幼体培育槽中继续培育，使其继续变态。在淡化处理时，还要注意逐步调节池水温度，使幼虾出池时的水温与外界水温相近，提高对环境的适应能力。淡化后的幼虾，用密网捞起，并放干水用小抄网收集，放在容器里过数，并根据放养密度的需要进行投放。

### （七）病害防治

幼体培育管理不当容易感染病菌。为了预防，可使用0.5 mg/L的聚碘水溶液全槽泼洒。另外对其他用具也要进行彻底清洗。培育用水要过滤，饵料配备要清洁，不能受污染。未吃完的食物和粪便要经常清除，并隔7～10天换一次水。过度投喂或不清洁容易霉菌感染，最初是尾节和附肢的基部出现白点，然后逐步向背、腹部扩大到整个身体，如不及时清除将造成全池死亡。

罗氏沼虾幼体也能因原生动物寄生而引起疾病。若在早期可每日用0.4 mg/L的硫酸铜溶液处理6小时可收到一定疗效。

## 二、幼虾培育

经淡化后出池的罗氏沼虾苗，体长只有0.7～0.8 cm，体质幼嫩，摄食力和抗病力都比较弱，需要经过幼虾培育阶段，使虾苗有一个适宜的生活环境，给予周密细致的饲养管理，使虾苗正常生长发育，提高成活率。虾苗培育可在成虾池中前期培育，也可以在成虾池中设置网箱培育，还可以在专门的虾苗培育池中培育。下面介绍在水泥池中培育虾苗的方法。

### （一）幼虾池的建造和消毒

1. 幼虾培育池建造

建在阳光充足、空气流通、水源方便、水质良好、排灌方便的地方。可用水泥池也可用土池，面积以40～80 m²，水深0.5～0.8 m，池底平坦不渗漏，在池底四周或池底一端铺设一些碎砖瓦，供幼虾栖息隐蔽。

2. 幼虾培育池消毒

（1）茶麸消毒

水深1 m，每亩用茶麸40～45 kg。先将茶麸打碎，用水浸泡使之溶烂，然后连水带渣全池均匀泼洒。经过7～10天毒性消失。

（2）生石灰消毒

生石灰可改变池水pH值，增加池水的碱性，可杀死病菌、野杂鱼及各种水生动植物。有干法和带水消毒两种。

干法消毒：池水只留5～6 cm水，每亩可用生石灰60～75 kg，倒在池底周围水沟里，待石灰吸水并完全溶化后，再进行全池泼洒。经3～5天晒塘，灌入新水，灌入新水时要过滤，严防野杂鱼进入。

带水消毒：每亩以水深1 m，用生石灰125～150 kg，放在水中溶化后，全池均匀泼洒。

（3）茶麸、生石灰混合消毒

每亩水深1 m用茶麸37.5 kg加生石灰45 kg。将茶麸浸泡溶烂后，连水带渣，倒进生石灰内，使得石灰吸水溶化，拌匀，全池泼洒。此法比前两种效果好。

无论哪种消毒方法，在放养前都一定要试水确保水质无毒、安全方可正式放养。

**（二）幼虾的放养密度**

幼虾的放养密度应根据虾种培育池的生态条件和养殖技术水平而确定，一般每平方米可放养250～300只淡化虾苗。水深1 m，长10 m、宽5 m的培育池，可放养12 000～15 000只淡化虾苗。经1个月培育，可长到体长2.5～3.5 cm，成活率达60%～70%，最高达80%以上。

**（三）饲养管理**

1. 投喂饵料

坚持定质、定量、多点、多次投喂。以含蛋白质高的人工配合颗粒饵料为主，适当增投鲜鱼肉等动物性饵料，保证幼虾的生长发育。日投量为池幼虾总重量的60%～80%，并根据实际摄食情况进行调整，每天早晨和傍晚各投一次，在池底四周搭设饵料盘，逐步驯化上饵料台摄食。饵料要做到质优量足，新鲜适口。

按以上比例加工成长0.5～1.0 cm，直径0.2～0.3 cm的长圆形颗粒饵料，晒干后备用。

2. 日常管理

每3～5天换1次新鲜水，每次换水1/3，保持池水清新活爽，溶氧充足。换水时严防野杂鱼进入，影响幼虾的成活率。

幼虾经过50～60天强化培育，体长可达3～4 cm，即可进行成虾养殖。

### 三、幼虾的捕捞和运输

先把池水排掉一部分，留10 cm左右水，用密网轻轻刮捕。刮几网后继续把池水抽干，余下的幼虾随水集中在收虾槽内，幼虾随水而下，逐步向收虾槽内游动，在收虾槽内捕捞较为方便。

幼虾体质娇嫩，运输要求更加严格。可用塑料袋、帆布篓、水桶、木盆等容器，依虾体大小、水温高低、路程远近等具体酌定。

在水温25～28 ℃情况下，采取以上运输方式成活率可达到90%以上。

# 第四节　成虾养殖技术

## 一、池塘单养

池塘单养是目前采用较多的一种养殖方式，单产高，因而技术要求也高。

### （一）虾池建造

养虾池塘应选择靠近水源、水质良好、饵料来源丰富、交通和供电设施方便的地方。每只虾池面积以3～5亩为宜，保水深1.5 m左右，池子呈长方形，东西向，坡比为1∶3，池底平坦并向排水口一侧略有倾斜，便于排干池水，池子要求不渗漏。要建设完善的进排水系统，确保旱涝保收。塘边保持有一定的水草利于栖息隐蔽和遮阴，又能减少互相残杀。

### （二）放养前的准备工作

首先做好虾池的清整消毒工作。新开虾塘须暴晒3～7天后再进水；老虾塘需清除过多的淤泥，整好池埂池坡，检查渗漏情况。新老池都要严格清池消毒，如用生石灰，每亩用量为50～70 kg；漂白粉清塘，池底保留20～30 cm深的水，然后将漂白粉溶化后全池泼洒，使池水漂白粉浓度保持在20 mg/L。清塘结束后，要进一步检查，严防野杂鱼和敌害残留在池中。其次是培肥水质。清塘10～15天后，药性消失，即可进水。并每亩施有机肥70～80 kg，用以培养浮游动物，经7～10天后，水色转深，池中有大量浮游动物出现，即可放养虾种。池塘设置隐蔽物，一是种植水草、茳草、轮叶黑藻、空心菜、水葫芦等，种植面积占整个池面积的20%左右，起净化水质、控温、蜕壳隐蔽的作用；二是在池塘四周离岸边3～4 m处放置一些旧网片、竹枝、棕丝，作为虾蜕壳时的隐蔽物。

### （三）虾种放养

一般以5月中旬水温稳定在18 ℃以上时放养为好。按季节规律，每年5月10日左右有1次寒潮，等寒潮过后选择晴好天气即可放苗。虾种放养密度视虾池条件、养殖条件以及成虾所需达到的亩产指标而定。一般计划亩产在100 kg以上的虾池，每亩可放规格为3～4 cm的虾种12 000～15 000尾，或放经淡化的幼虾15 000～18 000尾。计划亩产在100 kg以下的，每亩可放规格为3～4 cm的虾种8 000～12 000尾，或放经淡化后的幼虾10 000～15 000尾。

### （四）饵料投喂

在池养条件下应以人工投喂为主，饵料的主要种类有螺蚬贝肉、蚯蚓、鲜鱼肉等动物饵料，以及豆饼、花生饼、麦粉等谷物饵料和新鲜蔬菜等植物性饵料。由于罗氏沼虾对饵料的要求较高，幼虾饲养期要求蛋白质含量为35%～40%，成虾养殖期要求蛋白质含量为28%～30%。因此，在有条件的地方最好能制成大小适口配方科学的颗粒饵料投喂。颗粒以长1～2 cm，直径0.3 mm为合适。并要求饵料颗粒泡水后保持长时间不散，通常用2%～3%面粉作黏合剂。

罗氏沼虾由于生长快，饵料的需求量大，且不能耐饥，因此在成虾养殖期间要做到定质、定量、定点、多次投喂，每天投喂量约相当于体重的5%～7%。虾体重量可根据定期测定所得的平均体重和预计成活率推算。

为确保天然饵料的形成，要定期施肥，使水质具一定肥度。一般每半个月施放一次猪粪，每亩75～100 kg，使浮游生物大量繁殖，补充人工饵料不足。

投喂可分上午占全日食量30%、下午占全日食量70%。在放苗1个月内，幼虾主要在池塘浅水区寻找饵料，因此，可将饵料加工成团状定点投喂于虾池浅水区，并经常观察幼虾摄食情况。随着虾体逐渐长大投饵区也要逐渐向深水区移动。由于罗氏沼虾有避光性，相应的白天投喂在深水区，晚上则投喂在浅水区。罗氏沼虾有争食的习性，所以投饵面要广且均匀，以提高群体规格，均衡上市。

罗氏沼虾在生长过程中要经过多次蜕皮。正常情况下，每7～10天蜕皮1次，每蜕1次皮虾体便长大，体重随之增加。由于刚蜕皮的虾活动能力较弱，易被健康虾残杀，故应在虾池中投放一些树枝，种植一些水草，作为栖息、隐蔽和蜕皮的场所，提高成活率。

### （五）水质及日常管理

虾池早期以浅水为好，水深一般在70 cm左右，虾种放养15天后，逐步添加新水，可每天加注3～5 cm，2个月后，池水可加深到1.5 m。若发现罗氏沼虾活动迟钝，摄食减少，应及时向池中补充新水，严防缺氧引起死亡。日常管理要精细，一是定期换水，在罗氏沼虾养殖期，特别是在7—9月，应每隔10～15天抽出1/3的老水后再补充新水，水的透明度保持在40 cm左右。二是定时开增氧机，一般养虾产量要达750 kg/hm²，就必须配有增氧机，且必须凌晨开机、晴天中午开机、阴雨天全天开机。三是定期泼洒生石灰水，在罗氏沼虾生长旺季，每隔15～20天泼洒1次，用量为150～225 kg/hm²，如池塘缺少钙离子、镁离子，还应定期使用过磷酸钙。使用方法是晴天上午使用，少量多次，全池泼洒，每月用量为225～300 kg/hm²，分2～3次使用。一般施用磷肥后，虾大批蜕壳，效果非常明显。四是坚持巡塘，坚持早、中、晚3次巡塘，观察罗氏沼虾摄食、生长和活动情况，特殊天气还应夜里巡塘，防止意外事故发生。经常检查拦虾设备，防止野杂鱼进入池塘和虾逃逸。控制水草的生长，保持占水面的1/3左右。

## 二、鱼虾混养

有罗氏沼虾与成鱼混养和罗氏沼虾与鱼种混养两种。一般亩产成虾75～100 kg，鱼100～200 kg。

### （一）池塘选择

罗氏沼虾与鱼混养，主要利用现有的养鱼塘，池底污泥较少、进排水方便、面积适中、无农药、无重金属离子污染的池塘作为混养池。池塘面积以3～5亩为好，8～10亩的成鱼池也可混养罗氏沼虾。

### （二）虾种放养

与成鱼混养，虾种规格3～4 cm，放养密度每亩3 000～5 000尾，先放成鱼，后放虾种。与鱼种混养，先放虾种，虾种放养密度每亩8 000～10 000尾，待幼虾适应新的池塘环境后再放养鱼种，以提高虾种放养成活率。

**（三）饲养管理**

其方法可按单养罗氏沼虾的方法进行。饵料投喂应先满足虾的需要后投喂鱼的饵料。发生鱼病需要进行治疗时，应充分考虑到虾对药物的承受能力。在水质管理上，也应充分考虑虾对溶氧要求较高的特性，经常添加新水或换水，控制池水肥度，保证虾对溶氧的需求。

## 三、工厂化养殖

可充分利用工厂余热水养殖罗氏沼虾。实行高密度全年养殖，是一种大有发展前途的养殖方式。

**（一）建池**

水泥池结构，面积60～80 m²，保持水深1.5 m，池上方搭塑料棚，如冬季能保持适宜水温可不搭。配备充气、加温、控温等设施和完善的进排水系统。并配备人工繁殖、饲料培育等设施。

**（二）虾种放养**

放养前虾池进行药物消毒，若是新池先进水浸泡15天以上，待池水毒性消失后进水，调节水位，并把水温调到最适范围内。放养密度每平方米200～400尾为宜。

**（三）饲养管理**

工厂化养殖罗氏沼虾比一般池塘养殖复杂得多。由于放养密度大，故在饵料投喂、水质管理、水温控制等技术操作要求较高，必须配备有养殖经验的技术人员。

饵料投喂根据虾体的大小、不同生长期对营养的需求配合制成不同规格、不同营养成分的颗粒饵料。每天投喂3～4次，生长高峰期晚间增投一次。食量根据每天吃食和天气情况适当增减。

由于工厂化养殖放养密度大，投饵多，排泄物多，易污染水质，因此要求经常换水、排污、最好有微流水，以防止池水缺氧、氨氮含量过多而引起死亡。池水溶氧保持5 mg/L、pH值7～8、氨氮6 mg/L、钙离子低于6 mg/L。水温控制在24～30 ℃，建立控温制度及时调节水温。

**（四）成虾捕捞**

罗氏沼虾经4～5个月的饲养，体长可达12～14 cm，体重达20 g以上，即可捕捞上市。池塘单养可分次捕捞，可用丝网或夏花鱼种网拖捕，也可放干池水捕捞。鱼虾混养池通常与鱼一起捕捞上市。工厂化养虾可用虾笼、丝网等捕捞，也可采用放水捕捉，采取轮捕轮放、捕大留小的方法，每次捕捉后适当补充部分虾种，充分发挥温流水工厂化养殖罗氏沼虾的增产潜力。

**图1.2　工厂化养虾（图来源于网络https://www.sohu.com/a/463798879_210667）**

# 第五节　病害防治技术

病害防治，以防为主。在病害预防上，既要注意消灭病原，切断传染途径，又要增强虾体的抗病力，还要创造合适的饲养生态环境，才能达到预期的效果。

## 一、病害预防主要措施

### （一）彻底清池消毒

用药物清池消毒务求消灭虾池中的野杂鱼和病原生物，特别推荐敌百虫生石灰清塘的方法。先用晶体敌百虫兑水全池泼洒，用量为1 mg/L（每亩池水深0.7～0.8 m用500 g），第二天再用生石灰100～150 kg溶解后全池泼洒。泼洒时尽量摇匀，池边角处都要洒到。有条件的地方，最好在冬季把养虾池抽干水暴晒至龟裂，消灭病原体。

### （二）放养优质虾苗

放养的淡化虾苗要求活动敏捷、身体透明无色、规格均匀一致，体长0.7～0.8 cm。规格不一致和淡化时就有些偏红色或只是半透明的虾苗质量较差。购买虾苗要找质量信得过的育苗场。有些虾苗由于长途运输到目的地时已出现昏迷，应暂养一阵待虾苗恢复正常后才放入养虾池。

### （三）科学投喂饲料

定时、定量、定质、定位投喂饲料，保证满足虾类摄食需要，又能充分利用饲料，减少饲料残留量，以利于养虾池保持良好的水质。饲料要求质量好、营养全面、新鲜，不含毒物和病原体，虾类摄食后容易消化吸收。投喂饲料以配合颗粒饲料为主、动物性饲料为辅，防止因投喂野杂鱼、贝肉太多造成养虾池水质和底质变坏。投喂量要适宜，投饲过量既浪费饲料，又败坏水质。虾在蜕壳期间，摄食较少，应适当减少投喂量。

### （四）定期施用药物

养虾池每次加注新水后，每亩用生石灰8～10 kg用水化开后全池泼洒，以调节水质，消灭病原体。虾苗放养40天后，坚持每10天用药物预防一次，可使用生石灰全池泼洒，也可用漂白粉、强氯精（三氯异氰脲酸）等药物，消毒池水，预防虾病发生。每次每亩用强氯精100～200 g。也可以用强氯精50～100 g水溶后让颗粒饲料吸收后投喂，每7天一次，也能起到杀菌预防作用。

## 二、常见疾病预防方法

### （一）虾壳病

1. 症状和病因

虾壳病是目前罗氏沼虾成虾养殖中常见的一种疾病。它是由于罗氏沼虾受到甲壳质分解细菌侵袭，引起真菌感染所致，使虾壳形成黑色区域。通常虾壳边缘或顶部最易受到侵袭，细菌能迅速通过表皮进入体内，引起内部损伤。

2. 防治方法

（1）采取生态学方法，每公顷施用光合细菌37.5 kg净化水质，也可施用其他消毒药物，控制真菌的繁殖。

（2）用5 mg/L二溴海因全池泼洒，以二溴海因促使罗氏沼虾蜕壳，去掉体表寄生的真菌。

（3）用2 mg/L福尔马林液全池泼洒，浸洗病虾15～30分钟，有较好效果。

### （二）黑鳃病

1. 症状和病因

由于水质污染、镰刀霉菌感染引起，鳃由红色变淡褐色，直至完全变黑，引起鳃萎缩，逐步失去功能。也可能是底质严重污染，重金属离子过多发生中毒，还可能是因为饲料中长期缺乏维生素C等。

2. 治疗方法

（1）清除池底淤泥，减少病原体。

（2）把病虾放在2～3 mg/L二氧化氯中浸洗2～4次，每次5～10分钟。

（3）重金属中毒可大量换水，并添加柠檬酸或EDTA二钠盐。

（4）在饲料中添加充足的维生素C。

### （三）寄生虫病

1. 病症和病因

由累枝虫、聚缩虫、独缩虫、钟形虫等附生在罗氏沼虾体表、附肢、眼和鳃上，可使罗氏沼虾烦躁不安，在池边频频游动，妨碍摄食、蜕皮，影响生长。如在鳃上大量附生，可引起罗氏沼虾缺氧窒息死亡。

2. 防治方法

此病主要发生在池塘水质不洁，含有机质多的水体，故保持水质清洁是最有效的方法。

（1）适量投饵，保持水质清新。

（2）用浓度为20～30 mg/L的福尔马林浸浴，24小时换水1次，连用2～3天。

（3）用1～2 mg/L高锰酸钾和0.7 mg/L硫酸铜溶液治疗和防治，或新洁尔灭1 mg/L全池泼洒。

### （四）烂尾病

1. 症状和病因

感染初期病虾的尾扇有水泡（充满液体隆起），导致尾扇边缘溃烂、坏死、残缺不全，严重时整个尾扇被噬掉，还表现为断须、断足、体表面有黑色斑点。此病较常见。

2. 防治方法

（1）以15～20 mg/L茶粕液全池泼洒。

（2）每公顷用75～90 kg生石灰化水全池泼洒。

（3）用20 mg/L福尔马林液体全池泼洒。

### （五）褐斑病（甲壳溃疡病）

1. 症状和病因

病虾体表甲壳有斑点状褐色的溃疡，溃疡中部凹陷，边缘呈白色。头脑甲和腹部前三节的背面发病较多，有时触角、尾扇和其他附肢都有褐色斑点和烂断。病症严重时引起甲壳溃疡的细菌会侵入壳下组织，并侵蚀下层组织。此病较常见，且流行范围很广。

2. 防治方法

（1）用20～25 mg/L福尔马林液体全池泼洒。

（2）在1 kg饲料中添加0.45 g土霉素连续投喂2周。

（3）用浓度为20～30 mg/L的茶粕浸浴1天，再通过换水提高水温，促进虾蜕壳。

（4）可用0.005 mg/L鱼虾宝全池泼洒，也可用1 mg/L穿心莲或2 mg/L的五倍子药液泼洒。

（5）用盐水来防治，控制浓度为0.3%，治疗浓度为1.8%。

**（六）弧菌病**

1. 症状和病因

病虾肌肉呈不透明的白色，有的病虾外壳有黑色溃疡，鳃、头胸甲和腹侧有黑斑，鳃上附有黑色和褐色的污物，洗净后呈现灰色或土黄色，鳃变得肥厚而脆弱，末期有的鳃丝损坏，组织蜕落或呈空泡变性状。患病后成虾浮于水面，无方向（或沿池边）游动，行动缓慢呆滞。病虾肝脏（除头胸甲上方尚见小部分黄褐色外）几乎均变为白色。

2. 防治方法

（1）1～2 mg/L土霉素（粉剂），0.5～1 mg/L二氧化氯（粉剂）全池泼洒，隔天1次，连用2～3次，或3 mg/L漂白粉全池泼洒。

（2）大蒜去皮捣烂，过滤取汁配成5～10 mg/L处理24小时，效果较好。

**（七）敌害生物和污染**

1. 鱼类

几乎所有的肉食性鱼类如乌鳢、鳜鱼、鲈鱼等都是罗氏沼虾养殖过程中的敌害，对此一要加强清塘除野和进水管理，二是一经发现可用2 mg/L鱼藤精进行消毒除害。

2. 鸟类

主要是鸥类和鹭类，除采取恫吓驱赶的方法外，别无良策。

3. 其他敌害

如水蛇、牛蛙、螳螂的幼虫、水螅、水母等，主要是加强预防工作，及时清除。

4. 污染和中毒

农药、工业污水、养殖水体自身的富营养化等对罗氏沼虾养殖都是有害的，要极力避免这类情况的发生。


# 第六节　加工食用方法


## 一、豉油王焗罗氏沼虾

**（一）食材**

罗氏沼虾、姜、酱油等。

**（二）做法步骤**

（1）将罗氏沼虾洗净煎去杂去足，背后来一刀去掉虾肠，也为了能更入味。

（2）起油锅，爆香姜葱，然后将虾下锅中小火煎至两面变红。

（3）加入酱油，将虾焗熟就行了。

（4）香味浓郁的豉油王焗罗氏沼虾就做好了。

图1.3　豉油王焗罗氏沼虾（图来源于网络https://baike.baidu.com/item/豉油王焗罗氏虾/17365835?fr=ge_ala）

## 二、啤酒罗氏沼虾

**（一）食材**

罗氏沼虾、姜、酱油等。

**（二）做法步骤**

（1）准备好食材。

（2）把罗氏沼虾剪去虾足，洗净。

（3）锅里油热，放姜、蒜爆香，放入罗氏沼虾。

（4）焗炒至转色。

（5）放入适量啤酒煮10分钟。

（6）加盐，胡椒粉煮1分钟。

（7）撒些葱花即可。

图1.4　啤酒罗氏沼虾（图来源于网络https://baike.baidu.com/item//啤酒罗氏虾/12985392?fr=ge_ala）

## 三、白灼罗氏沼虾

**（一）食材**

罗氏沼虾、姜、酱油等。

**（二）做法步骤**

（1）准备好食材。

（2）罗氏沼虾洗净，剪去虾须。

（3）锅里放适量清水，放姜片，葱结，滴几滴油，煮开。

（4）放入罗氏沼虾。

（5）加料酒，煮开3~4分钟。

（6）加盐，胡椒粉。

（7）再煮开1分钟，关火，捞出。

（8）用鲜贝露调味汁，胡椒粉，芝麻油等调好蘸料，把罗氏沼虾摆盘即可。

图1.5　白灼罗氏沼虾
（彭仁海供图）

## 四、麻辣罗氏沼虾

**（一）食材**

罗氏沼虾、姜、料酒、花椒、干辣椒、红椒、青线椒、老抽、生抽、醋、糖、葱等。

**（二）做法步骤**

（1）洗净罗氏沼虾，剪去虾须。

（2）红椒、青线椒等洗净沥干水分。

（3）锅中放入适量盐后，放入姜、葱、花椒等调料煸炒出香味。

（4）放入罗氏沼虾翻炒。

（5）炒至虾变色后，放入料酒、醋、生抽、老抽、糖翻炒。

（6）加入适量水大火烧开后煮7~8分钟，成品装盘。

图1.6 麻辣罗氏沼虾（图来源于网络https://baijiahao.baidu.com/s?id=16386746018810662397&wfr=spider&for=pc）

## 五、盐水罗氏沼虾

**（一）食材**

罗氏沼虾300 g，葱、姜、盐、料酒适量。

**（二）做法步骤**

（1）罗氏沼虾清洗干净，并沥水备用（剪去须足尾）。

（2）用大火烧一锅开水，水中放入姜片和葱段，以及倒入适量料酒。

（3）待水烧开后，放入适量食盐（烧盐水菜，盐的用量稍微多些），以及微量白胡椒粉。

（4）把沥水后的大头虾，放入调配好的盐水中。

（5）用大火继续烧煮（放入虾后翻搅一下）。

（6）待盐水再次烧开后，去净浮沫。

（7）净沫后继续用大火烧煮2~3分钟。

（8）烧煮完成后关火，并把虾捞出装碗（略盛一点汤），此菜即完成。

图1.7 盐水罗氏沼虾
（彭仁海供图）

## 六、香蒜蒸罗氏沼虾

**（一）食材**

罗氏沼虾500 g，丝瓜200 g，蒜茸50 g。调料盐2 g，味精2 g，葱花10 g，豉油100 g，黄酒50 g，胡椒3 g，色拉油600 g（实耗50 g）。

**（二）做法步骤**

（1）将丝瓜去皮、心切成宽2 cm，长5 cm的段。起锅入油560 g，烧至五成热时，倒入切好的丝瓜，过油5秒钟，捞出控油，待用。

（2）将虾洗净开背，一开二，整齐放在盘子中。将蒜茸、盐、味精、黄酒、胡椒调和成料，均匀地放在盘中的开背虾上。虾上笼旺火蒸3分钟至熟。

图1.8 香蒜蒸罗氏沼虾（图来源于网络http://mwx.douguo.com/recipe/imgs/3166108?f=null）

（3）将过油后的丝瓜平放在盘底，蒸好的虾放在丝瓜上面。另起锅，加入40 g色拉油，加豉油皇、葱花炝香出锅，淋在虾上即可。

### 七、蚝油罗氏沼虾

**（一）食材**

罗氏沼虾洗净开背，蚝油，蒜末，姜末。

**（二）做法步骤**

（1）油锅烧热，放姜蒜末爆香。

（2）放沼虾煸炒至全部变色。

（3）烹入料酒翻炒均匀。

（4）倒入蚝油。

（5）再煸炒2分钟，出锅。

**图1.9　蚝油罗氏沼虾**
**（彭仁海供图）**

# 第七节　养殖实例

## 一、池塘一年两茬养殖技术

农百科网（https://www.ke82.com/view/393s137874u0.html）介绍了罗氏沼虾一年两茬养殖技术要点：利用塑料大棚培育早繁虾苗，5月至8月中旬养殖前茬罗氏沼虾，8月中旬至10月中旬养殖第二茬罗氏沼虾。这样，一年养殖两茬虾，可以充分利用养殖水面和饵料资源，提高养殖效益。

**（一）建设高标准虾池**

池塘面积8～10亩，水源充足，水质良好，水深2 m以上，坡比1∶2.5。池塘中央开一道4～6 m宽的集虾沟，以便捕捞。采用高灌低排工艺建好进排水系统。

**（二）种苗培育**

3月下旬至4月上旬购进早繁罗氏沼虾苗，利用塑料大棚强化培育，力争6月中下旬虾种规格达到3 cm，放养池塘进入成虾养殖。同时5月中下旬购进第二茬罗氏沼虾苗进行专池培育，到8月中下旬虾种规格达到3 cm以上，第一茬成虾出售后，进入第二茬成虾养殖。

**（三）合理放养**

第一茬每亩放养虾种0.8万～1万尾，第二茬每亩放养1万～2.5万尾。放养前做好虾池清塘消毒、培育基础饵料、移栽水草等工作。选择晴天上午放养，注意温差不宜过大。

**（四）科学投喂**

投喂专用配合饲料。养殖罗氏沼虾，以投喂系列配合饲料为主，适当增加小鱼虾。投喂饲料以傍晚一次为主，占全天投喂量的70%左右。白天饲料投在深水区，夜晚投浅水草丛中，定时、定点、定质、定量投喂。日投饲量为虾总体重的5%～10%。

## （五）水质管理

5—6月，保持池水深0.8 m，7—9月高温季节，将池水加满。秋季多阴雨闷热天气，应根据水质状况，7～10天换注一次新水，每次换水1/3。平时加强水质检测和巡塘。

## （六）捕捞上市

前茬成虾8月起捕，后茬虾10月起捕。要及时上市。如果有条件的可以采取塑料大棚暂养的方法，选留部分罗氏沼虾商品虾到春节前后价格高时销售。

## 二、鱼虾共作

信阳市商城县金刚台镇胡太村商城县美乡种养殖专业合作社2021—2022年开展了鱼虾共作生产，5亩池塘养殖罗氏沼虾，在养虾期间混搭鲢鳙鱼净化水质，经过6个月的养殖，收获商品虾1 908 kg，商品鱼750 kg，总收入7.2万元，纯收入4.1万元，主要做法介绍如下。

### （一）改善虾池养殖条件

养虾池按常规清池消毒，适量投放人畜粪肥培育水质。虾池四周种植水蕹菜，让水蕹菜沿池边覆盖3 m以内的水面，为罗氏沼虾提供隐蔽栖息的良好环境，又可净化水质。配增氧机和抽水机，经常开机增氧、更换池水，整个养殖过程都没有发生缺氧浮头。

### （二）合理密养，轮捕上市

4月28日前放养罗氏沼虾苗16万尾，平均每亩3.2万尾，密度较大。在罗氏沼虾长到每千克80尾左右规格时，陆续分批捕捞大规格的成虾上市，留下小规格的继续精养。一般10天左右捕虾一次，捕大留小，至11月底清池全部出售。

### （三）搭养鲢鳙鱼，改善水质

放养体重300～500 g的大规格鲢鳙鱼种300尾，平均每亩60尾，鲢鳙鱼1∶1投放。利用鲢鳙鱼摄食池塘水中的浮游生物，净化水质，防止池水过肥。清池捕捞时鲢鳙鱼平均2.75 kg，全部捕捞上市。

### （四）加强投喂，精细管理

以投喂配合颗粒饲料为主，在虾池的对角距离池岸3～5 m的深水区设置两个饲料盘，根据1个小时刚刚吃完来调整投饲量，保证所有虾吃饱。7—9月高温季节，将池水加满。应根据水质状况，7～10天换注一次新水，每次换水1/3。平时加强巡塘和紧急情况处理。

## 三、稻虾共作

信阳市商城县金刚台镇胡太村商城县美乡种养殖专业合作社2022—2023年开展了稻虾共作生产，取得较好经济效益，主要做法如下。

### （一）稻田的选择与整理

选择水源清新、管理方便的稻田进行罗氏沼虾的养殖。可结合农田整修，加固加高田埂，埂高要求达到30～50 cm，超过正常水位25 cm左右。田中开挖"田"字或"井"字形鱼沟，沟宽50 cm，沟深30 cm，在鱼沟的交叉处或田的四角和稻田进水口附近开挖鱼溜，宽160 cm，深100 cm，沟、溜总面积占水稻田面积的6%~8%。

### （二）虾种的放养

在插（抛）秧1周后开始放幼虾，规格为每千克2 000~5 000尾，每亩放1万~1.5万尾。罗氏沼虾还可采取双季放养法：第一季可在5月上旬放养，7月底前起捕；第二季可在7月底放养，年底起捕。放养时间宜选择阴天或早晨、傍晚。

### （三）饲养管理

#### 1. 投饲

投喂的饲料基本上与池塘养殖相近似。目前稻田养虾，常采用以配合颗粒饲料为主，搭配20%的鱼粉或螺蚌肉等动物性饲料。一般认为投喂颗粒饲料效果最好。根据罗氏沼虾的生活特性，投喂宜在沟道分散进行，全日投饲量约为总虾重的2%~3%，投饲时间可在17:00，也可早、晚各1次。稻田中应施适量厩肥、堆肥或混合堆肥，不宜施人粪尿或无机肥，以防肥效过快，恶化水质。

#### 2. 谨慎使用农药及巡田

要十分注意农药的影响，应尽量采用高效低毒农药，并严格控制安全用量。施药前应加深田水7~10 cm，以减弱农药对鱼虾的危害。施药时，喷嘴应横向或朝上，尽量将药喷在稻叶上。粉剂只在早晨露水未干时喷施，水剂应在露水干后施用。注意下雨前不宜施药，因青虾对农药特别敏感，极易引起死亡。要坚持早、晚巡田，经常检查田埂、拦鱼设施等，发现问题要及时解决；要保持水的深度，保持沟、溜水系的畅通；注意天气预报，要做好防洪、防逃、防敌害、防偷捕等项工作。

#### 3. 及时起捕

稻田养殖的罗氏沼虾达到一定规格时，可及时将虾捕起，可用手操网捕，也可将虾赶入溜中捕捉，也可全部干田捕捉。小规格虾还可转入温室继续养殖。

## 四、工厂化养殖

河南水投华锐水产有限公司在长垣县利用电厂余热水进行工厂化罗氏沼虾养殖，实现了高密度周年上市，是一种产量高、效益高、有发展前途的养殖方式，具体养殖技术要点总结如下。

### （一）池子准备

水泥池结构，面积60~80 m²，保持水深1.5 m，池上搭塑料棚，冬天保持适宜水温的室内鱼池则可不搭棚。配备好充气、加温、控温等设施和完善的进排水系统，并配备好人工繁殖饵料培育的配套设施。

### （二）种苗放养

放养前虾池进行药物消毒，若是新池先进水浸泡15天以上，待池水毒性消失后再进水，调节水位，并把水温调节到最适范围内。放养密度每平方米300~400尾。

### （三）饲养管理

工厂化养殖罗氏沼虾，由于放养密度较高，所以在饲料投喂、水质管理、水温调控等技术操作方面要求较高，必须配备有养殖经验的技术人员和熟练操作工。

饵料投喂要根据虾体的大小、不同生长期对营养的需求，投喂不同规格、不同营养成分的颗粒饵料。每天投喂3～4次，生长高峰期晚间增加1次，食量根据每天吃食和天气情况适当增减。

由于工厂化养殖密度大、投饵多、排泄物多，水质易污染，因此，要求经常换水、排污，最好有微流水，以防止池水缺氧或氨氮含量过多而引起死亡。池水溶氧保持4 mg/L，pH值7～8，氨气低于6 mg/L，钙离子低于6 mg/L。水温控制在24～30 ℃。建立控温制度以及时调节水温，保证罗氏沼虾生长。

### （四）捕捞上市

工厂化养殖罗氏沼虾，实现周年上市，生产上可以根据罗氏沼虾商品虾价格高时销售以调整养殖周期，争取取得较大的经济效益。

## 参考文献

岑炳强，2004.罗氏沼虾80∶20模式健康养殖技术[J].内陆水产，29（7）：24.

陈儒华，2017.罗氏沼虾稻田养殖技术探究[J].农业与技术，37（5）：106-110.

丁兰，徐胜南，2022.罗氏沼虾养殖技术探索与示范[J].水产养殖，43（4）：64-66.

高令梅，张海琪，孙丽慧，等，2023.罗氏沼虾—稻田轮作高效生态养殖技术研究[J].中国水产，2023（8）：54-56.

古群红，庞德彬，宋盛宪，2008.罗氏沼虾健康养殖技术[M].北京：化学工业出版社.

贾若鲁，2018.罗氏沼虾池塘养殖技术[J].现代农业科技，2018（15）：221-223.

金乃康，朱迪，2000.罗氏沼虾网箱养殖技术[J].内陆水产（11）：34.

李旭光，缪艳阳，伊纪峰，等，2022.罗氏沼虾养殖尾水净化减排关键技术[J].水产养殖，43（8）：62-64

刘敏，孙广文，陈路，等，2022.罗氏沼虾产业发展现状及主要问题[J].科学养鱼（11）：1-3.

柳盛健，2019.罗氏沼虾淡水养殖的现状与展望[J].畜牧兽医科技信息，35（8）：160.

覃足，2023.罗氏沼虾养殖的常见疾病及防治措施分析[J].世界热带农业信息（5）：56-57.

王辅宏，2008.罗氏沼虾饵料投喂技术[J].科学种养（10）：41-42.

吴志强，杨泽禹，郑飞，等，2023.罗氏沼虾"高位池不排水捕捞"养殖试验[J].水产养殖，44（1）：45-48，64.

熊良伟，王帅兵，王洲，2006.罗氏沼虾几种常见疾病的防治技术[J].河北渔业（4）：49-50.

徐晔，宫金华，冯亚明，等，2023.罗氏沼虾池塘立体生态养殖试验[J].水产养殖，44（2）：52-54.

徐晔，顾海龙，冯亚明，等，2023.罗氏沼虾育苗过程中饲料的应用[J].渔业致富指南（2）：47-50.

薛志勇，2006.罗氏沼虾病害防治技术[J].齐鲁渔业，23（7）：27.

杨国梁，2008.罗氏沼虾人工育苗及养殖新技术（上）[J].科学养鱼（10）：12-13.

杨国梁，2008.罗氏沼虾人工育苗及养殖新技术（下）[J].科学养鱼（12）：12-14.

杨国梁，2008. 罗氏沼虾人工育苗及养殖新技术（中）[J]. 科学养鱼（11）：12-13.

叶金明，钱岗仪，丛宁，2001. 罗氏沼虾的健康养殖技术[J]. 内陆水产（8）：29.

张铆，吴昊，郭珺，等，2023. 罗氏沼虾南太湖2号池塘养殖试验[J]. 现代农业科技（10）：10-12.

张晓君，2021. 罗氏沼虾常见病害及防治方法（上）[J]. 科学养鱼（11）：26-27.

张晓君，2021. 罗氏沼虾常见病害及防治方法（中）[J]. 科学养鱼（12）：26-27.

张晓君，2022. 罗氏沼虾常见病害及防治方法（下）[J]. 科学养鱼（1）：26-27.

# 第二章

# 小龙虾

小龙虾学名克氏原螯虾（*Procambarus clarkii*），隶属于节肢动物门、甲壳纲、十足目、爬行亚目、螯虾科、原螯虾属，是十足目螯虾科原螯虾属节肢动物。小龙虾形态与海水龙虾相似，个体比海水龙虾小，故名小龙虾。

小龙虾原产于墨西哥北部和美国南部，现广泛分布于40多个国家和地区，在中国各地也广泛存在，尤其长江中下游地区种群数量最大。小龙虾肉味鲜美，蛋白质含量高，是营养价值较高的动物性食品，已成为中国城乡居民餐桌上的美味佳肴；在中国部分地区已成为农民养殖增收脱贫的重要渠道。

## 第一节　生物学特性

### 一、形态特征

小龙虾形似虾而甲壳坚硬。成体长5.6～11.9 cm，整体颜色包括红色、红棕色、粉红色。背部是酱暗红色，两侧是粉红色，带有橘黄色或白色的斑点。甲壳部分近黑色，腹部背面有一楔形条纹。幼虾体为均匀的灰色，有时具有黑色波纹、螯狭长、甲壳中部不被网眼状空隙分隔，甲壳上明显具有颗粒。额剑具有侧棘或额剑端部具有刻痕。爪子是暗红色与黑色，有亮橘红色或微红色结节。幼虾和雌性的爪子的背景颜色可以是黑褐色、头顶尖长，经常有轻微刺或结节，结节通常具锋利的棘突。

**图2.1　小龙虾**
**（彭仁海供图）**

小龙虾体长而扁，躯体分为头胸部和腹部，共有21节，其中头部6节，胸部8节，腹部包括尾部7节。

小龙虾甲壳坚厚，头胸甲稍侧扁，前侧缘除海螯虾科外，不与口前板愈合，侧缘也不与胸部腹甲和胸肢基部愈合。颈沟明显。第1触角较短小，双鞭。第2触角有较发达的鳞片。3对颚足都具有外肢。步足全为单枝型，前3对螯状，其中第1对特别强大、坚厚，故又称螯虾。末2对步足简单、爪状。鳃为丝状鳃。

小龙虾头部有触须3对，触须近头部粗大，尖端细而尖。在头部外缘的一对触须特别粗长，一般比体长长1/3；在一对长触须中间为两对短触须，长度约为体长的一半。

## 二、生活习性

栖息于永久性溪流和沼泽，临时的栖息地，包括沟渠和池塘。在溪流中它们通常与植物或木质碎屑混交在一起，会破坏和削弱堤岸。在洪水退去的地区，可以在简单的洞穴被发现。生活在水体较浅、水草丰盛的湿地、湖泊和河沟内。

小龙虾适应性极广，具有较广的适宜生长温度，在水温为10～30 ℃时均可正常生长发育。亦能耐高温严寒，可耐受40 ℃以上的高温，也可在气温为-14 ℃以下的情况下安然越冬。

繁殖季节喜掘穴。洞穴位于池塘水面以上20 cm左右，深度达60 cm到1.2 m，内有少量积水，以保持湿度，洞口一般以泥帽封住，以减少水分散失。在夏季的夜晚或暴雨过后，它有攀爬上岸的习惯，可越过堤坝，进入其他水体。

小龙虾生性好斗，具有残食现象，影响了其养殖密度及成活率，小龙虾养殖要栽种水草，设置网片、竹筒和塑料筒等隐蔽物供小龙虾隐蔽、栖息、蜕壳，以此来减少小龙虾打斗机会，最终提高其成活率。

## 三、食性

小龙虾为杂食性偏动物性动物。动物性和植物性饵料都能摄食，而且不同发育阶段的小龙虾的食性也有差异。刚孵化出的幼体以自身卵黄作为营养；二期幼体即可滤食水中的藻类、轮虫、腐殖质和有机碎屑等；三期幼体则能够摄食水中的小型浮游动物，如桡足类、枝角类等；幼虾具备捕食底栖生物，如水蚯蚓等的能力；成虾的食性更杂，除捕食水生昆虫幼体、甲壳类等水生动物外，还摄食水生植物根茎叶、水中的腐殖质和有机碎屑等。

## 四、年龄与生长

小龙虾的生长速度快，春季繁殖的虾苗经3～4个月的生长，其规格就可达50 g/只，符合上市要求。而秋季繁殖的虾苗到翌年5月、6月就可长到50 g/只以上，成为大规格商品虾。小龙虾的生长温度为14～32 ℃，最适生长期水温为18～28 ℃，长江中下游地区的气候条件非常适宜小龙虾的生长。小龙虾生长大致可分为（抱卵期过后）：幼体、幼虾、成体、成虾4个阶段。

**（一）性成熟及交配期**

从洞里捉出来的小龙虾大多卵巢（头胸甲与腹部连接处）已经呈黄色。根据性腺成熟度颜色逐渐呈苍白、黄色、橙色、棕色及深棕色（豆沙色）。

**（二）交配及抱卵期**

9月温度降低，水温随之降低，白天温度20～30 ℃，大批量小龙虾交配，部分小龙虾开始抱卵。随着虾卵的生长，卵的颜色也逐渐发生变化。

**（三）孵化期**

10月水稻收割完及时上水栽草（伊乐藻），促进小龙虾的孵化及幼虾的生长。这段时间随着气温的降低，水温也随之下降，温差变大，要注意投喂管理，加强小龙虾幼体营养，促进生长，幼体脱壳2～3次成为幼虾。

### （四）幼虾期

11月至翌年3月均为幼虾期，这期间要做好投喂管理，防冻管理，水草管理，水位管理（很热很冷关深水，不冷不热控水温，往20℃以上靠）。

### （五）成体成虾

4—5月小龙虾生长速度最快，保证虾塘投喂跟得上，水草养护也要持续关注，实时监控虾塘情况，勤换水。

### （六）性成熟

6—7月成虾经过半年左右生长，都已达成性成熟。

## 五、蜕壳特性

小龙虾是通过蜕去旧壳，身体变软后快速吸水增大，新壳形成并硬化来增长的，因此其体长增长呈阶梯状。小龙虾从孵出到仔虾要经过多次的蜕壳，仔虾再经多次蜕壳才能达到性成熟，性成熟的雌、雄虾蜕壳次数急剧减少，老龄虾基本上一年蜕壳一次。

## 六、繁殖特性

小龙虾常年均可繁殖，其中以5—9月为高峰期。小龙虾雌雄异体，并且具有较显著的第二性征。首先，可从腹部游泳肢形状加以区分，雄虾腹部第一游泳肢特化为交合刺，而雌虾第一游泳肢特化为纳精孔；其次，二者螯足具明显差别，雄性螯足粗大，螯足两端外侧有一明亮的红色疣状突起，而雌虾螯足比较小，疣状突起不明显；最后，雄虾螯足较雌虾粗大，个体也大于雌虾。

小龙虾的卵巢发育持续时间较长，通常在交配以后，视水温不同，卵巢需再发育2～5个月方可成熟。

小龙虾几乎可常年交配，但以每年春季为高峰。交配一般在水中的开阔区域进行，交配水温幅度较大，从15℃到31℃均可进行。在交配时，雄虾通过交合刺将精子注入雌蟹（虾）的纳精囊中，精子在纳精囊中储存2～8个月，仍可使卵子受精。雌虾在交配以后，便陆续掘穴进洞，当卵成熟以后，在洞穴内完成排卵、受精和幼体发育的过程。

小龙虾的繁殖比较特殊，繁殖的大部分过程在洞穴中完成，故在平常的生产中难以见到抱卵虾。卵巢在交配后需2～5个月方最后成熟，并进行排卵受精。受精卵为紫酱色，黏附于腹部游泳肢的刚毛上，抱卵虾经常将腹部贴近洞内积水，以保持卵处于湿润状态。小龙虾的怀卵量较小，根据规格不同，怀卵量一般在100～700粒，平均为300粒。卵的孵化时间为14～24天，但低温条件下，孵化期可长达4～5个月。小龙虾幼体在发育期间，不需要任何外来营养供给，刚孵出的仔虾需在亲虾腹部停留几个月左右，方脱离母体。若条件不适宜，可在洞穴中不吃不喝数周，当池塘灌水以后，仔虾和亲虾陆续从洞穴中爬出，自然分布在池塘中，有时亲虾会携带幼体进入水体之中，然后释放幼体。小龙虾虽然抱卵量较少，但幼体孵化的成活率很高。

# 第二节　苗种繁殖技术

苗种繁育是养殖生产的基础。小龙虾苗种繁育方式有天然繁育、仿天然人工繁育和全人工繁育技术，在生产上可根据具体情况，因地制宜选择相应的方法，主要是提高苗种成活率，满足生产用种即可。

## 一、池塘仿天然人工繁殖

### （一）池塘准备

#### 1.池塘条件

小龙虾对池塘条件要求不高，但为了便于操作管理，池塘面积应以3～5亩为宜，池塘要求有1∶（6～8）的坡度作为投饵场和亲虾的活动场，水源要求充足、清洁无污染，池塘四周设40～60 cm高的防逃墙。

#### 2.清塘

亲虾放养前15～20天清塘，每亩用生石灰150 kg全池泼洒，杀死野杂鱼和病原微生物。

#### 3.栽种水草

栽种水草不仅可为亲虾提供隐蔽场所，还可提供部分植物性饵料，降低繁殖成本，减少自相残杀的机会。水草于清塘一周后采取条状方式栽种，每块水草间留1.5～2 m的空间，沿间隔带掘沟，便于日后收集幼虾。池塘四周边坡不栽种水草而留作食场，水草栽种面积占全池面积的40%为宜，水草应清洗消毒，以防将野杂鱼卵及其他敌害生物带入池中。水草的品种有苦草、轮叶黑藻等，也可适当移植水葫芦，用草带固定于距池塘水线2 m的四周。

#### 4.隐蔽物设置和螺蛳投放

就地取材，收购建筑工地上废旧的毛竹作为隐蔽物。具体操作方法：将废旧的毛竹截成2节一段的小段，去除两端的竹结，用聚乙烯绳将小竹段并排连结，每5 m一段，然后沿池塘四周设置于距坡脚约1 m的池底，供亲虾隐藏。以上工作完成后，亩投放活螺蛳100 kg，供亲虾自主采食。

### （二）亲虾选育

#### 1.亲虾选择

亲虾要求体格健壮，附肢齐全无伤，活动力强的个体。为了获得优质的虾苗，雌亲虾要求体色相近，规格不低于40 g；雄亲虾体重不低于50 g。雌雄比2∶1～3∶1为好，亩放养亲虾50 kg，幼虾专池培养的，亲虾的放养量可增加到100 kg。亲虾应该用3%～5%食盐水消毒10分钟后下塘，以防止病原微生物随亲虾带入池中。

#### 2.亲虾培育

亲虾下塘后即转入亲虾培育阶段，此阶段应作好以下工作：一是清水下塘，亲虾培育不同于幼虾和成虾养殖，良好的水质病原微生物少，有利于后期受精卵的孵化，减少受精卵被水霉菌侵害的概率，提高孵化率，为繁殖成功打下坚实的基础。二是加强投喂，小龙虾的食性很杂，但优质适口的饵料仍是亲虾培育成功的关键。生产中可投喂玉米、小麦、豆粕等原粮及小杂鱼、动物内脏等动物性饵料，条件好的可投喂全价颗粒饲料。日投饵率5%左右，实际生产中应根据天气、水质、亲虾摄食情况灵活掌握每日的投饵量。投饵过多造成浪费并败坏水质，过少则造成亲虾摄食不足而自相残杀，导致亲虾培育失败。每日投饵2次，8:00—9:00投全天量的40%，投于池水较深处；下午投全天量的60%，投于池水较浅处。投饵按照"四定"要求，饵料要求新鲜无霉变。三是加强水质管理，根据小龙虾蜕壳具有周期性的特点，每隔7~10天冲水1次，15天左右换水1次，以刺激亲虾性腺成熟；水深控制在80 cm左右，并保持水深的稳定，利于水温升高；每15天全池泼撒生石灰一次，每次每亩10 kg，增加池塘钙质。通过以上方法，人工诱导小龙虾同步、自然蜕壳交配产卵。

### （三）亲虾繁殖

受精卵附着在雌虾腹部的刚毛上进行孵化。雌虾通过摆动尾柄促使腹部水体流动，保证受精卵孵化所需的溶氧。孵化出的幼虾仍附着在雌虾的刚毛上，靠自身的卵黄囊中的营养生长，待能主动摄食后离开母体自由生长。此时应该及时将亲虾用稀眼地笼或抄网起捕上市，防止亲虾捕食幼虾，随后转入幼虾培育。

## 二、规模化人工繁殖

### （一）场地选择与准备

规模化繁育场配套设施齐全、设计合理。选择圆形水泥产卵池，每个直径9 m，配有遮阳保温的棚架结构。用10~15 mg/L高锰酸钾溶液消毒清洗，进排水口加装乙烯过滤网片，防止小龙虾攀附逃逸和敌害生物入池。池蓄水深0.8~1 m，并投放适量干净已消毒处理的水葫芦、轮叶黑藻、水花生等。

#### 1. 亲本的引进与培育

天然水域收集用地笼捕捞的野生纯正、优质小龙虾，筛选规格在8 cm/只、18 g左右，按雌雄分别放入两个产卵池内，实行雌雄虾分开培育，放养前先用水反复喷淋虾5~10分钟，再经3%食盐水浸浴2~3分钟，以杀灭病原体，投放密度为50~60只/m²。培育期间，用黑色遮阳网全天24小时遮光，控制光照、水温，可投喂豆饼、麦麸和蛋白质含量较高的专用人工配合饲料，同时尽量多添加一部分动物性饲料，如切碎的螺蚌肉、鱼肉及屠宰场的下脚料等。日投喂量为亲虾体重的5%~7%，每天早、晚各投喂一次，以傍晚为主，占日饵量的70%。同时加强水质管理，保持水泥池水质良好，采取微流水方式，一边从上部加进新鲜水，一边从底部排除老水，并每6~10天换注新水一次，每次换水2/3，必要时晚上用小型增氧泵增氧来刺激亲虾的性腺，以促进亲虾性腺发育成熟。

### （二）成熟亲本的选择与交配

根据所在地的气候和气温变化，选择成熟度较好的亲虾用来交配，雌虾尽量要求卵巢呈茶色或棕黑色，可从其头胸甲与腹部的连接处进行观察。如果亲虾全部成熟，捕捞出全部小龙虾，从强化培育后的小龙虾亲本中，按雌雄比例2：1，筛选体重40 g左右、颜色鲜亮、附肢齐全、健康无病、活动力强的成熟小龙虾供配组，平均分放在两个产卵池，投放密度为50~60只/m²。此时加大水流，加升水位至1.1~1.2 m，每天早晚采用逐步排干池水、注入新水的方法换水一次，来刺激亲虾的性腺，促进亲虾交配，并每天傍晚投喂一些切碎的螺蚌肉、鱼肉等，日投喂量6%～8%。每次交配时间一般在10～30分钟。

### （三）蜂窝状人工巢穴制作与安置

选用直径10～12 cm楠竹，在竹节处锯成50 cm左右长度的竹筒，竹筒要求一端留有竹节，并在其中间开一个直径为0.5 cm左右的小孔，另一端如有竹节须打通，把25个竹筒捆绑在一起为一组，竹筒口朝一个方向呈蜂窝状，并作消毒处理。在每个池内安置蜂窝状人工巢穴60组，以圆形产卵池的中心为点，蜂窝状洞口方向朝外，并呈梅花状排列，必要时放些砖头压住，两个池共120组，每组有25个洞口，能让已交配的雌虾不消耗体力、不用挖洞直接栖息。

### （四）产卵与孵化

在产卵孵化过程中，采用微流水的方式，一边从上部加进新鲜水，一边从底部排除老水。雌虾排卵受精行为均在洞穴中进行，几天后开始陆续出现抱卵虾，尾扇弯于腹下保护卵粒，受精卵为紫酱色，黏附于腹部游泳肢的刚毛上，大部分虾抱卵后，排放部分池水，用抄网捞出雄虾和未产卵的雌虾，并随机抽样检测，平均抱卵量200～300粒，雌虾产卵率96.7%，受精率高达98.4%。近一个月后，有抱卵虾开始陆续离开洞穴，排放幼虾，此时加大水流，提升水位至1.1 m左右，每天晚上换注新水一次，幼虾一离开母体，就能主动摄食，独立生活。当发现繁殖池中有大量幼虾出现时，应及时采苗，进行虾苗培育。

# 第三节　苗种培育技术

幼虾孵化后在母体保护下发育生长，离开母体就能主动摄食，当发现有大量幼虾出现时，应及时采苗，放入虾苗池进行强化培育。稻田小龙虾苗种培育基本按照成虾养殖进行，在此就不赘述。

## 一、池塘培育

### （一）虾苗池条件

虾苗池要求靠近水源，水量充足，水质清新，进、排水方便。面积以667～2 000 m² 为宜，坡比1：2，水深0.6～1.0 m，设有防逃设施，清塘消毒、栽植水草等方法基本与亲虾池相同。

### （二）投施肥料

为了使虾苗入池后能及时摄食到天然饵料，应在虾苗放养前10～15天向池内投施发酵后的有机肥，投施量为100～200 kg/亩，促进水底生物滋生。

### （三）虾苗放养

幼虾放养量一般为10万～15万尾/亩，同一池中放养的幼虾规格应保持一致，并选择在晴天早晨或阴天投放。

**（四）饲养管理**

放养后第一周，可投喂豆浆，每天喂3～4次。从第二周开始，以投喂切碎的小杂鱼、螺蚌肉、屠宰下脚料等动物性饲料或虾苗专用配合饲料为主，适当搭配玉米、小麦、鲜嫩植物茎叶等混合粉碎加工成的糊状饵料，早、晚各投喂1次，以晚上投喂为主，占日投饵量的70%。早期每万尾幼虾日投喂0.25～0.40 kg，以后按池内虾体重的10%左右确定日投喂量。具体投喂量应根据天气、水质和虾的摄食量灵活掌握。虾苗培育过程中，每7～10天换水1次，每次换水20%～30%。每15～20天用1次生石灰调节水质和增加水中钙离子的含量，以满足虾苗蜕壳生长对钙质的需求，生石灰的用量为10 kg/亩左右，兑水化浆全池泼洒。适时开启增氧设备，保持池水溶氧充足。经过25～30天的强化培育，虾苗蜕壳5～8次，体长可达3 cm左右，此时即可转入成虾池养殖。

## 二、工厂化培育

工厂化育苗为高密度育苗，采用流水或充气结合定期换水以维持虾苗良好的生长环境，是一种比较现代化的育苗方式，能大量提供苗种。但设备投资大，人工控制程度高，有条件的地方可以应用。

**（一）育苗设施**

首先要有一定规模的育苗室。室内建有亲虾暂养池、交配产卵池、孵化池、育苗池、供水系统、供气系统，必要时还应设供暖系统和应急发电设备等。所有管道要尽量使用塑料制品，防止某些重金属离子对虾类的毒害。其次，也可利用现成鱼类人工繁殖场的产卵池、孵化环道、鱼苗暂养水泥池等设施进行虾苗的繁殖和培育。但这些设施一般都是露天的，最好在上面搭遮阴棚，避免阳光直射和雨水侵入，以免影响育苗效果。

**（二）亲虾暂养**

从野外收集的亲虾在交配产卵之前宜放养在室外暂养土池中，暂养池以1亩左右为宜，每亩可放养亲虾50 kg，雌雄按4∶1放养，池中还应敷设供小龙虾栖息隐蔽的虾巢。暂养池要保持水质清新、溶氧5 mg/L以上。暂养期间宜适当投喂些螺、蚌肉，减少虾的互相残食。为保证小龙虾产卵的同步性，放入暂养池的雌虾应逐个挑选，把头胸部背面卵巢的大小和颜色一致的雌虾放养于一个池。

**（三）抱卵虾孵化**

定期检查抱卵虾卵子的发育情况，一旦卵子由橘黄色变成灰褐色时，即可把抱卵虾全部捕起，放进虾苗孵化池的网箱中。网箱的网目大小能使虾苗穿过，直接进入池中。每立方米水体放养体长5 cm左右的抱卵虾50尾，可出苗10万尾左右，待虾苗全部孵出后，即可挪走网箱及亲虾，进行虾苗培育。也可在孵化池集中孵苗，然后将虾苗分养到育苗池。这时每立方米孵化池可放养抱卵虾150～200尾。抱卵虾放入孵化池后应连续充气或放缓流水，保证氧气充足。待虾苗全部孵出后，按每立方米水体5万～10万尾移入育苗池。

**（四）虾苗培育**

孵化后第三天的虾苗（蚤状幼体）即开始摄食。开始可投喂从池塘中收集来的轮虫、枝角类和桡足类的浮游动物，使每升水中有1 000～2 000个浮游动物，每天上下午各投1次。这些浮游动物从开始到结束可全期投喂，只是越到后面投喂量越大，每天投5~6次。育苗开始5天还应适当投喂煮熟的鸡蛋黄。将蛋黄在水中弄碎成悬液，并经100目筛绢过滤，然后按每立方米水体5 g蛋黄均匀泼洒入池，由于蛋黄颗粒易沉入水底，所以投喂速度要慢。

大量培育虾苗时，应用专门池塘采取"发塘"的方法培养浮游动物。即先将池水抽干，除去野鱼，暴晒1星期，施基肥，每亩施猪粪或牛粪500 kg，加水至1 m深，并捞些枝角类、桡足类放入池中，7~10天就可形成生物量的高峰，此时可用大型浮游生物网过滤收集，作为饵料。

虾苗培育10天后，体长达5~6 mm，除投喂浮游动物外，还辅以鱼粉和黄豆粉，每天投喂4次，每次每平方米水面投5 g左右。

育苗过程中要不断换水或连续充气，保持溶氧接近饱和。每平方米水底应设1个散气石。充气量以使水面出现涌水为度。充气育苗每天还需定期换水，每天换水率初期为30%、中期为60%~100%，后期为150%~300%。

换水可采用虹吸方法，用直径5 cm的橡胶管，进水一端的橡胶管应插于由150目筛绢做成的网箱里，以防虾苗和饵料生物被吸走。

不管流水育苗池还是静水充气育苗池每日必须排污1次，也采用虹吸方法，但所用的橡胶管不能太粗，否则会将虾苗吸出。一般可用直径2.5 cm的橡胶管，一端套于竹竿的一头，便于在池底随意移动。应在池底按顺序移动，尽量把污物排尽，不留空白。排污应在换水之前结合换水进行。

在整个育苗过程中要经常观察，检查虾苗生长发育是否正常，吃食情况，水体中饵料多少，虾苗有无疾病，并在显微镜下观察虾胃的饱和程度。可用1个100 mL左右的广口瓶，缚于竹竿上，采水样进行观察。

有条件的单位还应定期测定育苗池水的理化性质，主要测定溶氧、氨氮、硝酸氮、亚硝酸氮、pH值和水温等。做好记录，便于指导生产和总结经验。

经过30天左右的培育，可捕起改为成虾养殖。起捕之前必须彻底排污1次，降低水位，用密网起捕，最后将池水排出，并在排水口安装集苗网箱，收集虾苗。起捕的仔虾应立即放养于清净水质的网箱里，保持连续充气。待全部仔虾起捕完毕后，及时进行分养。

# 第四节　成虾养殖技术

## 一、池塘养殖

### （一）池塘条件

**1.水源水质**

养殖池塘靠近水源，水量充足，水质清新，无工业、农业和生活废水污染。

**2.池塘选择**

池塘面积以10亩左右为宜，形状以长条形为佳。宽阔方形的塘口中间地带空间利用率不高。长条形的塘口池塘坡度长，可增加小龙虾爬行坡面面积，为小龙虾提供一个更适宜的生长和繁殖环境。

**3. 塘口建造**

将小型塘口开挖成池深为1.5～2.0 m，四周建成平台（浅水区），台面高为30～40 cm，水深为0.7～1.2 m；中间开挖6～8 m的水沟（深水区），沟深为1.0～1.5 m，沟坡比为1：3.0～1：2.5，水深为2.0～2.5 m。面积较大的塘口应根据实际大小、形状制定改造方案，可开挖平行水沟及"日、回、井、田"字形水沟，也可在塘口中间做埂。对于宽度较大的塘口，可在池中间构建平台，在平台上做几个露出水面的泥土堆（"救命岛"）。

**（二）防逃设施**

小龙虾具有昼伏夜出的特性，攀爬和掘洞能力较强，通常选择夜晚或雨天"潜逃"。因此养殖期间必须设置"水岸联防双保险"的防逃设施。

**1. 水上防逃网**

用1 m高的尼龙网片在池坡四周水位线处制作围栏形成水上防逃网，以阻止小龙虾掘洞"潜逃"，这种防逃网还可起到提高小龙虾起捕率和保护池堤的作用。制作方法是将网片下缘埋入土下40～50 cm，在网片上缘缝制一条宽30 cm的硬质塑料薄膜形成内侧倒挂，在围栏外侧用木（竹）桩固定，桩间距为2 m左右。

**2. 岸上防逃墙**

用60 cm高的硬质钙塑板包围池埂四周形成岸上防逃墙（四角做成圆弧形，防止小龙虾沿夹角处攀爬出池），以防小龙虾越埂"潜逃"。制作方法是将钙塑板下端埋入池埂土下15 cm左右，在钙塑板的外侧用木（竹）桩固定，桩间距为1.0～1.5 m。

**（三）生态环境**

**1. 清塘晒塘**

养殖周期结束后排干池水，铲除并焚烧池边杂草，以杀灭草种和虫卵。挖除池底过多淤泥，保留淤泥10～20 cm。之后晒塘20～30天，使池底呈龟裂状，增加透气性，加速底泥有机质的氧化，减少有害有毒物的积累和养殖病害的发生。

**2. 灭菌杀野**

酸性底质塘口使用生石灰、碱性底质塘口使用30%的漂白粉干法灭菌杀野，用量分别为75 kg/亩和13 kg/亩，要求全池泼撒，到边到沿到底，不留死角，以消灭病原菌、寄生虫（卵）和杀除野杂鱼等敌害生物。

**3. 水草栽种**

在小龙虾养殖池中栽种的水草以沉水和漂浮植物为主，以挺水植物为辅。沉水植物的主要品种有：伊乐藻、轮叶黑藻、苦草、菹草、马莱眼子菜、金鱼藻等；漂浮植物主要品种有：水葫芦、水花生、水浮莲、浮萍等；挺水植物的主要品种有：芦苇、茭白、慈姑、香蒲等。一般选择栽种复合型水草，即在浅坡处栽种伊乐藻搭配轮叶黑藻，深水处栽种苦草适当搭配水花生。池中水草的覆盖率应达50%～60%。水草过多时应人工割除，不足时则以水浮莲、浮萍作补充。

**4. 施肥培藻**

小龙虾养殖池塘需要采取施肥来培育有益藻类，通过藻类的生长繁殖来维持水体溶氧和控制富营养化,保持池水水质的"肥、活、嫩、爽、稳"。一般于放苗前7~10天向池内投施生物肥水王(主要成分:海洋生物提取液、复合因子、多糖及藻类促进因子),用量为0.8~1.0 kg/亩,以有效促进单胞藻的生长繁殖,定向培育优质藻类(硅藻和绿藻),使之迅速繁殖为优势种群。以后每隔10~15天追施1次富藻素(主要成分:有机质、益生素、多糖、氨基酸及N、P、Ca、Mn、Fe等微量元素),用量为1 kg/亩左右,以增加水体中藻类、枝角类、轮虫等基础饵料生物的繁殖速度和密度,促进小龙虾健康生长。

**5. 投放"调水鱼类"**

小龙虾养殖池内还可以通过投放适量的鲢、鳙鱼种或细鳞斜颌鲴鱼种来调节水质。利用鲢鱼摄食浮游植物和鳙鱼摄食浮游动物的特性,有效控制池水肥度,改良水质。鲢、鳙鱼种的投放规格为100~200 g/尾,投放量为50~80尾/亩。利用细鳞斜颌鲴摄食池中的固着藻类、植物碎屑、腐渣腐泥等特性,改良水质和改善底质,营造良好的养殖环境。细鳞斜颌鲴鱼种的放养规格为7~8 cm,密度为100尾/亩左右。

**(四)苗种放养**

小龙虾苗种放养至关重要,放养成功就等于整个养殖成功了一半。池塘养殖小龙虾的苗种放养方式主要有2种。

**1. 春季放养虾苗**

于春季(2~3月)直接放养体质健壮,体色亮丽,肢体完整,活动力强,无伤无病的优质苗种进行养殖。一般虾苗的放养规格为3 cm左右,密度为8 000~10 000尾/亩。虾苗通常是一次放足,但也可以选择分期投放虾苗,每期放苗间隔时间为15~20天。养殖过程中实行轮捕与轮放。即不断起捕达到30 g以上大虾上市销售,将规格较小的虾留在池内继续养殖并及时补放虾苗,以获得更高的养殖产量和效益。

**2. 秋季放养虾种**

于秋季(8—10月)放养体质健壮、个大肉实、雌雄来自不同水域(避免近亲交配)、规格为30~40 g/尾的种虾(亲虾)进行自繁自养。自繁虾苗无须装车运输,放养成活率较高。8~9月放养虾种的雌雄比例可按2:1~3:1进行配比,投放量为40~50 kg/亩。10月可放养抱卵虾,放养量为30~35 kg/亩。虾种放养前,放开水上防逃网,在池塘常年水位线以下20~30 cm范围内,用直径3~4 cm的木棍向下呈倾斜45°角打造辅助人工洞穴,深度为30 cm左右,密度为5~8个/m。洞穴打好后,再将虾种放入池内,经过1~2个月的精心培育,池中就可以见到育成的虾苗,若密度过高可进行分池养殖。待翌年4—5月用虾笼或地笼网将虾种捕出销售,留下虾苗继续成虾养殖。

上述虾苗、虾种放养前需用3%~5%的食盐水溶液药浴消毒10~15分钟,以杀灭体表病原菌及寄生虫。

**(五)养殖管理**

**1. 投喂管理**

水温达10 ℃以上时小龙虾即可摄食。2—3月为仔虾和幼虾生长阶段,小龙虾以摄食池中的腐殖质、有机碎屑、着生藻类、浮游动物、水生昆虫幼体等天然饵料为主,辅喂部分蛋白含量为40%以上的破碎配合料。配合料每天傍晚投喂1次,投喂量为池虾总体质量的2%左右。4月为小龙虾的快速生长期，以投喂配合饲料为主，投喂配合饲料的蛋白含量为36%~38%，日投喂2次，分别于上午（8:00）和下午（17:00）各投喂1次，投喂量为池虾总体质量的3%~4%。另外，每天日落后可辅喂部分鱼、螺、蚬、蚌肉等动物性饵料，投喂量为池虾总体质量的6%左右。5—6月为虾的养成期，为提高规格，增加产量，仍以投喂配合饲料为主，投喂配合饲料的蛋白含量为35%左右，日投喂3次，分别于7:00、14:00和17:30各投喂1次，投喂量为池虾总体质量的5%~6%。另外，每天傍晚日落后可辅喂部分鱼、螺、蚬、蚌肉等动物性饵料，日投料量为池虾总体质量的8%左右。7—8月天气炎热，水温较高，可采用配合饲料、杂鱼、豆饼和玉米等轮喂，以提高小龙虾的消化酶活性，促进生长。一般采用3~4种饵料4~5天一轮回的投喂方式，即：前2~3天投喂配合饲料，之后投喂1天杂鱼，再投喂1天豆饼或玉米。日投喂2次，分别于早晨和傍晚各投喂1次。投喂配合饲料的蛋白含量为30%~32%，投喂量为池虾总量的3%~5%。杂鱼的投喂量为8%~10%、豆饼或玉米的投喂量为4%~6%。9月以后天气转凉，水温降低，小龙虾重新进入快速生长期，此时以投喂配合饲料为主，辅喂部分鱼、螺、蚬、蚌肉等动物料。投喂配合饲料的蛋白含量为35%左右，日投喂3次，7:30、14:30投喂配合饲料，投喂量为池虾总体质量的5%~6%；日落后投喂动物性饵料，投喂量为6%~8%。

养殖全程中，具体的投喂量应根据池虾的摄食、生长、蜕壳、病害及季节、天气、水质、水温以等情况综合考虑，灵活掌控。一般以第2天投喂前基本吃完无剩余为宜。

2. 水质管理

每星期加水1次，每月换水1次。每次加水20 cm左右，保持池水清新；每次换水30%，保持池水透明度为30 cm左右。适时开启增氧机或抛撒粒粒氧、增氧灵等增氧剂，保持池水溶氧在5 mg/L以上，让池虾在享受"氧调"的情况下快乐生长。

每半月泼洒1次微生态活水素（主要成分：枯草芽孢杆菌、光合细菌、植物乳杆菌、酵母菌、氨基酸、消化酶等），用量为200~300 g/亩，以有效去除水中有毒有害物质，稳定pH值，改良水质。

每月泼洒1次生态修复改底剂（主要成分：除臭分解剂、氧化剂、吸附剂、微生物菌种、解毒解热调节剂、有机螯合物、微量矿物元素），用量为350~500 g/亩，以有效吸附和分解氨、氮、硫化氢、亚硝酸盐等有毒有害物质，减缓池塘老化，改善修复池塘底部生态环境。

3. 防病管理

在养殖生产过程中，应遵循"无病先防、有病早治、以防为主、防重于治"的原则，采取积极预防措施控制虾病的发生和蔓延，确保小龙虾健康生长。

每半月全池泼洒1次24%的溴氯海因进行水体消毒，用量为130~150 g/亩，以杀灭水体中的有害菌、芽孢等，控制病原微生物的大量滋生。

每10~15天泼洒1次60%的二氯异氰尿酸钠进行食场消毒，药液配制浓度为0.5 g/m$^3$，防止食场水域细菌的大量滋生。

每半月全池泼洒1次30%的漂白粉或8%的溴氯海因，用量分别为1.0~1.5 kg/亩和250~300 g/亩，预防细菌病。

每月投喂1次用菌毒杀星（主要成分：黄连、黄芩、黄柏、大黄、栀子、地锦草、大青叶、金银花、鱼腥草、免疫增强剂）制成的药饵，每100 kg饲料用量为400～500 g，每次连喂3～4天，预防肠炎病。

每月全池泼洒1次硫酸铜和硫酸亚铁合剂（硫酸铜和硫酸亚铁比例为5：2），用量为450 g/亩，预防寄生虫病。

在虾疾防治过程中，应选用高效低毒、生态环保、价格低廉的药品，按照药品使用说明的要求，精确计算好用药量，全程严禁使用晶体敌百虫、敌杀死等菊酯类、有机磷类药物，避免发生意外。

## 二、稻田养虾

### （一）田间工程

#### 1. 稻田养虾水沟的开挖

在选择用于养虾的稻田时，应选择水量充足、水质良好、保水能力强、无污染、排灌便利、面积适中的稻田。稻田养虾水沟一般上宽4～6 m，下底宽2 m左右，沟深1.5 m；在稻田边留1 m宽的收虾平台，再筑0.4 m左右的围埂；另一边田埂要求高出稻田1 m左右，宽2 m。如果稻田面积在7 hm²以上，还要根据实际情况在稻田中间开挖"十"字形或"川"字形沟，沟宽1 m左右、深0.8 m左右。高处留好进水口，低处留好排水口。

#### 2. 清杂和消毒

虾田无论新旧都要做好清除杂鱼和消毒工作。具体方法：先排空田水，晒田10天左右，然后用生石灰或茶饼450～750 kg/hm²均匀撒遍整个池塘，以杀灭田沟中的杂鱼、田螺、钉螺等；再种植水草，2～3天后进水。进水口用密眼网过滤小杂鱼，以防止小杂鱼进入。

#### 3. 种草

在水沟池中种植轮叶黑藻、苦草、金鱼藻等沉水性水草，以利于小龙虾生长繁殖。水草覆盖面积以占整个水面的30%左右为宜，每窝距离6～8 m较合适。为了保持虾沟内的水流畅通，水草应当尽量零星、分散。此外，为了防止小龙虾逃逸，应当在虾沟四周用水泥板、石棉瓦、塑料薄膜等建起防逃墙。

### （二）虾苗投放

小龙虾在放苗前需要进行试水，否则不能直接放虾。1年当中有2个时段可以进行放虾操作。一是9月上旬，在稻谷收割后将种虾投放在稻田中，种虾放养量应当根据稻田的养殖情况而异。通常情况下，以投放种虾300 kg/hm²为宜，其中种虾个体应当在40 g以上，雌雄比例以3：1为宜。二是在水稻插秧后（通常在每年5月），在稻田中投放体长为2～4 cm的幼体虾，投放量为450 kg/hm²。所投放的幼虾质量要高，规格尽量保持一致，并一次性放足。虾苗的投放宜选在阴天或晴天早上，并用3%～4%食盐水浴洗10分钟后再进行投放，以达到消毒效果。

### （三）日常管理

#### 1. 巡田

早晚各巡田1次，重点观察沟内小龙虾的活动、吃食、生长情况以及沟内水色等环境变化情况。此外，水稻晒田、用药时应关注小龙虾的动向。其中，晒田应当轻烤，勿将水完全排干，以水位降到田面露出即可，晒田时间不能过长，如小龙虾出现异常反应时要及时注水。由于小龙虾对很多农药敏感，因而稻田用药的原则是能不施药尽量不用，如必须用药时则选择高效、低毒、低残留的药剂，不能使用含有聚酯类的杀虫剂，以免毒杀小龙虾；用药时间以下午为宜。此外，在用药时要控制用药浓度，以确保不影响小龙虾的正常生长发育。用药前需在田内加注20 cm水层，待用药后及时换水。

2. 饲养管理

对用于饲养小龙虾的稻田要施足基肥，以实现肥力长效持久的目的，且基肥应以腐熟有机肥为主，禁止施用对小龙虾有害的碳酸氢铵或氨水等化肥。此后追肥以每月进行1次为宜，追施复合肥150 kg/hm²、尿素75 kg/hm²。追肥前应先排水，使小龙虾集中于田沟、环沟中，然后进行追肥，追肥后随即将水位复原至施肥之前。通常情况下，稻田养虾无需投喂食物，但为了提高小龙虾的产量与质量，可在其生长旺盛时投喂适量经锤碎的螺、蚌及屠宰厂的下脚料等，其中8—9月以投喂植物性饲料为主，10—12月多投喂动物性饲料。每年3—9月为高温季节，需要对稻田进行换水，以每10天换水1次为宜，每次换水1/3左右；为了调节田内水质，每20天泼撒1次生石灰。此外，注意做好日常巡田、防汛、防逃工作，如沟内水生植物较少时应及时补放，在大批虾蜕壳时不冲水、不干扰。

**（四）商品虾捕捞**

通常情况下，幼虾投放之后经过2个月的饲养便会有小龙虾陆续达到商品规格，通过捕大留小、长期捕捞的方式实现降本增效的目的。2—3月放养的幼虾捕捞高峰期在9—10月；9—10月放养的种虾捕捞高峰期通常在翌年5—6月。将达到商品规格的小龙虾捕捞销售之后，稻田内小龙虾密度会降低，这给小规格的小龙虾创造了更好的生长环境。通常情况下，采用地笼、虾笼起捕效果较好，也可以用抄网在虾沟中来回抄捕。在稻谷收割前将田内水排干，可将小龙虾全部捕获。

**（五）养殖模式选择**

稻虾连作和稻虾共作是小龙虾稻田养殖的两种模式。稻虾连作是指稻田中种植1茬稻谷之后饲养1茬小龙虾，如此循环下去。其优点在于稻虾连作可选择中稻品种，插秧季节较早，给后茬小龙虾的生长提供更长的生长周期。晚稻收割季节迟，不利于稻谷收割后投放种虾，此时的种虾已过最佳繁殖期。此种养殖模式是选择中稻品种，种一季稻谷，待稻谷收割后立即灌水，投放小龙虾种虾300 kg/hm²，到翌年5月中稻插秧前将虾全部收获。稻虾共作是指在稻谷种植的同时进行小龙虾饲养，此时需要辅以人工措施实现稻虾共生，以有效提升单位面积稻田经济效益产出。稻虾共作是可行的，这是因为小龙虾对饲养场地及水质要求不高，并且我国很多地区已经具有稻田内养鱼的经验，为稻虾共作提供了基础。早稻、中稻、晚稻均可用于稻虾共作，优选抗倒伏的水稻品种，并且插秧时最好用免耕抛秧法。在稻田中饲养小龙虾在某种程度上对稻谷的生长发育起到了积极的促进作用，因为小龙虾能够有效发挥除草、除虫的作用，减少农药使用量，降低生产成本。一般稻虾共作可增加水稻产量5%～10%。在8—9月放种虾300 kg/hm²或3—4月放3～4 cm的幼虾450 kg/hm²，在稻谷生长期可增产小龙虾750 kg/hm²；在不种冬播的情况下连续养虾，可增加虾产量1 500 g/hm²，1年共产虾2 250 kg/hm²。

### 三、网箱养虾

在河道、湖泊等流水水域中进行网箱养小龙虾是个有前途的方法。水质清新，溶氧丰富，对小龙虾的生长十分有利。一些地区和单位进行的网箱养虾试验结果表明，网箱养虾是有发展前途的。

#### （一）场址选择

设置网箱养虾的地点通常选择在水质清净，上游无工业污水流入的区域，水深不少于2 m，最好选在湖湾或河口水流缓慢、风浪小的地点，要避开交通要道。水的pH值7～8.5，硝酸盐和亚硝酸盐的含量分别不高于20 mg/L和0.1 mg/L。

#### （二）网箱设置

网箱为长方形，用聚乙烯网布做成浮式敞口箱。每口网箱面积以20～30 m²为宜。网箱高度1.5～2.0 m，入水深度1～1.5 m。水面上网箱高度保持0.5 m。

#### （三）苗种放养

网箱养虾一年可以生产两茬，即12月至翌年7月为第一茬，放养后期繁育的规格为0.6～1 g/尾的幼虾；第二茬为7—11月，放养6月繁育的仔虾。

第一茬每平方米网箱放养幼虾500尾左右；第二茬每平方米放养幼虾600尾左右。

#### （四）虾巢设置

为了提高网箱养虾的水体利用率，箱内应设供小龙虾栖息隐蔽的虾巢。如在水中悬挂一定数量的杨树根须束、树枝束等，在水面放养水葫芦、水浮莲等浮水植物，可以减少小龙虾的互相残食，幼嫩的根须又可作为小龙虾的补充饵料。

#### （五）投饵

网箱养虾不同于池塘养虾，网箱中缺乏天然饵料。因此，网箱养殖小龙虾的饵料全靠人工补给。饵料的多样性、全面性就显得十分重要，动物性饵料更不可缺，饲喂小龙虾的饵料最好是含蛋白质35%以上的配合颗粒饵料。定期投喂螺、蚬、蚌肉。每天投喂量为箱存虾重的5%～8%。

#### （六）养殖管理

经常清洗网箱的网衣，保持网目的通透性，维持水体交换，是日常管理的重要内容。清理箱底残饵污物，清洗虾巢，防止水质有机污染是提高小龙虾食欲，促进生长的重要措施。还要经常检查网箱有无破损，防止水鼠危害。

# 第五节　病害防治技术

### 一、黑鳃病

#### （一）症状和病因

小龙虾的鳃先由微红色变为褐色或淡褐色，而后逐渐变成黑色，引起鳃部萎缩，功能逐渐退化。患病的虾常浮出水面或依附水草露出水外，行动缓慢呆滞，最后因呼吸困难而死。小龙虾黑鳃病病因有水质污染严重、饲料中缺乏维生素C等。

**（二）防治方法**

（1）放苗前，用生石灰等彻底清塘消毒。

（2）确保池水清新，溶氧充足，并及时清除池中残饵和杂物。

（3）用0.2～0.3 mg/L浓度的高锰酸钾溶液全池泼洒消毒。

（4）发病期间，用1 mg/L浓度的漂白粉全池泼洒，有一定疗效。

（5）用2～3 mg/L的二氧化氯溶液浸浴5～10分钟，连续3～4次有效。

（6）发病期间，施用溴氯海因粉（水产用）100 g/（亩·m）或聚维酮碘溶液（水产用）250～300 mL/（亩·m），全池泼洒。隔日用黑底速消或速效底改全池均匀撒施，即可达到防病效果。

## 二、甲壳溃烂病

**（一）症状与病因**

该病是由几丁质分解细菌感染而引起的。感染初期病虾甲壳局部出现颜色较深的斑点，后斑点边缘溃烂、出现空洞。严重时，出现较大或较多空洞导致病虾内部感染，甚至死亡。

**（二）防治方法**

（1）运输和投放虾苗虾种时，不要堆压和损坏虾体。

（2）饲养期间饲料要投足、投均匀，防止虾因饵料不足相互争食或残杀。

（3）发生此病，每亩用5～6 kg的生石灰全池泼洒，或每立方水体用2～3 g漂白粉全池泼洒，可以起到较好的治疗效果，但生石灰与漂白粉不能同时使用。

## 三、烂尾病

**（一）症状与病因**

该病是由于淡水小龙虾受伤、相互残食或被几丁质分解细菌感染而引起的。在感染初期病虾的尾部由水泡，导致尾部边缘溃烂、坏死或残缺不全。随着病情的恶化，尾部的溃烂由边缘向中间发展，严重感染时，病虾整个尾部全烂掉。

**（二）防治方法**

（1）运输和投放虾苗虾种时，不要堆压和损坏虾体。

（2）饲养期间饲料要投足、投均匀，防止虾因饵料不足相互争食或残杀。

（3）发生此病，每亩用5～6 kg的生石灰全池泼洒，或每立方水体用15～20 g的茶麸浸泡液全池泼洒。

## 四、出血病

**（一）症状与病因**

该病是由于产气单胞菌引起。病虾表面布满形状各异、大小不一的出血点，尤其在肢体及腹部。同时，病虾伴有肛门红肿的现象，一旦发生出血病的感染，病虾将会在短时间内死亡。

### （二）防治方法

（1）发现病虾要及时隔离，并对虾池水体整体消毒。水深1 m的池子，每亩用生石灰20～25 kg全池泼洒，最好每月泼洒1次。

（2）发现病虾要及时隔离，并用聚维酮碘溶液（水产用）250 mL/（亩·m）或特效出血止50 mL/（亩·m）全池泼洒，病情严重可以隔日再用1次。

（3）内服药物用"菌立清"，每千克饲料添加5 g拌料投喂，连喂5天，即可缓解出血病的蔓延。内服药物用五倍子按1.25～1.5 g/kg拌料投喂，连喂5天。

## 五、纤毛虫病

### （一）症状与病因

主要是由钟形虫、斜管虫和累枝虫寄生所引起的。病虾体表有许多棕色或黄绿色绒毛，对外界刺激无敏感反应，活动无力，虾体消瘦，头胸甲发黑，虾体表多黏液，全身都沾满了泥脏物，并拖着条状物，俗称"拖泥病"。如水温和其他条件适宜，病原体会迅速繁殖，2～3天即大量出现，布满虾全身，严重影响龙虾的呼吸，往往会引起大批死亡。

### （二）防治方法

（1）用药物彻底消毒，保持水质清洁。

（2）在生产季节，每周换新水1次，保持池水清新。

（3）虾种放养时，可先用1%食盐液浸洗虾种3～5分钟。

（4）采用浓度为0.5～1 mg/L的新洁尔灭与5～10 mg/L的高锰酸钾合剂浸洗病虾。

（5）用浓度为0.7 mg/L硫酸铜和硫酸亚铁合剂（5∶2）全池泼洒。

（6）用含50%的代森铵全池泼洒，浓度为0.5 mg/L。

## 六、白斑综合征

### （一）症状与病因

该病的暴发多由白斑综合征病毒所引起。病虾喜欢离开群体，空肠空胃，食量骤减。双螯足无力托举而下垂，行动呆滞、无力，经常潜伏于稻田底部不动，头胸甲与腹部甲极易剥开，内可见大量白色斑点。白斑偶显现为淡黄色，显微镜下呈现花朵状态，淋巴肿大浑浊。白斑综合征也称"五月瘟"，是目前威胁小龙虾稻田养殖的主要疾病，可防不可治。

### （二）防治方法

（1）白斑病主要以预防为主，可提早投放虾苗，提早收获，待疾病暴发时大虾已基本收获完毕。

（2）种好水草，定期加换新水，培育有益藻类生长繁殖，定期用聚维酮碘改良水质，保证水体稳定，水质良好，则病毒可被抑制。

（3）4月初至5月底投喂加有壳寡糖、酵母多糖或中草药的配合饲料，提高小龙虾免疫力和抗病能力。

（4）定期解毒调水，定期使用"解毒绿水安"250～300 g/（亩·m）或解毒降氨灵

500～700 g/（亩·m），全池泼洒，同时交替使用"黑底速消"250～300 g/（亩·m）。

（5）发病期间减少投喂，外用"三氯异氰脲酸粉（水产用）"250～300 g/（亩·m）进行全池均匀泼洒，病情严重可隔天再用1次；同时内服"氟尔康"，每千克饵料添加3～5 g，连用5～7天。

### 七、肠炎病

#### （一）症状与病因

该病主要为水体环境恶化，摄食变质饵料或者腐败冰鱼、长期摄食高蛋白饲料，肠道负荷大所致的肠道病变。发病初期，小龙虾食欲减退，活力明显下降，晚上不出来活动、觅食，环沟残饵较多，后逐渐发展为不吃食，长时间伏于底部或洞穴中直至死亡。严重时肠道肿胀、充血（部分呈深蓝色），断节，无食、无粪便，充满黏液，肠壁变薄。

#### （二）防治方法

（1）经常换水或调水，保持水质清爽，减少底部有害物质积累。

（2）投喂新鲜优质饵料，多种饵料搭配使用，切勿投喂储存时间过长，发霉变质的饵料，定期在饵料中添加三效菌，增加食欲，增强抵抗力，抑制肠道有害菌的繁殖。

（3）出现肠炎症状时，先将投喂量减少30%，全池泼洒新噬菌，控制病原菌。

## 第六节　加工食用方法

### 一、油焖小龙虾

#### （一）食材

小龙虾500 g、番茄酱、生抽、沙拉酱、葱姜蒜、料酒、糖、盐等。

#### （二）做法步骤

（1）虾剪须挑虾线；葱姜蒜切末，备用。

（2）虾入锅，大火过油至颜色变红，捞出。

（3）锅中留适量炸过虾的油爆香姜蒜末，再加3勺番茄酱炒匀。

图2.2　油焖小龙虾（图来源于网络https://baike.baidu.com/item/油焖小龙虾/1591749?fr=ge_ala）

（4）再次倒入大虾，翻炒过程中可轻压虾头，让虾黄流出。

（5）加入2勺料酒、2勺生抽、蚝油、适量糖和荆沙辣酱。

（6）再加少许水，加盖中火焖煮5分钟，收汁勾薄芡，充分颠匀后盛出，撒葱花，完成。

### 二、香辣小龙虾

#### （一）食材

小龙虾1 kg、干红辣椒，植物油，精盐，味精，酱油，白醋，料酒，生姜，大蒜，葱花，香菜末。

图2.3 香辣小龙虾
（彭仁海供图）

**（二）做法步骤**

（1）将龙虾先放在清水里养1~2天，让虾把身体里的淤泥吐净。用废弃的牙刷将龙虾洗刷干净，尤其是头部与身体连接处，很脏。根据需要可以考虑去除龙虾的头并在虾尾部背上划开一道口子扯掉黑线。

（2）在锅中放油，油烧热将虾放入过油，此时不要放盐，待虾的表面呈红色迅速捞起备用，起锅。

（3）在锅中放植物油适量，将蒜和姜放入油锅里用中火炒出香味后，把虾、八角、桂皮放入锅中加适量水用大火烹煮。

（4）水沸腾3分钟后将准备好的红辣椒、精盐、酱油、醋等作料适当倒入，焖一会儿。

（5）转中火，放适量料酒，加水至主料的一半，盖上锅盖，中火焖10分钟，待水熬成浓汁时，起锅后加葱花出锅盛碗。

喜欢吃辣口的可适当添加含有豆豉类的辣酱，味更为香辣浓郁。

## 三、蒜泥小龙虾

**（一）食材**

小龙虾1 kg、大蒜头、葱姜蒜、五香粉、料酒、白胡椒粉、生抽、盐、糖等。

**（二）做法步骤**

（1）龙虾剪洗干净，大蒜头全部剁碎成蒜泥。

（2）热锅放油，油量略多，放入葱姜爆香，然后将蒜泥放入煸炒。

（3）蒜泥煸炒片刻后，放入龙虾，略微翻炒，喷入料酒。

图2.4 蒜泥小龙虾（图来源于网络https://baijiahao.baidu.com/s?id=17012361519792623258&wfr=spider&for=pc）

（4）然后放适量水，生抽，五香粉，盐，糖，胡椒粉等，盖上盖大火烧10分钟左右，10分钟后揭盖翻动一下，盖盖再烧5分钟，出锅。

## 四、麻辣虾球

**（一）食材**

小龙虾1 kg、花椒、干辣椒、葱姜蒜、豆瓣酱、料酒、香辣酱、生抽、盐、糖等。

**（二）做法步骤**

（1）小龙虾掐去头部，抽出虾肠，用刷子刷洗干净，大蒜剥皮，生姜切大丁，花椒洗净，干尖椒剪好备用。

（2）炒锅倒比较多的油，大火烧至八成热时，下入

图2.5 麻辣虾球（图来源于网络https://baike.baidu.com/item/麻辣虾球3/7211636?fr=ge_ala）

生姜大蒜煸香，然后下入干尖椒和花椒炼出红油。

（3）待干尖椒快要变色时，下入小龙虾尾爆炒，爆至虾尾部卷起颜色变红，加入两勺盐，一大勺料酒烹香。

（4）然后加入一大勺郫县豆瓣、一小勺香辣酱、一大锅铲醋，加入半锅水炒匀，盖上锅盖大火煮沸后转中小火焖煮10~15分钟，将味汁充分收入虾仁中使其入味，等到水分差不多收干时，加少量鸡精调味，加入一大勺白糖，改大火，不停翻炒使味汁收干变得浓稠油亮均匀包裹住虾球即可。

# 第七节　养殖实例

## 一、小龙虾稻田秋季繁殖技术

河南省水产科学研究员王延晖等根据河南省小龙虾生产情况，摸清了河南省稻虾养殖多采用原位繁殖、自繁自育，连续养殖两年后，极易陷入"越养越小"的养殖困境：一是原位繁殖很难有效准确地控制存田虾的数量；二是捕大留小，导致虾苗品质下降，商品虾规格小，效益低。另外，5月是小龙虾主要病害"五月瘟"的高发期，养殖风险较大。到6月以后集中上市，虾价较低。提出了小龙虾稻田秋季繁殖技术模式：通过繁养分离、秋苗早繁的方式，可有效解决上述问题，即开辟出20%左右的稻田专门用于繁殖，培育的大规格虾苗分批放入养殖田，可以有效控制存田虾数量，实现合理饲喂。8月人工造成干旱环境，诱导小龙虾早打洞早繁殖，再加水营造优良环境孵化虾苗，通过秋季对小龙虾稻田虾苗强化培育，次年3月即可养成大规格虾苗，在病害高发期（5月以前）之前，同时是市场高价时上市，养成大虾，获得很好的经济效益。

**（一）稻田要求**

稻田面积5~30亩，要求水源充足、水质清新、无污染、进排水系统完备。环沟宽4~6 m，田面以下深0.8~1 m，坡比1:2，整个环沟面积占比不超过10%。进排水口用30目绢纱过滤，安装防逃设施，田埂四周用塑料薄膜或石棉瓦制作防逃墙，墙高不低于40 cm，基部入土夯实。利用挖出的泥土加固、加高、加宽田埂，田埂高1 m，宽1.5 m以上，田埂每加固一层泥土后夯实。

亲虾放养前，在环沟里种植两种以上水草，水草宜选择伊乐藻、轮叶黑藻等，种植面积占水面的20%左右，环沟斜坡上种植油草，稻田里施有机肥，每亩施250 kg以上。

**（二）亲虾投放与管理**

1.亲虾选择与放养

7月初，选择无损伤、无病害、体质健壮、活力强的亲虾放养于环沟中，雌雄比例为（2~3）:1，雄性个体宜大于雌性个体，放养规格大于35 g/只，放养密度为30 kg/亩。注重选购优质种虾，自留种虾可适当就近与其他稻田中的种虾交换，以防近亲繁殖、种质下降。

**2. 饲料投喂**

投喂蛋白质含量28%的专用配合饲料，同时适当投喂黄豆、麦芽，促进性腺发育，提高抱卵量。日投喂量占存量亲虾总重的3%～5%，早晚各喂1次，早上投喂30%、晚上投喂70%，投喂后以3小时吃完为准。投喂黄豆、麦芽时，减少精饲料的投喂量。入冬后水温低于10 ℃时，可不投喂。越冬后，水温达到15 ℃之前，每日投喂1次，投喂量为稻田存量虾总重的1%～4%。实际投喂还需要根据天气、水温和虾类活动情况及时调整。

**3. 水质管理**

保持稻田环沟水质清新，水体透明度保持在30 cm。根据水质情况及时换注新水，水温在26～30 ℃时也要及时加水，降低水温。定期改底、补钙。

**（三）产卵调控**

7月、8月解剖虾体1～2次，了解亲虾性腺发育情况，及时调整饲料配比，改善养殖环境，确保8月底前性腺发育至Ⅳ期左右。9月初，每天降水位20 cm，逐渐将稻田虾沟中的水放干，逼迫亲虾打洞，观察亲虾打洞情况，连续降水3天后停两天，再继续放水，直到干田。95%以上的亲虾会在埂周围及田面上打洞躲藏，保持干田15天左右，再迅速加水至最高水位，迫使小龙虾出穴。

**（四）秋苗管理**

干田后放水前，环沟内用生石灰消毒，施足基底肥，注重培养浮游生物。10月上旬，水位保持在1.5 m以上，发现水体里有虾苗后，前期投喂虾奶粉或豆浆，辅以水草根系、浮游生物等天然饵料。当虾苗规格达到1 cm，可以投喂小龙虾幼虾专用配合饲料，粗蛋白质含量30%～35%。投喂量为幼虾总重的5%～7%，早晚各投喂1次，早上投喂30%、晚上投喂70%。冬季水温低于5 ℃时可不投喂，遇晴好天气少量投喂。翌年2月底开始分批放苗种到其他养殖稻田中，放养密度6 000尾/亩左右，规格200尾/kg，水温上升到10 ℃以上时开始每天傍晚投喂1次饲料。

通过调控水位来控制稻田水温，保持稻田环境更适合小龙虾的生存和繁育。水稻收割后至越冬前，稻田水位控制在30 cm左右，越冬期保持最高水位。

**（五）收获**

10月底孵化的虾苗在翌年2月底可达到3～5 g/尾的规格，亩产150 kg左右，水温在15 ℃以上时开始下笼捕捞，出售虾苗。春苗繁育高峰期到4月中旬结束，养殖田中的虾苗捕大留小，到5月中旬集中下笼，全部捕出，清塘留待水稻种植和第二茬虾养殖。当繁殖田中80%以上的亲虾体上的幼虾脱离母体后，用地笼诱捕亲虾上市。

**（六）总结**

稻田小龙虾秋季繁殖技术的特点是"繁养分离、秋繁早苗、春养大虾、错峰上市"，通过提前繁殖、准确控制存田虾数量、合理投喂，可以在5月前养成大规格商品虾，降低了养殖风险，提高了经济效益，解决了河南省小龙虾稻田养殖产业瓶颈。

夏季小龙虾生长缓慢，病害易发，养殖效益低，利用5—8月的空闲期合理轮养耐高温的水产品种，可以大幅提高经济效益。所以小龙虾的错季节提前上市，也为开展"一季稻、两季虾"模式争取了充足的时间。但这一模式茬口衔接紧、技术要求高，相关的研究团队正在信阳地区开展这一模式的生产试验，一旦成功推广，将有效衔接和延长稻田养殖周期，推动形成具有信阳地区特色的"稻—虾生态"综合种养模式。

## 二、稻虾共作模式

江苏的陈康等在稻田中进行了小龙虾成虾高效养殖模式探索，并对相关问题进行了思考探讨，总结出了很好的经验。

### （一）稻田养殖小龙虾的好处

小龙虾具有极强的生存能力，能够在水资源充足、水质干净的环境下生存，因此是稻田养殖的首选。第一，小龙虾能够翻松土壤，提高稻田肥料分解的效率，促进水稻根系的生长，提高水稻的产量。第二，由于小龙虾没有天敌，在稻田生存的过程中还能够有效消灭稻田中的害虫，可以起到为稻田除虫的作用。第三，小龙虾能够吃掉稻田中的浮游生物，避免水中生物消耗大量的肥料，促进水稻的健康生长，而小龙虾排出的粪便还可以作为肥料供水稻吸收。第四，利用稻田养殖小龙虾，充分利用了浅水环境以及冬季闲期的特点，投入的成本低，发挥了互利共赢的效果。

### （二）稻田养殖小龙虾的准备工作

1. 稻田改造

开挖虾沟，虾沟一般呈环形，对距离有一定的要求，尽可能与田埂保持 1 ~ 2 m，沟深为 1 m 左右，沟宽控制在 5 m 以内，若稻田的面积相对较大，可以根据实际情况将宽度加宽，深度的变化需要控制在 0.5 m 以内，确保小龙虾的养殖不会妨碍水稻种植。在实际开挖虾沟的过程中，不仅可以从三面开挖，还可以根据实际情况在离水渠道近的一面开挖，使得后期能够顺利种植水稻。加固田埂，在开挖泥土时，将泥土夯实在田埂上面，不仅能够起到增高、加宽田埂的作用，还能够防止田埂出现漏水的情况。与此同时，可以将麦草类植物种植在田埂上面或侧面，这些草植不仅可以作为小龙虾的食物，同时能够避免田埂遭大雨冲刷而出现泥土流失的情况。设置防逃设施以及铺设进排水管道：在稻田的田埂以及相关的进排水管道设置防逃设置，根据稻田的实际情况安装防逃网，将其埋入地下并对其进行固定，不仅可以防止小龙虾逃脱，还能够避免鱼或其他生物进入。

2. 清沟消毒

在放养小龙虾以前，需要对虾沟进行处理。将水表面的浮土清理干净，根据实际情况修正沟壁，利用消毒剂对其进行消毒，为小龙虾提供优质的环境。

3. 种植水草

养殖小龙虾的虾沟可以适当地种植一些沉水植物，植物的种植面积占沟渠的 20% ~ 50%，同时需要进行合理布局。若采用与中稻轮作的模式，则需要在稻田上面种植 50% 以内的菹草或苦草。

4. 施肥培育水质

在放养小龙虾前一星期左右，应根据实际情况，对稻田施用特定的有机肥，可以起到培养水质的作用。与此同时，在选择养殖区域时还需要保证周遭没有受到工业区、重金属和化学药品的污染。

5. 进水

在设置进水深度的过程中，应充分考虑水草的高度，避免发生青苔暴发的现象。根据需要，将适量的粪肥添加到泥土之中，不仅能够培育水质，还能够促进生物的繁殖，为小龙虾提供天然无公害的食物。另外，随着水草的持续生长，可以在后期提高水位。

6. 投放与喂养

选择早晨或傍晚投放小龙虾，可以避免阳光直射。投放前需要将虾筐反复放入水中试水3~5次，每次持续不可超过1分钟，以保证虾苗能够适应水的温度。喂养时要保证适量、定时喂养，可以根据小龙虾的生长情况酌情投放小麦、碎玉米等。

### （三）病害的防治

虽然小龙虾的适应能力较强，但仍然需要进行相关的病害防治工作，如定期检查稻田的水质。若遇到阴雨天气，水中的含氧量不足时，应该合理地使用增氧器进行改善，保障小龙虾的正常生长。投放小龙虾前，应用食盐水对其进行浸泡消毒。合理地控制水草种植密度。在喂养饲料中适当地添加维生素，以提高小龙虾的抗病能力，保障养殖户的经济效益。

虽然小龙虾能够很好地适应稻田养殖的模式，但是在实际养殖的中还是需要做好最基本的养殖管理工作，应用合理的养殖技术，规范饲养模式。与此同时还需要根据实际情况对稻田进行清理，为小龙虾提供优质的生存环境，促使其能够顺利生长，进而提高小龙虾的肉质，保障养殖户的经济效益。

## 三、稻鳖虾共作模式

我们基于稻虾、稻鳖模式的经验总结，进行了稻鳖虾共作模式的探索，在不增加投饲的情况下，利用稻田小龙虾自然繁殖形成的天然饵料，供稻田鳖摄食，减少了鳖的投饲量，也提升了成鳖的品质，取得较好的效果。

### （一）稻田准备

选择黏性土壤，泥层深15~20 cm，保水性能好，无渗漏，水源充足，无污染，排灌方便的低洼田、塘田、岔沟田，pH值中性或弱酸性为好。田埂应高出田面40 cm左右，捶紧夯实，可用农膜插入泥中10 cm围护田埂。在进排水口要设置孔隙为3 cm左右、高45 cm的拱形篾织栏栅，防止鳖的逃逸。整块稻田要保证在汛期不被大水淹没。

在稻田一侧开挖宽2~3 m、深1~1.2 m的暂养池，暂养池面积占稻田面积的5%左右，便于以后起捕，并在暂养池一侧建4~5 m²的南北向沙滩。沿四周田埂内侧0.5~1 m处开挖环形沟，沟宽1 m、深0.5 m左右。沟池相通，方便以后起捕，沟池面积不超过稻田面积的10%。每亩稻田设置4~6个食台。

### （二）幼鳖和小龙虾放养

稻田沟池在鳖种放养前彻底清洁整理消毒，一般每亩用生石灰100 kg兑水全池泼洒。6月底待水稻秧苗返青，排干田间水，暴晒烤田，然后加水深15~30 cm即可放鳖。每每亩投放每只250 g左右的幼鳖330只，投放前用5%食盐水浸洗消毒。同时投放小龙虾成虾，每亩投放10 kg，投放前用5%食盐水浸洗消毒。

（三）日常管理

除投喂小鱼虾、玉米、小麦等饵料外，主要选用全价配合饲料。7—9月是鳖摄食生长旺季，每天早、中、晚各喂1次，日投喂量为鳖重的5%～7%；10月下旬以后投饵量要少一些，日投喂量为鳖体重的3%～5%，每天早、晚各投喂1次。

坚持每天早、中、晚各巡田1次，观察鳖的活动情况，检查水质；每星期要加注一次新水，使田间水深保持15～20 cm；高温季节在不影响水稻生长的情况下，尽量加深水位，防止水温过高。

饲养期间定期对暂养沟、环沟和田间沟泼洒生石灰消毒。水稻施用农药时尽量选择高效低毒农药，喷洒在水稻茎叶上，避免药物直接落入水中。施用农药后，及时注入新水，改善水质条件，确保对鳖没有危害。

## 参考文献

曹海鹏，温乐夫，杨移斌，2014. 克氏原螯虾源致病性豚鼠气单胞菌的分离及其生物学特性[J]. 水生生物学报，38（6）：1047-1053.

陈康，茆军，2020. 高效稻田养殖小龙虾技术模式实践与思考[J]. 动物生产（3）：47-48.

陈小忠，韩勇，李连松，等，2014. 稻虾轮作关键技术及效益分析[J]. 现代农业科技（11）：295，298.

顾红平，唐玉华，2020. 稻田小龙虾养殖技术要领[J]. 渔业致富指南，24（4）：51-54.

关云明，2022. 稻田鱼虾养殖技术研究[J]. 动物生产（11）：52.

黄富强，米长生，王晓鹏，等，2016. 稻虾共作种养模式的优势及综合配套技术[J]. 北方水稻，46（2）：43-45.

金芳华，2011. 淡水小龙虾土池半人工繁殖苗种技术[J]. 科学养鱼（10）：8-9.

李庚，何文胜，刘孟雄，2018. 小龙虾规模化人工繁殖技术试验[J]. 科学养鱼（6）：9-10.

陆专灵，唐章生，王大鹏，等，2023. 小龙虾苗种分级培育关键技术[J]. 当代水产，48（6）：78-79.

彭博文，杨移斌，艾晓辉，等，2018. 克氏原螯虾源维氏气单胞菌分离鉴定及药敏特性研究[J]. 海洋湖沼通报（4）：108-114.

王大鹏，任芳牯，唐章生，等，2021. 克氏原螯虾养殖常见病害生态综合防控技术[J]. 大众科技，23（266）：30-31.

王延晖，常东洲，2020. 稻田养殖小龙虾发病原因及病害防治[J]. 河南水产（1）：39-41.

王延晖，常东洲，赵宏亮，2020. 小龙虾稻田秋季繁殖技术[J]. 科学养鱼（8）：12-13.

吴启柏，贾宗昆，2012. 潜江市小龙虾产业化发展制约因素与对策分析[J]. 长江大学学报（自然科学版），9（1）：58-60.

夏德军，2008. 小龙虾池塘仿天然人工繁殖技术[J]. 水产养殖（1）：35.

肖宁，孔令严，周昊，等，2016. 克氏原螯虾病原弗氏柠檬酸杆菌的分离鉴定及其药敏与黏附特性[J]. 水产学报，40（6）：946-955.

徐笑娜，蒋业林，宋光同，等，2022. 稻鳖鱼虾共作亩效益过万元[J]. 科学养鱼
（11）：30-31.

杨智景，顾海龙，冯亚明，2017. 荷藕-小龙虾种养结合模式[J]. 长江蔬菜（18）：116-
117.

袁红平，李荣春，2012. 淡水小龙虾病害防治（上）[J]. 农家致富（18）：43.

袁红平，李荣春，2012. 淡水小龙虾病害防治（下）[J]. 农家致富（18）：42.

曾君，陈凤，2018. 潜江市小龙虾养殖技术[J]. 现代农业科技（5）：222，228.

张立强，李媛，魏朝辉，等，2018. 克氏原螯虾源异常嗜糖气单胞菌的分离鉴定[J]. 水
产科技情报，45（3）：55-157，161.

郑国宝，唐玉华，2019. 池塘小龙虾养殖技术关键点[J]. 水产养殖（5）：19-22.

周磊，2017. 小龙虾稻田生态繁殖技术[J]. 水产渔业，38（8）：140.

周日东，王松刚，2009. 淡水小龙虾人工繁殖技术[J]. 科学养鱼（4）：81.

朱若林，杨彩桥，蒋书东，等，2018. 克氏原螯虾布氏柠檬酸杆菌的分离鉴定及药敏分
析[J]. 安徽农业大学学报，45（4）：617-620.

第三章

# 中华绒螯蟹

河蟹，也叫毛蟹、螃蟹，学名叫中华绒螯蟹（*Eriocheir sinenais*）。在动物分类学上隶属于节肢动物门、甲壳纲、十足目、方蟹科、绒螯蟹属。该属以螯足密生绒毛而得名。其肉味鲜美，营养价值很高，据分析每100 g可食部分中，蛋白质含量为14%，脂肪5.9%，碳水化合物7%，水分71%，灰分1.8%，核黄素0.71 mg，维生素A达到5 960国际单位，热量582 kJ。此外还含有丰富的钙、磷、铁，成为深受人们欢迎的珍贵水产品，同时也是出口创汇的水产品之一。

## 第一节　生物学特性

### 一、形态特征

河蟹的背面一般呈墨绿色，腹面灰白色。头部和胸部已愈合在一起，合称为头胸部，是身体的主要部分，背部覆盖着一层坚硬的背甲（也叫头胸甲，俗称蟹斗），头胸甲呈圆方形，后半部宽于前半部；背面隆起，额及肝区凹陷，胃区前面有六个对称的突起，各具颗粒；胃区与心区分界显著，前者的周围有凹点；额宽，分四齿；眼窝上缘

图3.1　中华绒螯蟹（彭仁海供图）

近中部处突出，呈三角形；前侧缘具四锐齿，斜行于鳃区的外侧。河蟹的腹部（俗称蟹脐）共分7节，弯向前方，贴在头胸部腹面。腹部的形状，在成长过程中，雌蟹渐呈圆形，俗称团脐，雄蟹仍为狭长三角形，称尖脐，是区别雌雄的最显著的标志之一。胸足是胸部的附肢，包括一对螯足和四对步足，是行动器官，其掌节与指节基部的内外面密生绒毛，腕节内末角具一锐刺，长节背缘近末端处与步足的长节同样具一锐刺。螯足强大，呈钳状，掌部密生绒毛，雄蟹尤甚，也是区别雌雄性别的标志之一。第二至第五对胸足结构相同，亦称步足。

### 二、生活习性

#### （一）栖息地

喜穴居和隐藏石砾、水草丛中。河蟹营穴能力很强，洞穴一般呈管状，底端不与外界相通，穴道与地平面有10°左右的倾斜，穴道深处常有少量积水，使洞穴保持潮

湿。洞口与穴道直径基本一致，并与蟹体大小相宜，洞口形状呈扁圆形、椭圆形或半圆形等，穴道长40～80 cm，甚至1 m以上。河蟹从幼蟹阶段起，就具有穴居习性，穴居既可防御敌害的侵袭，又可越冬，是对自然界的一种适应。一旦中华绒螯蟹性成熟，便弃穴而去，翻堤过坝，长途跋涉，去寻找适合产卵繁殖的地方。

### （二）感觉与运动

河蟹的神经系统和感觉器官比较发达，对外界环境反应灵敏，它能在地面上迅速爬行，也能攀高和游泳。河蟹的感觉器官，尤以视觉最为敏锐，这主要是复眼的功能。河蟹也是一种昼伏夜出的动物，一般白天隐蔽在洞穴中，夜晚则出洞活动觅食。

### （三）争食和好斗

河蟹具有抢食和好斗的天性。平时会为争夺美味可口的食物而互相格斗。在河蟹分布密度较大、饵料不足时也会相互残杀。因而无论是天然捕捞或人工养殖的蟹，常会发现附肢残缺现象。在河蟹交配产孵季节，数只雄蟹为争夺一只雌蟹常凶猛格斗，经久不息，直至最强的雄蟹获得雌蟹为止。在食物十分缺乏时，久饥的抱卵蟹常取自身腹部的卵来充饥。掌握河蟹争食和好斗的习性，对于搞好河蟹的人工养殖十分重要。在人工养殖条件下，为避免和减少河蟹争食，投饵一定要多点投放、均匀投喂，动物性饵料、植物性饵料要合理搭配，确保吃好、吃饱，促进均衡生长。

### （四）自切和再生

当河蟹受到强烈刺激、敌害攻击或机械损伤时，会将残肢从基部压断，这种现象叫做"自切"。"自切"是河蟹的一种保护性适应，是河蟹逃蜕敌害的有效方法。而数天后，在肢体断落处会长出一个半球形的瘤状物，继而延长成棒状，并迂回弯曲，重新长出附肢来。新长成的附肢虽比原来的小，但同样具有取食、运动和防御的功能，这种现象称之为"再生"。

## 三、食性

河蟹为杂食性动物，荤素食物都吃。河蟹的动物性饵料有鱼、虾、螺蚬、蠕虫、蚌肉、蚯蚓等；植物性饵料有浮萍、水花生菜等多种水生维管束植物以及豆饼、花生饼，小麦、玉米、芝麻等商品饵料。通常河蟹偏食动物性饵料。

河蟹的食量很大，且贪食，在食物丰盛的夏季，一只成蟹可连续捕数只螺类。在河蟹接近性成熟期不仅夜晚出来觅食，有时白天也出来觅食。河蟹饱食后，除本身消耗外，多余的营养便贮藏在肝脏中，形成蟹黄。河蟹的忍饥能力也很强，健康的蟹10天或更长一些时间不进食也不会死亡，这就为商品蟹的长途运销提供了条件。

## 四、年龄与生长

蜕壳不仅是发育变态的一个标志，也是个体生长的一个必要步骤。在河蟹的生命史上，蜕壳的重要意义是显而易见的。河蟹蜕壳一次，体形有明显的增长，例如，一只体长2.5 cm，体宽2.8 cm的小蟹，蜕壳后，体长增大到3.4 cm，体宽增大到3.5 cm；一只体长5.2 cm，体宽5.6 cm的大蟹，蜕壳后，体长增大到6.2 cm，体宽增大到6.5 cm，体长与体宽增加近1 cm。河蟹就是这样蜕一次长一次的，直至变为"绿蟹"，蜕壳才终止。

## 五、繁殖特性

### （一）性腺发育

河蟹是一种咸水里生、淡水中长的洄游性水生动物。亲蟹在咸淡水里交配产卵，卵经孵化发育成大眼幼体（俗称蟹苗），经河口进入淡水，在江河湖泊草荡等水域里觅食、生长发育长大，当达到性成熟时，便会千里迢迢由各类淡水水域爬向河口，进入大海，进行繁殖，这就是河蟹的生殖洄游。由大眼幼体蜕变的幼蟹，在淡水中生长16个月左右，经过许多次蜕壳，个体增长十分显著，但尚未到性成熟阶段，渔民称这种蟹为"黄蟹"，而把"黄蟹"蜕壳后性开始成熟的河蟹称为"绿蟹"。自寒露至立冬，河蟹开始生殖洄游，这一阶段性腺发育迅速。立冬以后，性腺完全发育成熟，此时的河蟹经交配，不久，雌蟹即可产卵。但是，如果外界环境条件得不到满足，卵巢就会逐渐退化。

### （二）交配

每年12月至翌年3月，是河蟹交配产卵的盛期。在水温5 ℃以上，凡达性成熟的雌、雄蟹一同放入海水池中，即可看到发情交配。河蟹还有多次重复交配的习性，甚至怀卵蟹也不例外。水中盐度只要有0.17%左右时，性成熟的亲蟹就能频繁交配，说明河蟹交配对盐度的要求并不苛刻。

### （三）产卵

交配后，一般在水温9～12 ℃，经7～16小时产出卵。卵黏附在腹肢内肢的刚毛上。卵群就像许多长串的葡萄。腹部携有卵群的雌蟹，称为怀卵蟹或抱仔蟹。河蟹在淡水中虽能交配，但不能产卵，故海水盐度是雌蟹产卵受精的一个必需外界环境条件。海水盐度在0.8%～3.3%，雌蟹均能顺利产卵，盐度低于6‰，则怀卵率降低，体重100～200 g的雌蟹，怀卵量5万～90万粒，也有超过百万粒的。河蟹第二次怀卵，卵量普遍少于第一次，只数万至十几万粒，第三次怀卵时，只数千到数万粒。

### （四）胚胎发育

在自然界中，河蟹受精卵黏附在雌蟹腹肢上发育，直到孵出为止。为时可长达4月。这主要是河蟹在越冬期低温下，胚胎可长时间滞留于囊胚或原肠胚阶段，发育十分缓慢。影响胚胎发育快慢的主要因素是水温。水温在10～18 ℃，受精卵胚胎发育可在1～2个月内完成，温度23～25 ℃，只要半个月时间幼体就能孵化出膜，但是28 ℃以上高温时，胚胎致畸或死亡。此外，受精卵必须在海水中才能维持正常发育，如中途进入淡水环境，则胚胎发育终止，并逐渐溶解死亡。

## 六、蜕皮与变态习性

蜕皮是发育变态的一个标志，整个幼体期分为蚤状幼体、大眼幼体和幼蟹期三个阶段。蚤状幼体为5期，即经5次蜕皮变为大眼幼体，大眼幼体经一次蜕皮变成幼蟹，幼蟹再经许多次蜕壳变态，才逐渐长成成蟹。

### （一）蚤状幼体

刚从卵孵化出的幼体，外形略似水蚤，故称蚤状幼体。蚤状幼体分五期：第Ⅰ期蚤状幼体全长1.5 mm左右；第Ⅱ期幼体全长1.8 mm左右；第Ⅲ期幼体全长2.4 mm左右；第Ⅳ期幼体全长3.4 mm左右；第Ⅴ期蚤状幼体全长4.1 mm左右。河蟹在蚤状幼体阶段时，个体生长发育较快，通常3～5天就可蜕皮变态一次，而每次完成蜕皮的时间十分短暂，大约只有几秒钟的时间。

### （二）大眼幼体

第Ⅴ期溞状幼体蜕皮后即为大眼幼体，大眼幼体是因一对复眼着生在长长的眼柄末端，露出在眼窗外而得名，幼体体长4.2 mm左右。

大眼幼体具有强的趋光性和溯水性，对淡水水流敏感，已能适应在淡水中生活。幼体善泳能爬。游泳时，步足屈起，腹部伸直，4对游泳肢迅速划动，尾肢刚毛快速颤动，行动十分敏捷。爬行时，腹部卷曲在头胸部下面，用5对胸足攀爬和行走。幼体杂食性，凶猛，在游泳的行进中和静止时，能用大螯捕捉食物。天然水域中捞起的大眼幼体每500 g约7万只，幼体大小整齐，抓起一把撒于桌上，幼体迅速向四方爬行，表示体质良好。

### （三）幼蟹

大眼幼体一次蜕皮变为第一期幼蟹。幼蟹体呈现椭圆形，背甲长2.9 mm，宽2.6 mm左右。5对胸足已具备成蟹时的形态。幼蟹用步足爬行和游泳，开始打洞穴居。

第一期幼蟹经5天左右开始第一次蜕壳，此后，每隔5天左右蜕壳一次，个体不断增长，体形渐近方形，宽略大于长，额缘逐渐演变出4个额齿而长成大蟹外形。

# 第二节　苗种繁育技术

## 一、亲蟹的选留与饲养

亲蟹是进行人工繁殖的物质基础，有了数量充足质量较好的亲蟹，才能保证人工繁殖得以顺利进行。

### （一）亲蟹选留的标准

通常应选择蟹体健壮、肢体齐全、爬行活跃、体重在160 g以上的二秋龄绿蟹作为亲蟹。雌雄性比可按2∶1配对。一般每千克亲蟹（包括雄蟹）可生产蟹苗（大眼幼体）0.3～0.5 kg。亲蟹选留数量可按生产能力和实际需要确定。选留时间可在蟹汛后期10—11月进行。

### （二）亲蟹的饲养管理

购回的亲蟹要经过越冬饲养。通常有笼养、室内水泥池饲养和室外露天池饲养等方式，以露天池饲养为主。放养前要用生石灰清池，老池还要清除池底的污泥，建好防逃设施，池子水深保持1.2～1.5 m。雌雄分开，淡水饲养，亩放亲蟹200～400 kg，定期投喂咸带鱼、青菜、稻谷、麦子，日投喂1次，每4～5天换1次水，每次换水1/2，以提高越冬饲养的成活率。

### （三）亲蟹的交配产卵

亲蟹的交配一般在2—3月进行，选择晴朗的天气，水温在7 ℃以上。将性腺成熟的雌雄蟹按（2～3）∶1配合，移入海水交配池中。交配池面积0.5～1亩，池底以沙质为好，海水盐度为0.8%～3.3%。在海水的刺激下，亲蟹能很快自然交配，顺利产卵受精。

雌雄亲蟹放入交配池中20天左右，可排干池水，检查雌蟹的抱卵情况，如有80%以上的雌蟹已抱卵，应及时将雄蟹捕出，重新注入海水，饲养抱卵蟹。

**（四）抱卵蟹的饲养**

抱卵蟹通常在交配池中饲养，要科学合理投喂咸带鱼、蚌蛤肉、蔬菜等饵料，使抱卵蟹吃饱吃好，避免因饵料不足抱卵蟹挖卵自食。3月后，气温水温逐渐升高，再加上抱卵蟹的食量大，排泄物多，池水容易恶化。因此，要特别注意加强水质管理，一般3～4天换1次水，每次换水1/3～1/2，保持水质清新活爽。换水时还要注意保持池水水温和盐度相对稳定。为蟹卵的发育创造一个良好的环境条件，以促进胚胎发育。

## 二、河蟹的人工育苗

河蟹的人工育苗是整个人工繁殖生产中的关键，只有这一环节抓好了，整个人工繁殖生产才有保证，才能提供数量多质量好的蟹苗，为发展河蟹增养殖生产服务。

**（一）活饵料的培养**

河蟹的蚤状幼体、大眼幼体都是杂食性的，植物性饵料、动物性饵料、有机碎屑都吃，尤喜食动植物性活饵料。因而在人工育苗过程中，搞好活饵料的培养与生产，为蚤状幼体、大眼幼体提供丰富适口的活饵料，对于搞好河蟹的人工育苗，提高成活率是十分重要的，必须高度重视。

1. 植物性活饵料的培养

河蟹育苗生产中常用的植物性活饵料有三角褐指藻、新月菱形藻、扁藻、小球藻等单细胞藻类。这些藻类都是河蟹蚤状幼体的适口饵料。

2. 动物性活饵料的培养

河蟹蚤状幼体和大眼幼体喜食的动物性活饵料为轮虫和卤虫。轮虫的培养方法是，首先通过采集分离，获得轮虫种，再对轮虫种在试验室内进行扩大培养，当轮虫种达到一定数量，可供大面积培养用时，再移入室内水泥池或室外土池进行大规模生产，即可定期用筛绢网捞取饲养河蟹幼体。

**（二）工厂化育苗**

目前，河蟹的人工育苗有人工半咸水工厂化育苗和天然海水工厂化育苗两种方法。其操作要点如下。

1. 幼体放养

当抱卵蟹腹部所携带的卵粒绝大部分透明，卵黄集中于中央，一小部分呈现蝴蝶状，胚胎出现眼点，心脏跳动频率为120次/分钟，进入原蚤状幼体阶段时，预示着蚤状幼体将临近出膜，这时应做好亲蟹孵幼的各项准备工作。

首先是进行蟹体消毒。在抱卵蟹放入幼体培育池孵化前应先洗净蟹体上的污泥，并用漂白粉、新洁尔灭等配成海水药液，对蟹体进行浸浴消毒，以消灭蟹体上的细菌和寄生虫。

其次是集中孵幼。将消毒后的抱卵蟹按每笼25～30只，放入幼体培育池，集中孵幼。为了在同一培育池中得到预定数量和发育整齐的幼体，使幼体群体变态能同步进行。

在孵幼过程中，应及时检查，一旦达到幼体需要预订数量时，即应将还未孵幼的抱卵蟹转移放入另一只孵幼池继续孵幼。已孵出幼体的雌蟹也应转入亲蟹饲养池进行强化培育，以待再次怀卵。还可采取专池孵幼，将大批抱卵蟹集中放入幼体孵化池或饵料培育池，进行大批量专池孵幼。再通过采样计算出水体中的幼体数量，然后按每个幼体培育池的大小和培育的幼体数量，将幼体连水转入培养池进行幼体培育。

2. 幼体培育

河蟹从蚤状幼体孵出到大眼幼体（蟹苗）出池，要经过5次蜕皮变态过程，时间长达17~22天。蚤状幼体能否顺利地完成5次蜕皮变态，受到多种因素的制约。因而按照河蟹幼体的变态发育规律及其对环境条件的要求，搞好幼体的培育，是河蟹人工育苗取得成功的关键。在整个幼体培育过程中，应注意掌握以下几个环节。

一是培育池的清整消毒：在抱卵蟹入池孵幼前半个月，需清除池底淤泥，洗刷池壁，维修进排水系统，增温通气等设施，准备好充足的生物活饵料。然后再用生石灰、漂白粉或福尔马林等药物彻底清池消毒。通常晶体敌百虫每亩用50~80 g，配成药液全池泼洒，或用30 mg/L的福尔马林药液，也可用45 mg/L的漂白粉药液，全池泼洒，杀灭有害生物。由于福尔马林的药效较长，要提前7~10天使用，其他药物也要提前3~4天使用，待药性消失后方可放入抱卵蟹进行幼体培育。

二是进水的处理：培育池进水如用天然海水需经沉淀后，经较稀的筛绢网过滤送入育苗车间，再在各育苗池的进水口管道上，装上较密的筛绢网，进行过滤后进入育苗池，以保证进入育苗池的水质清新干净，适合培育幼体的需要。

三是幼体放养密度：幼体放养密度随进水增温、送气条件以及饲养管理技术水准而有所不同。通常每立方米育苗水体放I期蚤状幼体15万~20万尾，高的每立方米水体也可放30万~40万尾，均能获得较好的育苗效果。

四是饵料投喂：幼体培育常用的活饵料，以藻类、轮虫和卤虫为主，并辅以用鱼粉、蛤肉等制成的人工配合微颗粒饵料。投喂方法为全池泼洒，坚持少量多次，蚤状幼体Ⅰ、Ⅱ期，每天投喂6~8次，蚤状幼体Ⅲ期以后每天投喂4~6次，投喂量可适当增加。饵料要求新鲜、适口、喂足喂均匀。饵料颗粒的大小也应随着幼体的生长而逐渐加大。如蚤状幼体Ⅰ~Ⅳ期，以投喂丰年虫的无节幼体为主，蚤状幼体Ⅴ期可投喂丰年虫成体或淡水枝角类。投喂动物性活饵料时，要掌握好投喂量，以当天吃完为原则，以免活饵料吃不完留在培育池内与河蟹幼体争空间、争氧气、争营养物质。

五是水质管理：水质管理是育苗生产中的一项重要管理工作，一般从蚤状幼体I期到蚤状幼体Ⅲ期阶段，以加水为主，少量排水，每天换水一次，每次换水约1/3；蚤状幼体Ⅲ期以后，逐步增加换水次数，并加大换水量，每次换水2/3；蚤状幼体Ⅴ期，每天换水两次，每次换掉池水的1/2，保持水质清新，溶氧充足，以促进群体同步变态，提高育苗效果。保持池水上下层水体溶氧分布均匀也十分重要。通常在育苗池底部铺设送气管道，从池底充气增氧。充气量为育苗池水体的1.5%~2%。在池底铺设充气管道进行充气，不仅可使池水溶氧保持在4 mg/L以上，上下水体溶氧分布均匀，而且可使蚤状幼体在池内始终保持游离状态，可防止幼体抱团而引起死亡。蚤状幼体培育适宜pH值为7.5~8.5。由于在培育过程中，大量投喂动物性饵料，再加上藻类大量繁殖，容易引起池水pH值的变化，影响幼体培育。为此，要加强水质监测，通过控制投饵量和及时加水，保持pH值的相对稳定。蚤状幼体对海水的盐度适应范围很广，从0.8%～3.3%皆可。但为了有利于幼体的整齐变态，促进生长，要求在育苗过程中，池水的盐度也要保持稳定，防止发生突然变化。水温也是影响河蟹幼体培育的一个重要因素。通常幼体生长发育的适宜温度范围为19～26℃，蚤状幼体Ⅰ、Ⅱ期的最适水温为19～22℃，蚤状幼体Ⅲ、Ⅳ期为22～24℃，蚤状幼体Ⅴ期到大眼幼体为24～26℃。在整个幼体培育过程中，要求水温保持相对稳定，昼夜温差不宜过大。要建立水温监测制度，加强水温调控。

六是日常管理：建立河蟹幼体培育专业队伍，日夜专人值班，每天早中晚各检查1次幼体生长发育变态情况，并通过显微镜检查幼体的摄食情况，定期测试水温、水质，根据检查掌握的情况，调整各项饲养管理技术措施。河蟹育苗常见的病虫害是聚缩虫的寄生，可用福尔马林、新洁尔灭等药物杀灭，也可通过加大换水量的方法进行生态防治。

七是蟹苗出池：蚤状幼体经变态成为大眼幼体（蟹苗）后，再经5～7天的培育就可出池。蟹苗出池前，应向培育池内不断加入淡水进行淡化处理，至蟹苗出池时，池水的盐度应小于1.2%，使其逐步适应淡水环境，为放流或养殖打好基础。出苗则采取在育苗池出水口处加一40目的网箱，拔去出水孔塞子让水流进网箱集苗即可。出苗前应放掉部分池水，减轻池底压力，防止出水孔因压力较大而挤伤蟹苗。出池蟹苗可通过称重过数后出售，用于放流或养殖。

# 第三节　成蟹养殖技术

## 一、池塘养蟹

池塘养蟹是利用池塘小水体，实行人工精养措施，使河蟹养殖成活率、生长速度、单位面积产量等均明显优于大水面粗放养殖方式。因此，发展池塘养蟹生产，不仅可以充分利用有限的蟹苗资源，向国内外市场供应更多的商品蟹，而且对发展农村商品经济，为农民致富提供了一条有效途径。

### （一）池塘条件

#### 1. 位置

养蟹池应选择在近水源、水质良好、水量充足、环境安静、注排水方便的地方。另外养蟹池不应紧靠外河、湖泊，以防河蟹打洞毁堤逃逸。池底质最好是硬质黏土或沙壤土，要求不渗不漏，但底泥不能太厚，否则对河蟹的栖息和动植物饵料生长不利。

#### 2. 规格

蟹池的形状以长方形、东西向为好，这样采光面大，光照时间长，有利浮游生物生长繁殖和增氧。人工建造的水泥池，应建成圆形，以增加水体，还可防止河蟹逃跑。面积大小没有严格要求，从数十平方米至数十亩均可，但一般以1～5亩为宜。若面积过大，溶氧量高，有利蟹正常生长、发育，但蟹吃食不匀、管理、收获等不方便。蟹池水深最好深浅不一，一般常年保持在0.6～0.8 m，最深处1.8 m，最浅处10～20 cm，平均水深0.8~1.5 m，这样的池塘既可满足河蟹喜在浅滩活动、觅食、蜕壳的需要，又能使其在水深处安全越冬。人工建造的水泥养蟹池，池底要向出水口一侧倾斜，以便排干池水捕捉河蟹。

### 3. 构造

池壁最好是石壁或水泥板壁，这样既坚固又耐用。也可采用土池埂，但应加大坡比，一般背阳一面为1:2.5，向阳一面为1:4，并筑成阶梯状，每层阶梯宽20~30 cm，以增加河蟹蜕壳和摄食活动场所。在池中设一些人工蟹窝，供河蟹穴居、栖息，蟹窝深度40~50 cm，用小青瓦片建造，窝顶部用泥土覆盖，池底移栽轮叶黑藻、喜旱莲子草、菹草等水生植物，一则可增加河蟹饵料，改善水质；二则为河蟹提供栖息、隐蔽场所，减少相互间残食情况的发生。

### （二）防逃设施

#### 1. 砖墙

在蟹池四周用单砖砌50~60 cm高的墙体，上端加一砖作倒檐，伸向池内侧，呈现"T"形。内壁用水泥抹光，也可在内壁底部加贴15~20 cm玻璃或其他光滑物，这种防逃效果好，使用年限长，但造价较高。

#### 2. 水泥板墙

用钢筋混凝土豫制成"T"形水泥板，高80 cm，宽1 m，厚4 cm，上端呈直角伸出20 cm，内壁要尽量抹光，水泥板插入池埂30~35 cm，备土夯实，四周连接成围墙，在板与板交接处，要预留连接件，以利固定牢固，四周连接成板墙，内壁还要注意勾缝，四壁转角处，最好搞成圆弧形，不能成直角或锐角，以防河蟹攀逃，这种效果也好，使用寿命也长，不过造价亦较高。

#### 3. 玻璃钢板

可利用工厂废料或定制。一般可加工成高60~80 cm，埋入池埂内15~20 cm，长度可根据材料而定，连接起来围栏四周，外壁每隔1 m，辅以木桩（或毛竹）固定支撑，再用细铅丝系牢，但切忌在内壁支撑，以防河蟹攀逃，这种设施也较有效。

### （三）苗种选购与放养

河蟹苗种质量的优劣，对成蟹养殖成活率和生长速度影响极大。因此，选购的蟹苗必须具备纯净、体壮、活泼的特点；幼蟹还应注重体大、肢齐、规格一致等。

#### 1. 蟹苗的选购

天然蟹苗一般每千克14万~16万只，体色为淡褐色，离开水能迅速爬行，入水能立即游泳，以不含各种杂质为优。

人工繁殖的蟹苗比较纯净、整齐，其个体略小于天然苗，一般每千克18万~20万只。由于人工苗的出苗时间比天然苗早约1个月，可使养殖的河蟹生长周期延长1个月，这对增产增收十分有利。

#### 2. 幼蟹的选购

从提高池塘的养蟹产量和经济效益出发，无论是单养还是鱼、蟹混养，均以放养来年"铜钱蟹"（即一龄幼蟹）最为适宜。这样规格的蟹种生长快、成活率高，当年放养年底可获得大规格的成蟹。选购幼蟹的时间越早越好，通常春节过后即可进行。选购的幼蟹要求大小均匀，规格一致，肢体完整，无病无伤，体质健壮，每千克300只以内较好。

3. 蟹苗或幼蟹的放养

蟹苗或幼蟹放养前15天，必须进行彻底清塘。清塘最好用生石灰按常规排水清塘法，清除池底污泥，杀死各种野杂鱼类、水生昆虫、蝌蚪、软体动物及各种病原微生物等敌害生物，同时增加池水钙的含量，这不仅能满足河蟹及其饵料生物对钙质的要求，又起到调节改良水质作用。

蟹苗蟹种的放养密度、放养规格与养殖周期有关。放养密度通常为：每千克16万只蟹苗，要求当年年底平均个体重达100 g，每亩放养量3 000 ~ 4 000只；如果放养的蟹苗饲养到第二年收获，即养殖周期为两年，每亩放养量为2万只左右，出塘规格可达120 ~ 150 g；如放养规格为2 ~ 5 g的一龄蟹种（幼蟹），要求当年平均个体重100 g左右，每亩放养5 000 ~ 6 000只较为适宜。以上3种放养形式，蟹苗的放养日期通常在4月底至5月初，幼蟹则在2月底至3月初。成蟹收获季节在10—11月。

蟹种入塘前需要做好消毒工作。将蟹种放入水中浸泡2 ~ 3分钟，冲去泡沫，提出水面片刻，再放入水中，重复3次。待蟹种吸足水后，用浓度为3% ~ 5%的食盐水充气浸浴15 ~ 20分钟，完成消毒工作。大规格蟹种（80 ~ 200只/kg）低密度养殖，放养数量为500 ~ 600只/亩，最多不超过660只/亩。养成商品蟹规格可以达到雌蟹150 g/只以上，雄蟹200 g/只以上。

养殖池塘可选择鲢鱼、鳙鱼、青虾和鳜鱼等进行套养。鲢鱼和鳙鱼的套养比例为2∶1，规格150 ~ 200 g/尾的鱼放养量为5 ~ 15尾/亩。青虾规格2.0 ~ 3.0 cm，放养量5.0 kg/亩。规格为4 ~ 5 cm的鳜鱼鱼种，放养量为10 ~ 20尾/亩。鱼种放养前都要做好消毒工作。

**（四）饲养管理**

河蟹养殖与其他养殖业一样，"三分养，七分管"。管理的好坏，关系到养蟹的成败，因此要特别重视在"管"字上下功夫。掌握好合理精心投饵和适时调节水质两个主要环节。

1. 投饵

饵料是养蟹的物质基础，河蟹的整个生长阶段，除利用池塘中人工培植的水草和底栖生物，主要还靠人工投喂。

饵料的种类，动物性的有海淡水小杂鱼、小虾、蚌肉、螺蚬肉、蚕蛹、各种动物尸体、下脚料、畜禽血、鱼粉、昆虫幼体、浮游动物、丝蚯蚓等。植物性的有各种菜类、嫩草、山芋、南瓜、麦类、饼类、豆渣、麦麸、米糠等。还有人工配合饵料。各地可因地制宜地投饲适宜的适口饵料。

投饵的数量，蟹苗阶段每天投喂鱼、虾肉糜、鱼粉、蚕蛹粉、豆浆等，用泼浆、撒粉法投喂，日投饵量为蟹苗体重的25%左右，饲养一周左右的蟹苗，蜕皮变成幼蟹后，可将上述饲料制成糊状投喂，并开始投喂饼糊、麸皮、米糠糊等，日投饵量占蟹体重的20%左右。饲养20 ~ 25天的幼蟹，一般经过3次蜕皮，则饵料改投鱼、虾、切碎的动物内脏、谷粒、饼类、米糠、麸皮和配合饲料等，日投喂量占幼蟹体重的15%左右。

当幼蟹体重达到1 g以上时，日投喂量为7%～10%。

### 2. 水质控制和调节

河蟹对水质的条件与鱼类相比，具有更高的要求，尤其对水质的污染具有更大的敏感性。河蟹喜欢生活在水质清晰透明，水草茂盛的微碱性或中性水域中，如果是酸性水质，不利于河蟹对钙质的吸收，不利蜕壳。水质清新，不仅有利于河蟹生长蜕壳，也能增加河蟹肉味的鲜美度。因此，水质的好坏，直接制约河蟹的生长发育。池塘养蟹，池水适宜的pH值为7～9，最适为7.5～8.5。pH值过低，会导致蜕不下壳。池水溶氧需保持在5 mg/L以上，溶氧过低，会引起不吃食，不蜕壳。池水溶氧若低于2 mg/L，就会引起蟹的死亡。因此经常性地调节水质，保持蟹池水质清新，是管理中的重要内容。

蟹池的水位，可根据水温的升高逐渐增加，春季一般保持在0.6～1 m，夏季可加高到1～1.5 m，秋冬季又要深水越冬，因此水位可在0.6～1.5 m的范围内变动。为了调节水质，一般在春秋两季每隔7～10天排注水一次，换水量1/3，夏季高温时节通常2～3天甚至每天换水一次。换水时应注意：池内外水温温差不能过大，不要超过3～5 ℃；要控制进水速度，以2～3小时换完一次水为宜；河蟹潜伏休息及最佳吃食时不要充水。如条件具备，能保证常年微流水的蟹池，则对河蟹生长发育更为有利。

### 3. 日常管理

养蟹的日常管理，主要是巡塘检查，观察河蟹活动吃食情况，有无残剩饵料，有无死蟹、病蟹情况发生，有无敌害，是否有河蟹逃逸的迹象。看池塘水质的肥瘦及混浊度，要及时检查防逃设施的完好程度和防逃效果。上述情况，如发现问题，必须立即采取措施。

蟹池必须有专人值班巡查管理，对于每天发现的情况和采取的措施，应作详细记录，最好制订合适的表格，每天记载，以便于查考和总结经验教训。

## 二、围栏养蟹

利用湖泊、外荡、江河等大水面，若具备水流平缓、避风向阳、水深1～2 m以上，底部平坦，黄泥或淤泥底质，水质未受污染的条件，均可圈围养殖河蟹。这种方法和池塘养蟹相比，养殖条件优越，水质好，溶氧量高，水草、螺蚬等饵料生物鲜活丰富，河蟹生长快、病害少、成本低、产量高。

### （一）围栏设施

围栏水面的形状，可以是方形、圆形或三角形，面积从几分到几百亩均可，一般以0.5～3亩小面积精养为好。湖汊、湖湾拦一面，河沟、管道拦两面，开阔湖面拦四周。

为了防止河蟹外逃，需设两层拦网，内层拦网用聚乙烯或尼龙线编织的密眼网布，网目大小为0.8 mm，网的下端每隔40～50 cm用聚乙烯绳沿着下纲拴上30～40 cm铁棒或木棒，将下纲嵌入底泥20～30 cm深，再压实以防河蟹潜逃。网的上缘高出水面0.5～1 m，固定网型采用竹桩或木桩，每隔3～4 m插一根，桩顶端高出水面1～1.5 m，将网的上纲绑扎在桩上。

外层拦网采用竹箔或网箔，竹箔围栏设施的修建方法参照亲蟹池防逃设施进行。网拦设施通常采用（2～3）股×3股规格的聚乙烯网线编结成的网片，网目为

0.5～2 cm，网片水平缩结系数为0.75，网高2～3 m，上下边扎上钢绳，下纲缝接石龙后埋入泥中30～40 cm，以防蟹逃，石龙采用网片缝合成直径10～15 cm粗的圆筒，筒内装入直径3～4 cm的卵石或石块，每米石龙重约10～15 kg。网片用竹桩固定支撑。竹桩选用周长20～25 cm的毛竹，桩高约4 m，埋入泥中1 m左右，高出水底约3 m，桩间距离2～3 m。在竹箔或网箔的上端，为了防蟹外逃，应设盖网。盖网宽80 cm，网线用1股×2股聚乙烯线编结而成，网目大小与拦网相同。如不用盖网，也可在竹箔或网箔上端内侧缝一条宽30 cm的塑料薄膜，阻止河蟹攀爬外逃。为了便于幼蟹钻洞栖息，防止相互残杀，可在围栏内堆栈土堆或土埂，投设竹筒、砖块、瓦片和栽种水草等。

**（二）蟹苗放养**

蟹苗放养前要将围网内的害鱼、青蛙、蝌蚪和各种有害的水生昆虫捕捞干净，再每亩投放3万～5万只蟹苗。如果养殖条件好，蟹苗适当多放，否则少放。

**（三）饲养管理**

围栏养蟹的投饵方法与池塘养蟹基本相同。在饲养早期，应加强投饵。一般每天上、下午各喂一次鱼糜、蚕蛹粉、蚯蚓糊、豆糊、麸皮等饵料泼洒围栏内，每天每万只蟹苗平均投喂200～500 g，随着蟹苗个体长大，逐渐增加投饵量。

蟹苗饲养1～3个月后，壳宽长到1～3 cm的幼蟹，即可将内层拦网撤除，让幼蟹在外层竹箔或网箔围栏圈内生长，这时外层围栏圈内幼蟹密度以每亩300～2 000只为宜。在此范围内，密度越大，精养程度越高。另外，围栏圈内每亩还可配养100～500尾10 cm以上的鲢、鳙鱼种。

蟹苗进入幼蟹阶段以后，一般投喂各种水草、菜叶、熟麦粒、剁碎的动物内脏、螺、蚌、鱼肉等，饵料投放在土堆边，浅水处或水草上，每天投喂一次，在16:00—17:00投喂。

除投饵以外，日常管理工作的重点是防逃。必须经常潜水检查拦蟹设施有无损坏，一旦发现破损，立即修补加固。特别在汛期水位上涨和大风天气，应注意及时巡查，防止箔倒蟹逃。内层蟹苗拦网因网眼小易堵塞，更要定期洗刷网布，及时捞除竹箔或网箱边上的漂浮物、杂草等。如发现软壳蟹，要放入笼内单独饲养，待其壳变硬后，再放回围栏圈内。

由于围栏圈内的水体不能放干捕蟹，成蟹的捕捞一般采用刺网、撒网、张网或蟹拖网等网具捕捞。

## 三、湖泊、外荡养蟹

用人工方法将蟹苗投放在到湖泊、外荡、水库等大水体中，让其生长发育，到秋冬季节河蟹进行生殖洄游时再捕捞上市，这种粗放养殖方法，称河蟹的人工放流。

**（一）放流水域内的选择**

一般可以养鱼的内陆水域，均可放养蟹苗。但根据河蟹的生活习性，应选择水质清新、无污染、阳光充足、水草丛生、饵料生物丰富的浅水湖泊、外荡较好。但是，在有些水利设施，如拦河（海）大堤、水库堤坝等为泥土筑成的，则其附近不宜放养河蟹苗。

## （二）蟹苗放养

蟹苗运到目的地应立即放养，放养地点应远离排灌站或出水口。应选择水草繁茂、风浪较小、饵料丰富的泥岸或湖湾处，分若干点将蟹苗均匀地撒放在水草上，切忌将蟹苗倾倒或扣放在水中。

蟹苗的放养密度，依据水草的丰歉和历年生产情况而定。一般水草多的湖泊，每亩放苗600~900只；如果湖水深，水草覆盖面积较少的，每亩可放苗200~400只。经过多年的实践证明，将蟹苗直接投放到湖泊、外荡等大水域中养殖，蟹苗成活率很低，一般只有2%~5%。为此，最好将蟹苗放到池塘或网箱内先培育一段时间，经15~20天的饲养，即可达到体重25~35 mg的Ⅱ~Ⅲ期幼蟹标准。这时再投放到大水域中粗养，就能大大地提高成活率。

另外，连续几年在一个湖泊中放流蟹苗，会使良好的水域生态条件受到破坏，特别是水草资源易受到破坏，因此，采取隔年放流蟹苗或采用稀放蟹苗的办法，既保护了水草资源和水域生态条件免遭破坏，又保证了水域的有效利用。

## （三）养蟹水域的管理

在大水域蟹苗放流后，虽不需投饵，但也需要加强管理。在蟹苗放养后一个月内，严禁在放养区内放鸭，捕银鱼，捞取水草、螺蚬、罱泥等。

渔政部门根据各地实际情况，制订幼蟹保护措施，对破坏幼蟹资源的网具加以限制，禁止向养蟹水域施放毒物和排放有毒污水。确定成蟹合理的开捕时间，严禁捕捉幼蟹和"黄蟹"。

# 四、稻田养蟹

稻田养蟹，稻蟹共生，好处很多。蟹能清除稻田杂草，吃掉部分害虫，促进水稻生长；而稻田又为河蟹生长提供一个良好的环境，促进河蟹生长。

## （一）选好田块，搞好养蟹配套设施建设

养蟹的稻田要求选择靠近水源、水质良好、底质为黏土、保水性能较好的田块，面积以3~4亩为宜。稻田养蟹蟹沟的开挖可参照稻田养鱼，沟宽1.5~2 m，沟深1 m，呈"田"字形。稻田四周用钙塑板或其他材料建好防逃墙，建好进排水系，进排水口要用聚乙烯网布密封，再建一道竹栅，并加盖网，防止河蟹从进排水口逃跑。所有这些设施建设都要在幼蟹放养前搞好。

## （二）栽好水稻，适时放养蟹种

养蟹的稻田，宜选用耐肥力强、秸秆坚硬、不易倒伏、抗病害的丰产水稻品种，采用宽行密株栽插，并适当增加田边栽插密度，发挥边际优势，增加水稻产量。

蟹种的放养规格以40~60只/kg的为好，亩放20~30 kg，也可放规格为100~200只/kg的，亩放10~15 kg，要求当年都能达到上市规格。幼蟹要求规格整齐，肢体齐全，体质健壮，以提高放养的成活率。

## （三）加强饲养管理，调控好水质

稻田养蟹的饵料投喂方法，全年投饵量、每天投饵量、投喂次数，均可参照池塘养蟹的办法进行规划布局和组织实施。要在稻田中增放一些绿萍、浮萍等，7—9月，

除投喂南瓜、小麦、黄豆等植物性饵料外，还要有计划地投喂一些小鱼小虾、猪血、蚕蛹、螺蚬、蚌肉等动物性饵料，以满足河蟹生长的需要。

稻田养蟹的水质管理，通常稻田应保持水深20～30 cm，蟹沟水深1 m，要求水质清新，溶氧丰富。高温季节要坚持勤换水，一般每2～3天换1次，每次换水20 cm左右。

稻田水浅埂薄，河蟹打洞常会造成田埂漏水，容易引起逃蟹。因此，要十分重视稻田养蟹的防逃工作，经常检查维修防逃设施、堵塞田埂漏洞，防止暴雨冲垮防逃设施和田埂、大水漫过田埂等，还要防止农药、化肥对水质的污染，采取有效措施消灭水蛇、水老鼠等敌害。

河蟹对化肥、农药的反应十分敏感。稻田养蟹最好不用农药，如要用，应选择高效低毒农药。使用药物时，先将田水灌满，改药液喷洒为喷雾，改高浓度为低浓度喷雾，尽量减少对河蟹的影响，稻田的施肥，最好施足基肥，追肥也应以有机肥为主，使用化肥要十分注意对河蟹的影响，从而取得稻蟹双增产。

**（四）及时收获，搞好暂养越冬**

稻田养蟹在9月中下旬捕捉，捕捉的方法有放水捉蟹，夜晚徒手捕捉以及诱捕等。河蟹收获后要及时出售或暂养。如果稻田养的蟹种，捕获后选择一塘口较深、水质条件较好的作为越冬池，进行暂养或越冬，留作来年发展养蟹的蟹种用。

# 第四节　病害防治技术

河蟹在天然环境中抗病能力较强，但在池塘集约化养殖的情况下，因养殖密度大，活动范围受限制，加之饲养管理方法的缺陷，容易导致蟹病发生。尤其在河蟹幼体培育过程中，有许多因素能引起病害发生，使得养殖成活率大大降低。目前发现的河蟹病害主要有下列几种。

## 一、细菌性疾病

### （一）症状与病因

此病由弧菌寄生蟹体内引起的，病蟹腹部、腹肢腐烂或肛门红肿，引起河蟹拒食，逐步昏迷死亡。

### （二）防治方法

用1 mg/L土霉素全池泼洒或每千克蟹用0.1～0.2 g土霉素拌饵投喂，可取得较好的治疗效果。

## 二、甲壳块斑病

### （一）症状与病因

此病是由一些能破坏几丁质的细菌感染所致。病蟹甲壳出现棕色、红棕色点状病灶，这些斑点逐步发展连成块状，中心部溃疡，边缘呈黑色，继而引起其他细菌、真菌侵入，严重影响河蟹摄食生长。

### （二）防治方法

目前尚未有效药物治疗，可通过改善水质，降低密度，增加水的深度，减少其活动量，以降低能量消耗，尽量用自然池暂养。发现病蟹，及时剔除，以防蔓延。

## 三、纤毛虫病

### （一）症状与病因

此病由纤毛虫、累枝虫等寄生所造成，当这些寄生虫大量寄生时，会严重妨碍河蟹的摄食、生长和呼吸，最终引起死亡。

### （二）防治方法

清除淤泥，加注新水，保持良好水质；用5~10 mg/L福尔马林药液全池泼洒，可得到较好的防治效果；用3 mg/L硫酸锌全池泼洒，也有较好疗效。

## 四、蟹奴虫病

### （一）症状与病因

"蟹奴"是一种寄生虫，专门寄生河蟹腹部，吸收河蟹体液为营养。"蟹奴"体扁平，白色，圆枣状，有的进入内部器官，抑制河蟹生长，直到死亡。寄生严重时，蟹体内发出臭味，不可食用。

### （二）防治方法

（1）严格清塘，注意改良水质和底质。

（2）定期用20 mg/L生石灰泼洒；用0.7 mg/L的硫酸铜和硫酸亚铁合剂（5:2）全池泼洒。

（3）用20 mg/L高锰酸钾浸洗病蟹15分钟，还可用1 mg/L漂白粉进行消毒池水。

## 五、烂肢病

### （一）症状与病因

主要是冬春用网箱或水泥池暂养幼蟹时间过长，使幼蟹步足爪尖磨秃，便越长越黑，溃烂，不蜕壳而死亡。

### （二）防治方法

冬春季节应用自然土池暂养幼蟹，不用网箱和水泥池暂养，即使用这类水域暂养，时间不能超过半月。如发现秃肢变黑者，此蟹不能买。爪尖刚磨秃的幼蟹用30 mg/L生石灰水浸泡半小时；在饵料中按每千克蟹用0.2 g土霉素拌饵投喂。在平时，投饵中适当加点大蒜，拌在饵料中，增加抗病能力。

## 六、蜕壳不遂

### （一）症状和病因

蜕壳不遂是河蟹常见的一种病，由于河蟹体内缺少某种元素或感染了疾病后，蜕不下壳而导致死亡；有的越长越黑，不能蜕壳而死亡。

### （二）防治方法

（1）施钙肥，每隔20天左右，用15~20 mg/L生石灰溶化后全池泼洒，增加池中的钙离子含量。

（2）提高饵料质量。

（3）增加池中水草，保持清新水质，增加河蟹活力，增强体质。

## 七、河蟹着毛病

### （一）症状和病因

河蟹颊部、额部、步足关节上附着水绵等丝状藻类，使河蟹行动缓滞、进食减少，堵塞出水孔，使河蟹窒息死亡。

### （二）防治方法

忌用农田肥水；在4—5月河蟹第一次生长蜕壳的高峰期过后，用青灰（草木灰）遮挡2/3的池塘水面，使藻类因缺少阳光死亡，并捞出死藻；在6—7月，每亩用20 kg的生石灰（池水深1～1.5 m）全池泼洒，提高pH值抑制藻类滋生，隔10～15天再用一次，可杜绝此症的复染。

# 第五节　加工食用方法

## 一、清蒸中华绒螯蟹

### （一）食材

中华绒螯蟹1 kg、黄酒15 g、姜末30 g、蒜末30 g、酱油20 g、白糖、味精各少许、麻油15 g、香醋50 g。

### （二）做法步骤

（1）将螃蟹用清水流净，放在盛器里。

（2）将姜末放在小酒碗内，加熬熟的酱油、白糖、味精、黄酒、麻油搅和。另取一小碗，放醋待用。

（3）将螃蟹上笼，用火蒸15～20分钟，至蟹壳呈鲜红色，蟹肉成熟时，取出。上桌时随带油调味和醋。

图3.2　清蒸中华绒螯蟹
（彭仁海供图）

## 二、爆炒中华绒螯蟹

### （一）食材

中华绒螯蟹1 kg、大蒜头、葱姜、啤酒、生粉、小米椒、生抽、盐等。

### （二）做法步骤

（1）刷洗干净，可以用白酒浸泡让螃蟹喝醉清洗，也可以用温水把螃蟹呛晕再洗。

（2）小米椒、葱、姜、蒜，切好。

（3）清洗好肢解后的螃蟹，蟹心、腮、胃和尾巴剔除。

（4）把螃蟹对半切开，蟹壳不切，切面沾点生粉，防止蟹黄流失，这个办法不影响口感且可以保持70%的蟹黄不流掉。

（5）热锅倒入菜油，热油后倒入准备好的螃蟹，炸一下，很快就会变得金黄，不可大力翻炒，以免结块的蟹黄掉出来。

（6）金黄之后，放大蒜、姜翻炒，加少许水，放些生抽翻炒至闻到蒜香味，加适量啤酒开始焖。

（7）焖2分钟后加小米椒继续翻炒，放少许盐，待小米椒熟了出锅即可。

（8）出锅前放葱段翻炒10秒，装盘即可。

图3.3 爆炒中华绒螯蟹（图来源于网络https://image.baidu.com/search/detail?ct=503316480&z=0&ipn=d&word=爆炒中华绒螯蟹step_word）

## 三、蟹豆腐

### （一）食材

螃蟹350 g、油菜心100 g、水发木耳30 g、猪油75 g、盐4 g、料酒20 g、小葱、姜，胡椒粉2 g、淀粉15 g、香油20 g。

### （二）做法步骤

（1）首先将蟹子磨成浆汁，加热，使之凝固成豆腐状，即成蟹子"豆腐"了。

（2）接着将蟹子"豆腐"切成长5 cm、宽2 cm、高1 cm的长方块，放在一旁备用。

（3）再把油菜择洗干净，用沸水焯水备用。

（4）然后把姜葱分别洗净，均切成末。

（5）紧接着把木耳择洗干净，再将锅置大火上，舀入猪油，烧至五、六成热时，投入姜葱末煸炒，放入蟹子"豆腐"，轻轻翻炒几下，加入料酒、鸡清汤150 mL、木耳、盐，放入油菜心。

（6）最后烧热后用水淀粉勾芡，淋上香油，然后装盘撒上胡椒粉，即可完成。

图3.4 蟹豆腐（图来源于网络https://image.baidu.com/search/detail?ct=503316480&z=0&ipn=d&word=蟹豆腐step_word）

## 四、虾兵蟹将

### （一）食材

虾250 g、蟹500 g、西芹、土豆、葱姜蒜、干辣椒、花椒、豆瓣酱、老干妈、鸡精、柱侯酱、胡椒粉、白糖、淀粉、高汤等适量。

### （二）做法步骤

（1）洋葱、西芹和葱姜蒜切片，干辣椒切段。

（2）虾洗净开背去虾线。

（3）蟹剁小块，放入少许干淀粉抓匀。

（4）土豆切滚刀块，中火炸至金黄盛出。

图3.5 虾兵蟹将（图来源于网络https://image.baidu.com/search/detail?ct=503316480&z=0&ipn=d&word=虾兵蟹将step_word）

（5）虾和蟹也分别炸至金黄。

（6）锅中放底油烧热，放入干辣椒、花椒和葱姜蒜爆香，放入洋葱和西芹翻炒片刻盛出。

（7）锅中留少许底油烧热，小火放入豆瓣酱、老干妈和柱侯酱炒香出红油，放入虾和蟹翻炒均匀。

（8）放入少量高汤煮开，放入炒好的洋葱西芹和土豆翻炒，放入白糖、胡椒粉和鸡精翻炒至汤汁收干即可。

### 五、醉蟹

#### （一）食材

母蟹1 kg、姜、酱油、干辣椒、黄酒、米醋、八角、花椒、桂皮、冰糖、香叶、盐、蒜瓣等。

#### （二）做法步骤

（1）准备香料。

（2）准备醉蟹容器，用开水洗一次，倒扣在筷子上沥干水分。

图3.6　醉蟹（图来源于网络 https://image.baidu.com/search/detail?ct=503316480&z=0&ipn=d&word=醉蟹step_word）

（3）将所有调料倒入容器里。

（4）将螃蟹放入桶里，倒入清水，撒一茶匙盐，2茶匙白酒，养5小时，中间换3次水，然后用小刷子把螃蟹放在流水下刷洗干净，再放在没有水的桶里养1小时，使其吐出多余的水分。

（5）拿出螃蟹，剥开蟹肚脐，挤掉脐部污物。

（6）将蟹放入大碗，倒入300 mL高度白酒加盖呛5～10分钟，再将所有蟹放入容器，盖上盖子，（腌汁要没住蟹）入冰箱冷藏5天以上，即可食用。

# 第六节　养殖实例

湖南省水产科学研究所的李金龙介绍了河蟹的几种主要养殖模式及其管理措施，为养殖户们提供了很好的参考。

### 一、池塘养殖

#### （一）池塘条件

池塘水源充足，交通便利，面积以3 335～6 670 m²为宜，池塘形状、长宽比、水深、进排水管设置及底部增氧设施等要求与幼蟹养殖相同。

#### （二）放养前准备

一是清塘、防逃设施、培肥水质。

二是水草种养，成蟹养殖池塘的水草以伊乐藻、轮叶黑藻、苦草和黄丝草为主，多品种搭配有利于降低因某种水草不适应而产生的风险，有利于改善河蟹的生态环境。

在深水区域以黄丝草和轮叶黑藻为主，在浅水区域种植苦草。苦草采用草籽均匀散播；轮叶黑藻前期采用芽孢播种，后期可用植株根部裹泥抛种的方式补种；伊乐藻主要是用鲜草植株进行挖坑覆土移栽或者扦插移栽的方式进行种植；黄丝草主要采用的是抛撒的种植方式。整体的植物分布呈现为东西向条状，有利于增加水草的光照面积。成蟹池塘的水草覆盖率以保持在30%～50%为最佳。

### （三）苗种投放

挑选附肢健全、体表有光泽、爬行迅速、规格整齐的幼蟹进行投放。投放时先将扣蟹放入浓度为3%的盐水中浸泡3～5分钟，然后将扣蟹放于池塘岸边近水处，让其自行爬入池塘内，每亩放养800～1 000只扣蟹。每亩同时搭配投放螺蛳苗种40～50 kg，螺蛳可摄食池底残饵等有机物净化池底，也可作为河蟹的天然动物性饵料。投放鲢、鳙鱼苗，投放数量为每亩15～20尾，鲢、鳙鱼可摄食水体中蓝绿藻，有效防止高温池塘"倒藻"，恶化水质。

### （四）日常管理

饵料按照"两头精、中间粗"的原则进行投喂。养殖前期扣蟹生长旺盛、蜕壳次数多、时间间隙短，为满足其生长、蜕壳的物质能量需求，养殖前期可投喂蛋白质含量较高、营养全面、优质的全价配合饲料，投喂量为5%～10%，并且适当补充钙、镁、磷、锌、铁、铜等复合离子盐和复合维生素及低聚糖等，促进软壳蟹对营养的吸收和利用，增强河蟹体质，促进其蜕壳、生长。养殖中期，随着高温闷热天气到来，河蟹因天气原因吃料差时，应减少投饵量，避免投喂高蛋白质、高脂肪等不易消化的饲料，投饵量控制在日常的20%～50%，水质差的池塘停喂。养殖后期，天气转凉，河蟹进入性腺发育期，应恢复正常投喂，适当增加高蛋白、高脂肪的动物性饵料，以满足性腺发育及能量储存的需求。投喂量以2小时内吃完为宜，投喂时间为傍晚前后，离池埂20 cm的水中设置适量食台，便于及时观察河蟹摄食情况。

水质管理、巡塘检查、病害防治等按照常规操作进行。

## 二、稻田养蟹

齐齐哈尔市水产站的张国栋等开展了稻田养殖河蟹，为无公害水产品，品质好，很受市场欢迎，具有很强的市场竞争力，市场前景看好。

### （一）养蟹田块的选择

选择水源充足，水质清新无污染，注排水方便，不漏水，保水性能好的田块养蟹，稻田面积以5～10亩为宜，过大不便于管理。

### （二）田间工程

1. 加高加固田埂

田埂加高至50～60 cm，顶宽50～60 cm，底宽80～100 cm。田埂要夯实，以防河蟹挖洞逃跑。

2. 开挖蟹沟

在距田埂内侧1 m左右处挖环沟，沟宽80～100 cm，深50 cm，坡度1∶1.2。田间工程应在泡田耙地前完成，耙地后再修整一次。

3. 防逃设施

和稻田养鱼不同的是，稻田养蟹需修防逃墙。在稻田插完秧后，蟹种放养之前设置。防逃墙通常用塑料薄膜折成双层，围在稻田四周，设置方法与池塘养蟹相同。注排水采用管道为好，水管要用网包好扎实，以防河蟹逃跑，饲养期间注意更换防逃网。

**（三）蟹种放养**

1. 蟹种选择

蟹种也称扣蟹。应选择规格整齐、活力强、肢体完整、无病且体色有光泽的1龄蟹种。规格以100~200只/kg为宜。

2. 蟹种消毒

扣蟹入池前要用浓度20~40 mg/L的高锰酸钾浸泡消毒，时间为10分钟；扣蟹也可以用浓度20~50 g/L的食盐水浸洗消毒，时间为10~15分钟。

3. 春季暂养管理

4月中旬至5月上旬购进的扣蟹应先放在小池塘中暂养，待稻田内分蘖肥施完后，一般是6月上旬放养，各地放养时间有所差异。一般需暂养50天左右。扣蟹放入小池塘时，不要直接放入池水中，可将装在网袋中的扣蟹放入池水中浸泡一下取出，这样反复2~3次，每次间隔时间3~5分钟，使河蟹适应水温，再打开网袋，让扣蟹自己爬入水中。在稻田内或稻田外设暂养池，暂养池面积占养殖总面积的10%~20%。暂养密度为1 200~3 000只/亩。暂养池内要及时投喂优质饵料，以补充蟹种因长期越冬而消耗的大量营养，定期换水，促进河蟹正常的生长蜕壳。

4. 放养密度

每亩稻田应放养蟹种400~600只。

**（四）水稻种植要求**

1. 水稻品种选择

选择米质优良、茎秆坚硬、耐肥力强、抗倒伏、抗病害的品种。

2. 插秧

插秧要尽量提前，最好在5月15日前插完秧，以便尽早把蟹种放入稻田，增加有效生长期。栽插水稻时，为了把环沟占地补回来，可利用边行优势，边陇播双行，以保证水稻增产增收。

3. 施药

在插秧前用高效低毒农药封闭除草。插秧后不再使用除草剂，放入蟹种后，一些杂草可被河蟹吃掉，大型杂草采用人工拔除的方法。除虫害使用低毒、低残留农药，河蟹对敌百虫等有机磷农药十分敏感，应禁止使用。喷药时将喷嘴向上喷洒，尽量将药洒在叶面上，减少落入水中的药量。施药前将田间水灌满，施药后及时换水。

4. 施肥

多施有机肥，多铺底肥。缓青肥要在5月25日前用完，分蘖肥在6月10日前用完，化肥的用量按常规施用即可，追肥应避开河蟹大量蜕壳期，采用少量多次的办法进行追肥。

### （五）河蟹饲养管理

#### 1. 河蟹的饲料种类

动物性饲料有海淡水小杂鱼、小虾、蚌肉、螺蚬肉、蚕蛹、畜禽加工下脚料、畜禽血、鱼粉、昆虫幼体、浮游动物、丝蚯蚓等。植物性饲料有各种菜类、嫩草、麦类、饼类、豆渣、麦麸、米糠等。还有人工配合饲料。各地可根据当地的实际情况，选择适宜的投喂饲料。

#### 2. 饲料投喂

动物性饲料和植物性饲料要搭配投喂。掌握"两头精，中间粗"的原则，6月多投喂动物性饲料；夏季7月至8月上旬，河蟹生长旺季，动物性饲料与植物性饲料并重，多喂一些水草；8月中旬以后多投喂动物性饲料。日投饲量为河蟹总重量的10%~15%。每天注意检查河蟹吃食情况，根据河蟹的吃食情况及时调整投喂量。每天投喂2次，上午和傍晚各投喂1次，以傍晚投喂为主，上午的投喂量占总投喂量的1/3，傍晚的投喂量占总投喂量的2/3。将饲料投在蟹沟中即可，多点投喂。

### （六）日常管理

#### 1. 水质调控

春季稻田水位保持在10 cm左右；夏季高温季节，稻田水位保持在20 cm。春季每10天换水1次，夏秋季每周应换水2~3次，每次换水1/2，具体应视田内水质情况灵活决定其换水次数及比例。换水时间控制在3小时内，水温温差不超过5 ℃。一般先排水再进水，注意要把死角水换出。每隔20天左右用生石灰调节水质，按蟹沟面积计算，每亩用生石灰5~8 kg，促进河蟹蜕壳和生长。

#### 2. 勤巡蟹田

每天巡田是稻田养殖成蟹日常管理的一项重要工作，尤其早、晚和特殊天气，更要认真仔细。注意观察水质变化情况，田埂是否漏水，河蟹生长情况是否正常，有无病蟹、死蟹，吃食情况。注意检查防逃设施有无破损，进排水管的防逃网有无破损，如有应及时修补或更换。另外，防止水蛇、老鼠、青蛙、大型鸟类等天敌进入田中。为防治鼠害，可使用电猫作为捕鼠工具，设置在稻田的周围，非常有效，但要注意用电安全。

#### 3. 蜕壳期管理

从蟹种到成蟹一般蜕壳3~5次，蜕壳前后勤换新水，蜕壳高峰期可适当注水，不必换水。蜕壳期前2~3天，在人工饵料内加蜕壳素、维生素、抗菌药物等。

#### 4. 病害防治

蟹病以防为主，发现疾病，对症治疗。

## 三、湖泊围网河蟹生态养殖技术

安徽省明光市水产局的张传锦等2008年开始在女山湖西岸大夏段进行湖泊围网河蟹生态养殖抵御洪涝灾害技术研究，经过4年的试验，获得了满意的效果。

### （一）围网的选择

在女山湖大湖面开阔带，选择底质平坦，水草和底栖生物饵料资源以及管理各方面条件接近的围网养殖户，作为试验组和对照组。试验组围网面积300亩，围网呈长方形，长和宽约为500 m×400 m，且有围网设施更新遗留有大量废旧围网材料（聚乙烯麻布网长1 800 m、宽3 m；网目3 cm，3股×3股聚乙烯网长1 800 m、宽3 m），对照组围网面积400亩，围网呈长方形，长和宽约为600 m×450 m。

### （二）生态小区及摄食平台设置

在试验组沿围网四周每50 m，设置一个长10 m、宽3 m可升降的摄食平台，沿水面线设置80~100 cm的漂浮植物保护拦网；围网区内纵向每50 m设置一个类似的生态小区及摄食平台，共计七行，行距50 m。共设置栖息摄食生态小区99个，占围网总面积的1.5%。

### （三）漂浮植物

选择凤眼莲（又称水葫芦）属大型漂浮维管束植物，具有一定的抗风浪能力。2004年从宣州等地引进水葫芦投入生态小区。

### （四）蟹种投放

选择从上海崇明购买的人繁生态苗种，规格200只/kg左右，投放量400只/亩，价格40元/kg左右。

### （五）鱼种投放

花鲢规格6尾/kg，白鲢规格8尾/kg，每亩投放5 kg，花鲢、白鲢鱼种重量比3∶1；尾数比1.8∶1。花鲢价格6元/kg左右，白鲢价格4元/kg左右。

### （六）鳜鱼投放

每亩8~10尾，规格5 cm，价格1.5元/尾。

### （七）饵料投喂

动物性饲料以低质的海鱼和捕捞的小杂鱼为主；植物性饲料以玉米、小麦、山芋、南瓜等为主。投喂方案根据季节及饵料获得的难易程度，做到荤素搭配、精青结合，定质、定量、定时、定点。

### （八）种草、移螺

每30亩种植苦草种子1 kg，每亩投放螺蛳100 kg。

### （九）收获销售

2004年试验组总收入58.95万元，总投入21.99万元，净利润36.96万元，投入产出比1∶2.68；对照组总收入72.06万元，总投入28.92万元，净利润43.14万元，投入产出比1∶2.49。2005年试验组总收入21.61万元，总投入18.66万元，净利润2.95万元，投入产出比1∶1.16；对照组总收入14.55万元，总投入23.38万元，净利润-8.83万元，投入产出比1∶0.62。2006年试验组总收入25.29万元，总投入18.42万元，净利润6.87万元，投入产出比1∶1.37；对照组总收入15.53万元，总投入24.6万元，净利润-8.83万元，投入产出比1∶0.64。2007年试验组总收入22.85万元，总投入18.34万元，净利润4.51万元，投入产出比1∶1.26；对照组总收入14.23万元，总投入22.51万元，净利润-8.28万元，投入产出比1∶0.63。

### （十）经验总结

第一，年降水量对河蟹产量影响明显。从近6年女山湖的水文和雨量资料可见2002年、2004年降水量分别为598.8 mm、409.1 mm，最高水位分别为14.86 m和14.0 m，分别在15.0 m和14.0 m以下，且持续时间较短，而实际也是河蟹养殖的丰收年。

第二，年降水量偏少的年份，防洪技术措施，对河蟹养殖效益不甚明显，2004年试验组投入产出比1：2.68；对照组投入产出比也达到1：2.49。

第三，2005—2007年是降水量均在1 100 mm左右的丰水年份，建防洪技术设施的试验组养殖效益明显，从试验看采用防洪技术措施的围网在洪涝之年仍获得一定的效益，2005—2007年试验组平均投入产出比1：1.26，而对照组平均投入产出比仅1：0.63，相比高一倍；而河蟹养殖单产试验组比对照组高3～8.3倍；围网养鱼单产增长不明显。

第四，加强防洪保障措施。汛期雨量集中往往造成洪涝灾害，水位高程动辄达到16.0 m左右，而且水位常常居高不下，湖泊水深一般超过4.0 m，有时达到5～6 m，由于高水位、加上水体混浊，造成沉水植物大量死亡，水体底层缺氧，有害物质增多，河蟹大量攀附在围网和漂浮的水草上，由于河蟹生长环境的恶化，河蟹正常的摄食受到严重影响，一些养殖户丧失信心，停止投喂，河蟹生长停滞、体质下降，往往出现大量死亡。围网生态小区和摄食平台的建设，有效地缓解了河蟹的摄食和栖习环境恶化的问题。一定程度解决了河蟹正常生长所需的条件，使湖泊河蟹生态养殖不因洪涝灾害而中断。因此建议广大养殖户发展湖泊围网河蟹生态养殖，勿忘防洪技术保障措施。

## 参考文献

陈威，黄金田，2017. 江苏河蟹土池生态育苗关键技术点[J]. 中国水产（12）：79-81.

陈卫境，2007. 大规格河蟹健康养殖技术研究[D]. 南京：南京农业大学.

崔海霞，梁凌，2021. 寒地稻田养殖河蟹成蟹试验[J]. 黑龙江水产，40（3）：16-17.

方德军，2023. 河蟹、青虾、鱼的池塘高效混养技术[J]. 黑龙江水产，42（3）：237-238.

冯祖稳，2015. 河蟹繁殖及苗种培育技术[J]. 渔业致富指南（6）：46-48.

管标，李飞，陶刚，2012. 万全河蟹土池半人工生态育苗技术分析[J]. 水产养殖，33（6）：29-34.

潘元潮，陆波，宋新成，2009. 河蟹工厂化育苗中的水质调控技术[J]. 水产养殖，30（5）：31-32.

濮月龙，2018. 池塘河蟹养殖病害防治技术[J]. 科学养鱼（6）：59-60.

孙先交，1999. 提高河蟹育苗成活率技术研究[J]. 齐鲁渔业（1）：15-17.

唐天德，1997. 河蟹养殖新技术：第二讲河蟹人工繁殖的关键（上）[J]. 中国渔业经济研究（3）：34-35，42.

唐天德，1997. 河蟹养殖新技术：第二讲河蟹人工繁殖的关键（下）[J]. 中国渔业经济研究（4）：42-43.

王惠冲，朱耀先，林海涛，等，1989. 河蟹的人工育苗技术[J]. 水产养殖（4）：3-4.

王韶丰，2015. 河蟹的稻田养殖[J]. 黑龙江水产（4）：17-19.

王首春，郭贵良，2019. 吉林榆树市稻田养殖河蟹技术总结[J]. 渔业致富指南（13）：19-21.

王武，成永旭，李应森，2007. 河蟹的生物学[J]. 水产科技情报，34（1）：25-28.

肖鹤，许朝爱. 河蟹常见病害防治建议[J]，科学养鱼（4）：90.

徐汉连，陈金蛟，陈明娟，等，2009. 河蟹土池高效生态育苗技术[J]. 科学养鱼（4）：10-11.

叶桐封，2004. 开展精深加工把江苏河蟹经济搞大搞强[J]. 科学养鱼（3）：63-64.

岳粹纯，1992. 河蟹的生物学特性及其养殖技术[J]. 生物学杂志，49（5）：18-21.

张传锦，2008. 湖泊围网河蟹生态养殖应对洪涝灾害的技术研究[J]. 渔业致富指南（8）：64-65.

张芳，周姝，韩喜东，2019. 稻田养殖河蟹技术[J]. 渔业致富指南（1）：42-44.

张国栋，单荣艳，王洪义，2020. 河蟹稻田养殖技术[J]. 黑龙江水产，39（6）：41-43.

张汉珍，李振军，2004. 河蟹早期健康育苗技术[J]. 齐鲁渔业（6）：35.

周日东，陈维东，张凤翔，2015. 池塘河蟹的发病原因和主要病害防治技术[J]. 科学养鱼（9）：90.

朱红梅，周宁，2014. 河蟹的养殖技术及病害防治[J]. 科学养鱼（12）：91.

朱金荣，顾纪林，胡惠根，2012. 阳澄湖蟹的特征特性及繁殖技术[J]. 现代农业科技（8）：336.

# 第四章

# 杂交鲟

鲟鱼（*Acipenser sinensis*）是世界上珍稀的淡水鱼类，其味道鲜美，营养丰富，具有很高的经济价值，西方人爱吃的鱼子酱即是鲟鱼的卵所制成，被列为世界三大珍味之一。近十几年来，

**图4.1 杂交鲟"京龙1号"（彭仁海供图）**

世界鲟鱼资源趋于枯竭，产量呈下降趋势，鲟鱼价格暴涨。因此，鲟鱼的养殖日渐受到人们的重视。杂交鲟一般分两种，一种指以达氏鳇为母本、史氏鲟为父本，杂交繁殖出的后代，称为"大杂"，主要用于生产鱼子酱；一种是西伯利亚鲟为父本与史氏鲟为母本的杂交种，称为"西杂"，主要用于培育食肉用商品鱼。北京市农林科学院水产科学研究所胡红霞及其团队历经20余年的坚持与探索，选育出经过全国水产原种和良种审定委员会审定通过的水产新品种——杂交鲟"京龙1号"（GS02-002—2022）。杂交鲟"京龙1号"是以西伯利亚鲟欧洲群体为母本，以史氏鲟黑龙江群体为父本，以体重为目标性状，对父母本进行连续两代群体选育后，杂交获得的子一代。它具有生长速度快、规格整齐、养殖成活率高等优点。测产数据显示，在相同养殖条件下，与双亲西伯利亚鲟和史氏鲟相比，12月龄"京龙1号"分别增重22%和26%，18月龄的"京龙1号"分别增重44.6%和40.5%。"京龙1号"杂交鲟性状偏向母本，下面就其母本西伯利亚鲟作生物学特性介绍，养殖介绍主要以"京龙1号"杂交鲟为主。

## 第一节　生物学特性

西伯利亚鲟分布于西伯利亚，多栖息在河流的中、下游，是一种广温性鱼类，是世界上优良的淡水鱼品种，也是现存于世界上最珍奇、最古老的亚冷水性生物鱼之一，具有"活化石"之称。

### 一、形态特征

西伯利亚鲟全身被以5列骨板，吻长占头长的70%以下，吻须4根；吻端锥形，两侧边缘圆形，头部有喷水孔；口呈水平位，开口朝下，吻须圆形；身体最高点不在第一背骨板处，第一背骨板也不是最大的骨板；无背鳍后骨板和臀后骨板；侧骨板通常与躯干部颜色相似。鳃耙有几个结节（一般为3个）。西伯利亚鲟头长为全长的16.7%～27%，体高为全长的9%～16.6%。和小体鲟一样，吻长变异最大，吻长为头

长的33.3%～61%。吻长与头长之比值以鄂毕河和额尔齐斯河的西伯利亚鲟最小，叶尼塞河和勒拿河的西伯利亚鲟最大，贝加尔湖的西伯利亚鲟居中。西伯利亚鲟背骨板10～20枚，侧骨板32～62枚，腹骨板7～16枚，背鳍条数30～56根，臀鳍条数17～33根，鳃耙数20～49。西伯利亚鲟体色变化较大，背部和体侧浅灰色至暗褐色，腹部白色至黄色。西伯利亚鲟骨板行间的体表分布有许多小骨片和微小颗粒，幼鱼骨板尖利，成鱼骨板磨损变钝。口较小，下唇中部裂开。吻须光滑或着生少许纤毛。鳃耙扇形。

## 二、生活习性

西伯利亚鲟多栖息在河流的中、下游，可以进入半咸水水域，栖息到北冰洋的海湾，但极少进入海水水域。它们一般整天停留在河床较深的地方。贝加尔湖亚种营纯淡水生活，一般栖息在20～50 m深的区域，也可栖息到100～150 m深处。

西伯利亚鲟由于生活在淡水中，适应性强，耐低温，形态和生物学特性变异大，食性广，生长潜能大。西伯利亚鲟主要有两种生态类型，即半洄游型和定居型。半洄游型种群平时栖息在河口或河口三角洲水域，性成熟后沿河流上溯较长的距离（1 600～3 000 km）去产卵，洄游过程中在河床低洼处越冬（称为"冬季型鲟鱼"）。定居型种群主要栖息在河流中游和上游的河汊处，没有明显的洄游现象。定栖性种群的数量明显少于半洄游型种群的数量。贝加尔湖的西伯利亚鲟是一种特殊的生态类型：湖泊—河流型。它们平日栖息在湖泊之中，到繁殖季节，则洄游约1 000 km到河道中（色楞格河）产卵。

## 三、食性

西伯利亚鲟主要以底栖动物为食，其中主要是摇蚊幼虫。在河口和三角洲，食物中主要有端脚类和多毛类。在摄食动物性食物的同时，也摄食有机碎屑和沉渣，这些碎屑和沉渣有时占到胃中内含物的90%以上。引种到波罗的海的西伯利亚鲟，其胃内含物中有时可见有小鱼。

## 四、年龄与生长

西伯利亚鲟在不同自然水体中生长速度变异较大，生长最快的是鄂毕河和贝加尔湖中的西伯利亚鲟。从整体上说，从西到东，生长速度减慢，例如在鄂毕河，2年龄、5年龄、10年龄、15年龄和20年龄的西伯利亚鲟的全长（体重）分别是40.5 cm（0.26 kg）、60.8 cm（1.07 kg）、97.8 cm（5.385 kg）、112.3 cm（8.20 kg）和116.5 cm（8.95 kg），而在勒拿河，2年龄、5年龄、10年龄、15年龄和20年龄的西伯利亚鲟的全长（体重）分别是37.2 cm（0.12 kg）、48.4 cm（0.4 kg）、68.5 cm（1.4 kg）、83.8 cm（2.7 kg）和98.3 cm（4.40 kg）。

## 五、繁殖特性

西伯利亚鲟性成熟比那些分布靠南的鲟鱼要迟，雌鲟初次性成熟年龄在20年以上，雄鲟17～18年以上。雌鲟多数在25～30年成熟，雄鲟多数在20～24年成熟。勒拿河中的西伯利亚鲟性成熟相对较早，雌鲟11～12年成熟，雄鲟9～10年成熟。在西伯利亚各水域，西伯利亚鲟雌鲟繁殖周期至少为3~5年，雄鲟一般为2~3年。在人工温水条件下，西伯利亚鲟性成熟年龄可提早，繁殖周期也可缩短。在苏联和法国的温水养殖基地，来自勒拿河的西伯利亚鲟，雌鲟7~8年成熟，繁殖周期1.5~2年；雄鲟3~4年成熟，然后每年都可繁殖。

西伯利亚鲟的成熟系数雌性为8.9%~50%，有时超过50%；雄性为3.9%~9.1%，有时高达20.3%。雌鲟绝对怀卵量以勒拿河中的西伯利亚鲟最小，为1.65万~14.4万粒；而贝加尔湖雌性西伯利亚鲟的绝对怀卵量最大，达到21.1万~83.2万粒。西伯利亚鲟卵呈浅褐色或灰色至深黑色，卵粒重10.8~25 mg，卵径2.37~2.92 mm。在西伯利亚各水域中，西伯利亚鲟产卵繁殖在5月下旬至6月中旬，水温跨度较大，9~18 ℃。

西伯利亚鲟存在一步产卵洄游和二步产卵洄游两种类型。与其他多数鲟种不同的是，产卵场中西伯利亚鲟的雌雄性比接近1∶1。已知在鄂毕-额尔齐斯河中，在平均水温13.4 ℃和20.7 ℃时，西伯利亚鲟胚胎孵化所需要的积温分别为2 345 ℃·h和1 697 ℃·h。刚出膜的仔鱼平均长10.5 mm，重13.9 mg。平均水温17~18 ℃时，仔鱼在出膜后的第4天或第5天开始摄食外源食物，此时它们平均长22 mm，重35.4 mg。

在人工温水条件（莫斯科附近的繁育基地）下，平均水温14.5 ℃，西伯利亚鲟的出膜时间为10~11天，主动摄食时间是出膜后15天。在法国顿扎克养殖基地，置西伯利亚鲟卵于楚格（瑞士中北部一城市）孵化罐中，水温从8~11 ℃逐渐上升到14~16 ℃，胚胎孵化所需要的积温为3 840 ℃·h。

# 第二节　人工繁殖技术

## 一、亲鱼培育

人工繁殖用的亲鱼一般采用不同水域自然成熟的亲鱼，采捕时间为每年5—7月的繁殖季节。选择身体无病无伤，雌性体重15 kg以上，雄性体重20 kg以上的个体，年龄为9~13龄，雌性个体生殖间期3~5年。非生殖期的雌雄个体无明显特征，处于生殖期的雌雄鱼体有所不同，但没有婚姻色及追星类的副性征。具体鉴别方法为：成熟将产的雌性个体消瘦，吻尖，脊板尖，体表黏液多，腹壁薄而软，腹部膨大而富有弹性。雄性个体体色、体形无明显变化，一般体重在20 kg以上的个体大多已成熟。检查时，见鱼体尾部弯曲成"弓"状，用手轻压生殖孔有精液流出，此时的雄鱼即可作繁殖用亲鱼。

## 二、人工授精与孵化

当水温升到16~24 ℃时即可进行人工催产。水温较低时，催产效应时间较长。催产剂多选用LRH-A，注射方法及使用剂量视亲鱼的成熟情况而定。基本剂量为每千克雌鱼用量为60~90 μg。一般卵细胞极化指标达到1/30以上，即Ⅳ期中时即可催产。全部催产剂量分二次注射，第一次注射剂量的10%，当极化指标达到1/55以上时，注射剩余的剂量。雄鱼使用雌鱼剂量的一半，在雌鱼第二次注射时注射，对于成熟度较好的雄鱼也可不注射。注射部位一般为胸鳍基部。经过催产的亲鱼，雌、雄分池暂养，并予以流水刺激，注意观察亲鱼活动，定期检查鱼体变化。雌鱼开始排卵时游动活跃，频繁撞击水面，检查可发现卵巢有明显流动迹象，轻压腹部至生殖孔处有卵粒流出，此时即可取卵。取卵时间可掌握在90分钟以内，最多不超过150分钟，否则受精率将会受到影响。从时间与水温关系看，平均水温为16.5 ℃时，效应时间为18小时；平均水温为19 ℃时，效应时间为11小时左右。

用挤压法采集精液。体重20 kg的个体一次可排出精液30 mL，甚至更多。雄鱼可多次使用。优质精液呈纯牛奶状。用剖腹法或手推法采集卵子。1尾体重15 kg的个体可产卵2.5～3.5 kg，9万～12万粒。用半干法人工授精。精液用量为每千克鱼卵10 mL。使用精液时，先用无菌水稀释。稀释比例为精液比水1∶200。授精时，将精液放入鱼卵中，均匀搅拌3～4分钟，使精卵充分结合，静置片刻，弃去污水，漂洗干净。卵呈黏性，一般受精后5～6分钟出现黏性，15～18分钟达到最大黏度，故孵化前鱼卵须进行脱黏处理。受精卵脱黏后即可进行孵化。

卵粒较大，也较重，每千克4万粒左右。孵化最好在微流水条件下进行，或对卵定时拨动。特制的专用孵化器规格一般为380 cm×65 cm×30 cm，有进排水系统和定时拨卵装置，一次可孵化卵40万粒。孵化时的进水量为50～60 L/分钟，自动拨卵装置每分钟一次，孵化率为85%左右。此外，也可用双层网箱孵化。网箱规格为80 cm×60 cm×50 cm，每次孵化卵1 kg。方法是将网箱固定浮置于水质清澈，水流速为0.8～1.5 m/s的江湾处，每20分钟翻动一次卵，孵化率也在85%左右。孵化温度为16～24 ℃，最适温度19～22 ℃。在此范围内，水温高时出膜早，且出苗集中，水温低时出苗晚，且出苗时间长。在平均水温17 ℃时，约105小时出膜；平均水温21.5 ℃时，约81小时出膜。刚孵出的仔鱼体长1.1～1.3 cm，如蝌蚪状，做垂直运动。孵化70小时后出现鳔点，可进行平游。

# 第三节　苗种培育技术

鲟鱼的苗种培育可分为前期与后期两个阶段。前期培育可从鱼苗的卵黄消失开始，至分塘养殖为止。其主要的饵料为卤虫无节幼体、水生寡毛类、桡足类等活性饵料，适量搭配蛋黄及人工配合饲料等。后期通常用人工配合饲料，也可适量投喂小鱼、小虾等生物饵料。

## 一、仔鱼培育

### （一）苗种引进

刚孵出或购买进来的水花苗转池或经长途空运后，在温差和水质的适应上与原池存在很大的差异性，并不能立即放入培育池，必须将其连同转池设备或氧气袋一起放到池里，使转运水温和池内的水温基本一致再缓缓地将水花苗放入暂养的培育池内。这时的仔鱼靠自身的卵黄囊提供营养需求，其在进入底栖生活之前对外界环境反应异常敏感，主要表现在光线、水流和溶解氧等方面上。因此，要注意采取遮阴和水流速、流量的控制。水深应掌握在30~40 cm，密度在3 000~5 000尾/m²。

### （二）仔鱼开口

自鱼卵孵化后7天左右的时间，仔鱼体内的卵黄基本消化完了，这时就需要人工投食，为其提供饵料。仔鱼的开口成功与否是影响成活率的一个关键环节，要做到及时投饵、勤投饵。水蚯蚓又名红丝虫、赤线虫，营养价值极高，是仔鱼很好的开口料。将鲜活的水蚯蚓洗净，切成0.5~1.0 mm的小段，盛入盆内加入少量的盐（主要用于消毒），加入清水浸泡5分钟，然后冲洗2~3次，滤掉脏物，用小瓢对水一起泼洒投喂，投喂量以30分钟内食完且略有剩余为宜。投喂饵料前，先关闭增氧系统和减少进水量，投饵后15分钟再打开。每份饵料分2次投喂，期间要做好观察记录。仔鱼阶段每隔3小时投喂1次，大概15天后，将投喂的间隔时间延长到4小时，大约15天的时间将投饵次数调整为每天5~6次。同时，要根据情况适时加大投喂量，防止投喂量不足而引起互相残食或生长差异过大。

### （三）仔鱼转口

经30天左右的培育，大部分仔鱼长到5 cm以上，便可给仔鱼投喂饲料进行驯化。根据鱼体的口裂大小，将特种水产全价饲料粉碎成合适大小的颗粒，与切好的水蚯蚓适量混在一起，即作为仔鱼的转口料。投喂方法同上，每日投喂5~6次，经10~15天便可完成驯食，之后即可完全投喂人工配合饲料了，进入鱼种培育。

## 二、鱼种培育

### （一）培育池准备

培育鱼池可以用室外普通水泥池，单池面积为300 m²左右，水深1.5~2 m²。水泥池可以是圆形、椭圆形，也可是方形。但方形要避免死角，面积为10~20 m²，深度为0.8~1 m，要求进排水方便，能控制水位。小规模养殖用空气压缩机充氧，大规模养殖用罗茨鼓风机充氧。鱼苗放养前，池子要彻底消毒，消毒方法与常规养殖其他鱼消毒方法相同。

### （二）鱼苗放养

放养规格为体长18~30 cm，体重50~90 g。同一池内放养的规格要整齐，大小一致，不同规格的鱼苗分池饲养。杂交鲟营底栖生活，摄食时身体下部贴到池底，放养密度依据生活空间及池中溶解氧等综合因素来确定。根据鱼苗规格大小放养密度见表4.1。鱼入池前用5%的食盐水浸泡鱼体20分钟，入池后第二天开始投喂。

表4.1　杂交鲟鱼苗放养密度

| 规格（cm） | 水温（℃） | 密度（尾/亩） |
| --- | --- | --- |
| 0.07~0.5 | 17~19 | 2 000~4 000 |
| 0.6~1.0 | 19~20 | 2 000 |
| 1.1~3.0 | 20~22 | 1 000 |
| 3.1~5.0 | 22~24 | 500~800 |
| 5.1~20 | 24~26 | 200~500 |

### （三）饲料及投喂

#### 1. 饲料

从开口至苗种培育结束全部采用人工配合饲料，饲料粒径0.2～2.0 mm。配方要满足鱼的营养需求，除蛋白质脂肪要达标外，各种氨基酸要尽量平衡。对鲟鱼来说，赖氨酸和色氨酸需求比其他鱼类略高，同时要注意添加高度不饱和脂肪酸，如二十二碳五烯酸和二十二碳六烯酸。饵料粒径严格同鱼的大小相适应，转换颗粒大小应逐步进行，不适合鱼口径的饵料会影响鱼的生长，同时也会造成饵料的浪费。

#### 2. 饲料投喂

（1）投喂次数及方法。饵料使用效率主要取决于投喂频率及投喂方法，鱼体越小，投喂次数就越多。尤其是前几天，投饵必须仔细观察，不要让鱼感到饥饿，长期饥饿会引起消化道萎缩，出现"僵苗"。鲟鱼是全昼夜摄食，夜间必须投喂，通常鱼体重0.07～0.3 g时，投喂12次/天；0.3～1.5 g时，8次/天；1.6～5.0 g时，6次/天；5～20 g时，4次/天。

（2）日投饵率。鱼摄食量与鱼体大小和温度有关，在生长范围内摄食量随着温度升高而增加，当高于25 ℃时，鱼摄食量虽然增加，但生长速度减慢。鱼大小不同投喂率不同，鱼体大，摄食量大，投喂率低；鱼体小，摄食量小，但投喂率高。

### （四）日常管理

#### 1. 水流量、水位的管理

适宜的水流量，能保持水质清新，水温恒定，重要的是鱼逆流而行能锻炼鱼的体质；一定水位能保证鱼的活动空间，保持水中溶解氧便于观察鱼的活动情况。一般鱼体重在1.0 g以下时，水位保持在0.2～0.5 m；1.0 g以上时，水位保持在0.5～1.0 m。

#### 2. 鱼病的防治

苗种培育期常出现爱德华氏菌病、烂尾病等疾病，一定要做好预防工作，具体防治措施见病害防治技术。

# 第四节　成鱼养殖技术

杂交鲟鱼种经过2个月左右的培养，当鱼的规格达12～15 cm时就要将其转入成鱼养殖阶段。目前成鱼养殖主要是冷水水泥池流水养殖，也有工厂化养殖、网箱养殖等。

## 一、冷水水泥池流水养殖

冷水水泥池流水养殖是现在常见的养殖方式，规模可大可小，容易实现智能化控制，是主要的养殖模式之一。

### （一）养殖池准备

养殖场应选择在水质优良、水源丰富、水源及养殖区无污染、电力保证供应、交通便利的山丘地带。养殖池以水泥池为佳，配合流动水养殖，主要有两种类型的养殖池：①鱼苗培育用水泥池，面积为8～15 m²，池深以50～60 cm为佳；②成鱼养殖用水泥池，面积为50～80 m²，池深1～1.2 m，圆形。为防止人工养殖鲟鱼外表受伤，池底、池边都要求光滑，并且配套建设进水口、排水口及增氧设施。成鱼养殖池和鱼苗培育池的进水口设计成斜45°角进水，以期达到养殖水体在池中旋转流动，提高成品鱼的肉质。排水口设计在圆形水泥池的中间，起到排污和防溢水的作用。

放苗前要清洗水泥池，每亩用茶饼15～20 kg或生石灰100～150 kg泼洒消毒，浸泡1周之后洗刷干净，再换清水浸泡几天。养殖前放掉浸泡水，养殖池重新灌入无污染新水。幼苗在鱼苗池培育到一定大小才会转入成鱼池养殖。放养前要准备饵料、增氧机，深水要补充氧气。进出水口要覆盖纱网进行拦截，过滤水源，防止野杂鱼入池和成鱼逃跑。

### （二）苗种放养

鲟鱼的规格达15 cm左右时，就可以从鱼苗培育池转到成鱼池进行养殖。刚开始成鱼池的水深应控制在0.6～0.8 m，鲟鱼密度为300～400尾/m²。为防止杂鱼进入养殖池和鱼种逃离，应在进水口和排水口处设置好隔离网；提前做好成鱼池的消毒工作，放苗过程要水和鱼一起转运，防止鱼身擦伤，以提高转塘鱼的成活率。

### （三）投饲管理

成鱼的养殖也应做到定时、定量、定点投喂，每天投喂两次，投饲量为鱼体重的5%～10%。并根据天气变化情况，晴天多投，阴雨闷热天少投；鱼体活动正常多投，发病时少投。饲料可以选择蛋白质40%的鲟鱼生长期配合饲料，投饵时要观察鲟鱼吃食情况，随时掌握鱼池中鲟鱼的情况，并做好养殖记录；投饵后要注意观察，当鲟鱼摄食完后及时打开进水阀，防止鱼缺氧。

### （四）日常管理

日常的管理虽然不需要像仔鱼阶段的管理那么精细，但也不能松懈。一是在保证充足的溶氧前提下适当减小水流速，因为池内的水流速太快会增大鱼本身的能量消耗，影响鱼的生长育肥。二是做好巡察工作，早、中、晚各巡察1次，观察鱼的生长情况，发现死鱼、病鱼或杂物及时打捞，并做好相关记录。三是确保养殖环境卫生，每个月至少做1次鱼池的清洁，去除残留的饵料和其他杂物，减少病菌产生。四是刚转池的鱼密度比较大并且生长速度也很快，及时分塘使其达到合理的密度。视鱼的生长情况而定，每1～2个月分池1次，将规格相当的鱼放养在一起，使养殖密度为20～30 kg/m²。

## 二、池塘养殖

### （一）养殖池的基本条件

#### 1. 水质要求

养殖池水的好坏直接影响到池鱼的生长发育，杂交鲟也不例外。鲟鱼的水质指标主要是溶解氧和温度，其生长的最适温度为18～25 ℃。同时，鲟鱼又是高溶氧的鱼类，溶解氧的适宜含量要求在6 mg/L以上，低于1.5 mg/L出现死亡。

#### 2. 池塘条件

池塘面积以0.2～0.33 hm²为宜，水深2 m左右，水质清新，排水方便。考虑到其对水质的特殊要求，以有地下水可经常注入的池塘为佳。为防止其他野杂鱼苗进入，入水口处一般用20目的筛绢做拦网。

**（二）苗种放养**

**1. 清塘与消毒**

苗种放养前10天，用生石灰带水清塘，每亩用量300～400 kg，杀死野杂鱼、病菌及有害生物。苗种放养前还必须先用5%的食盐水溶液洗浴20分钟后再投放鱼池，入池第二天开始投喂。

**2. 苗种放养**

鲟幼鱼在2月龄时已具有成年鲟鱼的基本特征，所以放苗规格目前一般为每尾30 g左右，放养密度每亩为1 000～1 200尾。池塘主养杂交鲟，为有效利用水体，可适当搭养鲢、鳙鱼，因为鲢、鳙鱼为上层鱼类，杂交鲟为底层鱼，各自活动不受影响。另外鲢、鳙鱼还能摄食浮游生物，净化池塘的水质环境。搭配比例：每亩水面可搭养鲢、鳙夏花4 500尾。

**（三）日常管理**

**1. 饲料投喂**

杂交鲟为杂食性底层鱼类，幼鱼以底栖生物、水生昆虫为食，成鱼则以水生昆虫、底栖生物及小型鱼类为食。在人工饲养情况下，经过驯化可以摄食人工饵料。鲟鱼的驯化难度比常规鱼类大，目前常用的驯化方法有以下5种。

（1）直接用颗粒饲料投喂。所需时间较短，一般为1～2周，成活率35%～40%。

（2）活饵和颗粒饲料交替投喂。此法驯化时间长，约需8周以上，驯化成活率可达40%～50%。

（3）饲料中加入一定比例的活饵制成软颗粒投喂。约需3周可完成驯化，成活率在50%以上。

（4）用活饵研浆浸泡干颗粒饲料晾至半干后投喂。约需2周时间，成活率超过75%。

（5）活饵引诱。将水丝蚓等活饵洗净研浆，洒入池中的饵料台，让鱼嗅到水丝蚓的味道后，刺激其食欲。然后撒少许人工配合饵料，如此持续1周后，逐渐减少活饵料的量，直至完全适应配合饵料。

显然，后3种方法效果好，驯化时间短，成活率高。幼鱼接受配合饲料后，生长快，患病少，成活率高。饲料的投喂必须坚持"四定"原则。

**2. 水质控制**

杂交鲟是高溶氧、冷水性鱼类，根据此习性，可采取隔天换水的方法，换水量为水体的30%～50%。在7—8月高温期，升高水位至2.5 m，并加大换水量，改隔天换水为每天换水1/3，换水时不可大排大灌，采用全天微流水，边排水边进水的方法，这样既可降温又增加了水中的溶解氧。9月温度有所下降，水位保持在2 m，每天换水量为1/5，池水恶化时，排除旧水，注入新水。根据养殖实践，杂交鲟的适宜生长水温为18～22 ℃，所以夏季养殖池要架设遮阴设施，避免阳光直射。

**3. 巡塘管理**

巡塘主要观察鱼的活动情况、吃食情况以及水质等，以便及时调整养殖措施。巡塘每天至少需要3次：黎明时分观察水温、水色及池鱼有无浮头迹象；日间结合投饵检查水质及池鱼有无浮头预兆；盛夏季节，天气变化突如其来，最好在半夜前后增加一次巡塘，以便及时制止浮头，防止泛池事故发生。鉴于杂交鲟对溶氧的要求较高，因此养殖过程中防止池鱼浮头应是管理中的重头戏。

## 三、网箱养殖

网箱养鱼的优点是：能解决鱼池水面不足和饲料不足之矛盾；饲养管理方便；收获时无需特制捕捞网具，可以一次起水，也可以根据需要适时分期起水销售，便于活鱼运输和储存，有利于市场的调节；能够适应机械化操作和现代化养殖技术的发展。

### （一）地址选择

网箱养殖鲟鱼应选在水质好、无污染、水环境稳定、避风向阳、水深5 m以上和饵料丰富的水域。

### （二）网箱规格

网箱规格为4 m×4 m×2.5 m，其长度可根据需要而定，网目大小视养殖鲟鱼的规格而定，以不逃鱼、有利于水质交换以及底网片不漏饵为原则。

### （三）鱼苗放养

杂交鲟鱼生长最适水温为20～25 ℃，放养时间应以5月底、6月初为宜，放养应选择在早晨5:00—8:00进行，此时养殖池与水库的水温温差较小。放养密度应根据鲟鱼的规格适时调整。

为提高成活率，有条件的地方可将体重50 g以下的鲟鱼进行强化饲养，即放入简易室内水泥地或塑料大棚内水泥池养殖一段时间。

### （四）饵料及投喂

鲟鱼成鱼养殖期间主要投喂新鲜动物性饵料和人工配合饵料，其体重达到5 g时，日投喂量为体重的10%，以后每隔7天减少1%，直到递减到2%为止。投喂量的多少应视鱼体重、水温、摄食以及生长状况灵活掌握，以每天投饵略有剩余为准，投饵次数应为4～6次。

### （五）日常管理

第一，饲养期间应每天巡视网箱，检查网衣是否破损，防止网破鱼逃。

第二，定期清洁网箱中的污物，及时捡出死鱼以及已感染水霉菌的鲟幼鱼，每15天刷洗1次网箱，使网箱水体保持清新、畅通。

第三，每天7:00、13:00、19:00时都要测量水温，对水中的溶解氧、pH值等重要水化指标应定期进行测定，并做好记录。

第四，每15天测1次生长情况，根据鲟鱼的生长情况，适时调整放养密度和更换网箱的网目。

### （六）病害防治

鲟鱼对疾病有较强的防御能力，在整个养殖期间较少发病，疾病的防治情况可参见病害防治技术。

## 四、其他养殖方式

除了以上养殖模式之外，也可进行庭院养殖或大棚养殖等。采用这些方式，由于可进行人工控温，鲟鱼的生长速度更快，产量更高，每平方米产量可达5 kg以上。水泥池的面积为2~100 m²，方的、圆的、长方形的均可，要求有供水和排水系统。池子可建成梯形，以节约用水。池塘水深1.2~1.5 m，放养密度为5~10尾/m²。放养前，用食盐水消毒鱼种。每天投喂4次，投喂时，尽量沿池四周贴边投放饵料，并要降低水流量。水泥池须保持流水，每1~1.5小时换1次水，要在池内形成一定流速的环流。若水源紧张，可在池内安装充气泵。夏季须在水泥池上方搭遮阳网。

# 第五节　病害防治技术

鲟鱼病预防可以采用水体消毒和药饵投喂相结合的方法来进行，定期用生石灰全池泼洒，亩用量20 kg，可改善水质和杀灭致病菌；用0.4 mg/L敌鱼虫全池泼洒可杀灭指环虫、三代虫及猫头蚤的幼虫。每月两次投药饵，每次3~5天，药量占饵料重的0.5%，药物为大黄和土霉素，两者交替使用，效果良好。

## 一、细菌性肠炎病

### （一）症状与病因

病鱼游动缓慢，食欲减退，肛门红肿，轻压腹部有黄色黏液流出；解剖可见肠壁局部充血发炎或者全肠呈红色，肠内无食物且积黄色黏液。此病在水温高于20 ℃时，因养殖水体水质变差或鲟鱼摄食变质饲料容易暴发，多半是鲟鱼的幼苗较为容易感染，常引起大量死亡。

### （二）防治方法

（1）此病的预防，保持干净的养殖环境和充足的水源以及安全的饲料是关键。

（2）饲料选择粒径大小要合适，做到定时定量，定期投喂药饵（10 kg饲料中添加大蒜素2 g）。

（3）如果鲟鱼已感染此病，则要及时治疗。方法是：外用土霉素合剂对水泼洒，每立方米水体用量为2~6 g；内服用大蒜素或大黄拌饵投喂，1 kg鱼每天用0.02~0.04 g，连服7天左右，并经常更换池水。

（4）磺胺二甲基嘧啶拌料投喂，每天投喂药量为鱼体重的0.5/10 000~1/10 000，连续投喂5天；用篷布将鱼集中兜住，水体控制在20 m³左右，早上用1.5 mg/L的二氧化氯，下午用4 mg/L的聚维酮碘药浴20分钟，连续3天。

## 二、烂鳃病

### （一）病症状与病因

病原为柱状屈挠杆菌及嗜水气单胞菌，染病鱼的体色较淡，游动缓慢，离群独游或沉底不动；鳃丝发白，呈斑块状腐烂，覆盖带水中泥土杂物的胶混黏液。该病主要危害鲟鱼的幼苗，死亡率很高。

**（二）防治方法**

（1）预防此病关键要保持养殖环境的清洁，及时换水，降低养殖密度，每隔14天泼洒1次生石灰，使池水浓度为40 mg/kg。

（2）此病的治疗也可采用内服加外用的方法，用土霉素拌饵投喂，1 kg鱼用药量为50 mg/天，连续投喂3～5天；外用二氧化氯泼洒，每立方米水体用药0.3 g，连续泼洒2～3天。

（3）1 kg饲料拌入15 g氟苯尼考，连续投喂5天；用1.5 mg/L的二氧化氯药浴20分钟，每天1次，连续5天。

### 三、爱德华氏菌病

**（一）症状和病因**

皮肤充血，肛门红肿，肝脏肿大，色淡。爱德华氏菌感染引起。

**（二）防治方法**

泼洒食盐水，使池水浓度500～800 mg/L；内服肠炎灵拌饵投喂，药量占饵料的1%，连投3天，普通饵料和药饵交替投喂。

### 四、烂尾病

**（一）症状和病因**

起初尾部外边缘发白，渐渐向尾柄蔓延然后烂掉，注意和咬尾相区别，咬尾指鱼的尾部被残食咬掉，但尾外边缘无白边。由细菌感染引起。

**（二）防治方法**

2.5 mg/L聚碘全池泼洒，停水浸泡2小时，连泼3天；十分严重要用"百病消"（恩诺沙星），2 mg/L全池泼洒，连用3天；内服土霉素拌饵投喂，药量为每100 kg鱼拌3 g，连投3天，第一天药量可适当加大。

### 五、脂肪肝

**（一）症状和病因**

患病鱼类无明显的体表症状，仅见食欲不振、生长缓慢、饲料报酬低等不易察觉的现象，死亡很少。病理解剖见肝脏表面有脂肪组织积累，或肠管表面脂肪覆盖明显。肝组织脂肪变性明显，主要肝功能酶指标不正常，肝功能不全。引起鱼类肝组织脂肪变性和脂肪积累等脂肪代谢异常的因素很多，蛋白质、脂肪、糖类等饲料主要成分的不足或过多，饲料的主料配方与养殖对象的营养标准匹配不合适。某些维生素的不足或过多。饲料中油脂添加过多。水体中有毒物质。过量或长期使用抗生素和化学合成药物以及杀虫剂。

**（二）防治方法**

不喂腐败变质的饲料；不乱用药或滥用药，不提倡将药物添加到饲料中长期使用，提倡科学用药；添加一些有利于脂质代谢的物质，如维生素B族、维生素E、氯化胆碱等。

# 第六节　加工食用方法

## 一、红烧鲟鱼

### （一）食材
鲟鱼、葱、姜、花椒、调料。

### （二）做法步骤
（1）鲟鱼宰杀干净，剁块备用。

（2）依次放入姜，葱，盐，料酒以及蒸鱼豉油腌制，半小时左右。

（3）锅里倒入菜油，待油热之后，将鱼倒入锅中进行煎炒，随后倒入红烧汁再放一碗水，10分钟左右后就熟了。

（4）盛盘即可享受一道美味的红烧鲟鱼。

图4.2　红烧鲟鱼（图来源于网络 https://image.baidu.com/search/detail?ct=503316480&z=0&ipn=d&word=红烧鲟鱼图片）

## 二、清蒸鲟鱼

### （一）食材
鲟鱼、蒜、姜、葱、食用油、香油、味极鲜酱油。

### （二）做法步骤
（1）用毛巾垫着，抓住鱼的尾巴，用刀轻刮鱼身，就能把鱼身上的黏液都去掉，然后在鱼身上割口，这样做一方面是方便装盘，另一方面也是为了蒸透和入味。

（2）准备1碗腌料，用几瓣蒜，1片姜和少许葱花，放在碗里捣碎出汁，然后涂在鱼的身上，尤其是鱼身切口的部位和鱼肚子里。

（3）腌大概5分钟，这时候鱼本身也会出汁，所以要把这些汤汁都倒掉。

图4.3　清蒸鲟鱼
（彭仁海供图）

（4）把蒸锅里倒上足够的水，上汽之后把鱼连盘子一起放进去大概蒸10分钟。

（5）锅里放一些食用油，等油热的时候放几粒花椒进去爆香；切几根细细的葱丝，备用。

（6）等鱼出锅的时候，在鱼身上淋几滴香油和少许的味极鲜酱油，把切好的葱丝放在鱼身上，趁着做好的花椒油很热的时候，全部淋在鱼身上即可。

### 三、冰冻鲟鱼生鱼片

**（一）食材**

鲟鱼肉、芥末、调料。

**（二）做法步骤**

（1）将鲟鱼肉冷冻后切片置于用食品膜罩着装有冰块的盘上。

（2）将调好的佐料及芥末另盘上桌即可。

图4.4　冰冻鲟鱼生鱼片（图来源于网络https://baike.baidu.com/item/冰冻鲟鱼片/3530598?fr=ge_ala）

### 四、清蒸鲟鱼卷

**（一）食材**

鲟鱼净肉400 g、冬菇丝、冬笋丝、金华火腿丝、葱丝、姜丝、精盐、味精、胡椒粉、绍酒、调料油。

**（二）做法步骤**

（1）将鲟鱼宰杀洗净后，用热水稍浸泡，刮掉表皮黏膜，去掉身体两侧硬鳞，去除内脏，洗净，片下鱼肉切成4 cm见方的块，再片成薄薄的鱼片，用绍酒腌制15分钟。

（2）冬菇、冬笋用热水泡发，将葱、姜、泡发好洗净的冬菇、冬笋、金华火腿均切成细丝。

图4.5　清蒸鲟鱼卷（图来源于网络https://m.meishichina.com/recipe/224989/）

（3）煮锅内水烧开，分别下笋丝、火腿、花菇焯烫熟，捞出过冷水滤干水分，将葱丝、姜丝、冬菇丝、冬笋丝、火腿丝平放在鱼片上，卷起来。

（4）依次卷完放进盘中，均匀地在每个鱼卷上淋上少许的生抽和蒸鱼豉油，将花椒粒、葱丝、姜丝放在盘中央，煮锅内水烧开后将鱼放入，蒸20分钟。

（5）撒上胡椒粉即可。

### 五、串烧鲟鱼

**（一）食材**

鲟鱼肉400 g、香菇片、胡萝卜片、青椒片、洋葱片、精盐、味精、胡椒粉、辣椒面、孜然。

**（二）做法步骤**

（1）将鲟鱼切成2 cm见方的块，在片成2 mm厚的片，加入调味品拌均匀。

（2）用钎子把鲟鱼片、配料串在一起，上明火烤制成熟，撒上孜然、辣椒面即可。

图4.6　串烧鲟鱼（图来源于网络https://baijiahao.baidu.com/s?id=1621537509800916183&wfr=spider&for=pc）

### 六、鲟鱼肉羹

**（一）食材**

鲟鱼肉、香菜、蛋清、姜末、调料。

**（二）做法步骤**

（1）将鲟鱼肉蒸熟搅碎，下锅闯油。

（2）加姜末、清水、调料，烧开后用淀粉勾芡、下蛋清搅开后入盘，撒上香菜即可。

### 七、铁板鲟龙串

**（一）食材**

鲟鱼肉、青红椒、香洋葱、调料。

**（二）做法步骤**

（1）烧铁板备用。

（2）将鲟鱼肉切成1 cm见方的块，放入调料上浆，再将洋葱切成1 cm见方的块，用牙签穿1片洋葱，穿1块鲟鱼丁，依次穿3个鲟鱼丁为1串。

（3）取锅上火，放油，放入鲟鱼串，同时，将铁板再放火上烧热，将炸好的鲟鱼串放在烧热的铁板上即可。

### 八、香辣烤鲟鱼

**（一）食材**

鲟鱼、洋葱、青红辣椒、葱姜蒜、花椒、孜然、辣椒面、盐、生抽、胡椒粉。

**（二）做法步骤**

（1）鲟鱼切开，用盐、胡椒粉、绍酒、腌渍。

（2）洋葱一半切丝，一半切块，青红辣椒切圈、葱切段、姜蒜切片。

（3）在康宁烤盆中抹油、洋葱丝垫底，放上腌渍好的鲟鱼，入烤箱120 ℃烤5分钟。

（4）其他材料在锅中炒出香味铺在鲟鱼上，再入烤箱烤5分钟即可。

图4.7 鲟鱼肉羹（图来源于网络https://baijiahao.baidu.com/s?id=1621537509800916183&wfr=spider&for=pc）

图4.8 铁板鲟龙串（图来源于网络https://baijiahao.baidu.com/s?id=1621537509800916183&wfr=spider&for=pc）

图4.9 香辣烤鲟鱼（图来源于网络https://baike.baidu.com/item/香辣烤鲟鱼/10072489?fr=ge_ala）

# 第七节　养殖实例

## 一、冷河水加地下井水集约化养殖

我们的试验基地——林州市天利渔业养殖场利用淇河冷河水和地下井水进行杂交鲟的集约化养殖，取得较好经济效益。

**（一）养殖池条件**

试验池塘180个，均为水泥池，长20 m、宽5 m、池深1.3 m（水深1 m），总面积为

18 000 m²。水源为淇河河水加以井水，水温常年保持在14～22 ℃，水体总硬度4.9德国度，矿物质含量较高，不含重金属等有害物质，pH值6.8，水流量达10 m³/s，有自然落差，可自流灌溉，水质清新且无污染。每口池均配备有功率为1.5 kW的水车式增氧机1台。

**（二）苗种放养**

池子用1 mg/L二氧化氯消毒后，于2021年4月12日每池放养杂交鲟苗种1 500尾，鱼种规格为20.4 g/尾，共计重量为30.6 kg，放养密度为15尾/m²。放养的鱼种要求规格整齐、体质健壮、无病无伤，鱼种放养前用30 mg/L高锰酸钾溶液消毒鱼体5～10分钟。

**（三）饲料投喂**

采用软颗粒饲料，粗蛋白含量40%。鱼体体重在200 g以下时，日投喂量为鱼体总重的4%～6%；鱼体体重在200 g以上时，日投喂量为鱼体总重的2%～4%。一般地，养殖早期日投喂3～4次，养殖中、后期日投喂2～3次，每次的投喂量以饲料在15分钟内被鱼体摄食完为宜。投喂应坚持"四定"的原则，根据天气、水温、鱼类不同生长期及鱼体摄食情况等灵活调整日投喂量和投喂时间。

**（四）日常管理**

整个养殖过程均保持微流水环境，根据鱼体大小及季节变化调整水流量，一般控制在24小时换水1个全量，并保持水质清新和池水溶解氧含量在5 mg/L以上。搞好水温调控，可通过调节水流量和架设遮阳设施等方法，使整个养殖过程中池水的水温保持在14～22 ℃。

坚持每天巡塘，观察水质变化和鱼体摄食、活动情况，发现异常情况及时采取措施。杂交鲟摄食完后一定要及时开动增氧机增氧，以防缺氧浮头而造成杂交鲟死亡，其余时间里应根据鱼体不同生长时期和天气变化等情况灵活掌握开启增氧机的时间。

虽然杂交鲟对疾病有较强的抵御能力，但个体体重在150 g以前仍要防止暴发性鱼病的发生，特别要注意由产气单胞菌引起的出血症，该病有极强的传染性，发病迅猛，死亡率高。因此，在杂交鲟幼鱼期要特别注意病害预防工作，每隔5～10天用二氧化氯等药物消毒池水1次，并在饲料中定期添加维生素C、维生素E等，以提高鱼体抗病能力。杂交鲟生长至体重在150 g以后，则疾病发生的概率逐步减少。

**（五）养殖结果**

1. 收获情况

每个池子单独计算，试验面积100 m²，至2022年1月12日捕捞，养殖周期240天，共收获商品鱼1 475尾，产量共计2 655 kg，净产量为2 624.4 kg，养殖成活率为98.33%，净单产26.55 kg/m²，共消耗饲料3 228.01 kg，饲料系数为1.23，鱼体平均日增重7.37 g。

2. 经济效益分析

商品鱼出塘价格为30元/kg，总产值7.97万元，单位产值达797元/m²，生产总成本3.61万元，单位成本361元/m²，利润4.36万元，单位利润436元/m²，投入产出比为1：2.21。

**（六）讨论与小结**

（1）试验表明，利用山区冷河水加井水开展流水养殖杂交鲟具有占地面积小、养殖密度大、产量高、水质清新且无污染、产品质量安全、生产效益好等特点，因此在有冷水资源的地方值得推广养殖。

（2）冷河水加井水流水养殖杂交鲟的水源选择是决定养殖能否成功的关键和前提，笔者认为，冷河水加井水养殖杂交鲟宜选择水流量大、有自然落差、排灌方便、水质优良、水温与杂交鲟最适生长水温相近的水源，这样可通过调节水流量而使养殖水温始终保持在杂交鲟的最适生长水温范围内，加上水质清新、溶解氧含量充足，可以确保杂交鲟周年快速生长和降低生产成本。

（3）杂交鲟养殖一段时间后，鱼体规格会出现大小差异，应视个体差异程度及时分养。一般每隔40～60天进行分养操作1次，以保持同一养殖池内杂交鲟个体规格整齐一致，有利于杂交鲟的摄食和均匀生长。

（4）杂交鲟摄食时及摄食后1～2小时内耗氧量较大，为不影响其摄食，投喂时可停止开动增氧机，但应掌握好摄食时间，摄食完后应及时开启增氧机，此时若因特殊情况而不能开动增氧机则应加大水流量，增加水体中溶解氧含量，避免因鱼体缺氧而造成大批死亡。

## 二、工厂化养殖

山东临沂市的蒋孝祥等进行了史氏鲟工厂化养殖试验，积累了一些有益的经验。

### （一）场地条件

试验池为10个，规格为长20 m、宽5 m、高1 m，东西走向。鱼池配有上水量为50 m³/小时的轴流泵2台。

试验用水为地下水和电厂热水，水质符合养殖要求，透明度为30 cm以上，溶解氧为4 mg/L，pH值7～8，水温控制在23 ℃左右，水深1.5 m左右，池水流速保持0.1 m/秒。

### （二）苗种放养

2001年7月10日，从江苏引进史氏鲟苗种7万尾，苗种规格整齐，摄食旺盛，活动力强，无病无伤。放养前3～5天，先用刷子将鱼池内壁泥苔冲洗掉，然后用浓度为10 mg/L的高锰酸钾全池消毒。放养前2～3天，先注半池水，并配备好功率为115 kW增氧机2台。

鱼苗放养前要先放入暂养池中暂养，水温要求23 ℃左右，温差不超过1 ℃，适应4小时后方可将鱼苗移到养殖池中。苗种放养时，平均体长10 cm、平均体重5 g的苗种放养密度为50尾/m²。刚放养的鱼苗先用活水蚯蚓引诱，然后撒少许人工配合饲料喂养，持续一周，根据鱼苗吃食、活动情况，将未转口或转口不彻底的鱼苗进行转池护理。配合饲料的蛋白质含量35%～50%，碳水化合物含量30%～40%，脂肪、维生素及矿物质含量为5%～10%。

### （三）投喂

史氏鲟性情温顺，喜在水底活动，摄食力差。投喂采用"四定"及"量少次多"的原则，并依据天气、水温、鱼的摄食、活动情况具体掌握，一般以鱼吃到七八分饱为宜，投饵量为鱼体体重的3%～5%。由于鲟鱼惧怕强光的刺激，所以，投饵高峰为每天的晚上或早晨，上午、中午、下午少投，具体的投喂时间为：19:00—20:00、翌日4:00—6:00、9:00、13:00、16:00。

### （四）日常管理

每日巡塘，写好管理日志，观察鱼的摄食情况、活动情况和鱼池水质变化，检查有无病鱼，发现病鱼、伤鱼应及时捞出，并采取相应的治疗措施。在正常情况下，鲟鱼贴池底游泳，当水体缺氧或鱼体生病时，鲟鱼就会游到水体中上层，且表现出不安定症状，这时及时检测透明度、水温和溶解氧量，检查鱼是否生病。同时，为避免夏天阳光直射，需在鱼池上方设置遮阳网；根据鱼体生长测定情况，及时分池养殖。

### （五）排污

在养殖过程中，鲟鱼的残饵和粪便较多，为保持水质清新，使鲟鱼有一个良好的生活环境，应加强鱼池的清洁和排污。具体操作是：在每个鱼池的下游口，利用纤维网隔成一个小沉淀池，将鲟鱼与小沉淀池分开，保持沉淀池内水体的相对稳定。每天早晨将沉淀池中的排水口打开，用清扫杆将沉淀池中的污物搅起与水一起流出，并用小抄网将水面漂浮物捞出。

### （六）讨论与小结

（1）工厂化养殖鲟鱼，养殖周期短，效益高，养鱼排出的水体还可以养殖其他鱼类，提高了综合养殖效益，但养殖风险大，与养殖其他品种相比技术含量高，因而要加强对技术工人的培训。

（2）鲟鱼性格温顺，活动力弱，不争食，必须注意：投喂饲料时采用"量少次多"的原则，并根据鱼吃食情况，随时调整投饵量的多少。

（3）苗种质量、驯化程度的好坏是养殖鲟鱼成功的关键。

## 三、池塘养殖

河北省唐山市丰南区的张瑞宝在池塘中进行了鲟鱼的养殖，取得较好经济效益。

### （一）池塘条件

池塘规格不宜过大，一般为0.27 hm²以下，塘底为沙质，并设有独立进排水口及固定投饵点。投饵点底部可为水泥混凝土并抹光滑，面积以6～8 m²为宜，上面设有遮阳网；也可用钢筋缝上筛绢布结构，通过绳子和固定在遮阳栅上的小滑轮可把饵料台吊在水中，以利于清洗和拆装。塘深可在1.5～2 m，塘内必须为流水，根据水量和水质条件可选择适当增氧机。

### （二）水质来源

水源可为自流山泉水、曝气的深井水或水库水，水交换量可控制在3天一次至每天2次，保证水温控制在18～25 ℃，要求溶解氧大于5～6 mg/L，且水量充沛、水质清新、无污染。

### （三）苗种放养

放养前用石灰彻底消毒，经试水安全后才投放鲟鱼种，放养密度根据水质状况12 000～15 000尾/hm²，放养前要用30‰食盐溶液浸泡鱼体消毒。鲟鱼个体下塘应尽量放养大规格鱼种，一般长25 cm、体重100 g以上，并已驯化成功能摄食沉水性配合饵料。

### （四）饲料投喂

饵料要求蛋白质含量≥35%的鲟鱼专用饵料。投喂前先用毛刷刷洗干净食台。日投饵量开始控制在鱼体重的6%~4%；以后随着鱼体的长大逐渐调整到3%~2%。每日投喂次数可在2~4次，水温适宜多投，水温高于23 ℃或低于18 ℃少投，观察鱼群20分钟内吃完为宜。投喂过程中，饵料大小适口非常重要，要随着鱼的增大逐渐增大饵料粒径。

### （五）日常管理

鲟鱼对溶氧要求比较高，对急剧温差变化适应性较差。要确保水中溶氧高于5 mg/L，水质要清爽。遇到暴风雨，温差骤变，气压降低，要多加巡塘、观察，并采取有效的预防措施。在池塘养殖鲟鱼过程中，要每隔30天，用网捕捞一次，把那些瘦弱的鲟鱼选出来，专池或专用小网箱专料培育复壮，之后再下塘养殖。

### （六）鱼病防治

鲟鱼对疾病有较强的抵抗力，多数鲟鱼死因都是缺氧不吃食从而营养不良致死，所以在养殖过程中保证溶氧充足是关键。另外，每隔半个月用生石灰150 kg/hm²全塘泼洒，个别病鱼用3%盐水浸泡10~15分钟，可有效预防体外寄生虫病和外伤感染。在投喂过程中，在饵料中定期添加促进生长和提高抗病力的营养剂，或添加0.5%大蒜素（50 kg饵料拌100 g），可有效预防鱼病发生。

## 四、水库网箱规模化养殖

李要林等在河南省故县水库进行了杂交鲟的网箱养殖。2007年，他们在故县水库完成了鲟鱼开口苗的培育工作，2008年进行了鲟鱼成鱼网箱养殖试验，2010年开展鲟鱼成鱼网箱规模化养殖试验，取得了良好的效果。目前，故县水库已成为豫西地区鲟鱼商品鱼生产基地。

### （一）材料与方法

#### 1.水库及水域条件

故县水库位于黄河一级支流洛河中游，是一座以防洪为主，兼顾灌溉、发电、供水、养殖综合利用的大型水利枢纽工程，水域横跨卢氏、洛宁两县，坝址位于洛宁县故县乡，距洛阳市165 km，三门峡市110 km。故县水库属山区峡谷型水库，可养鱼水面1 353.3 hm²，平均水深50 m，最深可达75 m，透明度在4 m以上，水质清新无污染，达到国家二级饮用水标准，pH值7.2左右，表层水溶解氧9 mg/L左右，水深1 m处的年平均水温16.5 ℃。

#### 2.网箱设施

鲟鱼成鱼养殖采用聚氯乙烯网箱，网箱规格12 m×4 m×4 m，网线3×8股，网目40 mm，网箱框架由角钢和扁钢焊接而成，采用泡沫块固定在框架上增加浮力，网箱底部全部采用尼龙纱网缝结在底部钢绳上。试验共投入90只网箱，总面积为4 320 m²。网箱设置在水库敞水面水域，每3只网箱为1组，网箱之间预留0.5 m的过道，便于养殖操作。考虑到水位涨落，网箱固定在离岸边70 m处，呈东西向、分两排排列，采用侧锚、底锚和岸上锚桩固定，聚氯乙烯锚绳直径为20 mm。网箱需在鱼种投放前20天设置好，使网衣上附着少量藻类，减少入箱后鱼体擦伤。

#### 3.鲟鱼种投放

一是投放时间、密度及规格，鲟鱼种来源于卢氏县范里镇碾子沟鱼种场，由不开口苗培育而成，鱼种平均规格为125 g。入箱时间选择在5月中旬，此时，水库表层水温达18～20 ℃。入箱早、水温低，鱼种经过捕捞运输受伤容易感染水霉病；入箱晚、水温高，鱼体应激反应严重，容易造成死亡。每只网箱投放1 800～2 000尾鲟鱼种，平均密度为41尾/m²左右。二是鱼种消毒与适水，经过运输后鱼体难免擦伤，为防止入箱后感染，用1%的食盐水在运鱼箱内消毒20分钟，然后在鱼箱内加入水库水，使运鱼箱内的水和水库水混合，水温逐渐趋于一致，加水30分钟后，即可将鱼种投放入箱。

**4. 饲养管理**

一是饲料选择，整个养殖过程中，全部投喂鲟鱼专用全价人工配合饲料，粗蛋白含量40%，不投喂发霉变质的饲料。因鲟鱼是底层吮吸式摄食，且习性温顺，所以饲料粒径比其他鱼类偏小，饲料粒径以3～5 mm为宜。二是日投饵率，鲟鱼规格在0.8 kg/尾以下，水温8～12 ℃时，日投喂率0.1%～0.4%；水温12～28 ℃时，日投喂率为0.4%～2.1%；28 ℃以上时，日投喂率低于0.5%，甚至不喂。三是投饵次数，当水温低于10 ℃时，每天投喂1次，投喂时间10:00；当水温10～14 ℃时，每天投喂2次，投喂时间6:00和18:00；当水温14～26 ℃时，每天投喂4次，投喂时间6:00、12:00、18:00和24:00；当水温26～28 ℃时，每天投喂2次，投喂时间6:00和18:00；水温高于28 ℃时，投喂1次或不喂。四是投喂方法，投喂饲料要在规定的时间均匀撒在网箱靠中间部位，防止因风浪原因使饲料冲出网箱。在饲料分配上，夜间投喂量占全天投喂量的60%。投喂饲料量可根据季节、天气、水温、鱼体大小以及摄食状态适当调整，每次投喂以20分钟左右吃完为宜。

**5. 日常管理**

一是日常检查，养殖期间，每天要定时巡视网箱，及时捞出死鱼、病鱼和网箱内外的漂浮杂物。每周清理一次箱底的残饵与粪便，保证良好的摄食环境，并依饲料残余情况及时调整投喂量。定期清理网衣，用韧性好的竹条或柳枝抽打网衣使附着物脱落。定期检查网箱，发现漏洞及时修补。在洪涝季节，及时检查、加固锚绳等设施。每月对鱼体进行1次抽样检查，了解鲟鱼的生长情况，及时调整投饵量。二是及时分箱，鲟鱼网箱养殖中个体生长不均现象普遍存在，因此，适时分箱至关重要。分箱操作最好选择水温在20 ℃左右时进行，鱼体不易感染水霉、产生应激反应，春、冬低水温季节和25 ℃以上的时间尽量不要拉网动鱼。

**6. 鱼病防治**

鲟鱼网箱养殖时密度较大，养殖过程中以预防为主。每月将二氧化氯溶液装入打眼的塑料瓶内悬挂于网箱内，每天更换一次药液，连用一周。在6月和9月采取以内服药饵为主的预防措施，定期采用三黄粉或0.25%的大蒜素拌料投喂，此外还可添加能提高鱼体免疫力的多种维生素和保肝护肝类药物，连续投喂4天。对养殖中出现的常见疾病及时进行治疗。

**（二）试验结果**

**1. 生长情况**

2011年5月15日开始陆续入箱鱼种共计17.6万尾，22 t，平均规格125 g，放养密度约41尾/m²。10月中旬部分鲟鱼规格达到0.6 kg，陆续进入市场销售，按照挑大留小的原则，把未达到商品鱼规格的鲟鱼分入规格小的鲟鱼网箱中继续饲养，至12月份基本销售完毕。本次试验共产出商品鱼15.56万尾，总重量105.8 t，平均规格0.68 kg/尾，成活率88.4%平均产量为245 kg/m²，共投喂饲料166 t，饲料系数1.98。

2. 养殖效益

试验总投入229.42万元，其中鲟鱼种单价按40元/kg，22 t鱼种费88万元；鲟鱼成鱼饲料（含运费）单价7.2元/kg，166 t饲料费用119.52万元；养殖人员4人，人工费用8万元；管理费4万元；能源消耗和其他材料费2万元；防疫费2.4万元；固定资产折旧费2.5万元；其他费用3万元。试验共产出鲟鱼成鱼105.8 t，平均单价28元/kg，销售收入296.24万元，实现利润66.82万元，平均利润为154.7元/m²，投入产出比为1：1.29。

（三）问题与讨论

（1）试验结果表明，故县水库较为独特的水体条件能够满足鲟鱼网箱养殖的生态要求，4~12月在水库中开展鲟鱼成鱼网箱规模化养殖是可行的。鲟鱼生长较快，养殖经济效益可观。网箱养殖鲟鱼对改进水库渔业养殖结构、提高水库的综合利用率等十分有效。同时，鲟鱼的规模化养殖也改善了豫西地区乃至河南省优质商品鱼的供应结构。

（2）豫西山区泉水资源丰富，泉水水温常年15 ℃左右，适应开展鲟鱼的育种工作。每年1月份左右购进开口苗进行鱼种培育，5、6月进入水库网箱进行成鱼养殖。水库水温具备鲟鱼的快速生长的条件，能够确保鲟鱼当年长成商品鱼。

（3）试验中发现，夏季水库表层水温在27 ℃以上的15天左右的时间内，鲟鱼的死亡率提高。对比结果表明，投喂量多的网箱其死亡率高于投喂量少的网箱，投喂量少的网箱其死亡率高于不投喂的网箱。因此，在较短的水温高温期内，可停止饲料投喂。

## 参考文献

陈晓军，2020. 鲟鱼养殖产业现状及疾病防治技术[J]. 江西水产科技（1）：29-31.

陈志援，2007. 鲟鱼养殖技术之二：南方利用冷泉水流水养殖史氏鲟技术[J]. 中国水产（12）：42-43.

高晓田，王旭旭，王振富，等，2019. 寒冷地区水库网箱鲟鱼养殖技术[J]. 河北渔业（2）：16-17.

韩丽军，2019. 鲟鱼养殖常见病害的发生原因及防控对策[J]. 畜牧兽医科技信息（2）：139-140.

蒋志毅，2009. 西北地区日光温室鲟鱼养殖技术[J]. 中国水产（6）：44-45.

李要林，郭新波，程广明，等，2012. 故县水库网箱规模化养殖鲟鱼成鱼试验[J]. 河南水产（2）：34-35，44.

刘广根，廖再生，袁美玲，等，2015. 鲟鱼养殖常见病害及其防治方法[J]. 渔业致富指南（4）：48-52.

刘科富，刘化铸，2019. 山区鲟鱼养殖发展新思路[J]. 江西农业（4）：35.

罗刚，高勇，陈学洲，等，2008. 北方池塘西伯利亚鲟鱼养殖试验[J]. 中国水产

（10）：43-44.

尚高成，2018.昆明市官渡区俄罗斯鲟鱼养殖技术[J].云南农业科技（4）：55-58.

杨龙，2020.鲟鱼养殖常见病害及其防治技术[J].当代畜禽养殖业（6）：58，60.

杨移斌，夏永涛，赵蕾，等，2013.鲟鱼养殖常见疾病及防治[J].水产养殖，34（2）：46-48.

曾庆祥，钟友林，郭婧，等，2020.一种集约化生态高效鲟鱼养殖组合池的设计与应用[J].中国水产（7）：64-67.

张德志，王军红，2009.鲟鱼养殖中的疾病防治研究[J].水产科技情报，36（1）：14-17.

张海，耿倪琦，刘晃，2016.我国鲟鱼养殖设施的现状与发展对策渔业现代化[J].43（6）：65-69.

张胜宇，强晓刚，2005.鲟鱼养殖技术介绍（一）[J].科学养鱼（4）：14-15.

张胜宇，强晓刚，2005.鲟鱼养殖技术介绍（二）[J].科学养鱼（5）：14-15.

张胜宇，强晓刚，2005.鲟鱼养殖技术介绍（三）[J].科学养鱼（6）：4-25.

张胜宇，强晓刚，2005.鲟鱼养殖技术介绍（四）[J].科学养鱼（7）：14-15.

赵建国，王伟，2006.工厂化鲟鱼养殖技术[J].科学养鱼（9）：24-25.

郑金其，2007.鲟鱼养殖技术之三：水泥池流水养殖杂交鲟高产技术[J].中国水产（12）：44-45.

周华书，2020.福建鲟鱼养殖的病害特点及诱因分析[J].水产养殖，41（11）：62-63.

祝少华，2007.鲟鱼养殖技术之一：沿黄流域低洼盐碱地池塘养殖匙吻鲟技术[J].中国水产（12）：41-43.

# 第五章

# 匙吻鲟

匙吻鲟（*Polyodon spathula*）属世界珍稀动物，它与我国长江水系中的白鲟是世界上仅存的两种匙吻鲟科（也有资料称白鲟科）鱼类。匙吻鲟是美国所独有的大型淡水经济鱼类。因其上吻特别长，约占身体的1/3，扁平而呈匙状，故而得名匙吻鲟。

匙吻鲟肉质中富含不饱和脂肪酸，对高血压、冠心病和动脉硬化等疾病有较好治疗作用，是一种食、药兼备的水产品；其长长的吻部、鳍条、韧带及软骨组织中富含胶原蛋白、软骨黏蛋白、软骨硬蛋白等多种对人体具有滋补功能的营养物质，脆嫩而鲜美的独特味道，是宴席上的美味佳肴。它的体表光滑无鳞，体形奇异，幼鱼阶段色泽艳丽呈金褐色，可作为高档观赏鱼。鱼卵做成鱼子酱，是出口创汇的紧俏商品；鱼皮光滑细腻，是高档皮革制品的重要原料。

我国于20世纪90年代初期从美国引进匙吻鲟受精卵，进行孵化、育苗和成鱼养殖试验，经过水产科技工作者30多年的不懈努力，终于在匙吻鲟的人工繁殖、苗种培育和成鱼养殖等关键技术领域取得很大进展，解决了匙吻鲟在我国的繁殖养殖和病害防治技术难题，为大面积开发利用这一优良品种奠定了基础。

## 第一节 生物学特性

### 一、形态特征

匙吻鲟体长梭形，胸鳍前部平扁，后部稍侧扁；头较长，头长为体长一半以上；吻延长呈桨状，扁平，前宽后窄；眼极小，椭圆形，侧位；口下位，口裂大，弧形；两颌有尖细小齿；鳃孔大，不与峡部相连，鳃盖膜上方特别

**图5.1 匙吻鲟（彭仁海供图）**

延长，呈三角形。鳃耙细长，且密集。背鳍位于身体后方，靠近尾鳍基；体表光滑，只有尾鳍上叶有棘状硬鳞；侧线近直线形位于中位。背部色深，背、臀、尾鳍末端黑色。背鳍50~55，臀鳍50~51，胸鳍30~34，腹鳍34~40。体长为体高的7.45~8.68倍，为头长的1.47~1.59倍。头长为吻长的1.43~1.53倍，为眼径的40.5~48.75倍，为眼间隔的8.18~9.18倍。最大全长可超过180 cm，体重37 kg以上。

背鳍位体后方，近于尾鳍基。背鳍和臀鳍鳍基部肌肉均发达，后缘均呈镰刀状。

臀鳍位于背鳍中部下方。胸鳍侧下位，后端不达腹鳍。腹鳍位背鳍前方，后端接近臀鳍始点，尾鳍歪形，上叶长于下叶，上侧一行斜长形。体表光滑，侧线侧中位，近直线形，后端至尾鳍上叶，体背部色深，背、臀、尾鳍末端黑色。

## 二、生活习性

匙吻鲟是一种广温性鱼类，能在0~35℃的水温中生活，从我国试养的情况来看，无论是北方冰雪覆盖的严冬气候条件，还是南方盛夏气温高达39~40℃的酷暑季节，匙吻鲟都能安然无恙。

匙吻鲟适宜生长水温为20~28℃。其幼苗阶段对水温要求较苛刻，特别是对低温的忍耐力较差，当水温低于15℃，可引起死亡。水温高于28℃时生长缓慢，畸形增多，存活率降低。鱼苗阶段的适宜水温为22~26℃。

匙吻鲟适应性强，养殖范围广，性情温顺，易于捕捞。它的习性与我国的花鲢相似，不善跳跃和逃逸，回捕率高。生产实践表明，中型水库采取围网与刺网联合作业的方式，回捕率可达85%；池塘中的第一网的起捕率高达90%以上。大大提高了作业效率，降低了捕捞生产成本。

匙吻鲟的实际需氧量受水温、个体大小、水质条件和运动情况等多种因素的影响。水温越高，需氧量越大。个体越大，对低溶氧的耐受能力也越差，当水中溶氧量下降到2.5 mg/L时，开始浮头；继续降至1.9 mg/L时，个体较大的匙吻鲟开始死亡；低于1.5 mg/L时，鱼种陆续死亡。因此，养殖生产上把2.5 mg/L定为匙吻鲟的溶氧阈值。运动状态时对溶氧的需求量比静止状态下高出3~5倍。水质中有机物含量少，呈微碱性，有利于匙吻鲟的呼吸。

## 三、食性

匙吻鲟是一种以摄食浮游动物为主的杂食性鱼类，在人工养殖条件下，既可摄食天然饵料，也可投喂人工配合饲料，食物来源广，养殖成本低。每生产1 kg商品鱼的饲料费用为4~5元，与养殖常规鱼类相当，只有其他名贵鱼类的1/4~1/3，甚至更低。

## 四、年龄与生长

匙吻鲟也是寿命最长、个体最大、生长最快的优质淡水鱼类之一。寿命可长达50年，个体庞大，据资料报道在美国密歇根湖（密执安湖）与休伦湖相联通的麦基诺水道中，捕获的一条最大匙吻鲟，体重达68 kg。生长速度很少有淡水鱼能与之相比，在水温20℃以上时，体重0.64 kg的幼鱼，100天可长到3.4 kg，净增重4倍多；当年鱼苗在稀养情况下，饲养6个月，体重可达1.5 kg；体长10 cm的隔年鱼种可长到5 kg；进入性成熟的鱼，其生长速度惊人，如孝感市水产所于2002年7月8日转池时，将3尾亲鱼放养到一个面积0.6 hm²的鱼池中，其中1条体重10.7 kg的雌亲鱼，到11月8日检查称重时发现，体重达到16.9 kg，93天净增重6.2 kg，平均每天增重67 g，这种生长速度在养殖鱼类中实属罕见。

### 五、繁殖特性

匙吻鲟的繁殖习性与我国的四大家鱼相同，属生殖洄游性鱼类。在美国，一般水温上升到16 ℃以上时，性成熟的亲鱼集群溯水而上，到河流上游的浅水滩涂或有砾石处产卵繁殖。卵粒灰白相间，直径2.0～2.5 mm，具有较强黏性，附着在砾石、水草及其他物体上。孵化时间因水温而异，在水温20 ℃时，约150小时即可出苗。4—6月为繁殖盛期。匙吻鲟的性成熟时间较晚，自然条件下一般需要7～8年才能达到性成熟，每间隔2～3年产卵1次。而在人工养殖环境中，因营养供应充足，性成熟时间大为缩短，雌鱼4年、雄鱼3年即可达到性成熟，而且繁殖率远远高于天然水域，只要注重亲鱼培育，每年都可进行繁殖。相对怀卵量为1.5万～2万粒/kg体重。卵径为3.3～3.9 mm。

匙吻鲟繁殖季节为3—6月，繁殖的适宜水温为12～18 ℃。匙吻鲟在砾石质或石质底质的河床处产卵，要求最低流速1 m/秒。夜间可见水面下匙吻鲟的成群交配行为。在繁殖期间，雄鲟头和吻的背部皮肤上有一些小型疣状物。水温、水流、光照强度和河床底质是决定匙吻鲟自然繁殖中的重要因素，当上述因素不能满足匙吻鲟产卵要求时，没有产出的卵会在雌鲟降河洄游过程中被吸收。

水温11～15 ℃时，匙吻鲟胚胎出膜时间为9～12天；水温18 ℃时，胚胎出膜时间约为200小时。刚出膜的仔鱼长8～10 mm，1～2周后进入外源性营养阶段，此时主要捕食水蚤。仔鱼随水流分布到较浅、食物充足的"死水"水体中，最适流速0.3 m/秒，在这一生活阶段，匙吻鲟的生长速度达每天1～3 mm。

# 第二节　人工繁殖技术

我国从20世纪90年代初期开始从美国引进匙吻鲟，先后在湖北、四川、北京、广东等地试养，现已有一大批匙吻鲟进入性成熟阶段，可以作为亲本进行人工繁殖。作者团队借鉴四大家鱼人工繁殖的成功经验，同时结合匙吻鲟繁殖习性以及具体的养殖情况，通过几年的试验，成功地解决了匙吻鲟人工繁殖的受精率低和孵化出苗率等技术难题，现将匙吻鲟亲鱼池塘培育经验介绍如下。

### 一、亲鱼培育

#### （一）亲鱼的选择

亲鱼选择是人工繁殖的关键因素，在人工繁殖前一年冬季，从养殖水域或天然河流中捕获9～10龄成鱼，选择体型标准、体质健壮、无病无伤、体重10 kg以上生长性能好的个体作为亲鱼。

#### （二）产前培育

选择面积5～10亩，水深2.5～3 m，注排水方便的池塘作为亲鱼培育池，亩放亲鱼20组（亲鱼用3%～5%食盐水浸洗5分钟，既杀灭病原菌又可杀死寄生虫等）。在自然环境下，匙吻鲟主要以浮游生物为食，进行强化培育时首先应该通过培水，培植浮游生物，在保证水质"肥、活、嫩、爽"前提下增加水体浮游动物的产量，满足亲鱼需要。开展绿色健康养殖，以增施有机肥为主辅助生物肥。随着水温升高，注意适时开启增氧机。夏初适当注入新水，刺激亲鱼性腺发育，提高成熟度增加怀卵量，以待成熟催产。

## 二、人工授精与孵化

### （一）催产时机

匙吻鲟催产时间在5月上旬至6月初，亲鱼人工繁殖前20～25天雌雄分池饲养，雌雄比例1∶1。雌鱼体型较大，鱼体肥壮，腹部膨大、松软、生殖孔突出，手感有弹性，泄殖孔发红，突出，呈灰白色；雄鱼鱼体肥壮，体表光泽好，上颌前端、鳃盖及两侧有明显追星，有少量精液流出遇水即散，精液良好。

### （二）人工催产授精

催产药物采用DOM+HCG+LRH-A2产卵效果好，对应剂量为每千克体重4 mg+800 IU+40 μg。注射方法采用肌肉注射或背鳍基部注射均可，雌鱼分两次注射，第一次为剂量1/2，雄鱼一次注射，间隔时间为8小时，雄鱼剂量减半，效应时间为12小时，水温每升高1 ℃，效应时间就减少2小时。

用挤压法采集精液。体重20 kg的个体一次可排出精液30 mL，甚至更多。雄鱼可多次使用。优质精液呈纯牛奶状。用剖腹法或手推法采集卵子。一尾体重15 kg的个体可产卵2.5～3.5 kg，9万～12万粒。用半干法人工授精。精液用量为每千克鱼卵10 mL。使用精液时，先用无菌水稀释。稀释比例为精液比水1∶200。授精时，将精液放入鱼卵中，均匀搅拌3～4分钟，使精卵充分结合，静置片刻，弃去污水，漂洗干净。

### （三）产卵孵化

卵呈黏性，一般受精后5～6分钟出现黏性，15～18分钟达到最大黏度，故孵化前鱼卵须进行脱黏处理。受精卵脱黏后即可进行孵化。孵化要保证水源充足，水质清新，溶氧充足，孵化最适水温18～22 ℃，需5～7天，鱼苗孵出后，在开口前，将匙吻鲟幼苗集中暂养，暂养到鱼苗主动摄食为止，一般5～9天。保持适宜温度。

# 第三节　苗种培育技术

匙吻鲟鱼苗培育有三种形式，一种是池塘单养，一种是池塘混养，还有一种是苗种车间培育。如果成鱼养殖是不投饲的，采用池塘单养即可；如果成鱼是投饲的集约化养殖，池塘前期培育，后期苗种车间驯化，两个阶段衔接，可以取得较好的效果。池塘单养培育匙吻鲟鱼苗，同池塘培育其他鱼苗相似。这个阶段鱼苗卵黄吸收完毕，可投喂开口饵料，匙吻鲟苗比家鱼苗身体要娇嫩得多，管理较难。清塘、水质培育、管理等措施对鱼苗成活率及生长起决定性作用。

## 一、池塘培育

### （一）彻底清塘、肥水下塘

鱼苗放养前一周，首先把池塘水排干，每亩用生石灰75～100 kg彻底清塘，第二天注入新水（经过滤）60～80 cm，每亩投放饼类40～50 kg或放苗前施入复合有机肥，既可培育浮游生物供鱼苗开口摄食，又可减少寄生虫等病害发生。

### （二）搭建防鸟设施

匙吻鲟鱼苗行动缓慢，喜欢到水面摄食，白鹭等水鸟对匙吻鲟鱼苗损害严重，做好防范措施很重要，池塘四周上方加盖防鸟网片，一般网线较细，网目较大，效果很好。四周用钢管或水泥杆加固。

### （三）放养密度

五天后待水体培育出浮游生物后放苗，每亩放养鱼苗5万～8万尾。

### （四）适口饵料是关键

待水中培育出浮游生物后，直接作为鱼苗的开口饵料，鱼苗投放过早过晚都不宜，投放早饵料不充足，投放迟饵料过大，匙吻鲟苗不能顺利开口摄食，浮游生物大量繁殖，造成池塘缺氧，出现闷塘现象。

### （五）池塘日常管理

池塘培育匙吻鲟鱼苗，重点是保持水质清新，保持池塘高溶氧量，保持水质肥、活、嫩、爽，适时加注新水，注意池塘管理，观察天气、水色、吃食情况。防止缺氧，匙吻鲟对溶氧要求偏高，一般要求5 mg/L以上。池塘养殖过程中随时关注溶氧情况，配备增氧机，根据季节、天气、水温、养殖密度等适时开动增氧机。

匙吻鲟性情温和，具有长吻，游动不太灵活，投放鱼苗前应清除树枝、网片、塑料袋、水草等异物。

### （六）鱼病防治

匙吻鲟鱼苗一般不容易发病，坚持以防为主、防重于治、防治结合的原则，只有水质调节好，鱼才不生病，溶解氧是鱼类生存生长的必需条件，溶解氧低，鱼类会缺氧，氨氮和亚硝酸盐含量过高会毒害鱼类，只有保持各项水质指标在适宜的范围，匙吻鲟鱼苗才会健康生长。

## 二、苗种车间培育

前期培育可从鱼苗的卵黄消失开始，至分塘养殖为止，其主要的饵料为卤虫无节幼体、水生寡毛类、桡足类等活性饵料，适量搭配蛋黄及人工配合饲料等。后期通常用人工配合饲料，也可适量投喂小鱼、小虾等生物饵料。

### （一）培育池准备

培育池可以用室外普通水泥池，单池面积为300 m²左右，水深1.5～2 m²。水泥池可以是圆形、椭圆形，也可以是方形。但方形要避免死角，面积为10～20 m²，深度为0.8～1 m，要求进排水方便，能控制水位。小规模养殖用空气压缩机充氧，大规模养殖用罗茨鼓风机充氧。鱼苗放养前，池子要彻底消毒，消毒方法与常规养殖其他鱼消毒方法相同。

### （二）鱼苗放养

放养规格为体长18～30 cm，体重50～90 g。同一池内放养的规格要整齐，大小一致，不同规格的鱼苗分池饲养。放养密度依据生活空间及池中溶解氧等综合因素来确定。根据鱼苗规格大小确定放养密度。鱼入池前用5%的食盐水浸泡鱼体20分钟，入池后第二天开始投喂。

### （三）饲料及投喂

1. 饲料

从开口至苗种培育结束全部采用人工配合饲料，饲料粒径0.2~2.0 mm。配方要满足鱼的营养需求，除蛋白质脂肪要达标外，各种氨基酸要尽量平衡。对匙吻鲟来说，赖氨酸和色氨酸需求比其他鱼类略高，同时要注意添加高度不饱和脂肪酸，如二十二碳五烯酸和二十二碳六烯酸。饲料粒径严格同鱼的大小相适应，转换颗粒大小应逐步进行，不适合鱼口径的饵料会影响鱼的生长，同时也会造成饵料的浪费。

2. 投喂

一是投喂次数及方法，饵料使用效率主要取决于投喂频率及投喂方法，鱼体越小，投喂次数就越多。尤其是前几天，投饵必须仔细观察，不要让鱼感到饥饿，长期饥饿会引起消化道萎缩，出现"僵苗"。通常鱼体重0.07~0.3 g时，投喂12次/天；0.3~1.5 g时，8次/天；1.6~5.0 g时，6次/天；5~20 g时，4次/天。二是日投饵率，鱼摄食量与鱼体大小和温度有关，在生长范围内摄食量随着温度升高而增加，当高于25 ℃时，鱼摄食量虽然增加，但生长速度减慢。鱼大小不同，投喂率不同，鱼体大，摄食量大，投喂率低；鱼体小，摄食量小，但投喂率高。

### （四）日常管理

1. 水流量、水位的管理

适宜的水流量，能保持水质清新，水温恒定，重要的是鱼逆流而行能锻炼鱼的体质。一定水位能保证鱼的活动空间，保持水中溶解氧便于观察鱼的活动情况。一般鱼体重在1.0 g以下时，水位保持在0.2~0.5 m，1.0 g以上时，水位保持在0.5~1.0 m。

2. 鱼病的防治

苗种培育期常出现爱德华氏菌病、烂尾病等疾病，一定要做好预防工作，具体防治措施见疾病防治技术。

# 第四节　成鱼养殖技术

## 一、池塘养殖

### （一）养殖池的基本条件

1. 水质要求

养殖池水的好坏直接影响到池鱼的生长发育，匙吻鲟也不例外。水质指标主要是溶解氧和温度，其生长的最适温度为18~25 ℃。同时，匙吻鲟又是高溶氧的鱼类，溶解氧的适宜含量要求在6 mg/L以上，低于1.5 mg/L出现死亡。

2. 池塘条件

池塘面积以0.2~0.33 hm²为宜，水深2 m左右，水质清新，排水方便。考虑到其对水质的特殊要求，以有地下水可经常注入的池塘为佳。为防止其他野杂鱼苗进入，入水口处一般用20目的筛绢做拦网。

### （二）苗种放养

#### 1. 清塘与消毒

苗种放养前10天，用生石灰带水清塘，每亩用量300～400 kg，杀死野杂鱼、病菌及有害生物。苗种放养前还必须先用5%的食盐水溶液洗浴20分钟后再投放鱼池，入池第二天开始投喂。

#### 2. 苗种放养

匙吻鲟幼鱼在2月龄时已具有成年鲟鱼的基本特征，所以放苗规格目前一般为每尾30 g左右，放养密度为每亩1 000～1 200尾。池塘主养匙吻鲟，为有效利用水体，可适当搭养鳙鱼，因为鳙鱼为上层鱼类，摄食浮游植物，各自活动和摄食不相互影响。另外鳙鱼还能摄食浮游植物，净化池塘的水质环境。搭配比例：每亩水面可搭养鳙夏花4 500尾。

### （三）日常管理

#### 1. 饲料投喂

匙吻鲟幼鱼以底栖生物、水生昆虫为食，成鱼则以浮游生物为食。在人工饲养情况下，经过驯化可以摄食人工饵料。

#### 2. 水质控制

匙吻鲟是高溶氧、偏冷水性鱼类，根据此习性，可采取隔天换水的方法，换水量为水体的30%～50%。在7—8月高温期，升高水位至2.5 m，并加大换水量，改隔天换水为每天换水1/3，换水时不可大排大灌，采用全天微流水，边排水边进水的方法，这样既可降温又增加了水中的溶解氧。9月温度有所下降，水位保持2 m，每天换水量为1/5，池水恶化时，排除旧水，注入新水。根据养殖实践，匙吻鲟的适宜生长水温为18～22 ℃，所以夏季养殖池要架设遮阴设施，避免阳光直射。

#### 3. 巡塘管理

巡塘主要观察鱼的活动情况、吃食情况以及水质等，以便及时调整养殖措施。巡塘每天至少需要3次：黎明时分观察水温、水色及池鱼有无浮头迹象；日间结合投饵检查水质及池鱼有无浮头预兆；盛夏季节，天气变化突如其来，最好在半夜前后增加一次巡塘，以便及时制止浮头，防止泛池事故发生。解救浮头的有效措施是立即开动增氧机，同时结合排灌水，使水呈流动状态。也可以准备一些氧化钙等化学增氧剂以备紧急抢救之用。

## 二、网箱投饵养殖

网箱养鱼的优点是饲养管理方便；收获时无须特制捕捞网具，可以一次起水，也可以根据需要适时分期起水销售，便于活鱼运输和储存，有利于市场的调节；能够适应机械化操作和现代化养殖技术的发展。

### （一）地址选择

网箱养殖鲟鱼应选在水质好、无污染、水环境稳定、避风向阳、水深5 m以上和饵料丰富的水域。

### （二）网箱规格

网箱规格为5 m×5 m×3 m，其长度可根据需要而定，网目大小视养殖匙吻鲟的规格而定，以不逃鱼、有利于水质交换以及底网片不漏饵为原则。

### （三）鱼苗放养

匙吻鲟鱼生长最适水温为20～25 ℃，放养时间应以5月底、6月初为宜，放养应选择在5:00—8:00进行，此时养殖池与水库的水温温差较小。放养密度应根据鲟鱼的规格适时调整。为提高成活率，有条件的地方可将体重50 g以下的鲟鱼进行强化饲养，即放入简易室内水泥地或塑料大棚内水泥池养殖一段时间。

### （四）饵料及投喂

匙吻鲟成鱼养殖期间主要投喂新鲜动物性饵料和人工配合饵料，其体重达到5 g时，日投喂量为体重的10%，以后每隔7天减少1%，直到递减到2%为止。投喂量的多少应视鱼体重、水温、摄食以及生长状况灵活掌握，以每天投饵略有剩余为准，投饵次数应为4～6次。

### （五）日常管理

（1）饲养期间应每天巡视网箱，检查网衣是否破损，防止网破鱼逃。

（2）定期清洁网箱中的污物，及时捡出死鱼以及已感染水霉菌的鲟幼鱼，每15天刷洗1次网箱，使网箱水体保持清新、畅通。

（3）每天7:00、13:00、19:00时都要测量水温，对水中的溶解氧、pH值等重要水化指标应定期进行测定，并做好记录。

（4）每15天测1次生长情况，根据鲟鱼的生长情况，适时调整放养密度和更换网箱的网目。

### （六）病害防治

匙吻鲟对疾病有较强的防御能力，在整个养殖期间较少发病，疾病的防治情况可参见病害防治技术。

## 三、其他养殖方式

匙吻鲟成鱼的滤食性特征，决定了其是一个很好的养殖品种，在适宜的水域可以替代部分花鲢的养殖，从而提高水体比较经济效益。匙吻鲟的成鱼养殖还有网箱不投饵放养、大水面增养殖、人工增殖放流等方式，这些在养殖实例中进行介绍。

# 第五节　病害防治技术

匙吻鲟的抗病能力较强，在整个养殖期间发病较少，养殖过程中本着预防为主的原则，只要做好鱼病的预防工作，基本可杜绝疾病的发生。

预防可以采用水体消毒和药饵投喂相结合的方法来进行，定期用生石灰全池泼洒，亩用量20 kg，可改善水质和杀灭致病菌；用0.4 mg/L敌百虫全池泼洒可杀灭指环虫、三代虫及锚头蚤的幼虫。

## 一、爱德华氏菌病

### （一）症状和病因

皮肤充血，肛门红肿，肝脏肿大，色淡。由爱德华氏菌感染引起。

### （二）防治方法

泼洒食盐水，使池水浓度为500～800 mg/L；内服肠炎灵拌饵投喂，药量占饵料的1%，连投3天，普通饵料和药饵交替投喂。

## 二、烂尾病

### （一）症状和病因

起初尾部外边缘发白，渐渐向尾柄蔓延然后烂掉，注意和咬尾相区别，咬尾指鱼的尾部被残食咬掉，但尾外边缘无白边。由细菌感染引起。

### （二）防治方法

2.5 mg/L聚碘全池泼洒，停水浸泡2小时，连泼3天；十分严重要用"百病消"（恩诺沙星），2 mg/L全池泼洒，连用3天；内服土霉素拌饵投喂，药量为每100 kg鱼拌3 g，连投3天，第一天药量可适当加大。

## 三、细菌性肠炎

### （一）症状和病因

由大肠杆菌感染引起。病鱼离群独游，反应迟钝，体色发黑。病情严重时，腹部膨大，两侧常有红斑，明显"蛀鳍"；肛门红肿突出呈紫红色，轻压腹部有黄色黏液和脓血流出；剖开腹部，可见腹腔积水，肠壁充血发炎，肠管呈红色或紫红色，肠内无食，有黄色黏液。

### （二）防治方法

主要采取投喂药饵，可在饲料中拌入抗菌中草药——三黄粉（每100 kg饲料用量为20 g），或抗生素——氟苯尼考（每100 kg饲料用量为5 g）等药物，并且全池再泼洒2 g/m³的双季铵盐碘溶液，可达到良好的治疗效果。饲养过程应坚持"四定"投喂，加强水质管理，合理控制投放密度，增加增氧机的配套；在发病池塘，饲料量要适当减少，饲料中减少或停止加进鱼油；用土霉素拌饲料内服效果很好。可采用含虫虫草0.2%的药饵投喂，连续5～6天即可治愈。

## 四、寄生虫病

### （一）症状和病因

病原体主要有车轮虫、斜管虫和小瓜虫等。由于匙吻鲟体表无鳞，如遇到气温变化幅度大，极易感染小瓜虫（俗称白点病），其主要症状：发病初期，鱼类游泳速度减缓，活力降低，反应迟钝，摄食明显减少；病鱼感染严重时，鳃丝和体表有许多白色小点状的脓包，黏液分泌增多，吃食停滞，鱼体消瘦。

### （二）防治方法

如车轮虫和斜管虫，可采用浓度为2 g/m³的高锰酸钾溶液全池泼洒，连续进行3天；而小瓜虫，除了做好预防措施外，鱼得病后应迅速采取治疗措施，一般可采用浓度0.5 mL/m³的小瓜敌杀溶液浸浴治疗，或提高苗种池水温至25 ℃以上。由于匙吻鲟对重金属盐类药物比较敏感，因此禁用硫酸铜等常规杀虫药。放养前用0.5 mg/L的晶体敌百虫消毒池水预防；发病后可泼洒0.2~0.6 mg/L晶体敌百虫以杀灭锚头蚤的幼体（对成体无效），隔7~10天泼洒一次，连续施3~4次，杜绝锚头蚤幼体的重复感染，成体则逐渐衰老而蜕落。

### 五、烂鳃病

#### （一）症状和病因

病鱼软弱地在池边水面或水流缓慢的角落静止不动，呼吸急促，体色苍白，挤压鳃部，见鳃孔流出混有血液的黏液，鳃通常呈现桃白色，溃烂并附着污物或藻类，割开腹腔，内脏显得没有血色。本病是由一种黏细菌引起的鳃病，该菌寄生鳃组织，其代谢产物中有解肮酶，而导致细胞死亡、崩溃和组织腐烂。

#### （二）防治方法

加强水质管理，因藻类繁茂时本病不发生，即使发生其危害亦小，故可加碳酸钙（40~80 mg/L）以调节透明度，保证绿藻类的繁茂；注意给饵率（一般为2%），同时可在配合饲料中添加铁剂，以防病鱼贫鱼。0.8%~1%浓度的食盐洗浴对治疗本病有一定效果。

### 六、赤鳍病

#### （一）症状和病因

鲟鱼在各生长阶段症状表现也不同。10 g以上病鱼臂鳍、胸鳍、尾鳍出血发红，肛门红肿，严重时上下颌、腹部等出血溃疡。到小规格鱼种，肉眼可见躯干肌肉部位白浊不透明，低倍镜检查可见鳍上有血斑。由产气单孢杆菌、大肠杆菌等引起的疾病。本病为常年多发病，从鱼苗到成鱼都会发生，水温25 ℃以下发病率高，易传染，特别是低水温期发病后很难治疗，死亡率较高。

#### （二）防治方法

如还能摄食饵料的，可以把对症药物按重量的0.01%~0.02%，掺入饲料内投喂4~6天；若患病较重，已不来食场吃食时，可用10 mg/L的聚碘全池泼洒消毒。

## 第六节　加工食用方法

匙吻鲟成鱼肉多无刺具软骨，匙吻鲟的鱼骨咬碎后可以吞下，真正实现了"吃鱼不吐骨"的奇特现象。要保障匙吻鲟的营养得到最好的保留并且被人体充分吸收，其烹膳要求就非常考究。匙吻鲟烹膳，正是以温火慢煮的方法，搭配最新鲜的蔬菜，保证最大程度保留匙吻鲟的营养。

## 一、清蒸匙吻鲟

### （一）食材

匙吻鲟1条、葱、姜、酱油、料酒、盐。

### （二）做法步骤

（1）匙吻鲟宰杀，从腹部开膛，取出内脏，洗净后将鱼嘴、尾巴剁下备用；鱼肉身子剁成间距为1 cm的段备用。

（2）盘子里先放几根葱白，再把匙吻鲟放上去摆好盘，然后放少许盐，酱油，倒点料酒，再放姜丝和葱段在鱼上。

图5.2　清蒸匙吻鲟
（彭仁海供图）

（3）锅里的水烧开后，把鱼放进锅里蒸，大火蒸8分钟即可。

## 二、熘匙吻鲟鱼片

### （一）食材

匙吻鲟鱼肉片250 g、青豆、笋尖、香菇、蛋清、盐、味精、鸡粉、鸡汤、料酒、粉团、花生油、大葱油等。

### （二）做法步骤

（1）将鱼肉切成片，入盐、味精、料酒煨透，入蛋清、粉团上浆。

图5.3　熘匙吻鲟鱼片
（彭仁海供图）

（2）锅内加花生油烧至二三成热后，一片片放入鱼片，鱼片浮起后，捞出入漏勺沥油。

（3）锅内加鸡汤，加入青豆、笋片、香菇片，调好口味，加上鱼片，勾芡，淋大葱油，盛入盘内即成。

## 三、水煮匙吻鲟鱼片

### （一）食材

匙吻鲟鱼肉1 000 g、豆芽菜100 g、干辣椒10 g、花椒7 g。

### （二）做法步骤

（1）先将匙吻鲟处理干净，将鱼头鱼脊骨和楠骨留成整体，加上少量胡椒粉、盐、鸡粉搅拌均匀，腌制大约10分钟。

（2）其他鱼肉切成薄片，加上鸡粉、盐、胡椒粉和水淀粉搅拌均匀，再加入少量食用油，搅拌均匀，腌制10分钟备用。

图5.4　水煮匙吻鲟鱼片
（彭仁海供图）

（3）起锅，倒入食用油烧热。倒入姜片、蒜丁和葱白爆香。倒入干辣椒和花椒小火炒香。

（4）鱼骨上蒸箱蒸熟10分钟。

（5）锅内浇入料酒，然后注入大概700 mL清水，可提前烧好热水，加入豆瓣酱，花椒油和辣椒油搅拌均匀，加盖后，用中火煮大概4分钟。

（6）向锅中加入黄豆芽，用盐和鸡粉调味。

（7）然后把锅中的材料捞出，鱼骨摆放整齐。

（8）把鱼肉片倒入剩下的汤汁中，大火煮1分钟，注意翻动使得受热均匀。

（9）把鱼肉片和汤一起装入刚才的鱼骨碗中。在鱼片上均匀撒上花椒粉和葱花。

（10）将少量食用油倒入锅中，烧至六成热。将热油浇到鱼片上即可上桌食用。

## 四、涮匙吻鲟鱼片

### （一）食材

匙吻鲟鱼肉1 000 g、娃娃菜500 g、油菜300 g、豆腐皮150 g、金针菇100 g、粉丝50 g、面条100 g。葱、盐、姜、花椒、茴香、开水、麻汁、碗底料，均适量。

### （二）做法步骤

（1）准备好适量的葱姜切成段。

（2）把豆腐皮切成条。

（3）把金针菇去头洗干净。

（4）洗好油菜。

（5）把娃娃菜一分为二洗干净。

（6）把切好的葱姜放入汤锅中。

（7）加入少许的花椒、茴香还有盐。

（8）加入开水把汤锅放在电磁炉上。

（9）准备好麻汁和碗底料。

（10）把碗底料放入碗中加入水。

（11）把鱼肉菜放入锅中煮开即可食用。

**图5.5 涮匙吻鲟鱼片**
**（彭仁海供图）**

# 第七节　养殖实例

作者团队借鉴四大家鱼人工繁殖的成功经验，同时结合匙吻鲟繁殖习性以及具体的养殖情况，通过几年的试验，成功地解决了匙吻鲟人工繁殖的受精率低和孵化出苗率等技术难题，实现了匙吻鲟规模化繁殖、大规格苗种培育、成熟的成鱼养殖技术体系。

## 一、池塘主养

2005年，作者团队结合本地的自然条件，对池塘单养匙吻鲟模式进行试验，取得了较好的效果，现将结果总结如下。

## （一）材料与方法

### 1. 池塘条件

池塘面积7.6亩，池深2.5 m，池塘长方形，东西向，保水性能良好。池底平坦，水质良好，注排水方便。

### 2. 池塘消毒

放养前10天，用生石灰彻底清塘消毒，杀灭病原菌和野杂鱼，用量100～150 kg/亩。池塘注水0.4～0.5 m，进水口用30目网布过滤，以防野杂鱼和敌害生物进入。每亩施腐熟鸡粪150～200 kg，培育适口饵料生物，为匙吻鲟鱼苗下塘做好准备。

### 3. 鱼苗放养

2005年3月17日放入10 cm匙吻鲟鱼种2 400尾，用3%～5%食盐溶液浸泡5～10分钟后放入池中。

### 4. 日常管理

一是水质管理，水位从起始位逐渐加深，7天左右加水1次，每次加水10～15 cm。每3～5天视水中浮游动物的多少施追肥。每亩水面每次施有机肥50～80 kg、2～3 kg碳酸氢铵及1～2 kg磷肥，透明度控制在25～30 cm。要保持水质的"肥、活、嫩、爽"。二是饲养管理，匙吻鲟前期饵料以浮游动物为主，在塘中饵料生物不足的情况下辅喂一定的豆浆。每天全池泼洒豆浆5 kg，既可补充匙吻鲟饵料生物不足，又可培育浮游动物。在鲟鱼苗体长超过12 cm以后，摄食器官发育完善，可开始驯喂人工配合饲料，在人工饲养下，喜食浮游动物一般大小的浮性饵料。匙吻鲟视觉退化畏强光，主要集中在早晚摄食，故这两次投喂量要增加。三是病害防治，匙吻鲟对药物非常敏感，尤其对重金属盐药物，所以用药时要谨慎。我们在投放鱼苗前用3%～5%的食盐水进行药浴5～10分钟，以后每隔15天施生石灰乳一次定期预防鱼病。

## （二）试验结果

11月17日出池，共饲养8个月。共捕获匙吻鲟苗种2 270尾，成活率为94.6%，平均规格为1.74 kg，亩产出569 kg，饵料系数为2.11。总产值为197 490元，总成本为82 979元，投入产出比为1：2.38。

## （三）小结与讨论

（1）匙吻鲟苗种因其吻部较长，体表无鳞，只有尾鳍上叶及侧线上方有小块状的细小鳞片，故极易受伤，因此在操作过程中，应力避野蛮操作，要轻捉轻放，细心呵护每一尾苗种。

（2）匙吻鲟苗种易驯化，具有生长快、成本低、食性广、价值高等优势，是一种见效快、易于养殖推广的淡水名优品种。其单养模式便于管理，有利于匙吻鲟鱼苗的生长，是一种科学、高效的养殖模式。

（3）池塘主养是近年来随着苗种问题的解决而发展起来的一种新型养殖模式，对养殖条件和养殖技术水平要求较高。从养殖条件来看，以面积1 hm$^2$左右的精养鱼池为好，水深应在2.5 m以上，不应低于2 m，增加水体深度有利于提高生长速度，降低养殖风险。也不宜超过2 hm$^2$，面积太大难以驯食，不便于使用颗粒饲料。从技术要求来看，每亩水面投放规格整齐的优质鱼种350尾，个体大小差异以不超过15%为限；投喂蛋白质含量在35%以上、氨基酸营养平衡的全价颗粒饲料，更有利于提高养殖效益；为保持充足溶氧和稳定水质，每亩水面必须安装0.4 kW增氧机。并充分发挥增氧机的功能，使溶氧含量稳定在6 mg/L以上，这是提高鱼类生长速度和饲料利用率、降低养殖风险的有效措施。

## 二、网箱投饵养殖

作者团队于2005年在彰武水库进行了匙吻鲟网箱养殖试验。取得了良好的生产效果和经济效益：平均产量达到24.5 kg/m³，饵料系数2.44，投入产出比1∶2.51的好成绩。

### （一）材料与方法

#### 1. 养殖点选择

养殖点选择在水面开阔，水深6 m以上，溶解氧6～9 mg/L，pH值7～8.4，总硬度为20～40 mg/L，水质良好，符合《渔业水质标准》（GB 11607—1989）和《无公害食品淡水养殖用水水质》（NY 5051—2001）标准的全部要求。

#### 2. 网箱结构和设置

网箱设置参考鲢鱼网箱，选择浮游生物量丰富的水域，水流平稳，避风向阳，环境安静。网箱框架采用简易毛竹框架，箱体材料选用聚乙烯无结网片。网箱规格为5 m×5 m×2.5 m，网目大小2.5 cm。匙吻鲟怕光，网箱上面用搭遮黑色薄膜。

#### 3. 苗种选择和放养

选择体质健壮、游动活泼、规格整齐、无病无伤的优质苗种。放养密度为20～40尾/m²。规格为10～15 cm，根据匙吻鲟苗种对水温变化较敏感的特点，在苗种进箱时温差不宜过大，以不超过±2℃为宜，尽量调节一致。进箱前用1.5%～2.0%的食盐水进行8～10分钟的鱼体消毒。

#### 4. 科学投饵

放养初期以投喂浮游动物（如红虫）为主，然后逐步驯化转食改投浮性颗粒饵料，并辅以夜间灯光诱饵。饵料要求新鲜不变质，营养丰富，粒径适口。投饵遵循"四定"原则。在水温20～30℃时，日投饵率为1.5%～3%；水温20℃以下时，日投饵率为0.5%～1.0%。具体根据摄食情况、天气、水质等及时调整。投饵次数为每天3次，分别为7:00—8:00、11:00—12:00、18:00—19:00。

#### 5. 饲养管理

一是及时分箱，匙吻鲟生长速度很快，应及时分规格培育，避免两极分化，有利于提高成活率。二是勤巡箱，严格执行早、中、晚巡箱制度，细心观察鲟鱼的摄食及活动情况，及时捞除残饵。定期冲洗网箱，防止网眼堵塞，影响箱内外水体交换。下雨天和暴风雨季节，随时注意加固网箱。还要经常检查网箱有无破损，发现破损及时修补。网箱上口还要安装黑色的遮光尼龙布和防盗网。三是做好日常记录，每天记录好气温、水温、投饵量和发病死亡数量等。发现异常情况，及时采取措施。

#### 6. 鱼病防治

坚持"以防为主、健康管理"原则。苗种放养和每次分箱时都用1%～2%的食盐或

0.4 mg/L的二溴海因等药物药浴后进箱，并且每隔20天左右在网箱内用15 mg/L的生石灰和0.3 mg/L二溴海因泼洒消毒。网箱周围水域严禁使用违禁药物。

**（二）结果**

经7个月（2005年5月12日至12月23日）饲养，匙吻鲟成活率96%，全长平均72 cm，体重平均1.88 kg/尾，每立方米产鲟鱼24.5 kg，饵料系数2.44，投入产出比1∶2.51。

**（三）讨论与总结**

1. 网箱设置

匙吻鲟喜欢生活在水质清新、微碱性、溶氧丰富的水体中。网箱养殖匙吻鲟完全是依靠投饵，并不是摄食浮游动物。因此，网箱设置地点的主要因素是水质而非天然饵料。以有一定微流水，而又没有工业废水和其他污水汇集、水深5 m以上的地点为好。

2. 饲养管理

网箱养殖匙吻鲟能否获得成功的关键是要有优质的饵料和科学的投喂技术。饵料质量要求蛋白质含量在30%以上，其中动物性蛋白质应达到40%。投饵方法，首先是进行驯食，使鱼浮到水面，养成集群抢食的习性。在驯食前停止投喂2天，使鱼处于饥饿状态增加抢食欲望，每次驯食时间约70分钟，不应少于40分钟，每天驯食3次，一般3～4天即可驯食成功。生产实践证明，采用机械投饵比手工投饵鱼类生长速度快7%以上，节省饵料约10%，综合经济指标明显好于手工投饵。另外，投饵率的高低与水温成正比，与鱼的个体重量成反比。日投饵量既要满足鱼类快速长的营养需要，又要减少浪费。

3. 水库水质与饵料条件

中小型水库，水库资源极为丰富，水库水质良好，溶氧丰富，与池塘等小型水体相比，环境变化（特别是水温）的缓冲能力强，适合匙吻鲟的生长发育。匙吻鲟生长存在明显的阶段性，春末初夏（4—5月）和秋季（9—10月）是生长高峰，与此阶段饵料生物丰富有关，因此要充分利此两个阶段加强饲养管理，使其快速生长。

## 三、网箱不投饵养殖

2005年5月至2006年10月，作者团队在彰武水库进行了匙吻鲟的网箱养殖，不投饵仅依靠库中的浮游生物，取得单产6 kg/m³，投入产出1∶3.58的成绩，现将试验总结如下。

**（一）材料和方法**

1. 库区条件

彰武水库是丘陵型中等水库，水质清新，溶氧丰富，无污染；pH值7.2～7.6，平均透明度夏季76 cm，冬季150～200 cm。

2. 网箱结构与设置

网箱采用双层5股×3股结节聚乙烯网片缝制。鱼苗箱网目为1.0 cm，成鱼箱网目3 cm，网箱规格6 m×6 m×3 m，网箱设置在水深8 m以上，阳光充足，无干扰的水岸库湾。网箱四边用毛竹作框架，用泡沫塑料和油桶作浮子，砖块作沉子，使网箱在水中能完全伸展开。鱼种放养前10天将网箱下水，使其软化并产生一些附着物，以减轻苗种入箱时被擦伤。

### 3. 鱼种的放养

2004年5月将我们自己培育的大规格鱼种投放入鱼苗箱中的同时投放淇河鲫鱼苗种，具体投放情况见表5.1。鱼种放养前用3%～5%的食盐水消毒15～20分钟。

表5.1　苗种投放情况

| 品种 | 重量（kg） | 数量（尾） | 规格（g/尾） | 价格（元/kg） | 费用（元） |
|---|---|---|---|---|---|
| 匙吻鲟 | 81 | 450 | 180 | 96 | 7 776 |
| 淇河鲫鱼 | 8 | 80 | 100 | 12 | 96 |

### 4. 管理

一是日常管理，专人负责管理，每天24小时观察，作好日志。每周清洗网箱1次，保证网箱内外水体对流。经常检查网箱是否破损，防止逃鱼。在7—9月天气热，有雷雨天气，要注意灾害。二是鱼病防治，坚持以防为主，每半月用"溴氯海因"全箱泼洒消毒1次，方法是每天2次，每次用500 g溴氯海因溶于水后全箱均匀泼洒，连用3天。此法可使箱体及周围水域在较长时间内保持一定的药物浓度，达到防病效果。

### （二）结果

2006年10月捕售，共获匙吻鲟382.5 kg，平均规格850 g/尾，每立方米水体6 kg。匙吻鲟售价78元/kg，淇河鲫鱼10元/kg，总收入为30 135元，总支出为9 876元，净利润为20 259元，投入产出比为1∶3.58。

### （三）讨论与总结

（1）水库网箱不投饵养殖匙吻鲟，是在网箱养殖花白鲢鱼成功经验的基础上的有益尝试，能充分利用水域资源及水体中的饵料生物。具有投入少，风险小，易管理，收益高等特点。是调整水产养殖结构，实现农民增收致富奔小康的有效选择。

（2）网箱应该设在避风向阳，浮游生物密集的库湾或有机质丰富的库区，网眼尽量要大，网底必须张开，以利于水体交换。必要时可少量施些有机粪肥在网箱四周吸引培养浮游生物。

（3）网箱不投饵养殖匙吻鲟利用其食性与鲢鳙鱼相似的特点，鱼种的投放规格要大，放养密度与水库中浮游生物以及诸多理化因子有关，如果浮游生物多，理化因子适合匙吻鲟生长，密度稍大，成活率也高，产量也高。否则，则密度应稍小，一般为4～10尾/m²。

（4）网箱养殖匙吻鲟可周年上市，因此可根据市场需求安排生产周期，以利均衡上市，提高经济效益。

（5）网箱养殖匙吻鲟要做好鱼病防治工作，预防为主，防治结合。

## 四、围栏养殖

2018—2022年，作者团队在信阳的鲇鱼山水库、南湾水库等库湾进行了围栏养殖，效果很好。经验总结如下。

## （一）围栏设施建造

### 1. 围栏水域选择

选择好的水域，对于提高养殖效益至关重要。选择围栏水域时，应注意以下几个方面：一是要有微流水，以保证水体交换，且没有工业废水和其他污水汇集。从精养、高产、高效的角度来看，围栏面积以50～80亩为宜，不应少于30亩。

### 2. 围栏网片的选择

网片材料以聚乙烯（俗称乙纶）网线最好。这种材料耐腐蚀、抗日照、适温范围广、不易老化，耐磨性和抗拉性也较强，投资费用低。拦网的网目目脚长度（以下简称网目）在3.5～4.5 cm。而如果鱼种来源充足，能放养大规格鱼种时，网目以4.5～5.5 cm为好。

### 3. 拦网的安装和固定

用竹桩或木桩支撑网片，每隔3～5 m设一根桩。无论是竹桩还是木桩，都要夯入地下40 cm以上。网片底部用"石龙"相连，要求"石龙"的直径在7 cm以上，并用木棍仔细将"石龙"埋入淤泥层8～10 cm，以防底层鱼类"翻纲"逃逸。

## （二）鱼种放养

### 1. 合理确定鱼种放养规格

一般来说，只要养成的商品鱼符合上市规格，不影响销售价格，适当降低放养鱼种的规格，有利于提高养殖经济效益。因为鱼种越小，成本越低，生长速度也越快，增重率和饲料利用率也较高，能获得较好的投资回报。

### 2. 合理确定放养密度

围栏养鱼的放养密度，既不同于池塘，也不同于网箱，有其独特性。鱼种放养密度必须根据资金状况（不仅要考虑鱼种费用，而且要考虑到饲料费用）、鱼种来源、养殖技术等综合因素而定。

### 3. 放养中应注意的问题

第一是选择优质鱼种。近几年来因亲鱼提纯复壮工作滞后，致使鱼种质量较差，对提高养殖效益不利。因此，挑选优质鱼种放养显得尤为重要。在同一批鱼种中选择体质健壮、行动敏捷、生长较快的鱼种放养。切忌放养那些从商品鱼和鱼种分池过筛中淘汰下来的扫尾鱼。第二是在鱼种放养前，严格进行鱼体消毒。可以用食盐和敌百虫混合液（100 kg水加3 kg食盐和5 g晶体敌百虫）浸泡15～20分钟，杀灭体表和鳃丝上的细菌、寄生虫等病原体，这一措施对降低发病率至关重要，切不可减免。

## （三）科学喂养

### 1. 选购优质饲料

为获取较好的养殖效果，首先是要选择好的饲料。投喂颗粒饲料鱼类生长快，单位水体养殖产量高，能获得较好的养殖效果。

### 2. 采用科学的喂养方法

有了好的饲料，还应采用科学的投喂方法，最大限度地提高饲料利用率，以免浪费和污染水质。根据鱼类的摄食和消化生理特点，合理确定投饵时间、次数和投喂量，以保证鱼类快速生长的营养需要。

## 五、大水面放流

匙吻鲟是湖泊、水库等大中型水面养殖与增殖的优良品种。随着匙吻鲟人工繁育技术的成功，苗种供应有保障，大水面的放流已经成为大中型水面生产新的经济增长点。2018—2023年，作者团队在安阳龙泉水库、信阳鲇鱼山水库、铁佛寺水库、洪山水库等水库进行匙吻鲟的放流推广，据推广单位实际捕捞情况看，效果很好，现将经验总结如下。

### （一）选好养殖水域

一是面积要适宜，大水面养殖匙吻鲟，一般不进行人工喂养，以天然饵料为主，单位面积鱼产量较低，每亩水面商品鱼产量只有15 kg左右。因产量较低，生产成本相对较高。二是水深适宜、水位相对稳定，虽说匙吻鲟对水深没有严格的选择，能在1~30 m水深的环境中生活，但要获得较高的生长速度，水深以5~10 m为好；水位要相对稳定，变化过于频繁，易造成饵料生物大量流失，对匙吻鲟的生长不利，难以实现稳产。三是应具有丰富的饵料生物，水中大型浮游动物（个体在0.5 kg以上）的数量应达到500个/L，不应低于300个/L。

### （二）做好放养前的除野工作

匙吻鲟在生存竞争中不及我国本土鱼类，只有在鱼类种群数量少的空闲生态环境中才能充分发挥生长潜力。为防止放养水面中凶猛鱼类和以浮游动物食性为主的竞争鱼类过多，威胁匙吻鲟的生存或抑制匙吻鲟的生长，在鱼种放养前有条件的一定要认真做好清野工作，从而使野杂鱼和其它鱼类不危害匙吻鲟的正常生活。

### （三）建好安全可靠的拦鱼设施

建造坚固可靠的拦鱼设施，是确保养殖成功的关键。水库出水口必须安置拦鱼设施，从多种拦鱼设施材料的性能比较来看，以聚乙烯（俗称乙纶）网线材料为最好。这种材料具有耐腐蚀、抗日照性强、适应温度范围广和不易老化，耐磨性和抗拉性也较强，投资费用低等诸多优点，被作为建造拦鱼设施的首选材料。选择网线规格的原则是在确保安全坚固、经久耐用（使用期5年以上）的前提下，尽量节省投资。从总结近几年来生产实践中成功经验和失败教训的情况来看，造成网片破损的主要原因是断裂强度低；其次是机械损伤和加工质量。要求网线的实际断裂强度应在25 kg以上，保证安全可靠而不出现逃逸事故。

### （四）放养密度

尽管是大水面主养匙吻鲟，但放养密度不宜过高，密度过大不仅投资高，而且匙吻鲟生长缓慢、个体小，效益不明显。每亩水面放养5~8尾体重15~20 g的匙吻鲟鱼种，就能以较低成本，获取较高的回报。

### 参考文献

常秀岭，黄道明，胡仕栋，2001. 水库不投饵网箱养殖匙吻鲟试验[J]. 水利渔业，21（2）：1-2.

陈怀定，李健鹏，郑剑辉，等，2018. 匙吻鲟健康生态网箱养殖模式试验[J]. 吉林农业

（18）：60-61.

陈怀定，李健鹏，郑剑辉，2019. 匙吻鲟网箱育苗试验[J]. 吉林农业（24）：54-55.

陈怀定，2018. 网箱养殖无公害匙吻鲟的关键节点处理技巧[J]. 水产养殖，39（8）：41-42.

戈贤平，2007. 新编淡水养殖技术手册（第二版）[M]. 上海：上海科学技术出版社.

韩德顺，唐治军，宋立云，2021. 池塘匙吻鲟鱼种培育技术总结[J]. 河南水产（3）：16-17，21.

黄永川，程临英，邹德良，等，2000. 匙吻鲟不投饵网箱养殖试验[J]. 水利渔业，20（3）：14-15.

吉红，单世涛，曹福余，等，2010. 安康瀛湖库区网箱不投饵养殖匙吻鲟的周年生长[J]. 陕西农业科学，56（1）：94-96.

蒋艾青，2003. 池塘主养匙吻鲟套养斑点鲈试验[J]. 淡水渔业，33（3）：45-46.

蒋小平，2004. 匙吻鲟大规格鱼种的池塘培育试验[J]. 水利渔业，24（6）：40.

乐韵，冯彬彬，徐胜威，等，2022. 池塘养殖匙吻鲟的生长特性[J]. 河北渔业（12）：14-16.

李绘兵，柳宗元，付福亮，2022. 匙吻鲟的人工繁殖和鱼苗培育技术初探[J]. 渔业致富指南（2）：55-59.

李绘兵，张济东，柳宗元，等，2022. 匙吻鲟无公害人工繁殖及苗种培育技术[J]. 科学养鱼（5）：12-13.

李修峰，杜俊成，项风云，等，2005. 池塘主养匙吻鲟获益高[J]. 科学养鱼（3）：24-25.

李修峰，杨汉运，黄道明，等，2004. 池塘主养匙吻鲟商品鱼技术[J]. 水利渔业，24（6）：32-33.

刘玉玲，彭仁海，2008. 大规格匙吻鲟分级苗种培养技术[J]. 科学养鱼，221（2）：9-11.

刘玉玲，彭仁海，2008. 匙吻鲟苗种池塘培养技术研究[J]. 河南水产，74（1）：19-20.

史飞，娄国华，孙恩成，2010. 池塘短期培育大规格匙吻鲟鱼种试验[J]. 水产养殖，31（2）：9-10.

田祖安，王正凯，吴胜华，等，2002. 网箱培育匙吻鲟大规格鱼种试验[J]. 中国水产（4）：82-83.

王甫珍，喻梅，王晓阳，2006. 匙吻鲟池塘高效养殖试验[J]. 科学养鱼（10）：27.

王文彬，2021. 匙吻鲟的塘库高产高效无公害养殖[J]. 新农村（10）：33-34.

王文峰，王宾，杜合泉，等，2018. 匙吻鲟池塘精养套养技术试验研究[J]. 中国水产（7）：108-110.

吴业彪，林建国，1999. 美国匙吻鲟及其养殖技术[J]. 淡水渔业（1）：38-39.

谢文星，黄道明，常秀岭，等，2003. 水库不投饵网箱养殖匙吻鲟技术[J]. 内陆水产（11）：21.

谢文星，黄道明，杨汉运，等，2004. 水库不投饵网箱养殖匙吻鲟生产性试验[J]. 渔业现代化（1）：3-5.

朱银安，卓丽军，张怀强，2005.匙吻鲟的池塘养殖试验[J].渔业致富指南（14）：59.

邹作宇，杨洁，董宏伟，等，2020.匙吻鲟人工繁殖及苗种培育技术的初步概况[J].黑龙江水产，39（3）：22-26.

# 第六章
# 虹　鳟

虹鳟（*Oncorhynchus mykiss*）为冷水性鱼类，分类学上属于鲑形目、鲑科、太平洋鲑属。原产于北美洲的太平洋沿岸，天然分布地域主要在美国阿拉斯加的克斯科奎姆河及横跨加拿大、美国和墨西哥等国的落基山脉以西水域内。

我国的养鳟业始于1959年。当年由朝鲜民主主义人民共和国赠送给我国一批虹鳟鱼卵和鱼种。1983年从美国引进道纳尔逊氏优质虹鳟，以后又陆续引进美国西雅图虹鳟、日本北海道虹鳟。通过60多年试验和生产实践，逐步掌握了虹鳟繁殖、苗种培育和成鱼饲养的基本技术，证实虹鳟在我国同样能取得高产量、高效益，从而引起人们的关注。

## 第一节　生物学特性

### 一、形态特征

虹鳟体型长，呈纺锤状，近圆柱形，略偏扁，口较大，裂斜，前位。吻圆钝，上颌有细齿。体长为体高3.8～4.1倍，为头长3.6～3.7倍；体高为体宽1.9～2.3倍。背鳍基底短，在背鳍之后还有一小脂鳍。胸鳍中等，末端稍尖。腹鳍宽而不长。臀鳍基底亦短。背鳍Ⅲ-9～10；臀鳍Ⅲ-10；胸鳍Ⅰ-15～16；腹鳍Ⅰ-10；尾鳍Ⅹ-17-Ⅹ；纵行鳞约135。背部和头顶部蓝绿色、黄绿色或棕色，体侧和腹部银白色、白色或灰白色。头部、体侧、背侧和鳍部不规则地

图6.1　虹鳟（上）和金鳟（下）
（彭仁海供图）

分布着黑色小斑点。性成熟的个体沿测线有一条呈紫红色或桃红色的、宽而鲜艳的彩虹带，延伸至尾鳍基部，在繁殖期内尤为艳丽。"虹鳟"之称由此而得，见图6.1。

### 二、生活习性

虹鳟属冷水性鱼类。在天然水域中，喜生活于水质清澈、水温适宜、水量充沛、溶氧丰富、具有砂砾底的山间溪流之中。虹鳟成鱼生存极限温度为0～30℃，生长水温3～24℃，最适生长温度12～18℃。低于7℃或高于20℃，食欲减退，生长减慢；超过

24 ℃，停止摄食，长时间持续，鱼体衰弱，导致死亡；27 ~ 30 ℃，短时间内则会死亡。

虹鳟喜生活于具有一定流速的水体中，适宜生活的流速为2 ~ 16 cm/秒。虹鳟对水中溶氧的含量要求甚高，若水温高时，对溶氧要求更高。溶氧值宜保持在6 mg/L以上，不应低于5 mg/L。溶氧9 mg/L以上，生长加快；低于5 mg/L，呼吸频率加快；低于4 mg/L，出现浮头现象；低于3 mg/L，会因溶氧不足而窒息死亡。

虹鳟属于广盐性鱼类，对盐度的适应性强，因此既能在淡水中生活，也能在半咸水或海水中生长。稚鱼能在0.5% ~ 0.8%盐度的水中生长，当年鱼能生活于1.2% ~ 1.4%盐度的水中，一龄鱼能耐2.0% ~ 2.5%的盐度，成鱼能适应3.0% ~ 3.5%盐度的海水。体重35 g以上的虹鳟一般经半咸水过渡后，即可转入海水生活。虹鳟在海水中比在淡水中不仅生长快，而且疾病少。

### 三、食性

虹鳟为肉食性鱼类。幼鱼以食浮游动物、底栖动物、水生昆虫为主；成鱼以鱼类、甲壳类、贝类及陆生和水生昆虫为食，也食水生植物的叶和种子。在人工饲养条件下，经驯化能适应和摄取人工配合颗粒饲料。

虹鳟的摄食量多少与水温、溶氧等因素有密切关系。在最适生长水温范围内，虹鳟摄食旺盛。当水中溶氧值超过10 mg/L以上时，虹鳟进食明显增多。在一天之中，以早晨和傍晚摄食量为大。若水温适宜，虹鳟几乎常年摄食，甚至在繁殖期内亦会摄食，仅进食量稍减。

### 四、年龄与生长

虹鳟的寿命一般为8 ~ 10年。有报道在天然水域中，10龄的虹鳟最大个体可达25 kg，但是通常很少超过9 kg。在人工饲养条件下，6龄的鱼，最大个体可达90 cm，7.2 kg重。虹鳟的生长因水温、饵料等不同而异。在水温9 ℃时，1足龄达40 ~ 50 g，2足龄200 ~ 300 g，3足龄800 ~ 1 000 g重。当水温14 ℃时，1足龄达10 ~ 200 g，2足龄400 ~ 1 000 g，3足龄1 000 ~ 2 000 g重。

### 五、繁殖特性

虹鳟雌鱼3龄、雄鱼2龄时，一般开始性成熟，6 ~ 7龄性腺开始退化。性成熟的早晚与水温关系密切。在适宜的水温范围内，温度越高，性成熟越早，反之则晚。虹鳟鱼产卵期，在我国北京和山西为12月至翌年1月；在黑龙江为1—3月。虹鳟的怀卵量多少因个体大小而异，一般个体怀卵量在7 000 ~ 13 000粒。虹鳟产卵的适宜水温4 ~ 13 ℃，最适产卵水温8 ~ 12 ℃。在天然环境中，成熟虹鳟亲鱼常选择在水质清澈、水流较急、沙砾底的河道内作产卵场所。通常雌鱼用尾鳍挖好产卵坑，雌、雄鱼在坑内产卵、排精。雌鱼一般分多次产卵，每次为800 ~ 1 000粒卵。卵受精后，亲鱼用尾鳍将细沙覆盖于卵上，任其自然孵化。虹鳟卵为圆形，端黄卵，沉性，卵径4.0 ~ 7.0 mm，卵黄为淡黄、橙黄或橘红色。水温5 ℃时需75天左右孵出；10 ℃时，约需30天孵出；12 ℃时为26天左右孵出。孵出时仔鱼全长15 ~ 18 mm。

# 第二节 苗种繁殖技术

## 一、人工繁殖

### （一）亲鱼培育

亲鱼指用于繁殖的性成熟个体。选择体质健壮、体色鲜艳的虹鳟作为亲鱼。雄性以2～4龄、雌性为3～5龄为宜。虹鳟雌雄亲鱼的区别是：雌鱼体型细长，吻端圆钝，上下颌等长，腹部膨大，生殖孔突出且发红，尾叉较深呈鲜红色；雄鱼体较高，吻端较尖，下颌向上弯曲且盖住上颌，腹部不膨大，尾叉较浅。

雌雄亲鱼应采取分池培育，亲鱼的雌雄比例为3∶1左右进行培育。如鱼池不足，可采取雌雄混养一池，但在产卵期前2～3个月将其分养，亲鱼培育池每平方米放养1～3尾为宜。

亲鱼培育池应保持水流通畅、溶氧充足、水温适宜。池面积一般为200～300 m²，最大应不超过1 000 m²，注水量每1 000 m²保持在50 L/s（即0.05个流量），溶氧量保证在7 mg/L以上，适宜水温为4～14 ℃，最适为8～12 ℃。

在众多的环境因素中，光照期是影响虹鳟鱼性腺发育的重要因素。虹鳟鱼属短日照鱼类，可以通过延长和缩短光照期，来调控虹鳟鱼的繁殖周期。如每天日照在12小时以内，虹鳟鱼性腺发育快；每天日照时间超过13小时，其发育反而缓慢。把虹鳟鱼置于9 ℃的温度下和把光照时间压缩到9个月或6个月条件下，可以使产卵期提前40～80天。因此，用人工调节光照周期，可以达到控制产卵期的目的。

培育亲鱼的饲料，粗蛋白质含量不低于40%，脂肪含量6%，碳水化合物含量少于12%，各种必需氨基酸的含量须达到鱼体需要量。在饲料中加入鳌虾等甲壳素、酵母等，添加多种维生素和矿物质，有利于亲鱼的体色改善，提高鱼卵质量。

### （二）采卵和授精

凡性成熟的虹鳟亲鱼，均可用来采卵、采精，在整个人工授精过程中，应避免精、卵被阳光直射。成熟雌鱼腹部膨大柔软，生殖孔红肿外突，倒提起尾柄，可见腹部两侧卵巢轮廓明显，轻压腹部，卵粒外流。在采卵期间，为防止卵子过熟，应适时采卵。一般每隔7～8天进行一次性成熟度鉴定。若发现雌鱼已成熟，应及时采卵。雄亲鱼的成熟度以能否挤出精液为准。虹鳟的采卵水温为4～13 ℃，最适采卵水温8～12 ℃，常年水温在16～17.5 ℃时，可采卵但不受精，17.5 ℃以上卵不成熟。

挤压采卵法由一人双手轻轻握住雌鱼的胸鳍下部，使头部朝上、腹部向下并对准接卵盆，另一人用毛巾擦干接卵盆和鱼体后，一手抓住鱼尾，另一手在腹部处顺生殖孔方向轻轻挤压，将卵挤入接卵盆内。采卵过程要做到轻、快，尽量避免亲鱼受伤。为防止个体偏大的亲鱼在采卵时挣扎，可先用300 mg/L乙二醇苯醚麻醉3～8分钟后，再进行采卵。采卵完成后要先用等渗盐溶液冲洗卵（氯化钠90.4 g，氯化钾2.4 g，氯化钙2.6 g，依次溶于10 L水中，配成的溶液调整pH值至7，水温保持在4 ℃以上）。冲洗后的卵放入授精盆内，即可加入精液授精。若卵未经冲洗，受精率会大大降低。

采精可用挤压的方法将精液直接挤入盛有卵粒的授精盆内，一般每8～10尾雌鱼鱼卵，用3尾雄鱼精液。也可把精液预先贮于烧杯中备用。待授精时按需要量用吸管移至卵粒上。

精子在原精液中不活动，当用水稀释后，即出现短时间的快速运动，1分钟内停止运动，丧失受精力。因而采精时应将鱼体表水擦干，防止水或尿液混入。虹鳟授精一般以用新鲜精液为好，即随采随用。若将精液储于充满氧气的聚乙烯袋中，置于阴凉处可保存5～7天。

雌鱼一般每千克体重可采卵约1 800粒，雄鱼每千克体重采精约为10 mL。通常每万粒卵用5～10 mL精液充分搅拌1～2分钟，让精卵充分接触。然后加入少量清水并快速搅拌1～2分钟，再经多次换水，冲洗掉多余的精液、体液和卵皮后，加入适量的清水，静止30～60分钟。待受精卵充分吸水膨胀后，移入孵化器内进行孵化。

虹鳟卵的色泽大致可分为橘红、橙黄和浅黄3种。卵的色泽不同与饲料的质量有密切关系。以投喂鱼粉、鳌虾、小杂鱼等为主的饲料来培育亲鱼，通常雌鱼的卵呈橘红色；若以豆饼、糠麸为主喂养亲鱼，雌鱼卵为浅黄色。橘红色卵受精率和孵化率均高，浅黄色卵受精率和孵化率都低。

### （三）孵化

人工孵化通常在孵化室内进行，以免阳光直接照射。孵化鱼卵用的孵化器置于孵化室中。孵化器主要有卧式、淋水和浸水3种。目前国内采用较多的是阿特金孵化器及其改进型设施。

阿特金孵化器主要由孵化槽、孵化盘和支架组成（图6.2）。孵化槽是由木材（或塑料，或水泥）等材料制成的长方形槽，其规格一般为长2 m、宽40 cm、高37 cm。孵化槽分为4～6格，每格之间水由下而上流动。每格内放入上下叠起的孵化盘8～10个。孵化盘是周边为木条、底部钉有铁丝网的正方形浅盘。浅盘长33 cm、宽33 cm、高1.6 cm；铁丝网网目应小于卵径，通常为3 mm×3 mm。

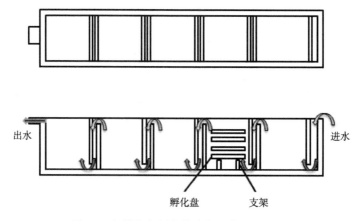

**图6.2　虹鳟鱼卵孵化槽（彭仁海　供图）**

受精卵用羽毛轻轻铺在孵化盘的铁丝网格上，以不重叠堆积为准，每盘盛卵约

3 000粒。将盛卵的孵化盘逐一叠放在支架上，在最上面的孵化盘上可盖一个空盘，再压些重物，以防孵化盘在水中漂浮。每个槽内通常可孵化10万～12万粒受精卵。一般可将2～3个孵化槽串联起来用水。可在孵化槽上设槽盖，使整个孵化过程在黑暗环境中进行；也可在孵化室内装上遮光设施。水流量一般每分钟为10～20 L。

图6.3 孵化缸（彭仁海供图）

若采用桶式孵化器孵化，可用市售的、桶高27 cm、上口内经27.5 cm的塑料桶或缸稍加改制而成。桶或缸中央竖一内径3.2 cm的塑料管，该管与靠近桶（缸）底的多孔（孔径3 mm）塑料圆板的中心连接（图6.3）。每桶注水量每分钟保持在4～6 L。

孵化水宜用地下水或泉水，要求水质清新，无杂质和悬浮物，水温应保持在7～13 ℃，最适水温为8～10 ℃。孵化期间水温变化最好不超过1 ℃。若在低于或高于适温范围内孵化，其孵化率降低。pH值应调整在6.5～7.4。在10 ℃水温以下，每1万粒受精卵，每小时耗氧量为26 mg；而每1万粒发眼卵为44 mg。溶氧量若偏低，会影响卵的发育，延长孵化时间，孵出的仔鱼规格减小。因此孵化期间溶氧量应保持在6 mg/L以上，而发眼期溶氧值最好在8 mg/L以上。

当水温7.5 ℃时，卵从受精至孵出约需46天，累积温度为343 ℃（表6.1）。鱼卵在胚胎发育的敏感期范围内，对外界环境适应性差，故不宜运输、搬动。根据其不同时期敏感与否的特点，通常在受精吸水后40小时之内（当水温4～8 ℃），可进行鱼卵运输；累积温度220 ℃以后的发眼卵较为稳定，可进行长途运输或拣死卵工作。人工拣卵通常在拣卵槽用拣卵夹将死卵逐一拣出；也有采用自动拣卵器将死卵拣出，可以大大提高工效。

表6.1 虹鳟卵不同发育时期的敏感性差异

| 发育时期 | 累积温度（℃） | 胚胎发育特点 | 对外界刺激反应 |
| --- | --- | --- | --- |
| 胚盘形成期 | 0～2 | 卵充分膨胀，形成胚盘，油球集中于动物极 | 不很稳定 |
| 卵裂期 | 2～47 | 细胞不断分裂，分裂球不断变小，末期出现囊胚腔 | 较为稳定 |
| 胚环胚盾出现期 | 47～52 | 胚盘直径扩大 | 敏感性增高 |
| 体节分化期 | 52～104 | 胚体动物极向植物极外包，末期囊胚层全部包围卵黄囊，胚孔封闭 | 最不稳定 |
| 发眼前期 | 104～170 | 形成尾芽，开始血液循环 | 敏感性降低 |
| 发眼期 | 170～343 | 血液循环加强，胚体扭动次数增加 | 稳定 |

在整个孵化过程中，死卵易滋生水霉。因此，在敏感时间内，每隔4天左右（或每

累积温度40 ℃），用水霉净或0.5～1 mg/L的硫醚沙星药浴3～5分钟。对非敏感时期的发眼卵，可直接拣出死卵。自受精之日起，用五倍子或水霉净配制成百万分之五的溶液，从注水口注入桶（缸）内进行消毒，每3～4天1次，每次持续50分钟即可彻底抑制死卵水霉菌的滋生。

在适宜的水温范围内，经30～40天时间的孵化，仔鱼即可破膜而出。为使出膜时间趋于接近，在临近破膜时，可用低氧分压（临界值12 532～17 998帕）刺激，使仔鱼破膜基本一致。

### 二、鱼卵运输

虹鳟鱼卵的运输应选择在与卵对外界刺激处于敏感性较低的时期进行，这样可避免鱼卵在运输中受环境的过分刺激造成孵化率降低。因而通常安排在受精吸水后40天之内或进入发眼期后运输。

运输鱼卵的工具包括运卵箱、孵化盘、温度计、贮水筒、泡沫塑料、纱布、水桶、拣卵夹等。运卵箱规格为长50 cm、宽50 cm、高60 cm，由厚2 cm的木板制成，下设一排水口。一只运卵箱通常可装孵化盘20个左右，孵化盘每盘以装卵2 500粒计，一只运卵箱可运鱼卵5万粒左右。

在运输中应注意箱内的温度和湿度。温度最好保持在4～8 ℃，若外界气温高于10 ℃，每隔2～3小时须加一次冰块；气温为5～10 ℃时，可每隔4小时左右淋一次水；气温5 ℃以下时，则每隔6小时淋水一次。在淋水用的水中，加入适量的过氧化钙，可改善水质、提高溶氧。一般每升水中加0.1～0.2 g过氧化钙为宜。运回的发眼卵，在开箱时测量一下运输包装箱内的温度是多少，如果孵化用水的温度与卵包内的温度相差不超过3 ℃，可将卵立即放入孵化箱（盘）内。温差太大时，要打开装箱使卵在室内放置一段时间，使卵温接近水温后再放入孵化桶或孵化盘中。在放卵前，可将卵简单清洗一下，发眼卵用碘酊水溶液消毒；然后用浓度为50 mg/L的有效碘溶液（即10 L水中加入50 mL碘酊）药浴15分钟，随后再将卵徐徐倒入孵化桶（盘）中，同时要拣出白色的死卵。

# 第三节　苗种培育技术

### 一、培育池准备和设置

自孵出至上浮的鱼苗，为仔鱼，相当于我们传统养殖中的鱼类刚孵出卵膜的水花阶段，只是我们传统养殖对象这段时间非常短。刚孵出的仔鱼，全长为15～18 mm，侧卧于水底，以体内卵黄囊为营养供其发育，水温12～14 ℃时，经12～16天的发育，卵黄吸收完毕，开始上浮觅食。

仔鱼仍可在阿特金孵化器内进行培育。此时可在每个孵化盘下放置一个饲育盘，让破膜的仔鱼落入饲育盘内。饲育盘的长宽规格与孵化盘相同，为33 cm×33 cm，高2 cm，铁丝网规格为1.5 mm×1.5 mm。每盘放1 500尾为宜。培育期间亦须避免光线直射，注水量以每10万尾保持在20 L/分钟以上为好。需经常检查，及时清除死苗，保持良好的水环境。

在桶式孵化器内孵化的鱼卵，开始出现破膜仔鱼时，可将桶内的卵、苗移入平列槽中（图6.4）。平列槽由玻璃钢或塑钢材料制成，上口长3 m、宽42 cm，下底长2.98 m、宽40 cm，高17 cm，在槽的一端置一内径5 cm的排水管，排水管可上下挪动，以调节槽内水位。

图6.4　平列槽（彭仁海供图）

槽内放置6个小槽，小槽上口42 cm×42 cm，底40 cm×40 cm，高15 cm，底部和一侧面有许多直接为2 mm的圆孔。水由底部流入小槽，从侧面溢出。

通常在每个小槽内放卵苗8 000粒（尾），每个平列槽共可放约5万粒（尾）。每个槽的注水量一般可掌握在40 L/分钟左右。若平列槽不敷使用，可将孵出累积温度120 ℃以上、体表黑色素增多、活动能力较强的仔鱼，移入备有遮阳光罩盖的稚鱼池内，继续靠卵黄囊为营养。这样，可让空出的槽培育刚孵出的仔鱼，提高平列槽的使用效率。

鱼苗上浮开始摄食，其体长18～28 mm，体重70～250 mg，进入稚鱼培育期。可将其放在平列槽中饲养2周后再移入鱼苗池饲养，也可以直接移入鱼苗池饲养。稚鱼池一般长15 m，宽2 m，水深20～40 cm。鱼池以并列排列为好，可使池水保持清新，有利于鱼的生长。通常每平方米放5 000尾上浮稚鱼，注水量为每5万～10万尾60 L/分钟。

## 二、饲养管理

刚开始摄食的上浮稚鱼（开口期），可投喂些鸡蛋黄，每万尾每天投1～2个蛋黄。数天后，除投喂蛋黄外，可投喂些水蚤、水蚯蚓等。随着稚鱼的不断增长，还可投些牲畜内脏、鲜杂鱼肉。通常须将上述饲料绞成糊状投喂，也可投喂由鱼粉、血粉、蚕蛹粉、酵母粉、豆饼、麸皮、麦粉、青菜、多种维生素和矿物质等原料选配而成的且营养全面的破碎粒状配合饲料。每天投喂4～6次。由于稚鱼在开始摄食的20天之内，索饵能力差，且不集群，因此此时更须精心饲育，认真投喂，确保全部稚鱼摄取到饲料。通常按稚鱼体重确定投饵次数：体重0.12～0.40 g/尾，日投饵8～6次；体重0.4～2.5 g/尾，日投饵4次；体重2.5 g/尾以上，日投饵3～2次。日投饵率应按照水温和稚鱼体重百分比计算：水温10 ℃条件下，0.2 g/尾的稚鱼日投饵率占总鱼体重的3%；0.5 g/尾的投饵率为2.9%；体重为2.5 g/尾，日投饵率为2.6%。经30天左右的培育，稚鱼体重约达到0.5 g，体长3 cm左右，应分池疏养。上浮稚鱼仅为从具有初步的上浮游泳能力到开口摄食阶段的鱼苗，而稚鱼是开口摄食到体重达到约10 g、6月龄的鱼苗。当年鱼指年龄不足一年的幼鱼，又称0年鱼，相当于四大家鱼的当年鱼种（冬片）。1龄鱼又称1年鱼，是指年龄为1～2年的个体，相当于四大家鱼养殖中的2龄鱼种的养殖阶段。

体长为3 cm的稚鱼，可按每平方米800～1 000尾密度放养。经过70～80天的培育，当体长达6 cm、体重为3 g左右时，须再进行分池培育，此时的放养密度为200～300尾/m²。

待鱼体又明显增长后，则应进一步分养，每平方米可放养50~100尾。在分池时应做到按鱼体规格大小分养。对大规格的稚鱼的培育，鱼池面积可适当增大至80~120 m²或更大些，水深50~70 cm，养殖池的供水量亦应逐步增加。再经过5个月左右的培育，可养成50~80 g的大规格鱼种。

在苗种培育阶段，要及时清除沉积于池底的鱼体排泄物、残饵等，以保持良好的环境。鱼池的水流要畅通，排水闸门应尽量放宽，以增加过水断面，利于水体交换。

苗种的人工配合饲料，常用的原料有鱼粉、血粉、牲畜内脏、小杂鱼、豆饼、菜饼粉、米糠、复合维生素、多种矿物质等。配合饲料中蛋白质含量高，苗种的生长亦快。随苗种的长大，可逐渐减少配合饲料中动物蛋白的比例，适当增加植物蛋白比例。相比而言购买虹鳟全价开口饲料更加经济，效果也更加稳定。

苗种阶段的日投喂配合饲料的次数，通常1 g以上日投喂4次；3 g以上日投喂3次；10 g以上投喂2次。每日投喂配合饲料的粒径、形状，按鱼体不同的规格而定，要根据饲料的适口性，及时更换大粒径饲料，避免由于饲料粒径不适宜造成饲料损失率增加的现象。颗粒过大，鱼苗难以吞咽，需等饲料泡软后才可以摄食，增加了营养物质的流失，污染水质；颗粒过小，则虹鳟需要多次摄食才能够满足需要，摄食时间延长，体力消耗增大。不同虹鳟苗种的日给饲率可参见表6.2。

表6.2　虹鳟苗种日给饲率（饲料干重占苗种总重%）

| 平均规格 | | 日平均水温（℃） | | | | | | | | | | 日投饲次数（次） | 饲料性状 | 粒径（mm） |
|---|---|---|---|---|---|---|---|---|---|---|---|---|---|---|
| g | cm | 2 | 4 | 6 | 8 | 10 | 12 | 14 | 16 | 18 | 20 | | | |
| <0.2 | <2.5 | 1.7 | 2 | 2.2 | 2.6 | 3 | 3.5 | 4.1 | 4.7 | 5.4 | 3 | 6 | 破粒 | 0.3~0.5 |
| 0.2~0.5 | 2.5~3.5 | 1.5 | 1.8 | 2.1 | 2.5 | 2.9 | 3.4 | 3.9 | 4.5 | 5.1 | 2.8 | 6 | 破粒 | 0.5~0.9 |
| 0.5~2.5 | 3.5~6 | 1.4 | 1.6 | 1.9 | 2.1 | 2.6 | 3 | 3.5 | 4.1 | 4.6 | 2.4 | 4 | 破粒 | 0.9~1.5 |
| 2.5~12 | 6~10 | 1.1 | 1.3 | 1.5 | 1.7 | 2 | 2.2 | 2.6 | 3 | 3.5 | 2 | 3 | 颗粒 | 1.5~2.4 |
| 12~32 | 10~14 | 0.9 | 1 | 1.1 | 1.3 | 1.5 | 1.7 | 2 | 2.2 | 2.6 | 1.6 | 2 | 颗粒 | 2.4~3.0 |

在苗种培育阶段，还应认真观察鱼体生长、活动情况。发现异常现象，及时作出妥善处理。采取以防为主和有病早治的原则，在配合饲料中定期加入黄芪多糖等增强鱼类体质的药物，而池水用二氧化氯、聚碘等进行消毒，以预防疾病的发生和蔓延。此外，还要做好防逃和水鸟啄食等以减少损失，对鱼苗健康状况进行实时监控，记录好养殖日志，发现问题及时处理。

### 三、苗种运输

虹鳟苗种运输方法主要有尼龙袋运输和帆布篓运输两种。尼龙袋运输是一种简便易行、适宜长途运输的方法。尼龙袋长90 cm、宽45 cm。长途运输时每袋可装体长3 cm左右的苗种2 000尾；体长6 cm装300尾左右；体长12 cm，则运30~40尾。

运输前一天，苗种应停止进食。途中由专人认真管理。运输中应及时捞出死鱼，清除排泄物；水温控制在5 ℃以下为宜，一般可用冰块降温；定时更换新水，一般每隔6小时换水一次，换水量为50%左右。

# 第四节 成鱼养殖技术

## 一、水泥池养殖

### （一）养殖池的基本条件

成鱼是可以上市出售的商品鱼。虹鳟的成鱼养殖池，一般以长20 m、宽4 m、水深70 cm的长方形池为宜。鱼池的排列，通常采用并列式，两池串联亦可。

在鱼种放养前应对鱼池进行全面检查，修补渗漏的池壁，清除杂物和污泥。在池底可铺一层厚5~15 cm的砂砾。在放养15天左右，在池内注入少许水，用30~50 mg/L漂白粉消毒。在放养前2~3天用清水冲洗掉残留的漂白粉，再注入新水。

### （二）苗种放养

放养的鱼种，规格应尽量基本一致。放养个体一般为50~80 g重的鱼种。放养密度与水温、水质、供水量、溶氧量、鱼种规格、鱼体耗氧量及管理技术水平等因素有关，生产中应灵活掌握。

### （三）饲养管理

饲养虹鳟成鱼的水体须保持良好的水质，池水应清新，水的浑浊度要低，水体交换要充分。池水平均流速应为3~16 cm/秒；池水的交换最好每小时2次以上，较大的鱼池应至少每2~3小时交换池水1次；鱼池出水口溶氧量应不小于5 mg/L。当池水溶氧不足时，可采取机械增氧的方法来提高水体溶氧，目前使用的由桨叶式或水车式增氧机等。若在小水体中采用增氧泵或罗茨风机加纳米管铺设于水体底部增氧，水体溶氧可达10 mg/L以上。

虹鳟配合饲料的投喂量应根据鱼体规格、水温溶氧及饲料质量等因素而定。虹鳟成鱼各生长阶段所用饲料粒径及其投喂量参见表6.3。

表6.3　虹鳟成鱼各生长阶段所用饲料粒径及其投喂量

| 生长阶段（g） | 饲料粒径（mm） | 水温（℃） | | | | | |
|---|---|---|---|---|---|---|---|
| | | 6 | 10 | 12 | 16 | 18 | 20 |
| 100~200 | 3 | 1.01 | 1.36 | 1.51 | 1.67 | 1.58 | 1.31 |
| 200~400 | 3.5 | 0.75 | 1.01 | 1.12 | 1.24 | 1.18 | 0.98 |
| 400~800 | 4.5 | 0.63 | 0.85 | 0.94 | 1.04 | 0.99 | 0.82 |
| 800以上 | 6 | 0.55 | 0.74 | 0.82 | 0.91 | 0.86 | 0.72 |

一般每日投饲2~4次。饲料通常加工成颗粒状。投喂饲料的粒径与鱼体的大小有关。规格为40~200 g/尾的虹鳟可投喂粒径为4 mm的颗粒饲料；200~400 g/尾的可投喂6 mm的颗粒饲料；400 g/尾以上的可投8 mm粒径的饲料。加工配合饲料的原料要新鲜、干净，不可将变质腐烂的原料混入配合饲料中。投喂饲料应定点、定时，避免投入饲料的浪费。

在饲养期间，须适时对鱼体进行筛选。将个体差异明显的虹鳟分池饲养，以免个体间摄食不均，甚至发生不同大小个体间的残杀，影响产量。

## 二、网箱养殖

### （一）地址选择

网箱养殖虹鳟应选在水质好、无污染、水环境稳定、避风向阳、水深5 m以上和饵料生物丰富的水域。在网箱养虹鳟的生产实际中，目前通常采取正方形、面积较小的网箱进行。网箱一般有网衣、框架、浮子、沉子等组成。网箱可分为浮动式和固定式两大类，浮动式网箱又有封闭型、敞口型等形式。设置网箱时，网箱之间应保持一定的距离，以利网箱内水体的充分交换，且可防止网箱间水体污染。网箱高度和网目规格与虹鳟个体大小有关。

### （二）网箱规格

网箱规格可根据需要而定，网目大小视养殖虹鳟鱼体规格而定，以不逃鱼、有利于水质交换以及底网片不漏饵为原则。稚鱼网箱高度一般为1 m左右，成鱼网箱高度以1.5~3 m为宜，网目的大小以破一目不逃鱼为原则，选择适用的网目规格。

### （三）鱼苗放养

虹鳟生长最适水温为8~18 ℃，放养时间应以2月底、3月初为宜，放养应选择在5:00—8:00进行，此时养殖池与水库的水温温差较小。放养密度应根据虹鳟的规格适时调整。为提高成活率，有条件的地方可将体重50 g以下的虹鳟进行强化饲养，即放入简易室内水泥池或塑料大棚内的水泥池养殖一段时间。鱼种入箱前，一般用1%浓度的食盐水浸浴1~5分钟，或用1~2 mg/L的高锰酸钾溶液浸浴1~3分钟，避免感染鱼病。

### （四）饵料及投喂

虹鳟成鱼养殖期间主要投喂新鲜动物性饵料和人工配合饵料，其体重达到5 g时，日投喂量为体重的4.5%，以后每隔7天逐级减少，直到递减到2%为止。投喂量的多少应视鱼体重、水温、摄食以及生长状况灵活掌握，以每天投饵略有剩余为准，投饵次数应为4~6次。养鳟的饲料以猪血、血粉、麦麸、四号粉等为主，搭配小鱼虾、蚕蛹、豆饼、米糠等。鱼种阶段的饲料系数为2.74，成鱼阶段为3.05。成鱼、亲鱼每日投饵2次。

### （五）日常管理

（1）饲养期间应每天巡视网箱，检查网衣是否破损，防止网破逃鱼。

（2）定期清洁网箱中的污物，及时捡出死鱼以及已感染水霉菌的幼鱼，每15天刷洗1次网箱，使网箱水体保持清新、畅通。

（3）每天7:00、13:00、19:00时都要测量水温，对水中的溶解氧、pH值等重要水化指标应定期进行测定，并做好记录。

（4）每15天测1次生长情况，根据鱼体的生长情况，适时调整放养密度和更换网箱的网目。

**（六）病害防治**

虹鳟对疾病有较强的防御能力，在整个养殖期间较少发病，疾病的防治情况可参见病害防治技术。

# 第五节　病害防治技术

虹鳟多是集约化高密度养殖，外用药或内服给药都不易达到治疗效果。因此，防病工作必须贯彻"无病先防、有病早治、防重于治"的方针，才能达到减少或避免病害的发生。

## 一、病毒性疾病

### （一）传染性胰脏坏死病（Infectious pancreatic necrosis，IPN）

症状和病因：由IPN病毒感染所致。病鱼解剖发现胰脏坏死、萎缩，呈空泡状，与其相邻的脂肪组织亦有坏死现象。本病在临床上可分为急性型和慢性型。急性型表现为病鱼在池水面旋转狂奔，上下窜动，前腹部膨大，肛门拖着粗粪便，肠道壁薄、白色、无弹性，肠内无食物且充满透明或乳白色黏液，幽门垂出血等。慢性型表现为病鱼腹部膨胀，眼球外突，鳍基部出血，体色发黑，胃肠充满黏液，肝脏白色，腹腔积贮体液，消化道无弹性，幽门垂出现凝血块等。

防治方法：目前尚无有效的治疗方法，因而以预防为主。通常可采取独立的水体进行产卵、孵化和鱼苗培育，以切断传染源的传播。对鱼池和渔具进行严格消毒，常用消毒剂有稀释200~500倍的福尔马林或煤酚皂液。因8℃以下不易发病，可将稚鱼在低温下饲育到5 g左右，以减少疾病发生。对发病池可采取调节水温的方法来控制病情发展，并将病鱼及时埋掉或烧毁。患病早期用聚维酮碘溶液（按10%有效碘计算），每千克鱼体重用1.64~1.91 g，拌饵投喂，每日1次，连续15天。用中草药大黄拌药饵投喂有预防作用；用穿心莲浸浴，以10~15 g/m³，煮沸10~15分钟，冷却后浸浴30~40分钟。

### （二）传染性造血器官坏死病（Infectious hematopoietic necrosis，IHN）

症状和病因：由IHN病毒感染所致。感染后7~14天开始发病。初期呈昏睡状。病鱼体色发黑，腹部膨胀，肛门常拖着粪便，游动迟缓，随水漂流或静卧于水底，失去平衡，眼球突出，体表有出血现象，一般在背鳍、胸鳍、体侧、肛门附近及口腔都可看到，尤其是在较小的稚鱼臀鳍上尤为突出，常有1~4条3~5 mm长的线状或"V"形出血迹。病毒最初在造血组织内增殖，随后侵袭到肾、脾、肝、消化道、鳃等。病理解剖可见造血组织严重坏死和其他器官局部坏死，鳃色变浅。

防治方法：目前尚无专门治疗药物，一般应避免将带病的鱼、卵、渔具等带入未发病区；对鱼池和渔具进行消毒，消毒剂有2%以上的生石灰、2%~3%石碳酸、2%~3%煤酚皂液等，也可将鱼池放干，暴晒2~3天；对发眼卵可用聚乙烯吡咯烷酮剂

（含1%的有效碘）50 mg/L浓度浸洗15分钟，可杀死卵表面的病毒。在发病初期，采取提高水温的方法，将病鱼移至水温18～20℃水中饲养，经4～6天可有效控制死亡。

## 二、细菌真菌性疾病

### （一）柱状曲挠杆菌病

1. 症状和病因

由柱状曲挠杆菌感染所致。感染初期，病原菌在鳍条尖端、吻端、体表皮、鳃丝末端生长繁殖，形成白色小斑点状病灶。随病情发展，鳍条尖端开始蛀烂并向基部进展；吻端发白溃疡；体表患部周围发红、溃烂，鳞片脱落，并由上皮组织蔓延到真皮组织，真皮毛细血管充血或破裂出血；鳃丝从末端开始向基部溃烂、崩解，同时也向周围鳃丝扩散，导致鳃组织大部分溃烂且黏附污物。

2. 防治方法

预防此病的措施是在流行期间避免捕捞、转运，以防鱼体受伤，减少发病。苗种放养前用5%食盐水浸泡3～5分钟，把好鱼体消毒关。治疗方法有：

（1）全池泼洒二氧化氯，使用浓度为0.5 mg/L，泼洒时暂停微流水，2小时后恢复流水，连用3天。或全池泼洒强氯精，使用浓度为0.3～0.4 mg/L，连用3天。

（2）用5%食盐溶液浸洗1分钟，或2%～2.5%食盐溶液浸洗5～10分钟；

（3）用1：200硫酸铜溶液浸洗3～4次，每次1～2分钟。或用1 mg/L聚碘溶液浸洗20分钟，隔2天再洗1次。或用0.5～1 mg/L聚碘全池泼洒。或用水体终浓度2 mg/L的土霉素全池泼洒。

（4）按100 kg鱼重每天用鱼服康A型250 g，每天1次，连用3天；

（5）用2 mg/L的801消毒剂全池泼洒，或每100 kg鱼每天用50 g 801消毒剂拌入饲料中投喂，每天1次，连用3天。

（6）每千克饲料中拌入氟苯尼考2 g（以氟甲砜霉素量计）和3 g大蒜素，连喂4天，或口服磺胺-6-甲氧嘧啶，按每千克鱼体重每天150～200 mg拌入饲料中，连用7天。首次用药时药量需加倍。

### （二）水霉菌病

1. 症状和病因

由水霉菌感染所致。病鱼体表可见棉絮状菌丝，体表的菌丝深入表皮组织，引起表皮组织局部坏死，继而侵入皮下肌肉组织，造成肌肉组织坏死。

2. 防治方法

预防措施主要是防止鱼体受伤，防止传染性、侵袭性鱼病发生。治疗方法主要有：

（1）孵化鱼卵中，每隔4天用1～5 mg/L高锰酸钾溶液消毒1次，每次1小时。

（2）苗种用1%食盐溶液浸洗20分钟，成鱼用2.5%食盐溶液浸洗10分钟。

（3）用10 mg/L高锰酸钾溶液浸洗1小时。

（4）水霉净每亩水深1 m用25～30 mL全池泼洒。或0.5～1 mg/L的硫醚沙星浸洗5～10分钟。

### （三）细菌性烂鳃病

**1. 症状和病因**

由嗜鳃黄杆菌感染所致。病鱼摄食不良，离群独游，行动迟缓，鳃组织分泌大量黏液，鳃淤血，鳃丝肿胀，鳃盖难完全闭合。随病情发展，鳃丝逐渐融合或呈棒状，鳃色变淡，丧失机能。

**2. 防治方法**

病原菌为水体常见菌，饲养过密，溶氧偏低，水质浑浊，易发病。因此预防措施是避免过密饲养，保持水质良好。定期使用净水剂（如生石灰）及消毒剂（如高锰酸钾、氯制消毒剂）消毒。放鱼前用浓度为5 mg/L的高锰酸钾浸泡仔鱼15分钟，把好鱼体消毒关。选用3%～5%的食盐水，浸泡30分钟，每1～2周预防1次。治疗方法：

（1）全池泼洒二氧化氯，使用浓度为0.5～1 mg/L，泼洒时暂停微流水，2小时后恢复流水，连用3天。或全池泼洒强氯精，使用浓度为0.3～0.5 mg/L，连用3天。

（2）病鱼用5%的食盐溶液浸洗1分钟，或用1%食盐溶液浸洗1小时，或用1.2 mg/L的高锰酸钾浸浴1小时，还可用4～8 mg/L的氟苯尼考浸泡30分钟，每天1次，连用3天。

（3）用0.5%硫酸铜溶液浸洗1～2分钟，也可用1 mg/L硫酸铜溶液浸洗1小时。

（4）每千克饲料中拌入氟苯尼考2 g（以氟甲砜霉素量计）和3 g大蒜素，连喂4天，或口服磺胺-6-甲氧嘧啶，按每千克鱼体重每天150～200 mg拌入饲料中，连用7天。

### （四）细菌性肠炎

**1. 症状和病因**

由点状产气单胞菌感染所致。病鱼离群独游，行动迟缓，不吃食。鱼体发黑，特别是头部更黑，因此又称乌头瘟或烂肠瘟。腹部膨大，肠壁充血发炎，呈红色或紫红色，有时肛门红肿，肠内没有食物，只有许多淡黄色的黏液。病鱼肛门外突红肿，用手轻按腹部会有脓液体流出。

**2. 防治方法**

预防措施是保证投喂的饲料原料品质良好，不投喂变质饲料。投喂量严格按照体重比例，以七成饱为宜。一旦发生肠炎病，要停止投喂原先的饲料，然后配制药饵。治疗方法有：

（1）发病初期，在饲料中加3%～5%大蒜素，投喂3～6天。

（2）在病鱼尚吃食的情况下，饲料中按0.05%的浓度添加肠炎灵制剂，制成药饵，连喂7天。或每千克鱼体重拌入50 mg土霉素，连喂3～7天。

（3）用4～8 mg/L的氟苯尼考浸泡发病鱼，每天1次，每次30分钟，连续3天，同时在每千克配合饲料中加入2 g氟苯尼考（以氟甲砜霉素量计）和3 g大蒜素拌匀投喂，连喂4天，即可治愈。

## 三、寄生虫性疾病

### （一）小瓜虫病

**1. 症状和病因**

由多子小瓜虫寄生而引起。主要寄生于体表、口腔、眼球和鳃。病鱼食欲不振，急躁不安，常侧身磨体。寄生部位呈现肉眼可见的小白点。寄生于眼球，可使眼球浑浊、发白；寄生于鳃上，引起鳃上皮组织增生，黏液分泌增多，鳃丝粘连，严重时影响鳃的呼吸功能。

2. 防治方法

（1）用2~5 mg/L盐酸奎宁浸洗2小时，每隔3天施药1次，连续3次。

（2）用5%食盐溶液浸洗1分钟，或用1%食盐溶液浸洗1小时，连用7天，效果良好；

（3）用30 mg/L福尔马林溶液全池泼洒。

（4）用0.5~1 mg/L硫酸铜溶液全池泼洒，浓度保持2~3小时，时间长有危险。

（5）按照0.5~1 g/m³水体的干辣椒，加水煮烂后，全池泼洒，每天泼洒1次，连用3天。

（6）0.2%的食盐进行药浴5~7小时后，采用0.3~0.6 mg/L瓜虫灵进行全池泼洒，连用4~5天。

**（二）车轮虫病**

1. 症状和病因

由车轮虫及小车轮虫寄生引起。车轮虫在虹鳟的皮肤、鳍及鳃上寄生，病鱼因受虫体寄生刺激，引起组织发炎，分泌大量黏液，在体表、鳃部形成一层黏液。鱼体消瘦，体色发黑，游动缓慢呼吸困难。孵化中的仔鱼可形成白头白嘴病，开食不久的仔鱼常在池边狂游，大量寄生时鳃上皮组织坏死，脱落，使病鱼衰弱死亡。

2. 防治方法

预防此病措施是鱼种放养前用20 mg/L的高锰酸钾溶液浸洗10~20分钟。治疗方法如下。

（1）用1%食盐溶液洗浴1小时，或3%食盐溶液洗浴30分钟，或5%食盐溶液洗浴1分钟。

（2）全池泼洒0.7 mg/L的硫酸铜和硫酸亚铁合剂（5∶2）。

**（三）复口吸虫病**

1. 症状和病因

由复口吸虫寄生而引起。虹鳟为复口吸虫的第二宿主。虹鳟感染复口吸虫尾蚴后，初期显得焦躁，继而在水中打转，少数鱼身体发黑，脑部和眼眶充血。尾蚴侵入鱼体后，经神经系统到达水晶体，造成鱼神经系统损伤。尾蚴到达水晶体后，继续发育成囊蚴。少量寄生对鱼视力无明显影响，也无白内障症状；寄生数量多时可使水晶体浑浊变白，呈现白内障症状；严重时眼球突出，角膜破裂，水晶体脱落，鱼眼失明。

2. 防治方法

（1）当虹鳟感染复口吸虫后，很难治疗。因此，采取截断其生活史的某一环节，则可有效控制和预防此病。椎实螺是复口吸虫的第一中间宿主。在放养前，用100~125 kg生石灰（水深1 m时）进行彻底清塘；或在发病鱼池内用0.7 mg/L硫酸铜进行全池泼洒，24小时内连续泼洒2次。复口吸虫的成虫寄生于鸥鸟肠道中，采取驱逐盘旋于鱼池上的鸥鸟，可减少此病发生。

（2）出现病例，每千克鱼体重每天用0.2~0.3 g硫氯酚拌入饲料中投喂，每天1次，连喂5天。

# 第六节 加工食用方法

虹鳟鱼肉多刺少，肉质细嫩，可以清蒸、烧烤，也可以生食鱼片。要保障虹鳟的营养得到最好的保留并且被人体充分吸收，其烹膳要求就非常考究。虹鳟鱼烹膳，正是采用合适的方法，搭配最新鲜的食材，保证最大程度保留虹鳟的营养。

## 一、锡纸蒸烤虹鳟鱼

### （一）食材

虹鳟鱼、盐、味精、鱼露、白胡椒、大块姜、葱段、食用油、锡纸。

### （二）做法步骤

（1）虹鳟宰杀，去鳞开膛，取出内脏，洗净后改成让指刀，加盐，味精，鱼露，白胡椒，大块姜，葱段腌制15～20分钟。

图6.5 锡纸蒸烤虹鳟鱼（图来源于网络https://image.baidu.com/search/detail?ct=503316480&z=0&ipn=d&word=锡纸蒸烤虹鳟鱼&objurl）

（2）腌制好的鱼放锡纸上，淋上适量的食用油，用锡纸包好放在炭火中烤15～20分钟。

（3）取出即可食用，或者撒些爆炒的小米椒或泡椒以增加口感。

## 二、清蒸虹鳟鱼

### （一）食材

虹鳟鱼。盐，味精，酱油，葱，白胡椒粉，料酒，姜，红绿椒丝，香菜，食用油。

### （二）做法步骤

（1）虹鳟宰杀，从腹部开膛，取出内脏，去除鱼鳃，清洗干净。

（2）香菜洗净，切长3 cm的葱段、姜洗净，切成细丝。

（3）蒸锅内放入水，箅子上盛虹鳟鱼，大火烧开，上汽5分钟后取出。

图6.6 清蒸虹鳟鱼（彭仁海供图）

（4）用酱油、味精、白胡椒粉、料酒调成汁后浇在鱼身上，放上葱姜丝及红绿椒丝，用热油泼炸，香菜点缀后即可食用。

## 三、生食虹鳟鱼片

### （一）食材

虹鳟鱼。生姜，生菜叶，圣女果，芫荽，绿芥末膏，浓口酱油。

**（二）做法步骤**

（1）虹鳟鱼宰杀，从腹部开膛取出内脏，取出鱼鳃，洗净备用，将鱼肉切成3 mm厚的鱼片，呈扇形叠摆在盛有冰块的造型盘上，并用红椒、圣女果、芫荽等点缀。

（2）生姜切细末，姜块切成片状，浸泡在水中备用。

（3）将绿芥末膏挤在一个碟内，再把浓口酱油装入另一个碟内，然后装好盘的生鱼片一同上桌，即可食用。

图6.7　生食虹鳟鱼片（彭仁海供图）

### 四、黄金虹鳟鱼排

**（一）食材**

虹鳟鱼，玉米、蛋清、青红椒丁、盐、味精、鸡汁、大块葱姜、面包屑、椒盐。

**（二）做法步骤**

（1）虹鳟鱼宰杀，从腹部开膛取出内脏，取出鱼鳃，洗净，剔肉两条及中骨，放入盐、味精、鸡汁及大块葱姜腌渍10分钟。

（2）取腌渍好的鱼肉拍粉、拖蛋蘸面包屑备用。

（3）放入食用油于锅中，烧成五成热，放入准备好的鱼肉炸1分钟，取出淋干油，改成条码放在盘中，配备少许椒盐。

图6.8　黄金虹鳟鱼排（图来源于网络 https://image.baidu.com/search/detail?ct= 503316480&z=0&ipn=d&word=黄金鳟鱼排 &step_word）

# 第七节　养殖实例

## 一、水泥池养殖

河南安阳林州市五龙镇荷花村的北京中科天利水产科技有限公司鲟鱼养殖基地、林州市天利渔业养殖场，在2022年1月10日，从北京顺通虹鳟鱼养殖中心引进6万粒（0.5～0.6元/粒）三倍体虹鳟发眼卵，在16 ℃下，孵化1周出苗，孵化率95%以上，孵化后的水花进入标粗缸（河北产）进行标苗，标粗缸直径2 m，深50 cm（水深35 cm），1万尾/盆，用天马公司鲟鱼饲料驯喂，饲料粗蛋白质48%，约3万元/t，每天投喂6次。经过1个多月的培育，苗种达到5 g以上时，转入2 m×1 m×70 cm（水深35 cm）的流水水泥池中进行鱼种培育，每池1万尾，相当于5 000尾/m²，每天投喂4次，中间根据鱼体生长情况和规格，进行分筛分稀，约3次。经过4个月左右的培育，鱼种规格达到150~250 g，即不再分稀，进入水泥池流水成鱼养殖。截至11月30日，共出鱼5.2万尾，鱼体重0.4~0.75 kg，平均0.45 kg，饵料系数1.2左右，预计到2023年7月，应该达到1~2 kg/尾，预计销售价格70元/kg。期间养殖规格达到200~300 g时，按照77元/kg的价格销售给三门峡的一家用户8 000尾左右，规格达到0.5 kg左右时，按照70元/kg的价格销售给四川的一家用户7 000尾左右，目前存池鱼4万尾左右，成活率86.7%。现按照销售价格70元/kg，孵化出56 000尾鱼苗的数据来进行养殖实例介绍。

**（一）池子准备**

鱼池为室外普通水泥池，单池面积为80 m²，水深0.8~1.2 m，可调控。水泥池长方形，宽4 m，长20 m，无死角，进排水方便，能控制水位。每个池子用罗茨鼓风机充氧盘充氧，每池放置充氧盘4个。鱼苗放养前，池子要彻底消毒，消毒方法与常规养殖其他鱼消毒方法相同。

**（二）鱼种放养**

放养规格为体长18~30 cm，体重50~90 g的虹鳟鱼种，每平方米放养100尾。同一池内放养的规格要整齐，大小一致。鱼入池前用5%的食盐水浸泡鱼体20分钟，入池后第二天开始投喂，中间根据鱼体生长分稀1~2次，成鱼最终达到每平方米10~20尾。

**（三）饲料及投喂**

1. 饲料

全部采用人工配合饲料，饲料粒径1.0~5.0 mm。饵料粒径严格同鱼的大小相适应，转换颗粒大小应逐步进行，不适合鱼口径的饵料会影响鱼的生长，同时也会造成饵料的浪费。

2. 投喂次数及方法

饵料使用效率主要取决于投喂频率及投喂方法，鱼体越小，投喂次数就越多。刚投放时，4次/日，6:00、11:00、15:00、19:00投喂；以后随着鱼体长大，200 g重左右时，3次/日，6:00、12:00、18:00投喂；500 g重以上时，2次/日，7:00、17:00投喂，直至出售。

3. 日投饵率

鱼摄食量与鱼体大小和温度有关，在生长范围内摄食量随着温度升高而增加，当高于20 ℃以上时，鱼摄食量虽然增加，但生长速度减慢。鱼大小不同投喂率不同，鱼体大，摄食量大，投喂率低；鱼体小，摄食量小，但投喂率高。

**（四）日常管理**

1. 水流量

适宜的水流量，能保持水质清新，水温恒定，重要的是鱼逆流而行能锻炼鱼的体质。

2. 水位

一定水位能保证鱼的活动空间，保持水中溶解氧便于观察鱼的活动情况。一般鱼体重在100 g以下时，水位保持在0.8 m，100 g以上时，水位保持在1.0 m。

**（五）鱼病的防治**

养殖期间一定要做好预防工作，具体防治措施见疾病防治技术。

### （六）养殖结果分析

2022年1月10日拉回的发眼卵，孵化后分级培育，到5月26日，达到50～100 g/尾的规格。此时进入成鱼养殖，中间根据鱼体生长情况，分稀1～2次，到2022年11月25日打样，鱼体达到400～750 g/尾的规格，平均规格1 100 g，27个池子，预计目前存池鱼16 500 kg，每千克按照70元计算，存池鱼总值115.5万元，除去成本44.25万元，净利润71.25万元，投入产出比1∶2.61。

## 二、水库网箱养殖

在河南省水产推广站帮助指导下，鹤壁市山城区博一水产养殖农民专业合作社在鹤壁市幸福水库用水库底排冷水开展虹鳟卵孵化、苗种培育，在冷水水库中进行成鱼网箱养殖。2021年1月17日，从中国水产科学研究院黑龙江水产研究所引进4万粒道氏虹鳟发眼卵，在15 ℃下，孵化7天，孵化率95%以上，孵化后的仔鱼在平列槽中暂养，一周后投喂蛋黄、红虫和水蚯蚓肉酱，两周后鱼苗达到28 mm左右，摄食旺盛时转入塑胶孵化缸中驯食，进入小稚鱼培育阶段，孵化缸直径2 m，深50 cm（水深35 cm），1万尾/盆，用鲟鱼专用饲料驯喂，饲料粗蛋白质48%，约3.5万元/吨，每天投喂6次。经过1个多月的培育，当鱼苗规格达到3～5 cm、0.5 g以上时，转入2 m×1 m×0.7 m（水深35 cm）的流水水泥池中进行稚鱼培育阶段，每池1万尾，相当于5 000尾/m²，每天投喂4次，中间根据鱼体生长情况和规格，进行分筛分稀，约3次。经70～80天的培育，鱼种规格达到10 cm、5 g以上时转入大规格鱼种培育阶段。再经5～6个月的培育，到10月17日，鱼种规格达到150～250 g，即转入网箱成鱼养殖阶段。现将网箱成鱼养殖阶段实例作一介绍。

### （一）网箱准备

网箱设置在水质好、无污染、水环境稳定、避风向阳、水深10 m以上和饵料丰富的水域。采取正方形浮动封闭式网箱，塑料浮筒和钢架结构，6个网箱一组，每组网箱之间应保持4 m的距离，以利网箱内水体的充分交换。鱼苗入箱前，网箱入水浸泡2周以上，让网衣附着藻类，避免鱼体受伤。成鱼网箱规格为5 m×5 m×6 m。

### （二）鱼种放养

放养体长为30～45 cm、体重为150 g的虹鳟鱼种。同一箱内放养的规格要整齐，大小一致。每平方米放养80尾。鱼入箱前用5%的食盐水浸泡鱼体20分钟，入箱后第二天开始投喂。

### （三）饲料及投喂

1. 饲料

全部采用人工配合饲料，饲料粒径2.0～5.0 mm。饲料营养满足鱼的生长需求，除蛋白质脂肪要达标外，各种氨基酸要尽量平衡。饵料粒径严格同鱼的大小相适应，转换颗粒大小应逐步进行，不适合鱼口径的饵料会影响鱼的生长，同时也会造成饵料的浪费。

2. 投喂次数及方法

饵料使用效率主要取决于投喂频率及投喂方法，鱼体越小，投喂次数就越多。刚投放时，4次/天，6:00、11:00、15:00、19:00投喂；以后随着鱼体长大，200 g左右时，3次/天，6:00、12:00、18:00投喂；500 g以上时，2次/天，7:00、17:00投喂，直至出售。

3. 日投饵率

鱼摄食量与鱼体大小和温度有关，在生长范围内摄食量随着温度升高而增加，当高于20 ℃以上时，鱼摄食量虽然增加，但生长速度减慢。鱼大小不同投喂率不同，鱼体大，摄食量大，投喂率低；鱼体小，摄食量小，但投喂率高。

**（四）日常管理**

（1）饲养期间应每天巡视网箱，检查网衣是否破损，防止网破鱼逃。

（2）定期清洁网箱中的污物，及时拣出死鱼以及已感染水霉菌的虹鳟幼鱼，每15天刷洗1次网箱，使网箱水体保持清新、畅通。

（3）每天7:00、13:00、19:00时都要测量水温，对水中的溶解氧、pH值等重要水化指标应定期进行测定，并做好记录。

（4）每15天测1次生长情况，根据鱼体的生长情况，适时调整放养密度和更换网箱的网目。

**（五）病害防治**

虹鳟对疾病有较强的防御能力，在养殖期间发现了锚头蚤，按照常规处理进行了及时治疗，其他疾病的防治情况可参见病害防治技术。

**（六）养殖结果分析**

2021年10月17日投放的150 g/尾大规格鱼种，2022年7月19日捕捞上市，经过9个月的养殖，鱼体达到750～1 500 g/尾，平均规格1 100 g，16个网箱，共产成鱼38 720 kg，每千克30元，共计收入1 161 600元，除去成本636 280元，净利润525 320元，投入产出比1∶1.83。

## 三、小体积网箱养殖

2005年1月到2006年7月作者团队在河南省安阳市彰武水库发电站下，水库底排水回水深潭进行了虹鳟鱼的小体积网箱养殖试验，取得较好成绩。现将养殖经验介绍如下。

**（一）网箱准备**

彰武水库是丘陵型中等水库，水质清新，溶氧丰富，pH值7.2～7.6，平均透明度夏季76 cm，冬季150～200 cm。网箱设置于发电站下的回水潭中，透明度150 cm，pH值7.4，溶氧8～10 mg/L，冬季水温13～15 ℃，夏季水温17～19 ℃，流速0.47 m/s。网箱采用双层5股×3股结节聚乙烯网片缝制，鱼种箱网目0.5 cm，网箱规格为1 m×1 m×1 m，成鱼箱网目2.5 cm，网箱规格为2 m×2 m×2 m，网箱四边用毛竹作框架，用泡沫塑料和油桶作浮子，砖块作沉子，使网箱在水中能完全伸展开。鱼种放养前10天将网箱下水，使其软化并产生一些附着物，以减轻苗种入箱时擦伤。

**（二）鱼种放养**

2005年3月16日自北京怀柔顺通虹鳟鱼养殖中心购入虹鳟鱼苗26 kg进行投放，规格4.2 g/尾。鱼种放养前用3%～5%，食盐水消毒10分钟。

### （三）饲料及投喂

#### 1. 饲料

全部采用人工配合饲料，饲料粒径1.0～3.0 mm。饲料营养满足鱼的生长需求，除蛋白质脂肪要达标外，各种氨基酸要尽量平衡。饵料粒径根据鱼体大小调整，避免饵料浪费。

#### 2. 投喂次数及方法

鱼苗入箱第3天开始用温水浸泡的虹鳟开口料投喂，具体做法是用40 ℃的温水，在喂前20分钟浸泡开口料，水和料比为1：1。每天投喂3次，9:00—10:00，12:30—13:30，16:00—17:00。当鱼苗长到15 cm左右转入成鱼箱后就用虹鳟成鱼料投喂，每天3次，8:00—9:00，12:00—13:00，17:00—18:00，每次为喂鱼体的5%～7%。专人负责投喂，坚持"四定"投饵，并根据天气、水温和鱼的摄食情况灵活掌握投喂量。

### （四）日常管理

专人负责管理，每天24小时观察，作好日志。每周清洗网箱1次，保证网箱内外水体的对流。经常检查网箱是否破损，防止逃鱼。7—9月天气最热时，在网箱上方搭起黑色的塑料网遮挡阳光，避免阳光直射水面，水温过高，影响摄食生长。

### （五）病害防治

坚持以防为主，每半月用"溴氯海因"全箱泼洒消毒1次。方法是每天2次，每次用100 g"溴氯海因"溶于水后全箱均匀泼洒，连用3天。每月投喂大黄五倍子药饵1次，每次连投6天。以上措施预防效果显著，加上水温低，流速快，在养殖期间未发生鱼病。

### （六）养殖结果分析

2006年7月21日捕售，共收获虹鳟鱼2 795 kg，平均规格650 g/尾，售价42元/kg，产值116 390元。总支出尾66 364元，其中苗种费5 000元，饲料53 664元，鱼药1 300元，人工工资5 000元，网箱折旧1 400元，净利润为50 026元，投入产出比为1：1.75。

## 四、帆布池循环水控温养殖

为了探索深井水帆布池循环水控温养殖模式，作者团队在校园新建的淇河鲫鱼孵化设备中的镀锌板帆布池中进行了虹鳟鱼的循环水控温养殖试验，镀锌板帆布池子，直径4 m，水深1.3～1.4 m可调，底排侧排齐全，进出水安装到位，水暖加热，罗茨风机纳米管增氧。现将初步养殖情况介绍如下。

### （一）池子准备

鱼池为镀锌板帆布池，直径4 m，镀锌板高1.45 m，池底锅底形，坡度30°，中间底排污，池边水深平均1.3 m，单池面积为12.56 m²，水体17.6 m³，可调控。沿池壁切线进水，地暖管水加热方式，温度16～20 ℃可调。每个池子用罗茨鼓风机纳米管充氧，保证含氧量7 mg/L以上。鱼苗放养前，池子用高锰酸钾消毒，放水2周后放苗。

### （二）鱼种放养

放养规格为体长13～18 cm，体重15～20 g的虹鳟鱼种，每平方米放养100尾。同一池内放养的规格要整齐，大小一致。鱼入池前用5%的食盐水浸泡鱼体20分钟，入池后第二天开始投喂。

## （三）饲料及投喂

### 1. 饲料

全部采用人工配合饲料，饲料粒径1.0～3.0 mm。饲料营养满足鱼的生长需求，除蛋白质脂肪要达标外，各种氨基酸要尽量平衡。饵料粒径根据鱼体生长转换颗粒大小，避免饵料浪费。

### 2. 投喂次数及方法

刚放苗时每天4次投喂，分别为6:00、11:00、15:00、19:00；鱼体生长到200 g重时，改为每天投喂3次，分别为6:00、12:00、18:00时投喂；鱼体生长到500 g重以上时，每天投喂2次，7:00和17:00各1次，直至出售。

### 3. 日投饵率

虹鳟鱼的摄食量与鱼体大小和温度有关，在生长范围内摄食量随着温度升高而增加，当高于20 ℃以上时，鱼摄食量虽然增加，但生长速度减慢，生长期间基本上控制在16～18 ℃。鱼大小不同投喂率不同，鱼体大，摄食量大，投喂率低；鱼体小，摄食量小，但投喂率高。要根据鱼吃食情况，做到"四定"投喂。

## （四）日常管理

### 1. 水流量

适宜的水流量，能保持水质清新，水温恒定，重要的是鱼逆流而行能锻炼鱼的体质，增强抗病力。

### 2. 水位

一定的水位能保证鱼的活动空间，保持水中溶解氧，便于观察鱼的活动情况。一般鱼体重在100 g以下时，水位保持在1.3 m，100 g以上时，水位保持在1.35 m，每天更换鱼池的1/6水量，并保持水位的稳定。

### 3. 溶氧调节

罗茨风机要经常检查和维护，加好齿轮油和机油并准备备用风机和发电机，保证水体溶氧在6 mg/L以上。

### 4. 调节水温

夏季池水稳定容易升高，玻璃温室要及时展开遮阳棚，并调节注水量，保持水温在16～18 ℃；冬季要及时加温，按照水温自动制动装置，控制暖水管道温水流速以调节养殖水体温度，保持水温16～18 ℃，并且要按照监控和自动报警设施，避免温度骤变导致的损失。

## （五）鱼病的防治

养殖期间一定要做好预防工作，具体防治措施见疾病防治技术。

## （六）养殖结果分析

2022年7月15日自鹤壁市幸福水库尼龙袋运回虹鳟鱼种530尾，每千克80～100尾，10～12.5 g/尾。2022年11月30日测样，经过4个半月的养殖，鱼体生长到180～300 g/尾，平均规格230 g/尾，1个池子，出鱼495尾，共计113.85 kg，如果按照成鱼的价格每千克36元计算，预算收入是4 098.6元，除去成本3 330元，净利润768.6元，投入产出比1：1.23。

## 参考文献

曹祥栋，2017.虹鳟流水养殖技术[J].河南水产（6）：8-9.

何得玉，马颖琪，马宝华，等，2023.甘肃东南部低温山泉水三倍体虹鳟养殖技术试验[J].中国水产（8）：62-64.

江育林，1990.中国虹鳟鱼病毒（IPN）的分离和鉴定[J].鲑鳟渔业（3）：1.

李辉，2021.三倍体虹鳟池塘养殖技术[J].河南水产（6）：11-14.

李伟，1990.山西省虹鳟鱼弧菌病病原菌的分离与鉴定[J].鲑鳟渔业（3）：2.

刘力，康萌，2019.全雌或三倍体虹鳟网箱养殖技术[J].黑龙江水产（6）：31-33.

刘雄，王昭明，金国善，等，1990.虹鳟养殖技术[M].北京：中国农业出版社.

罗芳成，2022.虹鳟的人工繁殖技术[J].养殖与饲料，21（4）：43-45.

缪祥军，张智，郭祖峰，等，2018.虹鳟鱼繁殖技术探析[J].山西农经（17）：75.

秦勇，丁丰源，张国维，等，2022.刘家峡水库虹鳟鱼网箱养殖当年养成技术[J].中国水产（9）：81-83.

上海绿洲经济动物科技公司，1996.罗非鱼·淡水白鲳·虹鳟·革胡子鲶[M].上海：上海科学技术文献出版社.

孙大江，王炳谦，2020.鲑科鱼类及其养殖状况[J].水产学杂志，23（2）：56-63.

孙学礼，李会明，2001.虹鳟鱼人工繁殖及苗种培育技术[J].科学养鱼（7）：17-18.

所兴，2014.虹鳟鱼病害防治与管理[J].北京农业（6）：127-128.

王玉堂，熊贞，2002.淡水鲑鳟鱼养殖新技术[M].北京：中国农业出版社.

王钊，2017.虹鳟鱼的人工繁殖技术[J].现代畜牧科技（8）：58.

星强华，王国杰，王振吉，等，2021.青海省三倍体虹鳟淡水网箱养殖技术分析探讨[J].中国水产（6）：82-84.

杨秀，张旭彬，孔令杰，2020.黑龙江省漂浮式流水槽养殖虹鳟鱼技术试验分析[J].中国水产（12）：89-90.

岳永河，马文辉，2010.水库网箱一年两茬虹鳟养殖技术[J].科学养鱼（9）：32-33.

岳永河，2010.大规格虹鳟鱼网箱养殖技术[J].农业科技与信息（7）：49-50.

张峰，权生林，2015.虹鳟鱼人工繁殖和养殖技术[J].水产养殖，36（12）：22-24.

张国强，卢全伟，彭仁海，2006.水库底层水养殖虹鳟试验[J].科学养鱼，206（11）：27.

张宗惠，刘芳，黄志秋，等，2000.虹鳟鱼病害防治技术[J].西昌农业高等专科学校学报（2）：20-24，27.

赵红月，2014.虹鳟标准化健康养殖技术[M].郑州：中原农民出版社.

赵维信，1990.虹鳟性腺分化的研究[J].鲑鳟渔业（3）：2.

赵志壮，1991.中国本溪虹鳟传染性造血器官坏死症病毒（IHNV）的初步研究[J].鲑鳟渔业（4）：1.

# 第七章
# 黄颡鱼

黄颡鱼（*Pelteobagrus fulvidraco*），俗称嘎牙子、黄腊丁、黄颡鱼等。在分类上隶属于鲇行目、鲿科，为广布性鱼类，在我国江河、湖泊、沟渠、塘堰等水域中都能生存，喜栖息于静水缓流水体，营底栖生活，是我国一种重要的小型野生经济鱼类。其肉质细嫩、肉味鲜美、肌间刺少、营养价值高，颇受消费者欢迎。据分析，每100 g黄颡鱼可食部分中含蛋白质16.1 g、脂肪0.7 g、碳水化合物2.3 g、钙154 mg、磷504 mg，其钙、磷含量居江河鱼类之冠，含有人体必需的多种氨基酸，尤以谷氨酸、赖氨酸含量较高。黄颡鱼具有消炎、镇痛、益体强身、发奶之功效，是一种值得推广的养殖品种。

## 第一节 生物学特性

### 一、形态特征

黄颡鱼是一种小型鱼类，体延长，稍粗壮，吻端向背鳍上斜，后部侧扁。头大且平扁，眼小，无鳞，头略大而纵扁，头背大部裸露；口大，下位，弧形。颌齿及腭齿绒毛状，均排列呈带状。眼中等大，侧上位，眼缘游离；眼间隔宽，略隆起。前后鼻孔相距较远。前鼻孔呈短管状。鼻

图7.1 黄颡鱼（彭仁海供图）

须位于后鼻孔前缘，伸达或超过眼后缘；颌须1对，向后伸达或超过胸鳍基部；外侧颌须长于内侧颌须。鳃孔大，向前伸至眼中部垂直下方腹面。鳔1室，心形。鳃盖膜不与鳃峡相连。

背鳍较小，具骨质硬刺，前缘光滑，后缘具细锯齿，起点距吻端大于距脂鳍起点。脂鳍短，基部位于背鳍基后端至尾鳍基中央偏前。臀鳍基底长，起点位于脂鳍起点垂直下方之前，距尾鳍基小于距胸鳍基后端。胸鳍侧下位，骨质硬刺前缘锯齿细小而多，后缘锯齿粗壮而少。胸鳍短小，体青黄色。腹鳍短，末端伸达臀鳍，起点位于背鳍基稍后的垂直下方，距胸鳍基后端大于距臀鳍起点。肛门距臀鳍起点与距腹鳍基后端约相等。尾鳍深分叉，末端圆，上、下叶等长。

活体背部黑褐色，至腹部渐浅黄色。沿侧线上下各有一狭窄的黄色纵带，约在腹

鳍与臀鳍上方各有一黄色横带，交错形成断续的暗色纵斑块。尾鳍两叶中部各有一暗色纵条纹。

## 二、生活习性

黄颡鱼多在静水或江河缓流中活动，营底栖生活，白天栖息于水体底层，夜间则游到水上层觅食，对环境的适应能力较强。甚至离水5~6小时尚不致死。黄颡鱼较耐低氧，溶氧2 mg/L以上时能正常生存，低于2 mg/L时出现浮头现象，低于1 mg/L时出现窒息死亡。黄颡鱼适于偏碱性的水域，pH值最适范围7.0~8.5，耐受范围6.0~9.0。黄颡鱼对盐度耐受性较差，经过渡可适应0.2%~0.3%氯化钠溶液，高于0.3%时出现死亡。

黄颡鱼生存水温为1~38 ℃，低温0 ℃时出现不适反应，伏在水底很少活动，呼吸微弱，3天时间出现死亡。高温39 ℃出现不适现象。鱼体失去平衡，头朝上，尾朝下，呼吸由快到弱，1天左右出现死亡。在8~36 ℃范围内温度对黄颡鱼成活率影响不大，而与生长有较大关系，低温时黄颡鱼虽能少量摄食，但基本不生长，其生长温度范围为16~34 ℃，最佳范围为22~28 ℃。水温对其摄食有显著的影响，开始摄食水温为11 ℃。较低温度下，黄颡鱼摄食率随温度升高而升高，当温度上升达到29 ℃时，黄颡鱼摄食率随温度升高而下降。黄颡鱼的最适摄食温度为25~28 ℃，摄食率为4.06%~4.36%，试验温度26 ℃时，获得最大摄食率4.36%。

## 三、食性

黄颡鱼食性为杂食性，自然条件下以动物性饲料为主，鱼苗阶段以浮游动物为食，成鱼则以昆虫及其幼虫、小鱼虾、螺蚌等为食，也吞食植物碎屑。食物包括小鱼、虾、各种陆生和水生昆虫、小型软体动物和其他水生无脊椎动物，黄颡鱼还大量吞食鲤鱼、鲫鱼等的受精卵。黄颡鱼的食谱较广，在不同的环境条件下，食物的组成有所变化。

黄颡鱼仔鱼孵出1~3天，体长5.0~8.0 mm，从自身卵黄囊吸取营养，行内源性营养。4天以后卵黄囊基本消失，体长8.1~9.0 mm为仔鱼开口摄食阶段，主要摄食轮虫、小型枝角类及桡足类幼体，9.0 mm以上仔鱼完全以外界食物为食，行外源性营养。全长13.1~14.00 mm的仔鱼，随鱼体生长，口径增大开始摄食大型枝角类及桡足类和一些原生动物。全长15.1 mm以上的仔鱼，则开始摄食更大的动物，如摇蚊幼虫及寡毛类等。所以黄颡鱼仔鱼摄食的变化规律为轮虫（小型枝角类、桡足类幼虫）—大型枝角类（桡足类）—摇蚊幼虫（寡毛类）。体长10 cm以上主要食物有螺蚬、小虾、小鱼、鞘翅目幼虫、昆虫、聚草叶、植物须根以及人工饲料等，也可采用颗粒饲料驯养。

## 四、年龄与生长

黄颡鱼为中小型鱼类，在自然大水域中生长速度较慢。1龄鱼可长到体长5.6 cm，体重5.7 g；2龄鱼可长到体长9.8 cm，体重20.6 g；3龄鱼可长到13.5 cm，体重36.1 g；4龄鱼可长到16.0 cm，体重58.2 g；5龄鱼可长到17.7 cm，体重81.3 g。黄颡鱼雄鱼一般较雌鱼大。1~2龄鱼生长较快，以后生长缓慢。在进行人工养殖时，生长速度相对较快，2龄体重可达100 g以上。

### 五、繁殖特性

黄颡鱼在天然条件下2~4冬龄达性成熟，在人工饲养条件下1冬龄（体长达12 cm以上）也可成熟，最小成熟个体，雌鱼为11.7 cm，雄鱼为14.8 cm。在南方4—5月产卵，在北方6月开始产卵，是产卵较晚的鱼类之一。黄颡鱼繁殖适温21~28 ℃，产卵活动于夜间进行，当天气由晴转为阴雨，即可产卵。黄颡鱼为分批产卵的鱼类，成熟雌鱼的绝对怀卵量为2 000~6 000粒。卵呈扁圆形、蛋黄色、沉性，卵膜透明而黏性较强，大部分卵粒分离，卵径约为1.67 mm，经吸水后卵直径为1.86~2.26 mm。黄颡鱼具有筑巢产卵保护后代的习性，每个穴径约为15 cm，深10 cm。雌鱼产卵后即离巢，只有雄鱼在巢附近守护，并经常用巨大的胸鳍拨动水流，一直守护到仔鱼能自行游动为止。在此期间雄鱼几乎不摄食。水温25~28 ℃，经48~56小时全部蜕膜孵出，刚出膜的仔鱼全长4.8~5.5 mm，无色透明，腹部卵黄囊较大，侧卧水底，出膜2~3天，卵黄囊消失，开始平游摄食。

# 第二节　人工繁殖技术

### 一、亲鱼的来源、培育与运输

#### （一）亲鱼培育池条件

黄颡鱼亲鱼池应建在水源充沛、水质良好、排灌方便、交通便利、环境安静的地方。可以选择土池，面积1~2亩，深1~1.5 m，以长方形为好，要求池底平坦，底质少淤泥，在亲鱼入池前2周用生石灰彻底清塘。也可以在水泥池中培育。

#### （二）亲鱼来源与选择

亲鱼可从江河、水库、湖泊中捕捞，也可在人工养殖的商品鱼中挑选。黄颡鱼雌雄在苗种阶段及未发育成熟时鉴别困难，当鱼体重50 g以上，尤其发育成熟时，从鱼的外表就可以识别雌雄。雄鱼体形细长，在臀鳍与肛门之间具有一突出的生殖突，同一批鱼中雄鱼大于雌鱼。亲鱼选择标准：年龄2~3龄，雌鱼在50 g以上，雄鱼在100 g以上。体质健壮，体侧斑纹鲜明，无病无伤，性腺发育良好。雌、雄鱼比1：1.5。

#### （三）亲鱼培育

每亩可放亲鱼100~150 kg，同时混养鲢、鳙鱼种200~300尾。亲鱼用3%食盐水浸洗消毒后入池，3天后在池中用竹盘搭饵料台，可喂一些小杂鱼、小虾，也可将鱼、蚌、虾肉等用机器加工成肉糜投喂。如用配合饲料，蛋白质含量要达36%~38%，加工成软、湿颗粒饲料当天投喂。每隔7~10天冲水一次，可起到增氧、改善水质和促进亲鱼性腺发育的作用。

#### （四）亲鱼的运输

黄颡鱼亲鱼活动能力强，硬刺锋利，而且带有毒性，在操作和运输中容易受伤，因此在捕捞和装运过程中，操作、管理应特别小心。在短途运输时，可准备帆布篓或鱼篓作为装运亲鱼的容器,一般每吨水可装亲鱼100 kg。途中注意充气增氧、换新水、排污,该法简便快捷。在亲鱼量大、路途较远时,可用光滑的锦纶布,在汽车或火车的货车车厢内架设大箱袋进行装运,一般5 t的汽车,可以架设1~2个箱袋,车上设充气增氧或循环水装置进行运输。河道便利的地区可用活水船运输,既安全又方便。

## 二、繁殖方法

黄颡鱼繁殖分自然繁殖和人工繁殖两种方法。

### (一)自然繁殖

一般选择小池塘作为产卵池,亲鱼入池前池底清池消毒,然后投放适量的小石块、树根、树枝、聚乙烯网片等物作为鱼巢。选择成熟亲鱼,按雌雄比1:(1.2~1.5)放入产卵池,投喂以小鱼小虾为主的动物性饵料,饵料中适当加喂含维生素较多的嫩菜叶等,促进亲鱼性腺发育。通常5月上中旬,亲鱼开始自然配对筑巢交配产卵。由于黄颡鱼有护卵护幼的习性,繁殖时一般让鱼卵在原池中孵化,有条件的也可以将鱼卵收集起来集中孵化。这种方法受精率较高,但成活率并不高,原因是产卵时间不统一,苗种规格不一致,容易产生相互残杀的现象。另外也不易捞苗,因此,要想获得较好的繁殖效果,目前生产上主要进行人工繁殖。

### (二)人工繁殖

1. 催产季节

黄颡鱼的产卵期较长,在长江流域,产卵期一般5月下旬至7月中旬。当温度稳定在20 ℃以上时,即可进行人工催产。黄颡鱼催产是否顺利,不完全由催产季节确定,主要在于性腺发育是否成熟。

2. 亲本选择

黄颡鱼性成熟年龄一般为2龄以上,性成熟的亲鱼大都可以作为亲本。选择催产亲本时,以个体大、体质好、无病伤、活动能力强、性腺发育成熟度好的为标准。成熟度良好的雌鱼腹部膨大、柔软、卵巢轮廓明显,生殖孔稍红、突出、宽而圆,用手轻压腹部有流动感,并有卵粒流出,体色较艳,体型较短粗。成熟度良好的雄鱼体色深黑色,泄殖孔微红而膨大,性腺达到泄殖孔的末端,体表条纹明显。

3. 产卵、孵化池的准备

产卵池的位置应选择在注排水方便、水质清新无污染、环境安静的地方。孵化用水呈中性或弱碱性并含有充足溶氧,孵化设备可利用四大家鱼产卵池、孵化环道、孵化缸等。通常规模化生产基地采用水泥池,最好为圆形,有流水设施,一般以5~10 $m^2$为宜,深度为0.5 m左右。

为防止在黄颡鱼产卵、孵化时受到各种病原体的侵袭或感染,在人工繁殖前须彻底消毒,一般使用高锰酸钾、氯制剂均可有效杀灭病原体。

4. 催产药物

目前常用的催产剂有鲤鱼脑垂体(PG)、绒毛膜促性腺激素(HCG)、促黄体释放激素类似物(LRH-A)、马来酸地欧酮(DOM)等。这几种常用催产剂均可诱导黄颡鱼产卵,但单独使用一种药物其效果不十分稳定,两种以上催产药物混合使用,效果较好。雌鱼催产剂量25 mg/kg DOM+1 400国际单位/kg HCG+15 μg/kg LRH-A。雄鱼所用催产剂一般与雌鱼相同,剂量为雌鱼的2/3。

### 5. 注射方法

在黄颡鱼繁殖早期和对性成熟差的个体应采取两针注射,两针的间隔时间为10~18小时。在黄颡鱼繁殖后期和对性成熟好的个体可采取一针注射,但雄鱼较雌鱼迟5~6小时注射。注射部位以胸鳍基部为好,注射时针头刺入1.5 cm左右,注射方向与体轴腹面成45°角,不可刺及肝脏和胆囊。两针注射时,第二针与第一针注射的面应不同。催产药剂应现配现用,以免影响药效。每尾鱼注射的药量控制在0.2~0.3 mL。

### 6. 效应时间

效应时间的长短与亲鱼的成熟度、水温、催产剂种类、注射次数、针距及流水刺激等因素有关。效应时间见表7.1。

### 7. 发情与产卵

将注射后的亲鱼放入产卵池内,让其自然产卵。在产卵池中放置人工鱼巢(沉性水草、树枝、瓦片、棕片等),模拟天然水体的产卵环境。黄颡鱼产卵分几次产完,卵集中在鱼巢上,呈圆形,第二次产的卵仍覆盖其上,产卵持续时间为1~2小时,这种方法,受精率高,孵化率也高。

表7.1 黄颡鱼注射催产剂效应时间

| 水温(℃) | 一次注射(小时) | 两次注射(小时) | 发情到受精有效时间(小时) |
|---|---|---|---|
| 19.5~22 | 38~32 | 35~30 | 3~4 |
| 23~25 | 30~28 | 30~26 | 2~3 |
| 26~28 | 23~21 | 20~18 | 2 |
| 29~30 | 18~16 | 10~8 | 1~2 |

黄颡鱼属于分批产卵鱼类,自然产卵可以减少亲鱼的损伤和劳动强度。如果雄鱼缺乏,可以采取人工授精的方法。人工授精需要把握适宜的受精时间,如果超过效应时间过长再挤卵,受精率将会大大降低,因此要密切注意亲鱼在产卵池中的发情动态。当观察到产卵池中出现雄鱼与雌鱼追尾现象时,可捕捞雌雄鱼进行人工授精。操作时将鱼体表水擦干净,用毛巾提起头部,由上而下反复挤压腹部,让卵流入盆内,同时宰杀雄鱼取出精巢,放入研钵中用剪刀充分剪碎,人工授精时用羽毛充分搅拌后加入少量生理盐水,再搅拌一下稍静置,经换水洗卵后进行孵化。黄颡鱼亲鱼的卵不可能一次挤干净,可把挤过的亲鱼放入网箱中,等0.5~1小时后再挤,一般每尾雌鱼可挤2~3次。

亲鱼在经过产卵、捕捞、运输及催产打针后都会出现皮肉擦伤、刺伤、鳍条撕裂、体表黏液擦掉等情况。为了提高亲鱼产后回塘的成活率,从捕捉亲鱼到产卵结束的整个过程中,操作都要细致,动作要小心,亲鱼要进行严格消毒。产后亲鱼要在流水网箱内暂养一段时间,让其充分恢复体力,再回塘放养。对受伤的个体要进行药物治疗。

**8. 孵化**

黄颡鱼的受精卵为沉性,圆扁形,淡黄色,黏性较强。与四大家鱼卵比较,入水后比重较大。孵化中,流速要比家鱼孵化时加大,使卵能均匀浮起,在水中不断翻起。

黄颡鱼卵在18～30 ℃均可孵化,适宜水温为21～29 ℃,最佳水温是23～28 ℃。胚胎发育的速度和胚胎能否正常发育与水温高低有直接的关系。水温低于20 ℃时,常导致发生水霉病,而高于32 ℃,会使受精卵死亡,孵化率降低。

# 第三节　苗种培育技术

## 一、仔鱼期暂养

黄颡鱼刚孵化出膜的仔鱼,卵黄囊较大,不能自由游动而且喜欢集群在水体的底部,需要在无泥浆、无污染沉淀物的条件下进行暂养,待鱼苗发育和不断吸收卵黄囊后能自由游动,再转入鱼苗池中培育。一般幼鱼在暂养池中饲养到0.9～1.5 cm。

### (一)仔鱼暂养设施

一般仔苗暂养设施为流水水泥池或40～60目网布加工成的网箱等。水泥池形状方形、圆形、椭圆形均可,要求底部光滑,有进出水口,出水口要用40目以上的网布拦住,网箱规格为长方形,深度为0.5～0.7 m,网箱中必须采用微流水,以便水体交换及排出污物。

### (二)暂养方式及管理措施

鱼苗的暂养方式主要有流水水泥池暂养及网箱暂养两种方式,这两种方式都较适合批量生产。

其一,将流水水泥池清理干净,注水深0.5 m,将带卵黄囊的仔鱼放入水泥池中,每立方米放养1.5万～2万尾,开始2～3天只需不断保持充足的溶氧即可。这时的鱼苗全部集群于池底四周,待鱼苗内营养吸收差不多而开始摄食外营养时鱼苗自由集群游动,开始投喂鸡蛋黄一天,第二天开始以蛋黄与浮游动物结合投喂,浮游动物如轮虫、枝角类、桡足类等活体投喂较好,投喂的方法是少量多次。在培育的过程中,必须保持水体有充足的溶氧,除流水外采用空压机充气增加池中的氧气。

其二,暂养网箱用40～60目的网布加工成长方形,首先将池塘消毒清除野杂鱼,注水深0.6～0.8 m,将池塘水质培肥至有大量的浮游动物出现,水体透明度在40 cm以上时,将网箱用桩固定好,网箱上下全部系牢固,以有风浪时网箱不摇动为宜。网箱上口离水平面10～12 cm,如能进行微流水的每平方米可放0.8万～1万尾,无流水网箱每平方米放养0.3万～0.5万尾,待鱼苗能自由游动时开始投喂两天蛋黄浆,到鱼苗活动能力较强,能正常摄食水体中的浮游动物时,将网箱上口沉于水体表面以下10～15 cm,让鱼苗自动离开网箱到池中。网箱下沉1～2天后,将网箱中未离开的鱼苗清理出网箱放入池塘。必须注意保持池塘水质良好,水体不宜混浊,以免泥浆粘于鱼苗体表影响正常活动而导致死亡,保持池塘水质溶氧量在5 mg/L以上。

## 二、池塘培育

池塘培育黄颡鱼鱼苗，是借鉴我国传统鱼苗培育方法，即肥水下塘（浮游生物大量繁殖）并辅以人工饵料相结合。

### （一）鱼苗培育池条件

水源充足，水质清新，注排水方便。池形整齐，面积0.5～1亩为宜，水深保持在60～100 cm，前期浅，后期深。池底平坦，淤泥深10 cm左右，池底、池边无杂草。在出水口处设一个长方形集鱼涵，以利于鱼苗集中捕捞。池堤牢固，不漏水。周围环境良好，向阳，光照充足。池塘水质混浊度小，pH值7～8，溶氧量在5 mg/L以上，透明度为30～40 cm，认真做好鱼苗培育池的清理与消毒工作。

### （二）鱼苗放养密度

放养密度依据池塘的基本条件及浮游动物的数量而定，因为放养密度的大小直接影响鱼苗培育的成活率和生长速度以及池塘利用率。密度过大鱼苗摄食不均匀，天然饵料不充足，生长缓慢；密度过小则影响池塘利用率和产量。根据生物学原理，利用浮游生物出现高峰顺序和鱼苗摄食规律一致性。具体而言，鱼池首先施肥后，各种生物的繁殖速度和数量出现高峰的时间有所差异，其规律一般为：浮游植物—浮游动物和原生动物—轮虫和无节幼体—小型枝角类—大型枝角类—桡足类—底栖动物。黄颡鱼水花鱼苗入池体全长3 cm的摄食对象一般是：轮虫、无节幼体和小型枝角类—大型枝角类—桡足类—底栖动物。鱼苗池适时肥水和水花鱼苗适时下池，就可利用两个规律的一致性，使鱼苗始终都有丰富适口的天然饵料，这是池塘培育好鱼苗的技术关键。生产实践表明，如果水温在20～30 ℃时注水施肥后5～7天投放鱼苗较为适宜。

黄颡鱼暂养后的放养密度以每亩放养2.5万～3万尾为宜，且不宜搭配其他鱼类，以单养为好。另外，放养时，水温温差不能超过3 ℃，鱼苗池pH值在6.8～7.5，氨氮浓度低于0.06 mg/L。

### （三）培肥池水、及时下塘

有机粪肥：一般在鱼苗下塘前3～5天施肥，每亩施经发酵消毒的有机粪肥300～500 kg，视培育池塘肥度而增减。大草绿肥：一般在鱼苗下塘前7～9天堆沤，每亩300～400 kg。化学肥料：为了加速肥水，可兼施化学肥料，一般每亩施氨水5～10 kg，或硫酸铵、硝酸铵、尿素、氯化铵等4 kg，过磷酸钙3～4 kg。

### （四）饵料及投喂

黄颡鱼苗体长0.9～1.0 cm下塘后，前几天不投饵和少量投喂混合团状饲料。因为黄颡鱼在2 cm以前的阶段内，主要摄食浮游动物、摇蚊幼虫及无节幼体、昆虫等，同时也摄食人工混合饵料，一般采用粉状配合饵料，用水搅拌成团状直接投喂到鱼池中及平铺在池塘底部的饵料台上即可。水温在20～32 ℃时，每天上、下午各投喂1次，投喂量占鱼体重的3%～5%。依据黄颡鱼的集群摄食习性，投喂饵料宜采取较集中投喂的方法，投喂面积占池塘面积的6%～10%即可。

### （五）日常管理

1. 遮阴

根据黄颡鱼苗有显著的畏光性和集群性的生物学特性，池塘水质需有一定的肥度，透明度不宜过大，否则应在池塘深水处设置面积5～10 m²的遮盖物（阳布、竹席、芦苇、石棉瓦）。

2. 分期注水

这是鱼苗培育过程中加快鱼苗生长和提高成活率的有效措施。先浅水下塘，开始40～60 cm，以后每隔3～5天加水1次，每次加水8～10 cm。注水时要防止野杂鱼和敌害生物进入池中。

3. 巡塘管理

每天巡池，注意鱼苗的摄食和活动情况，防止缺氧浮头。观察鱼的吃食情况，根据实际情况进行适当的调整。检查有无鱼病发生，及早进行防治。

### （六）夏花鱼种分塘

鱼苗经20～25天的培育，长到全长5 cm左右时，需要进行鱼种分池，以便继续培育大规格鱼种或直接进行成鱼养殖。黄颡鱼苗起网率极低，一般采用干池法进行分塘，其方法是将池水排干，只保留出水口池底10～15 cm深水位，便于鱼种集中在一起用抄网将鱼种捞起来。出塘的鱼种直接进入网箱或流水水泥池中暂养几个小时，目的是增强幼鱼体质，提高出池和运输的成活率。一般控制在晴天5:00或17:00左右分池，避免高温作业。黄颡鱼为无鳞鱼，加之胸鳍和背鳍的硬刺易使鱼体相互刺伤，而且鱼体黏液过多地脱掉，易被寄生虫和细菌感染，再放养前须用3%的食盐水消毒鱼体。

## 三、池塘大规格鱼种培育

池塘大规格鱼种培育是指从2 cm左右的鱼苗培育到5～8 cm的鱼种。此时，鱼的规格增大，摄食习性基本上与成鱼相似，集群性强，摄食量增大，对生态环境适应性增强。

### （一）池塘条件

面积一般1～2亩为宜，池塘水深在1.5 cm左右，池底平整，淤泥较少，保水性能好，周围环境安静，且稍有遮光物。做好池塘清野消毒和培肥水质工作。

### （二）鱼种放养

一般将鱼苗饲养到越冬前后达到规格5 cm以上，每亩放养量为1.8万～2.0万尾。

### （三）饵料与投喂

生产中多用小杂鱼绞碎后掺拌部分鱼粉、蚕蛹粉、豆粉、麦麸、三等粉及专用添加剂等揉成团状饵料投喂在饵料台上，也可将鱼绞碎成浆后用三等面粉黏合一下直接投喂，但最好使用专用颗粒饲料。

饵料投喂"四定"：定时、定位、定量、定质；定期清理食场，并用0.3～0.5 kg/m³漂白粉消毒。

### （四）日常管理

1. 水质管理

在整个生产过程中，应始终保持水质清新，溶氧充足，透明度保持在35 cm以上，发现异常要及时采取措施，加注新水、换水或施用水质改良剂等。定期换水，7—9月高温季节，一般每2～3天加水一次，每次加水5～10 cm，使水位保持在1.5 m以上，同时每天开动增氧机2～3小时，确保溶氧充足，避免浮头发生。

2. 病害防治

坚持每天巡查池塘，捞出病鱼、死鱼残体，保持塘内水体清洁。观察鱼活动情况，每周消毒食场一次，注意水色、水位变化，检查进排水口拦网是否完好。定期用溴氯海因等消毒剂消毒。

高温期间最常见病害为出血性水肿病，除定期全池消毒杀菌外，每个月在饵料中添加四环素（每千克饲料添加20 g）投喂，连续3～5天。

# 第四节　成鱼养殖技术

近年来，各地黄颡鱼养殖发展迅速，养殖方式主要有池塘主养、混养以及江滩围栏养殖和网箱养殖等，养殖技术也有很大的提高，随着规模化繁育苗种技术的完善和创新，其商品养殖必将得到进一步的发展。

## 一、池塘主养

### （一）池塘条件

要求水源充足，水质良好，排灌方便，环境安静，面积大小不限，但以3～5亩为宜，水深1.5～2.0 m。一般在3—4月放养，放养前池塘应清淤消毒。待毒性消失后，加水0.8～1 m，然后施入有机肥，以繁殖天然饵料生物，供黄颡鱼摄食。

### （二）鱼种放养

放养黄颡鱼种时，应根据池塘条件、养殖水平等因素确定合理的放养密度。主养时，一般亩放养10 g左右的鱼种3 500～5 000尾，另搭配15～20 cm的鲢鳙鱼种150尾调节水质；或放养当年繁育夏花鱼种5 000～8 000尾，另在黄颡鱼长到7 cm以上时每亩搭养鲢、鳙夏花200尾。鱼种放养时，用3%～5%的食盐水浸洗10～15分钟，并且先放黄颡鱼种，放养10～15天后再放养其他鱼种，这样有利于主养鱼的生长。主养黄颡鱼最好放养人工繁育的苗种，要求规格整齐，体表无损，活力强。

主养黄颡鱼种的池塘只搭配鲢鳙鱼乌仔或夏花，不宜混养鲤鱼、鲫鱼、草鱼等一些抢食能力强的鱼类，这些鱼类会与黄颡鱼争食，影响黄颡鱼养殖效果。但可以混养团头鲂，一般每亩放养规格2万尾/kg左右的团头鲂乌仔3 000～4 500尾。另外，还有两点提醒养殖者注意：一是清塘消毒时，一定要彻底杀灭池塘内的野杂鱼类；二是注入池塘的水要经60目筛绢严格过滤，以防野杂鱼，特别是鲫鱼进入池塘。

### （三）饲养管理

1. 投饵技术

人工养殖情况下黄颡鱼经驯化完全可以摄食人工配合饲料。因此，饲料驯化是黄颡鱼养殖关键技术之一。鱼苗放入池中第二天，先用鱼糜沿池边泼洒，1～2天后待鱼种前来摄食后逐步添加人工饵料搅入鱼糜中定点投于水边，最后转为全部颗粒饲料进行定点、定时、定量投喂。黄颡鱼的摄食量与其体重、水温、溶氧等有关，在养殖过程中要根据实际情况进行投喂。整个养殖过程应分为3个阶段进行投饲，第一阶段5、6月每日投饵4次，日投饵料在3%~5%；第二阶段7—9月日投饵3次，投饵率2%~3%；第三阶段10月以后日投饵2次，投饵率2%。应坚持"四定""四看"的原则，灵活掌握，确保黄颡鱼吃饱吃好，快速生长。

2. 水质管理

在整个生产过程中，应始终保持水质清新，溶氧充足，透明度保持在35 cm以上，发现异常要及时采取措施，加注新水、换水或施用水质改良剂等。定期换水，7—9月高温季节，一般每2~3天加水一次，每次加水5~10 cm，使水位保持在1.5 m以上，同时每天开动增氧机2~3小时，确保溶氧充足，避免浮头发生。

3. 日常管理

坚持每天巡查池塘，捞出病鱼、死鱼残体，保持塘内水体清洁。观察鱼活动情况，每周消毒食场一次，注意水色、水位变化，检查进排水口拦网是否完好。定期用溴氯海因等消毒剂消毒。

**（四）鱼病防治**

黄颡鱼的抗病能力强，养殖中一般无大病。但在饲养中受季节、气温、水质、投料及鱼体表无鳞的特点和养殖池中的细菌、寄生虫等影响，也会引起局部感染和寄生虫寄生于鱼体鳃丝及内脏各部位引发疾患，这就需要在平时养殖中注意观察，针对异常情况提前预防。

## 二、池塘套养

在鱼池中套养黄颡鱼，在不增加投饵的情况下，每亩可增加黄颡鱼产量15~20 kg，亩增利润200~300元，经济效益明显。

**（一）池塘条件**

套养黄颡鱼的池塘应选择水源条件好，面积5~10亩，水深1.5~2.0 m，池中天然饵料资源（浮游生物、水蚯蚓、小鱼虾、水生昆虫）丰富的池塘。

**（二）放养密度**

池塘套养黄颡鱼的密度主要依据塘内饵料生物量确定。一般在主养品种以及搭配比例仍按原养殖方式不变的情况下，每亩套养黄颡鱼冬片鱼种100~150尾或当年繁育的3 cm的苗种300~500尾。套养黄颡鱼的池塘宜以鲢、鳙、草鱼等为主，不宜与鲤鲫鱼混养，更不能与乌鳢、鳜鱼等凶猛肉食性鱼类共同套养。

**（三）日常管理**

套养黄颡鱼池塘的日常管理除常规操作进行外，重点要管理好水质，保持水体溶氧在4 mg/L以上，要经常加注新水，特别是7—9月高温季节，一般每2~3天加水一次，每次加水5~10 cm，同时每天开动增氧机2~3小时，确保溶氧充足，避免浮头发生。套养的黄颡鱼，很少发生病害，还可以有效地控制主养鱼发生锚头鳋等寄生虫病。

## 三、网箱养殖

**（一）网箱的制作**

网箱规格为带盖的六面体封闭式双层网箱。网箱为（3~4）m×（3×3）m。网箱材料采用3×3聚乙烯网制作而成，网目一般要求在2～3 cm，内层网目1.5 cm，网底网目为1.5 cm，网箱面积以12～24 m²为宜，网箱入水深2 m。用楠木或木板制成框架，将网箱安置于框架内，用圆柱体的泡沫塑料作浮子，网箱底部用鹅卵石作沉子。网箱支架由4根长3.5 m，直径用4 cm左右的带皮毛竹制成3 m×3 m的正方形漂架。

**（二）鱼种放养**

春节前后开始投放鱼种，此时水温低，鱼体不易受伤。鱼种最好使用正规的苗种场生产的黄颡鱼，要求规格整齐、色泽鲜艳、体表无伤、体格健壮、游动活泼，鱼种入箱前用5%浓度的食盐水浸洗鱼体。一般每平方米放养规格在每尾重20 g左右的黄颡鱼苗100～150尾。网箱中还可适当搭配放养一些团头鲂既能充分利用饵料，又能净化网箱。

在鱼种放养前1周将网箱放入水中，让网箱壁黏附丝网藻以免擦伤鱼体。将网箱设置在水质活爽、溶氧量较高、水深2.5 m以上的湖泊、水库、河沟等处，网箱之间的距离为2～3 m。

**（三）饲料投喂**

网箱养殖黄颡鱼最好投喂人工配合饲料，蛋白质含量34%，脂肪4%，饲料最好是粉状饲料，投喂时将饲料调成糊状，投在网箱的饲料台上。一般每天投喂2次，每天投喂量为鱼体重的3%～5%。具体投喂量以黄颡鱼吃完而不剩料为宜。在这一基础上还应根据天气与水质情况合理调整投喂量。

**（四）日常管理**

1. 洗刷网箱

每隔7～10天洗刷1次，及时清除垃圾等漂浮物，防止网目堵塞影响水体交换。

2. 清洗饲料台

每天早上都要检查、清洗饲料台，以防剩饵腐烂败坏水质。同时根据剩饵情况决定当天的投饵量。

3. 防止破箱逃鱼

每天都要认真观察、检查网衣有否破损、滑节，如有应及时修补。

4. 箱盖遮阴

黄颡鱼喜在弱光下摄食。可在箱内移植部分水浮莲，其覆盖面积应低于网箱总面积的50%，也可在箱盖上覆盖黑色塑料编织布。

5. 实施轮捕

为调节好养殖密度，提高效益，要根据市场行情和鱼体生长情况，适时起捕上市，尽可能发挥最佳经济效益。网箱养殖黄颡鱼一般从8月初开始分批起捕销售。

# 第五节　病害防治技术

黄颡鱼具有较强的抗病能力，在生产过程中，应坚持"以防为主、防重于治"的方针，注意调节水质，做好预防工作。由于黄颡鱼是无鳞鱼，药物易直接从皮肤渗入体内，因此对部分药物十分敏感，在对池塘施药时，一定要严格选择药品或控制用量，防止急性或慢性中毒而死亡。黄颡鱼对硫酸铜、高锰酸钾和敌百虫比较敏感,尤其要谨慎把握。一旦发生疾病要及时准确诊断,精确用药进行治疗。

# 一、病毒性疾病

## (一)黄颡鱼杯状病毒

### 1.症状和病因

黄颡鱼杯状病毒属小RNA病毒目中的杯状病毒科,病毒粒子呈球形,直径为30~40 nm,病毒全基因组长为7 432 bp。患病黄颡鱼在池塘聚堆,塘边有大量趴边和游水病鱼,少量病鱼头朝上尾朝下,个别病鱼螺旋状狂游;捞起病鱼有的可见身体颤抖,观察多数鱼下颌、鳃盖和口腔基部有明显出血现象;检查病鱼鳃无明显病变,个别病鱼鳃上有少量指环虫、车轮虫;解剖肝脏色浅,脾脏充血,肾脏肿大、弥散性坏死。

### 2.防治方法

黄颡鱼杯状病毒病无特效药物治疗,此外,目前对于其传染源和传播途径都不是十分清楚,依然是重在预防。

(1)越冬期做好池塘环境管理,尤其是底质,越冬前的投喂冲刺阶段、越冬期间粪便积累造成底质问题突出,开春后的天气反复变化容易出现返底,因此越冬期间少量多次改底、调水,减少开春的水质变化诱发发病。

(2)选择优质蛋白饲料,科学合理投喂,保证营养摄入,若是越冬前大量投喂则需要添加促消化产品如"利多精",开春后投喂需要补充"LY-生命素""营养快线"等促进恢复鱼体质,提高抗病能力。

(3)少杀虫,避免使用刺激性较大的杀虫剂和消毒剂,发病后减少投喂,加大增氧力度,若是发生细菌继发感染,及时投喂抗菌药治疗。

## (二)黄颡鱼出血病

### 1.症状和病因

患病黄颡鱼头部、口腔、鳃盖及下颌基部出血。解剖发现:患病黄颡鱼脾脏充血,肾脏肿大,弥散性坏死。对典型患病黄颡鱼组织样本进行了超薄切片和电镜观察,在患病黄颡鱼的脾脏和肾脏组织内有大量的球形病毒样颗粒,而正常黄颡鱼组织中未观察到球形样病毒颗粒。根据球形病毒样颗粒的形态、大小及存在形式等,推测球形病毒颗粒与小RNA病毒科成员相似,确认了引起黄颡鱼暴发性死亡、以下颌基部出血为主要症状的病原确定是一种新病毒。

### 2.防治方法

(1)养殖期间,定期调水改底,保持水环境稳定,避免倒藻、底脏、底臭等诱发病毒病。

(2)慎用杀虫、消毒等刺激性大的药物,尤其是在发病率较高的季节,避免诱发病毒病。

(3)发病后减少投喂,加大增氧,防止缺氧加重病情;病情稳定后内服抗生素,防细菌继发感染。

(4)放苗或过塘前,做好池塘的清淤、消毒和调水工作,杀灭养殖池塘中可能存在的病原。

（5）养殖密度不宜过高；根据养殖黄颡鱼的规格制定合理的投喂量，日投饵率一般控制在2%～8%，定期内服"利多精""LY-生命素""营养快线"等增强体质。

## 二、细菌性真菌性疾病

### （一）水肿病

**1. 症状和病因**

鱼体表黏液增多，咽部皮肤破损充血呈圆形孔洞，腹部膨胀，肛门红肿、外翻、头部充血、背鳍肿大，胸鳍与腹鳍基部充血，鳍条溃烂。腹腔有积水或黄色胶状物，肠无食，肠内充满黄色脓液，肝土黄色，脾坏死，胆汁外渗，肾脏上有霉黑点。由细菌感染引起，在苗种和成鱼期危害最大，可见病鱼在水体中不停旋转，不久即死。常在高温季节暴发，来势凶猛，蔓延迅速，当水温在25～30 ℃时大批发病死亡。

**2. 防治方法**

（1）注意调节水质，保持良好的池塘环境条件，适当降低放养密度。定期用生石灰15～20 mg/L全池泼洒。

（2）用三氯异氰尿酸进行水体消毒，浓度为0.2～0.3 mg/L，每天1次，连续3天。

（3）每千克饲料中添加0.6～0.7 g四环素制成药饵投喂，每天1次，连续3天。投喂鱼肉浆时，必须在饲料中添加1%的食盐。

### （二）赤皮病

**1. 症状和病因**

病鱼体表局部或大部分发炎充血，黏液增多，特别是体两侧及腹部最为明显，由细菌感染引起，病鱼常伴有肠道发炎和烂鳃症状。

**2. 防治方法**

（1）防止鱼体受伤。

（2）鱼种放养前，用10 mg/L漂白粉浸浴10分钟再放养。

（3）在饵料台用漂白粉挂篓或漂白粉250 g兑水溶化在饲料台及附近泼洒，每半月一次。

（4）用漂白粉全池泼洒，浓度为1 mg/L。

### （三）肠炎

**1. 症状和病因**

病鱼独游，腹部膨大，肛门红肿，轻压腹部，肛门有黄色黏液流出，解剖可见肠内无食（空肠），食道和前肠充血发炎，严重者全肠发炎呈浅红色。病原是点状产气单胞杆菌。主要危害苗种和成鱼。

**2. 防治方法**

（1）控制好水质，保持良好的池塘环境条件，鱼种下塘前用2%～3%的食盐水浸浴。

（2）坚持"四定"投饵，不投喂霉变、腐败的饲料。鲜活动物饵料用2%～3%的食盐浸浴消毒后投喂，并定期在饲料中添加1%食盐或大蒜汁。

（3）发病池用三氯异氰尿酸0.2～0.3 mg/L进行水体消毒。

（4）用肠炎灵等内服药配合杀菌王、百毒净等外用消毒药治疗，连续3天。

（5）用0.5 mg/L溴氯海因化水全池泼洒；每千克饲料中添加0.4～0.5 g土霉素粉，连续投喂5～7天。

### （四）裂头病

1. 症状和病因

主要表现病鱼头部充血，严重时头顶穿孔，裂开，甚至将头盖骨蛀空，形成一个狭长的空洞，露出脑组织，解剖可见腹腔有淡黄色的透明状液体，个别出现溶血现象；肝脏肿大，充血变性，呈土黄色无光泽；胃无食物或少食物，个别有胃积水现象；肠道壁发红，肠黏膜脱落，剪开时可见黄色浓汁状液体。水温的高低是一个比较重要的决定因素，通常在水温28～30℃较流行。原因有：一是投放密度大。鱼活动空间减少，刮伤、抢食、机械损伤都可能使其活动力减弱，使得寄生虫、细菌等病原更易感染寄生；二是池塘残饵、排泄物较多，水体污染严重。水质较差，氨氮、亚硝酸盐高。溶氧低，鱼类长期处于半缺氧状态，当池塘水环境突变如倒藻、水体浑浊等，或遇到天气骤变极易暴发此病，大量死亡；三是轻防重治。缺乏防病意识，每月没有按时检查、调节或改善水质，预防鱼病；四是营养过剩。蛋白质过高，微量元素不平衡，饲料储存过程中氧化作用有极大影响。

2. 防治方法

（1）预防措施。一是勤改底：定期使用底质改良剂（底改立得、益底活水爽）改良底质；二是巧稳水：定期使用水质改良剂、微生物制剂（益利多、益生康），保持水质稳定。黄颡鱼裂头病主要的预防措施是调节水体、改善水质，定期用生石灰清塘消毒和用微生物抑制剂保持水质稳定，尤其是气温偏高的夏、秋季更要多调水、多增氧；三是科学投喂：黄颡鱼规模化养殖建议投喂黄颡鱼专用饲料，投喂时要坚持"四定原则"（定位、定时、定质、定量），不能贪图便宜投喂劣质饲料或来历不明的"三无"饲料；四是定期检查：黄颡鱼裂头病好发于高温季节，可用乐畅桉树精油等拌料内服预防，并定期镜检鱼体上的寄生虫和病原菌，一旦发现有鲶爱德华氏菌要及时处理以避免大规模暴发。

（2）治疗方法。这个病应该来说是养殖黄颡鱼多发疾病，只有早发现早治疗，一般的外用药多可以减少死亡，很难治断根。可以采用药物拌料的方式解决，裂头康是治疗该病比较有效的药物，连喂4天，基本会停止死亡，用了此药后并没有发现在养殖期间内裂头病复发。

### （五）水霉病

1. 症状和病因

病原是水霉菌。主要危害鱼卵、苗种和成鱼。鱼卵长毛，变成白色的绒球，肉眼可见病鱼受伤处水霉菌丝大量繁衍呈白色或灰白色棉絮状，直至肌肉腐烂，瘦弱独游，食欲减退，终因体衰而死亡。

2. 防治方法

（1）放种前用生石灰池底清塘。

（2）在捕捞、运输和放养过程中，尽量避免鱼体受伤。

（3）鱼种下塘前用3%～5%的食盐浸浴5～10分钟。

（4）先用5%的食盐水浸洗病鱼3～5分钟，再用青霉素溶液（每100 kg水加80万单位）浸洗10分钟。用灭毒净全池泼洒，浓度为0.3 mg/L。

## 三、寄生虫性疾病

### （一）车轮虫病

**1. 症状和病因**

由车轮虫寄生引起。主要危害黄颡鱼鱼苗、鱼种。病鱼焦躁不安，严重感染时病鱼沿塘边狂游，呈"跑马"现象，镜检可见大量车轮虫寄生于鱼的鳃丝和皮肤黏液上。

**2. 防治方法**

（1）用0.7 mg/L硫酸铜硫酸亚铁合剂（5∶2）化水全池泼洒，或每亩水面用苦楝树叶30 kg煎煮后取汤汁全池泼洒。

（2）晴天上午选择1亩水体用虫虫草1包+纤灭2包，杀灭车轮虫、斜管虫；第二天1亩水体用苯扎溴铵50 mL+浓戊二醛100 mL+虫虫草1包+纤灭2包，多兑水稀释后全池均匀泼洒一次。

### （二）小瓜虫病

**1. 症状和病因**

病鱼体表肉眼可见小白点，严重时体表似覆盖了一层白色薄膜。镜检鳃丝和皮肤黏液，可见大量小瓜虫。黄颡鱼小瓜虫病由多子小瓜虫寄生引起。过度密养、饲料不足、鱼体瘦弱时，鱼易被小瓜虫感染。

**2. 防治方法**

（1）用50～60 mg/L福尔马林溶液浸鱼体10～15分钟。发病鱼池用福尔马林消毒，用2 mg/L亚甲基蓝化水全池泼洒，1天1次，连续数天。

（2）辣椒粉和生姜，每立方米水体用0.8～1.2 g和1.5～2.5 g，加水煮沸30分钟，连渣带汁全池泼洒，1天1次，连用3～4天。

（3）瓜虫净，每立方米水体0.37～0.75 g全池泼洒1次；或青蒿末，每千克体重0.3～0.4 g拌饲投喂，1天1次，连用5～7天；或孢虫净（青蒿末）或驱灵，每千克饲料8 g或20～25 g，连用3～5天。

（4）孢虫净（环烷酸酮溶液），每立方米水体0.075～0.094 mL，全池泼洒、间隔4小时，再使用高聚碘，每立方米水体0.25 g，全池泼洒1次，隔天再重复1次。

（5）灭虫威（4.5%氯氰菊酯溶液），每立方米水体0.19～0.29 mL，全池泼洒，每隔3～4天1次，连用2次。

## 四、其他病害

### （一）营养疾病

**1. 症状和病因**

常见的是肝脏大，颜色粉白或发黄，胆囊肿大，胆汁发黑，生长缓慢。病鱼零星死亡，且最先死的是较大的个体。病因是饲料中营养成分不平衡。

**2. 防治方法**

更换饲料，选用信誉好的饲料厂生产的饲料。若是自配饲料，改进饲料配方，提高饲料质量，适当添加维生素和无机盐。

### （二）大肚子病

**1. 症状和病因**

水体中大型浮游动物多，黄颡鱼过量摄食大型浮游动物，造成自身消化不良，从而导致腹腔水肿发炎、积水形成，表现为黄颡鱼大肚子病。

**2. 防治方法**

第一天，选择一种合适的产品杀灭太多的浮游动物；第二天，上午5亩水体使用"50%菌毒清1包+双氧底净颗粒1包"，接着用"食盐"1.5 kg/亩兑水泼洒。下午4亩水体使用"碧水灵1瓶+泼洒姜400 g"，兑水全池均匀泼洒；同时内服拌料："青莲散200 g+恩诺沙星200 g+5%硫酸新霉素200 g+食盐50 g"，拌20 kg饲料，连续4天。

# 第六节　加工食用方法

黄颡鱼肉质细嫩，味道鲜美，而且无肌间刺，是餐桌上的珍品食肴。富含蛋白质，钙、磷、钾、钠、镁等矿物元素，营养含量丰富，药用价值高，具有利尿消肿、强健骨骼、补脑健脑等功效。

## 一、红烧黄颡鱼

### （一）食材

黄颡鱼3~5条，面粉少许。葱、姜、蒜适量（比做其他菜多一点）、香菜少许、盐、糖少许老抽、蒸鱼豉油、蚝油。

### （二）做法步骤

（1）黄颡鱼去除内脏、腮，洗净。

（2）鱼身翻过来，放一些姜片、葱、料酒、两小匙盐腌制30分钟。

**图7.2　红烧黄辣丁
（彭仁海供图）**

（3）拣出葱段、姜片，滚面。

（4）温油炸至变色捞出，盘中备用。

（5）蒜头一斩两半，姜切丝葱切段，小火慢煎葱蒜，煎至微焦，加入豆瓣酱、剁椒酱、姜，炒香，

（6）加水，加入糖、老抽、蚝油、蒸鱼豉油，放入炸好的鱼。大火收汁。

## 二、黄颡鱼豆腐汤

### （一）食材

黄颡鱼4条、豆腐1块。海鲜菇随意、香菜2棵、大葱1段、姜1小块、小葱1根、植物油1大勺、猪油1小勺、开水3杯、料酒1大勺、香醋1大勺、盐、糖少量、鸡精。

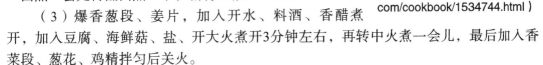

**（二）做法步骤**

（1）香菜、大葱切小段，姜切片，小葱切花，豆腐切块，海鲜菇去蒂洗净。

（2）锅入两种油烧热，放进沥干水分的黄颡鱼中火一面煎一会儿再翻面煎一下，稍将鱼推开一些。

图7.3 黄颡鱼豆腐汤（图来源于网络https://www.douguo.com/cookbook/1534744.html）

（3）爆香葱段、姜片，加入开水、料酒、香醋煮开，加入豆腐、海鲜菇、盐、开大火煮开3分钟左右，再转中火煮一会儿，最后加入香菜段、葱花、鸡精拌匀后关火。

（4）加入猪油和开水，并大火煮制有利于将汤色煮成白色。

## 三、清蒸黄颡鱼

**（一）食材**

黄颡鱼450 g、内酯豆腐1盒。食油适量、盐适量、白胡椒粉适量等。

**（二）做法步骤**

（1）准备鲜活黄颡鱼。

（2）准备好内酯豆腐，生姜切片备用。

（3）黄颡鱼去除内脏，收拾干净备用。

（4）锅中油热，爆香姜片，放入黄颡鱼，略煎一会。

（5）加入适量冷水，煮开。

图7.4 清蒸黄颡鱼（图来源于网络https://image.baidu.com/search/detail?ct=503316480&z=0&ipn=d&word=清蒸黄颡鱼图片大全&hs=0&pn）

（6）取出内酯豆腐，片成厚片，汤汁浓白，将豆腐下入鱼汤中，煮开。

（7）加入适量盐，调好味，加入白胡椒粉，撒入葱花即可。

## 四、干烧黄颡鱼

**（一）食材**

黄颡鱼600 g、姜10 g、葱20 g、干辣椒50 g、青、红辣椒各1个。盐6 g、味精8 g、红油10 g、高汤50 g、料酒15 g、花椒5 g。

**（二）做法步骤**

（1）黄颡鱼宰杀洗净，加入调料腌制3小时，辣椒切成菱形块，葱切段，姜切片；干锅黄颡鱼的做法。

（2）锅内下油烧至八成热，放入黄颡鱼炸至金黄色，捞出沥油。

图7.5 干烧黄颡鱼（图来源于网络https://baijiahao.baidu.com/s?id=1559459773607916&wfr=spider&for=pc）

（3）锅内留少许油，下入姜、葱、辣椒煸出香味，再下入鱼，调入调味料，加入高汤，焖炒1分钟，淋入红油，装盘即可。

### 五、酱焖黄颡鱼

#### （一）食材

鲜活黄颡鱼500 g，宰杀洗净、葱、香菜、蒜、橄榄油、豆瓣酱、香其酱、蒜蓉酱、老抽、酱油、香油、红油、色拉油、糖、鸡精。

#### （二）做法步骤

（1）将鲜活黄颡鱼洗净，开膛去除杂物。洗净鱼头朝上摆成扇形备用。开膛的过程是：将黄颡鱼中间用剪刀剪开，从腮到内脏全部去除。

图7.6 酱焖黄颡鱼（图来源于网络 https://baike.baidu.com/pic/酱焖嘎鱼 /3161391/1/9f2f070828381f301c98afd ea7014c086f06f0c0?fromModule=lem ma_top-image&ct=single#aid=0&pic= b853d6fc067b3391fd037f07）

（2）将豆瓣酱、香其酱和蒜蓉酱挤入碗中，搅拌均匀成酱料备用。

（3）热锅中倒入少许橄榄油，油温六成热时倒入搅拌好的酱料，翻炒1分钟，放入少许葱丝炒香，将处理好的鲜黄颡鱼倒入锅中（不要改变摆放好的鱼的形状，否则就不好看了）加水稀释没过鱼身，倒入少许老抽和酱油，1汤勺糖、和少许鸡精改大火炖10分钟后改小火再炖10分钟。

（4）鱼在锅中炖，这时候把蒜切末，葱切成末，香菜切成段备用。29分钟后鱼已经熟了，改小火再炖5分钟收汤，倒入葱、蒜、香菜末，再炖2分钟。收鱼汤用勺子不停地把锅中的汤浇在蒜、香菜、葱末上，让鱼更加入味。汤收得差不多放入2汤勺红辣椒油，一汤勺色拉油。少许香油收锅即可。

# 第七节　养殖实例

黄颡鱼属小型淡水名特优水产养殖品种，经济价值极高，是一种新型养殖品种。黄颡鱼作为药用，具有利尿之功，可用治水肿、喉痹肿痛等，作用平和。其肉质细嫩，味道鲜美，无肌间刺，营养丰富，产量多，是常见的中小型食用鱼，极受消费者欢迎。因为刺少，尤其适合小孩食用。作者团队在近30年的实践中，对于黄颡鱼人工繁殖、苗种培育、成鱼养殖等进行了探索，取得了较好的养殖效果。

## 一、大规格鱼种的池塘培育

### （一）试验条件

#### 1.池塘条件

试验池塘面积为3 330 m²，水深1.5~2.0 m，水源充足，水质符合渔业用水水质标准。池塘配备3 kW叶轮式增氧机1台。

2. 池塘清整

投放鱼种前15天以100 kg/亩的生石灰清塘消毒，7天后投施300 kg/亩的有机肥料，待水体中大量出现浮游动物后投放鱼种。

**（二）试验方法**

1. 鱼种放养

鱼种为自己培育的春片鱼种，放养密度为5 000尾/亩，2007年4月1日投放5~7 cm的黄颡鱼种2.5万尾；15天后，投放平均规格为100 g的鲢鱼100 kg，平均规格100 g的鳙鱼50 kg。鱼种投放前用2%~3%的食盐水浸浴消毒5~10分钟。

2. 饲养管理

一是驯食，黄颡鱼栖息于水体底层，只有通过驯化才能使之上浮集中摄食，每次投饵驯化前发出声响，待驯化成功后，改用自动投饵机投喂；二是饲料投喂，投喂全价人工配合饲料，投喂时做到定时、定点、定质、定量，每天投喂3次，即每天8:00、13:00、18:00各投喂一次，日投喂量占鱼体重的4%~8%，以鱼吃到八成饱为度，实际投饵时根据天气、水质、水温和鱼种吃食等情况随时调整，并做好生产记录。

3. 水质调节

经常进行水质监测，适时开动增氧机，调整溶氧>3.5 mg/L，透明度30~35 cm，在主要生长季节每10天加注新水一次，每次加水25~30 cm，随时清除池塘里的病死鱼，每20天用20 g/m³的生石灰全池泼洒一次。

4. 病害防治

鱼病的防治坚持"预防为主、防治结合"的原则。6—9月是鱼病高发季节，要投喂药饵，同时用强氯精（0.3 g/m³）进行水体消毒。

坚持早晚巡塘，观察池塘鱼的摄食活动及健康情况。由于综合预防措施得当，试验期间很少发生鱼病。

**（三）试验结果**

1. 产量

2007年11月25日起捕，收获黄颡鱼共2 077.5 kg，平均415.5 kg/亩，平均规格102.5 g/尾，成活率81.1%；白鲢共956.5 kg，平均191.3 kg/亩；鳙鱼共702 kg，平均140.4 kg/亩。

2. 效益分析

黄颡鱼按28元/kg的市场价计算，产值为5.817万元；白鲢5元/kg，产值0.478 2万元；鳙鱼9元/kg，产值0.631 8万元；总产值6.927万元。试验总投入3.575万元，其中苗种成本0.65万元，饲料成本1.86万元，水电费、药品费0.465万元，人工费0.6万元，利润0.670 4万元/亩，共盈利3.352万元。

**（四）小结**

（1）在养殖过程中，由于主养目标单一、明确，基本上不考虑搭配养殖鱼类的饲料需求，可以使用专一的人工配合饲料，从而最大限度地提高了饲料利用率。

（2）"肥、活、嫩、爽"和高溶氧的水质是保证黄颡鱼养殖高产、稳产的关键。养殖过程中除了搭配放养鲢、鳙以控制水质、提高池塘自我净化能力外还采用定期消毒、定期换水、适时开动增氧机等方法及时调节水质，使池塘水质始终保持良好，从而增大黄颡鱼的放养密度，提高黄颡鱼的成活率，增加产量，产生了良好的经济效益。

（3）试验结果表明，黄颡鱼集约化养殖产量高、效益好，收益是常规成鱼养殖的4～5倍，值得推广普及。

## 二、池塘主养

作者团队于2000年在河南省安阳市水产科学研究所良种场进行了黄颡鱼成鱼池塘主养试验，取得较好效果，研究成果发表在2000年《渔业致富指南》第11期。

### （一）试验材料

**1. 池塘条件**

池塘为水泥砂子石砌池，面积2.3亩，水深1.7 m。邻近水库灌渠，水源充足，水质良好，每周可换水一次；池底淤泥较少；注排水方便；池塘周围光照充足，通风良好。

**2. 鱼种放养**

1999年4月21日从湖北省运回早繁苗1万尾，规格3 cm左右。为了提纯复壮，提高苗种成活率，先集中在面积250 m²，水深1 m的专池中强化培育20多天，到5月13日，养至每尾8 cm左右，捕捞苗种7 000尾放入养殖池中饲养。

**3. 饵料**

苗种入培育池先摄食浮游生物，接着先投喂新鲜的碎肉糜，后投喂自配的人工饵料，直至长成。饵料配方是：新鲜鱼糜30%、鳗鱼破碎料69%、次粉1%。

### （二）试验方法

**1. 吃食驯化**

鱼苗入池前培肥水质，使鱼苗入池即可有可口的枝角类、桡足类等活饵料可吃。当池中活饵料供应不足，鱼苗沿池边群游时，先是投喂新鲜的鱼肉糜，接着投喂配制的饵料，10天左右以后，即可培养鱼苗吃食人工饵料的习惯。

**2. 投饵管理**

投饵坚持四定：定时、定位、定质、定量，每天投喂3次，一般在9:00、12:00、16:00。投饵位置设在水深安静的地方，开始投食前先敲击某物品，培养鱼一听到声音便会游过来摄食的习惯，保证鱼都能吃饱、吃好。直到大部分鱼已离开，这时可停止投饵。同时保证饵料质量，鱼肉新鲜，现做现喂。投饵量视天气、水温和鱼的活动状态而定。水温20～25 ℃时，日投饵量是存塘鱼体重的10%左右，在水温较高或较低以及风浪大时，投饵量酌减。

**3. 水质调节**

由于剩饵和鱼类粪便易污染水质，且该鱼喜欢较清澈的水质，水中溶氧较高，应在4 mg/L以上。因此要定期注排水，进行水质调节。在养殖期间保持清新水质和较高的溶氧，水的透明度维持在30 cm左右，促使鱼正常摄食和生长。

**4. 鱼病防治**

采取以防为主，防治结合的方法。在鱼种放养前10天用生石灰彻底清塘，每亩用量为125 kg，以杀灭鱼池中的病原体。鱼种放养时又用3%的食盐水消毒。在养殖过程中我们不定期进行抽查，一旦发现鱼病就对症下药。此鱼抗病力强，但往往因争食碰撞而伤，所以每月两次用0.5 mg/L浓度强氯精消毒。

### （三）试验结果

1. 产量

我们于11月9～10日进行拉网、干塘操作，共捕获商品鱼（每尾150 g以上）1 078.5 kg，花白鲢鱼种（每尾200～250 g）374.5 kg。总产量1 453 kg，亩产量632 kg。

2. 饵料系数

全年共消耗饵料折合干重1 402 kg。饵料系数1.3。

3. 经济效益

亩均利润10 782元，投入产出1∶2.5。

### （四）讨论

（1）黄颡鱼苗培育成活率低，要提高成活率，关键在于投喂充足的适口饵料，以免相互残食。关于成鱼养殖期的人工配合饵料有待进一步探索（目前已经解决）。

（2）黄颡鱼不耐高碱性，鱼池消毒不宜使用生石灰。

（3）黄颡鱼不耐低氧，应使池水有很高的溶氧量。

## 三、网箱养殖

作者团队于2000年在河南省安阳市彰武水库进行了黄颡鱼的网箱成鱼养殖，取得较好效果，研究成果发表在2000年《渔业致富指南》第24期。

### （一）试验材料

1. 网箱规格与设置

网箱规格为3 m×3 m×1.2 m，选用3×3聚乙烯网片合成，网目1 cm。采用单箱封闭浮动式固定，3个箱子呈品字形分布，置于水质良好、避风、光照充足的水域。

2. 鱼种放养

我们自己培育的能摄食人工饵料的鱼种，平均尾重23 g，三个箱子共投苗7 000尾。

3. 饵料

鱼苗入箱第三天开始投喂我们自己配制的人工饵料，并辅以碎鱼肉。饵料配方为：新鲜鱼糜30%、鳗鱼破碎料69%、次粉1%。

### （二）试验方法

1. 投饵

坚持定时、定质、定量投喂，每天投喂3次，一般在9:00、12:00、16:00。投喂80%的人工饵料和20%的新鲜碎鱼肉，直到鱼吃饱、吃好，大部分已不再争食时可停止投喂。投饵量视水温、天气和鱼的活动状态而定，在水温越高或较低以及风浪大时，投饵量酌减。

2. 日常管理

早晚巡箱，定期清淤检查箱体，使箱体内外水体交换顺畅，保证不逃鱼。

3. 鱼病防治

采取以防为主，防治结合的方法。在鱼种放养前10天，将箱体置入水中，让箱体附生藻类，使网衣光滑，以免损伤鱼体，引发鱼病。鱼种放养时用3%的食盐水消毒。在养殖过程中我们不定期进行抽查，一旦发现鱼病就对症下药。此鱼抗病力强，但往往因争食碰撞而伤，所以每月两次用强氯精消毒50 g挂袋消毒，即可有效预防鱼病发生。

### （三）试验结果

**1. 产量**

10月7日出箱，共捕商品鱼2 430 kg（300～350 g/尾）。

**2. 饵料系数**

全年共消耗饵料折合干重3 400 kg。饵料系数1.4。

**3. 经济效益**

每箱利润8 040元，投入产出1：2.3。

### （四）讨论

（1）网箱养殖黄颡鱼，苗种不能太小，最好尾重在20 g以上，并且一个箱子里放养规格要整齐，放养密度不能太大。

（2）网箱养殖黄颡鱼，投喂人工饵料的同时，必须辅以新鲜碎鱼肉，以满足鱼的生长发育需要。关于黄颡鱼人工饵料方面有待进一步研究（目前已经解决）。

（3）网箱养殖黄颡鱼，投饵时间不能太短，最好1小时以上，保证鱼吃饱、吃好。

## 参考文献

鲍美华，冯军，陈肖玮，等，2015. 全雄黄颡鱼人工繁殖技术[J]. 科学养鱼（2）：11-12.

陈平，鲍明明，朱雷阳，等，2019. 池塘工业化养殖杂交黄颡鱼试验[J]. 科学养鱼（5）：35-36.

陈思倩，席杰，2018. 杂交黄颡鱼高效人工繁殖技术[J]. 科学养鱼（11）：8-9.

陈涛，2017. 黄颡鱼人工繁殖及网箱养殖技术[J]. 养殖与饲料（10）：43-44.

陈钰，李一方，2015. 黄颡鱼山塘集约化养殖技术[J]. 现代农业科技（11）：281-282.

陈振武，2014. 黄颡鱼生物学特征及池塘养殖技术[J]. 北京农业（15）：155.

冯鹏霏，吕敏，卢小花，等，2015. 全雄黄颡鱼人工繁殖技术[J]. 科学养鱼（11）：8-9.

沭月龙，2018. 池塘养殖黄颡鱼病害防治技术[J]. 科学养鱼（10）：62.

皇培培，熊阳，于贵杰，等，2021. "全雌配套系"黄颡鱼人工培育及繁殖方法[J]. 科学养鱼（4）：11-12.

黄生，2014. 水库网箱养殖黄颡鱼技术[J]. 农村新技术（3）：27-28.

李敏，胡从云，姚俊杰，等，2009. 黄颡鱼繁殖期的生物学特性[J]. 贵州农业科学，37（5）：119-121.

李明锋，2010. 黄颡鱼生物学研究进展[J]. 现代渔业信息，25（9）：16-22.

李伟，2017. 黄颡鱼养殖病害与有效防治方式分析[J]. 山西农经（22）：71，73.

李云静，2019. 黄颡鱼养殖技术[J]. 农家参谋（7）：142，297.

刘刚，2018. 北方黄颡鱼成鱼池塘养殖技术要点[J]. 黑龙江水产（4）：32-33.

刘冉，刘士旗，2018. 黄颡鱼成鱼养殖技术[J]. 渔业致富指南（7）：47.

刘文斌，2005. 黄颡鱼病害防治技术（上）[J]. 农家致富（6）：40.

刘文斌，2005. 黄颡鱼病害防治技术（下）[J]. 农家致富（8）：41.

刘文斌，2005. 黄颡鱼病害防治技术（中）[J]. 农家致富（7）：40.

刘孝华，2009. 黄颡鱼的生物学特性及人工养殖技术[J]. 湖北农业科学，48（4）：940-942.

彭仁海，李勇，李同新，2000. 池塘主养黄颡鱼高产试验[J]. 河南水产，43（2）：32.

彭仁海，2000. 池塘江黄颡鱼高产养殖试验[J]. 渔业致富指南，59（11）：44.

彭仁海，2000. 网箱江黄颡鱼养殖试验[J]. 渔业致富指南，72（24）：47.

祁保霞，白凤珍，马国杰，2009. 黄颡鱼生物学特性及池塘养殖技术[J]. 内蒙古民族大学学报（自然科学版），24（1）：72-74.

唐玉华，毛国庆，2014. 黄颡鱼苗种培育与养殖模式设计[J]. 科学种养（4）：43-44.

唐忠林，2020. 池塘工业化养殖"黄优1号"黄颡鱼试验总结[J]. 水产养殖，41（11）：38-39，45.

王昌辉，2016. 黄颡鱼人工繁殖技术[J]. 安徽农学通报，22（Z1）：103，105.

王健华，史楠冰，程涛，2022. 漏斗形底排污池塘养殖黄颡鱼模式分析[J]. 科学养鱼（10）：44-45.

王升明，2010. 黄颡鱼的生物学特性与繁殖技术[J]. 农技服务，27（3）：373，418.

徐丽平，2018. 池塘工业化循环水养殖试验[J]. 科学养鱼（10）：22-23.

许朝阳，2009. 黄颡鱼的生物学特征及池塘养殖技术[J]. 现代农业科技（18）：284，293.

许冬梅，王松刚，朱春红，2018. 黄颡鱼的苗种培育与成鱼养殖技术[J]. 科学养鱼（6）：92.

许伟兴，张钱贵，李勇，等，2018. 池塘工业化养殖黄颡鱼苗种配套培育试验[J]. 科学养鱼（3）：8-9.

薛晖，2009. 几种常见黄颡鱼病害的病因及防治方法介绍[J]. 水产养殖，30（8）：37-38.

余健，李建，2017. 黄颡鱼池塘网箱养殖技术[J]. 科学养鱼（3）：43-44.

张晗，邓捷，郝霆，等，2020. 全雄黄颡鱼人工繁殖技术及养殖密度研究总结[J]. 河南水产（4）：8-9，14.

张建军，潘志远，2013. 黄颡鱼苗种培育与成鱼养殖模式[J]. 渔业致富指南（22）：47-49.

张素芬，2014. 黄颡鱼成鱼池塘高产养殖[J]. 农技服务，31（2）：138，141.

周运和，2005. 黄颡鱼病害防治六注意[J]. 科学养鱼（12）：53.

# 第八章
# 斑点叉尾鮰

斑点叉尾鮰（*Lctalurus punctatus*）亦称沟鲶，属于鲶形目、鮰科鱼类。斑点叉尾鮰天然分布区域在美国中部流域、加拿大南部和大西洋沿岸部分地区，以后广泛地进入大西洋沿岸，现在基本上全美国和墨西哥北部都有分布。产地是水质无污染、沙质或石砾底质、流速较快的大中河流，也能进入咸淡水水域生活。现为美国主要淡水养殖品种之一。斑点叉尾鮰是湖北省水产科学研究所于1984年与云斑鮰同时引进的一种鮰科鱼类，经过几年的研究及推广养殖，证实该种鱼适合我国大部分地区养殖。

图8.1　斑点叉尾鮰（彭仁海供图）

## 第一节　生物学特征

### 一、形态特征

斑点叉尾鮰体型较长，体前部宽于后部，头较小，吻稍尖，口亚端位，体表光滑无鳞，黏液丰富，侧线完全，皮肤上有明显的侧线孔。上下颌具有深灰色触须4对，其中鼻须1对，颌须1对，颐须2对，长短各异，以颌须为最长，末端超过胸鳍基部，鼻须最短。鳃孔较大，鳃膜不连于峡部，颐部有较明显而不规则的斑点，体重大于0.5 kg的个体斑点消失。体两侧背部淡灰色，腹部乳白色，幼鱼体两侧有明显而不规则的斑点，成鱼斑点逐步不明显或消失。斑点叉尾鮰具有背鳍1个，基底短，鳍棘1根，其后缘呈锯齿状，鳍条6~7根；胸鳍有1根锯齿状硬棘和8~9根鳍条；腹鳍于腹位，鳍条8~9根；臀鳍基部较长，鳍条24~29根；尾鳍分叉深；背鳍后有一脂鳍；各鳍均为深灰色。

### 二、生活习性

斑点叉尾鮰属底层鱼类。幼鱼阶段活动较弱，喜集群在池水边缘摄食、活动，随着鱼体的长大，游泳能力增强，逐渐转向水体中下层活动。冬天主要在水体底层活动，而且活动能力明显降低。

斑点叉尾鮰为温水性鱼类，栖息于河流、水库、溪流、回水、沼泽和牛轭湖。适应范围0~38 ℃，最适温度21~26 ℃，15 ℃以下摄食减少，生长缓慢。正常生长溶氧要求3 mg/L以上，在水温25～35 ℃，其溶氧窒息点为0.95～1.08 mg/L，pH值在5～8.5均可生存，而以pH值6.3～7.5为最适范围，pH值9.5以上可造成死亡。盐度适应范围为0.02%～0.85%。

## 三、食性

斑点叉尾鮰原属肉食性鱼类，经过驯化的斑点叉尾鮰可以植物性饲料为食，在天然水域中主要摄食底栖生物、水生昆虫、浮游动物、有机碎屑及植物种子和小杂鱼等；通常在底部觅食，通过触觉和嗅觉检测食物。根据对斑点叉尾鮰的观察和食性分析，在人工饲养条件下对投喂的配合饲料都能摄食，尤其喜食由鱼粉、豆饼、玉米、米糠、麦麸等商品饲料配制而成的颗粒饲料，还摄食水体中的天然饵料，常见的有底栖生物、水生昆虫、浮游动物、轮虫、有机碎屑及大型藻类等。

斑点叉尾鮰属底栖鱼类，较贪食，具有较大的胃，胃壁较厚，饱食后胃体膨胀较大。有集群摄食习性，并喜弱光和昼伏夜出摄食。摄食方式在10 cm以前吞食、滤食方式并用，10 cm以上开始以吞食为主，兼滤食。

## 四、年龄和生长

性成熟年龄为4龄以上，人工饲养条件好的少数3龄鱼可达性成熟，性成熟鱼体重为1 000 g以上。在美国有报导最大成熟个体鱼体全长为127 cm。

在池塘养殖条件下，第一年体长可达18～19.5 cm，第二年可达26～32 cm，第三年可达35～45 cm，第四年可达45～57 cm，第五年可达57～63 cm。斑点叉尾鮰第一次性成熟后其生长速度没有明显的下降迹象。在池塘养殖中常见体长超过53 cm，体重超过3.5 kg的个体。

## 五、繁殖特性

斑点叉尾鮰在江河、湖泊、水库和池塘中均能产卵于岩石突出物之下，或者淹没的树木、树桩、树根之下或河道的洞穴里产卵。斑点叉尾鮰的雄鱼是典型的筑巢鱼类，在与雌鱼交尾后赶走雌鱼，并守护受精卵发育直至孵出鱼苗。

通常斑点叉尾鮰产卵温度范围为21～29 ℃，最适温度为26 ℃，水温超过30 ℃不利于受精卵的胚胎发育和鱼苗成活。在长江流域斑点叉尾鮰的繁殖季节为6—7月。体重（或年龄）较大的比体重（或年龄）较小的其产卵季节要早些。

产卵时，每尾鱼通常以尾鳍包裹对方头部，雄鱼剧烈颤动鱼体并排出精液，与此同时，雌鱼开始产卵。卵受精后发黏，相互黏结而附于水池底部。雄鱼护卵时位于卵块上方，不断摆动腹鳍，以达到对受精卵增氧的作用。

斑点叉尾鮰卵平均直径为3.2 mm，浅黄色，外层有黏性。在21.1～29.4 ℃的水温下，孵化期为5～10天。孵化时幼鱼的最小尺寸约为6.4 mm。幼鱼在巢中待了大约7天，然后出巢觅食。

# 第二节　人工繁殖技术

斑点叉尾鮰的人工繁殖方法可分为池塘法、围拦法和水泥池法。因池塘法具有投资少、易操作等优点而广泛采用，这里将着重介绍斑点叉尾鮰的池塘人工繁殖法。

## 一、生殖器官及怀卵量

斑点叉尾鮰雄鱼生殖器官包括精巢、输精管、精巢一对，长条分枝状，精液似水状，不易挤出。雄鱼在全年都具有生命力的精子，能多次排出精液。雌鱼卵巢一对，长袋状，右侧略大，雌鱼在性成熟后每年产卵一次。成熟卵细胞呈椭圆形，深橘黄色、卵沉性、卵膜较厚，受精后卵呈黏性，卵粒相互黏结成不规则块状。卵半透明，卵黄丰富。产卵数根据亲鱼大小有差异，雌鱼体重在1.8 kg以下每尾可产卵4 000粒，体重4.5 kg可产卵3万粒。在池塘养殖条件下相对怀卵量为每千克3 913～15 060粒。

## 二、亲鱼选择

亲鱼选择是人工繁殖过程中重要环节，它决定人工繁殖的成功与否及繁殖苗种的数量和质量。

选择性成熟雌鱼时，要求其腹部膨大柔软，有弹性，将鱼尾部向上提起时，卵巢轮廓明显，生殖孔略圆，稍大，红肿，微向外突，用挖卵器检查卵粒如见到卵核偏位比例较大时即可催产。成熟雄鱼一般体色呈深灰色或灰黑色，腹部扁平，生殖器管状、末端尖细突出。在池塘培育条件下，三龄鱼有16%能顺利产卵，但其怀卵量少；四龄鱼可在6月中旬产卵，怀卵量大，产卵率高。故选择亲鱼最好在四龄以上，重1.5 kg以上，体长30～51 cm。

## 三、亲鱼培育

亲鱼培育是人工繁殖的重要一环，它决定着人工繁殖成功与否及产卵率、受精率、孵化率和苗种成活率的高低。

### （一）池塘选择

亲鱼池以3～4亩为宜，水深1.5 m左右，产卵水深在1.3 m左右为好。要求水源充足，排灌方便，水质无污染。池底平坦少淤泥，以硬底质或沙底质为最好。

亲鱼放养前应对亲鱼池实施严格消毒，消灭野杂鱼。进排水口应敷设拦鱼设施，防止亲鱼逃逸和野杂鱼进入池塘。

### （二）放养密度和性比

斑点叉尾鮰亲鱼的放养密度为亩放200～250 kg（130～150尾），并搭配10～13 cm鲢、鳙鱼种以控制水质，亩放养量250～300尾。由于斑点叉尾鮰的食性与鲤鱼、鲫鱼相似，且争食能力不及鲤、鲫鱼，因此斑点叉尾鮰的亲鱼池中忌放鲤、鲫鱼，以免争食而影响亲鱼性腺发育。自行产卵则雌雄比以2∶1或3∶2为宜。

### （三）饵料及投喂

越冬前的亲鱼应采取精养培育，应依靠投喂人工配合饲料。采用粗蛋白质不少于36%的配合饵料喂养，当水温为13～21 ℃时，投饵率为2%，水温超过21 ℃时，投饵率为4%；水温低于13 ℃时停止投喂。在有条件的地方在亲鱼产卵前或后30天左右，每10～15天投喂一次动物性饵料（如禽畜下脚料、小杂鱼等），对亲鱼产卵及产后复原将起更佳效果。

要注意不同大小亲鱼之间的争食现象，雌亲鱼性情温和，争食力弱，经常不能饱食，会导致产卵困难。雄鱼一般生长状况良好。不同大小不同性别亲鱼在同一池中培育，要保证雌亲鱼顺产，必须增加投饵面积和数量，但投喂次数不要太多，每2天1次即可。

### （四）亲鱼池管理

亲鱼池要求水质清新，溶解氧在4 mg/L以上，透明度在40 cm左右，pH值6.5～8.5，无野杂鱼。防止亲鱼池浮头泛池。每隔10～15天冲水一次，以刺激亲鱼性腺发育。观察亲鱼摄食状况，投饵过多或过少均会对亲鱼产生不利影响。

## 四、繁殖方法

斑点叉尾鮰的池塘繁殖方法可分为3种：一是在池塘中自行产卵孵化，然后收集鱼苗；二是自行产卵，人工孵化；三是人工催产孵化。其中第一种方法孵化率极低，且鱼苗在亲鱼池中数量无法估计，收集鱼苗也难以进行，故一般不被采用；而第三种方法因雄鱼精液无法挤出，只能用杀鱼得精进行人工授精，这对保护亲鱼不利，亦不常被采用。现分别介绍如下。

### （一）自行产卵孵化

由于产卵与孵化在同一池中，故必须对池塘进行严格消毒，防止野杂鱼吞食鱼苗，并注意水质因鱼苗数量不断增加而恶化，为此建议尽可能捞出鱼苗转专池培育。

产卵管理期间每隔10天左右应加注新水，使溶氧保持在6 mg/L以上，透明度45 cm以上，水深1.2 m左右。鱼苗收集有两种方法，一是在清晨至日出以前，处于混合营养阶段的鱼苗喜集群在水表游动，可直接用抄网捞取；二是待鱼苗长至2 cm以上后，首先用网目5 cm以上的网将亲鱼抬取（或隔离），然后用鱼苗网将鱼苗捕起。

### （二）自行产卵、人工孵化

这是在亲鱼池中放置产卵巢使其产卵，再收集受精卵（块状）运到孵化场，经消毒后进行人工孵化。现着重介绍本方法。可采用两种方法进行，其一是亲鱼在产卵池中自行产卵，然后进行人工孵化；其二是选择发育较好的亲鱼采用药物注射，然后放入水泥池中产卵，再行人工孵化。

#### 1.产卵巢及其使用

产卵巢一般采用牛奶桶、木桶、瓦罐、橡胶抽水管及木箱等。亲鱼在长方形的产卵器中产卵，产卵器长72 cm、宽40 cm、高26 cm，留亲鱼进出孔直径为16 cm。一般而言这种容器可作为重4 kg的亲鱼的产卵巢。产卵巢以容纳1对亲鱼正常产卵为宜。产卵巢一端必须留有一个开口，大小要使亲鱼自由进出，另一端用尼龙纱布封底，防止漏卵及提巢检查时减轻重量。

产卵巢一般平放于离池边3~5 m的池塘底部，开口端向池的中央，口端用绳子捆住，另一端系一个浮子，便于集卵时识别。产卵巢的数量一般为亲鱼对数的20%~30%，产卵巢间距5~6 m。当水温达到18~19 ℃时开始放置产卵巢，待水温升到20 ℃以上时要进行检查，如未发现卵块，可移动产卵巢以刺激亲鱼产卵。

2. 卵块的收集与运输

产卵行为大部分发生在晚上和清晨，因而拾卵和收集卵块的合适时间为10:00—10:30，收集卵块的时间不能超过13:00。检查产卵的时间间隔在产卵初期以3~4天为宜，在产卵高峰期可一天检查一次。检查卵块时，只需将产卵巢轻轻提出水面，看是否有亲鱼，如有要赶走亲鱼。用手轻轻取出卵块，运往孵化处。取卵块时防止阳光直射。

运送卵块一般用桶带水（亲鱼池的水较好）迅速运至孵化处，如距离远要用塑料袋充氧运输。

3. 注射药物催产

采用注射催产药物可缩短群体产卵时间，常用催产激素为鲤鱼脑垂体（PG）、人体绒毛膜促性腺激素（HCG）、促黄体素释放激素类似物（LRH-A）。催产剂量为PG每千克4.5~6 mg、HCG 900~1 000国际单位、LRH-A 20~25 µg，PG+HCG混合使用量为2.0 mg+60~700国际单位，一般为一次注射，雄鱼用量为雌鱼的一半。注射部位为胸鳍基部或肌内注射。注射液用生理盐水配制，用量以每千克1 mL为宜，注射垂体悬液用7~8号针头，激素及类似物用5号针头。注射后的亲鱼放回原亲鱼池、产卵池或水泥池。

4. 孵化

斑点叉尾鮰受精卵的发育要比鲤科鱼类缓慢得多，在水温为25.5~29 ℃时，出膜时间需115小时左右，从仔鱼到稚鱼期结束需10天左右。

受精卵要进行流水孵化，常用设备有环道、孵化槽、流水孵化水泥池、孵化铁篓等。目前我国常常采用孵化槽，兹介绍如下。

孵化槽是一种长方形的带搅拌装置的孵化工具。该设备是根据天然水体中斑点叉尾鮰繁殖习性而设计的，采用水车式搅水器、转轴上带螺旋式叶片分布，转速每分钟28~30转，使槽内水体波动，借以增加溶氧量及使卵块轻微摆动，还使水体内有机物随水波动向溢流管外排，并不断从进水阀中以10 L/分钟的流速加注新水。孵化时要把卵块用12目左右铝丝网布编制的孵化篓盛装，悬挂水体中，每个孵化篓能容纳1 500 g左右的卵块。

孵化水温为20~30 ℃，最适水温为23~28 ℃，要求溶氧为6 mg/L以上，pH值为6.5~8.0，孵化槽水流流速为10~15 L/分钟，流水水泥池为20~25 L/分钟。

孵化过程中要防止阳光直接照射鱼卵，应在环道和流水水泥池上盖上竹席、草席等，孵化槽应放在室内或工作棚内。卵块超过500 g重时，应分开卵块，以免中间的卵粒缺氧窒息死亡。死卵、未受精卵要及时排除，防止发霉。

受精卵块的药物消毒是一项不可少的工作，在眼点出现之前（鱼卵变成红色），每天上午要进行消毒一次。方法是将消毒药液放入一个容器内，然后将盛有卵块的孵化篓放入液中浸洗。消毒完毕用新鲜水清洗一下后放回孵化槽中继续孵化。经过约1周的孵化，孵出的卵黄苗会自然地沉落在孵化水槽的槽底，且成团。以槽内4个拐角处最多，鱼苗出池可用虹吸法吸出。

**（三）人工催产孵化**

人工催产的方法同鲤科鱼类，但效应时间比鲤科鱼类长一倍多，一般为40～48小时。注射剂量同上述注射催产药物，可分为二次注射。人工授精操作较麻烦，且雄鱼的精液不能挤出，催产后必须杀鱼取精巢进行人工授精，对亲鱼资源损失较大。一般雌雄比例为2∶1。本繁殖方法在生产实践中实用性不强。

# 第三节　苗种培育技术

## 一、池塘培育

斑点叉尾鮰的苗种培育池面积以1～2亩为宜。鱼苗下池前10～15天用生石灰、漂白粉、茶饼对鱼池进行消毒。然后用猪粪、牛粪、人粪将水质培肥，方法同家鱼苗种培育。待水中出现大量浮游动物时，将卵黄囊消失后2～3天的鱼苗放入肥水池中。

苗种培育宜采用二级饲养法。一级饲养是将2 cm左右的鱼苗养到10 cm左右；二级饲养是将10 cm左右的鱼种养成30～50 g的大规格鱼种。一级饲养亩放量为2.5万～3万尾，二级饲养亩放量为7 000～8 000尾，斑点叉尾鮰在苗种阶段不宜采用我国培养家鱼苗种的"稀养速成法"，因为斑点叉尾鮰的苗种喜集群觅食，放养过稀不仅水体得不到充分利用，也不利于驯化鱼种的集群摄食，降低饲料利用率及鱼苗成活率。苗种培育一般以单养为主，或在鱼苗下池后15天左右每亩搭配规格为4 cm的鲢400～600尾，以维持良好的水质。

斑点叉尾鮰在4.5 cm以下时偏重摄食浮游动物（轮虫、枝角类、桡足类）、摇蚊幼虫及无节幼体。故可采用我国传统的肥水下塘方法进行苗种培育。4.5 cm后开始转入以人工饲料为主。10 cm到成鱼阶段摄食人工饲料及个体较大的生物，如水生陆生昆虫、大型浮游动物、水蚯蚓、甲壳动物、有机碎屑等。刚下塘的鱼苗4～5天可不喂食，或少量投喂混合饲料。4.5 cm以后可将粉状配合饲料用水搅拌成团球状投喂，苗长到6～7 cm时投喂粒径为1.5～2 mm的破碎料的配合饲料。鱼种生长到12 cm左右时可使用直径为3.5 mm的全价配合饲料投喂。水温在15～32 ℃时每天上、下午各投饲一次，投饲量为鱼体的3%～5%。水温降至13 ℃以下每天投喂一次，投喂量占鱼体重的1%。冬季每周喂1～2次。根据斑点叉尾鮰群体摄食的习性，投饲宜集中，将饲料直接投喂到鱼池中，投喂范围约占鱼池面积的10%。苗种培育池应定期加注新水防止水质恶化。

苗种培育阶段常见的鱼病有小瓜虫病、孢子虫病、水霉病。对小瓜虫病，可用20～25 mg/L的瓜虫净浸洗病鱼10～20分钟，隔天再洗一次。对孢子虫病主要是预防，放鱼前每亩用生石灰150 kg清塘，杀灭藏在泥土中的黏孢子虫。水霉病的预防可在放鱼苗时用3%的食盐溶液洗澡3～5分钟，效果极佳。鱼苗经过120天左右的二级饲养，10月底规格可达到30～50 g，亩产350 kg，成活率90%～98%，饵料系数1.4～1.6。

## 二、网箱培育

### （一）水域要求

斑点叉尾鲴是温水性淡水鱼类，最适生长水温15～32 ℃、pH值6.5～8.9。网箱应设置在交通方便、水面宽阔、环境安静，水质符合渔业用水标准的库湾。

### （二）网箱设置

网箱可采用规格2 m×1 m×1 m或4 m×1 m×1 m的筛绢网和无结网，网目依苗种大小而定，主要有20目、10目、0.5 cm、0.8 cm等。网箱应成"一"字形排列，箱间距2 m以上。通常网箱应提前3天下水，让箱衣变得柔软、光滑，以防止摩擦损伤鱼体而影响鱼苗成活率。根据斑点叉尾鲴的习性，可在网箱上加盖遮阳布，一是有利于鱼苗生长；二是抑制网箱上藻类的生长，以保持箱内外水流畅通。

### （三）苗种放养

1.苗种质量

应选择原种场繁育的无病、无伤、规格一致、体壮的苗种，一般选购卵黄苗或水花来培育，这样可降低成本，方便运输，提高成活率。

2.放养密度

一般为2 000～5 000尾/m²，并随鱼体增长适时进行大小筛选和密度调整。

### （四）饲养管理

饲料的营养和适口性，应符合斑点叉尾鲴各阶段生长需求，以提高成活率。其投饲方式如下。

1.卵黄苗阶段

卵黄苗游动能力差，鱼苗进箱后易聚集在网箱角，因此，进箱的前3天应开动增氧机，以增加箱内的水流动性，避免鱼苗的聚集造成缺氧死亡。该阶段的开口料应选择蛋白质50%的半浮沉微囊饲料，在鱼苗较集中的地方用微囊饲料慢慢驯化，在夜间利用鱼苗的趋光性在箱中间上方加挂1盏灯，鱼苗都会集中在灯下摄食浮游生物，此时是驯化鱼苗开口的最好时机，浮游生物又可起到补充鱼苗营养的作用，日投喂5～6次。

2.水花阶段

经过前期的驯化培育后，鱼苗基本都能上浮摄食。该阶段一般选择适口性好的鲴鱼粉料拌成团状投喂，日投喂量为鱼体重的6%，分3～4次投喂。1个月后鱼体长5～6 cm，40 mg/尾，此时就可转入无结网箱中培育。

### （五）日常管理

坚持每天观察鱼苗的活动情况，及时清除水面的垃圾和死鱼，并防止网箱破损逃鱼。做好生产记录，定时检测水温、溶氧，依天气变化增减投喂量。

1.换洗网箱

因投饵、粪便和水中附着物，网箱过一段时间就会堵塞而影响鱼苗生长，甚至发病。一般2天换洗1次网箱，在换洗前应先停食2餐，换洗时动作要轻、慢，避免损伤鱼体。

2.及时分箱、换箱

随着鱼苗的生长，如不及时分箱，造成密度过大，易抑制生长和引起鱼病，所以日常要多观察，做到及时分箱、换箱。

### （六）病害防治

在苗种培育过程中，发现主要有小瓜虫病、肠炎两种病。针对小瓜虫病，采用定期在网箱中挂袋（含氯剂）和甲醛溶液泼洒来预防。肠炎病主要控制好日常的饲料投喂，正常情况下投喂八分饱，因斑点叉尾鮰贪食，如遇天气变化闷热和下雨不减食，就易造成喂食过多，导致水中溶氧不够而引起肠炎病，所以鱼病防治要做到无病先防，有病早治。

# 第四节　成鱼养殖技术

斑点叉尾鮰既可在池塘中养殖，也可在江河、湖泊、水库等大水面放养，同时也是高密度流水养殖、网箱养殖及工厂化养殖的重要品种。我国目前斑点叉尾鮰的成鱼养殖方式主要是池塘和网箱养殖。

## 一、池塘养殖

斑点叉尾鮰池塘养殖方法分主养和混养两种。主养时放养密度为每亩1 000～2 000尾，搭配鲢、鳙200～300尾。美国科研人员认为在斑点叉尾鮰主养池中混养罗非鱼效果很好，奥本大学的研究人员发现单养斑点叉尾鮰每公顷（15亩）可放养4 400尾而收获1 400 kg，如混养罗非鱼1 240尾，则可收获鮰鱼1 568 kg，罗非鱼266 kg，使产量达到每公顷1 834 kg，比单养增产27.3%。混养时每亩放斑点叉尾鮰300～400尾，鲢、鳙300～350尾，鳊鱼100～150尾。鲤、鲫鱼亦为杂食性鱼类，且争食能力强于鮰鱼，故不予混养。

斑点叉尾鮰鱼种放养规格一般为5～25 cm，以15 cm最好，鲢、鳙搭配鱼种规格以50 g左右为宜。鱼种放养时间一般在12月至翌年1月，或在秋季将鮰鱼从大规格鱼种培育池直接转入成鱼池养殖。放养体长10～15 cm的鱼种，饲养300天左右便可达到商品鱼规格（0.75～1.2 kg）。在饲养管理中，应十分注意水中溶氧。如放养密度大，最好每亩配置一台增氧机。除了天气突变外，投饵过量也会导致水中缺氧，水体溶氧量要求在4 mg/L以上。

## 二、网箱养殖

网箱养殖鮰鱼同养殖其他品种鱼类大致一样，即包括场地选择，安装网箱设备、苗种进箱、饲料管理等一系列过程。网箱养鮰应注意以下几点。

第一，斑点叉尾鮰体表无鳞，易造成机械损伤，苗种进箱及换箱时应小心操作。苗种进箱前应以食盐水消毒。

第二，坚持定时、定量、定质、定位投饵。苗种入箱后应利用投饵措施对其进行摄食驯化。投饵量随水温、鱼体重量变化而不同。

第三，坚持无病先防、有病早治的原则，网箱养殖密度高，许多鱼病都有接触传染的特点，在这一养殖环境下更应保持水质清新，加强防病措施。

第四，勤换箱、勤洗箱，使水体能充分自由变换，保持箱内水体溶氧充足。

# 第五节　病害防治技术

斑点叉尾鮰的鱼病防治是养殖过程中的一个重要环节，尤其是在高密度养殖中更为重要，应切实做好疾病防治工作，落实"无病先防、有病早治、防重于治"的方针。

## 一、病毒性疾病

### 病毒性出血病

*1. 症状和病因*

病鱼皮肤及鳍基部出血，腹部膨胀，并有淡黄色渗出液（腹水）。鳃苍白或出血，一侧或双侧眼球突出。如解剖检查则可以见到肌肉组织、肝、肾和脾有出血区。脾脏呈浅红色和肿大，胃膨大有黏液状分泌物。肠灰白色，无食物。病鱼呈螺旋形游动，呆滞和头朝上垂直悬浮于水中。由斑点叉尾鮰病毒（CCV）引起。该病有高度的接触传染性。水温30 ℃时发病，主要危害10 cm以下的鱼种，3—4月龄的幼鱼也会感染。病程一般为3～7天。死亡率可达95%～100%，残存鱼生长缓慢。

*2. 防治方法*

（1）目前对本病尚无有效的药物治疗。降低水温可减少死亡率，但在生产上并不实用。故应从预防着手，注意放养密度，加强饲养管理。

（2）预防。外用：晴天上午使用浓戊二醛200 mL+泼洒姜200 g每亩·米水体，下午用50%菌毒清1包+双氧底净颗粒1包每4亩·米水体，每天一次，连用2天。内服：每20 kg饲料拌入："氟苯尼考200 g+盐酸多西环素200 g+青莲散300 g+芳健200 g+黏合剂30 g"。每天上下午各一餐，连喂3天。第4、5天，每天下午拌料投喂1餐。过后注意使用"菌中缘套餐"培水培藻。

## 二、细菌性与真菌性疾病

### （一）爱德华氏病

*1. 症状和病因*

初期病鱼胸鳍侧有直径为3～5 mm的损伤，外部如针状的创伤，并深入到肌肉。在10～15天内损伤面积逐渐扩大，病菌频繁入侵病鱼血液或感染肾脏，患病的成鱼在损伤的肌肉内有恶臭的气体。死亡的病鱼明显与肾脏、肝功能衰弱有关。病原为爱德华氏菌，发病后期难以治疗。

*2. 防治方法*

在发病季节，使用稳定性二氧化氯（浓度为0.3 mg/L）或聚维酮碘溶液（浓度为1 mg/L）全池泼洒，同时，每50 kg饵料每日拌入土霉素250 g和大蒜素100 g，或拌入氟苯尼考，连续投喂5～7天。用内服药前，需停食一天，药饵饵料量减半。

### （二）出血性败血症

**1. 症状和病因**

病鱼在水中呈呆滞的抽搐状游动，停止摄食，体表有圆形稀疏的溃疡（皮肤、肌肉坏死），腹部肿胀，眼球突出，体腔内充满带血的液体，肾脏变软、肿大，肝脏灰白带有小的出血点，肠内充满带血的或淡红色的黏液，后肠及肛门常有出血症状、肿大。病原为嗜水气单胞菌，此病多发于春季或初夏。

**2. 防治方法**

（1）一般采用内外结合治疗法。使用2 mg/L的土霉素溶液泼洒池水。选用磺胺剂、抗生素（如磺胺～甲氧嘧啶、金霉素、土霉素等）中的任何一种搅拌在饵料中投喂。磺胺类药物每天每千克鱼投放药物约200 mg，抗生素每天每千克鱼投40～50 mg，连续5天。

（2）外用。第一天上午用50%菌毒清2亩/包，全池均匀干撒，下午用碧水灵1瓶+泼洒姜400 g每4亩·米水体，兑水全池泼洒。第二天用浓戊二醛250 mL+苯扎溴铵100 mL每3亩·米水体全池泼洒。内服：20 kg饲料拌入药品5%硫酸新霉素400 g+10%恩诺沙星400 g+维生素K3粉400 g+三黄散100 g+黏合剂30 g，每天拌料2次，连用4天。

### （三）烂鳃病

**1. 症状和病因**

细菌、寄生虫、鳃霉、药害、水质恶化、营养不良导致。危害较大，诊断不准确不易治疗，死亡率大。病鱼体色发黑，体表黏液增多，或鳃丝污泥较多，鳃丝肿胀，鳃丝颜色暗红或者失血发白，病鱼独游，无食欲等。

**2. 防治方法**

（1）在晴天上午"聚维酮碘200 mL+霉平30 g+泼洒姜100 g每亩·米水体"，每天上午兑水全池均匀泼洒一次，连用2天。第三天用"50%菌毒清1包+双氧底净颗粒1包每4亩·米水体"。

（2）在鱼种下池前用生石灰彻底清塘，在发病季节用漂白粉进行全池消毒。

（3）用0.3～0.35 g/m³的二氧化氯全池泼洒。

### （四）肠炎病（乌头瘟）

**1. 症状和病因**

病原为点状气单胞菌。病鱼体色发黑，尤以头部为甚，离群独游，腹部膨大，肛门外突红肿，肠壁充血呈红褐色，充满淡黄色黏液。主要危害斑点叉尾鮰鱼种和成鱼，常与柱状嗜纤维菌引起的细菌性烂鳃病并发，发病季节多为夏季，发病率和死亡率均比较高。诊断可采用病理剖检的方法，可见到肠道的出血性炎症，肠道内没有食物而有黄色黏液。

**2. 防治方法**

（1）对池塘水体用0.3 mg/L稳定性二氧化氯全池泼洒。

（2）氟苯尼考拌饲料投喂，按15.0～20.0 mg/kg鱼体重的用药量，连续投喂5～7天。

（3）采用磺胺-2,6-二甲氧嘧啶拌饲料投喂，按80.0～100.0 mg/kg鱼体重的用药量，连续投喂6～7天。

### （五）水霉病

1. 症状和病因

被感染后的鱼，其身体的任何部位均会长出或小或大丛的灰白色棉花状菌丝体。捕捞、产卵等操作造成的损伤或其他疾病引起的病灶通常会使水霉菌侵入感染。全年均可发生此病。

2. 防治方法

（1）在拉网和运输过程中，操作要细致，尽可能避免鱼体受伤。操作结束后，可用3%～4%的食盐水浸洗10～15分钟。

（2）用2 mg/kg的高锰酸钾泼洒有一定作用。

（3）若病情严重可将池水放浅，用3～5 mg/L的治霉灵全池泼洒。

（4）第一、第二天上午：泼洒姜100 g+霉平30 g+聚维酮碘150 mL每亩·米水体；傍晚使用：双氧底净颗粒每3亩·米水体/包；第五天使用：霉平30 g+浓戊二醛150 mL每亩·米水体。

## 三、寄生虫性疾病

### （一）小瓜虫病

1. 症状和病因

小瓜虫病是危害最严重的疾病。如环境条件适于此病，几天内可使全部鱼死亡。小瓜虫侵入鱼的皮肤和鳃组织后，形成大头针头大小的小白点，肉眼可见。病原为多子小瓜虫，此病有季节性，春季水温20～25 ℃时适宜小瓜虫病生长和繁殖。

2. 防治方法

（1）硫酸铜0.5～0.7 mg/L和硫酸亚铁0.2～0.3 mg/L，长时间浸泡，18～24小时换水1次。

（2）用2～3 mg/L高锰酸钾或15～25 mg/L福尔马林全池泼洒。

（3）每立方米水体用生姜2.6 g，辣椒粉0.5 g。先将生姜捣烂，加入辣椒粉，混合后煮沸，全池泼洒，效果很好。

### （二）车轮虫病

1. 症状和病因

病原为车轮虫，对斑点叉尾鮰危害较大的车轮虫有二种，一种较小的常寄生于鳃部，另一种较大的则寄生于鱼体全身。以寄生于鳃部的一种危害性更大。侵袭鳃瓣时，使其产生大量黏液。

2. 防治方法

（1）0.7 mg/L硫酸铜与硫酸亚铁（5∶2）全池泼洒。

（2）按照说明用车轮速灭全池泼洒，连用两天后换水1/5～1/3。

（3）2～3 mg/L高锰酸钾或15～25 mg/L福尔马林全池泼洒。

### （三）孢子虫病

1. 症状和病因

孢子虫感染所致。发病初期，该寄生虫一般寄生鱼体的鳃或体表上，形成像芝麻大小的白色点状胞囊，但寄生在鳃丝上的一般小，形成胞囊，呈弥散形分布。当黏孢子虫寄生在鱼体表时，鱼体有不安状，引起鱼体在水中挣扎或在水面急游打转呈抽搐状，黏孢子虫还可以侵袭鱼体的肝脏、肾、肠黏膜等器官，从而引起鱼体出现腹水和鳍条出血的外部症状，但在体内不形成胞囊。主要危害幼鱼，每年5—7月和10—12月对鱼种的危害较为严重，常造成大批死亡。

2. 防治方法

由于孢子虫的孢子具有较强的抵抗能力，许多是体内组织寄生，故防治较为困难。有效地防治该疾病，必须做到以下几点。

（1）鱼体放养前必须用600 mg/L的碘溶液（有效碘浓度50～60 mg/L）药浴20分钟。

（2）每立方米水体用90%晶体敌百虫1～1.2 g化水泼洒。

（3）每千克饲料用盐酸左旋咪唑（兽用）1～2 g拌食投喂，4～5天为一个疗程。

（4）病死鱼不要随意乱扔，要挖坑深埋，以杜绝病原传播。

（5）外用：第一天上午使用"原虫膏200 g+纤灭100 g每亩·米水体"兑水泼洒，下午使用"50%菌毒清1包2亩"，全池均匀遍洒。第二天上午"原虫膏100 g+纤灭100 g每亩·米水体"兑水泼洒。内服：从第二天后开始，拌入内服药品，每20 kg饲料拌入"虫虫草400 g+克孢灵400 g+纤灭400 g+黏合剂30 g"，每天1～2次，连喂4～5天。

## 四、肝胆综合征

1. 症状和病因

药害造成肝胆慢性中毒，包括在养殖过程中使用菊酯类、重金属类的硫酸铜、有机磷类的敌百虫、强氧化剂（强氯精、漂白粉等）以及水体中的氨氮、亚硝酸盐、硫化氢等长期超标等导致鱼蓄积腹水，肝脏综合病变；水体中的细菌、病毒侵袭造成肝损害、感染；饲料品质影响，如饲料受潮霉变，或添加了喹乙醇等造成肝胆综合征。

2. 防治方法

外用：上午用"泼洒姜400 g+碧水灵1瓶每4亩·米水体"，兑水全池泼洒，下午用双氧底净颗粒用量每3亩·米水体，全池均匀抛洒。内服：20 kg饲料拌入"肤美200 g+三黄散100 g+氟苯尼考200 g+肝美400 g+黏合剂30 g"，每天下午拌料投喂，每天1～2次，连喂4～5天。间隔3天后，使用"饲料发酵伴侣+肝美+多维"，拌料再投喂3天，强化修复肝脏、肠道功能。

# 第六节　加工食用方法

## 一、红烧鮰鱼

### （一）食材

新鲜鮰鱼1条、姜片、葱段、味精、糖、胡椒粉、黄酒、生粉、酱油、精制油。

**（二）做法步骤**

（1）先将鮰鱼洗净沥干，斩块，放入八成热的油锅中炸一下捞出沥干油。

（2）锅中放入姜片、葱段、少许油，略煸炒一下，放入鱼块，加入黄酒、酱油、糖、味精、胡椒粉、翻炒几下。

（3）加盖焖10分钟左右。最后，勾芡，装盘即成。

图8.2　红烧鮰鱼（图来源于网络https://www.douguo.com/recipevideo/3018383）

## 二、清蒸鮰鱼

**（一）食材**

新鲜鮰鱼1条、胡椒粉、料酒、生姜、红椒、大葱、豉油。

**（二）做法步骤**

（1）将鮰鱼清理干净，冲去血水，再剁成均匀大小的小块，剁好之后装入大盆中，加入1茶匙胡椒粉，加入2汤匙料酒，然后抓匀腌制去腥，放着备用。

（2）将准备好的生姜、红椒、大葱分别切成细丝，然后泡水里备用，切出来的生姜边角料和大葱芯放着备用。

图8.3　清蒸鮰鱼（彭仁海供图）

（3）等鮰鱼腌制好之后，准备一个蒸鱼的盘子，然后将鮰鱼摆入盘中，再在上面摆上姜片和大葱，蒸的时候可以去腥增香。

（4）等蒸锅上汽之后，将装有鮰鱼的盘子放入锅中，盖上锅盖，大火蒸8分钟，将鮰鱼蒸熟。

（5）等鮰鱼蒸熟后出锅，将蒸出来的汤汁倒掉，再把上面的姜片和葱段去掉，然后换上新鲜的葱姜辣椒丝，再烧点热油爆香，最后淋上蒸鱼豉油。

## 三、酸菜鮰鱼

**（一）食材**

鮰鱼2条、酸菜200 g。泡椒100 g左右、葱姜蒜片适量、麻椒适量、线椒1根、鸡蛋1个、玉米淀粉3勺、盐适量、胡椒粉适量、白糖适量、生抽1勺。

**（二）做法步骤**

（1）准备两条新鲜的鮰鱼，剖开洗净。

（2）把鱼骨和鱼头剁块，鱼肉片腌制10分钟（加适量盐、胡椒粉、料酒、1个蛋清，先顺时针搅拌均匀，再加3勺淀粉顺时针搅拌均匀）加蛋清和淀粉可以使鱼肉更滑嫩，鱼皮也不容易破。

（3）葱姜蒜切片。酸菜和泡椒买的袋装的，酸菜冲洗一下切成段，泡椒切段备用。

图8.4　酸菜鮰鱼（图来源于网络https://hanwuji.xiachufang.com/recipe/103741189/）

（4）热锅凉油，底油可用调和油，另加1勺猪油。油热下酸菜煸炒出水气，加葱片炒出香味。再加入姜片和切好的泡椒煸炒出香味。

（5）加热水或者高汤煮2分钟，加盐，胡椒粉、白糖、生抽调味。

（6）下入鱼头鱼骨煮5分钟左右，加两把粉丝，再煮2分钟，然后把粉丝和鱼骨捞出放在盆中备用。

（7）然后下鱼肉，鱼肉刚下锅时不要急于搅动，等鱼肉凝固再搅动。煮两三分钟，八成熟即可。因为后面汤的余温会把鱼肉完全烫熟。

（8）把鱼肉捞出码在盆中，汤可以再煮2分钟会更浓郁，然后把煮好的汤淋入盆中，不要把鱼肉冲散。盆中把麻椒、白芝麻、线椒、葱花撒在鱼肉上，另起锅烧油，把油烧热泼在鱼肉上即可。

## 四、熘鮰鱼片

### （一）食材

1.5 kg鮰鱼1条、鸡蛋清、食用油、生姜、大葱、料酒、大蒜、红辣椒、胡椒粉、五香粉、生抽、蚝油、香葱、食盐、鸡精、香油。

### （二）做法步骤

（1）首先准备一条1.5 kg左右的鮰鱼，然后将鱼背上最大的两块肉剔下来。最后再把鱼肉切成较厚的片。

（2）将切好的鱼片用清水反复洗几遍，直到鱼肉发白为止。然后将鱼片放入一只稍大的碗中，加入1个鸡蛋清，生姜，大葱，食盐以及料酒，搅拌均匀，腌制15分钟左右。

图8.5　熘鮰鱼片（图来源于网络https://image.baidu.com/search/detail?ct=503316480&z=0&ipn=d&word=熘鮰鱼片照片&step_word）

（3）将准备好的红辣椒切成小段，生姜切成片，大葱冲切成丝，大蒜切成片。

（4）将腌过的鱼片再用水洗一下，然后在鱼片中放入食盐、胡椒粉、五香粉、生抽、淀粉，加入适量的清水将鱼片抓拌均匀，再腌制10分钟左右。

（5）烧一大锅水，等水完全沸腾之后，倒入腌好的鱼片，在锅中汆煮20秒，然后迅速控水捞出。

（6）准备一只炒锅，先往锅中倒入适量的食用油，然后将准备好的调料放入锅中炒出香味。再往锅中倒入适量的清水，加入生抽、蚝油、食盐、鸡精。等汤汁烧开之后倒入烫过的鱼片（此时最好不要用锅铲，摇动锅子让鱼片与汤汁混合均匀）。

（7）往锅中撒入一把切好的葱花。

（8）最后将炒好的鱼片装入盘中即可。

## 五、糖醋鮰鱼块

### （一）食材

鮰鱼1条、玉米油100 g、豌豆15 g、干淀粉50 g、番茄酱20 g、泰式甜辣酱20 g、白糖10 g、盐1小勺。

**（二）做法步骤**

（1）鮰鱼剖洗干净，用厨房纸巾吸干水分。

（2）在鱼身两打上刀花，再裹上淀粉，抖去多余的淀粉，锅里倒入宽油烧七成热，放入鮰鱼，中火煎至两面金黄，将鮰鱼捞出控油。

（3）豌豆焯水备用。

图8.6 糖醋鮰鱼块（图来源于网络 https://www.meipian.cn/24lzhm8g）

（4）锅内留底油，调入番茄酱、泰式甜辣酱、白糖翻炒均匀，酱汁冒泡时，放入豌豆，倒入1小碗清水煮开，再调入适量盐，加入少许水淀粉，煮至汤汁浓稠，淋到鮰鱼上即可。

# 第七节　养殖实例

## 一、池塘主养

河南省水产科学研究院的穆林进行了斑点叉尾鮰池塘健康高效养殖模式探索，形成了一套较好的养殖技术体系，取得较好经济社会效益。

**（一）养殖的池塘条件**

成鱼池要靠近水源，水质良好，溶氧量高。位置要求交通方便，便于鱼种、饲料及成鱼运输。池塘面积以0.3～1.0 hm²比较理想，池水深2 m左右。池形状以东西向的长方形为好，池塘周围无高大树木和房屋建筑，以免影响光照和风力吹动水体。

**（二）鱼种放养**

1. 放养时间和规格

在条件许可的情况下应早放养鱼种，一般在8—9月放养，便于在越冬前加强饲养，使鱼体有强壮的体质越冬，为提早出塘打下基础。河南沿黄地区在春季水温稳定在5～6 ℃时放养。低水温放养，鱼种活动能力弱，容易捕捞，操作过程中不容易受伤，减少饲养期鱼病的发生。早放养也可早开食，延长生长期。注意鱼种放养必须在晴天进行。放养规格一般在体长15～20 cm、体重100 g/尾以上的大规格鱼种，规格越大成活率越高，还可以缩短养成周期，节省养殖成本。同一池塘放养的鱼种规格要一致，以免在饲喂时以大欺小，造成个体差异加大。

2. 放养密度

主养斑点叉尾鮰在具备有优质规格鱼种、配备增氧机、投喂配合饲料三大高产要素的条件下，一般精养池塘投放体长15～20 cm鱼种密度1 500～18 000尾/hm²。年底平均体重可达1 kg，成活率可达90%以上，产量可达2.25 t/hm²左右。另外同池塘中还需要搭配放养规格为50 g以上的鲢鳙鱼种250尾左右，年底可长到1 kg左右。还可以放养少量鲤、鲫鱼当年鱼种。这些搭配鱼可以充分利用上、中、下层水体，合理的利用水中的各种天然饵料生物、有机碎屑和残料，有利于控制水质，改善生态环境，预防鱼病发生，增加鱼产量。

### （三）投喂技术

**1. 投喂量**

要根据水温、天气水质等条件来确定投喂量。斑点叉尾鮰在水温5 ℃以上开始摄食，在25～30 ℃时摄食最旺盛，投饵率为鱼体重的3%～4%，一般在20分钟内吃完为宜，喂成九分饱为好。

**2. 投喂方法**

在水温15 ℃以上时投喂漂浮性颗粒饲料，水温15 ℃以下时投喂沉浮性颗粒饲料。每天投喂2次，在6:00—7:00，17:00—18:00投喂，此时因光线趋弱饲料利用率最好。所投饲料要新鲜适口、营养全面，不能投腐败变质饲料，不宜直投各种饲料原料和动物下脚料及冰鲜动物饲料。投饵位置要固定，要在池塘较为安静、方便、适中位置安置投料机，投喂范围尽量扩大，以免投料范围过小影响小个体鱼的摄食。

### （四）日常管理

池塘养殖的一切物质条件和技术措施，最后都要通过池塘日常管理才能发挥应有的作用。主要内容如下。

**1. 建立池塘日志**

主要记载各类鱼种放养时间、规格、尾数、重量、起捕时间、捕捞尾数、捕出重量等；投喂饲料种类、时间、重量；注水换水时间、注水量、水质变化情况；使用增氧机情况、防病施药情况等。做好这些记录可为分析养殖效果、总结生产经验提供数据，积累和提高养殖技术水平。

**2. 坚持每天巡塘**

这是最基本的日常管理工作，每天早、中、晚巡塘3次。早晨观察池水水色、水质及鱼的活动情况。日出前如有鱼轻微浮头，日出后光合作用强，水中溶氧增加，浮头现象很快消失，这属于正常现象。午后巡塘主要观察池鱼活动情况。随时清除水面杂物，及时加水、排水，开动增氧机搅动水体。傍晚巡塘主要观察全天吃食情况。酷夏季节，精养塘由于放养密度大、投饵量大，水中有机物和耗氧因子多，容易发生鱼严重浮头现象甚至出现泛池，尤其是天气闷热、无风、气压低或雷雨阴天前后，此时要加强夜间巡塘，以防突发严重浮头并做好应对措施。

**3. 调控好水质**

高产鱼塘由于放养密度大、投饲料多，水质易恶化，为防鱼病和泛塘，要通过加注新水、开增氧机或施用微生物制剂来改善水质，增加溶氧。当水体透明度低于20 cm时，池鱼食欲下降，此时要加注新水、排除老水。在池鱼生长旺季的高温季节，每月加水5～6次，每次加水20～25 cm深，一般在晴天的14:00—15:00加水，严禁傍晚加水，以免造成上、下层水提前对流，引起缺氧浮头。为改善水质，每15～20天，鱼池最好用225 kg/hm²左右的生石灰化浆全池泼洒一次，起到中和酸性、稳定pH值、改良水质。还能澄清水质，增加透明度，有利于光合作用，促进浮游生物和鱼类的生长发育。生石灰含有优质钙肥、直接作为营养物质可提到水体初级生产力。另外，每月可泼洒一次EM微生物制剂，改良水质和底质。

### 4. 合理使用增氧机

增氧机是精养池塘有效防止浮头、提高产量的重要养殖机械。目前增氧机型号多种多样，生产中以叶轮式增氧机较为实用，它不但可以增氧，还有搅动上、下层水体，增加底层水溶氧作用，还可以起到逸散水底产生的有毒气体如硫化氢、氨气的曝气作用。使用增氧机的开机时间一般是晴天中午开、阴天清晨开、连阴天半夜开，严禁傍晚开。生长旺季晴天时减半开。

## 二、网箱养殖

河南省水产科学研究院常东洲2011年在河南桐柏县李湾水库开展斑点叉尾鮰网箱养殖试验，3月12日从湖北购进鱼种，平均规格41 g/尾（每千克24尾），共计25万尾，试验网箱60箱，每箱投放鱼种3 000～5 000尾，经过8个月饲养，投喂饲料258 t，生产成鱼1 686 t，饲料系数1.53，33%达到1 kg以上，成活率92%，取得了良好的经济效益。

### （一）试验材料

#### 1. 水域环境

李湾水库环境优美，水资清新，无污染，交通方便，属河道型山谷水库，水面宽200～300 m，长蜿蜒数千米，水域面积200多hm²，最深水域水深12～15 m。

#### 2. 网箱设置

网箱材料为聚乙烯网片，规格为5 m×5 m×3 m，网目大小为2.5 cm和4.5 cm两种规格，均为双层。网目2.5 cm设置40箱，网目4.5 cm设置20箱。网箱结构由钢管框架、油桶、木排三部分组成，框架为直径5 cm、长6 m钢管，浮力用油桶来完成，中间为木排，在上面行走，方便投喂和管理，两边为网箱。网箱间距1～2 m，左右两排组成。网箱用直径2～3 cm聚乙烯绳索固定在两岸树上，水库水位升高或降低后，整排网箱移动到合适位置。

#### 3. 鱼种

2011年斑点叉尾鮰鱼种在湖北购买，活鱼运输车运输，鱼种规格整齐，健康无病。3月12日购进，平均规格41 g/尾。

#### 4. 饲料

投喂全价斑点叉尾鮰专用饲料，鱼种阶段投喂饲料蛋白质要求36%，个体达到500 g后投喂蛋白质32%的饲料，投喂饲料规格粒径分别为1.5 mm、2.0 mm、2.5 mm、3.0 mm、3.5 mm，根据鱼体大小分别投喂不同粒径饲料。

### （二）试验方法

#### 1. 鱼种放养

2011年3月12日购买斑点叉尾鮰鱼种25万尾，规格不齐，运到后，根据规格不同分成两组，小规格每箱放养8 000尾，放18个箱；大规格每箱放养5 000尾，放21个箱。5月后随着水温升高，鱼体不断长大，进行分箱工作，成鱼养殖网箱每箱2 500～3 000尾，不再分箱，个体长到1 kg以上整体上市销售。

#### 2. 饲养方法

一是投喂方式，使用网箱专用自动投饵机，节省人力，投喂准确。人工喂养一定要选择吃苦耐劳，责任心强工作人员。鱼种进箱一周，水温达到13℃以上，开始人工驯养，少量多次，驯食到大多数鱼浮到水面抢食为止。投喂工具可用小盆均匀泼洒，尽量将饲料投到网箱中央，减少饲料浪费。二是投喂次数和时间，投喂次数根据水温高低、天气变化而定，一般情况水温高，天气晴好，每天投喂2~3次，否则投喂1~2次或不喂。投喂时间早上7:00—8:00，中午1:00—2:00，下午6:00—7:00。每箱投喂时间不得小于40分钟，均匀投喂。三是投喂数量，投喂数量根据水温高低，鱼体大小不同而定，水温25℃以上投喂量占鱼体重3%~4%，水温20℃左右投喂量占鱼体重1%~2%，同时还要观察鱼类具体吃食情况而定。投喂量不能因为鱼类吃食好就偏多，容易造成鱼类消化不良，引起肠炎，饲料系数也会偏高。全年总共投喂饲料258吨，生长旺季每天最多投喂2 t。

3. 鱼病防治

斑点叉尾鮰网箱养殖一旦患病，治疗非常困难，造成重大经济损失。因此防病工作显得尤为重要。一是鱼种进箱消毒，鱼种经过长途运输，体表存在不同程度受伤，浸泡消毒非常必要。常见消毒药物有食盐和高锰酸钾，用4%的食盐水浸泡20~30分钟或用20 g/m³高锰酸钾浸泡15~20分钟。二是寄生虫防治，生长季节网箱周围不定期泼洒杀虫剂，常用杀虫剂有福尔马林、硫酸铜与硫酸亚铁合剂、杀虫灵等。发现鱼体有虫，内服杀虫药物效果最好。三是细菌性疾病防治，内服土霉素或氟苯尼考效果最好，具体用量每千克鱼日服土霉素50~80 mg，连续投喂5~10天，停药21天后方可上市销售；氟苯尼考用量每千克鱼日服20~50 mg，连续投喂3~6天。四是营养性综合征，其症状为鱼体体色变白，食欲不强，体形短粗，抗病力差，体表出血，蛀鳍，治疗方法为根据患病情况，确定缺乏微量元素，有针对性添加；更换饲料，选择营养全面饲料。

4. 日常管理

一是定期分箱，在网箱养殖过程中，鱼体大小差异越长越大，网箱承载力是有限的，必须分箱，挑选大小接近个体放入同一网箱，每个网箱放鱼3 000~5 000尾为宜，间隔1~2月分箱1次。规格200 g每箱放5 000尾左右，规格400 g每箱放4 000尾左右，规格800 g每箱放3 000尾左右，通过不断分箱，减少个体大小差异，提高生长速度，增加产量。二是检查网箱，网箱检查是网箱养鱼中很重要环节，在养殖过程中，不可避免出现网箱破损，经常检查，及时修补，防止逃鱼，造成不必要经济损失。如发现网箱鱼体数量明显减少，要及时检查网箱。每隔15天左右洗刷网箱1次，清除残饵污物及附着藻类，使水体交换充分。发现死鱼，及时捞出。三是防盗，网箱设置区域由于交通方便，人员来往频繁，给网箱养殖安全带来一定麻烦。夏季晚上，防止游泳及捕鱼者靠近。网箱附近晚上有人看守，养狗，防止生人靠近。

（三）讨论

（1）斑点叉尾鮰网箱养殖鱼种一定选择品系优良，规格整齐，体格健壮，个体最好在50 g/尾以上，这是网箱养殖成功的前提，苗种质量选择好坏，至关重要。网箱在水中浸泡10天以上，网箱网线上有附着物后鱼种方可进箱。

（2）饲料一定选择正规大厂生产，除蛋白达到要求外，有些原料不能加，比如在成鱼饲料中绝不能加玉米蛋白粉，否则，鱼体出现花斑，影响销售。在饲养过程中，要求饲料粒径大小与鱼体大小相适应外，决不能投喂霉烂变质饲料。

（3）在鱼类生长旺季，鱼病防治一定跟上，最好半月进行一次预防，杀虫、杀菌尤其重要，一旦患病，治疗非常困难。

（4）网箱养殖区域水深不能低于8 m，水库水位下降后，网箱整体移动到水深区域非常必要。鱼体大小差异变大后，及时分箱，个体接近鱼体放入同一箱内，有利鱼类生长。

## 参考文献

敖礼林，2017. 斑点叉尾鮰无公害成鱼池塘高效养殖技术[J]. 渔业致富指南（6）：40.

蔡焰值，陶建军，何世强，等，1989. 斑点叉尾鮰生物学及其养殖技术[J]. 淡水渔业（4）：5，31.

蔡勇，2020 斑点叉尾鮰大规格苗种培育技术[J]. 农家致富（22）：39-40.

常东洲，2012. 斑点叉尾鮰网箱养殖试验[J]. 河南水产（3）：33-34.

贺明婷，2015. 斑点叉尾鮰网箱养殖技术研究[J]. 现代农业科技（2）：273，278.

黄爱平，2008. 斑点叉尾鮰人工繁殖及无公害苗种培育技术（中）[J]. 科学养鱼（5）：14-16.

黄爱平，2008. 斑点叉尾鮰人工繁殖及无公害苗种培育技术（上）[J]. 科学养鱼（4）：14-16，28.

黄爱平，2008. 斑点叉尾鮰人工繁殖及无公害苗种培育技术（下）[J]. 科学养鱼（6）：14-16.

李慧云，2021. 池塘培育斑点叉尾鮰苗种技术[J]. 山东畜牧兽医，42（1）：61.

李应森，韩旭. 斑点叉尾鮰网箱集约化健康养殖技术[J]. 安徽农学通报（9）：159-160.

刘辉，张卫芳，2022. 斑点叉尾鮰池塘养殖及病害防治技术[J]. 河南水产（2）：15-16.

刘孝华，2009. 斑点叉尾鮰生物学特性及人工养殖[J]. 安徽农业科学，37（34）：16867-16868，16879.

罗法刚，2012. 斑点叉尾鮰成鱼健康养殖技术[J]. 现代农业科技（14）：255-256.

穆林，2023. 斑点叉尾鮰池塘健康高效养殖技术[J]. 河南水产（2）：12-13，18.

穆林，2023. 斑点叉尾鮰苗种培育期小瓜虫病防治措施[J]. 河南水产（3）：14-15.

邱春刚，闫有利，刘丙阳，等，2002. 池塘主养罗非鱼套养加州鲈试验[J]. 水产科学，21（5）：14-15.

佘磊，陈宇，李艳和，等，2010. 斑点叉尾鮰成鱼健康养殖技术[J]. 现代农业科技（8）：338-339.

向建国，周进，金宏，2004. 斑点叉尾鮰的生物学与生理生化特性研究[J]. 湖南农业大学学报（自然科学版），30（4）：355-358.

谢美珍，习宏斌，杨明，2008. 网箱培育斑点叉尾鮰苗种技术[J]. 江西水产科技（3）：25-26.

袁圣，张曼，蒋蓉，2023. 斑点叉尾鮰春季疾病防控建议（上）[J]. 农家致富（4）：36-37.

袁圣，张曼，蒋蓉，2023.斑点叉尾鮰春季疾病防控建议（中）[J].农家致富（5）：36-37.

袁圣，张曼，蒋蓉，2023.斑点叉尾鮰春季疾病防控建议（下）[J].农家致富（6）：37.

赵宪钧，2016.斑点叉尾鮰水库网箱养殖技术的推广与应用[J].河南水产（5）：9-11.

赵昕，2023.斑点叉尾鮰池塘混养模式效益好[J].农家致富（10）：6-7.

钟东，宁广南，钟权，2022.池塘主养罗非鱼套养斑点叉尾鮰试验[J].广西畜牧兽医，38（6）：279-280.

周朝阳，张厚群，张波涛，2020.斑点叉尾鮰人工繁殖与苗种培育关键技术（上）[J].科学养鱼（1）：8-9.

周朝阳，张厚群，张波涛，2020.斑点叉尾鮰人工繁殖与苗种培育关键技术（下）[J].科学养鱼（2）：7.

# 第九章

# 南方大口鲶

大口鲶（*Silurus meridionalis*），原名南方大口鲶，俗称河鲶，大河鲶。主产于长江流域的大江河中，是一种以鱼为主食的大型经济鱼类，常见个体重2～5 kg，最大个体可达30 kg以上。它与分布很广的那种小个体鲶（俗称土鲶、鲶拐子）是同属不同种。大口鲶含肉率高，蛋白质和维生素含量丰富，肉质细嫩，味道鲜美，是产地群众极为推崇的高级鱼之一。

## 第一节　生物学特性

### 一、形态特征

头部宽扁，腹部短粗，躯干部延长纵高，尾长而侧扁；口大，口裂深、末端伸达眼中央下方；上、下颌密布向内倒钩的细齿；犁骨齿带分为2团；眼小侧生，被有透明的薄膜；须2对，下颌突出，上颌须特长可达到胸鳍基部之后；幼体须3对；外鳃耙数13～17；体表无

**图9.1　大口鲶（彭仁海供图）**

鳞，极富黏液；背鳍短小，簇状；腹鳍无粗壮硬棘；胸鳍有一粗壮硬棘；臀鳍特长，末端与尾鳍相连。鱼苗透明，幼鱼淡黄色，成鱼背部及体侧多灰褐色、黄绿色或灰黑色，腹部灰白色，各鳍灰黑色。

大口鲶与鲶（*Silurus asotus*），也就是常见的土鲶的主要区别在于：①前者的胸鳍刺内侧光滑而后者则有锯齿，手摸很容易区分；②前者的成熟卵呈油黄色而后者是草绿色，前者4龄、体重3 kg以上才达性成熟，而后者1～2龄、体重75 g左右就达性成熟；③前者长得快也长得大，而后者长得慢也长不大。土鲶一年只长到100 g左右，一般很难见有超过1 kg重的大个体。这些分辨特征在认购苗种或成鱼时有实际意义。

### 二、生活习性

大口鲶属温水性鱼类，生存适温0～38 ℃，因此在我国南、北方都能自然越冬。在池养条件下的最佳生长水温是25～28 ℃。当水中溶氧在3 mg/L以上时生长正常，低至2 mg/L则出现浮头，低于1 mg/L时就窒息死亡。适应pH值范围是6.0～9.0，最适pH值

是7.0～8.4。

在大江河中，大口鲇喜栖息于敞水区，营"底栖"生活，"等吃自来食"，3月初沿河上溯作产卵洄游，9月陆续退到河道深处或洞穴中越冬。在池塘里，多在池底活动，只有到了深秋时节的晴朗天气，才集群到水面上来"晒太阳"，即群众中流传的"鲇鱼晒背"的现象。大口鲇性较温顺，不善跳跃，喜集群成团，较易捕捞，第一网的起捕率常达90%左右。

### 三、食性

大口鲇是凶猛的肉食性鱼类，其摄食对象多是鱼类，也吃水生昆虫和鼠类等，能捕食相当于自身长度1/3的鱼体，冬季减食或停食。在池养条件下，也能够改吃配合颗粒饲料，要求饲料中粗蛋白质含量在40%左右，苗种阶段甚至高达45%以上，其中动物蛋白质应占30%。

### 四、年龄与生长

1～3龄的大口鲇生长速度最快。当年4月人工孵出的鱼苗养到年底全长可达40 cm、体重0.65 kg，第二年最大个体可达60 cm，体重2.25 kg，第三年最大个体能达3.7 kg。在长江以南各省区，一年四季都能生长，但以夏、秋长势最猛，日增重可达3～5 g，冬季生长较缓，日增重为0.01～0.5 g。

### 五、繁殖特性

大口鲇的性成熟年龄为4龄，少数3龄的雄鱼或5龄的雌鱼刚达性成熟。产卵季节在3—6月，3月中下旬到4月上旬是产卵盛期。人工催产多用绒毛膜激素和鲤鱼垂体。雌雄的主要区别在于：雄鱼胸鳍刺上的锯齿强大，外生殖乳突长而尖，雌鱼胸鳍刺上的锯齿较细弱、外生殖乳突短而圆，且腹部膨大、卵巢轮廓明显。产卵水温为18～26 ℃，最适水温20～23 ℃，卵具有黏性，但较弱，油黄色，可附着在聚乙烯纱窗布或其他附着物上孵化。每千克亲鱼体重可产卵3 000～5 000粒。在水温22～23 ℃时，受精卵需50～60小时孵出鱼苗，刚出膜的仔鱼有一个很大的卵黄囊，侧卧于水底只能缓缓颤动，2～3天后就可自由游泳并开始觅食。

## 第二节　人工繁殖技术

### 一、亲鱼的选择与培育

选择体质健壮、体色鲜艳、体形丰满、活动正常、无病无伤的作为亲鱼。亲鱼的年龄要求18～22月龄，理想的雌亲鱼体重在800～1 500 g较合适。雄性亲鱼，体重在600～1 200 g较合适。雌雄比例要求1∶1或1∶1.2。

对18～22月龄的亲鱼，要加强营养，投喂以鱼粉40%、花生麸20%、玉米粉20%比例混合的颗粒饲料，日投饲量为鱼体重的5%～10%，在2～3小时内吃完为度。每天投饲时间分早、晚二次，7:00—9:00，16:00—17:00，尽量做到定时、定量、定位和保证饲料的鲜度及质量。

在亲鱼培育期间，水质控制和流水刺激对亲鱼性腺的成熟和防止鱼病有很大的作用。亲鱼池的水质宜控制在透明度15～20 cm，pH值在6.5～7.5，水色一般以黄褐色、浓绿色为宜。在对亲鱼进行催产前1～2月，要尽可能进行流水刺激（冲水），正常情况下，最好每天1次，适当的流水刺激，可促使亲鱼性腺的成熟和及早产卵。所以在亲鱼培养期间应尽可能保持水质清新，定期进行流水刺激和保证饲料的供给，以满足大口鲶性腺发育对环境因素的要求，从而加速亲鱼的成熟发育和保证亲鱼的质量。

南方大口鲶的雌雄根据其生殖孔是圆形还是狭小而延长进行鉴别。达到成熟的雌雄尤其容易鉴别。雌鱼一般体形丰满、体表较黏滑、色素淡化、腹部呈白色、胸鳍末端较钝，体外生殖突呈短圆突形，末端不游离，生殖突未及臀鳍。成熟时，腹部卵巢轮廓明显、膨大、松软、生殖孔红肿，用手轻挤腹部即有卵子流出。雄鱼体形瘦长、体表粗糙、色素较深，腹部呈浅灰色，胸鳍末端较尖长，外生殖突呈现长条状圆锥形，末端游离，生殖突长度达到臀鳍前缘基部。

## 二、人工催产与授精

我国大部分地区，每年从4—5月开始，水温在20 ℃以上时均可进行催产，而其中以5～7月（水温在25～32 ℃）时为催产盛期。大口鲶诱导产卵用的激素有鲤鱼脑下垂体（PG），绒毛膜促性腺激素（HCG）。

人工催产一般都采用二针注射较好，0.25～0.5 kg的亲鱼，第一针每尾雌鱼注射PG 1个，第二针注射PG 1.5个，雄鱼待雌鱼注射第二针时，注射PG 1个。如注射HCG，雌鱼第一针每尾注射200国际单位，第二针注射400国际单位，雄鱼待雌鱼注射第二针时才注射200单位。把所需的激素配在1 mL的生理盐水中。第一针与第二针的时距一般是8～10小时。注射部位为背鳍侧面肌肉，或胸鳍基部内侧，注射后雌雄亲鱼按1∶1或1∶1.2的比例放在50 cm×60 cm、水深15 cm左右的水泥池或塑料盆中的清水里，内放几棵水浮莲，产卵后，卵可粘在水浮莲根须上，然后用竹箔盖口放到安静处，保持水温25～30 ℃，亲鱼从注射到开始产卵10～12小时，产卵时间约3小时。

也可以把雌雄鱼分放两个水泥池进行群体催产，待即将产卵前把鱼捞起，进行人工授精。

采用干法授精时，先把雌鱼鱼体用毛巾抹干，然后挤卵在装有剪碎精巢的研钵中，加入生理盐水，用羽毛或手指搅拌后用清水冲洗。

湿法授精时，把卵挤入已用生理盐水配制的精巢液中，精巢液即配即用。成熟好的亲鱼，在温度适宜时，受精率和孵化率都很高，一般都在90%以上，最低也在40%～50%。

## 三、孵化

把人工授精的受精卵均匀地泼洒在孵化窗纱框上，窗纱框的规格根据水泥池大小而定，木框用杉木做，框高4 cm，框上装订规格为32目的塑料窗纱。受精卵黏在入水1 cm的窗纱上，进行流水或充氧孵化的效果最好。受精卵黏附窗纱的密度一般为每平方厘米5粒左右。用这种方法，受精率和孵化率都很高，一般在90%以上。孵化时应蔽荫，防止直射阳光。从受精到出膜只需30小时左右，当仔鱼出膜以后，应及时清理，注意换水，待过了60~80小时后，仔鱼能游泳时，把鱼放到培育池中培育。最适温度为24~28 ℃。

# 第三节　苗种培育技术

## 一、鱼苗培育

刚孵出的鱼苗完全靠自身的卵黄为营养，2天左右，卵黄开始慢慢消失，仔鱼能够正常进行水平游动时，便可下塘开口吃食。鱼苗的开口饵料可用熟蛋黄或小型枝角类和桡足类。将鸡蛋煮熟，去壳取蛋黄用纱布包好，在盛水的盘中挤压蛋黄，使其形成蛋黄颗粒水浆，全池泼洒。随着鱼体不断长大，可投喂水蚤、摇蚊幼虫、水蚯蚓、蝇蛆及各种小家鱼苗，或喂些蚕蛹粉、猪血、人工幼苗配合饲料等。投喂量以下次投饵前池中略有剩饵为宜，这样可避免因投喂不足导致鱼苗间互相残食。注意投喂生物饵料时应严格进行消毒后才能使用，可将生物饵料洗净后放入3%的食盐溶液或0.5 mg/L高锰酸钾溶液中浸泡3~5分钟，防止病原体入池后诱发病患。在饲料充足、水温稳定（变幅不超过3 ℃）、水质清新的条件下，只需18~25天，鱼苗就能达到3 cm以上的规格，成活率一般在80%左右。此时，就应及时过筛、分级分池饲养，进入鱼种培育阶段。

## 二、鱼种培育

大口鲶水花鱼苗培育成3 cm左右的夏花鱼种后，鱼体已增长了数百倍，如仍留在原鱼苗池培育，密度过大，易暴发疾病，将严重影响其继续生长和鱼种的出池率。但如直接将其放入各类水体进行成鱼养殖，又因它对环境的适应能力、捕食能力和防御敌害的能力都还不强，养成率极低，因此需要进一步把它们培育成8~10 cm的大规格鱼种。利用池塘、湖汊、库湾、网箱、稻田、坑凼等水体培育大规格鱼种成败的关键是想方设法减少同类间的互残现象，为此要进行分级培育法。该阶段的生长指标为：出池率达60%以上、体质强壮、大小规格一致。

### （一）鱼种培育池

选用面积100~1 000 m²、水深1 m以上、底部平坦的水泥池或硬质泥底池为精养池，面积667~2 000 m²的土池可作粗养池。与鱼苗培育池的要求一样，鱼种池也必须进、排水方便、水源充足，放鱼前严格进行清整消毒。

### （二）分级放养鱼种

精养池的夏花放养密度为每平方米100~200尾。饲养7~10天，当池内鱼种多数达5 cm长时，便清池过筛，按大小分两级分池放养，此时大鱼的放养密度降低为每平方米20～40尾（如转入网箱培育，每平方米可为300～500尾）。当池内鱼种多数达8 cm时，又一次过筛，再度按大小分级放养，此时大鱼种的放养密度再降，每平方米15～20尾（网箱为200～300尾）。待鱼种长到10 cm长时，即可放入各类水体进行成鱼养殖。

粗养池由于面积较大，一般难以做到彻底清池过筛和分级培育，故大多采用直养法，即适当减少夏花鱼种的放养量，以每平方米15～20尾的密度（相当于每亩放10 000尾左右）投放，一直培育到8～10 cm的规格才出塘，中间不分筛、不分池。实践证明，此法虽然培育大规格鱼种的效果不怎么理想，但在广大的农村，仍不失是现阶段解决大规格鱼种供不应求矛盾的途径之一。

需特别强调的是，清池过筛工作一定要认真彻底，否则，只要少量大规格鱼种混在小规格鱼群里，将会伤害无数的小鱼种。另外，鱼种培育阶段是大口鲶一生中互相残食最厉害的时期，全长3.6 cm的鱼种能吞食全长2.4 cm的同类，1尾全长4.7 cm的鱼种能在2小时内咬伤3尾并吞食另一尾全长达3.2 cm的同类。减少其残食的关键措施，一是要喂足喜食的适口饵料，让它们吃饱吃好；二是适时清池过筛、分规格分池放养、逐级稀疏培育。

为了满足规模化、集约化饲养大口鲶鱼种饲料的需要，生产上大都是在鱼种全长达5 cm以前继续投喂水蚯蚓等鲜活饵料，达5 cm左右时开始转食，即改喂人工配合饲料。转食初期，必须投喂专门的转食饲料，也就是添加了诱食剂的人工配合饲料，该饲料的基础成分有鱼粉、蚕蛹、酵母、饼粕、面粉等，诱食剂有天然物与化工产品两类，单独使用或结合使用的效果均好。农村中最易获得的诱食剂有杂鱼糜、鱼虾糜、畜（禽）肝糜、鹅鸭蛋等。整个转食过程5～7天即可完成，之后便改喂不加诱食剂的鱼种饲料。大口鲶鱼种饲料的营养要求是：粗蛋白质42%～45%、粗脂肪4%～8%、糖20%～30%、粗纤维3%～5%。

**（三）饲养管理**

**1. 坚持"四定"投饲法则**

一是定时投饲，水蚤、水蚯蚓及适口饵料鱼等活饵，最好每天投喂1～2次，也可在保证培育池水不缺氧的前提下，一次性适当多投些，因而可隔天或几天投饲1次。在转食驯化阶段，第1～2天可在上、下午各少量投饲1次，第3～6天应增加到日投饲3～4次。之后（包括下述的成鱼饲养阶段）日投饲2次即可，这是因为大口鲶有一个可膨大的胃，一次饱食后能维持较长时间的营养供给。二是定点投饲，养成大口鲶在一定位置取食的习惯，应当从转食驯化时就开始设置"饲料台"，培养其上台取食的习惯。饲料台多用竹筛、内衬25～40目的聚乙烯纱窗布或其他材料做成，通常一个60 m²的鱼池设1～2个饲料台，一个1～4亩的鱼池设6～10个饲料台。投饲时，边敲击池埂或饲料桶，发出声响，边将饲料缓缓投入，逐步使鱼形成条件反射，就会闻声即争先恐后上台抢食。饲料台还应不时稍稍挪动一下位置，否则会因残饲、鱼粪的堆积腐臭影响鱼的摄食。原放饲料台的地方，最好用生石灰或强氯精等消毒处理。三是定质投饲，一定要保证饲料的质量，除不能用霉烂、变质原料加工成饲料，也不能喂霉变饲料外，必须按照大口鲶鱼种的营养需要配制饲料。所用饲料要精细加工，以达到改善其适口性、提高消化率、扩大原料的可利用范围，又便于储存等目的。四是定量投饲，基本要求是掌握鱼的摄食量，不使其饥饿，也不让它过饱。处于饥饿或半饥饿状态下的大口鲇将会本能地相互残食。大口鲇的日投饲量与鱼的规格、水温、溶氧、饲料质量等因素有关；饲养者可参考投饲率计算，也可凭经验掌握。如水质好、天气晴、摄食旺时可适当多喂；如天气不正常，则应少喂甚至停喂；炎夏高温，白天少喂傍晚多喂。总之，可以每次投饲后在1小时内基本吃完为标准来掌握。

**2. 加强日常管理**

坚持早晚巡池，天气突变时还应增加夜间巡池次数。做好鱼池的清洁卫生工作，注意防止洪涝灾害及其他突发性事件的发生。适时加注新水。坚持每天洗晒饲料台，如有残饲，必须倒在别处，不能洗刷在原池里，以免败坏水质。每隔半个月左右，用生石灰等对放置饲料台的地方严格消毒。按生产要求及时清池，将鱼种过筛、分级稀养，积极防治病害。

# 第四节 成鱼养殖技术

大口鲇的适应能力较强，既可在池塘单养，也可与其他鱼混养，还可在网箱、流水池进行集约化养殖。目前较为成熟的是池塘养殖和网箱养殖等。

## 一、池塘单养

### （一）池塘条件

成鱼池的面积一般以每口6亩以内，尤其是1~4亩较为合适。池塘水深1.5~2.5 m，要清除过多的底部淤泥，只留5~10 cm的薄层就行。应具有较充沛的水源，水质符合国家渔业用水标准，且进排水系统完善，最好是靠近水库、湖泊、河道、沟渠的鱼池，或者配备有增氧机、抽水机等渔业机械。池塘条件是可以改造的，包括一些蓄水塘、山平塘、坑凼等，只要接通水源，清底护埂之后，均可以饲养大口鲇成鱼。生产上，在鱼种放养前7~10天用生石灰清塘消毒，3天后注水到1 m深，5~7天后就可投放鱼种。

### （二）鱼种放养

在放种时，既要根据客观情况，如鱼种来源是否方便、是否经济合算，也要考虑饲养者的技术水平和消费者的吃鱼习惯诸因素来决定放养鱼种的规格和密度。有时鱼种的规格并不太大，但饲料好，管理又精细，同样能长得较快，当年也能达到上市的商品要求，还可节省一笔购买大鱼种的费用。生产实践证明，每亩水面放养全长为8~10 cm的鱼种800~1 000尾比较合适。要求所放鱼种膘肥体壮、无病无伤、活动机敏、挣扎有力，同一池塘所放鱼种的规格大体一致。

在主养大口鲇的鱼池里，可以配养一定数量的大规格鲢、鳙鱼种，以利用池水中丰富的浮游生物和部分饲料粉末碎屑。但一般不能配养鲤、鲫、草鱼等吃食性鱼类，因鲇鱼饲料质高价昂，被这些鱼抢食不划算。

### （三）饲养周期与饲养体制

饲养周期指的是从鱼苗开始直到养成上市食用商品鱼所需的时间。大口鲶的饲养周期为1年，即当年鱼苗当年就能养成商品成鱼上市，更准确地说只需6～8个月的时间就能达到尾重500 g的商品规格，这比鲤、鲫、草鱼（均需1.5～2年）和从国外引进的斑点叉尾鮰、六须鲶（均需2年）等都要缩短一半以上的时间。

饲养体制指的是饲养形式。由于大口鲶是凶猛的肉食性鱼类，所以它只适宜采用"鱼种一次性放足、成鱼一次性出池"的饲养体制，轮捕轮放、套养鱼种、捕大补小等饲养模式对大口鲶是不适用的。但为了均衡大口鲶的市场供应，可在每年的秋后将各池较小的个体适当选留下来继续饲养，直到翌年5—7月起捕上市。这样做有几个好处：一是鱼的个体可以长得更大些，尾重可达1 000～1 500 g以上；二是充分利用成鱼池上半年的空闲时间；三是缓解了上半年是鱼货淡季的市场需求的矛盾，同时鱼价也相对较高，使养殖者丰产又能丰收。此外，有的养鲶者利用上半年成鱼池的空闲时间先培养一茬鲤、鲫鱼苗种或家鱼苗种，也能够达到充分利用鱼池创收的目标。

### （四）饲料投喂

大口鲶的日投饲量既与鱼体大小相关，也与水质、溶氧、水温等因素密切相关。判断投饲量是否适宜，要看投喂的饲料是否被吃完以及吃完的时间，鱼的生长率是否达到一定的指标和鱼体是否健康。过量投饲往往会造成摄食时间长、有剩饲、鱼体脂肪积累过多等现象；如投饲不足，则会出现鱼体消瘦和个体大小悬殊的现象。至于日投饲次数，实践证明每天只需1～2次即可。

投饲还应遵循"四看""四定"原则。所谓"四看"，就是掌握了日投饲量后，还要"看水质、看天气、看季节、看鱼的吃食与活动情况"灵活确定实际投饲量。看水质：就是根据池水的肥瘦与老化程度确定投饲量。水色正常、肥度适中，可按常量投饲；水质过浓，水蚤成团，有缺氧浮头的可能，应停止投饲，等换注水后再喂。看天气：就是根据当时的天气状况投饲，如晴阴骤变、酷暑闷热、雷暴雨或连绵阴雨，都要少喂或停喂饲料。看季节：即是按照不同的季节调整投饲量，一般是7—9月水温最高，鱼猛吃猛长，是投饲的高峰季节；5—6月虽然水温亦已升高，但鱼的个体还未长大，因此投饲量相对也应少些；10—11月虽然温度已下降，但为了增加鱼体的肥满度，仍需投喂适量的饲料。看鱼的吃食与活动情况：确定日投饲量的直接依据，生产上一般要求池鱼能在0.5～1小时内把投喂的饲料基本吃光，否则就要酌情增减。所谓"四定"，即定时、定位、定质、定量，其要求已在苗种培育一节中阐述过，成鱼饲养也一样，这里不再赘述。

### （五）日常管理

成鱼池的日常管理工作，可概括为"三勤"和"三及时"。

1. "三勤"

即勤巡池、勤搞卫生和勤作记录。一般要求每天至少巡池3次，即黎明时巡池，主要观察鱼是否浮头及浮头的轻重程度，并采取相应的措施；午前巡池，结合洗晒饲料台，检查鱼的吃食与活动情况；傍晚巡池，注意观察水位、水质变化、池鱼有无泛池或生病的预兆等。天气骤变的时候还应增加夜间巡池次数，采取相应的安全措施，确保池鱼万无一失。要随时清除鱼池周围的杂鱼、池中杂渣和水面的生物浮膜，处理好残饵与病死鱼，定期洒生石灰浆改良水质。要把每天的天气、水温、透明度、投饵、防病、换注水情况及鱼的生长、浮头及死伤鱼数等，一一逐日记载在册，建立池塘档案。

2. "三及时"

即及时预报、预防池鱼浮头和泛池，及时加注新水或采取其他措施调节水质，及时防治鱼病。由于大口鲇每浮头1次，将在几天内不吃不长，所以生产上应尽量避免出现浮头现象；通常每隔10天左右加注新水1次，每次使鱼池水位升高10～20 cm，高温干旱时节还应增加换老水、注新水的次数。成鱼饲养期间的鱼病不多，常见的有肠炎、烂鳃及体表的寄生虫病，防治方法可参见病害防治技术一节。

## 二、池塘混养

在小型野杂鱼较多的家鱼池或亲鱼池里，亩放10 cm长的大口鲇30～50尾，可在不减少其他鱼种放养量和不增加饲料投入的前提下，年底可收获商品鲇尾重0.5～1.0 kg，亩产20～30 kg，增收300～500元。

应当指出，混养了大口鲇的鱼池就不宜再套养其他家鱼鱼种，而且要特别注意水质的调控管理。在水质过肥，排灌不便，家鱼都经常浮头的池塘不宜混养大口鲇；靠成鱼池套养来年各类鱼种的池塘不宜混养大口鲇；没有清基的水库、河堰不能放养大口鲇；此外，水深不足33.3 cm，又无深水鱼凼的稻田也不宜放养大口鲇。

## 三、网箱养殖

### （一）网箱设置

1. 网目大小与规格

主要根据放养鱼种的规格来决定。如从开始放养全长4～5 cm的鱼种养到成鱼，需购置网目为0.6～0.8 cm的无结节聚乙烯敞口小培育网箱，随着鱼体长大，分疏到规格分别为5 m×2 m×2 m、5 m×5 m×2 m或4 m×4 m×2 m的一级鱼种培育箱和网目为1.5～2.0 cm的有结节聚乙烯敞口网箱；5 m×5 m×2 m或4 m×4 m×2 m的二级鱼种培育箱以及网目为3～4 cm的聚乙烯敞口网箱；5 m×5 m×3 m或4 m×4 m×3 m的封口成鱼箱。鱼种箱单层使用，成鱼箱要封口，双层使用，且内箱的网目应略小于外箱。如果放养10 cm左右的大规格鱼种，只需购置二级鱼种培育箱和成鱼箱，如放养隔年鱼种（体重在0.25～0.5 kg），那么只需购置成鱼网箱即可。

2. 网箱装配及其在水面的组

敷设网箱的箱架和人行通道，可选用粗毛竹、杉木（长度在7 m以上）、汽油桶或其他材料捆扎而成。箱架内周与网箱之间应有0.5～1 m的间隙，箱间距不能小于2 m。网箱组合多采用"吕吕"型双排结构，每4个箱为1组，用8号铁丝捆扎牢实，也可采用"口口"型单排结构。箱架的每边用毛竹1根，箱架的各角安装一个网箱支撑架。人行通道（即栈桥）一般以箱架的长度为长度，宽度为0.6～1 m。"吕吕"型组合的通道，自然就设在两列网箱之间，"口口"型组合的通道应设在网箱的近岸侧，每组网箱通道的总浮力不得小于200～300 kg。箱架各部可在近水岸边分别捆扎好后进行组装，也可直接一次性装配。箱架的组距通常应大于4 m、排距应大于250 m。箱架在水上的定位可采取对岸打桩拉绳、水下抛锚等办法，注意系绳两端应留有与水位常年升降变化相适应的备用长度，以防发生不测状况时应急。

3. 网箱养鲶水域条件的选择

设置网箱的水域，应相对开阔、向阳、有一定风浪或有缓流水通过，水深在5 m以上，透明度0.8~1.0 m，全年22 ℃以上的水温有4~5个月，水的pH值为7左右。

4. 网箱提前入水

应在鱼种放养前7~10天入水，使网衣上附着一些藻类，可减轻网衣对鱼体的损伤。为使箱体正常成形、箱底平坦，可在网箱的4个底角，各悬吊一个3~5 kg的重物（如1~2块砖）、底纲中部悬吊1~2 kg的重物（如半块砖）作沉子。

**（二）鱼种放养**

当年4—5月繁殖出来的大口鲶水花，经池塘培育到4~5 cm的规格时，即可进入一级鱼种培育箱饲养，放养密度为每平方米300~600尾。饲养20~25天后，清箱过筛，按大、小两个规格分箱饲养，把达到8~10 cm规格的鱼种以每平方米150~300尾的密度放养。当鱼种的规格达到13 cm长时，转入二级鱼种箱饲养，放养密度为每平方米100~200尾。当鱼体重达到每尾40 g左右时，转入成鱼箱饲养，放养密度为每平方米80~120尾。若放养隔年大规格鱼种，每平方米只能放养30~50尾。应当指出，已有饲养大口鲶实践经验的养殖者，无论是放养4~5 cm的小鱼种还是大规格鱼种，其养成率都能达到60%~80%，且放种密度还可适当加大。但对初养者来说，放养10~13 cm的大规格鱼种或隔年鱼种，其成功的把握才大。其次，放种前一定要做好各项准备工作，包括饲料与防病药物的采供等。长时间用尼龙袋充氧运输的鱼种，开袋放鱼时不宜立即进行药浴消毒处理，可在第2、第3天补上这一环。另外，在同一地点连续养鲶3年后，应当转移网箱另辟新址。

**（三）饲料及其投喂**

1. 配合饲料的营养指标

根据大口鲶不同生长阶段的营养需要，结合网箱养鲶的实际，可以分段设计4种连续接用的饲料配方，即鱼种转食饲料、常规鱼种饲料、成鱼饲料和保膘饲料。

鱼种转食饲料最好是现做现喂（软湿饲料的适口性更好）；常规鱼种饲料的粒径为1.5~3 mm，干储取用；成鱼饲料的粒径为3~5 mm，干储取用；保膘饲料系低蛋白质、高能量饲料，多在10月底开始使用，目的是降低饲料成本、使鱼体多积累脂肪以备越冬消耗。对大口鲶饲料的黏合剂质量要求较高，这是因为大口鲶无法利用散失的碎屑饲料。

2. 投饲

网箱养鲶的投饲技术与网箱养鲤有区别。大口鲶没有鲤鱼那种上浮水面抢食的习性，因此每个网箱都必须设置饲料筐1~2个。饲料筐多悬吊于距离箱底20~30 cm处，投饲采用手撒法。如果投喂冰鲜鱼块之类的饲料，也应一次性投进饲料筐内。大口鲶是有胃鱼，日投饲2次就行。一般在全长4~13 cm时，日投饲量为鱼体重的8%~10%；全长14~23 cm时为鱼体重的5%~7%；全长在23 cm以后，日投饲量为鱼体重的0.1%~3%。越冬期间根据水温与天气状况可间隔数日在午后少量投饲。生产上掌握适宜投饲量的技巧：一是检查食筐内残饲的有无与多少，二是仔细观察投饲时饲料筐上方"二层水"中鱼群"阴影"的变化情况，一般在开始投饲时"阴影"大，说明鱼群正在密集抢食，之后"阴影"逐渐变小、变淡，直至消失，投饲即可结束。

### 3. 日常管理

尚未经过转食驯化的鱼种进箱后，停食1~2天，让其适应网箱环境，同时在饥饿状态下也有助于转食驯化。随后即可少量投喂饲料于筐内，诱其摄食，日投喂3~4次，每次要把剩饲全部倒掉并将饲料筐洗刷干净后再喂新料。3天后改成日投喂2~3次，1周后即能基本达到改吃配合饲料的转食目的，此后便开始常规饲养。

定期过筛、分箱是提高养成率的关键措施之一，这在鱼种饲养阶段尤为重要。在鱼种阶段，一般每隔20天左右的时间就有必要筛分1次，把规格相近的鱼放入同一网箱里饲养管理，这便于发挥其群体生长优势，避免因大小悬殊而弱肉强食。在成鱼阶段，互相残食现象已不严重，一般筛分1~2次已足够。

由于大口鲶满嘴利齿，经常袭击箱外成群的野杂鱼，故网衣易被咬破，必须经常检查箱体是否完好无损，可放养2~3尾红鲤鱼作指示鱼。此外，定期洗刷网衣、清除箱体上的附着物、保持箱内外水交换顺畅；认真洗晒饲料筐，不允许其有臭味；每月测定鱼的生长情况，调整投饲量；做好防洪、防暴风、防偷盗和防治鱼病等工作；记好养鱼日志。

### 4. 鱼病防治

只要设箱水域的水质好、加上采取有效的预防措施，网箱饲养大口鲶一般较少生病。预防措施包括：网箱在下水前，在阳光下暴晒数小时，或用杀菌剂浸泡消毒；网箱提前下水，让藻类附着在网衣上；进箱鱼种用高锰酸钾或磺胺类药物浸洗消毒；筛鱼、分选时尽量减少鱼体机械损伤；每隔一段时间，用生石灰浆泼洒箱体及附近水域；在饲料筐上方，用强氯精、敌百虫、硫酸铜与硫酸亚铁合剂交替挂袋，1个月换1次；在7—9月用土霉素或磺胺药做成药饵投喂，预防消化道炎症。给网箱鱼药浴可采用兜箱捆鱼或用白布围贴网周，将药液泼洒到箱体的当中，这样可维持一定时间的有效药物浓度，对鱼较安全，操作起来也较省力。

# 第五节　病害防治技术

大口鲶的抗病力较强，尤其是在成鱼养殖中较少患病，但在苗种阶段病害则较多，细菌性疾病或细菌性、病毒性、寄生虫类疾病的并发症往往也会导致苗种大量死亡，因此在生产中仍应贯彻预防为主、防治结合的方针。实践表明，用0.3~0.4 mg/L的晶体敌百虫药液或用0.4~0.5 mg/L的硫酸铜、硫酸亚铁合剂（5∶2）的药液遍洒能较好地防治多种寄生虫类疾病。1 mg/L的漂白粉药液全池泼洒时对细菌性鱼病有一定的疗效，用土霉素、磺胺类、呋喃脲等做成的药饵对防治肠道病疗效显著，对某些危害特大的并发症的防治方法目前仍在研究之中。必须注意，由于大口鲶是无鳞鱼，用药4小时后应向鱼池大量冲水，以免造成慢性药害。此外，定期向鱼池泼洒15~20 mg/L的生石灰水，保持鱼池及饵料台的清洁卫生等综合防病措施也要始终坚持到底。危害最严重的常见疾病及防治方法如下。

## 一、白头白嘴或白尾病

### （一）症状和病因

由白皮假单胞菌或柱状曲挠杆菌。发病初期，病鱼尾柄处发白，随着病情发展，迅速扩展蔓延，以至自背鳍基部后面的体表全部发白，严重时尾鳍腐烂残缺不齐，该病主要危害体长3~5 cm的苗种，发病时间为4—7月。

### （二）防治方法

（1）全池遍洒0.2 mg/L二氧化氯。

（2）每立方米水体用0.3 g强氯精兑水全池遍洒，连用3天；或用2.5%的食盐加少许醋浸洗病鱼；或用0.025~0.05 mg/L的聚碘全池遍洒，疗效良好。

## 二、出血病

### （一）症状和病因

系由嗜水气单胞菌引起。病鱼头顶部明显充血、出血，在水中呈呆滞的抽搐状游动，停止摄食；眼球突出，眼眶出血发红，鳍及鳍基出血，鳍条末端腐烂，鳃丝颜色变淡，黏液增多，其末端出现不同程度的腐烂；肌肉局部或斑块状出血；肛门红肿，肠道充血发红；胃、肠内食物减少，部分病鱼肝、肾点状出血，胆囊肿大变色。该病一般发生在3~5 cm的鱼种阶段，流行于5—6月，发病水温为24~28 ℃，发病1~2天鱼即开始大批死亡。

### （二）防治方法

（1）该病来势猛、死亡率高，尚无有效的治疗药物。经试验，大黄氨水浸出液对该病有一定的疗效。

（2）用0.2 mg/L二氧化氯或二氯异氰尿酸钠全池泼洒。投喂5%鱼虾壮元拌料，连喂5天为1疗程，病情严重时。隔天重复1疗程。

（3）全池泼洒聚维酮碘溶液或季铵盐络合碘溶液，每天1次，隔天再用1次；另外，同时添加氟苯尼考+盐酸多西环素+维生素$K_3$或恩诺沙星+黄连白贯散+维生素C拌饵投喂，5~7天1个疗程（药物使用方法按厂家说明）。

## 三、肠炎病

### （一）症状和病因

肠型点状气单胞菌。病鱼体发黑，食欲明显减退，剖开鱼腹，可见肠壁局部充血发炎，肠内黏液较多，疾病后期可见全部肠道发炎，呈浅红色，肠黏膜往往溃烂脱落，肠内含有血质色黏稠液体，胃、肠内无食物。该病危害成鲶和大鱼种，发病期为每年4—6月，常与烂鳃病并发。

### （二）防治方法

（1）不喂霉变腐烂的饲料，定期给饲料添加0.05%~0.1%的鲜大蒜汁，结合水体泼洒0.3 mg/L的强氯精或25~40 mg/L的生石灰水。

（2）用$0.2 \times 10^{-6}$二氯异氰尿酸钠全池均匀泼洒。

（3）出现病鱼后，在每千克饲料中添加庆大霉素针剂2支，每天早晚各喂1次，连喂3天；或在每100 kg饲料中加入土霉素饲料粉剂50～100 g，连喂5～7天。

### 四、烂鳃病

#### （一）症状和病因

柱状曲挠杆菌感染所致。病鱼不摄食，鱼体色黑，游动缓慢，常浮于上层水面，鳃丝颜色变淡，边缘附有污泥或杂物，严重时鳃丝末端腐烂。挑取少许黏液附物。镜检，可见到成丛纤细长、柔软能做弯曲运动的杆状菌。该病主要危害成鲇，可引起大批量死亡，流行于4—8月。

#### （二）防治方法

（1）平时加强预防，泼洒复合芽孢杆菌复合光合细菌等益生菌制剂，每半月1次。

（2）定期泼洒0.3 mg/L的强氯精，或25～40 mg/L的生石灰水，或用0.1～0.2 mg/L的聚碘全池泼洒，效果也较好。

（3）一旦感染该疾病，全池泼洒聚维酮碘溶液或复合碘溶液，每天1次，隔天再用1次。另外，同时添加复方新诺明+维生素C拌饵投喂，4～5天1个疗程（药物使用方法按厂家说明）。

（4）内服鱼虾壮元或每千克饲料加五倍子2.3 g。

### 五、腐皮病

#### （一）症状和病因

由斑点气单胞菌引起。鱼体部分皮肤变白，游动缓慢不吃食，鱼体两侧出现红斑溃疡。该病危害鱼鳃，发病时间为4—5月。

#### （二）防治方法

（1）在疾病流行季节，全池泼洒二氧化氯或者三氯异氰尿酸。

（2）一旦感染该疾病，全池泼洒硫醚沙星溶液或苯扎溴铵溶液，每天1次，隔天再用1次；另外同时添加氟苯尼考+盐酸多西环素拌饵投喂，5～7天1个疗程（药物使用方法按厂家说明）。

### 六、水霉病

#### （一）症状和病因

水霉菌。被感染后的鱼，其体表的任何部位均可长出小丛或大丛的灰白色棉花状菌丝体。病鱼游动失常，消瘦死亡。全年均可发生该病。

#### （二）防治方法

用2%～4%食盐浸溶病鱼15～30分钟或用3 mg/L治霉灵全池泼洒。

### 七、小瓜虫等原生动物引起的寄生虫病

#### （一）症状和病因

当小瓜虫等寄生虫大量寄生在鱼的体表、鳍条和鳃上时，肉眼可见有许多小白点（故俗称白点病），虫子必须在解剖镜或显微镜下才能看清楚。其他原生动物如黏孢子

虫、斜管虫、杯体虫等也只有通过镜检才能确诊。小瓜虫病的危害最大,常引发大批苗种死亡。

### (二)防治方法

(1)原池用福尔马林液消毒,杀死其孢囊。斜管虫和车轮虫并发症可用0.4 mg/L的硫酸铜全池遍洒防治。黏孢子虫能在鱼体各个部位寄生,形成奶黄色或乳白色大小不一的孢囊,先用1 mg/L的晶体敌百虫液浸浴,再用0.2 mg/L的晶体敌百虫遍洒。

(2)辣椒粉和生姜,每立方米水体用0.8 ~ 1.2 g和1.5 ~ 2.5 g,加水煮沸30分钟,连渣带汁全池泼洒,1天1次连用3 ~ 4天。

(3)瓜虫净,每立方米水体0.37 ~ 0.75 g全池泼洒1次;或青蒿末,每千克体重0.3 ~ 0.4 g拌饲投喂,1天1次,连用5 ~ 7天;或孢虫净(主要成分青蒿末)或驱灵,1 kg饲料8 g或20 ~ 25 g,连用3 ~ 5天。

## 八、车轮虫病

### (一)症状和病因

由车轮虫寄生引起。车轮虫寄生于鲶鱼鳃丝或体表。寄生于体表的车轮虫,严重时可见病鱼嘴部、鳍等处有一层白翳;寄生于鳃丝则引起病鱼鳃丝颜色变淡,黏液增多,镜检可发现大量车轮虫。该病主要危害体长5 cm以下的苗种,可造成死亡,流行于每年4—5月。

### (二)防治方法

(1)全池泼洒0.2 mg/L二氯异氰尿酸钠。

(2)全池泼洒苦楝子煎液,用量为$5 \times 10^{-6}$浓度,使用前煮沸2小时。

# 第六节 加工食用方法

## 一、酸菜鲶鱼

### (一)食材

鲶鱼1尾、酸菜1包、红辣椒少许、花椒少许、姜少许。

### (二)做法步骤

(1)鱼洗净去内脏。

(2)将鱼片下鱼骨和鱼肉,鱼肉切片,鱼骨放在一旁待用。

(3)将鱼片用一个鸡蛋清、料酒、盐腌制起来。

(4)油锅烧油,待油热了放入红辣椒,花椒炒香,然后取出一半待用,剩余的炒起酸菜、鱼骨,加一点生抽,加水,待水烧开了放入鱼片。

图9.2 酸菜鲶鱼(图来源于网络https://baike.baidu.com/pic/酸菜鲶鱼/8532558/1/96dda144ad3459825ad5a93a01f431adcbef843f?fromModule=lemma_top-image&ct=single#aid=1&pic=77094b36acaf2edda3ccbf65165a16e93901203f35ae)

（5）出锅后放入刚切的红辣椒。

## 二、豆豉蒸鲶鱼

### （一）食材

1 kg鲶鱼1尾、蚝油适量、生抽适量、胡椒粉适量、姜末适量、豆豉适量、芝麻油适量、料酒适量、小葱适量、蒜末适量、姜片适量、蒸鱼豆豉油适量。

### （二）做法步骤

（1）先将鲶鱼整理好，切成块状，豆豉和姜剁成末。

（2）将调味（见小贴士）倒入鲶鱼里，豆豉用1/3左右，鲶鱼如果还有水，可以用纸吸干鱼表面水分，利于入味，拌匀，腌制30分钟。

图9.3　豆豉蒸鲶鱼（图来源于网络https://www.ixigua.com/6857055567374975495）

（3）鲶鱼腌好后，锅里加入清水，开火。在烧水的过程中，将容器底部平铺上姜片，铺上鲶鱼，再平铺上姜片，平铺上鲶鱼，直到将鱼放完。

（4）水开后，放入锅内，大火蒸15分钟，蒸鱼过程中，准备好蒜末。

（5）15分钟后，关火，再焖7分钟，如果想要更鲜，可以再淋一点蒸鱼豆豉油。

（6）将余下的豆豉末和蒜末入热油锅里炒香，淋在蒸好的鱼身上，再撒上小葱即可。

## 三、香煎鲶鱼

### （一）食材

1 kg鲶鱼1尾。生姜、大蒜、小米椒，青椒，芹菜。

### （二）做法步骤

（1）鲶鱼剁块，清洗干净，用料酒，盐腌制15分钟左右。生姜、大蒜切片，青椒、芹菜切段，小米椒切圈备用。

（2）锅烧热放油，撒入少量食盐，可以防止油溅出，煸香花椒，之后捞出不要，倒掉腌鱼块时碗里多出的血水，下入鱼块，煎至一面稍黄，烹入少许料酒，再翻至另一面。

图9.4　香煎鲶鱼（图来源于网络https://www.ixigua.com/6902623934189928972）

（3）加入酱油使鱼块上色，再将鱼块扒到一边，加入大蒜、生姜炒香，拨到鱼块上，再下小米椒、青椒、芹菜炒至发软，之后与鱼块翻炒到一起。

（4）加入蚝油炒匀，沿锅边加入少量清水，以防鱼块太干，收干汤汁即可滑入盘中。

## 四、烤鲶鱼

### （一）食材

0.5 kg鲶鱼2尾。白砂糖30 g、盐10 g、辣椒粉15 g、孜然粉15 g、黑胡椒粉5 g、葱姜蒜辣椒等。

**（二）做法步骤**

（1）鲶鱼的内脏去除干净后用流动水冲洗干净，用厨房纸巾擦干鲶鱼肚内和表面的水分（以防滑手）。

（2）从鲶鱼的头部稍后一点的位置切入一刀，再斜刀片入，将鲶鱼一侧的整片鱼肉都片下来，接着将鲶鱼翻面，再用同样的方法将另一侧的净鱼肉片下来。

（3）在烤盘中垫入锡纸，再将2片鲶鱼肉和1整条连头鱼骨紧挨着排在烤盘中。

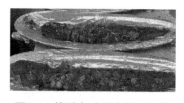

图9.5 烤鲶鱼（图来源于网络 https://haokan.baidu.com/v? pd=wisenatural&vid=123488 90818177299981）

（4）将白砂糖、盐、黑胡椒粉、孜然粉和辣椒粉均匀地撒在上面，接着把鱼肉和鱼骨翻面，再在另一面均匀地撒一层。然后常温静置腌渍45~60分钟。

（5）将烤箱顶火预热至250 ℃，再把2片鲶鱼肉肉面向上，同鱼骨一起放入烤箱中距离加热管最近的位置（但是不能挨着加热管）烤制7分钟。

（6）用烤箱手套取出整个烤盘，再用金属夹子小心地将2条鱼骨鱼肉翻面，使鱼皮面朝上。重新放入烤箱中，用顶火250 ℃烤制7分钟。

（7）最后取出整片装盘，撒上葱姜蒜，淋上热油即可。

## 五、煲鲶鱼汤

**（一）食材**

1.0 kg鲶鱼1尾。色拉油、葱、姜、花椒、精盐、酱油、醋、香油等。

**（二）做法步骤**

（1）将活鲶鱼剖肚、去杂、洗净、切块。

（2）锅置火上，倒入花生油烧热，煸炒葱段、姜片、精盐，然后加清水2 000 g，花椒，将鲶鱼块放入锅内文火慢炖，使鱼体内营养成分充分溶入水中。

（3）水沸时，放入酱油、菠菜叶、味精、香油等调料，盛入碗中即可。

图9.6 煲鲶鱼汤（图来源于网络 https://www.xiachufang.com/ recipe/105823640/）

## 六、红烧鲶鱼段

**（一）食材**

1.0 kg鲶鱼1尾。姜、蒜、生抽、老抽、蚝油、醋、盐等。

**（二）做法步骤**

（1）鲶鱼清洗干净剁成块、姜丝、蒜片。

（2）锅中油热放入鱼块，两面微微煎一下。

（3）放入姜丝和蒜片，放入一勺生抽，半勺老抽，半勺蚝油，半勺醋，轻轻翻面，让两面上色。

（4）加入适量的水，水开后放盐调味，盖盖煮15分钟，最后大火收汁即可。

图9.7 红烧鲶鱼段（图来源于网络https://www.xiachufang. com/recipe/106922781/）

# 第七节　养殖实例

## 一、池塘主养

内蒙古水产技术推广站的段海清2012年在呼和浩特市新村渔场进行了南方大口鲇的池塘养殖试验，取得较好效果。

### （一）材料与方法

**1. 试验条件**

试验池选择在无任何污染的呼市新村渔场，水源为地下水，池塘面积为10亩，池塘底质保水性好，淤泥20 cm左右，进排水畅通，每口塘配有3 kW增氧机1台。

**2. 清塘与施肥**

每亩用生石灰150 kg进行清塘，池底只留少量水，将生石灰全池泼洒，并尽量与底泥融合，以达到改良底质、增加肥效的目的。清塘1周以后加水至50 cm，与此同时每亩施发酵的鸡粪300 kg。

**3. 鱼种投放**

4月底开始投放鱼种，从四川庐州引进。鱼种投放前用15~20 mg/L的高锰酸钾浸泡5~10分钟。鱼种分两种规格进行投放，1号池塘投放规格为0.2 kg/尾、2号池塘投放规格为0.4 kg/尾，以上两口塘所放配养鱼均为鲢、鳙，按100尾/亩投放，规格为0.4 kg/尾，鲢鳙比例为4:1，详见表9.1、表9.2。

**表9.1　1号池塘投放量**

| 种类 | 规格（kg/尾） | 投放量（尾/亩） | 总投放量（尾） |
| --- | --- | --- | --- |
| 南方大口鲇 | 0.2 | 350 | 3 500 |
| 鲢鳙（4:1） | 0.4 | 100 | 1 000 |

**表9.2　2号池塘投放量**

| 种类 | 规格（kg/尾） | 投放量（尾/亩） | 总投放量（尾） |
| --- | --- | --- | --- |
| 南方大口鲇 | 0.4 | 250 | 2 500 |
| 鲢鳙（4:1） | 0.4 | 100 | 1 000 |

**4. 投喂**

刚入池的鱼种首先进行驯化。投放鱼种的第二天在饵料台前投放饲料并同时敲击物体发出响声，进行条件反射训练，10天后鱼即开始上浮抢食，5月至6月中旬所投饲料主要为猪肺，其他有鸡肠子和新鲜的动物尸体等。投喂时用绞肉机将动物尸体或内脏绞碎进行投喂。根据南方大口鲇昼伏夜出的习性，一天投喂2次，时间为8:00和18:00。

6月中旬以后改用野杂鱼投喂，野杂鱼来自乌梁素海，其主要为当地小鲫鱼，另外也有泥鳅和麦穗等。

### 5. 日常管理

一是早晚巡塘，随时捞出池中杂物。鱼吃完食后及时捞出残饵以防饵料腐烂污染水质，保持池塘的清洁。二是所投喂的畜禽内脏及小杂鱼都保存在冷库中，必须是新鲜的，对每天使用后的绞肉机及运输工具，如扁担、桶、瓢等都清洗消毒，对饲料台定期进行消毒。三是水质调节，定期加注新水，每20天加水1次，每次20～30 cm。进入7月后每10天加水1次，晴天中午及凌晨2:00—5:00定期开充氧机，雨天除外。四是做好记录，详细记录投饵量、投饲次数、加水次数和用药量等。

### 6. 鱼病防治

坚持"防病重于治病"的原则，以预防为主。一般情况下，每20天消毒1次，用漂白粉和生石灰交替使用，整个养殖周期共使用过1次杀虫剂，所用药物均符合无公害水产品的用药标准，在捕捞前20天禁用任何药物。

### （二）结果

从4月30日投放鱼种到9月1日出成鱼，1号池共产出南方大口鲶3 773 kg，鲢、鳙950 kg，亩产为472.3 kg；2号池南方大口鲶416.5 kg/亩，共产出4 165 kg，鲢、鳙950 kg，合计亩产511.5 kg。见表9.3、表9.4。

表9.3　1号池塘收获量

| 种类 | 规格（kg/尾） | 亩产量（kg/亩） | 成活率（%） | 总产量（kg） |
| --- | --- | --- | --- | --- |
| 南方大口鲶 | 1.1 | 377.3 | 98 | 3 773 |
| 鲢鳙（4∶1） | 1 | 95 | 95 | 950 |
| 总计 | | 472.3 | | 4 723 |

表9.4　2号池塘收获量

| 种类 | 规格（kg/尾） | 亩产量（kg/亩） | 成活率（%） | 总产量（kg） |
| --- | --- | --- | --- | --- |
| 南方大口鲶 | 1.7 | 416.5 | 98 | 4 165 |
| 鲢鳙（4∶1） | 1 | 95 | 95 | 950 |
| 总计 | | 511.5 | | 5 115 |

1号池，南方大口鲶377.3 kg，每生长1 kg鲶用野杂鱼4 kg，用猪肺或其他禽畜内脏6.5 kg，当年所用饲料成本为8 700元，水电费、承包费、肥料费、人工费、渔机折旧等合计600元/亩。销售收入：鲶鱼平均售价为34元/kg，鲶鱼收入为12 928.3元/亩，鲢鳙收入为570元/亩。成本为9 300元/亩，利润为4 198.2元/亩，投入产出比为1∶1.45。2号池，投入成本为11 974元/亩，收入为鲶鱼17 391元/亩，鲢鳙570元/亩，合计为17 961元/亩。利润为5 987元/亩，投入产出比为1∶1.5。

## （三）讨论

（1）通常情况下，主养这种中下层凶猛性鱼类都是小池塘，以上试验说明，10亩的池塘主养南方大口鲶同样可以达到高产、高效，适合大规模、产业化养殖。

（2）常规养殖池塘，如主养鲤、草等池塘，在清池时都难免有一定数量的野杂鱼，南方大口鲶的池塘清池时没有野杂鱼。因此在主养鲤、草、鲫等的池塘中套养适当规格和数量的南方大口鲶既可以起到清除野杂鱼和病鱼的作用，又可以获得优质品种鱼。

（3）南方大口鲶属中档鱼类，营养价值较高，大面积养殖以后，对改善膳食结构，提高人民生活水平具有重要意义。

## 二、池塘套养

江西省金溪县农业农村局水产站的丁华林在池塘和小型山塘水库推广套养南方大口鲶，在不影响主养鱼产量的前提下，取得较好的社会效益和经济效益。

### （一）池塘和山塘水库条件

对于套养南方大口鲶的池塘和山塘水库，要求进排水方便，面积5～15亩，池底淤泥小于25 cm，水深在1.5～2.5 m，每5～10亩配备一台动力1.5 kW以上的增氧机；山塘水库要求保水性能好，水深2～6 m，并安装好防逃设施，且当年能干池（库），有条件的地方每30亩配备一台3 kW增氧机。

### （二）鱼种放养

南方大口鲶养殖成功的关键在于不同生长阶段都要有适口的饵料鱼。因此，套养大口鲶池塘或水库中需放养一定数量彭泽鲫或鲢、鳙夏花。以下两种典型放养模式（表9.5、表9.6）取得较好效果。

表9.5　华侨农场精养池塘套养模式（亩放养模式）

| 品种 | 规格（尾/kg） | 数量（尾） |
| --- | --- | --- |
| 草鱼 | 8～15 | 900～1 100 |
| 鲢、鳙 | 5～12 | 150～200 |
| 彭泽鲫 | 16～25 | 300～360 |
| 南方大口鲶 | 5～8 | 35～45 |
| 其他品种 | 20～30 | 80～100 |
| 合计 | | 1 465～1 805 |

（1）草、鲢、鳙、彭泽鲫在每年冬至到第二年立春前放养，南方大口鲶在5月放养，南方大口鲶在放养前，有条件的地方最好将鲶鱼苗强化培育至15 cm以上规格再放入养殖水域中，将会大大提高其成活率。强化培育阶段用野杂鱼绞碎或放养鲢、鳙鱼夏花鱼苗作为饵料来源。

（2）同一口池塘或小型山塘水库中放养大口鲶的规格必须基本一致。

**表9.6　琉璃乡、合市镇小型山塘水库套养模式（亩放养模式）**

| 品种 | 规格（尾/kg） | 数量（尾） |
|------|------------|-----------|
| 草鱼 | 8～12 | 600～800 |
| 鲢、鳙 | 5～12 | 100～120 |
| | 夏花寸片* | 150～250 |
| 彭泽鲫 | 16～20 | 120～150 |
| 南方大口鲶 | 8～12 | 20～30 |
| 其他品种 | 20～30 | 50 |
| 合计 | | 1 040～1 400 |

注：*表示每千克5 000～8 000尾。

### （三）日常管理

**1.调节水质**

每月用微生物制剂调节一次水质，力争使养殖水体达到"肥、活、嫩、爽"，透明度在25～35 cm，每1～2个月用10 mg/L生石灰全池泼洒一次，以调节池水pH值。在高温天气，坚持经常性在中午开增氧机1～2小时，以增加水中的溶氧量。

**2.饲料投喂**

套养大口鲶一般不需要另外再投喂饵料，如饵料鱼一旦出现严重不足时，必须及时补充外来食物。但投喂野杂鱼及其他死鱼时，要先行煮熟后再投喂。

### （四）小结

一般大口鲶需经5个月左右养殖，即可干塘起捕，此时规格达0.5～1 kg，亩可增收200～500元，精养池塘或小型山塘水库中的野杂鱼大部分被大口鲶利用，从而降低了草鱼（主养鱼）饵料系数。几年的实践证明，合理套养南方大口鲶的池塘可提高配合饲料利用率达10%左右。全县3年来的试验养殖是成功的，南方大口鲶套养技术要领已基本掌握。在主养草鱼的高产水域中合理套养南方大口鲶是一项增产增收的有效途径，这一养殖模式值得推广。

## 三、网箱养殖

广西的彭瑞明参加了龟石水库网箱养殖南方大口鲶的技术指导工作，指导养殖户在养殖选址、饲料供应、水产药物使用、日常管理等关键控制点上采用科学方法，取得了较好的养殖效果。

### （一）养殖水域的选择

水库网箱养殖南方大口鲶水域的水质必须清新且无污染，溶解氧含量高，在养殖过程中可以做到及时定期检测水质的水温、溶解氧、pH值等理化指标，一年中水库的平均水温在23 ℃左右，溶解氧含量在7.7～8.5 mg/L，pH值保持在6.8～7.5，水体透明度在3 m以上，养殖用水完全符合淡水养殖用水标准。养殖水域选择在位于龟石水库的中下游库湾内。

### （二）网箱设置

网箱材料采用聚乙烯双层网片，网箱规格为5 m×4 m×3 m，网箱入水2 m深，网片网目为1.5 cm，利用塑料油桶、钢材等扎成柜架浮动式网箱，网箱排列呈"田"字形，共计养殖16个网箱。

### （三）鱼种放养

选择品种优良纯正的、当年人工繁殖的、体质健壮的南方大口鲶苗种进行投放，投放时间在5月上中旬，苗种规格在体重80 g左右，放养密度为16～20尾/m²。鱼种放养前，要先进行鱼体消毒，再经过缓水过程放养入箱。

### （四）饲料投喂

南方大口鲶食量大，生长快，因此必须保证充足的饵料鱼供应。由于龟石水库内野杂鱼甚多，夜间可以用灯光诱捕野杂鱼作为主要的饵料鱼来源，饲料不足部分可以向库区渔民购买，可以降低养殖成本。一般地，日投喂饵料鱼2次，晚间投喂量占日投喂量的70%，当年繁殖的南方大口鲶鱼种养殖至11月，个体平均体重可达2.5 kg左右，饵料系数在3.7左右。

### （五）日常管理

（1）定期清洗饲料台，及时清除网箱内的污物。

（2）经常检查网片是否完好，避免逃鱼事件发生；经常检查网箱固定绳，确保网箱设置安全。

（3）每天观察南方大口鲶的摄食、活动等情况，做好天气、水温、投喂、防病及鱼类生长的养殖记录。

### （六）病害防治

南方大口鲶抗病力较强，做好鱼病预防工作可减少鱼病发生率。

**1.鱼病预防**

新网箱使用前用生石灰水或漂白粉水浸泡数小时，并提前7天设置入水；每隔20～30天用生石灰兑水化浆后泼洒箱体附近水域。

**2.常见病害**

烂鳃病、腐皮病、白皮病等细菌性鱼病，可用抗菌药物兑水全箱泼洒；水霉病，可用食盐和小苏打按1∶1配制成浓度为0.08%的药液浸洗鱼体15分钟；车轮虫病、斜管虫病、鱼鲺等，可用晶体敌百虫0.5 g/m³兑水全箱泼洒。

### （七）经济效益分析

以1口面积为20 m²的网箱计算，投放鱼种400尾，养殖成活率80%，当年可生产南方大口鲶成鱼800 kg左右，按当地市场价14元/kg销售，收入11 200元，总成本7 250元，其中，苗种费2 500元，网箱折旧费250元，饲料费、电费及诱捕工具折旧费4 500元，其他开支300元，纯收入3 650元，投入产出比为1∶1.79。

### （八）小结与讨论

（1）由于苗种是从广东省佛山市南海区购进，苗种经长途运输后成活率不高，导致养殖生产中苗种的成本费过高。

（2）库区中野杂鱼甚多，为养殖生产直接提供了充足的鲜活饵料鱼，可以降低养殖成本。

（3）如果在当地进行南方大口鲶的人工繁殖，避免苗种在长途运输中所造成的损失，降低养殖生产中的苗种成本费用，水库网箱养殖南方大口鲶技术必将在当地得到大面积推广，可为增加库区渔民的收入、保护当地的渔业资源环境起到积极的作用。

## 参考文献

陈昌齐，唐毅，冯兴元，等，1995. 南方大口鲶苗种培育技术[J]. 淡水渔业（6）：5.

丁华林，明启开，2007. 池塘与小型山塘水库中套养南方大口鲶技术剖析[J]. 江西水产科技（4）：31-32.

丁华林，2008. 池塘与小型山塘水库套养南方大口鲶技术总结[J]. 江西水产科技（1）：43，46.

杜忠臣，李胜勋，孙国庆，等，2007. 南方大口鲶人工繁殖及苗种培育技术[J]. 河南水产（1）：9-10.

段海清，2013. 池塘主养南方大口鲶试验[J]. 当代畜禽养殖业（10）：10-11.

胡钱东，2015. 南方大口鲶常见疾病防治技术[J]. 农业与技术，35（17）：131-132，154.

黄二春，1999. 南方大口鲶的生物学特性及其养殖技术（一）[J]. 中国水产（7）：26-27.

黄二春，1999. 南方大口鲶的生物学特性及其养殖技术（二）[J]. 中国水产（8）：25-27.

黄二春，1999. 南方大口鲶的生物学特性及其养殖技术（三）[J]. 中国水产（9）：24-25，27.

黄明显，1990. 鲶鱼养殖技术[M]. 成都：四川科学技术出版社.

黄伟德，黄艳华，梁静真，等，2015. 南方大口鲶烂尾病病原菌的分离鉴定及药敏试验[J]. 南方农业学报，46（9）：1720-1725.

孔令杰，陈淑萍，2001. 南方大口鲶生物特性及其增养殖技术[J]. 黑龙江水产（4）：10-11.

李传武，李德林，1998. 南方大口鲶的生物学及其养殖技术（一）[J]. 内陆水产（1）：21-22.

李传武，李德林，1998. 南方大口鲶的生物学及其养殖技术（三）[J]. 内陆水产（3）：22-23.

李传武，李德林，1998. 南方大口鲶的生物学及其养殖技术（四）[J]. 内陆水产（5）：29-30.

李传武，1998. 南方大口鲶（*Silurus meridionalis* Chen）生物学及其养殖技术概述[J]. 现代渔业信息（6）：18-27.

李德林，李传武，1998. 南方大口鲶的生物学及其养殖技术（二）[J]. 内陆水产（2）：23-24.

刘建康，1992. 中国淡水鱼类养殖学[M]. 北京：科技出版社.

刘仁群，吴红，1992. 南方大口鲶的人工繁殖技术[J]. 西南农业学报（5）：111-113.

马黎，袁青松，胡绍先，1996. 配合饲料网箱养殖南方大口鲶大规格鱼种的初步试验[J].

西南民族大学学报（自然科学版）（4）：4.

彭瑞明，2007. 鲇鱼养殖技术之二：龟石水库网箱养殖南方大口鲇技术[J]. 中国水产（12）：29-30.

田春，王义民，王忠超，1999. 北方池塘主养南方大口鲇高产试验[J]. 总结中国水产（1）：22-23.

王卫民，查金苗，2000. 池养南方大口鲇人工繁殖和苗种培育试验[J]. 水产养殖（2）：31-33.

张献宇，李华，张国真，等，2020. 南方大口鲇的高效养殖模式[J]. 渔业致富指南（4）：62-65.

张跃，劳启宁，1999. 南方大口鲇的生物学特性及繁养殖技术[J]. 江西水产科技（2）：2.

周承辉，2015. 网箱生态养殖南方大口鲇技术探讨[J]. 农技服务，32（1）：158-159.

周小利，徐腊芬，2019. 南方大口鲇养殖技术[J]. 渔业致富指南（1）：37-40.

朱勇夫，2005. 南方大口鲇人工养殖技术讲座 第二讲 大口鲇的人工繁殖技术[J]. 渔业致富指南（16）：56-57.

# 第十章
# 加州鲈鱼

加州鲈鱼（*Micropterus salmonides*）原名大口黑鲈，分类学上属鲈形目，太阳鱼科，原产美国加利福尼亚州密西西比河水系，是一种肉质鲜美、抗病力强、生长迅速、易起捕、适温较广的名贵肉食性鱼类。现通过引种，已广泛分布于美国、加拿大等淡水水域，尤其在五大湖，资源十分丰富。自从加州鲈鱼人工繁殖成功以后，英国、法国、南非、巴西、菲律宾等国家有引种繁殖。中国台湾地区于20世纪70年代引进，深圳、惠阳、佛山等地也于1983年引进大口黑鲈苗，并于1985年相继人工繁殖成功，随后繁殖的鱼苗也引种到我国江苏、浙江、上海、山东等地养殖，而且都取得较好的经济效益。

## 第一节　生物学特性

### 一、形态特征

加州鲈鱼体长，呈纺锤形，侧扁，横切面为椭圆形。吻长，口上位，口裂大，斜裂，颌能伸缩，颌骨、腭骨、犁骨都有完整的梳状齿，多而细小，大小一致，齿为绒毛细齿，比较锐利。体高与体长比为1∶（3.5～4.2），头长与体长比为1∶（3.2～3.4），头大且长。眼大，眼珠突出。背肉肥厚。尾柄长且高。全

图10.1　加州鲈鱼（彭仁海供图）

身披灰银白或淡黄色细密鳞片，但背脊一线颜色较深，常呈绿青色或淡黑色，同时沿侧线附近常有黑色斑纹，腹部灰白。从吻端至尾鳍基部有排列成带状的黑斑。鳃盖上有3条呈放射状的黑斑。体被细小栉鳞。背鳍硬棘部和软条部间有缺刻，不完全连续；侧线不达尾鳍基部。尾鳍浅凹形。

### 二、生活习性

加州鲈鱼主要栖息于混浊度低，且有水生植物分布的水域中，如湖泊、水库的浅水区（1～3 m水深）、沼泽地带的小溪、河流的滞水区、池塘等。常藏身于水下岩石或树丛中，有占地习性，活动范围较小。在池塘养殖，喜欢栖身于沙质或沙泥质不混浊的静水环境中，活动于中下水层。性情较温驯，不喜跳跃，易受惊吓。加州鲈鱼

的适温范围广，在水温1～36.4℃时都能生存，10℃以上开始摄食，最适生长温度为20～30℃。正常生活时，水中溶解氧要求在4 mg/L以上，溶解氧低于2 mg/L时，幼鱼出现浮头。幼鱼爱集群活动，成鱼分散。雄性会挖掘巢穴，并有护卫卵及幼鱼之行为。强烈的领域行为，会攻击侵入的鱼类。加州鲈鱼原产地为纯淡水，但在10‰以下盐度，pH值在6～8.5的水体均能适应。

### 三、食性

加州鲈鱼是以肉食性为主的鱼类，掠食性强，摄食量大，常单独觅食，喜捕食小鱼虾。食物种类依鱼体大小而异。孵化后一个月内的鱼苗主要摄食轮虫和小型甲壳动物。当全长达5～6 cm时，大量摄食水生昆虫和鱼苗。全长达10 cm以上时，常以其他小鱼作主食。当饲料不足时，常出现自相残杀现象。当水质良好、水温25℃以上时，幼鱼摄食量可达总体重的50%，成鱼达20%。在人工养殖条件下，也摄食配合饲料，且生长良好。在适宜环境下，摄食极为旺盛。冬季和产卵期摄食量减少。当水温过低，池水过于混浊或水面风浪较大时，常会停止摄食。

### 四、年龄与生长

由于食量大，因而生长快，当年鱼苗经人工养殖可达0.5～0.75 kg，达到上市规格。养殖2年，体重约1.5 kg。3年约2.5 kg。已知养殖最大个体长75 cm，重9.7 kg。有报道在江河中垂钓所获最大个体长82.7 cm，重10.1 kg。

### 五、繁殖特性

加州鲈鱼1周年以上性成熟。产卵在2—7月间，4月为产卵盛期。繁殖的适宜水温为18～26℃，以20～24℃为好。体重1 kg的雌鱼怀卵4万～10万粒，为多次产卵型，每次产卵2 000～10 000粒。平时雌雄鱼难以辨别，到了生殖季节，雌鱼体色较暗，鳃盖部光滑，胸鳍呈圆形，腹部膨大，体型较粗短，生殖孔红肿突出；雄鱼体长，体色稍艳，鳃盖部略粗糙，胸鳍较狭长，生殖孔凹入。在一定生态条件下，加州鲈可在池塘中自然繁殖，如水质清新，池底长有水草等。产卵前，雄鱼在池边周围较浅水处用水草或根茎筑巢，巢穴深3～5 cm，巢直径30～50 cm，距水面30～40 cm处，雄鱼筑好巢后便在巢中静候雌鱼到来。雌雄鱼相会后，雄鱼不断用头部顶托雌鱼腹部，使雌鱼发情，身体急剧颤动排卵，雄鱼便即刻射精，完成受精过程。雌鱼产卵后即离开巢穴觅食，雄鱼则留在巢穴边守护受精卵，不让其他鱼类靠近。待鱼苗出膜可以平游以后，雄鱼才离开巢穴觅食。卵具黏性，但黏着力较弱。脱黏卵为沉性，卵径1.22～1.45 mm。1年内可多次产卵。水温在22～26℃时，孵化时间为31～33小时。

刚孵出的鱼苗体近白色透明，全长7～8 mm，集群流动。出膜后第3天卵黄吸收完后即开始摄食小球藻、轮虫，以后摄食小型枝角类、桡足类等浮游生物。在天然水域，孵出1个月内的鱼苗仍集群受到雄亲鱼的保护。

# 第二节 人工繁殖技术

加州鲈鱼虽可在水质清新、长有水草（如金鱼藻、轮叶黑藻等）、池底有沙石的塘中自然产卵，但产卵率低，鱼苗大小不匀，容易自相残杀。为了达到同步产卵目的，可以采用人工注射外源激素，让其自然产卵或人工授精。养殖所需种苗，主要通过人工繁殖获得。

## 一、亲鱼的培育

亲鱼培育可以专池培育，也可以套养培育。专池培育的池塘要求进排水方便，池水清新，溶氧量高，呈中性或微碱性。每到年底收获成鱼时，挑选体质好、个体大、无损伤、无病害的加州鲈鱼作为后备亲鱼，放入专池培育，每亩放养300～400尾。培育期间以投喂小鱼、小虾为主，每日投喂量为亲鱼体重的3%～5%。每隔一段时间可向池中放一些抱卵虾，让其繁殖幼虾供亲鱼捕食，使培育池中经常保持饵料充足，以满足亲鱼性腺发育对营养的需要。加州鲈鱼不耐低溶氧，易浮头，当池水水质变浓，透明度低于20 cm时，就须及时换注新水，闷热雷雨季节，要经常增氧，亲鱼浮头会延缓性腺发育。冬季，亲鱼塘要定期冲注清水，保持水质清新，有利于性腺发育。套养培育，即将加州鲈亲鱼套养在草鱼亲鱼池中，因为草鱼亲鱼池一般水质条件较好，溶氧量较高，在注换新水和投喂水草的同时，会带进一些野杂鱼虾，这恰好是加州鲈亲鱼的饵料。一般每个池套养5～10组，不宜过多。冬季要将加州鲈鱼捕出集中到专池中，以便于越冬管理。以上两种培育亲鱼方法各有利弊，专池培育的优点是比较集中，便于管理，亲鱼性腺发育整齐，翌春繁殖产卵时间较为一致，缺点是饵料来源比较困难。套养培育的优点是饵料成本低，可利用池塘内野杂鱼类作为饵料，缺点是亲鱼性腺发育早迟不一，难以短期集中产卵。

成熟时期的加州鲈鱼亲鱼雌雄差异较明显。雌鱼腹部柔软、膨大，卵巢轮廓明显，上下腹大小均匀，腹部朝上中央下凹，生殖孔肛门微红，稍突出。雄亲鱼轻轻压挤腹部有乳白色精液流出，并可以在水中自流散开。从外观上看，体大、健康活泼的成熟个体都可挑选用于人工繁殖。

## 二、产卵孵化

### （一）产卵池

繁殖季节到来之前，要根据生产规模准备好产卵池，产卵池以沙质底斜坡边的土池比较理想，面积以1～2亩为宜，池四周堆放些石块、砖头，池中种些水草，以备亲鱼产卵前筑巢。池埂坡比为1∶2或1∶3，这样既可使亲鱼易挖掘巢穴，又不易被风浪冲塌，水深1 m左右，每亩放亲鱼20～30对。亲鱼入池后要保持池塘和周围环境相对安静。经过若干天后，就可发现池四周有雄鱼看护的鱼巢中黏附很多受精卵，把受精卵捞出洗净即可进行人工孵化。水质清新的一般养鱼池塘，经生石灰清池、暴晒等消毒处理后，也可用作产卵池，就是面积不宜太大，5亩以内为好。

## （二）人工催产

在自然或正常人工池养的条件下，到了生殖季节，亲鱼一般能成熟，不需人工催产也能顺利地产卵排精，完成受精过程。但当我们需要有计划地使加州鲈鱼集中产卵时，就要采用鱼用催产剂，进行人工催产，不过所得受精卵的受精率要比自然产卵的低，而且亲鱼对催产剂效应时间比较长。

进行人工催产时，将挑选出的亲鱼按个体大小1∶1配对，注射激素催产。催产激素可用鲤鱼脑垂体，剂量为每千克雌亲鱼用5～6 mg，分两次注射，第一次注射剂量为全量的15%，相隔12～14小时，注射余量；雄亲鱼每尾注射2 mg，在雌鱼第二次注射时一次注射。也可用市售的绒毛膜促性腺激素与鲤脑垂体混合使用，一次注射剂量是每千克雌亲鱼注射激素300国际单位+脑垂体3 mg，雄亲鱼剂量减半，胸腔注射。注意激素用量不能过多，否则由于异体蛋白的过度反应会影响亲鱼的生理机能，造成死亡或瞎眼。

## （三）产卵孵化

由于加州鲈鱼的催产效应时间较长，故在水温22～26 ℃时，要在注射激素后18～30小时才能发情产卵。首先是雄鱼不断用头部顶撞雌鱼腹部，当发情到达高潮时，雌雄鱼腹部互相紧贴产卵射精。产过卵的亲鱼就在周围静止停留片刻，雄鱼再次游近雌鱼，几经刺激，雌鱼又发情产卵。加州鲈鱼为多次产卵类型，在一个产卵池中，可连续1～2天见亲鱼产卵，第3天才完成产卵全过程。

加州鲈鱼卵近球形，产入水中，卵膜就迅速吸水膨胀，呈现黏性，常黏附在鱼巢的水草上或池壁、石块、砖头上，人工操作设置棕片等作为鱼巢。受精卵保留在产卵池中孵化。在水温20～22 ℃时，孵化时间31～33小时，当水温17～19 ℃时，需52小时才能孵出鱼苗。人工孵化方法，据试验采用水泥池加微流水或用网箱在水质清新高溶氧池中进行静水孵化的办法较好，受精卵孵化的密度一般是每平方米10 000粒左右。

有条件的情况下，孵化池建温棚内或室内，便于人工控制。孵化池的孵化水温保持在20～24 ℃为宜。除了温棚保温之外，孵化场还会采用加热水、加热棒和保温灯等方法来控制水温。孵化池的水要求溶解氧充足，达12 mg/L以上，一般孵化池布置有增氧气石或是底部增氧微管。孵化池的水要清澈干净，一般的河水要用专门的池塘来储水和净化水，再抽取到孵化池，或者是使用干净的地下水。一切准备就绪后，保持在水温20～24 ℃内孵化，28～30小时即可出苗。

# 第三节　苗种培育技术

加州鲈鱼孵出后第3天，卵黄囊消失，即摄食浮游生物，便进入鱼苗培育阶段。鱼苗可以用水泥池培育，也可以池塘育苗。饵料充足，鱼苗培育一个月，体长可达3～4 cm。

## 一、水泥池培育

水泥池面积以100 m²左右为宜，水深0.6～1 m，也可以利用原有的产卵池。放养密度视排灌水的条件而定。水源充足，有条件经常冲水的培育池，每平方米水面可放养体长2 cm以下的鱼苗500~800尾，2~3 cm的200~300尾，3~4 cm的100~200尾。不能冲水的要适当放稀些。以人工投饵为宜，3 cm以下的鱼苗可投喂轮虫、水蚤等，3 cm以上的鱼苗可投喂孑孓、红虫，稍大时还可投喂小鱼虾。

## 二、池塘培育

面积宜小些，最好在0.5亩以内。水深以1 m左右为宜。鱼苗下塘前7~10天要用生石灰干法清塘，每亩用生石灰50~70 kg。清塘后施放人畜粪或大草堆肥，促进浮游生物繁殖，为鱼苗提供饵料生物。鱼苗下塘前一天，要放养数尾17 cm左右的鳙鱼种试水，检验池塘无毒性后，才放养鱼苗。一般每亩投放刚孵出的鱼苗约5万尾，培育一个月左右，鱼苗长到3~4 cm即要分疏或转塘。加州鲈鱼弱肉强食，自相残杀比较严重，且生长速度不一，大小悬殊，在饵料不足情况下，大鱼食小鱼。因此，鱼苗培育期间必须注意以下几点。

（1）同塘放养的鱼苗应是同批孵化的，以使鱼苗大小一致。

（2）当鱼苗长到3 cm左右，鳞片较完整时，就要拉网捕起分筛，按大、中、小三级分3个池培育。以后，水泥池每隔10天，池塘每隔20天分疏一次，同塘放养的鱼苗以体重相差不到一倍为宜。

（3）加州鲈鱼食欲旺盛，幼鱼日摄食量可达自身体重50%，必须定时、定量投喂，保证供给足够的饵料，让个体较小的也能吃饱。

（4）采用仔鱼培育成稚鱼，稚鱼分疏育成幼苗，这样分阶段的培育方式效果较好。

## 三、工厂化标粗技术

### （一）卵或水花

购买的棕片卵或自己催产获得的鲈鱼卵，水温控制在23~25 ℃，孵化出苗，鱼苗吸附在池底或附着物上，此时可以出水花（一般出膜需要4天左右，2天后上浮游动即可出苗）。期间密切监测水质。

### （二）开口料准备

孵化丰年虫，作为鲈鱼苗开口饵料。孵化方法如下：用玻璃缸（孵化桶）盛水，以盐度为1.4%（0.21%~0.23%）的半咸水孵化（工业盐自己配制）。在26~28 ℃的（30 ℃）水温下，经24~48小时（24小时）可全部孵出，密度是每升水放3~5 g（2 g）干虫卵。孵化过程中要全日不间断充氧，使水不停地运动，虫卵均匀地分布，（顺序为先加水升温充氧暴气，再加盐调节盐度，虫卵缓慢均匀加入）。孵化后停止充气，卵壳浮于水面，未孵化的虫卵沉于底部，橘黄色的丰年虫幼体有趋光性，群集于玻璃缸边缘，可用虹吸法把它吸出投喂（80目的过滤网捞出）。未孵化的卵集中一起继续孵化。保存良好的卵，孵化率可达80%~85%。另由于孵化时间较长，需准备两个以上孵化桶交替孵化，孵化好的丰年虫幼体可在充氧盐水中保存8小时左右，以便分批投喂。需要注意的问题如下。

（1）温度。孵化水温不低于23 ℃，最适温度26~28 ℃，在适宜的水温范围内水温高孵化快，时间短，孵化率高。

（2）盐度。不低于0.2%，最适盐度0.15%。

（3）充气。气量大小以充分抛起虫卵为原则。气量不足会使虫卵堆积，缺氧死亡。

（4）光照和保存。孵化前先将虫卵光照几分钟，激化其新陈代谢提高孵化率。冷冻晒干后的虫卵要密封保存严防霉变。

（5）孵化率检查。用解剖镜观察虫卵破损程度，破损的虫卵不能孵化。可取1 000个虫卵，经48～72小时孵化后，用碘液固定计算幼体孵出数，即可算出孵化率。

### （三）投饵驯食

鲈鱼水花运输回池后，每100万尾水花用50～100 g丰年虫投喂，每隔3小时投喂1次，每天6次左右，2天后增加到150 g每次，以鱼吃饱为宜（可在灯光下观察水花腹部）。7天后开始用日星料（粉料，日星牌，10万/t，粗蛋白质含量52%以上）与丰年虫混合投喂，开始时日星料按照1/10混入，逐渐增加比例，投喂时冲水引诱。3～4天即可驯化成功。此时可以投喂粒径大点的日星料，再投喂7天左右，即可换成福星破碎料（破碎料2万/t，粗蛋白质含量50%以上）。

### （四）分筛

当鲈鱼苗长到4朝半时开始，每3～4天分筛一次，大小两种规格，避免大小差异导致的相互蚕食。分筛期间可将弱苗直接淘汰，确保群体质量。另外需特别注意池水抗应激，增氧情况。注意操作轻缓，避免造成物理性伤害。

### （五）病虫害防治

工厂化标苗主要是防车轮虫，池子和渔具坚持提前消毒，切勿交叉使用。水体用井水，锅炉加热调温过程中灭菌消毒。饵料拌中成药防病虫害，注意用药量。（鱼苗2 cm以上，吃膨化料时拌药）当出现车轮虫等病害时，用杀虫药水体泼洒，注意用药量，6小时循环换水即可。显微镜检查，杀虫效果。

### （六）驯化成功率

100万尾（六成），可以成功驯化三成，内循环水+纯氧，可以达到四五成，考虑到水花的六成数量，概算驯化成功率就是50%。

# 第四节　成鱼养殖技术

加州鲈成鱼养殖方式，既可混养，也可单养，可进行网箱养殖、陆基圆池养殖，现介绍几种养殖方式如下。

## 一、池塘混养

在不改变原有池塘主养品种条件下，增养适当数量的加州鲈鱼，既可以清除鱼塘中的野杂鱼虾、水生昆虫、底栖生物等，减少它们对放养品种的影响，又可以增加加州鲈鱼的收入，提高鱼塘的经济效益，这是一举两得的养殖方法。一般每亩鱼塘放养30～40尾鱼种，不用另投饲料，年底可收获15～20 kg加州鲈成鱼。如鱼塘条件适宜，野杂鱼多，加州鲈鱼混养密度可适当加大，但不要同时混养乌鳢、鳗鲡等肉食性鱼类。另外，苗种塘或套养鱼种的塘不要混养加州鲈鱼，以免伤害小鱼种。

混养时必须注意：一是池水不能太肥；二是放养量要适当；三是混养初期，主养品种规格要大于鲈鱼规格3倍以上；四是加州鲈鱼特别是幼鱼对农药较为敏感，防治鱼病和施放农药要注意。

## 二、池塘主养

### （一）鱼塘要求

水源充足，排灌方便，不漏水，水深1.5 m以上，水质良好，无污染，通风透光，底质为壤土。面积不宜过大，以1~2亩为宜。配备增氧机。苗种放养前最好让池底经过一段时间充分暴晒，之后放水5 cm，每亩用80 kg生石灰清塘消毒。池塘清整消毒后1周，加水50~80 cm，每亩施放250 kg经充分发酵的人畜粪肥，培肥水质。

### （二）放养密度

放苗前最好先进行试水，做法是：在苗种放养前1~2天，先放养数尾加州鲈苗种，控制其活动范围，以便观察，在确认池水毒性消失后，方可正式放苗。放养时间一般在5月，水温稳定在15 ℃以上，池水浮游生物达到高峰时，是放苗的最佳时机。放养密度视苗种规格及池塘条件而定，苗种规格较小、池塘条件较好的可多放一些，苗种规格大、池塘条件差的要酌情稀放。一般5 cm左右的鱼种，每亩可放养2 000尾左右，条件、设备好的鱼塘可放到3 000~4 000尾。适当混养个体较大的中上层鱼类，如鲢、鳙、草鱼、鳊鱼等，帮助清理饲料残渣，调节水质。另外，放养时，应尽可能地做到规格一致，以免大小悬殊，出现自相残杀。

### （三）饲料投喂

加州鲈有掠食活性饲料的习性，在由活饵转变成死饵、由肉食转化为混合饵料的情况下都要经过驯化。驯食可在每次投喂前给以某种特定的声音信号，然后抛出饵料，让饵料入水时有一种游动的感觉，可引诱加州鲈集中抢食。加州鲈鱼对蛋白质要求较高，要求饲料含粗蛋白质45%~50%，生产上可投喂下列几种饲料：

（1）鲈鱼专用饲料。

（2）下杂鱼肉浆混入适量花生麸、豆饼、玉米粉。

（3）配合饲料，配方是：鱼粉、生麸、麦粉或玉米粉，酵母、维生素、矿物质、添加剂。

投饵既要充足，又要防止过量。具体投喂时要有耐心，一次抛出的饵料吃完后，再抛出下一次，直到池鱼不再激烈争食为止。投饵通常分上、下午各投一次，水温在20~25 ℃时，日投饵量为鱼重10%~15%，但要视鱼的摄食、活动状况及天气变化灵活掌握。

### （四）日常管理

养殖过程中日常管理工作的好坏直接关系到成鱼的产量及经济效益，因此要注意加强日常管理工作，做好池塘日志。

（1）每日都要巡视养鱼池，观察鱼群活动和水质变化情况，避免池水过于混浊或肥沃，透明度以30 cm为宜。及时发现问题，采取措施解决。池塘无微流水条件的，至少每周应注水1次，每次注水量为池水的10%～20%，天气炎热要勤于加注新水，合理使用增氧机，以改善溶氧条件，保持优良水质。及时发现问题，采取措施解决。

（2）严格防止农药、公害物质等流入池中，以免池鱼死亡。尤其是幼鱼对农药极为敏感，极少剂量即可造成全池鱼苗死亡，必须十分注意。

（3）投饲量要适当，切忌过多或不足，同时要避免长期使用单一饲料，饲料中应添加维生素和矿物质，以维持正常的营养要求。

（4）及时分级分疏，约2个月一次，把同一规格的鱼同池放养，避免大鱼吃小鱼。分养工作应在天气良好的早晨进行，切忌天气炎热或寒冷时分养。

（5）勤于观察和测定水质，及时用生石灰和富氧等消毒水体、改良水质，以达到防病之目的。

### 三、网箱养殖

#### （一）水域选择

网箱养殖加州鲈应选择在便于管理、无污染的水库，水库面积应在30 hm²以上，便于移动网箱。设置网箱水域应开阔、向阳、避风，底质为砂砾石，最低水位不低于4 m；透明度60 cm以上，以有微流水的水域为佳。

#### （二）网箱设置

网箱采用钢丝网片缝制而成，规格为6 m×4 m×2.5 m，面积不宜过大，便于管理。网目为方形，目大1.4 cm×2.6 cm，可养殖规格为10 cm以上的加州鲈。网片材料用0.3 mm钢丝，钢丝镀锌，可延长网箱在水中的寿命。网箱结构为敞口框架浮动式，箱架可用毛竹或钢管制成。网箱入水深1.30 m左右，水上高度0.35 m。新网箱在放养前7～10天入水布设，让箱体附生一些丝状藻类等；以避免放养后擦伤鱼体。网箱排列方向与水流方向垂直，分两排排列，每排24只，呈长方形，排与排、箱与箱之间，过道宽1.1 m，上面用木板铺设，下面用油桶或泡沫浮子将过道和网箱浮起来。网箱顶端建有管理及生活用房，用机动船作为交通工具，可以避免外界的干扰。网箱采用抛锚及用绳索拉到岸上固定，可以随时移动。

#### （三）鱼种放养

加州鲈夏花经过2个月左右的养殖，当大部分规格达到10 cm以上时，即可分养到钢质网箱内，放养密度为100～200尾/m²。分养时，要将规格不同的鱼用选别器分开；将规格基本相同的鱼放在同一网箱中饲养，有利于加州鲈的生长，减少互相残杀的机会，提高成活率。分养时操作要小心，尽量不要擦伤鱼体，时间最好在6:00左右进行。对放养的鱼种都要药浴消毒处理，以防鱼病。消毒可用3%食盐水或每100 kg水中加1.5 g漂白粉浸浴，浸浴时间视鱼体忍受程度而定，一般为5～20分钟。放养前要检查网箱是否有破损，以防逃鱼。

#### （四）饵料投喂

网箱养殖的饵料投喂可参照池塘主养部分，在小杂鱼比较容易解决的地方，也可投喂冰鲜低值小杂鱼。鱼块的大小依加州鲈的大小而定，刚放养的大规格鱼种一般切成

0.5 cm宽的小鱼块，随着鱼体的长大鱼块逐渐加宽到1 cm、1.5 cm、2 cm。

一般大规格鱼种放养后需停食2~3天；因为刚放养的加州鲈一时不适应，不会立即来吃食。第4天开始驯食，先将少量鱼块加水均匀泼洒多次，使网箱中的水有动感，因停食后鱼比较饥饿，容易来抢食。经过1周左右的驯食，大部分鱼能前来抢食。

投喂采用"四定"投饲法：定位，鱼块要投喂在网箱中间，不要投到网箱四边或角上，以防抢食时探伤鱼体。定时，夏天水温高时投喂2次，8:00、14:00各1次，投喂量基本一样。春秋季水温在10℃以上时，17:00左右投喂1次。冬季水温在10℃以下时，基本不投喂，只有鱼吃食时才投。定质，投喂的饲料鱼必须是新鲜或冰鲜的，不投变质腐败的饲料鱼，以免引起鱼病。定量，根据天气、水温、水质情况，最主要的是根据鱼的吃食情况及体重增加情况来决定投喂量。按照多年网箱养殖加州鲈的吃食情况分析，幼鱼阶段日投喂量为鱼体重的8%~10%，成鱼阶段日投喂量为5%~8%。

**（五）日常管理**

饲养管理与一般网箱养鱼基本相同。主要抓好以下几点。

1. 勤投喂

鱼体较小时，每天可视具体情况多投几次，随着鱼体的长大，逐渐减至1~2次；投饲量视具体情况而定，一般网箱养鱼比池养的投饲量稍多一些。

2. 勤洗箱

网箱养鱼非常容易着生藻类或其他附生物，堵塞网眼，影响水体交换，引起鱼类缺氧窒息，故要常洗刷，保证水流畅通，一般每10天洗箱1次。

3. 勤分箱

养殖一段时间后，鱼的个体大小参差不齐，个体小的抢不到食，会影响生长，且加州鲈鱼生性凶残，放养密度大时，若投饲不足，就会互相残杀。所以要及时分箱疏养，同一规格的鱼种同箱放养；以规格整齐、避免大鱼欺小鱼或吃小鱼的现象发生。

4. 勤防病

要投喂新鲜、干净的饲料，且定期用酵母拌入饲料投喂，以助消化。在5—9月发病季节，要常使用抗菌药物拌喂。还可用传统的挂袋、挂篓方法预防病害发生。

5. 勤巡箱

经常检查网箱的破损情况；以防逃鱼。做好防洪防台风工作，在台风期到来之前将网箱转移到能避风的安全地带，并加固锚绳及钢索。

# 第五节　病害防治技术

加州鲈鱼对疾病抵抗力较强，一般较少发病，但随着养殖规模的不断扩大、集约化程度的不断提高以及池塘老化、水质环境污染、管理与技术措施不到位等诸多原因，其病害时有发生，新的病害不断涌现，有的已呈暴发趋势。下面介绍一些加州鲈的常见病害及防治方法。

### 一、病毒性疾病

#### （一）虹彩病毒病（流行性造血器官坏死病）

1. 症状和病原

虹彩病毒在我国全年都有发生，但是其高发季节在夏季，发病时的水温为25～30℃，主要危害成鱼，致死率极高。患病的加州鲈初期一般无明显的症状，但是部分病鱼会表现为嗜睡，食欲不振，在水里缓慢游动，体表可见多处溃烂及出血点，鳍条基部、尾柄处红肿出血；解剖发现其脾脏肿大，颜色暗红发黑，肝脏发白并有出血点，病鱼具有因病毒感染引发的溃疡综合征的典型症状。

2. 防治方法

对苗种场、良种场实施防疫条件审核、苗种生产许可管理制度；加强疫病检测与检疫，掌控养殖场养殖状态；培育或引进抗病品种，提高抗病能力，并加强饲养管理；采用含碘国标渔药消毒剂进行水体消毒；投喂合法中草药或者多肽类物质，增强鱼体抵抗力发生继发性细菌真菌感染时，分离病原菌，根据药敏试验结果选用敏感的国标药进行治疗。

#### （二）传染性脾肾坏死病毒病（细胞肿大病毒病）

1. 症状和病原

细胞肿大虹彩病毒病主要发生在春秋季节，受水温影响，当水温为25～34℃时，易发该病，28～30℃是其最适流行水温。当水温低于18℃时可使鱼感染但不产生临床症状。由此可见温度高于34℃或低于18℃时该属病毒都会被抑制。一般被细胞肿大虹彩病毒病感染的病鱼临床症状表现为：在水中游动异常，嗜睡；体表无明显损伤，体色发黑，严重时可见眼球突出，鳃丝充血或出血；解剖病鱼可见贫血症状明显，肝脏发白，脾脏、肾脏肿大发白或有出血点等。

2. 防治方法

对苗种场、良种场实施防疫条件审核、苗种生产许可管理制度；加强疫病检测与检疫，掌控养殖场养殖状态；减少乃至停止投喂饵料；使用聚维酮碘等温和的消毒剂对水体消毒；使用微生物制剂调节水质，增加水体溶氧；同时，捞除病鱼及死鱼，深埋消毒，进行无害化处理。

### 二、细菌性真菌性疾病

#### （一）结节病或花身病（诺卡氏菌）

1. 症状和病原

病原是鰤鱼诺卡氏菌（*Nocardia seriolae*），隶属于诺卡氏菌科诺卡氏菌属，为革兰氏阳性、兼性胞内寄生菌。是加州鲈养殖过程中很常见的一种疾病，诺卡氏菌是一种条件致病菌，潜伏期长、发病率高、病情发展缓慢、流行季节较长，在4—11月均有发病，发病高峰在6—10月，水温在15～32℃均可流行，水温在25～28℃时发病最为严重。由于诺卡氏菌生长缓慢，使得鱼体病情不剧烈，在感染鱼体后，机体起初体表无症状或者是症状不明显，仅反应迟钝，食欲下降，上浮水面，但随着病情的加重，部分鱼体表变黑或出现了白色或淡黄色结节，溃烂出血，尾鳍也有溃烂出血，并逐渐死亡。解剖后发现在鳃、肾、肝、脾、鳔等内脏组织中会有白色或者淡黄色结节出现。

2. 防治方法

投饵勿过量，避免养殖水体富营养化或残饵堆积；定期的调节水质，保持水质清新，溶氧丰富，透明度在30~40 cm，且使养殖水质呈现弱碱性；对养殖水体等进行消毒，以减少水体病原菌；选择使用国家规定的水产养殖用药，如四环素类盐酸多西环素粉、恩诺沙星等。

**（二）烂鳃病**

1. 症状和病原

病鱼体色变黑变暗，离群漫游于水面、池边或网箱的边缘，对外界的反应迟钝，食欲不振。鳃瓣通常腐烂发白或有带污泥的腐斑，鳃小片坏死、崩溃。病原为柱状纤维黏细菌感染引起，发病水温为23~30 ℃，主要危害鱼种和成鱼。大雨过后、水温回升时易发此病。池塘和网箱饲养的加州鲈都有发生，此病危害很大，严重时造成大量死亡。

2. 防治方法

（1）注意放养密度不宜过大，不喂变质、不洁的饲料，及时清除池内或网箱内残余饲料。捕捞和运输操作时要尽可能避免鱼体损伤。网箱周围放置漂白粉挂袋，让鱼体经常消毒。

（2）以每立方米水体用1~1.2 g漂白粉或0.2~0.3 g强氯精或2~4 g五倍子全池泼洒，网箱可加大2~3倍浓度。或用2%~4%的食盐水浸浴鱼体10~30分钟，网箱养殖可同时更换新网箱。

（3）在水体消毒的同时，内服抗菌药物，如土霉素、多西环素等，每千克鱼体重用药20~50 mg，或磺胺类药物，每千克鱼体重用药50~100 mg，拌入饲料连喂4~6天。或选用鱼疾宁-2型拌入饲料投喂，每500 kg鱼用药1包，连续5天，效果更好。

（4）使用中草药进行治疗：可选用双黄苦参散、青板黄柏散、三黄散、板蓝根末、大黄散、大黄芩鱼散和大黄五倍子散等中草药治疗，或使用奎诺酮类药物进行治疗。

**（三）白皮病**

1. 症状和病因

发病初期，体表两侧、背鳍、腹鳍等基部出现白点，然后迅速扩展蔓延，形成不规则的椭圆状白斑，严重时体表会全部变白，病灶处黏膜蜕落，有时会出血发炎。病鱼常常缓慢浮游于水面，不久死亡。病原为白皮杆菌。该病主要流行期为4—6月，以危害鱼种为主，网箱养殖时较多见。此病常与烂鳃、烂嘴病并发，危害较大。

2. 防治方法

与烂鳃病相同。

**（四）肠炎病**

1. 症状和病因

病鱼腹部膨大、肛门红肿，整个腹部至下颌部位呈暗红色，重症病鱼轻压腹部可见淡黄色腹水从肛门流出。剖开腹腔见积有大量腹水，流出的腹水经几分钟后呈"琼脂状"。肠管紫红色，剖开肠管，见肠内充满黏状物，肠内壁上皮细胞坏死脱落，严重的病鱼整个腹腔内壁充血，肝脏坏死。病原为细菌感染引起。该病全年均可发生，夏天较

为严重。发病较急，危害较大

2. 防治方法

（1）严禁投喂变质或不洁净的饲料。

（2）土霉素拌入饲料投喂，每50 kg鱼用5～10 g，连续投喂4～5天，效果较好。

（3）使用中草药进行治疗，如山青五黄散、双黄苦参散、青板黄柏散、三黄散、板蓝根末或者是大黄五倍子散；使用酰胺醇类药物进行治疗或者其他的抗菌药物，如复方磺胺二甲嘧啶粉、恩诺沙星等。

**（五）水霉病**

1. 症状和病因

病鱼体表伤口或鳞片蜕落处附着一团团灰白色的棉絮状绒毛，病鱼食欲不振，虚弱无力，漂浮水面而终至死亡。病原为水霉或绵霉。此病主要流行于冬、春季，鱼卵及各种规格的加州鲈均可发病。鱼体外伤后易患此病，常在溃疡病灶中继发感染，引起死亡。

2. 防治方法

（1）用4%的食盐水浸浴3～5分钟。

（2）苗种用1%食盐溶液浸洗20分钟，成鱼用2.5%食盐溶液浸洗10分钟。

（3）每立方米水体用食盐、小苏打各400 g，兑水后全池泼洒。

（4）用水霉净或0.5～1 mg/L的硫醚沙星浸洗5～10分钟。

（5）使用对真菌具有杀伤作用的产品，如聚维酮碘溶液、杀真菌类产品或者是800 mg/L的食盐与小苏打合剂（1∶1）全池泼洒；内服抗菌药物（如磺胺类），防止细菌继发感染。

## 三、寄生虫性疾病

**（一）车轮虫病**

1. 症状和病因

病鱼不吃食，离群漫游于池边或水面，鱼体消瘦发黑。鳃部常呈现暗红色和分泌大量黏液，鳃丝边缘发白腐烂。病原为车轮虫和小车轮虫。此病主要危害5 cm以下的种苗。流行期为4—6月。严重时可造成死亡。

2. 防治方法

（1）控制水质，不要太肥也不要太瘦，放养密度不要过大。

（2）按每立方米水体0.7 g的硫酸铜、硫酸亚铁（5∶2）合剂全池遍洒。

（3）用3%～4%的食盐水浸浴5分钟左右。

（4）每立方米水体用30 g福尔马林溶液；全池泼洒。

（5）每立方米水体用苦楝树枝叶50 g煮水，全池泼洒。

**（二）小瓜虫病**

1. 症状和病因

肉眼可见病鱼体表、鳍条上出现白色小点状囊孢，寄生严重时，可产生大量黏液，病鱼体表如覆盖一层灰白色的膜。病原为多子小瓜虫侵入皮肤和鳃部引起。此病各种规格的加州鲈鱼均有寄生，但主要危害3~4 cm的苗种。流行水温为15~25 ℃。此病以室内水体小、密度大的培育池较为常见。

**2. 防治方法**

（1）每天每立方米水体用干辣椒0.3~0.4 g和干姜0.15 g煎煮成汁，全池泼洒，连续3天。

（2）用25 mg/L福尔马林合剂，全池泼洒。

（3）用1/4 000的福尔马林溶液浸浴。

（4）用2 mg/L的盐酸奎宁药液浸泡3~5天。

# 第六节　加工食用方法

加州鲈鱼肉厚刺少，肉质细嫩，营养丰富，可以清蒸、红烧，也可以做成臭鲈鱼。要保障加州鲈鱼的营养得到最好的保留并且被人体充分吸收，其烹膳要求就高，保证最大程度保留加州鲈鱼的营养。

## 一、锡纸整烤加州鲈鱼

### （一）食材

加州鲈鱼、盐、大块姜、葱段、辣椒、酱油、糖、食用油、锡纸。

### （二）做法步骤

（1）加州鲈鱼宰杀，去鳞开膛，取出内脏，洗净后擦干水分，抹上盐。

（2）洋葱切丝，姜部分切丝部分切片，辣椒切段，蒜切片。

图10.2　锡纸整烤加州鲈鱼（图来源于网络https://jingyan.baidu.com/article/9f63fb915590378940 0f0ea0.html）

（3）平底锅入油，加入姜片再放入鲈鱼煎，煎好后放到事先准备好的锡纸上。

（4）另起锅入油，放入蒜和姜丝爆香加入洋葱和青、红辣椒炒，再加入酱油、盐、糖和适量水，炒好后浇到鲈鱼的身上。

（5）锡纸封口，烤箱预热200 ℃，上火烤20分钟。

## 二、清蒸加州鲈鱼

### （一）食材

加州鲈鱼、盐、酱油、葱、白米酒、姜、红绿椒丝、香菜、食用油。

### （二）做法步骤

（1）加州鲈鱼宰杀，从腹部开膛，取出内脏，去除鱼鳃，清洗干净，沥干水分。

（2）一勺盐把鱼的全身里里外外擦个遍，然后用白米酒把鱼全身抹均匀，放入葱、姜丝。

（3）蒸锅内放入水，箅子上盛加州鲈鱼，大火烧开，上汽5分钟取出。

（4）白糖一勺，蒸鱼豉油3勺，生抽2勺，蚝油1勺加3勺清水搅拌均匀。

（5）蒸好的鱼取出来把姜、葱，还有盘里的水去掉。

（6）锅里热油把葱和香菜放入炒香，倒入调好的酱汁，煮开后留汁，把香菜和葱捞出丢掉，不需要加盐。这样豉油汁就做好了。

图10.3　清蒸加州鲈鱼
（彭仁海供图）

（7）把豉油汁倒入鱼盘底，放入蒸好的鱼，放入葱丝和少许香菜。

（8）锅里倒入油烧热，把油淋在葱丝上即可。

## 三、熘加州鲈鱼片

### （一）食材

加州鲈鱼、盐、味精、鸡粉、鸡汤、料酒、粉团、花生油、青豆、笋尖、木耳、蛋清、大葱油。

### （二）做法步骤

（1）加州鲈鱼宰杀，从腹部开膛取出内脏，取出鱼鳃，洗净备用，将鱼肉切成片，入盐、味精、料酒煨透，入蛋清、粉团上浆。

图10.4　熘加州鲈鱼片
（彭仁海供图）

（2）锅内加花生油烧至二、三成热后，一片片放入鱼片，鱼片浮起后，捞出入漏勺沥油。

（3）锅内加鸡汤，加入青豆、笋片、木耳，调好口味，加上鱼片，勾芡，淋大葱油，盛入盘内即成。

## 四、橙香加州鲈鱼

### （一）食材

加州鲈鱼、橙子半个、葱丝、姜丝、红椒丝、蒸鱼豉油、盐、料酒、油。

### （二）做法步骤

（1）新鲜鲈鱼洗净后，在鱼身上（两面）均匀划上几刀，并均匀抹上少许盐，用少许料酒腌制片刻。

（2）把腌制好的鲈鱼放入盘中，铺上生姜丝、葱段、红椒丝。鱼肚内也可以塞入少许姜片。

图10.5　橙香加州鲈鱼（图来源于网络https://www.xiangha.com/caipu/91845760.html）

（3）橙子切片，依次放在鱼身上面。

（4）锅上放适量水，水开后放入蒸架，把鱼放入锅中大火蒸10～15分钟。

（5）鱼蒸熟后取出，入新盘，盘子内依次放入鱼身上的橙子片、鱼，挑出蒸熟的葱姜丝，重新放入葱姜丝、红椒丝，淋上蒸鱼豉油。

（6）锅内倒入适量油，烧热后立刻浇在鱼身上即可。

### 五、清蒸臭鲈鱼

#### （一）食材

加州鲈鱼。蛋清、青红椒丁、盐、味精、淀粉、鸡精、胡椒粉、大块葱姜、椒盐。

#### （二）做法步骤

（1）加州鲈鱼宰杀，从腹部开膛取出内脏，取出鱼鳃，洗净，鱼体改刀。

图10.6 清蒸臭鲈鱼（图来源于网络https://haokan.baidu.com/v?pd=wisenatural&vid=6229267231736259616）

（2）淡盐水清洗，沥干水分，放盘里，放置2~3块臭豆腐，抹匀，撒上花椒，保鲜膜包裹，放冰箱冷藏8小时。

（3）上锅大火蒸8~10分钟，去掉多余的汁液，装盘。

（4）上锅加红油、老干妈、菜椒等炒香，淋入鱼身即可。

# 第七节　养殖实例

在河南省大宗淡水鱼体系的统领下，作者团队及河南省的同行在安阳市、鹤壁市、洛阳市、三门峡市、南阳市、信阳市等地开展了加州鲈鱼人工繁殖、苗种培育、成鱼池塘养殖、成鱼网箱养殖和成鱼循环水控温养殖等模式探索。

## 一、水泥池养殖

河南省安阳林州市五龙镇荷花村的北京中科天利水产科技有限公司鲟鱼养殖基地、林州市天利渔业养殖场，2022年4月16日，从湖北仙桃购买每千克40尾的加州鲈鱼鱼种6万尾，放入宽4 m×长25 m×深1 m的流水水泥池中，每池5 000尾，共计12个池子。

#### （一）池子准备

鱼池为室外普通水泥池，单池面积为100 m²，水深1 m，可调控。水泥池长方形，宽4 m，长25 m，无死角，进排水方便，能控制水位。每个池子用罗茨鼓风机充氧盘充氧，每池放置充氧盘4个。鱼苗放养前，池子要彻底消毒，消毒方法与常规养殖其他鱼消毒方法相同。

#### （二）鱼种放养

放养规格为体长10~15 cm，体重20~30 g的加州鲈鱼种，每平方米放养50尾。同一池内放养的规格要整齐，大小一致。为了避免饲料浪费，每平方米放养50 g左右的淇河鲫鱼鱼种1尾。鱼入池前用5%的食盐水浸泡鱼体20分钟，入池后第2天开始投喂，经过5个月的养殖，成鱼规格达到0.6 kg/尾即可捕捞上市。

### （三）饲料及投喂

#### 1. 饲料

全部采用人工配合饲料，饲料粒径1.0～5.0 mm。饲料营养满足鱼的生长需求，除蛋白质脂肪要达标外，各种氨基酸要尽量平衡。饵料粒径严格同鱼的大小相适应，转换颗粒大小应逐步进行，不适合鱼口径的饵料会影响鱼的生长，同时也会造成饵料的浪费。

#### 2. 投喂次数及方法

饵料使用效率主要取决于投喂频率及投喂方法，鱼体越小，投喂次数就越多。刚投放时，3次/天，7:00、12:00、17:00投喂；以后随着鱼体长大，200 g重左右时，2次/天，7:00、17:00投喂，直至出售。

#### 3. 日投饵率

鱼摄食量与鱼体大小和温度有关，在生长范围内摄食量随着温度升高而增加，当高于20 ℃以上时，鱼摄食量虽然增加。鱼大小不同投喂率不同，鱼体大，摄食量大，投喂率低；鱼体小，摄食量小，但投喂率高。

### （四）日常管理

#### 1. 水流量

适宜的水流量，能保持水质清新，水温恒定，重要的是鱼逆流而行能锻炼鱼的体质。

#### 2. 水位

一定水位能保证鱼的活动空间，保持水中溶解氧便于观察鱼的活动情况。一般鱼体重在100 g以下时，水位保持在0.8 m，100 g以上时，水位保持在1.0 m以上。

### （五）鱼病的防治

养殖期间一定要做好预防工作，具体防治措施见疾病防治技术。

### （六）养殖结果分析

经过5个多月的养殖，到9月20日起捕上市，平均规格0.6 kg，成活率99%，共出鱼35 640 kg，38元/kg，收入1 354 320元。饵料系数1.3，获利593 000元，投入产出比1：1.76。具体情况见表10.1、表10.2和表10.3。

表10.1　苗种投放情况（2022年4月16日数据）

| 种类 | 体长（cm） | 平均规格（g/尾） | 放养量（尾/m²） | 池子数（规格） | 总放养量（尾） |
| --- | --- | --- | --- | --- | --- |
| 加州鲈鱼 | 10～15 | 20～30 | 50 | 12（100 m²/个） | 60 000 |
| 淇河鲫鱼 | 15～25 | 50 | 1 | 12（100 m²/个） | 1 200 |

表10.2　收获情况（2022年9月20日数据）

| 种类 | 数量（尾） | 平均规格（g/尾） | 总重量（kg） | 出售价格（元/kg） | 总产值（元） | 单产（kg/m²） | 总成活率（%） |
| --- | --- | --- | --- | --- | --- | --- | --- |
| 加州鲈鱼 | 59 400 | 600 | 35 640 | 38 | 1 354 320 | 29.7 | 99 |
| 淇河鲫鱼 | 1 200 | 400 | 480 | 30 | 14 400 | 0.4 | 100 |

表10.3 效益情况（2022年9月20日数据） 单位：元

| 支出 | | | | | | 收入 | |
|---|---|---|---|---|---|---|---|
| 鱼种 | 饲料 | 鱼药 | 水电 | 工资 | 总支出 | 总收入 | 净利润 |
| 122 400 | 463 320 | 20 000 | 50 000 | 120 000 | 775 720 | 1 368 720 | 593 000 |

## 二、池塘主养

作者团队借助河南省科技特派员这个平台，从2018年开始，在安阳工学院校园人工湖中开展了主养加州鲈套养淇河鲫高产养殖模式探索，取得了很好的效果，总结了一套行之有效的养殖模式。2020年在安阳工学院校园人工湖主养加州鲈套养淇河鲫鱼，取得较好效果，文章发表在《科学养鱼》上。2022年以"淇河鲫鱼绿色健康养殖关键技术集成及示范"项目为载体，在信阳市商城县金刚台镇胡太村商城县美乡种养殖专业合作社，进行了主养加州鲈鱼套养淇河鲫鱼的示范推广，现总结如下。

### （一）材料和方法

1. 池塘条件

池塘为利用农田水利改造重新整理的塘口，塘埂用八角水泥块铺设，其他地方黏土护坡，面积3.5亩，水源为雨水加河水，水源清新，水量充足，水质良好且无污染，水体溶氧含量高；池深在3.0～3.5 m，水深1.8～2.8 m可调，养殖期间随着鱼体长大和密度增加，水位从1.5 m逐渐增加到2.5 m，一定时期内保持水位稳定；池底平坦且无杂物，淤泥厚15 cm左右；池塘进排水方便，按照进排水防逃设施；安装自动控制增氧机和罗茨风机，配备发电机和投饵机。

2. 鱼种放养

加州鲈购自湖北荆门市佳鲈渔业有限公司，2022年4月26日放养规格为80尾/kg的加州鲈鱼大规格鱼种，每亩投放4 000尾，共计投放14 000尾，规格整齐、体质健壮、无病无伤。同时放养我们自己繁育的淇河鲫鱼种，规格是40尾/kg，每亩放养150尾，共计525尾；搭配当地培育的花白鲢苗种以调节水质，每亩放养白鲢150条，花鲢50条，具体放养情况见表10.4。鱼种放养前，用3%～5%的食盐水浸浴5～8分钟，以杀灭鱼种体表的病原菌及寄生虫。

表10.4 苗种放养情况

| 种类 | 体长（cm） | 平均体重（g/尾） | 放养量（尾） | 单价（元/尾） | 费用（元） |
|---|---|---|---|---|---|
| 加州鲈鱼 | 9 | 12.5 | 14 000 | 2 | 28 000 |
| 淇河鲫鱼 | 12 | 25 | 525 | 0.8 | 420 |
| 白鲢 | 15 | 50 | 525 | 0.3 | 157.5 |
| 花鲢 | 13 | 50 | 175 | 0.6 | 105 |

3. 饲养管理

饲料投喂。投喂人工配合饲料，饲料粗蛋白质含量42%。投喂做到"四定"：一是定时，即每天投喂3次，7:00、12:00、17:00各1次，每次投喂40分钟左右；二是定点，即在背风向阳的地方安置投饵机，掌握"先慢、后快、再慢"的投喂原则；三是定质，即做到不投喂腐败变质的饲料，保持饲料新鲜且其成分相对稳定，营养均衡；四是定量，即饲料的日投喂量为鱼总体重的1%～3%，具体的日投喂量要视水温、天气、摄食情况等灵活掌握。加州鲈摄食量受水温的影响较大，水温在15 ℃时食欲开始逐渐增强，投饵率为0.5%～1%；水温在25～27 ℃时加州鲈食欲特别旺盛，投饵率为2%～3%；水温高于30 ℃或低于10 ℃时加州鲈食欲减退，此时应少投喂或不投喂。由于加州鲈是有胃鱼类，具有贪食的特点，在养殖过程中应避免过量投喂，投喂量一般以40分钟内吃完为宜。

水质调控。养殖池水质的好坏对加州鲈的生长与发育极为重要。池水以黄绿色为好，透明度以20～30 cm为宜，酸碱度为中性或弱碱性。高温季节及时注入新水，更换部分老水，以增加池水溶氧含量，避免加州鲈产生应激反应。若水质过瘦、水体透明度过高，则必须适当追施肥料，根据水色的具体情况，每次施3 kg/亩左右的尿素或3～5 kg/亩的碳酸氢铵，以保持水体呈黄绿色。

充分利用好增氧设备。池塘设置三台1.5 kW的变频增氧机，安装自动控制仪，最低溶氧设置在5 mg/L，低于这个溶氧，增氧机自动启动，晴天12:00到14:00开动增氧机2个小时；设置罗茨风机1台，7.5 kW，沿池塘四周铺设管道，充气盘35个，设置在离岸边6 m的地方，尽量分布均匀，在投饵区外围增设两个充气盘，每次投喂时开启罗茨风机，增加水体溶氧量。

巡塘检查。坚持早、晚巡塘检查，检查有无病死鱼或其他有害生物；注意池塘水位的变化，及时调整水深；收听当地的天气预报和大风暴雨警报，在大风暴雨来临前必须做好相应的防控措施，特别是进排水口的及时清理和维护。

4. 病害防控

所有鱼种入池前都用盐水浸浴消毒，养殖过程中采用高聚碘和二氧化氯轮流挂袋法预防鱼病，方法是将高聚碘和二氧化氯盛在纱布袋内，挂在投饵区池边，让高聚碘和二氧化氯慢慢溶解扩散，注意掌握"多点、少量"的原则；每20天用溴氯海因0.5 mg/L全池泼洒进行池水消毒。鱼苗入池后用"纤灭"0.3 mg/L全池泼洒，杀虫1次，以后雨后晴天都全池泼洒1次，养殖过程中鱼未发生疾病。

（二）结果

2022年8月24日拉网捕鱼上市，加州鲈最大规格（炮头）0.75 kg，最小规格的0.45 kg，平均规格为0.65 kg/尾，成活率达到95%，共收获商品加州鲈8 645 kg，售价38元/kg，收入328 510元。淇河鲫平均规格为0.38 kg/尾，成活率达到96%，共收获商品淇河鲫191.52 kg，售价20元/kg，收入3 830.4元。白鲢规格达到3 kg/尾，共收获1 512 kg，花鲢规格达到5 kg/尾，共收获840 kg。具体收获情况见表10.5。

**表10.5 收获情况**

| 种类 | 数量（尾） | 平均规格（g/尾） | 总重量（kg） | 出售价格（元/kg） | 总产值（元） | 单产（kg/亩） | 成活率（%） |
|------|--------|-----------|---------|------------|--------|----------|---------|
| 加州鲈鱼 | 13 300 | 650 | 8 645 | 38 | 328 510 | 2 470 | 95 |
| 淇河鲫鱼 | 420 | 760 | 191.52 | 20 | 3 830.4 | 54.72 | 96 |
| 白鲢 | 504 | 3 000 | 1 512 | 6 | 9 072 | 432 | 96 |
| 花鲢 | 168 | 5 000 | 840 | 12 | 10 080 | 240 | 96 |

总体计算，饲料投入10 164 kg，费用119 935.2元，饲料系数1.2；人工、水电、鱼药等费用为72 500元；加上花白鲢的销售收入，共获纯利润130 374.7元，投入与产出比1∶1.59。具体效益情况见表10.6。

**表10.6 效益情况**　　　　　　　　　　　　　　　　　　　单位：元

| 鱼种 | 支出 | | | | | 收入 | |
|------|------|------|------|------|--------|------|--------|
| | 饲料 | 鱼药 | 工资 | 水电 | 总支出 | 总收入 | 净利润 |
| 28 682.5 | 119 935.2 | 2 500 | 50 000 | 20 000 | 221 117.7 | 351 492.4 | 130 374.7 |

### （三）讨论

#### 1. 提高加州鲈成活率

加州鲈为肉食性凶猛鱼类，虽然驯化摄食人工配合饲料，但是因为"返祖"现象，部分加州鲈停止摄食人工配合饲料，最终消瘦饥饿而死，从而影响成活率。本试验放养大规格加州鲈鱼种，基本完全驯化摄食人工配合饲料，成活率达到95%，远高于以前试验投放400尾/kg的苗种，成活率不到60%的实例。所以在购买鱼苗时，一是要规格尽量大、整齐；二是全部驯化摄食人工配合饲料；三是要精细投喂，特别是刚下塘的前两周，增加投喂时间至2小时左右，尽量让全部鲈鱼来摄食；四是建议刚下塘时用围网围一片区域，投喂两周后再撤掉围网，养成加州鲈固定区域摄食的习惯。当然有条件的地方要及时进行分级分稀放养。

#### 2. 配养淇河鲫

配养淇河鲫的主要目的是摄食被饲料机破碎的残饵，减少饲料浪费，提高水体利用率。放养的淇河鲫苗种要稍大于加州鲈，避免被加州鲈摄食，但也不能太大，如果太大，则在加州鲈苗较小时争食严重。同样，放养花白鲢调节水质，放苗要稍大于加州鲈苗种，避免被加州鲈摄食。

#### 3. 加强饲养管理

坚持"四定"投饲，同时根据天气、鱼类摄食情况及时调整投喂量，投喂的饲料粗蛋白质含量达到42%以上，保证鱼类生长营养需求。勤巡塘，发现问题及时处理。及时启动增氧设施，保证充足的溶氧条件。池塘主养加州鲈是高投入、高风险的模式，养殖过程中水质调节和保持水位非常重要，要做好池塘日志，出现异常情况要及时解决。

### 4. 病害防控

加州鲈的抗病能力较强，病害防控以防为主：鱼种进箱前要消毒；养殖过程中采用杀虫、杀菌等方法定期预防鱼病；养殖过程中每月用保肝灵拌饲料投喂1周，调整鱼类生理机能，保证鱼类正常生长。

## 三、水库网箱养殖

作者团队借助河南省科技特派员这个平台，从2018年开始，在信阳市浉河区十三里桥乡石堰河水库，开展了水库网箱主养加州鲈套养淇河鲫养殖模式探索，取得了良好的效果。2022年以"淇河鲫鱼绿色健康养殖关键技术集成及示范"项目为载体，在信阳市商城县万安水库昌万养殖专业合作社，进行了示范推广，现总结如下。

### （一）网箱准备

网箱设置在水质好、无污染、水环境稳定、避风向阳、水深10 m以上和饵料丰富的水域。采取正方形浮动封闭式网箱，塑料浮筒和钢架结构，6个网箱一组，每组网箱之间应保持4 m的距离，以利网箱内水体的充分交换。鱼苗入箱前，网箱入水浸泡2周以上，让网衣附着藻类，避免鱼体受伤。成鱼网箱规格为9 m×9 m×3 m。

### （二）鱼种放养

放养体长为13 cm左右、体重为12.5 g/尾的大规格鲈鱼鱼种。同一箱内放养的规格要整齐，大小一致。每平方米放养60尾。鱼入箱前用5%的食盐水浸泡鱼体20分钟，入箱后第二天开始投喂。每平方米投放25 g/尾的淇河鲫鱼鱼种5尾，常规消毒处理。

### （三）饲料及投喂

#### 1. 饲料

全部采用人工配合鲈鱼饲料，饲料粒径2.0～5.0 mm。饲料营养满足鱼的生长需求，除蛋白质和脂肪要达标外，各种氨基酸要尽量平衡。饵料粒径严格同鱼的大小相适应，转换颗粒大小应逐步进行，不适合鱼口径的饵料会影响鱼的生长，同时也会造成饵料的浪费。

#### 2. 投喂次数及方法

饵料使用效率主要取决于投喂频率及投喂方法，鱼体越小，投喂次数就越多。刚投放时，4次/天，6:00、11:00、15:00、19:00投喂；以后随着鱼体长大，200 g重左右时，3次/天，6:00、12:00、18:00投喂；500 g重以上时，2次/天，7:00、17:00投喂，直至出售。

#### 3. 日投饵率

鱼摄食量与鱼体大小和温度有关，在生长范围内摄食量随着温度升高而增加，当高于20 ℃时，鱼摄食量虽然增加，但生长速度减慢。鱼大小不同投喂率不同，鱼体大，摄食量大，投喂率低；鱼体小，摄食量小，但投喂率高。

### （四）日常管理

（1）饲养期间应每天巡视网箱，检查网衣是否破损，防止网破鱼逃。

（2）定期清洁网箱中的污物，及时拣出死鱼以及已感染水霉菌的幼鱼，每15天刷洗1次网箱，使网箱水体保持清新、畅通。

（3）每天7:00、13:00、19:00时都要测量水温，对水中的溶解氧、pH值等重要水化指标应定期进行测定，并做好记录。

（4）每15天测1次生长情况，根据鱼体的生长情况，适时调整放养密度和更换网箱的网目。

### （五）病害防治

网箱养殖鲈鱼病害较少，在养殖期间以防为主，定期泼洒二氧化氯、聚碘等消毒剂，饵料里拌入中草药等，期间我们发现了锚头蚤寄生，按照常规处理进行了及时治疗。

### （六）养殖结果分析

2022年4月17日投放的12.5 g/尾大规格鲈鱼鱼种，2022年9月17日捕捞上市，经过5个月的养殖，鱼体达到450~650 g/尾，平均规格550 g，20个网箱，共产鲈鱼成鱼50 787 kg，每千克38元，收入1 929 906元，产鲫鱼成鱼2 835 kg，收入68 040元，共计1 997 946元，除去成本1 112 167.52元，净利润885 778.48元，投入产出比1:1.8。具体情况见表10.7、表10.8和表10.9。

表10.7　苗种投放情况（2022年4月17日）

| 种类 | 体长<br>（cm） | 平均规格<br>（g/尾） | 放养量<br>（尾/m²） | 网箱数<br>（规格） | 总放养量<br>（尾） | 单价<br>（元/尾） | 总费用<br>（元） |
|---|---|---|---|---|---|---|---|
| 加州鲈鱼 | 13 | 12.5 | 60 | 20个<br>（81 m²） | 97 200 | 2 | 194 400 |
| 淇河鲫鱼 | 15 | 25 | 5 | | 8 100 | 0.8 | 6 480 |

表10.8　收获情况（2022年9月17日）

| 种类 | 数量<br>（尾） | 平均规格<br>（g/尾） | 总重量<br>（kg） | 出售价格<br>（元/kg） | 总产值<br>（元） | 单产<br>（kg/m²） | 成活率<br>（%） |
|---|---|---|---|---|---|---|---|
| 加州鲈鱼 | 92 340 | 550 | 50 787 | 38 | 1 929 906 | 31.35 | 95 |
| 淇河鲫鱼 | 8 100 | 350 | 2 835 | 24 | 68 040 | 1.56 | 100 |

表10.9　效益情况（元）

| | 支出 | | | | | 收入 | |
|---|---|---|---|---|---|---|---|
| 鱼种 | 饲料 | 鱼药 | 水电 | 工资 | 总支出 | 总收入 | 净利润 |
| 200 880 | 759 287.52 | 12 000 | 20 000 | 120 000 | 1 112 167.52 | 1 997 946 | 885 778.48 |

### （七）讨论和结论

1.保证主养品种的正常生长

主养加州鲈，就要加强饲养管理，坚持"四定"投饲，同时根据天气、鱼类摄食情况及时调整投喂量，投喂的饲料粗蛋白质含量达到42%以上，保证鱼类生长营养需求。要做好养殖日志，出现异常情况要及时解决。

2. 做好配养品种的选择和投放规格

配养淇河鲫的主要目的是摄食被饵料机破碎的残饵，减少饲料浪费，提高水体利用率。放养的淇河鲫苗种要稍大于加州鲈，避免被加州鲈摄食，但也不能太大，如果太大，则在加州鲈苗较小时争食严重。而且不能配养其他摄食猛烈的鱼类，避免喧宾夺主，导致成本升高，得不偿失。

3. 加强病害防控，以防为主

加州鲈常见的病害有病毒性、细菌性、真菌性和寄生性病害，要立足于预防，特别是病毒病，如诺卡氏病，一旦得上，基本上要有损失，特别是苗种阶段，有可能全军覆没。因此，鱼种进箱前要消毒；养殖过程中采用杀虫、杀菌等方法定期预防鱼病；每月用保肝灵拌饲料投喂1周，调整鱼类生理机能，保证鱼类正常生长。

4. 重视日常管理

我们主要做法一是勤洗箱，保证水流畅通，网箱养鱼密度大，特别培育大规格鱼种，网目只有0.5～1 cm，非常容易附着藻苔，堵塞网眼，影响水体交换。为防止加州鲈缺氧窒息死亡，提高成活率，勤洗网箱是关键工作；二是勤分箱，保持适宜密度，勤分箱在鱼种培育阶段特别重要。加州鲈鱼食性凶残，放养密度大时，若投饲不足，就会互相残杀。另外，如果鱼体大小悬殊，个体小的鱼抢不到食，也会影响生长至饿死。因此，要分箱疏养，同一规格鱼种同箱放养，以规格整齐，避免大鱼欺小鱼；三是勤投喂，保证饲料充足，在加州鲈鱼种培育阶段（从全长5 cm养到10 cm），每日投饲4～6次，随着鱼体逐渐长大，慢慢减到每天2～3次。鱼种入箱第一星期，驯化加州鲈鱼上水面抢食下杂鱼饲料的习惯。饲料大小适口，先快后慢投喂，使每尾鱼都能吃到；四是勤防病，提高鱼种成活率，饲料新鲜、干净，且定期用酵母拌料投喂，以助消化。6—8月为易发病季节，要及早使用药物预防。整个养殖周期，无流行鱼病，从体重1.5 g鱼种养到400 g以上成鱼出售，成活率50%。

## 参考文献

白俊杰，李胜杰，邓国成，等，2009. 我国加州鲈的养殖现状和养殖技术（上）[J]. 科学养鱼（6）：15-16.

陈斌，2022. 陆基圆池循环水养殖模式的优势[J]. 当代水产，47（1）：80-81.

陈健，李良玉，杨壮志，等，2020. 加州鲈玻璃钢池大规格苗种培育技术探究[J]. 渔业致富指南（10）：46-48.

陈项，2023. 加州鲈鱼养殖项目分析[J]. 农村新技术（6）：52-53.

戴一琰，2021. 温泉水培育大规格加州鲈苗种试验[J]. 水产养殖，42（4）：49-50.

高晓，田付仲，赵春龙，等，2022. 北方地区加州鲈苗种室内培育试验[J]. 水产养殖，43（6）：46-47，49.

郭从霞，徐爱成，何登胜，等，2023. 水泥池和池塘网箱培育加州鲈苗种试验[J]. 水产养殖，44（8）：55-56，60.

郭红喜，李波，林育敏，2023. 加州鲈陆基循环水养殖系统的建设与养殖效果[J]. 中南农业科技，44（2）：254-256.

霍新周，张坤，2020. 加州鲈鱼养殖技术[J]. 河南农业（7）：52-53.

蒋伟，普家勇，张扬，2022. 加州鲈温棚苗种培育试验[J]. 渔业致富指南（8）：68-72.

介百飞，江林源，古昌辉，2022. 陆基圆池循环水条件下养殖密度对大口黑鲈生长及养殖效能的影响[J]. 水产科技情报，49（5）：272-277.

寇光辉，2023. 网箱养殖加州鲈技术[J]. 河南水产（4）：19，25.

李绘兵，柳宗元，罗成，等，2023. 加州鲈鱼反季节苗种温棚培育[J]. 渔业致富指南（4）：41-46.

刘红平，李绘兵，柳宗元，等，2023. 加州鲈反季节大规格苗种工厂化培育技术[J]. 科学养鱼（6）：27-29.

刘梦梅，高贤涛，2022. 加州鲈常见病害及防治建议[J]. 当代水产，47（12）：58-59.

彭仁海，张丽霞，张国强，等，2007. 淡水名特优水产良种养殖新技术[M]. 北京：中国农业科学技术出版社.

齐庆，王李博，2022. 早春投放加州鲈大规格苗种养殖技术[J]. 河南水产（4）：19-20.

沈佳庆，唐蕾文，李国林，2023. 陆基圆池循环水模式养殖黄金鲫试验[J]. 科学养鱼（3）：22-23.

滕江峰，周斌，周锋，2021. 加州鲈苗种生产难点与对策[J]. 渔业致富指南（12）：42-44.

王孟乐，张卫东，张玲，等，2019. 河南省加州鲈养殖模式[J]. 河南水产（2）：13-14，26.

王西耀，任敬，姜蕾霍，2021. 长江冬季利用家鱼产卵池培育大规格加州鲈苗种试验[J]. 水产养殖，42（9）：46-47.

韦承新，2023. 加州鲈养殖过程中常见病害及其防治[J]. 渔业致富指南（6）：62-67.

韦剑冰，2023. 陆基圆池循环水养殖加州鲈技术[J]. 河南水产（2）：21-22，34.

许爱国，张茂友，诸葛燕，等，2020. 加州鲈工厂化秋季苗种繁殖技术研究[J]. 科学养鱼（12）：8-9.

张国强，张丽霞，彭仁海，2020. 加州鲈套养淇河鲫获高产[J]. 科学养鱼（8）：28-29.

张恒，钟波，严绍杰，等，2022. 江汉地区加州鲈早繁苗种集约化培育试验[J]. 水产养殖，43（5）：43-44.

张红英，许爱国，陈超，等，2021. 加州鲈规格苗种工厂化驯化技术研究[J]. 科学养鱼（7）：9-10.

周建忠，顾玲玲，王明华，2021. 加州鲈高产高效养殖试验[J]. 水产养殖，42（12）：45-47.

周心菲，王佩佩，陆健，等，2022. 渔业智能化管理系统在加州鲈苗种繁育中的应用[J]. 水产养殖，43（9）：68-70.

朱志明，朱旺明，蓝汉冰，2014. 加州鲈（*Micropterus salmoides*）生物学特性和营养需求研究进展[J]. 饲料工业，35（16）：31-36.

# 第十一章
# 鳜 鱼

鳜鱼（*Siniperca chuatsi*）是名贵鱼类之一。在分类上，属鲈形目，鮨科鳜属。学名为鳜鱼，地方名较多，有桂花鱼、季花鱼、鳌花鱼等。鳜鱼有长体鳜、大眼鳜、鳜鱼、斑鳜、暗色鳜五种，以鳜鱼生长最快，其次是大眼鳜。

鳜鱼肉质细嫩，厚实、少刺、营养丰富，每100 g鱼肉中含蛋白质18.5 g，脂肪3.5 g，还含有较丰富的钙、磷、铁等，因而深受广大消费者喜爱。

鳜鱼在药用价值方面，有补五脏、益脾胃、充气胃、疗虚损等功效，其营养丰富，蛋白质含量高，富含人体必需氨基酸，是老人和小孩理想的保健食品。中国唐朝诗人张志和写下的著名诗句"西塞山前白鹭飞，桃花流水鳜鱼肥"，赞美的就是鳜鱼。

## 第一节  生物学特性

### 一、形态特征

鳜鱼身体侧扁，背部隆起，口裂大且上位，略倾斜，下颌向前突出，上颌骨延伸至眼的后缘。在上下颌骨、黎骨和口盖骨上均长有大小不等的锋利牙齿，前鳃盖骨后缘锯齿状，下缘有4～5个大棘，鳃盖后缘有1～2个扁平的棘。鳜鱼的鳞圆而细小，体色为棕黄色，较鲜艳，分布许多不规则斑块。通常自吻端穿过眼部至背鳍前下方有一棕黑色或红褐色条纹，第6～7背棘下有一暗棕色横带，背鳍、尾鳍、臀鳍上都有2～4条棕色圆斑连成条带。

鳜鱼背鳍发达，前部为硬刺，后部高大且圆。胸鳍、臀鳍、尾鳍均呈圆形。在腹鳍、臀鳍前部都长有硬刺。背鳍XII-13～15；臀鳍III-9～11；胸鳍15～16；腹鳍I-5。侧线鳞120～140。鳃耙7～8。鳃孔大，鳃盖膜不与峡部相连。鳃盖条7。鳃耙棒状，上有细齿（图11.1）。

图11.1  鳜鱼（彭仁海供图）

## 二、生活习性

鳜鱼原生长在江河、湖泊水域中，喜清水，近底层，特别喜欢藏于湖底石块、树底之中，亦藏于繁茂的草丛之中。秋冬水温低的季节，潜于深水处越冬，到春天水温回升后，逐渐游到食物丰富的沿岸水草丛中觅食。鳜鱼以夜间活动，觅食为主，白天一般卧于石缝、树根、底坑中，活动较少。鳜鱼吞下鱼、虾后，会吐出鱼刺和虾壳。它的胃很大，吃饱后腹部膨胀鼓起。鳜鱼到繁殖时期，鱼体顶水激烈游动，成群结队，并在水面形成浪花。

鳜鱼对温度有较强的适应性，在我国南北方均有分布。冬天在深水处越冬，夏天在石缝草丛中避暑。生活的适宜水温15～32℃。但也有学者研究表明，10～25℃范围内，随着温度的升高，鳜鱼的特定生长率随温度的上升而增大，而在25～35℃范围内无明显变化，达到水温35℃时，鳜鱼的生长也未见明显减慢，这与一般的鱼类与水温关系的研究结果不同，即在一定的温度范围内，鱼类的摄食率和生长率随水温的升高而增大，当水温超过最适水温时，鱼类的摄食率和生长率反而会下降不相一致，这说明鳜鱼的最适生长温度可能会更广。

## 三、食性

鳜鱼是肉食性食类，主要吃食鱼、虾等水生动物。鳜鱼食性最大的特点是靠吃活体水生动物而生长，尤其是活鱼。当鳜鱼孵化出膜4～5天后，开口饵料即是其他种类的活鱼苗。不同阶段的鳜鱼其饵料又各不相同，幼体是靠吃其他鱼类的鱼苗生长，如团头鲂、鳊鱼及其他野杂鱼苗。当鳜鱼成为鱼种时，食性相对广些，食一些其他鱼类的鱼苗。成鱼食性比较广，摄食小型鱼类和虾等。一些体形为纺锤形或棍棒形的鱼类，常是鳜鱼吞食的对象。在饥饿无其他饲料时，它们相互吞食维持生命，因此在养殖鳜鱼的水体中，要投足够的饵料。

## 四、年龄和生长

鳜鱼生长速度较快，当年可达50～100 g，第二年可达0.5 kg，第三年可达到1～1.5 kg，从4冬龄开始，体重和体长增长减慢，第三年开始，雌性生长速度超过雄性。

## 五、繁殖特性

鳜鱼的繁殖水温在21℃以上，最适水温为26～30℃。根据南北地区不同，繁殖月份有所不同，南方3—8月，长江流域为5—8月，其中6—7月为繁殖盛期。

天然生长的鳜鱼产卵期间，成群结对于河道及湖泊入口处，有流水的场所产卵，这是其理想的产卵场。通常产卵是在夜间进行。

一般鳜鱼二年可达性成熟，体重在150 g以上，但天然资源少，捕捞量过大情况下，亲鱼亦有一年就成熟的，此时个体较小，怀卵量少。一般怀卵量在3万～20万粒，随个体增大怀卵量增加。卵呈浮性，具有较大的油球，在流水中呈半浮状态，但在静水中则要下沉。其卵径为1.2～1.4 mm。受精卵孵化温度为20～32℃，最适温度为25～30℃。在较低水温（21～24℃）中，孵化时间要长，通常孵出后48～60小时开始摄食，此时苗全长仅0.46 cm。当稚鱼长达1.65 cm时已具有成鱼外形，但尚未长出鳞片。

# 第二节　人工繁殖技术

由于野生鳜鱼本来资源量少，加上捕捞强度的增加，自然繁殖的天然鱼苗远远不能满足日益发展的生产需要。目前人工繁殖技术有了进一步提高，并得到了广泛的推广，逐步适应了养殖发展的需要。

## 一、亲鱼的捕捞和培育

催产用的亲鱼有二种途径获得。一种是在催产2～3个月前从天然水域中捕获；另一种是在池塘中培育，经过精心的喂养而成熟，目前多数采用后一种方法。选用于催产的亲鱼要求体质健壮，体形标准，无病无伤，尽量选用个体大的，年龄在2～3龄，个体在1～2 kg重的为好。若捕不到如此大的，体重在0.5 kg以上的雄鱼，0.75 kg以上的雌鱼亦可进行人工繁殖。

选好的亲鱼应放入专池进行强化培育。培育池为1～3亩的土池，水深在1.5 m左右。培育期间应投喂足量的麦穗鱼、鲹鲏、鲤、鲫鱼、虾等鲜活饵料鱼。每天定时冲换水，以保持水质清新、溶氧充足，为其性腺发育提供良好条件。这样经过40～60天的培育，即可进行配对催产。

在条件不具备，亲鱼数量较少的情况下，亲鱼亦可搭配在草鱼、白鲢亲鱼池中培育。

## 二、成熟亲鱼的选择和雌雄鉴别

亲鱼是人工繁殖的物质基础，首要条件。供人工繁殖用的亲鱼必须是性成熟良好的。成熟亲鱼的外观特征是：雌鱼腹部比较膨大，用手轻压腹部，松软而富有弹性，卵巢轮廓明显，腹中线下凹，卵巢下坠后有移动状；雄性生殖孔松弛，轻压腹部有乳白色精液流出，且精液入水后能立即散开。

鳜鱼肛门的后面有一白色圆柱状小突起，在这生殖突起上，雌鱼有两个开口，生殖孔开口于生殖突起的中间，泄尿孔开口于生殖突起的顶端；而雄鱼的生殖孔和泄尿孔重合为泄殖孔，开口于生殖突起的顶端。不论是生殖季节还是非生殖季节，根据这一外观特征，均可鉴别鳜鱼的雌雄。此外，在鳜鱼性成熟时，尤其在繁殖期，雌鱼下颌前端呈圆弧形，超过上颌不多；雄鱼下颌前端呈尖角形，超过上颌很多。

## 三、繁殖前的准备

### （一）繁殖设备的筹备

设备和药物是人工繁殖的必要条件。人工繁殖前应检查产卵池、孵化槽、水泵、管路，发现问题及时修理。对人工繁殖时需用的如脑垂体、绒毛膜促性腺激素、促黄体素释放激素类似物等，应备足，并留有余地。为防治鱼病，消毒净化水质的硫酸铜、硫酸亚铁、杀菌药、杀虫药等要备好，注意这些药物的有效期。

### （二）饵料的准备

由于鳜鱼苗出膜后，就要求吃活饵料，因此在人工繁殖鳜鱼的同时对团头鲂、鳊鱼作人工繁殖，以便孵化出苗来供鳜鱼的幼苗食用。

## 四、人工催情、发情与产卵

从鳜鱼的性腺发育情况看，5月中旬至7月中、下旬为自然环境中鳜鱼的产卵季节。从解决好鳜鱼苗开口饵料这个目的出发，以5月上旬催产较为理想，但此时雌鱼的性腺成熟系数小，只有到5月底、6月上旬其卵巢的成熟度才较为理想。此时进行催产，其效果较好。

### （一）催情剂种类

用于鳜鱼人工繁殖的催情剂种类，主要有鲤、鲫鱼脑垂体、绒毛膜促性腺激素和促黄体素释放激素类似物3种。

### （二）注射方法和剂量

一般采用体腔注射，在胸鳍基部无鳞的凹入部，将针头朝鱼的头部方向与体轴成45°角，刺入体腔，缓缓注入液体。注射次数有一次注射和两次注射两种。

1. 一次注射

若单用脑垂体，则雌鱼注射量为14～16 mg/kg；若绒毛膜促性腺激素和脑垂体混用，雌鱼注射量为脑垂体2 mg/kg加绒毛膜促性腺激素3～6 mg。如果用促黄体素释放激素类似物，注射剂量随鱼的大小而不同，体重3 kg以上的雌鱼注射量为400 μg/kg，1～2 kg的雌鱼注射量为300 μg/kg；1 kg以下的雌鱼注射量为200 μg/kg。

雄鱼注射剂量为上述雌鱼剂量的一半。

2. 两次注射

两次注射一般使用脑垂体的效果较好。第一针剂量，雌鱼每千克为0.8～1.6 mg，雄鱼减半。第二针剂量，雌鱼每千克为10～15 mg，雄鱼减半。第一次注射与第二次注射相隔时间一般为6～8小时。一般采用两次注射的催产效果较好。

鳜鱼的鱼鳍锐利且坚硬，捉鳜鱼时，要用拇指和食指捏住鳜鱼的吻端下颌骨处将鱼提起，再用纱布和毛巾把鱼包住，留出注射部位即可注射。此法操作不仅不伤鱼，还能保证注射人员不被鱼鳍刺伤。

鳜鱼产卵适温为25～31 ℃。在繁殖季节，成熟的亲鱼注射催情剂后，可将雌雄配对放到产卵池中自行交配产卵，一般雄鱼应略多于雌鱼，雌雄比例为1∶1.5。鳜鱼在催情剂的激发下，加上产卵池冲水的刺激，经过一段时间，就会出现兴奋发情的现象。初期，几尾鱼集聚紧靠在一起，并顶水流动，而后，雄鱼追逐雌鱼，并用身体剧烈的摩擦雌鱼腹部，到了发情高潮时，雌鱼即产出卵子，同时，雄鱼排精，卵子与精子结合而受精（受精卵）。受精卵在适宜的水温条件下就可孵出鱼苗。

上述的生殖行为过后，产卵池水面平静，此时，如果看到产卵池的集卵巢内有大量鱼卵，即需一面渐渐排水，一面不断冲水，使鱼卵流入集卵箱中，收卵工作要及时而快速，以免大量鱼卵积压池底时间过长而窒息死亡。鱼卵基本收集完毕后，可捕出亲鱼。

如果没有产卵池，也可将注射催产剂后的亲鱼放入筛绢网箱内，经过一段时间，亲鱼照样能自行发情、产卵。待亲鱼产完卵后，就可将亲鱼捕起搬走，再将箱内的鱼卵集中起来，舀入面盆或其他器皿内，移到孵化器中孵化。此方法简便易行，效果不错。

亲鱼从注射催情剂到开始发情、产卵这段时间的长短，与水温、催产剂注射次数有关。水温高，发情、产卵时间短，水温低则时间长。两次注射的发情时间（从第二次注射时算起）短于一次注射。因此，在生产上可以根据水温来推算出亲鱼发情、产卵的时间，以便于妥善安排好收集鱼卵等工作。效应时间与水流也有关，水流在15～20 cm/s时效果较好。

自然产卵方法比较简单易行，亲鱼受伤轻，但受精率比人工授精的方法要低些。

### （三）人工授精与孵化

人工授精的受精率较高，在缺少雄鱼时，使用此法较好，但须把握适宜的授精时间，否则会降低受精率。根据表11.1、表11.2，估计亲鱼将要发情的时间，注意观察产卵池中亲鱼的动态，当亲鱼已发情，但还未到高潮时（即鳜鱼开始发情之后15分钟），立即拉网捕出亲鱼，将雌鱼腹部朝上，轻压腹部有卵粒流出时，捂住生殖孔，并将鱼体表的水擦净，然后将鱼腹朝下，让卵流入预先擦干净的瓷盆中，同时立即加入雄鱼精液，用羽毛搅拌1～2分钟，使精卵充分混合，然后加入少量清水，再搅拌一下，静置1分钟后就可放入孵化缸中孵化。

表11.1 鳜鱼一次注射催情剂与产卵时间

| 水温（℃） | 注射到发情（小时） | 注射到产卵（小时） |
|---|---|---|
| 20 | 38～40 | 40左右 |
| 26～27 | 22～23 | 23～24 |
| 28～29 | 20～22 | 21～23 |
| 32 | 19～21 | 20～21 |

通常一条雌鱼可挤卵2～3次，每次挤卵后应稍停片刻再挤。为了提高受精率，1尾雌鱼的卵最好用2尾雄鱼的精液使之受精。

鳜鱼产卵受精后，受精卵在较短时间内，卵膜吸水膨大，进入胚胎发育过程。其过程和四大家鱼一样，孵化时间受水温、孵化设备、水源条件的影响，长短不一，一般在23～30小时。

鳜鱼是无黏性的半浮性卵，因此水流和溶氧是主要条件。水流的作用有三种，其一能保持卵半浮在水中、水面，不使其因比重大而下沉。其二是输入的新鲜水含有充足氧气。其三是将鱼卵排出的二氧化碳等废物排出。因此保持孵化器中的水流不使其停止是十分重要的。溶氧是孵化过程决不可缺少的东西。没有氧气，卵将窒息死亡，缺少氧气，鱼卵不能正常孵化。和其他鱼类一样，胚胎在发育过程中，呼吸旺盛，耐低氧能力差。通常要求水中溶氧在6 mg/L以上，因此水流比四大家鱼的孵化水流速要大些。

表11.2　鳜鱼两次注射催情剂的发情与产卵时间

| 水温（℃） | 第二次注射到发情（小时） | 第二次注射到产卵（小时） |
| --- | --- | --- |
| 21～23 | 10～12 | 11～13 |
| 25～27 | 9～10 | 10～11 |
| 28～29 | 8～9 | 9～10 |
| 29～31 | 8～9 | 9～10 |

其他条件尚有水温、水质、敌害等。水温应尽量保持在24～30℃最佳范围，以提高孵化率和缩短孵化时间。水质需新鲜，酸碱度适中。水体中不能含有大的蚤类、鱼虾、水生昆虫、蝌蚪等敌害，这些均能伤害、吞食鱼卵。

和四大家鱼一样，鳜鱼卵可放在"抛水式"孵化器中孵化，但其胚胎发育比家鱼慢，时间长。刚产出卵的卵径与雌鱼鱼体大小有关，成正比，通常在0.6～1.1 mm。受精后吸水膨胀，出现卵周隙，这时的卵径可达1.3～2.2 mm。由于鳜鱼卵比重比四大家鱼大，故在孵化过程中水的流速、流量要适当增加，使鱼卵能均匀冲起，在水中不停翻动，尤其在出膜期，更不能停水流。

鳜鱼的出膜鱼苗与其他鱼苗一样，要经过三个营养阶段：①内源性营养阶段（0～3日龄）。刚出膜的鳜鱼苗全长3.9～4.0 mm，完全以卵黄为营养，这时期的鱼苗具有胸鳍、臀鳍，鳍条开始分化，以臀鳍鳍条分化最为明显；有上、下颌，且下颌长于上颌，并各有4对小齿。②混合营养阶段（3～5日龄）。3日龄的鳜鱼苗全长已达4.9～5.0 mm，口裂宽为0.55～0.71 mm，开始开口摄食，既以卵黄为营养，又开始摄取外界营养物质。在形态上，消化道长度占鱼苗体长的35%～44%，并出现第一弯曲，且有明显的分化，即食道较粗、管壁较厚，有较大的伸缩性，而肠道则较细长。③外源性营养阶段（5日龄以后）。5日龄的鳜鱼苗全长已达5.8～6.8 mm，口裂宽为0.77～0.90 mm，卵黄囊中的卵黄已消耗完毕，完全开口摄食，进入外源性营养阶段。在形态上与成鱼相似，具有完整的形态结构。但在7～8日龄以前，鳜鱼苗的口裂宽小于1 mm，对饵料鱼苗有很强的选择性；而当鳜鱼苗全长达7 mm以上后，口裂宽已超过1 mm，对饵料鱼苗的选择性降低，能摄食各种常见鱼类的鱼苗。

# 第三节　苗种培育技术

## 一、缸中培育

在孵化缸（或桶）中刚孵化出膜的鳜鱼苗，身体细小，体长仅3～4 mm，可以在有微流水的原缸中培育。最初鱼苗不吃食，靠消耗自身的卵黄维持生命，第5天开始摄食。如缺乏适口的饵料，鳜鱼苗会互相残食，甚至发生因吞食不下而卡死的现象。如果食饵充足，鳜鱼生长很快，约半个月就可长到1.5 cm。培育20～30天，体长可达到3 cm，此时的形态已类似成鱼，主动摄食的能力增强。这样便可移养到小型的池塘、水泥池或网箱中继续培育。在孵化缸中培育鱼苗要注意防病。据试验，在鱼苗培育期间，经常用0.7 mg/L硫酸铜和硫酸亚铁合剂（5：2）防治效果较好。一般鳜鱼苗长出鳞片后，病害就可逐渐减少。

## 二、水泥池培育

培育鱼苗的池子一般以水泥池较好。在池子的底层可铺置一些模拟天然水域的人工礁，为鱼苗创造一个良好的捕食环境。鱼苗放养于水泥池之前，必须做好下列几项工作。

（1）培育池须彻底清理消毒，方法与培育家鱼苗相似。

（2）将活饵料（如团头鲂鱼苗或其他野杂鱼的鱼苗）投入池中，供幼鳜吃食。

（3）饵料的来源充足与投喂及时。

有充足而适口的活饵料（如小鱼、虾等）供应，是育好苗和提高苗种成活率的关键。活饵料来源可从两方面来取得，一是从江河、湖泊中捞取与其他鱼类的鱼卵，将刚孵出的鱼苗投喂鳜鱼苗（从江河中捞取的鱼苗，因个体已较大，鳜鱼苗不易吃进），其次是将人工繁殖的团头鲂鱼苗供鳜鱼苗吃食。刚出膜的团头鲂苗体纤细，运动缓慢，容易被鳜鱼苗吞食，加之团头鲂的繁殖期长（5—7月），可与鳜鱼繁殖同步进行，因此，以它作为活饵料对象较为合适。但要注意团头鲂繁殖的数量、时间须与鳜鱼的育苗衔接好。具体方法是：鳜鱼从亲鱼催产到幼苗开食时间为5～6天（水温25 ℃以上），而团头鲂这段时间一般只需2天左右，孵出的苗即可投喂鳜鱼苗。因此，第一批团头鲂催产宜安排在鳜鱼催产后的第3～4天，以后每隔一日繁殖一批团头鲂，若培育5万尾鳜鱼苗一次需5组团头鲂繁殖的苗。依次推算，培育5万尾左右鳜鱼苗，到鳍条出现可以出缸的幼鳜，共需50～70组团头鲂亲鱼。

据试验，罗非鱼亲鱼口中吐出的鱼苗，也是鳜鱼苗的良好饵料。

# 第四节 成鱼养殖技术

养殖鳜鱼成鱼有专养和混养两种方式。专养即在一般的土质鱼池（或水泥池）单养鳜鱼。这种养殖方法需投喂充足的饵料，产量较高。混养是指鳜鱼和家鱼共养，这种养殖方式不仅能充分利用水体空间，而且能利用鳜鱼吃掉鱼池中自然生长的野杂鱼，起到生物除害的作用，此法生产成本较低，如果混养搭配得当，可取得较好的经济效益。其他方式有大水面养殖和工厂化养殖等。

## 一、专养

鱼池面积5～10亩，水深2.5 m左右，底质最好是沙质壤土，腐殖质较少，水宜清，不宜过肥，如有流水更好，放养量随池中天然饵料（小杂鱼、虾、水生昆虫等）和人工饵料（鱼、螺、蚬、蚌的肉糜或人工配合饲料）的数量而定，每亩放养体长3 cm鳜鱼

300～500尾。

饵料是养殖鳜鱼的关键，根据生产单位的实践经验，在鳜鱼池中可混养一些繁殖快的鱼类，作为活饵料，饵料鱼大致有下列几种。

**（一）罗非鱼**

每亩放养200～400对罗非鱼亲鱼，使其繁殖的幼鱼供鳜鱼食用，也可在池中用稀网隔成两半，一边养鳜鱼，一边养罗非鱼亲鱼，使繁殖的罗非鱼幼鱼穿过稀网成为鳜鱼的食饵。

**（二）鲫鱼**

鲫鱼繁殖力较强，产卵期长，也是鳜鱼理想的活饵料。一般每亩放养2冬龄鲫鱼600尾（100 kg左右）。

**（三）鳑鲏鱼**

鳑鲏鱼繁殖力强，产卵期长，也可供鳜鱼取食，一般每亩放养1冬龄鳑鲏鱼10 kg作亲鱼，同时每亩投放河蚌600只（供鳑鲏鱼在其中产卵）。

**（四）草、鲢、鳙**

为提供足够的鳜鱼的饵料鱼，有的鳜鱼养殖单位利用繁殖草、鲢、鳙鱼补充团头鲂等饵料鱼的不足。草、鲢、鳙鱼易繁殖，且价格便宜，可降低饵料鱼成本。

## 二、混养

鳜鱼的混养有两种类型，具体如下。

**（一）以鳜鱼为主的类型**

主张在鳜鱼池中搭配和放养下列两种鱼。首先是鲫鱼，因为它适应性强（在清水和浑水中均能生存）、食性杂，饵料容易取得，在池中可以自然繁殖，而且产卵期较长，这使鳜鱼的饵料可以源源不断地得到补充。每亩水面可以投放两冬龄的鲫鱼600尾，合100 kg，鳜鱼能以鲫鱼繁殖的小鲫鱼、其他野杂鱼类以及小虾为饵料。其次是鳑鲏鱼，因为它体型小，价值低，所以在淡水养殖上视为野杂鱼类，但可作为鳜鱼饵料来利用，它和鲫鱼一样，产卵期长，能不断供应鳜鱼饵料，每亩水面可放10 kg左右1冬龄的鳑鲏鱼，同时为满足鳑鲏鱼繁殖的要求，每亩水面投放600只河蚌。

**（二）将鳜鱼作为搭配鱼类**

主要是将鳜鱼混养在鲢、鳙鱼的亲鱼池中，或搭养在商品鱼养殖（二冬龄以上）池塘中，每亩放养10～15 g鱼种10～20尾，不能太多，不需专门投饵料，鳜鱼可以吃掉亲鱼池中的野杂鱼，保持鲢鳙鱼有充足的饵料，这样一方面亲鱼生长发育良好，另一方面鳜鱼产量也能提高。

在混养中，关键问题就是使其他经济鱼类避免被鳜鱼捕食而降低鱼类养殖效果，具体措施如下。

（1）若搭配在鱼种池中，要提高各种鱼类的鱼种规格，一般要在二龄以上，规格起码大于鳜鱼。

（2）控制鳜鱼的放养规格和数量，不能投放过多，否则会造成鳜鱼饵料不足，而吞食其他经济鱼类。

（3）不能同时搭配两种凶猛鱼类，否则会出现饵料竞争。

（4）鳜鱼亲鱼一般不搭养在成鱼池子，因其个体较大，也能吞食二龄鱼种以及成鱼。鳜鱼亲鱼一般作为单养，或搭配在鲢鳙鱼亲鱼池中。

## 三、大水面养殖

大水面养殖鳜鱼有利有弊，只要能够控制好鳜鱼的数量、规格就能有利于大水面中其他鱼类的生长，具体作用如下。

### （一）作为清除野杂鱼的生物工具

在湖泊、河道、水库中，一般主要养殖鲢鳙鱼和其他经济鱼类，而这些水体中，鱼类组成十分复杂，同时也存在着一些经济价值较低的鱼类（野杂鱼），适当放进一些鳜鱼，可以捕食这些鱼类，从而使得天然饵料、人工投放饵料尽量被养殖鱼类所利用。另外鳜鱼生长较快，经济价值很高。

### （二）提高水体的利用率

根据鳜鱼的习性可知鳜鱼和养殖鱼类在空间上、饵料上一般不会发生竞争。

大水面养殖鳜鱼最大问题是捕捞困难，单靠网捕很难得到较满意的结果。因此必须找出捕捞鳜鱼的最适渔具渔法。另外，在大水体中，鳜鱼数量很难控制，稍不注意会起相反作用（成为敌害鱼类），若这两个问题能够解决，大水面养殖鳜鱼是很有发展前途的。

## 四、工厂化养殖

### （一）鱼苗投放

一般选择转料完全、体质健硕的鳜鱼苗。

### （二）水质管理

不管水源是河水还是井水，都应设置蓄水池，以保证进入养殖池的水质达标或充分曝气。养殖过程中保持水质清新，透明度控制在40 cm以上。前期投喂量不大，并有循环过滤措施，每天定时排污1次，水温在25 ℃及以上时，每周换水1/2，水温在25℃以下时，15天换水1/2（具体换水时间和换水量根据具体水质情况而定）。

### （三）投饲管理

1.饲料选择

结合工厂化水体透明度高，水位较浅，摄食情况容易观察。前期可以选择优质的缓沉饲料。该饲料成形好，营养全面。在微流水中漂移缓沉就像游动的活鱼饵，引诱鳜鱼摄食，达到仿生态效果。后期缓沉饲料、膨化浮性饲料均可。饲料粒径，随着鳜鱼的生长，适时调整适口的饲料粒径。鳜鱼对淀粉、脂肪代谢能力差，建议定期拌服胆汁酸、杜仲叶提取物有助于减少脂肪肝等肝胆问题。

2.投饲方法

根据抢食鱼数量和抢食速度来确定每次投饲量和频率，比如每次所投饲料量以10秒左右抢食完为准，抢食完即进行下次投喂。每天投饲次数受水质、气候、水温、鱼体规格影响，根据具体情况而定。

### 3. 投饵率

投饵率受水质、气候、水温影响，鱼种规格不同，投饵率也不同，以不浪费为原则，如果抢食鱼群散去2/3，即停止投饵。

### （四）筛苗、分池、转池

（1）随着鳜鱼的不断生长，会逐渐出现个体差异和密度过大。个体差异较大，就会出现大鱼吃小鱼，从而影响整体成活率。这时就要筛分规格，按照不同规格分池养殖。

（2）如果密度过大，养殖池负荷大，易缺氧，鱼体摄食不均，这时就需要分池到一个合理的密度进行养殖。

（3）此外由于设备排污不能达到百分之百，鳜鱼在原养殖池养殖时间过长，会造成水质变坏，影响鳜鱼的生长，这时也需要转池养殖。比如水温在25℃以上时，每个月转池一次，水温在25℃以下时，每2个月转池一次，具体转池时间根据具体水质而定。

# 第五节　病害防治技术

鳜鱼在生命的各个阶段都有可能受到疾病侵害，常见的疾病及防治方法如下。

## 一、病毒性疾病

### （一）暴发性传染病

#### 1. 症状和病因

大型球状虹彩病毒。病鱼口腔周围、鳃盖、鳍条基部和尾柄处充血，有的病鱼眼球突出或有蛀鳍现象；大部分病鱼鳃、肝脏发白，内脏器官充血，特别是胃部有块状充血，伴有腹水，肠内充满黄色黏液，往往与寄生虫及细菌交叉感染。

#### 2. 防治方法

用聚维酮碘、双氧氯全池泼洒（具体用量见产品说明书），隔天1次，连续泼洒2~3天，并同时将乳酸、恩诺沙星与维生素C、维生素E提前1小时喂饵料鱼，再用饵料鱼投喂鳜鱼，连续2~3天。

### （二）综合性出血性败血症

#### 1. 症状和病因

以"白鳃、白肝"为特征的严重疾病，被称为鳜鱼综合性出血性败血病、暴发性流行病、出血病等。患有细菌性疾病的饵料鱼被鳜鱼摄食后，常出现体表炎症、肝脏带菌、肠道发炎、腹水等症状。此病流行快、死亡率高，属危害最大的暴发性疾病，在夏、秋季流行最为严重；苗种期少发，成鱼期多发。该病被认为是一种新病，一旦得病，死亡率高达90%，有的发病池全池鳜鱼死完。

#### 2. 防治方法

（1）用强氯精0.4 mg/L溶解后全池泼洒，间隔一天重复一次。如长期用药而未换水的池，要先换水再用药，以防用药过量。

（2）用鳜鱼专用的鳜血宁，每袋可加饵料12.5 kg。药饵制作方法：用麦粉50%、菜饼50%，拌匀；按饲料量的60%称取一定量的水，再按饲料量加入药物，待药物溶解成药水后拌入饲料中，用手搓成团或块，1小时后投喂。尽量在16:00前后投喂，因为鳜鱼在傍晚捕食最凶猛，饵料鱼吞食药饵后即可被鳜鱼捕食。

## 二、细菌性和真菌性疾病

### （一）细菌性败血病

1. 症状和病因

嗜水气单胞菌、温和气单胞菌。病鱼在鳃盖基部或鳍条基部出现轻度充血，肝脏颜色较淡，腹腔有少量积水，此病传播快，死亡率高。由嗜水气单胞菌等细菌感染引起，常伴有寄生虫疾病，为近年来的暴发性流行病，对鳜鱼造成危害极大。

2. 防治方法

（1）每半月用1次三代鱼虾安，浓度为0.1 mg/L，全池泼洒进行预防。

（2）用0.4 mg/L浓度的三氯异氰尿酸全池泼洒。

（3）注射灭活菌苗。

（4）在治病前必须先有针对性地杀灭鱼体表及鳃上寄生虫。

（5）用0.3 mg/L浓度的二氧化氯按使用说明配制后全池泼洒。

（6）用0.3～0.5 mg/L浓度的菌毒威全池泼洒，隔天1次，连用2次。

（7）用二氯异氰脲酸钠（优氯净）0.5 mg/kg或漂粉精0.4～0.5 mg/kg全池泼洒，同时在100 kg饲料中加10 kg灰茎辣蓼（粉碎后温水浸泡）均匀拌和、晾干，于15:00—16:00按鱼体重10%投喂池塘中饵料鱼，连喂2～3天。

### （二）白皮病

1. 病原和病症

白皮极毛杆菌为革兰氏阴性杆菌。是由于不洁净尤其是鱼的粪便没有及时清掉，或是捕捞和运输的时候操作不慎使鱼受伤导致病原菌感染。病鱼背鳍或尾鳍也可能使背鳍加尾鳍的基部出现小白点，随后白点迅速扩大直至尾鳍等全部发白、烂掉，病鱼的游泳能力明显降低。平衡失控会竖起来上下垂直游动。2～3天死亡。死亡率极高。5—8月流行此病。

2. 防治方法

（1）用10 mg/L浓度的漂白粉浸洗，隔天浸洗1次，3次见效。

（2）用10 mg/L浓度的高锰酸钾水溶液浸浴15～30分钟。

（3）全池遍洒强氯精（含有效氯90%），使池水呈0.5～0.6 mg/L浓度。

（4）全池遍洒聚碘，使他水呈0.3～0.6 mg/L浓度。

（5）用25 mg/L的土霉素或金霉素溶液药浴30分钟/天。

### （三）烂鳃病

1. 症状和病因

柱状黄杆菌。病鱼鳃丝末端溃烂成残缺不全，鳃丝软骨外露，鳃烂处常黏附污泥，看上去很脏。病鱼鳃盖内表皮往往充血发炎，严重者鳃盖中央部位的内表皮溃烂，形成一个透明小区，俗称"开天窗"。

2. 防治方法

（1）用10 mg/L浓度的敌百虫溶液浸洗5～10分钟，杀灭鱼虱等寄生虫，烂鳃病会逐渐得到好转。

（2）用0.3 mg/L浓度的二氧化氯全池泼洒。

（3）发病时可用五倍子2～4 mg/kg，磨碎后浸泡过夜全池泼洒；也可全池泼洒二氧化氯0.2～0.3 mg/kg或溴氯海因0.4 mg/kg等含氯制剂。

（4）同白皮病的治疗。

### （四）肠炎病

1. 症状和病因

肠型点状单胞菌、豚鼠气单胞菌等。病鱼不摄食，体色发黑，浮游于水面，肠道有气泡及积水，病鱼的直肠至肛门段充血红肿；严重时整个肠道肿胀，呈紫红色，轻压腹部有黄色黏液和血脓流出。病因常是鳜鱼食了带肠炎病的饵料鱼而受感染，或因饥饿后又饱食引发该病。

2. 防治方法

（1）加强鳜鱼的饲养管理，不要让鳜鱼时饥时饱。选择适口饵料鱼，以防过大规格的饵料鱼擦伤肠腔诱发鱼病。

（2）将鳜鱼池和饵料鱼池的水体予以消毒。可用漂白精或二氧化氯或二溴海因等，全池泼洒，每半月消毒一次。

（3）饵料鱼投喂前用10%食盐水进行浸洗消毒处理，并清除病、残、弱饵料鱼，消灭传染源。

（4）给饵料鱼投药饵：每100 kg饲料添加大蒜素0.1 kg，连续投喂5～7天。吞食药饵后再被鳜鱼吞食，使鳜鱼间接食药得以治疗。

## 三、寄生虫性疾病

### （一）斜管虫病

1. 症状和病因

斜管虫在鱼体皮肤及鳃部的刺激与破坏，引起病鱼分泌大量黏液，使皮肤及鳃的表面呈苍白色或皮肤表面形成一层浅灰的薄膜，严重时病鱼漂浮水面，呼吸困难，鳃盖泛金红色，不久便死亡，死亡率高达90%以上。

2. 防治方法

（1）彻底清塘，做好水源消毒工作，确保池水清新，溶氧充足。

（2）用300 mg/L浓度的甲醛浸洗预防，隔天浸洗1次，每次5～10分钟。发病时，每天1次。

（3）全池泼洒硫酸铜及硫酸亚铁合剂（1∶2），使池水呈0.7 mg/L浓度。环道施药1.2～1.4 mg/L浓度，停止流水20～30分钟（具体视鳜鱼承受程度调节），每天1次。

（4）用硫酸铜及高锰酸钾合剂（5∶2），使池水呈0.3～0.4 mg/L浓度。

## （二）车轮虫病

### 1. 症状和病因

车轮虫和小车轮虫两个属中的许多种。车轮虫大量寄生在鳃上可使鳃丝失血、肿胀，如在鳃丝间寄生8~10个虫体，就会使鳜鱼苗种呼吸困难，寄生再多时会造成鱼种死亡。寄生在皮肤和鳍条上，往往使鱼体表出现苍白色、鳍条充血、腐烂失去游泳和摄食能力，病鱼头朝上、尾朝下在水中旋转翻滚，离群独游，最后会失去平衡与摄食能力而死亡。

### 2. 防治方法

（1）用100 g/m³福尔马林溶液浸洗鱼体5~10分钟。

（2）用20 g/m³新洁尔灭溶液浸洗鱼体5~10分钟。

（3）用硫酸铜0.5 g/m³和硫酸亚铁0.2 g/m³合剂，全池泼洒。

## （三）小瓜虫病

### 1. 症状和病因

鳜鱼从苗到成鱼均可被寄生发病，主要危害苗种，一般在5—6月，水温15~25 ℃时易发此病。由小瓜虫寄生引起，小瓜虫病借助孢囊及幼虫传播，主要以幼虫侵入鱼皮肤或鳃表皮组织，吸取组织的营养，引起组织增生，而后在鱼体上发展为成虫。病情严重时，病鱼皮肤、鳍、鳃等处都布满脓肿，一个个脓肿表现为小白点，并伴有大量黏液。镜检时多数只看见球形的成虫，病鱼消瘦，游动异常，最后呼吸困难而死。

### 2. 防治方法

（1）加强饲养管理，保持良好的水体环境，增强鱼体抵抗力。

（2）用150 mL/m³福尔马林浸洗鱼种10~15分钟。

（3）用福尔马林全池泼洒，浓度是15~25 mL/m³，治疗时要充分充氧，治疗后立即换清洁的水并充氧。

（4）用小瓜虫净50~60 mL/亩，1 m深水；生姜辣椒的治疗效果不错。

（5）降低水位，提高水温，在水温28 ℃以上时，小瓜虫停止增殖，自行蜕落。

## （四）孢子虫病

### 1. 症状和病因

孢子虫病常见于淡水鱼类，危害较大，尤其危害幼龄鱼，破坏其皮肤、鳃组织，影响呼吸功能，病鱼体表和鳃部肉眼可见白色点状物。肛门拖一粪便条，鱼体负担过重，失去平衡，在水面上打滚，影响正常摄食，2天内死亡率40%左右。由黏孢子虫寄生引起。

### 2. 防治方法

（1）用晶体敌百虫（90%以上）全池遍洒，使池水达0.1 mg/L浓度，多次使用可减轻病情。

（2）使用灭孢灵0.1 mg/L浓度，全池泼洒。

# 第六节　加工食用方法

鳜鱼肉厚刺少，肉质细嫩，营养丰富，可以清蒸、红烧，也可以做成臭鳜鱼。要保障鳜鱼的营养得到最好的保留并且被人体充分吸收，其烹饪要求就高，保证最大程度保留鳜鱼的营养。

## 一、老干妈蒸鳜鱼

### （一）食材

鳜鱼450 g、香葱6根、生姜1大块、大葱1段（中指长）、小青椒2个、鲜红小米辣2个、老干妈豆豉2汤匙、好酱油3汤匙、花生油2汤匙。

### （二）做法步骤

（1）宰杀好的鳜鱼，洗净内脏，水擦干，在脊背处横剖一刀深至骨。

（2）洗净的香葱切段，姜切丝，小米辣和小青椒切成细圈，大葱取出葱芯，葱白切成丝。

（3）取1/3量的姜丝、2根量的香葱段，在鳜鱼上下内外抓一抓，腌5分钟。

（4）烧一大锅水（能没住鱼身），一手提鱼尾巴，一手关火，将鱼入锅里浸2秒后提出来。

（5）蒸鱼盘里均匀铺上剩下的姜丝和香葱段。

（6）鳜鱼放入鱼盘，均匀铺上大葱丝，再铺上豆豉，放入烧开了的蒸锅中，大火蒸8分钟。

图11.2　老干妈蒸鳜鱼（图来源于网络https://baike.baidu.com/pic/老干妈蒸鳜鱼/4322073/1/d009b3de9c82d158ccbf7dd7fe420ed8bc3eb135e437?fromModule=lemma_top-image&ct=single#aid=0&pic=f31fbe096b63f624271df5448544ebf81a4ca331）

（7）将鱼盘取出，倒掉蒸鱼水，弃掉盘底的葱姜，然后淋上酱油、放上两种辣椒圈。

（8）炒锅烧热，放花生油烧到冒青烟时，将热油均匀淋在辣椒圈上，即成。

## 二、锡纸烤鳜鱼

### （一）食材

鳜鱼500 g、金针菇、鸡腿菇、西芹、柠檬、洋葱、姜、盐、鸡精、生抽、白葡萄酒、食用油、锡纸。

### （二）做法步骤

（1）鳜鱼宰杀，去鳞开膛，取出内脏，洗净后擦干水分。

（2）洋葱切丝；芹菜拍一下切段；柠檬切片；姜切片，一起放入器皿中，加入盐、鸡精、白葡萄酒、生抽，用手抓出汁后，放入鳜鱼腌制10~15分钟。

（3）将锡纸摊开，放入鸡腿菇、金针菇和腌制鱼的

图11.3　锡纸烤鳜鱼（图来源于网络https://www.bilibili.com/video/BV1TM4y1u7LK/）

蔬菜，洒少许植物油，放上鳜鱼，包好锡纸放入烤盘中。烤箱预热200 ℃后放入烤20分钟即可。

### 三、清蒸鳜鱼

**（一）食材**

鳜鱼500 g、精盐、黄酒、葱段、食油、味极鲜、姜。

**（二）做法步骤**

（1）将新鲜鳜鱼除鳞、鳃，剖腹去内脏，洗净，放开水中浸透一下取出，放冷水中，轻轻刮去黑色鳞衣，洗净放盘内，用精盐一分在鱼身上均匀擦一遍，腌渍20分钟。

图11.4 清蒸鳜鱼
（彭仁海供图）

（2）将腌好的鳜鱼用水冲洗一次，在鱼身两侧划十字形刀花，平放在盘内，上面放葱段、姜片、精盐、黄酒和食油，上笼用大火蒸10分钟左右，见鱼眼球突出取出即成。

### 四、干烧鳜鱼

**（一）食材**

鳜鱼500 g、茭白、香菇、豆瓣酱、酱油、香醋、香油、料酒、葱姜。

**（二）做法步骤**

（1）鳜鱼宰杀剖腹去腮、内脏后洗净，在鱼背肉厚的部位，用刀划花刀、茭白去壳切丁。

图11.5 干烧鳜鱼（图来源于网络https://baike.baidu.com/item/干烧桂鱼/7617971?fr=ge_ala）

（2）香菇洗净切丁、鱼加葱丝、姜丝、料酒、少许盐码味备用、将鳜鱼放入热油中炸透呈金黄色捞出备用、茭白焯水去除草酸。

（3）香菇也焯一下、锅置火上放入香油烧热，投入大料、葱段、姜片，炸出香味、加入豆瓣辣酱煸炒，加入香醋、料酒、酱油、白汤、白糖翻炒、倒入适量开水、下入茭白丁、香菇丁、鳜鱼用微火煨焖、中间要把鱼翻个儿，淋入香油、靠透、改旺火收汁，拣出佐料，淋入香油，翻转过来即可。

### 五、臭鳜鱼

**（一）食材**

鳜鱼550 g、臭腐乳、桂皮、花椒、红辣椒、紫苏、盐、姜片、蒜粒、鸡精、味精、料酒100 g、白酒10 g、油、紫苏、生洋葱、红辣椒、葱、姜末。

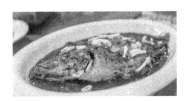

图11.6 臭鳜鱼（图来源于网络https://baike.baidu.com/item/臭鳜鱼/63909871?fr=ge_ala）

**（二）做法步骤**

（1）将新鲜的鳜鱼宰杀干净，去掉血水以及腮，鱼身打上斜花刀，备用。

（2）将打好花刀的鳜鱼抹上盐，如果鱼肉较厚，花刀中间也要抹进去，这样腌制才能入味；抹好盐的鱼一层一层码好，放入盆中备用。

（3）准备好腌制鱼的调料：臭腐乳、料酒、白酒、桂皮1~2块、花椒1把、新鲜紫苏30 g、老姜片50 g、蒜30 g、鸡精、味精，搅拌均匀即可。

（4）将调制好的腌制料倒入码好的鳜鱼身上，盖上盖子，腌制5~7天；腌制的过程中，最好是放入冰箱冷藏室腌制。

（5）腌好的臭鳜鱼清洗干净，锅中用五六成热的滚油，炸至两面金黄，然后加入新鲜紫苏、姜末、红辣椒爆炒出香味后，加入少许清水，焖到汤汁浓稠后，倒入平底锅中。为了防止烧糊，平底锅中可以提前切上一小把生洋葱，也可以换成时令蔬菜打底。

# 第七节　养殖实例

## 一、饲料鳜池塘主养

新县水产技术推广站的刘巧凌等在池塘中利用配合饲料主养鳜鱼，取得较好经济效益。

### （一）材料与方法

1. 苗种来源

鳜鱼苗为外购的翘嘴鳜"广清1号"（新品种号：GS-01-003-2021）。

2. 养殖时间

2022年5—10月。

3. 池塘条件及设施

位于信阳市浉河区南湾水库下游的养殖场，养殖面积3 000 m²，水深大于2 m，排灌方便，水源为南湾水库，水质优良，配1.5 kW叶轮式增氧机3台，池塘为东西向，长方形，池底淤泥厚度为10~20 cm，不渗水，池底中间低，四周高。

4. 鱼苗投放

经过检疫，不携带病毒的"广清1号"翘嘴鳜健康鱼苗，由中科院珠江研究所与广东清远水产养殖单位共同选育，在广东清远已驯化全部摄食配合饲料，由氧气袋打包空运至信阳明港机场，规格为12 cm/尾。养殖密度为39 000尾/hm²，放样数量为11 700尾，为调节水质投放100 g/尾花鲢鱼苗100尾，50 g/尾白鲢鱼苗300尾。

5. 饲料投喂

选用广东杰大品牌鳜鱼膨化饲料，投饵原则"七分饱"，遇天气突变、连续雨天减少投料。随着鱼体的生长，每10天调整一次投饵率。具体参考标准：稚鱼期（<50 g）3%~5%；幼鱼期（50 g~200 g）2%~4%；育成期（>200 g）1%~2%。观察鱼群吃料情况，70%鱼吃料减弱离去，即停止投料。

6. 健康管控

一是加新水，每10天加水1次，每次加水5~10 cm，同时排出部分底层老水。二是消毒，每15天，用生石灰或漂白粉消毒调水一次，生石灰为20 mg/L，漂白粉1 mg/L。三是养殖后期，每10天补充EM菌+红糖，调节水质，控制氨氮、亚硝酸盐指标。四是增氧机使用，确保至少一台增氧机长开，最低溶解氧在3 mg/L以上，长期溶氧在5 mg/L以上。

### 7. 预防鱼病

坚持"以防为主，防重于养"的原则。水质要求"肥、活、爽、嫩"。注意镜检观察鱼的体表、鳃上寄生虫情况，如有指环虫、三代虫、锚头蚤及早驱虫预防。本次养殖试验因为清塘彻底，水源水质好，鱼苗不携带病菌、寄生虫，养殖进行较为顺利。饲料每15天安排3天内服中草药加维生素C、维生素E，防止肝胆病和细菌性病，中草药品种为三黄粉、黄芪粉、板蓝根等。每10天打样一次，观察鱼体的健康状况，测量鱼体的生长情况，作为调整饲料投喂量的依据。

### （二）养殖成果

#### 1. 渔获物

10月8日干塘。经过近5个月的养殖，产出鳜鱼5 854.50 kg，规格为576 g/尾，平均产量1 951.5 kg/hm²；鲢鱼452 kg，规格1 480 g/尾，平均产量1 500 kg/hm²；鳙鱼171.9 kg，规格1 910 g/尾，平均产量570.3 kg/hm²。具体见表11.3。

表11.3　渔获物

| 品种 | 产量（kg） | 单产（kg/hm²） | 平均规格（g/尾） |
| --- | --- | --- | --- |
| 鳜鱼 | 5 854.50 | 1 951.5 | 576.00 |
| 鲢鱼 | 452.00 | 1 500 | 1 480.00 |
| 鳙鱼 | 171.90 | 570.3 | 1 910.00 |
| 合计 | 6 478.40 | | |

#### 2. 收入及效益分析

生产成本为：苗种费70 200元，饲料费93 685元，人工费18 000元，塘租2 800元，水电费4 650元，鱼药费1 670元，成本合计191 005元。销售收入总额33.24万元，利润总额14.14万元。每公顷利润47.1万元，投入产出比1：1.74。具体见表11.4。

表11.4　销售收入

| 品种 | 售价（元/kg） | 销售收入（元） | 收入（万元/hm²） |
| --- | --- | --- | --- |
| 鳜鱼 | 56.00 | 327 852.00 | 109.30 |
| 鲢鱼 | 5.8 | 2 621.60 | 0.87 |
| 鳙鱼 | 11.4 | 1 959.66 | 0.65 |
| 小计 | | 332 433.26 | 110.82 |

### （三）讨论

#### 1. 生产效率和土地利用率

传统鳜鱼养殖，按1：4的配套饵料鱼计，每亩产出750 kg，在信阳地区已是高产出，综合产量为产出鳜鱼2 250 kg/hm²；用配合饲料养殖鳜鱼产量19 500 kg/hm²，生产效率为传统养殖模式的8.67倍。

**2. 节约淡水资源**

粗略估计，养殖饲料鳜鱼比传统饵料鱼养殖模式节省淡水资源80%以上。

**3. 经济效益**

饲料鳜鱼投入产出比为1∶1.74，利润47.1万元/hm²。而传统养殖鳜鱼的成本在36~44元/kg，饲料鳜鱼的成本在28~32元/kg，饲料成本大大降低。因为投入饲料养殖不会因为传统的饵料鱼带来的一些传染源，节约了大量的用药成本，有效降低了养殖风险。所以，饲料鳜鱼养殖效益可观。

**4. 风险**

采用规格12 cm以上的"广清1号"翘嘴鳜鱼苗，已全部驯化摄食配合饲料，运输合理，所以养殖存活率高，商品率高。如果驯化不理想导致商品鳜鱼养殖存活率低，会影响养殖效益。

## 二、饲料鳜工厂化养殖

万州区水产研究所的杨家贵利用现有的养殖车间设施设备，从广东引进鳜鱼鱼苗进行全人工配合饲料养殖技术探索，获得较大成功，解决了山区建池成本高、饵料鱼成本高的难题，同时满足了市场需求，取得了较好的经济效益。

### （一）材料与方法

**1. 养殖池结构与准备**

鳜鱼养殖池是该所现有的养殖车间内循环养殖池，规格为长8.4 m×宽4.8 m×高2.4 m（灌水后水深2 m），每2口养殖池中间建规格为长8.4 m×宽2 m×高3 m的过滤排污池（过滤池装有起过滤作用的波纹板，起增氧、推水作用的微孔管，起导流作用的导流板及集污井）。2口养殖池为1组，在充气泵、微孔管和导流板的作用下，推动水体，形成内循环微流。在鳜鱼苗放养前15天将养殖池和过滤池（包括过滤设备）清洗干净，晾干后灌水，打开充气泵，让池水循环起来，让波纹板表面生长生物膜。在鳜鱼苗放养前3天养殖池、过滤池全池泼洒氯制剂，对养殖池、过滤池和过滤设备进行杀菌消毒。在鱼苗放养前1天，将池水放干，重新加灌新水，等待放养鳜鱼苗。

**2. 鱼苗放养**

试验用的10 000尾鳜鱼苗是2020年12月5日从广东购买的转食完全、体质健壮的翘嘴鳜（生长速度快，抗病力强），规格8~10 cm，用14 m³的活鱼车运输，运抵养殖场后用3%的食盐水浸泡5分钟，再按尾数平均放入准备好的1#、2#、3#、4#养殖池。

**3. 饲养管理**

一是水质，养殖用水是引自龙宝河河沟水，经室外过滤池过滤后再灌入养殖池。养殖过程中保持水质清新，透明度控制在40 cm以上。每天定时排污1次，水温在25 ℃及以上时，每周换水1/2，水温在25 ℃以下时，15天换水1/2（具体换水时间和换水量根据具体水质情况而定）。二是投饲，选购广东海水鱼人工配合缓沉饲料，该饲料成形好，营养全面，在微流水中漂移缓沉就像游动的活鱼饵，引诱鳜鱼摄食，达到仿生态效果；根据抢食鱼数量和抢食速度来确定每次投饲量和频率，每次所投饲料量以10秒左右抢食完为准，抢食完即进行下次投喂。每天投饲次数受水质、气候、水温、鱼体规格影响，根据具体情况而定；投饵率受水质、气候、水温影响，鱼种规格不同，投饵率也不同，以不浪费为原则，如果抢食鱼群散去2/3，即停止投饵；随着鳜鱼的生长，适时调整适口的饲料粒径。三是规格筛选、分池、转池，随着鳜鱼的不断生长，会逐渐出现个体差异和密度过大。个体差异较大，就会出现大鱼吃小鱼，从而影响成活率，这时就要筛分规格，不同的规格分池养殖；密度过大，造成养殖池负荷过大，易缺氧，鱼体摄食不均，这时就需要分池到一个合理的密度进行养殖。由于设备有限，排污不能达到百分之百，鳜鱼在原养殖池养殖时间过长，会造成水质变坏，影响鳜鱼的生长，这时就需要转池养殖。水温在25 ℃以上时，每个月转池1次，水温在25 ℃以下时，每2个月转池1次，具体转池时间根据具体水质而定。

4. 鱼病防治

遵循预防为主的原则。饲料在通风、干燥处存放，以防变质；每隔15天全池泼洒氯制剂，对水体和鱼体杀菌消毒；每15天投喂多维拌配合饲料2天；筛选规格、分池、转池等动作要轻，尽量做到带水操作，避免鱼体受伤致病。通过上述措施，在鳜鱼整个养殖过程中未发生鱼病。

（二）结果

作者团队于2020年12月5日购回鳜鱼苗进行养殖，于2021年9月20开始售鱼，到2021年12月5日，达到销售规格的鳜鱼全部售完，进行盘存统计，得到的结果见表11.5、表11.6。

表11.5　鳜鱼养殖结果

| 鱼苗数量（尾） | 鱼苗规格（g/尾） | 鱼苗总重（kg） | 投饵量（kg） | 售鱼数量（尾） | 售鱼重量（kg） | 库存鱼数量（尾） | 库存鱼重量kg | 成活率（％） | 饵料系数 |
|---|---|---|---|---|---|---|---|---|---|
| 10 000 | 12 | 120 | 4 595 | 7 478 | 3 715 | 1 020 | 332 | 85 | 1.17 |

表11.6　鳜鱼养殖利润

| 投入（万元） | | | | | | 产出（万元） | | | 利润（万元） | |
|---|---|---|---|---|---|---|---|---|---|---|
| | | | | | | 销售收入 | | | | |
| 鱼苗成本 | 运输费用 | 饲料成本 | 水电费 | 药费 | 人工工资 | 鳜鱼 | 套养鱼 | 库存收入 | 总利润 | 单位面积利润（万元/m²） |
| 5 | 1 | 8.27 | 2 | 0.1 | 2.5 | 26.7 | 1.25 | 2.39 | 11.52 | 0.038 |

鳜鱼养殖饲料选用广东海水鱼饲料，价格为18元/kg。鳜鱼售价平均为72元/kg。根据市场情况，库存鱼按72元/kg计算。试验用池3组，面积共300 m²，因此单位面积利润为0.038万元/m²。

从结果可以看出，鳜鱼车间全人工配合饲料养殖试验是成功的，这种模式是值得推广的（特别是在山区）。

**（三）分析与讨论**

（1）鳜鱼养殖过程中，鱼病防治一定要注重以预防为主，治疗为辅。预防措施包括饲料品质的保证、池水定期用氯制剂杀菌消毒、定期添加多维的投喂、筛选规格及清转池操作要轻以避免鱼体受伤（鳜鱼背鳍呈针状）等。

（2）在养殖过程中，根据个体差异，要及时筛选规格，分池养殖，否则就会出现大鱼吃小鱼的情况，降低成活率。

（3）在车间养殖鳜鱼，人工投饵是鱼体获取饵料的唯一途径，所以在不浪费的原则下，要把饲料投足，否则鱼体长期处于饥饿情况下，会相互攻击，造成受伤致死，降低成活率。

（4）投饵时，工作人员一定要有耐心和责任心，要根据实际情况调整每次投食量、投食频率和投饵率（一次投料过少，大部分鱼长时间抢食不到饵料就会散去；如一次投料过多，还没被鱼抢食完就沉入池底，造成饲料浪费和水质破坏）。

（5）通过该养殖模式探索，车间全人工配合饲料养殖鳜鱼适合建池成本高、饵料鱼成本高的山区推广，既能创造良好的经济价值，又满足了市场需求，丰富了人们的菜篮子。

## 参考文献

曹涤环，2023. 池塘鳜鱼养殖技术[J]. 新农村（4）：33-34.

丁广龙，2021. 高纬度地区鳜鱼养殖技术[J]. 渔业致富指南（22）：43-46.

窦亚琪，2023. 鳜鱼驯食学习记忆与表观遗传机理及分子标记研究[M]. 武汉：华中农业大学.

高四合，杨广，2018. 不同饵料鱼对翘嘴鳜鱼苗生长效果的影响[J]. 江苏农业科学，46（9）：168-170.

国家特色淡水鱼产业技术体系，2021. 中国鳜鱼产业发展报告[J]. 中国水产（4）：23-32.

胡文娟，李彩刚，阙江龙，等，2021. 鳜鱼人工繁殖关键技术要点[J]. 渔业致富指南（3）：62-63.

江孝八，包华驹，2021. 贵池鳜鱼产业发展存在的问题及对策[J]. 现代农业科技（14）：216-217.

李波，吴明林，崔凯，2020. 秋浦花鳜多元养殖模式关键技术[J]. 现代农业科技（19）：202-203.

李圣华，黄永涛，王丛丹，等，2020. 池塘网箱配合饲料养殖鳜鱼技术研究[J]. 湖北农业科学，59（17）：101-106，127.

李松林，韩志豪，王小源，等，2021. 鳜养殖概况及摄食调控机制研究进展[J]. 水产学报，45（10）：1787-1795.

梁旭方，李姣，2021. 鳜鱼饲料可控养殖技术[J]. 科学养鱼（1）：68-69.

梁旭方，俞伏虎，何炜，等，1995. 配合饲料网箱养殖商品鳜的初步研究[J]. 水利渔业（2）：3-5.

梁旭方，1994b. 鳜鱼视觉特性及其对捕食习性适应的研究Ⅱ. 视网膜结构特性[J]. 水生生物学报（18）：376-377.

梁旭方，1994b. 鳜鱼驯食人工饲料原理与技术[J]. 淡水渔业（24）：36-37.

梁旭方，1995a. 鳜鱼视觉特性及其对捕食习性适应的研究Ⅲ. 视觉对猎物运动和形状的反应[J]. 水生生物学报（19）：70-75.

梁旭方，1995b. 鳜鱼摄食的感觉原理[J]. 动物学杂志，30（1）：56.

梁旭方，2002. 鳜鱼人工饲料的研究[J]. 水产科技情报（29）：64-67.

刘巧凌，黄勇，佟力，2023. 鳜鱼配合饲料养殖试验总结[J]. 河南水产（3）：18-19.

刘长江，罗莉，徐杭忠，等，2021. 鳜鱼常见病害症状及防治方法（下）[J]. 科学养鱼（8）：50-52.

刘长江，罗莉，徐杭忠，等，2021. 鳜鱼常见病害症状及防治方法（上）[J]. 科学养鱼（7）：48-49.

鹿锋，2022. 鳜鱼养殖如何做好病害防治[J]. 渔业致富指南（8）：58-60.

农业农村部渔业渔政管理局，全国水产技术推广总站，中国水产学会，2021. 2021中国渔业统计年鉴[M]. 北京：中国农业出版社.

钱克林，凌武海，段国庆，等，2017. 鳜鱼池塘循环流水养殖试验[J]. 科学养鱼（10）：40-41.

沈文新，2018. 鳜鱼的生物学特征及鳜鱼苗的人工繁殖技术[J]. 上海农业科技（4）：70-71.

苏超凡，盘润洪，尼玛旺堆，等，2023. 工厂化外循环水饲料养殖鳜技术研究[J]. 河北渔业（3）：4-5，16.

陶良保，季索菲，2016. 鳜鱼生物学特性及养殖技术[J]. 农技服务，33（4）：199-200.

汪福保，程光兆，董浚键，等，2022. 人工配合饲料池塘养殖翘嘴鳜广清1号生长模型构建[J]. 广东农业科学，49（5）：125-132.

汪福保，程光兆，孙成飞，等，2022. 池塘鳜鱼人工配合饲料生态养殖技术[J]. 中国水产（11）：82-84.

王菲菲，王华，秦伟，等，2022. 稻-虾-鳜种养模式试验及效益分析[J]. 科学养鱼（2）：31-32.

徐杭忠，萝莉，刘长江，等，2021. 鳜鱼配合饲料驯化及养殖技术[J]. 科学养鱼（11）：39-41.

颜慧，孙莉，姜增华，等，2021. 扬州市鳜鱼养殖病害分析与防控[J]. 河北渔业（4）：18-20.

杨家贵，牟洪民，刘本祥，2022. 鳜鱼工厂化车间全人工配合饲料养殖技术研究[J]. 渔业致富指南（4）：46-48.

於杰，2023. 鳜鱼苗种繁育及成鱼养殖技术[J]. 安徽农学通报，29（14）：56-59.

张燕萍，肖俊，张桂芳，等，2023. 池塘配合饲料养殖翘嘴鳜技术研究[J]. 江西水产科技（2）：1-2，22.

赵来兵，蒋阳阳，崔凯，等，2023. 鳜鱼池塘精养与虾鳜共作两种养殖模式技术要点[J]. 现代农业科技（17）：179-181，190.

# 第十二章
# 乌 鱼

## 第一节　生物学特性

乌鱼（*Channa argus*）又名黑鱼、生鱼、乌鳢、才鱼等，属鲈形目，鳢科。在我国，鳢科鱼类有两属：鳢属和月鳢属。鳢属内有乌鳢（及黑龙江亚种）、斑鳢、甲鳢、眼鳢、点鳢、鳢、纹鳢7种；月鳢属仅有月鳢一种。目前作为养殖对象的是乌鳢和斑鳢。

乌鱼肉质细嫩，口味鲜美，且营养价值颇高，在国内外市场深受欢迎，是人们喜爱的上乘菜肴。此外，乌鱼还具去瘀生新、滋补调养、健脾利水的医疗功效。病后、产后以及手术后食用，有生肌补血、加速愈合伤口的作用，也可治疗水肿、湿痹、脚气、痔疮、疥癣等症。

### 一、形态特征

乌鱼身体前部呈圆筒形，后部侧扁。头长，前部略平扁，后部稍隆起。吻短圆钝，口大，端位，口裂稍斜，并伸向眼后下缘，下颌稍突出。牙细小，带状排列于上下颌，下颌两侧齿坚利。眼小，上侧位，居于头的前半部，距吻端颇近。鼻孔两对，前鼻孔位于吻端呈管状，后鼻孔位于眼前上方，为一小圆孔。鳃裂大，左右鳃膜愈合，不与颊部相连。鳃耙粗短，排列稀疏，鳃腔上方左右各具一有辅助功能的鳃上器。

乌鱼体色呈灰黑色，体背和头顶色较黑暗，腹部淡白，体侧各有不规则黑色斑块，头侧各有2行黑色斑纹。奇鳍有黑白相间的斑点，偶鳍为灰黄色间有不规则斑点。乌鱼全身披有中等大小的鳞片，圆鳞，头顶部覆盖有不规则鳞片。侧线平直，在肛门上方有一小曲折，向下移二行鳞片，行于体侧中部，后延至尾基。

乌鱼背鳍颇长，几乎与尾鳍相连，无硬棘，始于胸鳍基底上方，距吻端较近。腹鳍短小，起点于背鳍第4~5根鳍条下方，末端不达肛门。胸鳍圆形，鳍端伸越腹鳍中部。臀鳍短于背鳍，起点于背鳍第15~16根鳍条下方。尾鳍圆形，肛门紧位于臀鳍前方。背鳍49~52；臀鳍32~33；胸鳍16；腹鳍6。侧线鳞62~67，7~8/17。

乌鱼与斑鳢的主要形态差别是：乌鱼体较长，斑鳢体较短。两者的头顶斑纹也有明显差别：乌鱼头顶部有七星状斑纹，斑鳢的头顶部则有呈近似"一八八"三个字之斑纹。此外，乌鱼的头比较尖长，更似蛇（图12.1）。

**图12.1　乌鱼（彭仁海供图）**

## 二、生活习性

乌鱼是营底栖性鱼类，通常栖息于水草丛生、底泥细软的静水或微流水水体中，遍布于湖泊、江河、水库、池塘等水域内。时常潜于水底层，以摆动其胸鳍来维持身体平衡。

乌鱼对水体中环境因子的变化适应性强，尤其对缺氧、水温和不良水质有很强的适应力。当水体缺氧时，它可以不时将头露出水面，借助在鳃腔内由第一鳃弓背面的上鳃骨和舌颌骨深展出的骨片组成的鳃上器，直接呼吸空气中的氧气。因此即使在少水或无水的潮湿地带，也能生存相当长时间。乌鱼的生存水温为0～41 ℃，最适水温为16～30 ℃。当春季水温达8 ℃以上时，常在水体中上层活动；夏令季节活动于水体的上层；秋季水温下降到6 ℃以下时，游动缓慢，常潜伏于水深处；冬令水温接近0 ℃时，则蛰居在水底泥中停食不动。

乌鱼具有很强的跳跃能力。当天气闷热、下雨涨水时，乌鱼往往会跃出水面，沿塘堤岸逃逸，在有流水冲击时也会激起鱼跃而逃跑。若其生活的池塘饵料不足时，亦会向其他池转移，转移时其身体似蛇形，缓缓向前移动。

## 三、食性

乌鱼为一种凶猛的肉食性鱼类，且较为贪食。捕食对象随鱼体大小而异，体长3 cm以下的苗种主食桡足类、枝角类及摇蚊幼虫等，体长3～8 cm的鱼种以水生昆虫的幼虫、蝌蚪、小虾、仔鱼等为食，体长20 cm以上的成鱼则以各种小型鱼类和青蛙为捕食对象。乌鱼的游泳速度快，但捕食一般不追赶猎物，而是隐蔽于水草或其他隐蔽物附近，并高度注视四周的动静，一旦发现有鱼类等适口活饵料游经附近时，便迅速出击，一举捕获。乌鱼的摄食量大，往往能吞食其体长50%左右的活饵，胃的最大容量可达其体重的60%上下。据解剖，一条500 g重的乌鱼，在较短时间内吞食10 cm长草鱼种8尾。乌鱼还有自相残杀的习性，能吞食体长为本身2/3以下的同类个体。其食量的大小与水温有密切关系：夏季水温高时相当贪食，摄食量大；当水温低于12 ℃时，即停止摄食。在人工饲养条件下，也能以豆饼、菜籽饼、鱼粉等人工配合饲料为食。

## 四、年龄与生长

乌鱼生长速度相当快，但在不同的地域、不同的环境中，乌鱼和斑鳢的生长速度不尽相同。

乌鱼当年孵出的鱼苗，年终平均体长可达15 cm，体重50 g左右。根据在太湖采集的标本，各年龄组体长和体重为：1冬龄鱼体长14.2～19.2 cm，体重115～428 g；2冬龄鱼体长24.0～28.0 cm，体重350～760 g；3冬龄鱼体长32.9～38.0 cm，体重605～1 000 g。

斑鳢各年龄生长速度为：1冬龄鱼体长19.0～39.8 cm，体重95～760 g；2冬龄鱼体长38.5～45.0 cm，体重625～1 395 g；3冬龄鱼体长45.0～59.0 cm，体重1 467～2 031 g。

在人工养殖条件下，乌鱼当年个体重可达250 g，翌年达500～1 000 g。

### 五、繁殖特性

乌鱼的产卵季节因各地气候条件不同而异。在华南地区为4月中旬至9月中旬，5—6月最盛；华中地区为5~7月，以6月较为集中。繁殖水温为18~30 ℃，最适温度为20~25 ℃。

乌鱼性成熟年龄，在不同的地区也略有差异。在华南地区，通常体长20 cm以上的1冬龄鱼性腺已成熟，而长江流域一带则需2冬龄和体长30 cm左右才能产卵。乌鱼能在池塘、河沟及水库等水域内自然繁殖，产卵场一般分布在水草茂盛的浅水区。

怀卵量、产卵量与亲鱼个体大小有关。乌鱼的怀卵量通常每千克体重2万~3万粒。0.5 kg重斑鳢产卵量一般为0.8万~1万粒，个别可达1.1万~1.2万粒。

产卵方式是营造巢类型。产卵前，性成熟的雌雄亲鱼成对地游动在产卵场地，共同用口衔取水草、植物碎片及吐泡沫营筑略呈环形、直径0.5~1 m、漂浮于水面的鱼巢。巢筑成后，在风平浪静的早晨日出之前，雌、雄鱼相互追逐、发情，然后雌鱼在鱼巢之下接近水面处，腹部向上呈仰卧状态，身体缓缓摇动而产卵于巢上。与此同时，雄鱼以同样姿态射精于此。乌鱼为多次产卵，产卵后亲鱼守于巢底，保护鱼卵，免受侵害。

乌鱼的卵金黄色，有油球，为浮性卵，卵经2 mm左右。受精卵的孵化时间与水温有关：水温较低时，孵化时间较长；水温较高，则孵化时间短些。刚孵化出的鱼苗全长3.8~4.3 mm，体遍布黑色素细胞，胸鳍原基出现，油球和卵黄囊使前部明显膨大，外形像蝌蚪，常侧卧漂浮于近水面，运动能力差，依靠吸收卵黄而生。鱼苗全长达6.1~6.2 mm时，胸鳍、鳃裂和口均已出现，卵黄内油球位置移至腹部，常呈仰卧状态于水面，并能向下做短程垂直游动。当全长达7.4~7.5 mm时，全身黑色，卵黄囊消失，集群游动，开始摄食，亲鱼随群保护。全长15.5 mm时，体呈黄色，奇鳍末端呈黑色，背鳍、胸鳍和臀鳍已具鳍条，腹鳍则始现鳍条，开始分散游动，亲鱼亦停止护幼。

# 第二节　鱼苗繁殖技术

### 一、自然繁殖

在天然环境中，当繁殖季节来临，性成熟的乌鱼习惯于在江河边水草丛生的浅水处，筑巢自然产卵、受精、孵化。在此时，将天然水域中捕获的性成熟乌鱼，集中在类似于天然繁殖环境条件的场所，让其自然繁殖。

供繁殖用的池塘面积以0.1~0.3亩为宜。池深分为深浅两部分：近池边和中心部分可为深处，其余均系浅处。深处水深1 m，浅处为0.3 m。池内应种植水草、水浮莲等，以便乌鱼筑巢之用，也可在池内浅水处放置几个人工鱼巢供用。池堤须用竹、砖等材料或用塑料网片围成30~40 cm的防逃设施，以防乌鱼跳起逃逸。

由于乌鱼在繁殖期间易出现雄鱼争雌现象，因此雌雄配比以1：1为好，密度以每平方米放一组为宜。在池内投放适量的饵料鱼。乌鱼习惯于环境安静、水草茂盛的浅水处产卵。因此繁殖池忌设置于环境嘈杂场所，以免亲鱼繁殖时受惊。如亲鱼产卵受精时环境受干扰，亲鱼会立即停止生殖活动。

## 二、人工繁殖

### （一）雌雄的鉴别

在繁殖季节里，性成熟的雌雄亲鱼，可根据其外形特征来区分：雌鱼的个体，与同龄的雄鱼相比，其体长稍短些，背鳍和尾鳍亦较小些；雌鱼的背鳍上有自上而下排列整齐的白色小圆斑，圆点愈白愈多，愈成熟，雄鱼背鳍上斑点较大而模糊，且不甚规则，呈半透明的淡黄色；雌鱼胸部丰满圆滑，胸鳞白嫩微黄，腹部膨大、松软，生殖孔大而突出，呈三角形，色粉红，而雄鱼体侧稍呈艳丽的紫红色，腹部虽亦相当柔软，但生殖孔狭小不显著，呈微粉红色，易被误认为不甚成熟的雌鱼。

### （二）亲鱼的选择和培育

当冬季将临，收集野生的或人工饲养的乌鱼，从中挑选个体健壮、无伤无病、已达性成熟年龄、体重达0.5 kg以上的个体作为亲鱼。雌鱼以选择个体较大的为好，因为个体愈大，怀卵量愈多。

亲鱼培育池面积以0.3～0.5亩为宜，水深0.7～1 m，池内种有水草、水浮莲等水生植物。每亩面积可放养100尾体重为0.5～0.7 kg的亲鱼。培育期间投喂小杂鱼、小虾等饵料，也可投喂蛋白质较高的精饲料，并保持池水良好的水质，适时注入新水。

乌鱼亲鱼也可放在家鱼亲鱼池内套养。视池内饵料生物的多寡，每亩放养5～10尾。至翌年4—5月，性腺发育趋成熟。待水温适宜时，选择成熟亲鱼进行人工催产。

### （三）人工催产和产卵

成熟度好的亲鱼，雌雄按1∶1配对，注射激素进行人工催产。体重0.5～0.7 kg的亲鱼，按每千克体重注射鲤鱼脑垂体4个左右，分两次注射。第一次注射量为总量的10%～15%，经12～13小时后第二次注射，将余量注射完。雄鱼剂量减半，在雌鱼注射第二次时同时进行。当水温为23～30 ℃时，经18～25小时，亲鱼便可发情，自行产卵、受精。若采用绒毛膜促性腺激素，雌鱼每千克体重注射1 600～2 000国际单位，第一针为注射总量的1/3，第二针为2/3。雄鱼剂量减半，亦在雌鱼注射第二针时注射。

对亲鱼注射催产剂时，用纱布裹住提起乌鱼，在胸鳍基部进行注射，或在其背部进行肌内注射。入针深度为0.2～0.3 cm，通常选用1 mL注射器，18号针头。注射器和针头均需经煮沸消毒后方能使用。

催产注射时间，雌鱼第一次注射一般安排在18:00—19:00，第二次注射则在翌日9:00—11:00。注射后的亲鱼可放入4个水缸内，直径0.6 m，深0.5 m的水缸内放入一对亲鱼；也可用水泥池作产卵池，10 m²左右的池内可放5～6对亲鱼。池、缸顶须用聚乙烯网片或竹帘等覆盖，以防亲鱼逃走。池、缸应尽量置于避光的阴暗处，池中放入水浮莲、水草或棕片等，供亲鱼产卵之用。产卵期间须避免噪声等外界因素干扰。亲鱼在注射后亦可放入池塘内，在池塘中专设产卵场地供亲鱼繁殖用。通常设置在池塘水草丛中，用聚乙烯网或竹帘等材料围成约3 m²的水体，每3 m²放入1～2对亲鱼。第二次注射后次日清晨，亲鱼自行产卵、受精。乌鱼是分批产卵的，全部过程需12～24小时。待产卵结束后，将亲鱼捞出。

### （四）鱼卵孵化

乌鱼的受精卵呈金黄色，圆形，相互连成片状，上浮于水面。鱼卵一般可仍置于产卵池内孵化，也可捞起鱼卵，置于孵化设施内孵化。

鱼卵孵化池可采用有充足可靠水源的水泥池，规格多为10 m×5 m×0.7 m。每只孵化池可放鱼卵50万粒。孵化池的数量可视生产规模而定。在鱼卵未入池前，孵化池池水用1 mg/L高锰酸钾消毒。若鱼卵在产卵池内孵化，也可用1 mg/L高锰酸钾全池泼洒。用药后边注水、边排水，使水位保持不变。根据乌鱼在天然水域中产卵于水草丛生的阴凉处之特点，孵化场地上应搭棚，避免阳光直射。孵化期间的水温应尽量保持稳定，温差最好能控制在2 ℃左右，否则将影响到孵化率。

也可将鱼卵移入直径约60 cm的塑料盆中孵化。盆中水深约15 cm，每盆放5 000~8 000粒鱼卵，塑料盆宜放在室内，以避免阳光照射和淋雨。

鱼卵移入孵化池（盆）内后，当水温为20~30 ℃时，经10小时左右，受精卵逐渐呈现灰色、深灰色，未受精卵即变为白色，卵表面布满呈白色的水霉。为避免受精卵感染，可用镊子或吸管及时清除未受精卵。当坏卵较多不易剔出时，可用1 mg/L高锰酸钾消毒。孵化期间，孵化池（盆）应每天早晚各换水一次，排出池内部分旧水，同时注入部分新水。排水和注水后池水水位应保持不变。换水速度不宜过快，操作时动作应尽量轻，以免卵受震动。孵化用水，若采用含有适量浮游植物的浅绿色水源进行孵化，效果较佳。

乌鱼卵的孵化时间随水温的变化而异。水温为20~22 ℃时，孵化需45~48小时；水温25 ℃时，约需36小时；水温26~27 ℃时，约需25小时；水温30 ℃时，约需22小时可孵化出鱼苗。

由于乌鱼亲鱼是分批产卵的，因此鱼苗孵出亦略有先后。鱼苗孵出后，应及时清除卵膜，以免卵膜溶解后引起水体恶化，影响鱼苗成活。鱼苗刚孵出时，抵抗力差，不宜换水过多，以防水温温差过大而引起鱼苗患病。在孵出的当天，池水换水量应为2/3，第2~5天换水量控制在4/5左右。5天后，鱼苗活动能力增加，每天早晚换水一次。

刚孵出的鱼苗全长3.8~4.3 mm，体遍布黑色素细胞，胸鳍原基出现，油球和卵黄囊使体部明显膨大，外形像蝌蚪，常侧卧漂浮于近水面，运动能力差，依靠吸收卵黄而生。苗全长达6.1~6.2 mm时，胸鳍、鳃裂和口均已出现，卵黄内油球位置移至腹部，常呈仰卧状态于水面，并能向下作短程垂直运动。开始摄食，亲鱼随群保护。全长达7.4~7.5 mm时，全身黑色，卵黄囊消失，集群游动，开始摄食，亲鱼随群保护。全长达15.5 mm时，体呈黄色，奇鳍末端呈黑色，背鳍、胸鳍和臀鳍已具鳍条，腹鳍则始现鳍条，开始分散游动。

若此时鱼苗仍继续暂置于孵化池内，则须及时投喂饵料。一般可投喂轮虫和小型水蚤，投放量视鱼苗摄食状况而定，以少量多次为宜。如投饵量过多，乌鱼苗、水蚤会同时消耗水中溶氧，易引起水体缺氧，导致鱼苗、水蚤的大批死亡。鱼苗孵化8~10天后，鱼苗个体长大，池中密度提高，此时应放入苗种池内培育。

# 第三节　苗种的采捕和培育

## 一、天然苗种的采捕

在乌鱼繁殖季节，湖泊、水库、江河、沟塘等水域中，常能见到成群的天然乌鱼苗，较易捕获，是苗种捕捞的时节。捕捞工具为密眼的抄网。在发现乌鱼巢后，可根据鱼苗集群的特性，用抄网捕捞。白天乌鱼苗活动性较强，难以捕捞。因此宜在夜间捕捉，此时鱼苗行动迟缓，且常浮于水面换气。当闻有水泡声，寻发声处，将网从其下方插入水中后立即向上捞起，可捕获。如捕获到的是刚吸收完卵黄囊的鱼苗，则应先集中于苗种池培育一段时间，待体长达7~8 cm后移入成鱼池内饲养。若捕到不同规格的苗种，须经过筛，将规格接近的个体分别放于不同池子中培育，以避免相互间残杀。如捕获8~10 cm的乌鱼种，可直接放入成鱼池内饲养。

在天然水域中采捕到的乌鱼苗种，通常采用水桶等容器运送。运输用的容器宜水浅口大，以期提高运输成活率。常用的水桶规格为：口径48 cm，桶深24 cm。每桶可装4~7 cm的鱼种1 500~2 500尾，运输时间在24小时之内较为安全。运输大规格鱼种，可在鱼篓内底部铺放水草，将乌鱼种放于水草上，然后再放入些水草，即可进行运输。在启运前淋一次水，可运输8~12小时，若运输时间稍长，应每隔6~8小时淋水一次，可安全运抵目的地。

## 二、人工繁殖苗种的培育

乌鱼孵化较易，但苗种培育则较难些。乌鱼的孵化率高的可达到90%以上，一般也达60%左右。而鱼苗的成活率，高的约为70%，通常只有20%~40%，鱼种成活率仅为鱼苗总数的30%~50%。因此，提高乌鱼苗的成活率，是人工培育苗种的关键。乌鱼苗的卵黄囊消失后，开始摄食，对由孵化池移入苗种池的乌鱼苗，须及时投喂适口的饲料。

苗种培育池面积以0.2~0.4亩为宜，水深0.5~1.0 m。苗种培育池在鱼苗放养之前，要清塘消毒。先排干池水晒底，再以每亩塘用60~75 kg生石灰清塘（池水深为7~10 cm时），然后每亩池塘投放200~250 kg绿肥（大草），或施1 000 kg有机肥料作基肥培育水质。施放后10天左右，水中浮游生物大量繁殖生长，鱼苗可下塘。

乌鱼苗的放养密度，视池塘条件、水质、饵料及养殖技术，可掌握在每亩5万~10万尾，一般放6万~7万尾为宜。鱼苗孵出4~5天，卵黄囊刚消失，鱼苗全长达8 mm左右时，以摄食轮虫、小型水蚤等浮游动物为主。若池中培育的饵料生物不足时，须及时补充饵料。可采取施追肥的方法，即每周施绿肥一次，每亩每次投放150 kg。若水质仍不够肥，可再施有机肥100 kg。此时鱼苗鳃上器已渐形成，常集群于池边，游泳时不时浮至水面，将吻端露出水面呼吸空气。同时以鳃利用水中溶解氧，鱼苗亦常摄取浮于水面的饵料，因而还可投喂由蛋黄、酵母、豆饼、维生素等配制成粉末状的配合饲料，放在水面上，作为补充饲料，每天投喂1次。放养当日每万尾鱼苗投喂1 kg配合饲料，以后随鱼苗摄食量的增加逐渐增加投喂量。此外，也可从专门培育枝角类的池内捞取水蚤进行投喂。鱼苗孵出约10天，全长为10 mm以上时，鱼苗摄食桡足类成体、小型甲壳类、水生昆虫幼虫等。两周后，鱼苗体色呈橘红色，此时可投喂大型甲壳类、切碎的丝蚯蚓和蝇蛆等。3周左右，鱼苗体色转为黑色，可直接投喂丝蚯蚓、蝇蛆等活饵料。经20～25天培育，全长可达3 cm左右。

由于3周内的鱼苗具高度集群的习性，鱼苗集聚在一起。投饵时游弋于群体中心和体弱的鱼苗，获食机会相对少些，造成摄食机会不均，生长速度参差不齐，从而导致鱼苗个体间差异。摄食情况良好的苗全长可达3.5～3.8 cm，体弱的仅2.3～2.7 cm，甚至会造成特别体弱的鱼苗因无法获得必要的营养饲料而死亡。因此，一要投喂充足的饲料，二要改进投饵方法，使鱼苗能均匀摄食。可采取一天多次投喂；或在投喂前，结合鱼池换水，用流水将鱼群冲散，使鱼苗摄食均匀，生长速度基本一致。

随着鱼苗个体的长大，池塘内密度提高，且由于鱼苗个体因摄食不均而出现差异。当鱼体达4 cm以上时，已具残食为本身2/3以下的同群个体，因此大鱼吃小鱼的现象开始出现，将大大降低成活率。为此应及时地、经常地捕捞过筛，按不同大小，分池培育。3.5～4 cm规格，每亩放养密度以1万尾左右为宜。或直接放入家鱼、罗非鱼等成鱼池内搭养。再经20天左右培育，全长可达6 cm上下，体色变为黑色，此时可投喂小鱼、小虾，或投喂高蛋白的人工配合饲料。鱼苗自孵出起，经2个月左右的培育，乌鱼可长至10～13 cm，此时可放至成鱼塘内进行成鱼饲养。

在苗种培育期间，要勤观察鱼苗的活动情况。若发现苗种绕池边游荡，表明池水饵料不足，应及时投喂。在培育的初期，轮虫、水蚤的欠缺，中、后期丝蚯蚓、小鱼、小虾的不足，都会使苗种摄食不均而造成长势不一致，引发相互残食。因此当池塘天然饵料不足，可在池塘水面上设置黑光灯引诱昆虫，供苗种食用；也可适当投喂水蚤、切碎的鱼虾或人工配合饵料，但量要掌握好，不宜过多。否则过剩的残饵积累，易造成水体氨氮骤增，水质恶化。乌鱼苗有集群活动的习性，若发现集群过大，应及时疏散，特别是在天气闷热的夜间，如出现上述现象，应将鱼苗捞起后分散放到本苗种塘的其他地点。要注意水色的变化，尤其在高温季节里，若水质过肥，溶氧不足，易引起苗种浮头、泛塘，造成苗种大批死亡。因此，要根据苗种的生长情况，适时注入新水，逐步提高水位，调节水质，增加水体的空间，调整苗种的密度。注水不仅可提高水中溶氧，还可与投喂饵料有机结合起来，使苗种能均匀获得充足的饵料。

# 第四节　成鱼养殖技术

## 一、池塘单养

通常可用养殖家鱼的池塘或将洼地、旧坑经适当改造，即可养殖乌鱼成鱼。池塘面积1亩左右，水深1～1.5 m。池塘四周须用砖石、竹篱笆或聚乙烯网片等材料筑成高50～60 cm的围墙，以防乌鱼跳起逃走。根据乌鱼喜荫蔽、怕暴晒的习性，池内可种植些水草、水浮莲、莲藕之类的水生植物，种植面积为池水面积的1/5。这样既为乌鱼提供一个适宜的环境，又为鲫鱼等产粘性卵的鱼类造就了一个必要的繁殖条件，从而为乌鱼增添了天然活饵料。池水pH值要求中性或微碱性，透明度为50 cm左右。如水源充足，尽量采取微流水形式饲养，或采取勤注新水的方法，使水质保持清新。

放养时间为5—6月。放养前，池塘用生石灰清塘，方法、用量与苗种培育池同。放养规格要整齐，须经过筛，按大小规格分塘饲养。放养量视放养规格确定，一般全长3 cm规格的鱼种，每亩可放养1.5万尾左右；全长5 cm鱼种每亩放0.8万尾；全长10 cm鱼种每亩放0.5万~0.6万尾；全长15 cm规格，每亩放0.25万~0.3万尾为宜。若水质良好、饵料充足、饲养经验丰富，可适当提高放养密度；反之，则应降低放养量。

为防止在养殖过程中因个体差异而造成相互残杀，可采取分级养殖的方法，一般大致可分为三级养殖。分级养殖的规格和密度见表12.1。

**表12.1 乌鱼分级饲养的规格和密度**

| 级别 | 饲养规格（g/尾） | 密度（尾/亩） |
|---|---|---|
| 1 | 0.25至（1~1.5） | 9 000 |
| 2 | （1~1.5）至50 | 4 500 |
| 3 | 50~400 | 2 200 |

投喂的饲料要求适口、充足。动物性饲料主要有小鱼、小虾、昆虫、蝇蛆、蚯蚓、青蛙、蝌蚪、蚊子幼虫、切碎的鱼肉活畜禽肉等，植物性饲料为饼粕、米糠、玉米粉、麦麸等。若鲜活饵料来源方便、价格低廉，则可采用投喂鲜活饵料的方法进行饲养。以投喂切碎的冰鲜鱼块为例，饵料系数为6~7。如动物性饵料欠丰富，可采取用人工配合饲料来喂养，其粗蛋白质含量需40%以上。

投喂饲料应做到定时、定质、定量、定点。颗粒饲料可投放于饲料台上，或放在竹箩内并将其吊入水中，供乌鱼食用。饲养期间应经常注入新水，使水体保持充足的溶氧、清新的水质。池塘的注水口应设于离池堤30 cm以上为宜，以免池水加水时，引起乌鱼跳跃逃跑。在饲养期间，若发现乌鱼个体间差异明显，应及时拉网过筛，将超长规格的个体移入他池，以免发生种内残杀。

## 二、池塘混养

在养殖鲢、鳙、草、鳊、鲮、罗非鱼等鱼的成鱼塘混养一定数量的乌鱼种，不但可充分利用养殖水体，还可借乌鱼来清除塘内的野杂鱼和其他水生生物，减少池塘中不必要的生物耗氧，从而达到充分挖掘池塘生产潜力、增加养殖品种、提高池塘单位面积产值的目的。

家鱼成鱼塘内搭养乌鱼，要做到放养时间的差别：家鱼放养时间要早，一般以1—3月为宜，乌鱼则在5—6月放养。还要做到放养规格上的差别：家鱼的放养规格要大，乌鱼放养规格要小，最好相差一倍，即如乌鱼放养规格为5~7 cm长，家鱼则最好达15 cm以上。此外，乌鱼的放养规格尽量做到整齐，放养的数量亦不宜过多，一般每亩混养4～5 cm的乌鱼种30尾左右。若池塘内野杂鱼、小虾、水生昆虫较为丰富，或在池内投放一些大规格的鲫鱼、罗非鱼，使其产卵繁殖后代，供乌鱼食用，这样，乌鱼放养数量尚可适当提高。乌鱼种放入后，一般不必再投饵。经5～6个月饲养，个体一般可达150～400 g，个别可长至500～600 g，每亩可获乌鱼9～10 kg。

### 三、网箱养殖

#### （一）养殖环境

网箱设置在水深9 m以上的水库区域，水质清新，溶解氧丰富，水体透明度30 cm以上，无污染、无噪声，交通便利。

#### （二）网箱材料与网箱设置

1.网箱材料

网箱选用无结节聚乙烯网箱，规格为5 m×5 m×2.5 m，目大3 cm，为防止逃鱼，在网箱外套一双层网箱。

2.网箱设置

在避风向阳的库湾，设置区水深7～10 m。共设置框架式简易浮桥6排，网箱全部固定在浮桥两侧，便于喂养管理和及时观察鱼的摄食活动。浮桥离岸100 m左右，两端均有2只大铁锚固定，放乌鱼鱼种前，可在网箱内设置水花生、水葫芦等水生植物作为隐蔽物。

#### （三）鱼种放养

购进体长12～15 cm且体质健壮的乌鱼鱼种，每个网箱内放养1 800尾，进箱前，用食盐和小苏打混合液浸洗鱼体10分钟。

#### （四）饲料与投喂

乌鱼属肉食性凶猛鱼类，食性广，主要以水库野生的狗鱼、鲫鱼、麦穗鱼、虾、贝、水生昆虫等中、小型鱼类和冰鲜冻鱼两种为食。投饵采取"四定"技术：要保证7:00—9:00和17:00—19:00，每天在这2个时间段各投喂1次，第一次投饵量占日投饵的40%，第二次占60%。

#### （五）日常管理

及时观察网箱内鱼的游动、设施及鱼病发生情况，发现异常要立即检查，根据情况及时采取有效措施。

#### （六）鱼病防治

放养鱼种后用漂白粉挂篓、吊袋等方法预防鱼病。

#### （七）讨论

（1）鱼种进箱前按个体大小，分级分箱放养，否则乌鱼同类之间自相残食，能吞下相当于自身体长2/3以下的同类个体。

（2）饵料鱼的好品质是养好乌鱼的关键，优先选择水库活的小杂鱼，新鲜的死饵次之。利用配合饲料进行成鱼饲养不甚理想。

（3）乌鱼的摄食高峰期为水温22～30 ℃，冬季停食，产卵期间也基本不摄食。

（4）乌鱼耐低氧，即使在无水的潮湿处，夏天3～5天不致死亡，冬季可生存2周之久。

（5）乌鱼善跳跃，尾重500 g以上的成鱼可跃出水面1～1.5 m，幼鱼也能跃出水面0.3～0.5 m。为防止逃鱼，在网箱外套一层网箱。

（6）饵料鱼要消毒后再用，每天及时清除残饵污物，定期刷箱，保持网箱水体交换畅通，定期泼洒1 mg/L漂白粉消毒，乌鱼发病后要及时诊断，及时治疗。

# 第五节　病害防治技术

乌鱼抗病力强，在江河、湖泊等天然水域中很少发病。但在人工高密度养殖环境中，池塘内有害物质造成的危害，病原体的侵袭，鲜活饵料可能携带的病原，操作不慎引起的感染及乌鱼本身因环境条件的变化造成体内对疾病抵抗力的减弱等原因，导致发病率增加，危及养殖鱼类的生长，甚至使乌鱼致死，造成严重的经济损失。因此，对乌鱼的疾病，应以预防为主，注意观察，及时发现，积极治疗。

## 一、病毒性疾病

### （一）弹状病毒病

1. 症状和病因

是由弹状病毒引起的广宿主疾病，弹状病毒因形状似子弹而得名。当养殖水体中溶解氧低，氨氮及亚硝酸盐含量高或放养密度过大时易引发此病。水温在27～30 ℃时为发病高峰。患病乌鱼躁动不安，在水中狂游打转，剖检时可见其肝、脾脏肿大，且有红点附着其上，鳔充血肿胀。

2. 防治方法

避免放养密度过大，科学投喂新鲜优质饲料，保证养殖水质良好。可用生石灰等对养殖池塘进行彻底消毒。将10～12 mg/kg氟苯尼考、0.025 g/kg三黄粉和0.6～1.0 g/kg维生素C混合使用，可有效预防该病。平时可用适量中草药拌饲投喂，以提高乌鱼的免疫力。

## 二、细菌性真菌性疾病

### （一）暴发性出血病

1. 症状和病因

病鱼下颌到肛门的腹部和鳍基充血发炎，特别是胸鳍基部和近鳃盖后缘的体两侧有与鱼体侧线垂直的出血条纹。有的病鱼眼眶、肌肉充血。严重时腹部肿胀，腹腔内积有无色腹水，肝脏有淤血，肠道充血且无食物。病原可能由嗜水气单胞菌等病原菌感染而致。鱼种培育阶段在鱼苗投放15天后易发此病，原因是放养密度高，投饵过量，残饵未及时清除而导致病原菌大量滋生而致病，成鱼养殖一般6—8月流行。危害面广，密度过高的乌鱼养殖池会感染发病，尤其是冬令清塘不彻底、池底积淤过多，养殖池水水质老化、过肥，鱼体更易感染发病，来势凶猛，往往是从发现充血症状后3～4天即出现大批暴死现象。

2. 防治方法

（1）药物清塘。常用清塘药物有：生石灰：干法清塘，水深约10 cm，每亩用60 ~ 75 kg。南方在清塘8天后，北方盐碱地10 ~ 15天后，可放鱼入池。带水清塘，每亩用125 ~ 150 kg（水深1m时），南方15天、北方20 ~ 25天后，鱼可入池。漂白粉（含氯量30% ~ 32%）：用20 mg/L全池泼洒，7天后鱼即可入池。91高效净：用15 mg/L全池泼洒，2天后鱼即能入池。

（2）池水消毒。生石灰：在发病季节，每亩用15 ~ 20 kg，全池泼洒，或在食台周围泼洒，每月1 ~ 2次。漂白粉（含氯量30% ~ 32%）或漂粉精（含氯量65%）：1 ~ 1.5 mg/L漂白粉或0.1 ~ 0.3 mg/L漂粉精，全池泼洒，或食台消毒，每月1 ~ 2次。鱼安：用0.3 mg/L全池泼洒。

（3）鱼塘消毒。二氧化氯：用20 mg/L，水温15 ~ 30 ℃时，浸洗10 ~ 20分钟。

（4）饵料鱼消毒。饵料鱼应选用新鲜无病，投喂前用3% ~ 5%的食盐溶液浸洗30分钟。

（5）内服药。鱼服康B-I型：每100 kg鱼体重，用本品50 ~ 100 g，混入饲料中，1天1次，连用2 ~ 3天。在发病季节，每隔5天重复一个疗程。

（6）管理措施。鱼池在冬季起捕干塘之后，清除池底过多的淤泥。养殖期间，及时捞起残饵，水体保持清新。

**（二）赤皮病**

1. 症状和病因

鱼体体表局部出血、鱼鳞脱落，特别是腹部两侧，有蛀鳍现象，鱼体行动缓慢，病鱼常漂浮于水面，体弱无力。常常继发水霉病，直至死亡。病原体为荧光极毛杆菌。

2. 防治方法

（1）用生石灰彻底清塘。在分养、捕捞、运输等生产活动过程中，操作要谨慎，避免伤害鱼体。

（2）用万消灵0.5 mg/L或其他含氯消毒剂消毒，如三氯异氰尿酸。二氯异氰尿酸钠、二氧化氯等。

（3）口服鱼服康、鱼血康，每100 kg鱼重用药250 g或根据说明书使用，拌入饲料投喂，连服3 ~ 5天。

**（三）腐皮病**

1. 症状和病因

病原为点状产气单胞菌的一种亚种。症状似家鱼的打印病、烂尾病等，发病部位不定，病灶红肿、溃疡、化脓。部位不定，多发生在尾部、身体两侧、口腔、头的后额等，发病1周后逐步死亡，传染率高，死亡率高。在水泥养殖池中常有发生，是鱼种、成鱼养殖阶段的主要疾病，发病季节主要在越冬后，往往继发水霉病，平时在梅雨季节和9—10月为高峰期。

2. 防治方法

投喂鲜动物饲料或营养全面的配合饲料；经常注入适量的新水，保持水质清新，水泥池要勤换水排污。定期消毒预防，可采用氯制剂或福尔马林20 ~ 40 mg/L浓度，氯制剂按各种不同品种的使用浓度进行，全池泼洒，然后按每立方米水用五倍子0.1～0.2 g的浓度在食场四周挂袋；口服土霉素，每千克饲料2 g，连喂5～6天。

### 三、寄生虫性疾病

#### （一）小瓜虫病

1. 症状和病因

由多子小瓜虫寄生引起的疾病，俗称白点病。多子小瓜虫寄生在乌鱼的鳃、鳍及表皮上。初发时黏液分泌增加，运动失调。病情严重时出现不少小白点，鳞脱落不齐。小瓜虫寄生在鳃组织，引起鳃小片受损，分泌黏液增多，鳃丝有肿胀现象，严重时出现贫血，由深红色转变为桃红色。眼眶充血，角膜模糊，变成浊白色。病鱼滞留于水面，游动缓慢，反应迟钝。

2. 防治方法

（1）放养前用生石灰彻底清塘。合理密养，鱼种消毒，饵料消毒等。

（2）用20～30 mg/L福尔马林全池泼洒。施药后若开启增养机，效果显著。

（3）用0.1～0.15 mg/L高锰酸钾全池泼洒。

#### （二）碘泡虫病

1. 症状和病因

由碘泡虫寄生引起的鱼病。病鱼的体色发黑无光泽，腹部略显肿大，腹腔内有淡黄色腹水。苗种的肾脏有少量白色、椭圆形的孢囊存在，成鱼整个肾脏长满孢囊。病鱼时而窜至水面，时而钻入水中，严重时腹腔大量积水，直至死亡。在乌鱼的苗种、成鱼阶段均有发现，以成鱼发病为多。流行季节为5—9月。病鱼体内寄生部位形成孢囊群，丧失商品价值。

2. 防治方法

此病目前尚无良药可治。病轻时尚可控制，严重时难治，因此应以预防为主。

（1）用生石灰干法清塘，为杀灭池底淤泥层中的孢子，最好在施药后第二天用铁耙将底泥翻耙1次。

（2）鱼种用1 mg/L的90%晶体敌百虫浸洗3～10分钟，效果尚佳。

（3）病鱼、死鱼集中埋于离鱼塘较远的土中，埋时在鱼体上撒些生石灰等。

（4）在流行季节，每隔15天用0.3～0.5 mg/L的90%晶体敌百虫全池泼洒。

#### （三）车轮虫病

1. 症状和病因

由车轮虫和小车轮虫寄生所引起，主要寄生在乌鱼的苗种的鳃部和体表各鳍条上较多，成鱼相对生车轮虫较少。以寄生在苗种鳃部的危害最大，在显微镜下可见许多形似车轮的虫体不停地旋转，少量寄生时一般没什么症状，当大量寄生时，会引起鳃部和体表黏液增多，幼鱼体色发暗，摄食停止，围绕塘边狂游，鱼体极度不安，最后因鳃部组织坏死，鱼苗呼吸衰竭而出现大批死亡。流行在4—8月，最适水温为20～28 ℃，尤其在污染严重，放养密度过大、投饵率高的池塘，车轮虫会大量繁殖。对乌鱼鱼苗、鱼种造成的死亡率比较高。

**2. 防治方法**

（1）彻底清塘，放养前用生石灰清塘消毒。

（2）勤换水，保持水质清新，饲料投喂充足，增强鱼体体质。

（3）硫酸铜全池泼洒，0.5 mg/L。

（4）福尔马林，浓度为35 mg/L全池泼洒，一次有效。

# 第六节　加工食用方法

## 一、生鱼排骨淮山汤

### （一）食材

乌鱼1 kg、排骨半斤、鲜淮山1条（约0.5 kg）、芡实少许、蜜枣2个、姜片3～4片。

### （二）做法步骤

（1）生鱼清净加盐，排骨斩段，淮山去皮洗净切块，芡实、蜜枣洗干净备用。

（2）排骨放入滚水中焯一下，淮山放入滚水中焯一下，然后再过冷水，沥干水待用（此种做法是防止淮山变色及去除表面的黏液。

图12.2　生鱼排骨淮山汤（图来源于网络https://home.meishichina.com/recipe−17023.html）

（3）2匙油加热，将生姜片，生鱼放入油锅中煎至鱼身两面呈微黄色即可，如果锅子比较小，可将生鱼切成块状煎。

（4）将清水倒入瓦煲煮沸，放入所有材料，视材料的多少煲适量的水，待水滚后转用中火煲1.5小时，放入适量的盐调味即可。

## 二、西兰花炒乌鱼片

### （一）食材

乌鱼1 kg、西兰花2个、姜适量、蒜头5粒、盐1茶匙、蚝油2茶匙、麻油少许、糖少许、玉米淀粉水适量。

### （二）做法步骤

（1）将生鱼起鱼肉，切好，加入鸡蛋白、盐、糖、生粉、麻油腌10分钟。

（2）西兰花切好，入锅里开水焯水3分钟，加盐备用。

图12.3　西兰花炒乌鱼片（图来源于网络https://www.xiangha.com/caipu/91682645.html）

（3）锅放入2匙油将姜，蒜爆香，加入腌好的生鱼片大火翻炒；加入西兰花一起炒3分钟。

（4）加入适量盐、蚝油翻炒，最后加入少许生粉水勾芡即可上碟。

### 三、番茄乌鱼片汤

**（一）食材**

乌鱼1条0.75 kg以上、西红柿2个、番茄酱3勺、盐5 g、白糖2 g。

**（二）做法步骤**

（1）乌鱼宰杀，清洗干净，片鱼片一盘。

（2）西红柿两个，滑十字刀口，热水烫一下去皮，切小块备用。

图12.4 番茄乌鱼片汤（图来源于网络https://www.bilibili.com/video/BV1jh4y1P7XA/）

（3）锅中放适量小铺菜籽油，油热后下入西红柿，放入一点点白糖，翻炒均匀后，加入两勺番茄酱继续翻炒。

（4）倒入凉水，加入盐，水开后放入乌鱼片，几分钟捞出来摆盘即可。

### 四、花椒蒸乌鱼片

**（一）食材**

乌鱼1条750 g以上、花椒适量、姜丝适量、小米辣适量、花椒油少许勺。

**（二）做法步骤**

（1）乌鱼宰杀，清洗干净，片鱼片一盘。

（2）用少许盐、小米辣、姜丝、淀粉、花椒粒将鱼片腌制20分钟，然后平铺在盘子上，再滴一些花椒油，喜欢花椒味浓的可以多放。

图12.5 花椒蒸乌鱼片（图来源于网络https://hanwuji.xiachufang.com/recipe/106605525/）

（3）将鱼片放入蒸锅中，大火蒸7分钟。

（4）鱼片蒸好后准备一锅热油，将热油泼在鱼片上即可。

### 五、乌鱼酸菜鱼

**（一）食材**

乌鱼1条1 kg以上、雪菜（酸菜）500 g、郫县豆瓣酱2～3汤匙、小米辣和剁椒1汤匙、葱姜蒜末1小碗、料酒2汤匙、生抽2汤匙、白糖适量、鸡精适量、盐少许、生粉适量、蛋清适量、青蒜1棵。

**（二）做法步骤**

（1）乌鱼1条宰杀，刮去鳞片，剁去鱼头，片成两大片鱼肉，中间的骨头鱼刺剁成鱼排；将鱼肉斜刀切成鱼

图12.6 乌鱼酸菜鱼（彭仁海供图）

片。先放少许盐、白糖、料酒、胡椒粉抓匀，再放1个蛋清抓匀上劲，最后放1汤匙生粉抓匀上劲，腌制15分钟。

（2）锅烧热，倒入3～4汤匙油，小火煸香1小碗葱姜蒜末，放入2～3汤匙郫县豆瓣酱、1汤匙小米辣剁椒，熬出红油。

（3）放入切好的雪菜丝翻炒出香味，倒入1大碗开水，再加2汤匙生抽和2汤匙料

酒，1汤匙鸡精，加盖子烧至沸腾。

（4）放入腌制好的乌鱼肉片和骨刺鱼排一起煮，用筷子轻轻划散开，再撒上青蒜段煮3~4分钟即可。

### 六、香辣烤乌鱼

#### （一）食材

乌鱼1条1 000 g以上，腌鱼调料：姜片、葱段、料酒1勺、酱油、孜然粉、花椒面、辣椒面、盐1茶匙、油。土豆1个、香芹50 g、魔芋豆腐1块、郫县豆瓣2大匙、干辣椒100 g、花椒15 g、姜20 g、大蒜100 g、酱油1大匙、糖1茶匙、盐适量、鸡精少许、植物油1大匙、鲜汤250 mL。

#### （二）做法步骤

（1）乌鱼去掉腮和内脏，剪去鱼鳍，清洗干净，从鱼后脊骨的地方小心切开，使鱼分成两半。将一勺料酒和一茶匙盐均余地涂抹鱼身上，再放上姜片和葱段，腌制10分钟。

图12.7　香辣烤乌鱼（图来源于网络https://https://image.baidu.com/search/detail?ct=503316480&z=0&ipn=d&word=香辣烤乌鱼&step_word）

（2）锡纸铺在烤盘上，上面刷一层厚油（防止鱼粘在锡纸上），腌鱼的姜片和葱段放在上面，再将鱼放上。在鱼身上刷一层油和酱油，再撒上孜然粉、花椒面和辣椒面。

（3）烤箱预热，220 ℃，中层，上下火，烤10分钟，将鱼翻身，刷一次油和酱油，再烤10分钟。

（4）2大匙油放入炒锅中，五成热，放入葱段、姜末、蒜蓉，炒出香味，加入郫县豆瓣酱，小火炒出红油。放入花椒和干辣椒，炒出香味后，倒入鲜汤，大火烧开，调入盐、糖、酱油和鸡精。

（5）烤好的鱼放入一大盘中，煮好的汤汁和配菜倒在烤鱼上，入200 ℃烤箱中，烤5分钟，取出。

（6）炒锅中放入两汤匙油，小火烧至五成热，放入适量花椒和干辣椒炒香后，直接倒在鱼身上即可。

# 第七节　养殖实例

## 一、池塘主养

2020年5月至2020年11月，林州水产站的郗云强和李斌顺在林州市姚村镇振鑫农林公司进行了乌鱼池塘健康养殖技术试验，取得了较好的成绩。

#### （一）池塘条件

池塘南北长40 m、东西宽30 m，总面积1 200 m²，为新挖土池，池深2 m，池底平坦、底部排水，养殖用水水源为地下水，水质符合《国家渔业水质标准》（GB 11607—1989），pH值7.5，DO（溶解氧，Do）6.0 mg/L。试验池配备自动投饵机1台，3 kW喷水式增氧机1台，鱼池上方安装有高清监控摄像头1个。配备水井、水泵等设施。

**（二）池塘处理**

1. 消毒处理

试验池为新挖土池，使用前浸泡10天，生石灰用量为750 kg/hm²化水全池泼洒，排水后再次蓄水浸泡10天后排出池水，待用。

2. 肥水

放养前，加入60 cm深地下水，施用经过腐熟的猪粪1 200 kg/hm²培肥水质。

**（三）鱼种放养**

1. 苗种选择

苗种规格整齐，体格健壮，无病无伤。

2. 放养时间

鱼苗投放时间为5月3日，晴天微风。

3. 放养密度

乌鱼放养42 000尾/hm²。共计投放规格50 g的乌鱼5 000尾，同时搭配鲢鱼150尾、鳙鱼50尾（鲢鳙鱼平均尾重250 g）。

4. 鱼种消毒

鱼种用3%食盐水浸洗消毒10分钟后下塘。

**（四）饲养管理**

1. 饲料选择

按照健康养殖技术要求，选择公司冰鲜鱼和正规厂家生产的乌鱼专用配合饲料投喂，粗蛋白质含量为34%以上。投喂的冰鲜鱼要做成鱼糜和切块，新鲜、适口、无腐败变质、无杂质。

2. 驯化

鱼种下塘后，在晴天中午和下午，缓慢向池中投喂破碎料，对鱼种进行投饲驯化。每次投喂时要用手拍打投饵机发出声音，刺激鱼群形成条件反射。逐渐提高摄食量，减少饵料浪费。驯化时先投喂专用饲料，然后投喂小鱼块。

3. 饲料投喂

一是时间，依水温而定，当水温15～19 ℃时，每天10:00投喂一次；当水温20～29 ℃，每天投喂两次，8:00～9:00及16:00～17:00各投喂一次。二是日投饲量，生长期每15天对乌鱼抽样检查，并根据天气、水质和鱼活动情况及时调整投喂量。日投饲量占塘鱼重量的2%～7%；冰鲜鱼块的日投饲量占60%，配合饲料占40%。三是饲料投喂，饲料投喂坚持"八分饱"原则。池塘内搭建5～6 m²置于水下50 cm的饲料台，固定于池边2～3 m处；冰鲜鱼块饲料抛投于食台中，投饵机并设于附近，方便投喂。冰鲜饲料待冰块融化后，其温度于池水温度相当方可投喂。每次投喂时间控制在30～40分钟吃完为宜。傍晚前后捞起食台，检查食台，发现残饵要及时捞出。

### 4.水质管理

鱼种下塘后水深保持60 cm，不进行水体交换，有利于池塘水温升高，增加乌鱼的摄食量；以后每隔10天加深水位10 cm，直至达到最高水位1.6 m。夏季水温高，乌鱼每天摄入高蛋白饵料，残饵与粪便在池底大量积累，导致水体中氨氮浓度较高，水体容易变坏，一般每7天换去塘水总量的1/3。具体看水质的变化灵活掌握，保持池水始终处于"肥、活、嫩、爽"状态。

养殖废水排到大田里，浇灌农作物及果树，实现养殖尾水零排放。在池的四周水面种上空心菜，不超过池水面积的15%，作为隐避物，便于遮挡阳光、避暑、捕食，同时还能净化水质，调节水温。每隔10~15天，用生石灰水浓度为20~25 mg/L全池泼洒一次。

### 5.日常管理

坚持早、中、晚巡塘制度，观察乌鳢活动、吃食以及水色、水质等水环境变化情况，发现问题及时处理；检查进排水系统，防止塘鱼逃出；发现死鱼、树叶等杂物及时捞出，对死鱼记录数量、称重，找出死因，及时诊治。

乌鱼放养初期，鱼种尚小，跳跃能力较差。随着体重增加，跳跃能力增强，尤其是在雨天换水时或清晨跳跃十分活跃，因此池埂离水面高度大于50 cm，在池周边设40~60 cm的防逃网。在池塘加水及降雨时应加强巡塘，减少逃鱼事故。做好养殖记录，对气温、天气、水温、水体透明度、pH值、溶解氧、鱼类活动、投饲量等详细记录，为以后的养殖作参考。

## （五）病害防治

### 1.鱼病预防

贯彻"预防为主，防治结合，防重于治"的原则。乌鱼鱼种入池前用3%食盐溶液浸泡10分钟。5月以后，每隔15天使用二氧化氯全池泼洒一次，用量为每亩每米水深150 g，同时投喂大蒜素及多种维生素药饵3天，起到增强体质、预防细菌性鱼病的作用。

### 2.鱼病治疗

养殖过程中采样检查发现乌鳢鱼鳃腐烂，体表黏液较多，体色发黑，经显微镜检查发现大量车轮虫，确诊为乌鱼车轮虫病，每亩每米水深用1%阿维菌素25 mL，加水稀释1 000倍后全池泼洒，第二天和第三天每亩每米水深连续全池泼洒二氧化氯150 g，治愈。

## （六）效益分析

乌鱼健康养殖试验，共计投喂全价料1.2 t，饲料系数为1.1，投喂冰鲜鱼4.9 t，冰鲜鱼饲料系数为3.5。投入产出比1∶1.65，效益可观。见表12.2、表12.3。

表12.2　乌鳢养殖产出 （单位：元）

| 品名 | 数量（kg） | 单价（元/kg） | 销售额 | 总计 |
|---|---|---|---|---|
| 乌鳢 | 2 836 | 23 | 65 228 | 68 524 |
| 鲢鳙鱼 | 412 | 8 | 3 296 | |

表12.3 乌鳢养殖投入　　　　　　　　　　　　　　　　（单位：元）

| 鱼种 | | | | 饲料、冰鲜鱼 | | | 人员工资 | 渔药电费等杂支 | 鱼池占用费 | 总计 |
| --- | --- | --- | --- | --- | --- | --- | --- | --- | --- | --- |
| 品名 | 数量 | 单价 | 小计 | 数量 | 单价 | 小计 | | | | |
| 乌鳢 | 6 300尾 | 0.6 | 7 380 | 配合饲料1.2 t | 5 000 | 6 000 | 11 000 | 2 260 | 2 200 | 41 310 |
| | | | | 冰鲜鱼4.9 t | 4 000 | 19 600 | | | | |
| 鲢鳙鱼 | 50 kg | 5 | 250 | | | | | | | |

## （七）讨论

（1）本试验鱼塘为新建塘，以前没有养殖过鱼类，且在放养前苗种来自正规厂家，规格整齐、体质强壮。在养殖过程中，注重鱼病防治、水质管理和饲料质量，减少了鱼病发生。

（2）本次试验冰鲜鱼主要来自公司在贩运环节出现的死鱼，及时冷冻保藏，有的当天就加工制成鱼糜、鱼块作为饵料鱼。既避免死鱼流入市场，危害人民群众健康，又保证了公司利益的最大化。

（3）在今后的乌鱼健康养殖过程中，要注重水产绿色健康养殖技术"五大行动"饲料代替冰鲜鱼的要求，配合饲料替代冰鲜鱼，实现渔业健康可持续发展，生产出更多优质、健康的水产品，满足人民健康生活需求。

## 二、稻鱼综合种养

德清县农业技术推广中心的曾建刚等从2019年开始在省级水稻乌鱼综合种养示范基地德清县新市镇学群家庭农场，试验示范稻鳢共生综合种养模式360亩，成效显著。水稻乌鱼共生综合种养模式中水稻不施化肥、不打农药或微打农药，乌鱼养殖密度低、活动空间大，稻鱼共生有效提升了稻米、乌鱼的品质。稻鱼共生综合种养模式鱼沟占比小，既保障了水稻种植面积，又实现了亩均增效的目标。乌鱼投喂量小，且残饵和粪便被水稻吸收，降低了水体污染，有效保护了生态环境。

### （一）种养方法

1. 稻田整理

每个田块10～30亩，在田角处开挖1～2个暂养池，每个暂养池面积80～100 m²，呈正方形，深1.5 m。沿稻田四周开挖鱼沟，鱼沟呈长方形，宽1.5 m、深1.5 m。暂养池及鱼沟面积占水田面积的7%～8%。进出水口处设置防逃网。

2. 水稻种植

一是品种选择，选择优质水稻品种，如"南粳46"或"春香2号"等。二是浸种催芽，播种前提早6天浸种，用25%咪鲜胺乳油（使百克）处理48小时。浸种后滤干再用清水冲洗后摊平催芽，室内保湿、通风。三是秧田育秧，水稻播种前施1次有机肥作基肥，用量35～40 kg/亩，7天后播撒稻种，进行育秧。育秧管理技术可参照《常规水稻育秧栽培技术》。四是机械插秧，6月进行插秧，采用机插法。插秧密度掌握在6 000～8 000株/亩。合理稀植，以利于乌鱼进入稻田觅食。五是绿色防控，在田埂上种植波斯菊、香根草等诱虫植物。每5～6亩安装1个太阳能光诱杀虫器或性诱杀虫器。

### 3. 乌鱼养殖

一是鱼种放养，放养时间一般在7月，在水稻插秧20天后进行，等秧苗扎根固定后放鱼种，防止乌鱼损坏秧苗。放养规格50 g/尾左右乌鱼鱼种150尾/亩，养殖两年上市，或者放养规格500 g/尾左右乌鱼鱼种100尾/亩，养殖当年上市。二是投饲管理，刚放养的乌鱼种少量投喂膨化配合饲料，每天投喂1次，投喂量为鱼重量的3%～6%。成鱼养殖以稻田中的天然饵料为主，辅助投喂人工配合饲料。三是病害防治，病害防治遵循"以防为主、防治结合、健康养殖"的原则。

### 4. 日常管理

坚持每天早晚巡视，观察水稻生长、乌鱼吃食活动等情况，做好种养记录，对日常养殖过程中投饵、发病、用药等情况进行详细记录，便于总结分析。

### 5. 产品收获

水稻收割前1个月排水搁田，让乌鱼进入鱼沟及暂养池。水稻成熟后进行机械收割，养殖的乌鱼当年未达上市规格，则留在暂养池及鱼沟中过冬，翌年再养成商品鱼。乌鱼养殖两年至成鱼后，先收割水稻，把乌鱼赶至鱼沟及暂养池中，年底捕捞上市。

### （二）效益分析

#### 1. 经济效益

稻鱼综合种养模式生产稻谷561.6 kg/亩，加工后大米价格为12元/kg，比普通大米5元/kg溢价1.4倍；当年上市的田块乌鱼产量93.8 kg/亩，两年养成上市的田块乌鱼产量158.7 kg/亩，价格60元/kg，比普通乌鱼20元/kg溢价2倍。稻鱼综合种养模式亩年均利润4 000元，与同等条件下当地水稻单作相比，亩均利润提高4.3倍。

#### 2. 生态效益

稻鱼综合种养模式不施化肥、不打农药，而同等条件下水稻单作要施2次化肥、打农药415 g/亩，稻鱼综合种养模式减少了面源污染。

### （三）小结

稻鱼综合种养模式，90%以上的水稻面积成为乌鱼栖息地与活动区，增加了乌鱼的活动范围，并提供了生物饵料，同时水稻充分吸收乌鱼残饵和粪便，起到调节水质的作用。乌鱼的残饵和粪便为水稻提供了丰富的肥料，吃食和游动等减少了病虫害的发生，因此该模式下水稻不用施化肥、基本不用打农药。该模式生产的稻米、乌鱼品质得到大大提升，尤其是乌鱼接近野生品质，深受消费者青睐，且销售价格高、效益好，值得推广。

## 三、网箱养殖

在河南省济源市水产局积极引导下，张金龙等在小浪底水库中发展网箱养殖乌鱼，取得了较好的经济效益和社会效益。

### （一）网箱结构

一般采用聚乙烯网布编织成5 m × 5 m × 2.5 m规格的封闭式浮动网箱。箱壁和箱底双层，网目3 cm；箱盖单层，网目5 cm以上，且要求既便于投喂又能防逃。

## （二）网箱设置

网箱框架用毛竹制成，使框架比网箱的四边宽出15 cm，以便拉展网衣。为使网箱平整挺扩，沿下纲每隔50 cm结扎沉子1个，每个沉子重50～100 g，同时在箱底4个角拴砖块。网箱应设置在库湾或库岔的近岸水域，要求该水域的水质清新且无污染，避开主航道且交通便利；网箱出水面高度应保持在50 cm以上，并以3～4口网箱为一组，网箱排列成"品"字形或"田"字形；网箱固定时，在其两端用锚固定，也可以在水域的两岸打桩拉绳固定。鱼种放养前7～10天，网箱浸泡于养殖水体中，使网衣上生长少许藻类而变得滑一些，以避免鱼种进箱后擦伤鱼体。根据乌鱼的生活习性，网箱中应放入适量水花生等水草，水草覆盖网箱内水面大约在20%左右。

## （三）鱼种放养

2006年5月3日，从山东微山县购进乌鱼鱼种980 kg，规格为100 g/尾，计9 800尾。要求鱼种的规格整齐、无病无伤、体格健壮，放养前用3%～5%的食盐水溶液浸洗10分钟后放养于6个预先放置好的网箱中，平均每个网箱放养1 633尾。

## （四）饲料投喂

饲料全部来自小浪底水库中捕出的小虾和麦穗鱼、餐条等野杂鱼，价格便宜（0.8元/kg左右），其中，小规格的饵料鱼可直接投喂，大规格的饵料鱼需切碎后再投喂，要求保证饵料鱼的适口性。每天投喂2次，日投喂量视季节、天气、乌鱼摄食和活动情况等灵活掌握，一般日投饵率以6%～8%较为适宜。当天投喂不完的饵料鱼要冷藏起来，确保饵料鱼供应充足。

## （五）日常管理

### 1. 检查网箱

要定期全面检查与随时检查相结合，一般每隔10天左右检查1次，检查网箱是否完全张开，网片有无破损和脱线的地方，防止破网逃鱼，确保网箱养殖的安全。

### 2. 清洗网箱

定期清除网箱内的污物和网衣上的附着物，保持网箱内外水流的畅通，确保乌鱼生长具备良好的水环境条件。

### 3. 鱼病防治

实行无病先防、有病早治、防重于治的方针，确保乌鱼健康生长。一般情况下，网箱养殖乌鱼易患细菌性疾病，尤其是消化道疾病，为此，每隔半个月泼洒1次二溴海因，同时结合投喂药饵，可在饵料鱼中拌入土霉素或大蒜素等药物，连续喂3～5天。在养殖过程中，发现有车轮虫寄生于鱼体鳃部，可用硫酸铜进行泼洒与挂袋相结合的方法及时对症治疗，效果较好。

## （六）收获情况

经过6个月饲养，共收获乌鱼7 187 kg，最大规格1 530 g，最小规格650 g，平均规格760 g，养殖成活率96.5%，平均单产47.9 kg/m$^2$。整个养殖期间，共投喂野杂鱼19 552 kg，饵料系数3.15；销售收入100 618元，总投入37 582元，净利润63 036元；投入产出比为1∶2.68。

## （七）讨论

（1）乌鱼有自相残食的现象，因此，每个网箱内乌鱼苗种的放养规格要求整齐，且饲养过程中要保证有足量的饵料鱼供给，若发现养殖的乌鱼规格出现大小分化严重的现象，应及时重新分箱饲养。

（2）乌鱼鱼种入箱前必须经过严格的体表消毒，这是预防鱼病和提高养殖成活率的有效措施，一般用3%～5%食盐水溶液浸洗鱼10～15分钟，具体时间要看鱼种体质强弱、水温高低、药液浓度等情况灵活掌握，且浸洗消毒时必须注意观察鱼体的动态，如有异常现象则应立即停止浸洗，立刻放养。

（3）饵料鱼供给充足是养殖成败的关键，本次养殖密度为65尾/m²，在饵料鱼能够保证足量供给的条件下，放养密度可提高到80尾/m²以上，单位面积的产量和经济效益可进一步得到提高。

（4）乌鱼对硫酸亚铁很敏感，因此，在鱼病防治过程中应慎用或不用硫酸亚铁，以确保养殖的安全。

## 参考文献

蔡清武，2020.杂交鳢人工养殖技术[J].农村新技术（4）：29-30.

车万宽，赵虎，王启军，等，2021.乌鳢烂体病的分析与治疗[J].河南水产（5）：8-10.

陈胜军，路美明，相欢，等，2023.乌鳢营养评价与加工保鲜技术研究进展[J].肉类研究，37（2）：40-45.

姜志勇，2016.乌鳢常见病害的特点及防治措施[J].海洋与渔业（6）：75-77.

蒋明健，2019.特色水产白乌鱼养殖技术[J].渔业致富指南（20）：48-51.

李根林，2018.乌鳢池塘鱼菜共生生态种植养殖技术[J].农业工程技术，38（11）：74.

李鲁晶，2019.乌鳢全人工饲料健康养殖技术[J].农业知识（5）：60-63.

李娴，朱树人，刘羽清，等，2022.乌鳢和杂交鳢人工繁育技术[J].水产养殖，43（9）：61-63.

马国红，宋理平，许鹏，等，2022.3种中草药对乌鳢水霉病的效用机理研究综述[J].山东师范大学学报（自然科学版），37（3）：278-282.

马秀玲，李心怡，邱文杰，等，2023.宁夏贺兰县乌鳢工厂化生态健康养殖技术试验[J].渔业致富指南（4）：26-29.

钱龙，艾涛，谢恒修，1999.乌鳢苗小瓜虫病治疗方法[J].淡水渔业（12）：28-29.

施海涛，尹文静，2019.乌鳢车轮虫和诺卡氏菌并发症治疗一例[J].渔业致富指南（3）：59-60.

苏建，吴俊，焦晓磊，等，2019.一种白乌鳢稻田生态养殖新模式[J].科学养鱼（7）：38-39.

孙清秀，李永明，曾海祥，等，2009.乌鳢常见病害及防治技术[J].齐鲁渔业（12）：25-27.

滕建，陈红菊，薛良义，等，2022.乌鳢诺卡氏菌病致病菌的分离、鉴定及组织病理学观察[J].水产学报，46（5）：836-847.

王朝阳，丁若松，傅宝尚，等，2023.预制黑鱼产品开发及其工艺研究[J].中国调味品，48（7）：117-122.

王磊，胡玉洁，李学军，等，2019.陆基推水集装箱式水产养殖模式适养种类初探[J].中国水产（11）：61-63.

王文彬，2021.乌鳢池塘养殖经营增收技巧[J].科学种养（5）：53-54.

王雅丽，王语同，孙晶，等，2021.可控式集装箱养殖模式对乌鳢营养组成、组织形态及肠道菌群的影响[J].海洋渔业，43（5）：573-585.

王亚，牟长军，朱树人，等，2020.工厂化乌鳢苗种培育技术[J].水产养殖，41（2）：54-55.

王永杰，程云生，2017.乌鳢溃疡综合征发病原因分析与防控措施[J].科学养鱼（5）：64-65.

王煜恒，王春红，王会聪，等，2018.杂交鳢工厂化高密度养殖试验[J].水产养殖，39（2）：21-24.

文华康，马志洲，王河林，2022.新品种"雄鳢1号"与杂交鳢的生长对比研究[J].中国水产（9）：73-74.

郗云强，李斌顺，2022.乌鳢池塘健康养殖技术[J].河南水产（4）：17-18，24.

杨海，邓语，苏建，等，2023.白乌鱼陆基帆布池养殖试验[J].科学养鱼（2）：43-44.

杨建利，滕淑芹，方旭，等，2013.鱼类气泡病的防治[J].科学养鱼（2）：61-62.

杨马，李良玉，杨壮志，等，2021.稻田养殖杂交乌鳢实例及综合效益分析[J].渔业致富指南（19）：28-30.

尤伟江，刘勇，2023.杂交乌鳢高效养殖技术[J].养殖与饲料，22（3）：62-63.

喻大鹏，唐怀庆，丘金珠，等，2021.乌鳢烂身病病原的分离鉴定及病理组织观察[J].大连海洋大学学报，36（5）：745-751.

曾建刚，王曙，公翠萍，等，2022.稻鳢综合种养技术[J].科学养鱼（5）：41-42.

张家国，杨晓梅，张长峰，2020.乌鳢肌肉的营养组成与营养价值评价[J].食品研究与开发，41（17）：192-197.

张金龙，2007.乌鳢养殖技术之二 小浪底水库网箱养殖乌鳢技术[J].中国水产（3）：40-41.

张金龙，2011.乌鳢无公害网箱养殖技术[J].渔业致富指南（20）：51-52.

张延华，马国红，宋理平，2017.乌鳢常见疾病的防治技术[J].黑龙江水产（6）：26-28.

张延华，马国红，宋理平，2019.工厂化养殖饲喂冰鲜鱼和配合饲料对乌鳢肌肉品质的影响[J].长江大学学报（自然科学版），16（5）：72-77，9.

赵宪钧，2019.乌鳢亲鱼养殖技术要点[J].渔业致富指南（2）：43-45.

# 第十三章
# 淡水白鲳

淡水白鲳（*Colossoma brachypomum*），别名短盖巨脂鲤，原产南美亚马孙河，为热带和亚热带鱼类。淡水白鲳具有食性杂、生长快、个体大、病害少、易捕捞、肉厚刺少、味道鲜美、营养丰富等特点，在扩大池塘养殖对象、增加单位面积产量方面是一种有价值的鱼类，幼鱼阶段还可作观赏鱼。淡水白鲳于1982年被引入我国台湾省，之后人工繁殖成功，开始在淡水鱼塘推广养殖。1985年从台湾省经香港引入广东省试养，1987年获得人工繁殖成功，以后逐渐推广全国，成为年产量最高的名特品种之一。

## 第一节　生物学特性

### 一、形态特征

体形有点像海水鲳鱼，侧扁成盘状，背较厚，口端位，无须。头部小，头长与头高相当。眼中等大，位于口角稍上方。尾分叉，下叶稍长于上叶。背部有脂鳍，背鳍起点与腹鳍略相对，体被小型圆鳞，自胸鳍基部至肛门有略呈锯状的腹棱鳞。体色为银灰色，胸、腹、臀鳍呈红色，尾鳍边缘带黑色。鱼种时体表有黑色星斑。到了成鱼这种星斑消失，但成鱼的体色会受环境的影响而有些变化，饲养在室内水族箱中缺乏阳光的碱性水体中的鱼体色较深，呈深灰至黑色，而放养在池塘中则是白身、银鳞、黑尾、红鳍，四色相配，鱼种加上体表星斑，极为美观。由于这种鱼的体型、体色特点，因此是很好的观赏鱼。

鳍条无硬棘。背鳍18～19，臀鳍16～18，腹鳍8。鳔室为2个，后室长于前室。侧线鳞82～98。上、下颌齿均二行，齿面呈缺刻状尖端突出。第一鳃弓的鳃耙数30～36。有明显的胃，胃囊呈U字状较膨大，其胃的长度约为肠长的1/5，胃与十二指肠交界处有幽门盲囊（幽门垂），肠及内脏周围有脂肪块。平均体长为体高的1.87倍，为头长的3.35倍，为尾柄长的13.73倍。头长为体厚的1.92倍，为吻长的4.18倍，为眼径的4.27倍。

图13.1　淡水白鲳（图来源于网络https://image.baidu.com/search/detail?ct=503316480&z=0&ipn=d&word=淡水白鲳照片&step_word）

## 二、生活习性

淡水白鲳属于热带性鱼类，常集群栖息于水体中下层，游泳较缓，易捕捞。喜栖淤泥底质，微酸性或中性的水环境中。适温范围12～35 ℃，最适生长水温为24～32 ℃，如水温持续两天低于12 ℃时，就有冻死的危险。该鱼对低氧耐受力较强，在溶氧为0.5 mg/L时仍能生存，适宜在较肥的鱼塘中养殖，还能在盐度1.0%以内的咸淡水中养殖。淡水白鲳喜栖息于水体中下层，性情温驯，有成群活动的习性，其鳞片细小致密，不易受伤，适宜于长途运输。淡水白鲳为热带、亚热带鱼类，水温低于12 ℃时会死亡；水温在18～19 ℃时可存活，但易生病甚至大批量死亡。因此，淡水白鲳的越冬管理工作显得尤为重要。

## 三、食性

淡水白鲳为杂食性鱼类，消化系统发达，具有肉食性鱼类所具有的膨大的胃和幽门囊，既摄食小鱼、虾和底栖等动物性饲料，又摄食水草、蔬菜、藻类等植物性饲料。人工饲养条件下，可投喂花生麸、豆饼和配合饲料。鱼苗阶段主要摄食硅藻、甲藻等单细胞藻以及轮虫、枝角类、桡足类等浮游动物。据观察，刚孵出的仔鱼以卵黄为营养，4～5天后肠管形成，长到5.6 mm，开始摄食浮游生物，主要是小型单孢藻和轮虫类。在全长16 mm左右时，消化道中食物组成除各种浮游生物外还有植物碎屑和人工投喂的饲料。当全长达7 cm以长，其食物组成主要是各种植物碎屑和投喂的饲料。所以鱼苗阶段主要以浮游生物为食。

## 四、年龄与生长

淡水白鲳个体较大，生长迅速，最大个体可达20 kg，饲养一周年体重可达1 000 g以上。在广东，当年孵化的鱼苗，饲养到年底可长到500 g以上的上市规格，最大的可达1 000 g以上；到第二年可长到2 000 g左右。在浙江，当年于4月下旬至5月上旬人工繁殖的淡水白鲳鱼苗育成夏花后，饲养4个月以上，尾重达240 g左右，也达到了食用鱼规格。淡水白鲳的群体生长较均匀，个体差异较小，在饲料充足的情况下种内一般不互相残杀。但鱼种在饥饿的情况下会互相咬伤，有的因尾鳍被吃掉而死亡。所以，一方面在饲养过程中要保证饲料充足，另一方面最好采用与其他鱼类混养的方式。

## 五、繁殖特性

淡水白鲳雌鱼3龄性成熟，雄鱼2龄以上成熟，生殖季节为每年6—9月，怀卵量为每千克5万～8万粒，受精卵经14小时孵出。

# 第二节　人工繁殖技术

## 一、亲鱼的越冬培育

在池养条件下淡水白鲳三年即可达性成熟，可以作为亲鱼进行人工繁殖，但繁殖成功的关键是培育好亲鱼。淡水白鲳亲鱼培育与我国四大家鱼的不同之处是每年需要越冬培育。长江中下游地区，9月底10月初当水温低于20 ℃时，即应将亲鱼移入越冬池中培育。越冬池上建有塑料或玻璃钢大棚，如无温流水条件，还需安装小锅炉或电热器和增氧机，以备加热和增氧。放养可以淡水白鲳为主，混养罗非鱼，放养量为1 000 kg/亩。越冬期间，温流水水温控制在20～23 ℃，投喂菜饼、小麦、死鱼等。3月后出池分养，进行强化培育，亲鱼放养密度为0.5尾/m³，并提高水温至25～27 ℃。投喂青草、大麦芽，每天加注新水（温水）保持水温及微流水。淡水白鲳十分贪食，投喂麦谷类、饼类饵料必须经过浸泡6小时以上，以免暴食胀死，日投饵量控制在总体重5%～6%为宜。

在快接近催产的一段时间，应加强流水刺激，每天向亲鱼池中冲水两次，能使亲鱼性腺加快成熟，提高催产效果。为加快亲鱼的性腺发育，可采用药物进行人工催熟，即亲鱼在2龄时就开始注射催熟激素，用HCG和LRH-A混合进行腹腔注射，如此不但能促使亲鱼性腺提早成熟，并且催产效果也好。

## 二、催产

### （一）催产时间

经强化培育的亲鱼可以在4月底或5月初催产，但一般是在5月底至6月初催产，成功率较高。对于那些日积温低，越冬温度不到20 ℃，成熟度较差的亲鱼，要到7月才能催产。

### （二）雌雄鉴别

淡水白鲳在外形上无明显的第二性征，仅繁殖季节雌鱼腹部略膨大，体表肋骨形状可见，非繁殖季节不易区分雌雄。从外部形态鉴定淡水白鲳的性别，在鱼种阶段已存在差异，雌鱼的颊部呈等边三角形（连接胸鳍基部直线）。雄鱼则呈等腰三角形。

### （三）成熟亲鱼的选择

成熟的亲鱼，雌鱼腹部略膨大，后腹稍软，生殖孔微红稍突，雄鱼挤压腹部有少量精液。

### （四）催产剂量

主要用淡水白鲳脑下垂体进行胸鳍基部一次注射，雌鱼有效剂量3.8～7.8 mg/kg，雄鱼1.4～4.5 mg/kg。也可分别用绒毛膜促性腺激素（HCG）、LRH-A和鲤鱼垂体（PG）注射。我们对淡水白鲳使用的催产剂量为，每千克亲鱼用2只PG+5 mg HCG+5 ug LRH-A，雌雄剂量相同，采用一次注射，效果也十分理想。

## 三、产卵与孵化

### （一）自然产卵

经催产后的淡水白鲳放入产卵池3～4小时后，即冲入微流水，以辅助其发情。产卵时有明显的雌雄相互追逐现象，偶尔可见到雌鱼被顶出水面，翻起巨大水浪。群体越大，发情越明显，每尾鱼占产卵池的水体约为2 m³。一般当水温27～30 ℃时，效应时间为8～9小时，产卵持续2～3小时，受精卵遇水即膨胀，卵径小，卵膜膨大后卵周隙也小，即使产卵池微流水也不易使其漂浮，因此，必须及时集卵。

## （二）人工授精

与四大家鱼类似，采用"干法"授精，1尾雌鱼的卵，一般使用1尾雄鱼的精液。精液量少时，常使用2~3尾雄鱼。精卵充分混合后，用清水洗净，即放入漏斗式孵化缸中孵化。

## （三）孵化

淡水白鲳的受精卵经计数进入孵化缸，孵化密度每立方厘米水体容卵2.4~4.5粒。淡水白鲳刚产出的卵呈现淡绿色，直径1~1.1 mm，不具黏性，遇水后吸水膨胀，静水中为沉性，流水中半浮性状态，因此可采用家鱼的人工孵化环道或孵化缸进行孵化，但流水的速度要比孵化家鱼卵时快些，才能使卵粒不至于下沉，并均匀地翻动，以保证较高的孵化率。

当孵化水温为26~28 ℃时，受精卵约经4小时发育至原肠中期，6小时至胚孔封闭期，10小时出现尾芽，16小时后开始出膜，19小时后全部出齐。刚出膜的仔鱼卵黄囊大而圆，尾短，26小时后眼点黑色素沉积，110~115小时后肠管形成，口开启，体色透明，全长3.4 mm，投喂熟蛋黄，可见肠管中有食物。

孵化用水要严格过滤，以防带入剑水蚤，对鱼卵和鱼苗造成较大的危害。因为淡水白鲳对敌百虫药物敏感，其他药物又很难杀灭剑水蚤。

# 第三节　苗种培育技术

淡水白鲳仔鱼特别纤细娇嫩，有群集底栖生活习性，出孵化缸或环道应先下苗箱（50目尼龙筛绢制成80 cm×120 cm×40 cm），温差不能超过±3 ℃，在箱中每10万尾鱼投喂一个鸭蛋黄，2~3小时后再行下池，下池时水质不宜过肥。

## 一、乌仔和夏花培育

### （一）鱼苗育成乌仔

鱼池面积1~1.5亩，鱼苗下池前10天用150 kg生石灰清塘，下池前3天注水60 cm，每亩先施猪粪500 kg作底肥，放养密度10万~40万尾/亩。鱼苗下池后每天喂两次豆浆（每万尾喂黄豆200 g），以后再视水质施追肥。水温26~28 ℃，15天后分养，此时长达2.3~2.8 cm。

### （二）乌仔育成夏花

此阶段生产上称为二级饲养阶段，水深1 m以上，亩放3万~5万尾，肥水下池，投喂豆饼、菜饼，日投8~10 kg，辅以小浮萍，两周后达到4.5~5.5 cm。

### （三）夏花育成越冬鱼种

淡水白鲳在我国大部分地区需经过越冬，8月开始培育，亩放3万尾，要喂足豆饼或菜饼、浮萍，至10月并池可达10 cm以上。越冬期间，亩放养6万~8万尾，调节温度在23 ℃以上，到翌年5月初出池。

## 二、越冬保种技术

淡水白鲳属热水性鱼类，适温范围12～35 ℃，水温低于12 ℃时会死亡，因此越冬工作就显得十分重要。越冬场所可根据当地的条件，选用越冬池、温泉水、深井水或电厂余热水。越冬方式可采用专池饲养，也可与罗非鱼混养。

### （一）混养法越冬保护

淡水白鲳混养于罗非鱼中越冬，鱼病发生较少，不仅可以获得较好的成活率，而且在整个越冬阶段，只要水温适宜，适当投饲可以使鱼体生长，对于小规模地进行越冬保护，利用原有的生产设施是切实可行的。其主要做法是：9月20日，淡水白鲳经土池塘培育进入越冬池暂养，10月9日尼罗罗非鱼亲鱼雌雄分开后，再混养在其中，结合原来的尼罗罗非鱼亲鱼及鱼种的越冬日常管理，与其他池同样管理，不专门为淡水白鲳搞特殊，饲料以糠饼、菜饼为主，少量的豆饼粉。在越冬的后期，由于尼罗罗非鱼繁殖生物学要求，池中投饲青饲料为主，于翌年4月19日出池过数淡水白鲳，放养在成鱼塘中混养。

### （二）越冬出池技术

经过几年的实践，越冬技术已被广大养鱼群众所掌握。但是越冬成功与否，不仅在于越冬期的鱼种成活率高，还在于出池后一个星期内的鱼种是否健壮、安全。尤其是利用温泉越冬的鱼种，这一关显得更为重要。因此，在温泉越冬的淡水白鲳鱼种，在出池转塘时，必须认真做好如下工作：

1. 准备好储种塘

鱼种出池前，要预先准备好储种塘，面积大小可视鱼种多少而定。同时要按一般育种塘的规范认真做好清塘、施基肥、放试水鱼等一系列工作。水深保持1 m左右，确信水质毒性已完全消失后，将试水鱼捞起才可以放鱼种，以保证有一个适合鱼种生长的水体环境。

2. 不需拉网锻炼

一般淡水养殖鱼苗，在出池前需加强鱼体锻炼，实行三罾二吊或二罾一吊，目的是使鱼苗有健壮的体魄以适应外运，而淡水白鲳由于鳞片细小，容易受伤，因此不需拉网锻炼，最好在各项运输器具准备就绪之后才围捕，围捕后只需歇息1～2小时便可运输。如围捕时间过早、吊水时间过长，则鱼体容易受伤。

3. 选择适当的天气

鱼种出池必须是在气温、水温稳定的季节，同时还要选择晴朗的天气，而避免闷热、阴雨或久阴不见太阳的日子。

4. 备足围捕网具

因淡水白鲳具有起捕率高的特点，一般起捕率可达95%以上，因此必须备足围捕网具，保证有足够的吊池，以免引起鱼群过密而产生缺氧浮头。如果吊池不足，鱼群密集将出现浮头时，应迅速释放部分，待第二天再捕。围捕时，应选用柔软、表面光滑的力士胶丝制成的网具，同时操作要轻，避免鱼体机械损伤。

5. 运输用水

为提高鱼种运输成活率，运输时尽量不用温泉水，就地采用水质清新、含有机质少、溶氧量高的江河湖库水或清洁的池塘水。

6. 运输器具

运输器具可采用帆布桶或水桶，如人工挑的可用竹箩，运输密度不宜过大。一般底径宽1.1 m，高1 m，口径宽90 cm的帆布桶，每桶载8~10 cm鱼种3 000尾为宜。运输时人工增氧动作要轻，不要用力拍击，以免击伤鱼体。如果运输密度合理、桶内氧气充足，淡水白鲳一般都潜于桶底，如出现大量浮面，必须立即加水或换水，否则会造成缺氧死亡。

7. 转池后的管理

鱼种转池后，要加强观察其活动情况。如果做好了上述各环节的工作，转池后的鱼种一般都较少死亡，即使有少量也属正常现象。但如果出现大批死亡或持续多天死鱼，则应考虑鱼病问题，受伤后的鱼体容易得水霉病，需立即用药处理。

## 第四节　成鱼养殖技术

### 一、早繁夏花当年养成成鱼

淡水白鲳属热带鱼类，不耐低温，在长江中下游地区需有半年以上的越冬期。而在越冬期间，因密度高、水温低等原因，成活率不高，故难以实行大规模的鱼种越冬。为了节约能源，提高经济效益，应从改善生态条件入手，促使淡水白鲳性腺早熟，实行早繁，争取当年夏花养成食用鱼。一般加强亲鱼越冬管理及产前强化培育，及早繁殖出鱼苗并培育成夏花。夏花规格要求达到全长3 cm以上、体重2.5 g以上，并于6月上中旬放养入池养殖。淡水白鲳可以作为主养鱼养殖，主养淡水白鲳的鱼池，淡水白鲳放养量为1~3尾/m²。同时混养鲢、鳙、草鱼、鳊鱼等的夏花共2~3尾/m²。10月起捕收获，淡水白鲳产量一般为0.3~0.5 kg/m²，规格在250 g以上，混养鱼的产量一般为0.2~0.4 kg/m²。另一种养殖方式是把淡水白鲳套养在以青鱼为主的养殖池及1龄或2龄鱼种池中养殖。在日常饲养管理方面，可以增加动物性饲料的投喂量，促进淡水白鲳生长，并注意调节鱼池水质，经常换部分新水，或使用增氧机增氧，以提高产量。

作者团队于1989年进行了淡水白鲳当年早繁夏花养成食用鱼的试验，淡水白鲳于6月19日放入，亩放1 751尾。放养前进行了池塘清整和漂白粉清塘。为充分利用水体，改善水质及清除野杂鱼，搭养了其他鱼类，其放养情况是：鲢鱼种101尾/亩、鳙鱼种17尾/亩、镜鲤夏花39尾/亩，加州鲈17尾/亩。夏花鱼种下塘后，先用豆浆饲喂2~5天，此后用芦席搭筑食台，投喂经浸泡的糠饼、豆饼，一周后改喂颗粒饲料。饲养期间，根据鱼体的生长速度、水温、水质条件和吃食状况决定投饲量。一般每天上、下午各投喂一次。当天傍晚检查吃食情况，每天记录投喂量。其间经常注意水质变化，适时加注新水。经123天的饲养，至10月24日起捕时，淡水白鲳个体平均体重为240.56 g，已可食用。亩总净产503.40 kg，其中淡水白鲳亩净产为408.13 kg，日平均增重为1.94 g，增重倍数高达112.9倍。

## 二、越冬鱼种养成成鱼

越冬鱼种在池塘中养成商品鱼可以采取两种方式，一是作为搭配鱼种，亩放100~200尾，5月上旬放养，到8月中旬一般在500~1 100 g/尾，且生产每千克商品鱼只要增加0.5 kg饲料。另一种是主养淡水白鲳，现将作者团队池塘主养淡水白鲳的方法介绍如下。

### （一）池塘条件

面积2亩，土底石砌池壁，池深2.5 m，试验期间水深保持在1.5~2.0 m，池底淤泥较厚，一般在20~30 cm。水源靠潜水泵抽提邻近池塘水进行补充调节。池塘安装一台3 kW叶轮式增氧机，放鱼前用茶饼清塘消毒。

### （二）鱼种放养

鱼种为越冬鱼种，5月16日投放入池。数量为2 160尾，平均全长17.1 cm，体长13.4 cm，体高6.7 cm，体重95 g，总重量为205.2 kg，放养前鱼种用食盐浸泡5分钟后下池，同时搭配鲢鱼200尾，罗非鱼1 000尾。

### （三）日常管理与投饲方式

日常管理按一般常规池塘养殖方法进行。饵料主要是以精料为主，有颗粒状和混合散状的两种饲料。投喂方式为集中投食与抛撒投喂相结合。根据鱼体生长情况和气候变化，将整个饲养分为前期（5.16~7.16），中期（7.17~8.16），后期（8.17~9.16）。前期和后期基本按池塘鱼体重量的5%投喂混合散装饲料。中期气温较高，鱼摄食旺盛，按池塘鱼体重的5%~10%投喂颗粒饵料。前、后期日投喂2次，中期3次。养殖期间日平均水温为28.5 ℃，变幅在17~33 ℃；溶氧变化范围为0.53~13.2 mg/L，pH值6.2~7.3；透明度15~45 cm。5—9月可饲养120天左右。

### （四）养殖结果

淡水白鲳收获时最大个体重达1 150 g，平均体重635 g，共产鱼1 304.3 kg，增重1 099.1 kg，增重倍数4.36，花白鲢鱼个体重650 g，共产鱼144 kg，合计总产2 068.3 kg。其中主养鱼淡水白鲳1 304.3 kg，占总产量的59%。

### （五）经济效益

淡水白鲳由于体形美，肉质较好，同罗非鱼、鲢鱼相比从价格上占有一定优势。淡水白鲳平均为8元/kg，罗非鱼平均为2.8元/kg，鲢鱼平均为2.6元/kg，淡水白鲳比罗非鱼价高出1.85倍，比鲢鱼价高出2倍。养殖池面积2亩，生产成鱼2 063.3 kg，总消耗饲料3 737 kg。平均计算饵料系数1.8，每千克饵料为1.10元，可盈利7 985.48元，效益相当可观。

## 三、网箱养殖

淡水白鲳抗病力强，具有集群生活的特点，能很好地摄食人工配合饲料，适宜网箱养殖。作者团队于1993年进行淡水白鲳网箱养殖，淡水白鲳在网箱中生长快，特别是与罗非鱼混养，生长更佳，当年鱼种（10 g/尾）在6月底或7月初进箱，10月收捕，可达400 g/尾。但淡水白鲳上下颌有锋利的牙齿，尾重50 g以上的鱼种，当水温上升到28~31 ℃时，就要咬箱，并且破坏速度极快。因此传统的聚乙烯网箱就不再适用，宜改用金属网箱。

#### （一）网箱规格

网箱材料为单层钢丝网片结构，规格为4 m×4 m×2 m，目大3 cm，无盖网。网箱设置时箱盖高出水面0.5 m。

#### （二）鱼种放养

鱼种入箱水温要稳定在23 ℃以上。越冬鱼种5月初或5月底入箱，当年鱼种6月底或7月初入箱。放养密度，越冬鱼种单养，一般为120～150尾/m²，规格15～25 g/尾较好；当年鱼种与罗非鱼混养，一般为80～100尾/m²，规格10 g/尾，另搭配160～200尾/m²罗非鱼鱼种。

#### （三）饲料

投喂人工配合饲料，蛋白质含量25%～29%。生产中要求抓住6—8月的最佳生长期，适当提高饲料粗蛋白含量，精投细喂，促进生长。进入9月后，水温下降，生长缓慢，可以降低饲料粗蛋白含量，节约成本。

#### （四）投喂技术

鱼种进箱暂养2～3天，待其适应网箱新环境后开始投喂，开始投饵以量少次多驯养鱼上浮争食的习惯。投饵次数依据水温而定，一般水温25 ℃每天投喂4次，低于25 ℃每天投喂2～3次，每次每箱投喂10～20分钟，间隔时间均等。投饵做到精细均匀。投饵方式采用人工手撒，投量以投到绝大部分鱼吃饱游走为止。以箱内半月鱼的平均重量和半月平均投饵量统计半月平均投饵率。

#### （五）日常管理

按网箱养鱼常规管理进行。主要做到：一是防病、防逃、防盗。鱼种进箱时用3%～5%食盐水消毒15～20分钟。进箱后用漂白粉挂篓，每半月检查、清洗1次网箱，发现问题及时处理，昼夜坚持专人值班。二是定期检查生长，每隔半月进行1次抽样检查，即随机捞取10～20尾鱼称重。计算生长速度，推算产量。三是做好各项日常记录。

### 四、温流水养殖

#### （一）池塘条件

可以利用深井温水、工厂余热水、电厂冷却水等热源，开展淡水白鲳温流水养殖。长方形流水池，3 m×20 m，单池面积60 m²左右，平均水深1.4 m，水温常年稳定在26～28 ℃，温流水，每小时更换6 m³水体，水质符合渔业用水标准。鱼池均为单独进排水，具有防逃设施。另外，每池配套一台80 W半自动投饵机。

#### （二）准备工作

苗种放养前，微流水池采用干法清塘消毒，每亩用生石灰75 kg。最后全部加水至标准水位。

#### （三）苗种放养

微流水池全部采用单养模式。每池单独放养20～50 g的淡水白鲳鱼种，每立方米水体放养60～100尾。鱼种放养前均使用3%食盐水溶液浸泡5～10分钟消毒。

## （四）饲养管理

### 1. 饲料配制

10月以前使用自己加工的颗粒饲料，粗蛋白质含量25%；冬季用商品颗粒饲料补充，粗蛋白质含量28%以上。

### 2. 驯食

正式投喂前，经1周左右的时间驯化，使其养成水面集中摄食的习惯，为以后使用自动投饵机打好基础。

### 3. 投喂

坚持采用"四定投喂法"。流水池每日投喂量6%～8%，11月以前日投喂3次，之后适当减少投喂次数，流水池日投喂2次。

## （五）日常管理

### 1. 水量调节

养殖前期水体交换量为微流水池1次/天。冬季随着气温和水温的下降，分别增加水体交换量至2次/天，保持池水最低温度在26 ℃以上。

### 2. 清杂排污

及时清理进排水口附近的杂物，防止堵塞。3天排污1次，清除池底残饵、粪便等，减少池水氨氮含量。

### 3. 数据记录

定期测试水温、溶氧等数据，并作记录。

# 第五节　病害防治技术

淡水白鲳抗病力较强，只要平时坚持"预防为主，防治结合"的方针，一般不会得病。

## 一、病毒性疾病

### （一）旋转病

#### 1. 症状和病因

病鱼消瘦，体色变黑、不摄食，严重时侧浮水面作逆时针方向打转或头朝下尾朝上打转，有时作间歇性侧身窜游、沉底，反复几次后死亡。此病暴发性强，抢救不及时会全部死亡。可能是病毒性疾病。

#### 2. 防治方法

每亩水面，水深1 m，用烟丝250～300 g，烟丝先用开水浸泡4小时后，连渣带汁全池泼洒，连用3天，第4天把池水排放1/3～1/2后，再全池泼洒食盐，使池水食盐浓度达0.3%，24小时后，加注新水至原来位置。过1星期后，用同样方法再治疗1次，以巩固疗效。

## 二、细菌性真菌性疾病

### （一）肠炎

1. 症状和病因

病鱼独游，腹部膨大，肛门红肿，轻压腹部，肛门有黄色黏液流出，解剖可见肠内无食（空肠），食道和前肠充血发炎，严重者全肠发炎呈浅红色。病原是点状产气单胞杆菌。主要危害苗种和成鱼。

2. 防治方法

（1）控制好水质，保持良好的池塘环境条件，鱼种下塘前用2%～3%的食盐水浸浴。

（2）坚持"四定"投饵，不投喂霉变、腐败的饲料，鲜活动物饵料用2%～3%的食盐浸浴消毒后投喂，并定期在饲料中添加1%食盐或大蒜汁。

（3）发病池用三氯异氰尿酸0.2～0.3 mg/L进行水体消毒。

（4）用肠炎灵等内服药配合杀菌王、白毒净等外用消毒药治疗，连续3天。

（5）喂土霉素药饵，每千克饲料加2.5 g土霉素，连喂6天。

### （二）白皮病

1. 症状和病因

病原为白皮假单胞菌。病鱼起初体表、背鳍、尾鳍、额部轻微发白，发白之处，鳞片一碰即脱落。严重时，鱼体失去平衡，在水中打转，游动缓慢，或头朝上、尾朝下挂于水面。发病到死亡时间短，3天内死亡率可达60%以上。

2. 防治方法

（1）操作过程中勿使鱼体损伤。

（2）用1 mg/L浓度的漂白粉溶液全池泼洒，每天1次，连续3天。

（3）用12.5 mg/L浓度的金霉素溶液或25 mg/L浓度的土霉素溶液浸浴病鱼30分钟。

（4）越冬时水温应控制在25～27 ℃，池水盐度为0.5%～1%。

（5）服用五倍子药饵（每50 kg鱼体每天用5～8 g）连用3～6天。

### （三）水霉病

1. 症状及病因

病原是水霉菌。主要危害鱼卵、苗种和成鱼。鱼卵长毛，变成白色的绒球，肉眼可见病鱼受伤处水霉菌丝大量繁衍呈白色或灰白色棉絮状，直至肌肉腐烂，瘦弱独游，食欲减退，终因体衰而死亡。

2. 防治方法

（1）放种前用生石灰池底清塘。

（2）在捕捞、运输和放养过程中，尽量避免鱼体受伤。

（3）鱼种下塘前用3%～5%的食盐浸浴5～10分钟。

（4）先用5%的食盐水浸洗病鱼3～5分钟，再用青霉素溶液（每100 kg水加80万单位）浸洗10分钟。用灭毒净全池泼洒，浓度为0.3 mg/L。

（5）发病时，用0.1 mg/L浓度的高锰酸钾全池遍洒，每天1次，连续3天。

### （四）烂鳃病

**1.症状及病因**

病原是鱼害粘球菌。这种病流行季节长，整个越冬期都可能发生。病鱼的症状是：鳃丝腐烂、尖端软骨外露、常常有黏液和污泥。严重时，鳃骨盖内表面充血，有时被腐蚀成一个小孔，病鱼往往离群游动，体色变黑，头部更加明显。

**2.防治方法**

（1）保持水质清洁，发病时可用漂白粉按1.5 mg/L的浓度全池泼洒，第3天再泼1次。

（2）全池泼洒大黄液或乌柏叶2.5～3.7 mg/L。

（3）将五倍子熬汁2 mg/L浓度全池泼洒。

## 三、寄生虫性疾病

### （一）小瓜虫病

**1.病原和病症**

病原为多子小瓜虫的幼体或成体，适于15～25 ℃的水温生长、发育。患病鱼体表有许多小白点，可使鱼体表面分泌大量黏液，并在寄生部位形成孢囊；如果病原体寄生在眼角膜，可导致鱼失明；患病鱼表现为急躁不安，集群围绕池边游动，并不断地和其他物体摩擦或跳出水面，鱼消瘦发黑，鳃丝充血，呼吸困难，不久即大批死亡。

**2.防治方法**

（1）池塘要用生石灰彻底消毒，水泥池、玻璃容器、塑料容器等也要用高锰酸钾或漂白粉消毒。

（2）越冬池水温应保持在24～27 ℃，盐度保持在0.5%～1%。

（3）可用干辣椒加干姜片治疗。每亩水面均1 m深可用100 g干姜片，加500～1 000 g清水，煮沸后熬10分钟，再停火20～30分钟；然后，又煮沸熬10分钟，再停火半小时后；加入250 g干辣椒和2 000 g清水，再煮沸熬10分钟；最后，连渣带汁兑水10 kg全池均匀泼洒，每天1次，连续2天即可治愈。

（4）用1.5%的硫酸镁和3.5%的食盐水混合液浸洗病鱼5分钟。

（5）每立方米水体用150 mL福尔马林溶液浸泡鱼体15～20分钟，隔天进行1次，一个疗程用药2～3次。

### （二）指环虫病

**1.病原和病症**

病原为指环虫。病鱼因鳃部受刺激而极度不安，或狂游于水面，或急剧侧游于水底，食欲不振，鱼体消瘦而逐渐死亡。

**2.防治方法**

（1）将病鱼放在20 mg/L浓度的高锰酸钾溶液中浸浴20～30分钟。

（2）用0.5 mg/L浓度的硫酸铜溶液加0.2 mg/L硫酸亚铁溶液的合剂全池遍洒。

### （三）斜管虫、车轮虫病

**1.病原和病症**

病原为车轮虫。寄生在鱼的皮肤和鳃上，刺激分泌大量黏液，使病鱼皮肤表面形成一层淡蓝色薄膜（斜管虫病）或鳍、头部、体表出现一层白膜（车轮虫病）。病鱼食欲减退，鱼体消瘦变黑，漂游水面或作侧卧状，游动缓慢，靠边、呼吸困难，以致死亡。

2. 防治方法

（1）用0.7～1 mg/L的硫酸铜和硫酸亚铁合剂（5：2）全池遍洒。

（2）用2%～4%的食盐水药浴5～10分钟。

# 第六节　加工食用方法

## 一、蒜蓉鲳鱼

### （一）食材

鲳鱼1条、葱、姜、蒜、料酒、植物油、香菜、五香粉、白糖。

### （二）做法步骤

（1）鲳鱼剖肚去脏，洗净用盐、五香粉、糖、料酒腌渍10分钟。

（2）葱切花、姜切片、蒜切小粒。

（3）将鱼和调味放入锅内，加水没过鱼，加葱姜，大火烧开转中火焖烧15分钟。

（4）将鱼放盘内，撒上香菜，锅刷净，烧热加油，油热后加蒜爆香，淋在鱼上即可。

图13.2　蒜蓉鲳鱼（https://image.baidu.com/search/detail?ct=503316480&z=0&ipn=d&word=蒜蓉鲳鱼照片&step_word）

## 二、红烧鲳鱼

### （一）食材

鲳鱼1条、料酒、葱、姜、生抽、老抽。

### （二）做法步骤

（1）鱼处理后，鱼身上稍微切两刀洗净控干水。抹上一层薄面粉。

（2）烧热锅，下适量的油烧热，下鱼，慢火煎炸至两面金黄。

（3）加入姜片及葱段煸炒一下，倒入调好的酱料，加入适量冰糖。

（4）在旺火上烧开后，再移至微火上慢烧。

（5）小心地翻面，再煮另一面。大火使其快速上色收汁入味即可。

图13.3　红烧鲳鱼（图来源于网络 https://image.baidu.com/search/detail?ct=503316480&z=0&ipn=d&word=红烧鲳鱼照片&step_word）

### 三、茄汁鲳鱼

**（一）食材**

鲳鱼4条、番茄酱、生姜、香葱、大蒜头、红辣椒、料酒、蚝油、白糖、香醋、食盐、植物油。

**（二）做法步骤**

（1）鲳鱼去除鱼鳃和内脏，然后清洗干净，控干水分备用。

（2）生姜丝、香葱段加料酒，抓捏出葱姜汁，再将葱姜汁倒在鲳鱼上，内外涂抹均匀后腌制半小时。

图13.4　茄汁鲳鱼（图来源于网络 https://image.baidu.com/search/ detail?ct=503316480&z=0&ipn=d &word=茄汁淡水白鲳照片&step_ word）

（3）热锅冷油，放入鲳鱼，转动锅子，中小火慢煎，煎鱼时火不宜过大，火太大容易煎煳。

（4）一面煎至金黄后再翻面，将另一面也煎至金黄，鲳鱼肉嫩容易碎，一定要一面煎好再翻面，不要频繁翻动，以免鱼肉弄碎，两面都煎好后，盛出备用。

（5）另起锅烧油，油热下入蒜末、姜末、红椒末爆香后倒入番茄酱，翻炒均匀。

（6）然后将煎好的鲳鱼下锅，倒入适量的清水，加料酒、蚝油、少许盐、白糖、香醋，大火煮开后转小火焖煮5分钟。

（7）5分钟后将番茄汁用锅铲淋在鲳鱼上，让每条鲳鱼都均匀地裹上番茄汁，使其更入味，最后撒上葱花，增色增香，出锅装盘即可。

### 四、烤鲳鱼

**（一）食材**

鲳鱼1条。生抽2勺、耗油2勺、茴香粉1、辣椒面半勺。

**（二）做法步骤**

（1）把鱼洗干净备用。

（2）刀子在鱼身上，横竖划几刀抹上一层油。

（3）撒上调好的料放入烤箱190 ℃ 15分钟，中间拿出来刷油。

（4）拿出来刷一层料汁。

（5）烤完出锅。

图13.5　烤鲳鱼（图来源于网络 https://image.baidu.com/search/ detail?ct=503316480&z=0&ipn= d&word=烤淡水白鲳照片&step_ word）

### 五、清蒸鲳鱼

**（一）食材**

鲳鱼2条、料酒10 g、葱丝少许、姜丝少许、葱段少许、姜片少许、蒸鱼豉油5 g、食用油5 g、蒜丝少许。

**（二）做法步骤**

（1）处理鲳鱼，用剪刀将鲳鱼腹部至头部部分剪开，掏出内脏，剪掉鱼鳃，洗净内膜。

（2）加入葱段、姜片、料酒，腌制静置去腥15分钟。

（3）起锅烧水，水开上汽后放入鲳鱼、蒸15分钟，熟透。

（4）葱姜蒜分别切丝，起锅烧油。

（5）将蒸鱼水倒掉，鱼身上的葱段姜片取下，撒上刚切的葱姜蒜丝，浇上蒸鱼豉油，淋上烧好的热油即可。

图13.6 清蒸鲳鱼（图来源于网络https://image.baidu.com/search/detail?ct=503316480&z=0&ipn=d&word=清蒸淡水白鲳照片&step_word）

## 六、香煎鲳鱼

### （一）食材

鲳鱼2条、葱姜5 g、料酒2汤匙、白胡椒粉2 g、盐适量、玉米淀粉适量、食用油适量。

### （二）做法步骤

（1）鲳鱼去掉内脏，清洗干净，在鱼的两面打十字花刀，放入一个盆中。

（2）备好葱花姜丝，将葱花姜丝放入装鱼的盆中，加入白胡椒粉盐和料酒，用手将鱼揉搓均匀，腌制15分钟。

（3）将腌好的鲳鱼去掉葱姜丝，用厨房纸擦干表面水分，撒上一层薄薄的玉米淀粉。

（4）平底锅小火预热，加入少许油，放入鲳鱼，全程小火煎至鱼表面定型后，上色再翻面。两面都煎好，盛出。

（5）用葱花和枸杞点缀一下，美味的香煎鲳鱼就做好了。

图13.7 香煎鲳鱼（图来源于网络https://image.baidu.com/search/detail?ct=503316480&z=0&ipn=d&word=香煎淡水白鲳照片&step_word）

# 第七节　养殖实例

## 一、池塘主养

江苏省金湖县渔政监督大队的郑广在12亩池塘内进行精养淡水白鲳技术试验，取得较好效果。

### （一）试验材料

1.池塘条件

养殖池塘水源为高邮湖水系，水深面阔、水量充足、水质清新、饵源充沛、无污染源、排灌方便，进排水口用双层钢丝网扎紧封牢，以防鱼类外逃。试验池塘呈长方形、东西向，面积为12亩，坡比为1∶3.0～1∶2.5，池底平坦、土质为黏性土，水深为

1.5～2.0 m。养殖塘口配有抽水、投饵和增氧等机电设备。

2. 放养前准备

一是清塘消毒，冬季抽干池水，清除过多淤泥，冻晒池底，用生石灰清塘，干法清塘用量为75～100 kg/亩，湿法清塘为150 kg/亩，方法是加水化浆全池泼洒，不留死角，以杀死病原菌以及其他敌害生物。二是投放基肥，放养前10～15天投施基肥，将用畜禽粪（最好是鸡粪）、生石灰、磷肥混合堆沤发酵而成的有机粪肥施入池底，投施量为200～300 kg/亩，然后向池内注水0.8～1.0 m（进水口用40目网袋过滤，防止野杂鱼进入池内），3～4天后追施EM菌、单细胞藻类激活素等，增强培水、净水效果，7天后池中就有大量的浮游生物繁殖起来，此时可选择晴好天气放养鱼种。

（二）试验方法

1. 鱼种放养

一是淡水白鲳鱼种放养，选择体质健壮、规格整齐、无伤无病的冬片鱼种放养，放养时池水温度应在20 ℃以上。一般放养规格为10～12尾/kg，密度为1 800～2 000尾/亩，时间在5月上旬。二是搭配鱼种放养，为了充分利用养殖水体空间，增加养殖产量和效益，可搭配放养部分花、白鲢鱼种。一般放养规格为6～10尾/kg，密度分别为80尾/亩和120尾/亩，时间在5月中旬。在养殖池塘内适当放养花白鲢，还可以起到改良池塘水质的作用。三是鱼种消毒，鱼种放养前用3%～5%的氯化钠溶液浸泡10分钟左右，以杀灭病原菌和寄生虫。

2. 技术管理

一是投喂管理，在池塘精养情况下，为了使淡水白鲳快速生长，增加产量，提高效益，应以投喂人工配合饲料为主，粗蛋白质含量应达到32%左右。投喂应坚持"四定"原则，采用自动投饵机投喂，让淡水白鲳到食场集中"就餐"，以提高饲料利用率，并便于观察鱼的摄食和生长情况。淡水白鲳食性杂、食量大，为不断觅食的鱼类，其肠道短，消化吸收快，每天应投喂4次，上、下午各投喂2次，投喂时间分别为9:00、11:00、14:00和16:00。以下午投喂为主，占日投喂量的60%，一般7～10天测定1次鱼的体重，并根据天气、水温和摄食情况，确定投饲率和投饲量。通常情况下，养殖初期投饲率为3%～4%，中期为4%～6%，后期为7%～8%。

二是水质管理，10天注入新鲜水1次，每次注水15～20 cm；每月换水1次，每次换水量为30%，以调"新"水质；每月交替使用生石灰和漂白粉对水体消毒1次，以调"优"水质；定期使用枯草芽孢杆菌、光合细菌等微生物制剂，以调"活"水质和改良底质环境；在增氧设备上安装溶氧自动控制器，根据淡水白鲳的溶氧要求，设定池水溶氧的上、下限，实现增氧设备的自动开停机，保持池水溶氧在5 mg/L以上，为鱼类创造舒适清洁的生长环境。

三是鱼病防治，淡水白鲳的抗病力较强，一般不易感染疾病。病害防治以防病为主，治疗为辅。在养殖过程中做到无病先防，有病早治。采取严格的清塘消毒、投放优质苗种、营造优良环境、投喂新鲜饲料、定期投喂药饵等技术措施，可有效预防鱼病发生。一旦鱼类发病，应及时诊断，对症下药，使用国家允许的高效、低毒、副作用小的渔药及早治疗。淡水白鲳对含有机磷的药物，尤其是敌百虫十分敏感，在病害防治中，切不可使用此类药物，以免引起池鱼中毒，造成不必要的经济损失。

四是日常管理，坚持每天早、中、晚3次巡塘，观察水质肥瘦、有无缺氧及鱼类的活动情况，发现问题应及时采取处理措施；平时要认真填写好塘口记录，主要记载品种数量、天气状况、投饵施肥、鱼病防治、水质调控、捕捞销售等内容，为下年养殖管理提供技术参考依据。

3. 起捕上市

白鲳冬片鱼种在5月上旬放养后，经3个月左右的精心饲养，至8月上旬即有部分达到500～600 g/尾的商品规格，此时应抓住时机捕捞上市销售，捕大留小，降低密度，促进小规格鱼快速生长，以达到高产高效的目的，至10月上旬全部起捕上市销售。

（三）试验结果

1. 投入情况

投放淡水白鲳鱼种2 300 kg，计23 000元；投放鲢鳙鱼种350 kg，计2 100元，平均175元/亩；投喂配合料19 500 kg，计81 900元；支鱼塘承包费，计6 000元；支药费、电费，计2 400元；其他杂支，计1 200元。总投入为116 600元（平均9 716.7元/亩）。

2. 收入情况

捕获淡水白鲳14 820 kg，产值为133 380元；捕获花白鲢等其他鱼类4 500 kg，产值为27 000元。总产值为160 380元，平均13 365元/亩。

3. 效益情况

总产值为160 380元，总投入为116 600元，总收益为43 780元，折合亩收益为3 648.3元。

（四）结语

一是放养的淡水鱼种规格宜大，且在同一池塘内放养的规格应一致，不可悬殊过大，以提高成活率、规格和产量。

二是淡水白鲳为杂食性底层鱼类，不可放养鲤、鲫等底层鱼类，否则将造成减产。

三是淡水白鲳放养时水温应在20 ℃以上，一般放养时间选择在5月中旬。放养过早，气温不稳定，易影响成活率；放养过迟，则缩短其生长期，不利于规格和产量的提高。

四是淡水白鲳食量大且贪食，投喂时一定要遵循"四定"原则，坚持少量多次投喂，以提高饲料利用率。

五是淡水白鲳为热带和亚热带鱼类，养殖至10月上旬应全部起捕上市销售。

## 二、网箱养殖

山东省莱芜市水利水产局的亓梦飞等1995年在雪野水库进行了网箱养淡水白鲳试验，取得了较好的经济效益。

（一）试验材料与网箱设置

1. 网箱材料

据报道，淡水白鲳长到一定规格（250 g以上）后，能够撕咬聚乙烯网片。因此，本试验主要选用白色硬塑料网箱，并对聚乙烯网箱能否养淡水白鲳进一步做了试验。

试验选用的白色硬塑料网箱规格为3 m×2 m×2 m，目大3 cm；双层聚乙烯网箱规格为3 m×3 m×3 m，目大3 cm。

2. 网箱设置

网箱选择在避风向阳的库湾设置，网箱设置区水深7~10 m。本试验共用白色硬塑料网箱110个，双层聚乙烯网箱1个，共设置框架式简易浮桥11排，分别编号为1~11排，每排浮桥挂10个网箱，编号为1~10号箱。试验网箱全部固定于浮桥两侧，便于喂养管理和及时观察鱼的摄食活动。浮桥离岸100 m左右，两端均有2个大铁锚固定。

（二）试验方法

1995年6月5日从电厂选择尾重100~250 g的淡水白鲳35 000尾。

1. 网箱材料试验

1995年6月6日，筛选鱼种1 440尾，平均尾重180 g，平均放入第2排1~4号硬塑料网箱中，经过消毒处理后，开始投饵喂养。7月22日投放聚乙烯网箱1只，用竹竿框架固定于第2排浮桥一侧，7月26日将2排1号硬塑料网箱中的鱼倒入双层聚乙烯网箱中继续喂养，至7月29日检查网箱，发现网箱内层有9处被啃撕坏。因聚乙烯网箱是新编织的，下水前经过严格检查，所以断定是被淡水白鲳啃撕的。此时鱼的平均体重达410 g，为防止逃鱼，当时将聚乙烯网箱内的鱼又倒回2排1号硬塑料网箱中喂养。

2. 不同放养密度的试验

1995年6月5日，选择第2排的5~10号箱，按60尾/m²、80尾/m²、100尾/m² 3种不同的密度各投放2个网箱进行对照试验。详见表13.1。

表13.1　不同放养密度试验结果

| 网箱 | 放养 | | | | | 出箱 | | | |
|---|---|---|---|---|---|---|---|---|---|
| | 进箱时间 | 鱼种重量（kg） | 尾重（g） | 数量（尾） | 密度（尾/m²） | 成活率（%） | 尾重（g） | 净产量（kg） | 增重倍数 |
| 2排5号 | 6月5日 | 64.8 | 180 | 360 | 60 | 95 | 1 652 | 500.2 | 6.7 |
| 2排6号 | 6月5日 | 64.8 | 180 | 360 | 60 | 93 | 1 476 | 429.4 | 5.6 |
| 2排7号 | 6月5日 | 86.4 | 180 | 480 | 80 | 94 | 1 521 | 599.9 | 5.9 |
| 2排8号 | 6月5日 | 86.4 | 180 | 480 | 80 | 96 | 1 465 | 588.7 | 5.8 |
| 2排9号 | 6月5日 | 108 | 180 | 600 | 100 | 91 | 1 223 | 559.6 | 4.2 |
| 2排10号 | 6月5日 | 108 | 180 | 600 | 100 | 95 | 1 087 | 511.6 | 3.7 |

3. 不同饲料配方的试验

选择第3排1~6号箱，每2个为1组，分别选用3种配方的饵料投喂。使用Ⅲ号饲料的2个网箱同时兼投少量青饲料（如浮萍、菜叶、嫩草等）进行对照试验。饲料中粗蛋白质质量分数控制在25%~30%，营养盐和维生素添加剂质量分数各为2%和1%，设计配方以利用当地资源和降低成本为原则，各种配方的原料组成及营养成分见表13.2。将各配方的原料粉碎、过筛、混合后，加工成颗粒饲料，粒径2.5～4 mm，晾晒干后投喂。试验结果见表13.3。除试验的6个网箱外，其他网箱全部投喂Ⅲ号饲料，同时兼投青饲料。

表13.2　饲料配方及营养成分

| 配方 | 原料组成 | | | | | | | | | 营养成分 | | |
|---|---|---|---|---|---|---|---|---|---|---|---|---|
| | 鱼粉 | 酵母 | 豆饼 | 棉仁饼 | 面粉 | 麸皮 | 多维 | 矿物质 | 食盐 | 蛋白质 | 脂肪 | 粗纤维 |
| Ⅰ | 25 | 5 | 15 | 15 | 14 | 23 | 0.15 | 2.5 | 0.35 | 30.0 | 5.9 | 7.0 |
| Ⅱ | 20 | 10 | 15 | 10 | 14 | 28 | 0.15 | 2.5 | 0.30 | 28.0 | 5.7 | 8.0 |
| Ⅲ | 10 | 10 | 15 | 15 | 14 | 33 | 0.15 | 2.5 | 0.30 | 25.0 | 5.0 | 8.1 |

注：鱼粉用秘鲁粉、酵母及矿物质、多维添加剂均为山东省淡水水产研究所生产。

表13.3　不同饲料配方的对照试验结果

| 饲料 | 网箱 | 放养鱼种 | | | | 出箱结果 | | |
|---|---|---|---|---|---|---|---|---|
| | | 规格（g） | 数量（尾） | 重量（kg） | 成活率(%) | 规格（g） | 毛产量(kg) | 增重倍数 |
| Ⅰ | 3排1号 | 120 | 410 | 49.2 | 97 | 1 150 | 457.4 | 7.3 |
| | 3排2号 | 120 | 410 | 49.2 | 96 | 1 150 | 452.6 | 7.2 |
| Ⅱ | 3排3号 | 120 | 410 | 49.2 | 96 | 1 100 | 433 | 6.8 |
| | 3排4号 | 120 | 410 | 49.2 | 95 | 1 100 | 428.5 | 6.7 |
| Ⅲ+青草 | 3排5号 | 120 | 410 | 49.2 | 91 | 1 000 | 373.1 | 5.6 |
| | 3排6号 | 120 | 410 | 49.2 | 90 | 1 000 | 369 | 5.5 |

4. 饵料投喂

日常喂养采用人工手撒法。淡水白鲳吞食后有后退的特点，不是一直浮在水面抢食，所以整个投喂过程要采取慢—快—慢的方法进行，即在每次开始投喂时撒的数量要少，间隔时间要长，待集中抢食时，数量再多些，间隔时间短些，在喂到后期，间隔时间再长些。具体投喂次数：6月每天投喂4次：（8:00、11:00、14:00、17:00），7—9月每天投喂5次：8:00、11:00、14:00、16:00、18:00，另在中午加喂1次青饲料（浮萍、嫩草等），10月每天投喂4次（同6月）。投饲量可以根据具体情况随时调整。

5. 鱼病预防措施

针对淡水鲳在运输、入箱过程中易掉鳞受伤的特点，在鱼种拉网、运输、进箱和分箱、倒箱及喂养过程中，按照严把操作程序关：一是在鱼种进箱时用船倒运过程中，在船舱内铺塑料布，并用消毒剂质量浓度为7～10 mg/m³溶液浸洗鱼种10～15分钟。二是将网箱提前5天下水，使网箱有一层附着物后再将鱼种入箱。三是定期在箱内用消毒剂和硫酸铜、硫酸亚铁合剂挂袋消毒。在整个养殖过程中，除个别鱼因水霉感染死亡外没有发生其他鱼病，可见淡水白鲳在集约化养殖过程中抗病能力仍然很强。

6. 日常管理

及时观察网箱内鱼的游动、摄食及鱼病发生情况，发现异常要立即检查，根据情况及时采取有效防治措施。

### （三）试验结果

1. 产量

1995年11月11日进行测产验收，养殖时间156～158天。随机抽测10个网箱，净产鱼4 101 kg，折合68 350 kg/hm²。平均出箱尾重1 320 g，颗粒饲料系数1.8。

2. 经济效益

总投资313 932元，总收入按当地市场价格12元/kg计，45 111 kg鱼总收入541 332元，扣除养殖成本313 932元外，获利227 400元。

### （四）小结与讨论

淡水白鲳啃撕聚乙烯网箱，白色硬塑料网箱是养殖淡水白鲳首选网箱。

放养60尾/m²和80尾/m²的网箱，成活率高、增重倍数大，但前者总产量和净产量较低；放养100尾/m²时，出箱尾重及增重倍数均减小，经济效益亦差。因此，网箱养淡水白鲳较适宜的放养密度为80尾/m²（15 kg/m²）左右。

Ⅰ、Ⅱ号饲料蛋白质含量高，鱼生长快，个体亦大，但成本较高；Ⅲ号饲料蛋白质含量较低，使用时兼投青料，鱼生长得也较快，饲料成本低。因此本试验3种颗粒饲料蛋白质含量为25%～30%均是适宜的。

试验表明，淡水白鲳生长速度较鲤、罗非鱼快1倍，但目前鱼种量少价高，因此必须提高其鱼种生产能力。

## 三、工厂化养殖

哈尔滨市鱼苗繁育试验场吴翔利用电厂余热开展工厂化淡水白鲳养殖，取得较好经济效益。

### （一）材料与方法

1. 鱼池

先用5口水泥结构的亲鱼越冬池面积400 m²和500 m²不等，水深1.8 m，排注水方便，排水口设筛绢拦鱼栅。

2. 水源

电厂温排水直接注入池塘，没有采用鱼苗场生物滤池和无阀滤池过滤。

3. 鱼种

选用工厂化方法培育的淡水白鲳鱼种（2002年6月25日放种），规格50 g左右，详情见表13.4。

表13.4 鱼池放种情况

| 项目池号 | 面积（m²） | 尾数（尾） | 总重量（kg） | 平均重量（g） | 放种时间 |
|---|---|---|---|---|---|
| 3号 | 500 | 2 500 | 124 | 49.6 | 6月25日 |
| 4号 | 500 | 2 500 | 131 | 52.4 | 6月25日 |
| 7号 | 400 | 2 000 | 105 | 52.5 | 6月25日 |
| 8号 | 400 | 2 000 | 104 | 52 | 6月25日 |
| 9号 | 400 | 2 000 | 106 | 53 | 6月25日 |
| 合计 | 2 200 | 11 000 | 570 | 51.9 | 6月25日 |

4. 饵料

采用哈尔滨市嘉荣饲料厂生产的培育鲤鱼的颗粒饵料，饵料蛋白质含量29%，粒径1.5~4.5 mm不等。

5. 管理

淡水白鲳属热带鱼，最适应生长的水温在25~32 ℃，鱼池虽可以进行流水养殖，但是电厂来水温度过高，这样正好采用静止状态搞高产试验，整个养殖期经测定DO含量在3~4 mg/L，最低的时候只有1.6 mg/L。

在鱼种入池后，使用颗粒饵料粒径1.55 mm。而后随鱼体增大，适时改变颗粒饵料的粒径，投喂量根据当天鱼的摄食情况而定，以大部分鱼吃饱为度。

鱼种在入池前，用2 mg/L浓度的漂白粉对鱼池进行消毒。鱼种入池10天后，发现3号池的鱼活动异常，一群群围着池塘边狂游，如同跑马一样，经检查鱼体发现有小瓜虫寄生，就用瓜虫净全池泼洒，连续3天，鱼类又恢复了正常的生活状态。由于采取了防重于治的措施，在以后的养殖中没发现别的鱼病。

由于采用静水饲养，氧气含量不高，昼夜变化也比较大。白天氧气基本在3~4 mg/L，到了晚上特别是后半夜和阴天氧气最低只有1.6 mg/L。为了保证氧气的供应，每个池子架设一个2.2 kW的潜水泵循环增氧。做到每5天检查鱼的生长及鱼病发生情况以便采取措施。规定每天测氧2次，同时测量水温做好记录。养殖中期对鱼池进行一次彻底清淤。

（二）结果

经过80天的饲养，收到了非常理想的结果，商品鱼个体最大0.9 kg，最小的也在0.75 kg以上，规格很齐，整个养殖期除3号池死了5条鱼外，其他池塘均没有死鱼，收获情况见表13.5。

5个池子的面积为2 200 m²，合3.3亩，总产量8 568.45 kg，平均亩产2 596.5 kg，总收入85 684.50元，总利润18 447.20元，合亩利润5 590.06元。如果按钓鱼价格总利润可提高5万元以上（钓鱼价格16元/kg，商品鱼价格按10元/kg计算）。

表13.5　出池及成本情况明细

| 项目 池号 | 出池 时间 | 出池尾数 （尾） | 出池重量 （kg） | 平均尾重 （kg） | 饵料系数 （kg） | 总用料量 （kg） | 饵料成本 （元） | 电费 （元） | 人工费 （元） | 苗种费 （元） | 总费用 （元） |
|---|---|---|---|---|---|---|---|---|---|---|---|
| 3 | 9.15 | 2 495 | 2 020.95 | 0.81 | 1.05 | 4 244 | 9 761.2 | 660 | 2 400 | 2 500 | 15 321.2 |
| 4 | 9.15 | 2 500 | 1 937.5 | 0.775 | 1.1 | 4 262.5 | 9 803.75 | 660 | 2 400 | 2 500 | 15 363.75 |
| 7 | 9.15 | 2 000 | 1 500 | 0.75 | 1.0 | 3 000 | 6 900 | 660 | 2 400 | 2 000 | 11 960 |
| 8 | 9.16 | 2 000 | 1 590 | 0.795 | 0.975 | 3 100.5 | 7 131.15 | 660 | 2 400 | 2 000 | 12 191.15 |
| 9 | 9.16 | 2 000 | 1 620 | 0.76 | 1.05 | 3 192 | 7 341.60 | 660 | 2 400 | 2 000 | 12 401.6 |
| 合计 | 2天 | 10 995 | 8 568.45 | 0.78 | 1.035 | 17 799 | 40 937.70 | 3300 | 12 000 | 11 000 | 67 237.7 |

注：1.鱼种平均1元1尾。2.人工费及电费按池子平均分摊计算。

## （三）讨论

本试验目的是使小规格鱼种在短时间内养成商品鱼，达到了预期的目的，同时也使我们对淡水白鲳有了更多的了解。

（1）淡水白鲳的生理性状决定其最好进行工厂化养殖，用电厂的亲鱼越冬池进行静水养殖，虽然时间只有80天（9月20日家鱼亲鱼要进入越冬池越冬），但效果是比较理想。不仅为自然水域养殖淡水白鲳创高产提出了理论依据，也为今后温流水养殖淡水白鲳创更高产量打下了理论基础。

（2）因为静水饲养淡水白鲳，水温变化不大，基本保证在32 ℃左右，但氧气含量始终不高，整个饲养期氧气最高时在4 mg/L多一点，最低时只有1.6 mg/L，要注意及时增氧。

（3）淡水白鲳鱼的抗病力特别强，整个养殖期间除发生一次小瓜虫病外，没有发生其他鱼病，除3号池死了5条鱼，其它池塘成活率起捕率均达100％，该鱼上网率达98％以上。

（4）淡水白鲳鱼对水质要求不高，电厂的温排水不经过过滤养殖效果也很好。pH值6.5～8都不影响生长，生化需氧量（BOD）含量6 mg/L以上都不影响正常生长。

## 参考文献

陈俊文，那凯洋，杜刚，等，1997. 淡水白鲳工厂化育苗试验[J]. 淡水渔业（1）：28-30.

冯杰，陈继明，姚德兴，2014. 淡水白鲳塘套养"中科3号"异育银鲫试验总结[J]. 科学养鱼（8）：40-41.

郝敏，丁祥斋，2007. 淡水白鲳的网箱养殖技术及效益分析[J]. 农技服务（7）：88.

李广军，2014. 池塘精养淡水白鲳技术试验[J]. 渔业致富指南（10）：31-33.

李侃权，2003. 淡水白鲳一年多次繁殖技术[J]. 科学养鱼（3）：13.

李科社，武平，张星朗，2001. 利用温泉水进行淡水白鲳人工繁殖的试验[J]. 淡水渔业（2）：18-20.

李胜杰，2008. 淡水白鲳生物学性状及养殖技术[J]. 海洋与渔业（9）：22-23.

李友畅，2016. 淡水白鲳人工繁殖技术[J]. 云南农业（10）：40-42.

刘丙阳，赵志刚，邱春刚，2006. 淡水白鲳池塘套养罗非鱼试验[J]. 水利渔业（4）：47-48.

亓梦飞，王莹相，张洪运，等，1999. 水库网箱养殖淡水白鲳技术总结[J]. 水利渔业（1）：3.

秦志清，樊海平，蔡葆青，等，2012. 提高淡水白鲳苗种越冬成活率的措施探讨[J]. 科学养鱼（12）：11-12.

宋文会，秦振军，岳城，等，2002. 温流水淡水白鲳当年养成商品鱼[J]. 新疆农业科学（5）：310-311.

王琪，2003. 淡水白鲳的养殖技术[J]. 养殖与饲料（12）：26-27.

王世党，宋宗岩，毕崇波，等，2002. 淡水白鲳的养殖技术之二：淡水白鲳温泉越冬技术[J]. 中国水产（3）：46.

王文彬，黄际朝，2008. 淡水白鲳苗种繁育技术[J]. 内陆水产（4）：16-17.

王文彬，2006. 淡水白鲳繁育把好"三关"[J]. 齐鲁渔业（2）：13-14.

王文彬，2015. 淡水白鲳网箱养殖技术[J]. 新农村（2）：32-33.

王耀富，2004. 大型经济鱼类——淡水白鲳[J]. 农村科学实验（6）：37.

吴林，2012. 淡水白鲳河道网箱养殖技术研究[J]. 现代农业科技（12）：250.

谢中传，李侃权，谢雁宏，2010. 淡水白鲳种苗越冬管理[J]. 科学养鱼（12）：9.

熊炎成，2000. 淡水白鲳主养模式简介[J]. 渔业致富指南（24）：19.

徐在宽，2001. 淡水白鲳的人工繁殖[J]. 中国农村科技（5）：36.

严维辉，2001. 提高淡水白鲳催产率、孵化率的技术[J]. 渔业致富指南（24）：33.

杨学军，2001. 淡水白鲳网箱养殖高产技术[J]. 江西水产科技（4）：31.

羿淑红，王桂霞，张绍莉，2013. 北方池塘生态养殖淡水白鲳高产技术[J]. 当代畜禽养殖业（4）：43-44.

岳继海，江波，孙增民，等，2002. 西北地区温流水饲养淡水白鲳和罗非鱼试验[J]. 科学养鱼（11）：33.

张爱芳，2009. 淡水白鲳网箱养殖高产技术[J]. 安徽农学通报，15（14）：69，163.

张美灵，2000. 淡水白鲳的人工繁殖与池塘养殖[J]. 云南农业（10）：15.

张元住，艾春香，纪庆丰，1995. 淡水白鲳累枝虫病的初步观察与治疗试验[J]. 江西水产科技（1）：1.

赵从民，赵厚会，1999. 网箱养殖淡水白鲳高产技术[J]. 农家之友（8）：19.

赵华，2009. 北方寒冷地区淡水白鲳早繁试验[J]. 吉林水利（11）：58-59.

郑广，2014. 池塘精养淡水白鲳技术试验[J]. 江西饲料（2）：32-34.

郑建忠，2011. 淡水白鲳的人工繁殖技术[J]. 渔业致富指南（8）：35-36.

郑建忠，2012. 淡水白鲳的人工繁殖技术[J]. 福建农业（12）：28-29.

周泽斌，谢敏亮，2001. 淡水白鲳的人工早繁技术[J]. 水利渔业（6）：17-18.

朱永安，张建东，王兰明，等，2004. 淡水白鲳鱼苗的池塘培育试验[J]. 水利渔业（6）：46-47.

# 第十四章
# 奥尼罗非鱼

## 第一节　生物学特性

罗非鱼（*Oreochromis mossambicus*）是一种热带性鱼类，原产于非洲。这鱼种类很多，约有60种，包括亚种在内就有100种以上。目前世界上已进行养殖的种类约有15种。这鱼具有适应性强、食性广、鱼病少、容易繁殖、生长快、产量高、肉质细嫩、味道鲜美等许多优点，引起世界各国养殖者的重视。近几十年来，已成为世界性的主要养殖鱼类之一，其产量仅次于世界主要养殖鱼类——鲤鱼，居第二位。

### 一、形态特征

罗非鱼是鲈形目丽鲷科罗非鱼属脊索动物。罗非鱼体侧高，头中等大小，口端位；眼中等大小，略偏头部上方；背鳍发达，起点于鳃盖后缘相对，终止于尾柄前端；胸鳍较长，可达到或超过腹鳍末端，无硬刺，腹鳍胸位，尾鳍末端钝圆形；体色呈黄褐至黄棕色，从背部至腹部，由深逐渐变浅；喉、胸部白色；雄性呈红色；雌鱼体

图14.1　罗非鱼（彭仁海供图）

色较暗淡。背鳍具10余条鳍棘，尾鳍平截或圆，体侧及尾鳍上具多条纵列斑纹。

### 二、生活习性

罗非鱼栖息在水中下层，喜高温，耐低氧、高盐度，在海、淡水中均能生活。罗非鱼是以植物性饵料为主的杂食性鱼类。罗非鱼不耐低温，在水温10℃左右就会冻死。罗非鱼刺少，肉质细嫩鲜美，味道好。营养丰富，富含蛋白质及人体必需的8种氨基酸，其中谷氨酸和甘氨酸含量尤其高，因此有"白肉三文鱼""21世纪之鱼"之称。

### 三、食性、年龄和生长

罗非鱼杂食性，成鱼喜食浮游生物，底栖生物，抢食力强，生长迅速，雄鱼生长速度大于雌鱼。罗非鱼寿命可达5~7年。

### 四、分布范围和主要品种

罗非鱼属于热带鱼类，源自非洲。中国地区分布最早是从新加坡引进到中国台湾

地区。中国引进的种类有个体较小的莫桑比克罗非鱼、个体居中的奥利亚罗非鱼以及个体较大的尼罗罗非鱼（为联合国粮农组织推荐）。生产上采用福寿鱼、奥尼鱼及其他全雄罗非鱼。中国饲养的罗非鱼有罗非鱼属的齐氏罗非鱼、帚齿罗非鱼属的尼罗罗非鱼、莫桑比克罗非鱼、黄边黑罗非鱼、奥利亚罗非鱼等；还有杂交品种如奥尼罗非鱼、红罗非鱼和福寿罗非鱼等。

## 五、繁殖习性

罗非鱼有较强的适应能力和繁殖能力，所以常会对当地的水生环境产生影响，对其他生物造成威胁。有些种类的罗非鱼会有口孵的行为，即雌鱼将受精卵含在口中，直到孵化为幼鱼，这种护幼行为对其繁殖十分有利。部分种类的罗非鱼在繁殖前，雄鱼会挖掘底土筑成盆状的巢，具有强烈的领域性，雌鱼将卵产于巢中，受精孵化后再由雌鱼将幼鱼含在口中保护。将成熟的雌、雄亲鱼放入同一繁殖池中，每隔30～50天即可繁殖一批。性成熟的罗非鱼雄鱼不仅体表呈现出明显的婚姻色，并且独自游至池水浅滩处用口挖掘和尾鳍清扫淤泥，在池里建成呈圆锅形的产卵窝。雌鱼产卵一般是分批产出，通常是每隔2～3分钟后重复上述产卵、受精、含卵等连贯动作，直至雌鱼产尽本次应产的卵。如在水泥地、水族箱等无法挖窝的环境中，雄鱼则以尾鳍清理底部，划地为窝，进行上述产卵受精活动。

当水温为30 ℃左右时。受精卵在雌鱼口中经4天左右孵出鱼苗。孵出后的鱼苗仍留在雌鱼口中，以免受水中敌害侵袭或因对环境不适而造成死亡。待鱼苗卵黄囊完全消失并且具有一定游动能力时，鱼苗离开母体口腔，不过继续成群游动在雌鱼身边，若遇危险，鱼苗迅速集成一团，雌鱼则将鱼苗吸入口内，待环境安全时再吐出鱼苗。

## 六、奥尼罗非鱼来源及特点

1981年广州市水产研究所和1983年淡水渔业研究中心又引进了奥利亚罗非鱼。用奥利亚罗非鱼为父本和尼罗罗非鱼为母本进行杂交，获得了杂种优势明显的子一代，称之为奥尼罗非鱼。所以选择奥利亚罗非鱼雄鱼与尼罗罗非鱼雌鱼进行杂交，是因为奥利亚罗非鱼抗寒力较强，又容易捕捞；尼罗罗非鱼个体大，生长快，通过杂交将它们的优良性状遗传给后代，而更主要的是因为尼罗罗非鱼雌鱼性染色体为同型（XX），雄鱼性染色体为异型（XY），而奥利亚罗非鱼则相反，雌鱼性染色体为异型（WZ），雄鱼性染色体为同型（ZZ）。当用奥利亚罗非鱼雄鱼与尼罗罗非鱼雌鱼进行杂交时，就可以产生雄性比例很高的ZX奥尼罗非鱼。多年来的试验、推广养殖证明奥尼罗非鱼有许多优点。

（1）雄性率很高。可达90%以上，这样就不会繁殖很多小鱼而造成养殖密度过大，影响生长和产量。

（2）生长快。个体增重比父本奥利亚罗非鱼快17%～72%，比母本尼罗罗非鱼快11%～24%。当年苗种饲养4个多月，个体重可达150～200 g，放养隔年越冬鱼种，个体重可达300～400 g，最大个体重可达500多g。

（3）群体产量高。比父本奥利亚罗非鱼高41%～85%，比母本尼罗罗非鱼高18%～37%。

（4）抗寒力较强。比母本尼罗罗非鱼强2 ℃左右。

（5）容易捕捞。起捕率可达60%～70%，比母本尼罗罗非鱼高2～3倍。

（6）食性杂，抗病力强，而且肉厚质嫩，味道鲜美它的含肉率为73.6%，蛋白质和脂肪含量分别为20.2%和3.6%，比尼罗罗非鱼和奥利亚罗非鱼都高。

奥尼罗非鱼能在各种水体中养殖，它适合池塘、海水、湖泊围栏、稻田、网箱以及工厂化流水养殖，是很好的养殖对象。

# 第二节　人工繁殖技术

奥尼罗非鱼的制种繁殖，不需要进行人工催情产卵和流水刺激，只要水温稳定在18 ℃以上，将成熟的雌、雄亲鱼放入同一繁殖池中，待水温上升到22 ℃时，就能自然杂交繁殖鱼苗。在水温25～30 ℃的情况下，每隔30～50天即可收获一批鱼苗。

## 一、亲鱼繁殖池的准备

### （一）繁殖池的选择

亲鱼繁殖池的好坏，直接影响到亲鱼的产卵、孵化和鱼苗的成活率。在选择亲鱼繁殖池时，要考虑到以下几个方面。

1. 位置

繁殖池应选择在水质良好、水源充足、注排水方便、环境安静的地方。池周围不要有高大树木和房屋，要向阳背风，以利提高水温。

2. 面积和水深

繁殖池面积一般以0.5～2亩为宜。亲鱼刚放入繁殖池时，水深1～1.5 m，亲鱼杂交繁殖时，水深0.8～1 m为好。

3. 形状和土质

繁殖池形状最好为东西向的长方形，池边要有浅水滩，以利亲鱼挖窝产卵。土质以壤土或砂壤土为好，池底要平坦，不能长有水草。

### （二）繁殖池的清整

亲鱼放养前，繁殖池必须进行清整消毒，给亲鱼创造优良的生活环境条件，有利于亲鱼繁殖。

一般在冬季或早春排干池水，挖去过多的淤泥，将池底平整，修补池埂和漏洞，清除杂草。然后在亲鱼放养前10～15天再进行药物清塘。常用的清塘药物有生石灰、漂白粉等，其中以生石灰最好，既能杀死鱼池中野杂鱼、敌害生物和病原体，又能起肥水作用。清塘应在晴天中午进行，可提高药效。

清塘方法是将池水排出，池底剩5～10 cm的水，每亩用生石灰60～75 kg，先把生石灰加水化成浆，然后全池泼洒，或用漂白粉清塘，每亩4～5 kg，将漂白粉加水溶解后立即全池泼洒，效果同生石灰。

**（三）施基肥**

清塘后，在亲鱼放养前5～7天，向池内加注新水0.8～1.2 m。加水时要用密网过滤，严防野杂鱼和其他有害生物进入鱼池。并施基肥，以培养丰富的天然饵料供亲鱼摄食。基肥有粪肥（猪粪、牛粪、人粪尿等）和绿肥。一般每亩施粪肥500～600 kg，或绿肥400～500 kg。粪肥要经发酵后加水稀释全池泼洒，绿肥堆放在池边浅水处，使其腐烂分解。

## 二、亲鱼放养

**（一）亲鱼选择**

用作杂交繁殖的亲鱼一定要严加选择，以保证有较好的杂种优势。选择亲鱼一般每年选2次，亲鱼进越冬池时选1次，越冬后，移入繁殖池时选1次。

选择亲鱼时：第一要注意选择纯种亲鱼，一般可根据它们的性状特征、体色等进行选择。尼罗罗非鱼体色为黄棕色，体侧有9条垂直黑色条纹，背鳍和尾鳍末端边缘为黑色，尾鳍上有明显的黑色垂直条纹9～10条，腹鳍和臀鳍为灰色。奥利亚罗非鱼体色为蓝紫灰色体侧有9～10条垂直黑色条纹，背鳍和尾鳍末端边缘为红色，尾鳍上有许多淡黄色斑点，但不形成垂直条纹，腹鳍和臀鳍为暗蓝色；第二要注意选择体型好、背高体厚、色泽正常、斑纹清晰、发育较好的个体；第三要选择生长快、个体大、体质健壮、无伤无病的个体，一般要求尼罗罗非鱼雌鱼个体重在150 g以上，以250～500 g为好，奥利亚罗非鱼雄鱼个体重要比尼罗罗非鱼雌鱼体重稍大些。第四要注意亲鱼的饲养条件，以低温越冬，常温下养殖的为好。高温恒温下养殖，往往会引起亲鱼退化，后代生长减慢，性成熟规格变小。

**（二）雌雄鉴别**

罗非鱼的雌雄鱼鉴别，主要是从它们的腹部生殖孔来鉴别。尼罗罗非鱼和奥利亚罗非鱼在幼鱼时期一般雌雄不易区别。性成熟以后，用肉眼就能区分它们的生殖孔：雌鱼腹部有三个开孔，即肛门、生殖孔和泌尿孔。泌尿孔在生殖突起的顶端，生殖孔开在泌尿孔和肛门之间。雄鱼腹部只有二个开孔，即肛门和泌尿生殖孔。它的泌尿孔和生殖孔合为一个开口，统称为泌尿生殖孔。泌尿生殖孔开在生殖突起的顶端，仅为一小点，肉眼不易看出。在繁殖季节，此生殖突常略下垂，挤压腹部有白色精液流出。

**（三）放养时间**

亲鱼放养时间随各地的气候而不同。具体放养时间要根据当地的气温、水温而定。只要水温稳定在18 ℃以上，就可以将亲鱼放到繁殖池。长江流域一般在4月底5月初放养，广东、福建地区约3月中、下旬放养，北方约5月上、中旬放养。放养亲鱼要选择晴朗无风的天气进行，并且一次放养为好，可使亲鱼产卵时间集中，出苗一致，有利于苗种培育。

**（四）雌雄配组和放养密度**

放养亲鱼时，雌、雄亲鱼的配比要适当，一般以3∶1或4∶1较好，雌鱼要多于雄鱼。亲鱼放养密度以雌鱼为准计算。根据雌鱼的大小，每平方米可放1～2尾。一般每亩放养250～500 g/尾的雌亲鱼600～750尾，如果按雌雄3∶1配组，则雄亲鱼为200～250

尾。亲鱼个体为150~200 g/尾的，每亩可放养1 000尾左右。

### 三、亲鱼培育

亲鱼经过越冬后，一般体质较弱，性腺发育差，必须加强培育，以便达到早产卵、早得苗。

亲鱼移入繁殖池后，要经常施肥和投饵。施肥要掌握量少次多的原则，一般每隔5~6天每亩施发酵的粪肥100~200 kg或绿肥200~300 kg。天气晴朗，水质清瘦，鱼活动正常，可适当多施肥，否则少施或不施，以控制水质中等肥度。如水质过肥，应停止施肥，并立即加注新水或增氧，防止亲鱼浮头造成吐卵、吐苗。

为促使亲鱼性腺发育，每天还要投喂人工饲料1~2次。常用的饲料有豆饼、菜饼、花生饼、米糠、麸皮、玉米粉等。罗非鱼是杂食性，不要长期喂单一的饲料，最好将几种饲料混合使用。投饵量一般为池鱼总重量的3%~5%，投喂后鱼很快吃完，可适当增加投喂量，否则少喂或停喂。

### 四、产卵孵化

亲鱼放养后，当水温上升到22 ℃以上时，便开始陆续产卵、出苗。这时应经常巡塘，观察亲鱼的活动，掌握亲鱼产卵日期和出苗情况。水温在20 ℃左右时，亲鱼便开始发情，常见到雄鱼在池边浅水处用口衔泥挖窝。挖窝时雄鱼作垂直姿势，张口用力咬起池底泥土，喷落在窝的周围，如此重复几次，挖成一个浅圆锅形的产卵窝。这时雄鱼常常引诱性成熟的雌鱼进窝配对，不久雌鱼产卵，雄鱼立即排精，卵子受精后，雌鱼立即将卵吸入口中孵化。在水温25 ℃时，约过15天就可见到池边水面上有一小群、一小群游动的鱼苗，这时就要及时捞苗。

捞苗一般在早晨或傍晚现苗较多的时间进行。目前比较好的捞苗方法是用手抄网或小拖网，顺塘四周拖捞。操作轻快，不需下水，可以多次捕捞，获苗量高，鱼苗不易受伤，也不会因下水而影响亲鱼杂交繁殖。捞出的鱼苗先放在网箱内暂养，待捞到一定数量后，即可过数放入培育池中进行苗种培育。鱼苗过数一般采取抽样计数法，即选择有代表性的一杯计数，然后进行计算。奥尼罗非鱼有大鱼苗吃小鱼苗的习性，2~3 cm的幼鱼就能捕食刚脱离亲鱼的鱼苗，因此需每隔10~15天用网捕出捞苗时存塘的大鱼苗。

## 第三节　苗种培育技术

奥尼罗非鱼一般是当年养成商品鱼，它不需要像家鱼那样分鱼苗、鱼种的阶段培育，而是直接将鱼苗培育到5 cm以上的鱼种，再放到大塘养成商品鱼。要求采取强化培育措施，即稀放、肥水、保持充足的饵料和经常加注新水等，在25~30天内达到要求的规格。奥尼罗非鱼的苗种培育有常规苗种培育、早繁苗种培育和越冬苗种培育。

## 一、常规苗种培育

在长江流域，常规苗种是指亲鱼在自然条件下，5月底6月初杂交繁殖出来的鱼苗，于6月底培育成5 cm长的鱼种。

### （一）苗种池的选择和清整

苗种池要选择在水源充足、水质良好、注排水方便的地方。面积一般以0.5~2亩较好，水深应能随着鱼苗的生长而调节，前期60~70 cm，后期可逐渐加深到1~1.5 m。池形为东西向长方形，塘底平坦，池内没有水草生长。

在鱼苗下池前10~15天，对鱼苗池要进行认真整修和彻底清塘，杀死野杂鱼和有害生物，以保证鱼苗健壮成长，提高成活率。

### （二）施基肥

清塘后，在鱼苗下池前3~5天，先向池内加注新水60~70 cm，加水时也要用密网过滤，防止野杂鱼和有害生物进入鱼池。然后施放基肥，培肥水质，使鱼苗从下塘起就有丰富适口的天然食物。

基肥的种类和投放量，要因地制宜。通常每亩施发酵的粪肥400~500 kg，或绿肥400 kg左右。粪肥应加水调稀后全池泼洒；绿肥堆放在池角，浸没在水下，每隔2~3天翻动一次，待腐烂分解后将根茎残渣捞掉。施基肥后，以水色逐渐变成茶褐色或油绿色为最好。

### （三）鱼苗放养

鱼苗放养密度不宜太大，要适当稀养，以加快鱼苗生长，提早养成商品鱼。一般适宜的放养密度为每亩3万~5万尾，最多不超过8万尾。放养鱼苗时必须注意几点。

（1）每个池子应放同一批繁殖的鱼苗。

（2）池内如有蛙卵、蝌蚪或野杂鱼等有害生物，要用网捞出。

（3）待清塘药物毒性消失后方可放鱼苗。检查毒性是否消失的方法，通常在池内放一个小网箱，用数十尾鱼苗放入网箱内，半天后若鱼苗活动正常，就可放鱼苗。

（4）要在池塘背风向阳处放养鱼苗，放鱼苗时动作要轻、缓，将鱼苗慢慢地倒入水中。

### （四）饲养管理

1. 施肥投饵

鱼苗下池时，如水质不肥，最好先投喂豆浆，每天每亩用黄豆1~2 kg，浸泡后磨成豆浆30~40 kg，8:00—10:00，14:00—16:00各投喂1次，同时追加肥料，培养天然饵料喂鱼苗。一般每天每亩泼洒粪肥50~100 kg。10天后还要增喂米糠或豆饼糊，每天喂1~2次，沿池边泼洒，投喂量以2小时内吃完为宜，以后随着鱼体长大，施肥量和投饵量可适当增加。

2. 分次注水

随着鱼苗个体的长大，鱼池要分次加水，扩大鱼苗活动范围和促使浮游生物繁殖生长。一般每周加水1次，每次加水10~15 cm，经3~4次加水后，使池水逐渐加到1~1.5 m。加水时，同样要用密网过滤，严防野杂鱼和其他有害生物进入鱼池，危害鱼苗。

### 3.巡塘

每天早、晚各巡塘一次，观察鱼苗活动情况和水质变化，以便决定投饵、施肥量和是否加注新水。检查池埂有无漏水和逃鱼现象。及时捞除蛙卵、蝌蚪、死鱼及杂草等。

### （五）锻炼和出塘

鱼苗经过25～30天的培育，长到5 cm时就可以出塘，放入大塘饲养商品鱼。出塘前要进行拉网锻炼，以增强鱼的体质，使其能经受操作和运输。

锻炼方法是选择晴天9:00以后拉网，把鱼拉到另一头时，在网后靠近鱼池边插下网箱，把网箱一端按入水中，然后将网的一端搭进网箱，另一端逐步围拢并轻缓地收网，鱼即自动游进网箱中。鱼全部进箱后，从箱的一头慢慢提起箱衣，将鱼赶到另一头，粪便等污物贴于箱底，随即洗干净。鱼在网箱中密集3～4小时后，即可过数出塘。出塘时要用鱼筛筛出不合规格的鱼种，放回原池继续培育几天再出塘。

拉网锻炼时要注意：拉网前要清除水草和青苔；阴雨天或鱼浮头时不能拉网锻炼，以免造成死鱼；操作要轻巧、细致，避免粗糙伤鱼。

## 二、早繁苗种培育

早繁苗种是指在亲鱼越冬后期，采取提高水温、适当稀养、加强饲养的办法，促使亲鱼在"五一"节前杂交繁殖出鱼苗，于5月底培育成5 cm长的鱼种，它比一般苗种要提早一个月。

### （一）早繁池的选择和消毒

早繁池可选择在冬季有大量温流水（温泉水、热电厂冷却水等）的附近修建。若无此条件，也可用塑料薄膜在早繁池上搭棚保温进行早繁鱼苗，但必须备有加温设备。

早繁池为水泥池或土池，东西长方形，面积要根据热源而定，利用温泉水或冷却水进行早繁鱼苗的，面积可大些，0.5～2亩较好；采用人工加温的，面积要小些，0.1～0.3亩即可。水深1 m，池底淤泥要少。温流水进出水口要安装拦鱼网，以免逃鱼。

亲鱼放养前，早繁池还要进行消毒。新建的水泥池要用清水浸泡2～3次，土池用生石灰或漂白粉消毒。

### （二）亲鱼放养

早繁亲鱼放养时间，长江流域一般在3月底4月初。从亲鱼越冬池中选择体质健壮、无伤无病的个体，于晴天一次放养。放养密度，一般温流水早繁池每亩放养每尾重250～500 g的雌亲鱼800～1 000尾；塑料薄膜大棚静水早繁池每亩放养雌亲鱼300～400尾。按雌、雄鱼3∶1配组，合并放入早繁池。

### （三）亲鱼饲养管理

亲鱼入池后以投喂精饲料为主，并投喂一些切碎的新鲜青菜叶。每天投饵2次，投饵量根据水质和亲鱼吃食情况而掌握。一般温流水早繁池每天投饵量为鱼体总重量的4%～6%；塑料大棚静水早繁池为鱼体总重的2%～3%。每天早晚测量水温，控制水温在25 ℃左右，防止忽高忽低。水温过高，温流水早繁池以调节水流量控制水温；塑料大棚静水早繁池要通风换气或换水降温。换水后水温差不宜超过3 ℃。水质过肥，鱼浮头，要及时注水、增氧。

**（四）苗种培育**

亲鱼放入早繁池后20～25天便开始现苗，这时（"五一"节前后）外界水温已达20℃左右，就可以将鱼苗转到室外苗种池培育成鱼种。

早繁苗种的培育，在苗种池的选择、清整、施基肥以及鱼苗放养、饲养管理等方面与一般苗种培育方法相同。

### 三、越冬苗种培育

越冬苗种是指上年6月中旬以后杂交繁殖的鱼苗，培育到10月中、下旬，越冬保种到第二年的4月底放养的鱼种。一般要求越冬鱼种规格为5～6 cm长。

**（一）苗种池的准备和施基肥**

苗种池的选择、清整、施基肥等与一般苗种培育池相同。但面积要小一些，一般以0.5～1亩为宜，以便分批分规格培育；水要较深，一般为1～1.5 m。施基肥时，因水体增大，施基肥量也要适当增加，以培肥水质，做到肥水下塘。

**（二）鱼苗放养**

鱼苗放养的密度要根据要求育成鱼种的规格大小、饲养管理水平和鱼苗下池培育的时间来考虑。一般要求育成5～6 cm长的越冬鱼种，则6—7月杂交繁殖的鱼苗，每亩放养15万～20万尾，8—9月杂交繁殖的鱼苗，每亩放养8万～10万尾。每只池放养的鱼苗规格要整齐，以免大鱼苗吃小鱼苗。

**（三）饲养管理**

越冬鱼种的饲养管理与一般苗种饲养管理基本相同。这阶段历时数月，从6月中旬到10月有4个多月的时间，前后繁殖的鱼苗有好多批，鱼苗个体大小差异大。为了使越冬苗种规格整齐，在饲养过程中，6—7月繁殖的鱼苗，从下塘开始就加强培育，长到3～4 cm长时，适当减少投饲量，控制它生长，到9月中旬再加强饲养。8—9月繁殖的鱼苗，从鱼苗下塘起，就应采取强化培育，才能育成所要求的鱼种规格。

日常管理要坚持早、晚巡塘，适时加注新水，改善水质，清除杂草等。

鱼苗培育到10月中、下旬，水温已逐渐下降到20℃左右，就可以将鱼种起捕进行越冬，作为翌年生产商品鱼的鱼种。

# 第四节　成鱼养殖技术

### 一、池塘养殖

池塘养殖奥尼罗非鱼，在长江流域，一般从5月饲养到10月，有5～6个月的生长期。只要充分利用生长期，合理放养，加强施肥、投饵，当年鱼种是完全可以养成商品鱼，而且可以获得高产。

**（一）池塘条件**

奥尼罗非鱼的池塘商品鱼养殖，对池塘没有特殊要求，一般养殖家鱼的池塘或农村中的小水塘、沟渠以及城镇附近有生活污水流入的池塘都可以用来养殖。面积不宜过大，几分到3~5亩，最大不超过10亩。因为池塘过大，水质不易肥沃，而且不易捕捞，冬季捕不干净容易冻死。水深一般1.5~2 m。池塘应选择在水源充足，注排水方便的地方。水质要求肥水而且无毒。放养鱼种前，池塘要清整消毒，方法同亲鱼繁殖池清整消毒。

### （二）鱼种放养

#### 1. 鱼种规格

奥尼罗非鱼鱼种有常规鱼种、早繁鱼种和越冬鱼种3种。

常规鱼种生产成本较低，鱼种来源容易，但养成商品鱼的生长期短，只有3个多月，所以商品鱼规格小，每尾只有100~150 g。

早繁鱼种的商品鱼生长期较长，养成规格也较大。在长江流域，养到10月中旬每尾重可达200~250 g，但要有一定加温设施，所以鱼种数量不多。

越冬鱼种的商品鱼生长期最长，养成的商品规格也最大，每尾重可达300~400 g，最大500多g。但要有越冬条件，因此成本高，鱼种数量有限。

上述3种鱼种，各地可根据当地的苗种生产条件，因地制宜地采用合适的鱼种进行放养，但不管采用那种鱼种，放养的规格均要达到5 cm以上，而且规格要尽量整齐，体质健壮，无伤无病。

#### 2. 放养时间

奥尼罗非鱼在自然条件下生长的水温不能低于18 ℃，要待水温稳定在18 ℃以上，才可以放养鱼种。若放养过早，因水温低，容易造成死亡；放养过迟，缩短了生长期，影响出塘规格和鱼产量。因此，在放养鱼种时，必须掌握好适当的时机。

具体放养时间，要根据当地的气温和水温而定，当水温稳定在18 ℃以上就可以放养。只要水温适合，在时间上总是以提早放养为好，提早放养也就是提早了奥尼罗非鱼的开食，延长了它的生长期，提高了商品鱼产量。

#### 3. 放养密度

放养密度要根据池塘条件，肥料饲料来源，放养的鱼种规格大小和时间，要求出池的规格，以及不同养殖方式和管理水平等多方面来考虑。

### （三）养殖方式

池塘养殖奥尼罗非鱼，可以单养，也可以混养，都能获得高产，但以混养效果更好。

#### 1. 单养

单养就是在一个池塘中只单独放养奥尼罗非鱼的养殖。池塘单养奥尼罗非鱼比较容易，方法也简单。凡是靠近牛棚、猪舍、厕所、生活污水等肥料来源容易，水质很肥的池塘都可以进行单养。因为这些池塘较浅，有机质多，不适宜养殖家鱼，而奥尼罗非鱼喜欢肥水，对水中溶氧要求也不高，所以很适宜养殖奥尼罗非鱼。养殖措施，可采取一次放养，分次捕捞，捕大留小的办法。

单养密度，一般水深1~1.5 m的池塘，每亩放养早繁鱼种3 000~4 000尾或越冬鱼种2 500尾左右，饲养5个多月，每尾可达250 g，一般亩产400~500 kg，高的可到700 kg以上。

单养奥尼罗非鱼成本低，花劳力少，饲养管理简单，是发展农村副业的一个有效途径，但养殖水面利用率不高，所以生产上大多采用混养方式。

2. 混养

在池塘养殖中，奥尼罗非鱼和家鱼同池混养，可以提高饲料、肥料的利用率，改善水质，并能发挥与其他鱼类之间的互利作用，从而达到促进生长、提高产量。混养有两种方式。

以奥尼罗非鱼为主，混养家鱼。一般城镇附近的池塘和农村的村边塘，有大量生活污水或人畜粪水经常不断地流入，塘水很肥，有机质丰富，这样的池塘适宜于以饲养奥尼罗非鱼为主，混养部分家鱼。放养密度，一般每亩放养奥尼罗非鱼早繁鱼种2 000～2 500尾，或越冬鱼种1 500～2 000尾。其他鱼：鲢（250 g/尾）250尾，鳙（250 g/尾）30～40尾，草鱼（500 g/尾）50尾，鲤鱼（13 cm/尾）10尾。亩产塘鱼达600～800 kg，其中奥尼罗非鱼占70%～80%。

以家鱼为主，混养奥尼罗非鱼。一般指水质较肥的池塘，在不降低主养鱼类放养密度情况下，放养一定数量的奥尼罗非鱼。放养数量随各地养殖方法而不同。在亩产750 kg的高产鱼池中，每亩混养奥尼罗非鱼越冬鱼种400～600尾，或混养早繁鱼种800～1 200尾，一般亩产奥尼罗非鱼可达150 kg以上。

**（四）饲养管理**

奥尼罗非鱼是杂食性鱼类，喜欢吃浮游生物、有机碎屑和人工饲料，因此在饲养管理上主要是施肥和投饵。

1. 施肥

饲养奥尼罗非鱼不论是单养或混养，均要求水质肥沃。肥水中浮游生物丰富，而施肥则是培养浮游生物供奥尼罗非鱼摄食，同时肥料的沉底残渣又可直接作为奥尼罗非鱼的食料。因此，在保证不致浮头死鱼的情况下，要经常施肥，保持水质肥沃，透明度在25～30 cm为好。

肥料仍用各种发酵的粪肥和绿肥，一般施肥量为每周每亩施粪肥200～300 kg或绿肥300 kg左右。施肥要掌握少而勤的原则。施肥的次数和多少，要根据水温、天气、水色来确定。水温较低，施肥量可多些，次数少些；水温较高，施肥量要少，次数多些。阴雨、闷热、雷雨时，少施或不施，天晴适当多施。水色为油绿色或茶褐色，可以少施或不施肥；水色清淡的要多施。

2. 投饵

池塘施肥培育天然饵料还不能满足奥尼罗非鱼的生长需要，还必须投喂足够的人工饵料才能获得高产。

一般每天9:00，14:00各投喂饵料1次，饵料要新鲜，霉烂变质的饵料不能喂。豆饼、米糠等要浸泡后再喂。饵料要投放在固定的食场内。每天投饵量要根据鱼的吃食情况、水温、天气和水质而掌握。一般每次投饵后在1～2小时内吃完，可适当多喂，如不能按时吃完，应少喂或停喂。晴天，水温高可适当多喂；阴雨天或水温低，少喂；天气闷热或雷阵雨前后应停止投喂。一般肥水可正常投喂，水质淡要多喂，水肥色浓要少喂。

### 3. 日常管理

每天早、晚要巡塘，观察鱼的吃食情况和水质变化，以便决定投饵和施肥的数量。发现池鱼浮头严重，要及时加注新水或增氧改善水质。

## 二、稻田养殖

奥尼罗非鱼可以消灭田中杂草和浮游生物，不仅节省了中耕除草劳力，还能消灭孑孓等幼虫。危害人、畜的奥尼罗非鱼在稻田中来回游动，能翻动表土，使土壤疏松透气，有利于有机质的分解。同时，奥尼罗非鱼的粪便，为水稻提供了肥源，使稻谷增产。养了奥尼罗非鱼的稻田，一般每亩能增产稻谷10%以上。养殖商品鱼每亩产量一般可达20~30 kg，多的可超过50 kg以上。

### （一）条件与设施

一般说来，能种水稻的田都能养奥尼罗非鱼。但为了使鱼长得快、产量高，应选择水源充足，进、排水方便，不受旱涝、洪水影响，保水力强，阳光充足，水质和土壤酸性不过高，土壤肥沃的稻田来养奥尼罗非鱼。

养鱼稻田一般将田埂加高到40 cm，宽30 cm，并夯打坚实，以防大雨时田埂溢水逃鱼，同时可防止黄鳝、泥鳅、鼠类等钻洞，造成漏水逃鱼。为了在水稻浅灌、晒田、施化肥、施农药或遇到干旱缺水时，奥尼罗非鱼有比较安全的躲避场所，必须开挖鱼沟和鱼溜。

鱼沟和鱼溜可在插秧后开挖。鱼沟的开法，要看田块的形状、面积大小和排水口的方向而定。小田开"田"字形，长而大的田可开"井"形鱼沟，沟的宽和深以30~40 cm为宜。鱼溜可开在鱼沟的交叉处或田的四角，与鱼沟相通。鱼溜一般1 m左右见方，深0.8~1 m。开挖鱼沟、鱼溜时，将秧苗移植到沟、溜的两旁，以不妨碍鱼的进出。沿田埂周围的鱼沟，在靠田埂留下一行秧棵之内开挖，以便在预留的一行秧棵间加插秧苗，密植成篱笆状，既可为鱼遮阴，又弥补了挖鱼沟时占用的面积，还可防止溢水时鱼外逃。

开挖进、排水口和设置拦鱼设备。进、排水口的地点应选择在稻田相对两角的田埂上，这样，无论进水或排水，都可以使整个稻田的水顺利流转。在进、排水口要设置拦鱼设备，避免奥尼罗非鱼逃逸。拦鱼设备可用木头制成木框，木框上敷设铁丝网或聚乙烯网片，网眼的大小要随鱼体的大小而变动，以防逃鱼。拦鱼设备安装高度，要求高出田埂30~50 cm，下部插入泥中，要牢固结实，没有漏洞。

### （二）鱼种放养

适时放养，合理密养对于保证稻鱼双丰收是至关重要的。稻田养奥尼罗非鱼放养时间，如是当年杂交繁殖的鱼种，应力争早放，一般在插秧后7~10天，秧苗返青扎根后即可放养。放养隔年较大规格的越冬鱼种不宜过早，在插秧后20天左右放养。放养过早鱼要吃秧，过迟对鱼、稻生长不利。放养时，将鱼种投入鱼溜里，使鱼种由此经鱼沟慢慢游到稻田里觅食，以便熟悉鱼沟、鱼溜。放养数量，由于各地放养鱼种规格不一，栽种水稻技术和施肥种类、数量等各有差异，放养量也有所不同。一般每亩放养4~6 cm的鱼种300~400尾。也有的以放养奥尼罗非鱼为主，搭养少量草鱼、鲢鱼。

### （三）日常管理

稻田养奥尼罗非鱼成败的关键在于日常管理，因此，必须做好以下几项工作。

1. 保持一定水深

鱼种放养初期，因鱼体较小，田水宜浅，有6~7 cm深即可，以后随着鱼不断生长，逐渐加深到15 cm左右。总之，在整个稻田养奥尼罗非鱼期间，要始终保持既不影响水稻生长，又适合养鱼的水位。

2. 要经常检查田埂，发现有漏洞和崩塌应立即堵塞和修补

做好防洪、排涝和防逃工作。随时注意观察天气，遇有大雨或暴雨时，要检查进、排水口及拦鱼设备是否完好，如有堵塞和损坏，要及时疏通和修补，防止漫水和逃鱼。

3. 做好清除敌害工作

如发现养鱼稻田中有水鸟、水蛇、黄鳝、田鼠等，应及时除灭，注水时防止从进水口进入野杂鱼。鱼放养后，要严禁鸭子下田。

4. 正确使用化肥和农药

养鱼田施化肥最好作基肥，如作追肥，应掌握少量、多次。施用农药要选择高效低毒、残留期短的农药、对鱼毒性较小的农药，在喷洒前要适量加深田水，以稀释落入水中农药的浓度。对鱼毒性大的农药使用时，应先将田水排干，使鱼进入鱼溜，待药性消失后，再灌水让鱼进入田内。施农药尽量喷洒在稻叶上，以免农药落水毒死鱼。

### （四）收鱼

一般在水稻收割前几天先疏通鱼沟，然后慢慢放水，让鱼自动进入鱼溜里，用抄网将鱼捞起，最后顺着鱼沟检查一遍，捞起遗留在鱼沟或田间的鱼。晚稻田养殖的奥尼罗非鱼，收鱼不能太晚。一般在稻田水温15~18℃时就要收鱼，否则就会冻死，很难起捕。

## 三、网箱养殖

网箱养殖奥尼罗非鱼具有密放、精养、高产、灵活、简便等优点。奥尼罗非鱼很适合网箱养殖，它能适应网箱的高密度生活，耐低溶氧，抗病力强，还能摄食网箱壁上的附着藻类，可以起到"清箱"作用。

### （一）网箱设置水域的选择

（1）要背风向阳，水面宽阔，水质肥沃，浮游生物多的湖汊、库湾或10亩以上的池塘。

（2）有一定的微流水更好，水的流速以每秒0.05~0.2 m为宜。水深在3~4 m，底质平坦，网箱底部离水底0.5 m以上。

（3）要选择离岸不远，没有有毒废水污染的水域。

### （二）网箱的结构与设置

1. 网箱的结构

一般网箱是由箱体、框架、浮子、沉子等四部分组成。箱体是网箱的主要组成部分，它是由网线编结成网片，缝制成长方形或正方形的箱体。面积一般为20~60 m²，深1.5~2 m。制作箱体的网片，网目的大小要根据所放鱼种规格来确定，奥尼罗非鱼成

鱼网箱的网目可选为1.5～3.0 cm（鱼种进箱规格平均为6～11 cm）。箱体四周固定在用木料或毛竹扎成的框架上，使箱体在水中撑开、成形。框架上再加上泡沫塑料浮子，增加浮力。沉子绑在箱底四周，保持正常的箱体形状。

2. 网箱的设置

网箱的设置主要有浮动式和固定式两种。各地应根据当地具体条件，因地制宜地选用。敞口浮动式网箱要在框架四周加上防逃鱼的拦网；敞口固定式网箱，箱体的水上部分应高出水面0.5 m以上，以防逃鱼。

网箱的排列不宜过密，在水面较开阔的水域，网箱的排列可采用"品"字形、梅花形或"人"字形，网箱之间距离保持5 m以上。

**（三）鱼种放养**

1. 鱼种的准备

网箱养殖奥尼罗非鱼所需的鱼种数量较大，可以利用温泉水或热电厂排出的冷却水，培育大批量的大规格鱼种；可利用当年早繁鱼苗强化培育，迅速育成6 cm以上的鱼种。鱼种进箱前最好要经过2～3次捆箱锻炼，以适应密集网箱环境，并采取药物浸洗消毒，以预防疾病，可用2%～4%的食盐水浸洗5分钟或用20 mg/L的高锰酸钾溶液，在水温20 ℃左右浸洗15～30分钟。然后过筛、过数，按规格分箱放养。

2. 放养时间

奥尼罗非鱼适宜的生长水温为20～35 ℃。长江流域一般在4月底5月初水温已达20 ℃以上，即可放养。各地放养时间要根据当地气温、水温而定。在适宜的生长水温期内，应争取早进箱，以延长其生长期，提高商品鱼规格和产量。

3. 放养规格

鱼种进箱规格要根据要求养成商品鱼的规格、当地的生长期及期内的平均水温而定。如果要求养成的规格大，而生长期短，平均水温又低，则鱼种规格就要大；反之，鱼种规格可小一些。一般奥尼罗非鱼放养的鱼种规格不能小于6 cm，因为鱼种过小，网目就要小，也就影响箱内外水体交换，不利于鱼的生长。放同一个网箱的鱼种规格要尽量整齐，一次放足。

4. 放养密度

由于水体环境条件的差异、饲养管理技术的高低、网箱的形状和面积大小不同等，对放养密度很难有一个统一标准。水质肥度一般的水域，每立方米有效水体可放养8～10 cm的越冬鱼种40～80尾，在网箱里经5—6个月饲养，每尾可达250 g以上。水质肥沃的，还可适当增加放养量。若以奥尼罗非鱼为主混养其他鱼类，则其他鱼类比例为5%～10%。

**（四）饲养管理**

1. 投饵

奥尼罗非鱼在网箱微流水的环境下，食欲较静水中旺盛。单靠网箱水域中的天然饵料是不能满足生长需要的，在饲养管理中主要是投喂人工饵料。

鱼种进箱后1～2天就能适应网箱生活，即可开始投喂饵料。饵料一般是按营养要求加工成颗粒状进行投喂。投饵要尽量做到少量多次。每天投饵2～4次，日投饵量一般按鱼体重的3%～10%范围内作适当变动。要根据天气、水温、水质和鱼的摄食情况等，灵活掌握投饵量。饵料一定要新鲜。

2. 日常管理

主要是防逃。要经常检查（至少每周一次）网箱底部及四周网衣有无破损，缝合处是否牢固，并及时维修，敞口网箱要加盖网，防止水鸟危害。农田灌溉水位下降和汛期水位猛涨时要及时调整网箱的位置，防止搁浅或淹没。台风前后要检查网箱各部分的牢固性。每隔5～7天洗刷网箱一次，清除附着物，以防堵塞网眼。

### 四、工厂化流水养殖

目前奥尼罗非鱼也是流水高密度养殖最主要的对象之一。利用工厂余热或地下温泉进行温流水养殖罗非鱼，可以全年繁殖苗种，进行流水培育仔稚鱼，做到全年生产成鱼。奥尼罗非鱼的工厂化流水养殖基本技术与网箱养殖基本相同，但应注意做好以下几个方面的工作。

第一，成鱼养殖池面积一般以30～50 m²为好，但水源必须能自流。建一个50 m²的流水池，水深以1 m计，每小时水流量必须达到100 m²，才足以获得较高产量。

第二，温流水的温度必须在适温范围内（一般20～35 ℃），最好在28 ℃左右。

第三，放养密度主要根据流量而定。流量大，溶氧高，可多放。池中载鱼量以能维持池水溶氧量在3 mg/L以上为宜。

第四，罗非鱼群体生长迅速，大小分化明显，不能采用一次放足，一养到底的方法饲养，应进行分级饲养。根据生长及池水中溶氧状况，15～30天调整一次放养密度与规格，以便使罗非鱼达到最好的生长状况和充分利用水池的容纳量。

第五，流水养殖罗非鱼的关键技术是投喂营养全面的配合饲料。饲料中的蛋白质含量以30%为宜，成鱼养殖阶段的日投喂量一般为池中鱼体重量的2.5%～3%。每日投喂5～6次。

# 第五节　病害防治技术

## 一、病毒性疾病

### （一）罗非鱼湖病毒病

1. 症状和病因

RNA病毒，正粘病毒科，病毒粒子为具包膜二十面体结构，大小为55～75 nm。主要症状包括皮肤充血和溃疡、鳍糜烂、眼部异常、晶状体混浊、腹部肿胀、食欲不振、行动迟缓。其他病变伴随鳃盖内缘、软脑膜、脾脏、肝脏、肾脏出血。组织学病变主要发生在脑、眼和肝脏。不同地理株的组织病变有所差异，以色列毒株的病理变化主要在中枢神经系统，而南美洲毒株主要发生在肝脏。

2. 防治方法

（1）建立TiLV的检测标准，强化对TiLV的诊断能力，开展主动监测。

（2）加强进出境检疫，使用SPF罗非鱼苗种，并加强活的罗非鱼的流动监管。

（3）对罗非鱼养殖场实行生物安保管理措施，有效防控导致病原引入的各类风险点。

（4）根据该病毒对乙醚和氯仿敏感，可以采用相应治疗措施。

## 二、细菌性真菌性疾病

### （一）爱德华氏菌病

1. 症状和病因

由迟钝爱德华氏菌感染引起。病鱼体色发黑，腹部膨大，肛门发红，眼球突出或混沌发白，此外，有的病鱼体表可见有膨胀发炎的患部。尾鳍、臀鳍的尖端和背鳍的后端坏死发白。解剖观察，有腹水，生殖腺特别是卵巢有出血症状，肠管内有水样物储积或肠壁充血。肝、肾、脾、鳔等内脏，特别是肝脏有白色小结节样的病灶，并发出腐臭味。症状因病例不同有很大差异，有急性和慢性型之分。

2. 防治方法

（1）放养密度合理，池塘需清理消毒，经常换注新水。

（2）发病时用聚维酮碘等消毒剂全池泼洒消毒，同时内服大蒜素等抗菌药物。

### （二）链球菌病

1. 症状和病因

病原均为无乳链球菌。患病鱼逐渐失去平衡，有的甚至在水中翻滚，有的侧身做圆圈运动；病情严重时，临死前病鱼于水面打转或间隙性窜游；体表具点状或溃疡，鳍条基部点状出血，下颚及两鳃盖下缘有弥漫性出血，肝脏、胆囊、脾脏肿大、出血，严重时糜烂；肠道内有积水或黄色黏液，肛门突出；眼球充血、肿大、突出，严重的眼角膜混浊发白，甚至眼球脱落。

2. 防治方法

（1）做好池塘底泥和池水处理，保持良好水质。

（2）投放优质苗种，科学投喂。

（3）加强增氧和水质调控。

（4）发病时，要立即停喂饲料或少喂饲料，尽量加深水位，降低水温，连续3天全池泼洒二氧化氯等消毒剂消毒，拌料内服氟苯尼考、多西环素、磺胺甲噁唑和磺胺间甲氧嘧啶等药物中的一种或两种，同时混合护肝胆的药物和免疫增强剂，注意休药期。

### （三）肠炎病

1. 症状和病因

水质恶化，溶解氧低、氨氮高，饲料变质，吃食量过大且不均匀，造成鱼体抵抗力下降，经口感染。水温18 ℃以上流行，常与烂鳃病并发。病鱼体色发黑，浮游于水面，离群独游，食欲减退，以致不吃食，急性感染鱼呈痉挛状，吻端或全身有轻微出血。病鱼腹部膨大，肛门红肿，轻压腹部有黄色黏液流出。解剖肠道内有黄色黏液，无食物或很少，肠壁充血，严重时呈红色，腹腔内积水。

2. 防治方法

改善养殖水体环境，投喂不变质的营养均衡饲料。

### （四）细菌性烂鳃病

1. 症状和病因

由柱状屈挠杆菌感染所致。病鱼体色发黑，尤以头部为甚，游动缓慢，对外界刺激反应迟钝，呼吸困难，食欲减退而浮游于水面，鳃丝肿胀，鳃上黏液增多，污物多，呈淡黄色，亦有局部淤血呈紫红色，有菌斑，鳃丝腐烂，一般不到缺损时就死亡，镜检无大量寄生虫或真菌寄生。

2. 防治方法

避免过密养殖，加强饲养管理，及时排污换水。使用聚维酮碘等全池泼洒。

## 三、寄生虫性疾病

### （一）小瓜虫病

1. 症状和病因

由多子小瓜虫侵入鱼体皮肤、鳃部而引起。被感染的奥尼罗非鱼体表和鳃部有许多白色小点状囊泡。严重时病鱼的体表、鳃部黏液增多，鳃丝成暗红色，鱼体消瘦，病鱼游动缓慢，浮于水面，呼吸困难，陆续有死亡。在水温20 ℃左右时，2~3天可遍及全池，大量死亡。

2. 防治方法

（1）越冬前用生石灰彻底消毒越冬池。每立方米水用0.2 kg，化水后全池泼洒。

（2）辣椒粉和生姜，每立方米水体用0.8~1.2 g和1.5~2.5 g，加水煮沸30分钟，连渣带汁全池泼洒，1天1次，连用3~4天。

（3）瓜虫净，每立方米水体0.37~0.75 g全池泼洒1次；或青蒿末，每千克体重0.3~0.4 g拌饲投喂，1天1次，连用5~7天；或孢虫净（青蒿末）或驱灵，每千克饲料8 g或20~25 g，连用3~5天。

（4）用1%~2%食盐水浸洗病鱼15~20分钟。

### （二）斜管虫病

1. 症状和病因

由斜管虫侵入鱼体皮肤和鳃部引起。病鱼分泌大量黏液，皮肤和鳃部的表面呈苍白色。严重时病鱼消瘦发黑，漂游水面，呼吸困难，不久即死亡。

2. 防治方法

（1）用生石灰彻底消毒越冬池或用0.7 mg/L硫酸铜泼洒全池消毒。

（2）鱼进越冬池时，用8 mg/L的硫酸铜溶液，浸洗15~30分钟。

（3）发病后，用硫酸铜和硫酸亚铁合剂泼洒全池。用硫酸铜0.5 mg/L，硫酸亚铁0.2 mg/L。

（4）用2%食盐水浸洗病鱼15~20分钟。

### （三）车轮虫病

**1. 症状和病因**

由车轮虫大量寄生于鱼的皮肤和鳃部而引起。病鱼的头部和口的周围呈灰白色，体表和鳃部黏液增多，大量感染时，病鱼食欲减退，呼吸困难，离群独游，游动缓慢，如不及时治疗，可造成大批死亡。用显微镜检查，在病鱼体表和鳃上可见到大量车轮虫，像车轮状滚动。

**2. 防治方法**

（1）越冬时，用生石灰彻底消毒越冬池。

（2）用硫酸铜和硫酸亚铁合剂全池泼洒，用硫酸铜0.5 mg/L和硫酸亚铁0.2 mg/L，可杀灭鱼体表和鳃上的车轮虫。

（3）用0.5 mg/L的45%代森铵乳剂全池泼洒。

# 第六节　加工食用方法

## 一、清蒸罗非鱼

### （一）食材

新鲜罗非鱼1条、姜、蒜、香菜适量，酱油、生抽、料酒、蒸鱼豉油。

### （二）做法步骤

（1）罗非鱼处理干净，在鱼身两面划几刀，在鱼身及腹内撒抹食盐和料酒，腌制0.5小时。

（2）将腌制好的鱼放入鱼盘中，在鱼身和腹内放上姜片和蒜末，淋撒少许酱油，放上香菜段。

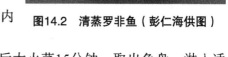

图14.2　清蒸罗非鱼（彭仁海供图）

（3）烧开蒸锅水，将鱼连盘一起放入，加盖后大火蒸15分钟，取出鱼盘，淋入适量生抽和蒸鱼豉油即可。

## 二、红烧罗非鱼

### （一）食材

新鲜罗非鱼1条、酱油、醋、自制高汤。

### （二）做法步骤

（1）红烧鱼的刀法是竖切，鱼呈块状。先在油锅内煎一下，油适量不必太多。

（2）然后向锅内给高汤（鸡骨汤或者猪排骨汤）调味，接着放入酱油。

图14.3　红烧罗非鱼（图来源于网络
https://image.baidu.com/search/detail?
ct=503316480&z=0&ipn=d&word=红烧
罗非鱼照片&step_word）

（3）等锅内水温升上来时，加入少量醋（醋非常重要，必不可少。不仅起到软化鱼骨的作用，还有去腥的功效）。烧的时间一般为5分钟左右。

（4）烧好后，锅内高汤已浓缩的只剩部分汁，颜色呈深红色，因为有炖的过程，所以红烧鱼比较入味，味浓。

## 三、水煮罗非鱼

### （一）食材

新鲜罗非鱼1条、黄豆芽、葱、红椒、麻辣鱼调料1包、姜片、蒜片、干辣椒段、花椒粒。

### （二）做法步骤

（1）鱼洗净对剖两片备用。

（2）葱洗净切2寸段，红椒斜切片，黄豆芽去根洗净备用。

（3）砂锅放植物油烧热，下姜片蒜片，干辣椒段，花椒粒炒香，再把水煮鱼调料倒入一起翻炒几下，出香味。

图14.4　水煮罗非鱼（图来源于网络https://image.baidu.com/search/detail?ct=503316480&z=0&ipn=d&word=水煮罗非鱼照片&step_word）

（4）加适量清水煮开成汤底。

（5）把汤底转入不锈钢大盆里继续煮（为了方便直接上桌），加入黄豆芽煮开，加入适量盐，鸡粉调味。

（6）把剖成两片的鱼放入接着煮。

（7）煮至鱼熟，把葱段，红椒丝放在面上即可上桌。

## 四、香烤罗非鱼

### （一）食材

新鲜罗非鱼1条、洋葱、姜丝、老抽、生抽、白糖、白胡椒、绍酒、盐、迷迭香碎。

### （二）做法步骤

（1）罗非鱼刮鳞、去内脏，腮，洗净。用刀子在上面斜着割几刀，帮助入味。

（2）将罗非鱼放在盆内，放入老抽少许，生抽、盐、白糖、白胡椒粉、洋葱、姜丝、迷迭香碎，腌渍20分钟左右。

图14.5　香烤罗非鱼（图来源于网络https://image.baidu.com/search/detail?ct=503316480&z=0&ipn=d&word=香烤罗非鱼照片&hs）

（3）烤盘铺上锡纸，将腌渍的鱼放在上面，将腌料码在鱼身上，淋上少许料汁。烤箱预热220 ℃，进烤箱烤，根据鱼的大小，而定具体时间。中型罗非，25分钟左右即可。中间看汤汁没有了，就取出来淋上，反复添加，保持鱼肉的湿润。

### 五、香煎罗非鱼

**（一）食材**

罗非鱼1条（500 g）、姜少许、盐适量、料酒适量。

**（二）做法步骤**

（1）新鲜罗非鱼，姜块，青葱。洗净罗非鱼，用料酒和食盐擦干鱼身，腌制15分钟左右。

（2）热油锅，把鱼放下去，大火煎35秒，然后改中小火，用中小火煎3分钟，盖上盖子，中途无需动锅。

（3）把葱和姜块放进去炸香，用中火适当煎2～3分钟，待鱼完全熟透，即可出锅。

图14.6　香煎罗非鱼（图来源于网络https://image.baidu.com/search/detail?ct=50331 6480&z=0&ipn=d&word=香煎罗非鱼照片&step_word）

# 第七节　养殖实例

## 一、池塘主养

茂名农林科技职业学院的陈昆平等在茂南三高良种繁殖基地进行罗非鱼池塘高密度高产养殖试验，并推广养殖技术，取得了较好的成效。

**（一）池塘条件**

1. 池塘

池塘场址所在水土无污染，注排水方便，交通便利和供电稳定。单口池塘面积3～10亩，水深3～4 m。水源充足，能随时加注新水以保证水量和调节水质。池塘土质保水力强，以壤土为好，黏土次之。

2. 基础设施、设备

选用功率为1.5～2.5 kW的叶轮式增氧机，每亩池塘增氧机数量不少于1台，每个池塘还可配1～2台水车式增氧机。在池塘底部的最低处修建集污口，用PVC管道连接插管井，使其形成1个连通器，可通过水压将污物自然排出。在池岸相对中间部位背风向阳处建设投饵台和放置1～2台自动投料机。配备生物显微镜、水质分析仪、电子秤、解剖工具、冰箱、抽水泵等基础性仪器。

3. 清塘消毒

池塘使用前将塘水排干，移除塘底大的石块、树根等杂质，清除池塘野杂鱼和清理过多的淤泥，使淤泥厚度小于20 cm，晒塘5～10天，让塘底暴晒至龟裂、发白。随后用生石灰干法清塘消毒，用量为80～120 kg/亩。

4. 培水

清塘完成后，用60目筛绢网过滤进水，初次水深根据季节和气温灵活调整，一般春季0.5~0.8 m、夏季0.8~1 m。投放鱼种前5~7天，使用氨基酸类的肥水膏进行肥水，每亩鱼塘使用1 kg的肥水膏兑水稀释后全塘泼洒。施肥2~3天，逐渐将鱼塘水加深至1.5~2 m，水色转为茶色或嫩绿色后即可投苗。

**（二）鱼种放养**

罗非鱼苗种选择品种纯正、雄性率高、规格整齐（5 cm/尾左右，其重量个体差异在10%以内）、体质健壮、活动力强、无伤病、无药物残留的吉富罗非鱼品种，且来源于有水产种苗生产许可证的正规良种场。一般池塘养殖罗非鱼投放鱼苗密度为2 500~4 000尾/亩，而高密度高产模式地放苗密度为8 000~10 000尾/亩，同时每亩投放30~50尾鳙鱼（12~15 cm/尾）净化水质。鱼种放养时池塘水温保持18 ℃以上，晴天8:00—10:00在池塘背风向阳处放苗。放苗3天后开始逐步加水，每7~10天加注新水1次，每次注水20~30 cm，直至水位达到3~4 m时保持水位。养殖一段时间后，若鱼塘出现繁殖的鱼苗时，可通过亩放100~200尾鲇鱼或乌鳢（5~7 g/尾）控制繁殖鱼苗数量。

**（三）饲养管理**

1. 饲料投喂

罗非鱼饲料投喂遵循"四定"原则。天气正常时每天投喂3次，分别于8:00、13:00和17:00准时投喂。饲料可选用罗非鱼专用配合饲料，粗蛋白质水平为28%~32%。罗非鱼放苗2~3天即可投喂罗非鱼膨化饲料0号料，日投喂量为鱼总重的4%~6%，并随着鱼的生长，根据鱼口径调整饲料粒径，逐渐降低日投喂量对鱼总重的占比。鱼体长至100 g/尾后，饲料粒径调整为2~3 mm，日投喂量为鱼总重的2%~4%；长至300 g/尾后，饲料粒径调整为3~4 mm，日投喂量为鱼总重的1%~2%。投喂饲料时遵循"快—慢—快"和"少—多—少"的原则在自动投料机设置低频率投喂（间隔时间10~15秒）和高频率投喂（间隔时间6~8秒），根据鱼群上浮抢食强度控制出料量，使每次投喂时间控制在40~60分钟。在罗非鱼生长快速期，由于投喂总量大，可适当延长投喂时间。养殖期间，要根据罗非鱼生长、摄食和天气等实际情况及时调整投喂量。例如遇到高温、连绵阴雨、雷雨等恶劣天气时，会导致鱼塘溶氧下降、水色浓稠、鱼活动异常等情况，要减少投喂或不投喂，以免浪费饲料，污染水体，影响罗非鱼生长。

2. 水质调控

不定期对鱼塘水质进行监测，要求溶氧在4 mg/L以上、透明度30~40 cm、氨氮浓度小于0.2 mg/L、亚硝酸盐浓度小于0.05 mg/L、pH值在7.0~8.5。增氧机的合理使用对保证池塘溶氧至关重要，要求每亩至少有1台叶轮式增氧机，并根据天气、水质和鱼体生长等情况来决定是否长期开机；鱼体长至300 g/尾后，正常天气也要保持1/3以上的增氧机长期开机。养殖期间，鱼塘每15天左右加注新水1次，每次注换水20~30 cm，高温季节或鱼生长旺季可适当增加注换水次数，一般每7~10天就要注换水1次。每10~15天使用含有益生菌的微生物制剂改底调水，可有效分解水中有机物，抑制病原菌生长繁殖。高温季节，池塘容易发生水质恶化、倒藻、鱼病暴发和缺氧浮头，每15~20天使用300 g/（亩·m）10%~20%过硫酸氢钾复合盐片剂均匀泼洒，或使用15~25 kg/（亩·m）生石灰兑水全池泼洒，解毒后隔天再用微生物制剂进行培菌、爽水。

### 3. 鱼病防治

鱼苗入塘前，应对鱼体进行消毒，可用2%～3%食盐溶液浸浴鱼体5～10分钟，或30 mg/L聚维酮碘（1%有效碘）浸浴5分钟，待全部鱼入塘后，可用0.3 mg/L次氯酸钠全塘消毒。高温季节链球菌病发病频率高，可在饲料中按每千克鱼体重每日拌入0.47 g大蒜素，连续投喂6天，或在饲料中添加保肝健肠的动保产品（含氨基酸、维生素、中草药、乳酸菌等成分）来提高鱼的抵抗力和促进营养的吸收利用；死鱼应及时捞出进行无害化处理；病鱼池使用过的渔具要浸洗消毒，病鱼池水未经消毒不应随意排放。

### 4. 日常管理

每天巡视池塘，观察水色、水温变化以及罗非鱼的活动情况，防止缺氧浮头，及时清除病鱼。安排专人专管，详细记录养殖各项数据，建立饲养档案。

### （四）效益分析

在适宜的养殖条件下经过5～6个月，高密度高产模式的罗非鱼成鱼规格可达到500～600 g/尾，存活率在85%以上，平均亩产为5 000 kg左右，饵料系数为1.2～1.3。高密度高产模式的主要投入增加项为鱼塘设施设备和电费支出，但相应在塘租、药物、调水和人工管理上却节约了成本。近年来，茂名罗非鱼塘头收购价格在8～12元/kg，因此，除去饲料、人工、电费等成本，高密度高产模式生产1 kg罗非鱼约有2元的纯利润，均利润为10 000元/亩左右。

## 二、网箱养殖

西丰县水利局的柴智勇等2016—2018年连续3年在宝兴水库进行了网箱养殖罗非鱼生产性试验，旨在探索辽北高寒山区能否养殖罗非鱼及网箱养殖高产技术，取得较好效果。

### （一）试验条件与方法

#### 1. 试验条件

试验在辽宁省铁岭市西丰县宝兴水库进行，试验时间2016—2018年共3年。宝兴水库常年养殖水面500亩，平均水深8 m，最大水深12 m，水质清新，溶氧8 mg/L，pH值7～8，无污染；水库平均降水量465.5 mm，多集中在7—8月，雨热同季，适合养殖罗非鱼；养殖期间水库水温在23～27 ℃，总积温达308.4 ℃·天，鱼类在夏秋季能健康快速生长。养殖期间水库水温测定情况如图14.7所示。

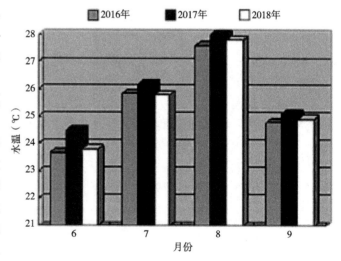

**图14.7 养殖期间水库水温的测定**

#### 2. 试验方法

一是网箱设置，试验网箱5 m×5 m×2 m，网目2 cm，封闭式六面体双层网箱，盖网单层，选择水面宽阔、阳光充足、溶氧丰富、水质清新的地方设置。

二是鱼种投放，每年6月中旬左右水温稳定在18 ℃左右时从大伙房水库养殖场购进罗非鱼种进行投放，投放量为4.5～6 kg/m³，平均规格65～95 g鱼种入箱前采用高锰酸钾20 mg/L浓度浸洗15～20分钟消毒。

三是饲养管理，鱼种入箱后第2天即可进行驯食，使鱼种形成集团上浮水面，激烈抢食的条件反射习惯；饲养期间投喂全价颗粒饲料，日饵率1%～5%，每日投喂4～6次；平时注意预防鱼病，每15天投喂抗菌药物药饵1次，漂白粉网箱四周挂带消毒；每天观测水温、记录鱼类抢食及活动情况，注意防逃、防盗。

### （二）试验结果

**1. 罗非鱼生长测定结果及投饲情况**

饲养期间定期对网箱进行抽样测定，检查鱼生长情况并适时调整日饵率。生长测定结果及投饲情况见图14.8和表14.1。

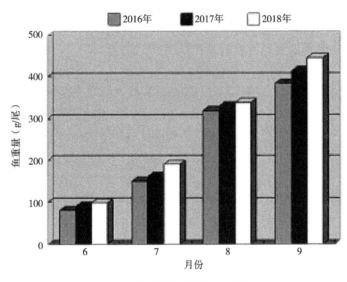

图14.8 养殖期间网箱鱼生长情况

表14.1 饲养期间投饲情况 单位：kg

| 年份 | 6月 | 7月 | 8月 | 9月 | 合计 |
|---|---|---|---|---|---|
| 2016年 | 411.9 | 1 616.0 | 2 128.7 | 503.4 | 4 660.0 |
| 2017年 | 302.7 | 1 377.9 | 2 169.3 | 288.3 | 4 138.2 |
| 2018年 | 417.7 | 1 454.0 | 1 570.3 | 591.1 | 4 033.1 |
| 平均月分配率 | 8.82 | 34.68 | 45.73 | 10.77 | 100.00 |

**2. 网箱鱼产量**

2016年、2017年、2018年3年分别设置2个、3个、3个网箱，其网箱生产情况见表14.2。

表14.2　网箱养殖罗非鱼生产情况

| 年份 | 箱数（只） | 体积（m³） | 鱼种（kg） | 放养量（kg/m³） | 投饲（kg） | 饲养天数（d） | 鱼产量（kg） | 增数净倍 | 饲料系数 |
|---|---|---|---|---|---|---|---|---|---|
| 2016年 | 2 | 100 | 600 | 6.0 | 4 660 | 100 | 3 260 | 4.4 | 1.75 |
| 2017年 | 3 | 150 | 800 | 5.3 | 4 138.2 | 100 | 3 928.8 | 3.9 | 1.32 |
| 2018年 | 3 | 150 | 680 | 4.5 | 4 033.1 | 100 | 3 778.5 | 4.6 | 1.3 |

### （三）结果分析与讨论

1. 水温与网箱养殖罗非鱼

从图14.7及试验结果可知，7—8月水库水温平均达26 ℃、27.8 ℃，积温分别为78 ℃·天、834 ℃·天，罗非鱼摄食旺盛，生长速度快，平均尾日增重2.5 g/尾、5.52 g/尾。生产试验证实，在辽北高寒山区7—8月雨季，罗非鱼能快速生长，90～100天能养成商品鱼，是北方地区季节性网箱养殖优良品种；特别是进行网箱养殖罗非鱼可避免像池塘养殖情况下由于罗非鱼繁殖影响其生长速度的现象。

2. 经济效益

三年生产试验显示，辽北地区不但能够季节性网箱养殖罗非鱼，而且经济效益显著，生长期短，资金周转快，网箱养殖罗非鱼利润率3年分别为37%、51.1%、73.5%。饲料系数低即1.3～1.75，净增倍数较高，3个月时间净增3.9～4.6倍。

## 三、工厂化养殖

梁拥军等在国家罗非鱼产业技术体系北京综合试验站昌平示范区通过工厂化循环水养殖大规格罗非鱼种或暂养罗非鱼，提高了品质，获得了较高利润。

### （一）养殖车间

养鱼车间呈长方形，单跨或多跨，跨距一般9～15 m，砖混墙体，墙体高度2～2.5 m，并设置窗户用于夏季通风。屋顶为钢架结构，横断面呈"人"字形或拱形。顶面多采用彩钢板，用阳光板设采光透明带。屋顶能抗风防压。

### （二）养殖池

工厂化循环水养殖，理想的养殖池应该是圆形设计，但由于占地面积过大的原因，在经济上不合算，目前比较实用的方案是八角形设计，既考虑了空间利用率，又顾及到了水循环效率。鱼池多为混凝土或砖混结构。养殖池面积一般设计在35～50 m²，面积过大，水循环效果难以保证，面积过小投资效率差。养殖池深度在1.4 m以内较适宜，便于操作。为增强循环效果，养殖池底均采用圆锥形设计，坡度3%～10%。鱼池中央设置排水口，其上安装多孔排水管，利用池外溢流管控制水位高度。进水管2～4个，沿池周贴边进水，使池水沿一个方向流动而旋转，利用池水旋转的向心力将饲料残渣、粪便等污物集中到中央排水管排出，污水通过排水管流向水处理系统。

### （三）水处理系统

目前，较为实用的是物理过滤和生物过滤。物理过滤悬浮物，如残饵和粪便，另一部分是采用毛刷等滤材过滤较小悬浮物。生物过滤采用沸石、生物球或其他形状塑料滤材，通过添加菌种或自然生成菌种等方式在滤材表面生成生物膜，处理水体中溶解的氨氮、亚硝酸盐、硫化氢等有害物质。

### （四）消毒装置

养殖用水过滤后可能还含有细菌、病毒等致病微生物，因此要进行消毒处理。常用消毒装置有紫外线消毒器和臭氧发生器。紫外线消毒器常用悬挂式或浸没式紫外灯，利用紫外线以杀灭细菌、病毒或原生动物。臭氧发生器消毒具有化学反应快、投量少、水中无持久性残余、不造成二次污染等优点，也是目前常用的消毒方法，需要注意的是臭氧对养殖动物本身也有毒性，因此臭氧处理过的水须放置几分钟或经过活性炭吸附后方可使用。

### （五）供氧设施

工厂化循环水养殖一般采用鼓风机增氧或直接用纯氧。利用鼓风机增氧初期投资少，但运行成本较高，还受制于供电状况，采用鼓风机增氧必须配备发电机，因为工厂化养殖不能中断供氧。直接用纯氧初期投资高，而运行成本较低，养殖户可根据实际情况进行选择。工厂化养殖罗非鱼，水体溶解氧需保持在3 mg/L以上，养殖池和生物处理池均需供应充足氧气。

### （六）鱼种放养

放养鱼种的规格最好在5 cm以上，这样过滤网不易堵塞，鱼种也具有较强的游泳能力，适应水循环产生的水流。放养密度根据水处理能力与养殖池的体积确定，一般以产出成鱼25 ~ 60 kg/m³为宜。

### （七）投饵管理

如有条件，最好设置触碰式投饵机，根据养殖鱼的数量投放适量饵料，避免人为因素导致饵料供应量不当。

### （八）规格控制

罗非鱼工厂化养殖，控制鱼种规格差距十分重要。一般每20天左右进行1次分选，以避免小规格鱼种因抢食能力差而延误生长，影响养殖效率。

## 参考文献

柴智勇，2022.辽北高寒山区水库网箱养殖罗非鱼的试验[J].江西水产科技（2）：26-27.

陈昆平，李柳冰，李瑞伟，等，2022.罗非鱼池塘高密度高产养殖技术[J].科学养鱼（10）：26-27.

仇潜如，张中英，吴福煌，等，1979.尼罗罗非鱼的生物学及其饲养[J].淡水渔业（12）：11-14.

董晶晶，高培宇，2013.夏奥1号奥利亚罗非鱼的繁殖[J].河北渔业（9）：54-55.

广东省高州县鱼苗场，湛江水产专科学校高州小分队，1976.罗非鱼的生物学特性及系统解剖-Ⅰ[J].淡水渔业（1）：27-31.

广东省高州县鱼苗场，湛江水产专科学校高州小分队，1976.罗非鱼的生物学特性及系统解剖-Ⅱ[J]. 淡水渔业（2）：19-26，18.

黄德文，2022. 罗非鱼池塘养殖技术要点分析[J]. 农业技术与装备（11）：137-138.

贾永义，2005. 奥利亚罗非鱼（♀）×鳜（♂）杂交的受精生物学及染色体核型的研究[J]. 南京：南京农业大学.

焦飞，时春明，阿达可白克·可尔江，等，2020. 新疆地区罗非鱼池塘套养欧鲇试验[J]. 科学养鱼，2：14-15.

李华，陈子桂，何金钊，等，2018. 罗非鱼稻田养殖试验[J]. 农村经济与科技，29（5）：99-100.

梁前才，2021. 一例维氏气单胞菌引起罗非鱼病的诊治[J]. 科学养鱼（9）：56-67.

梁拥军，苏建通，张欣，等，2011. 罗非鱼工厂化养殖技术[J]. 科学种养（11）：37.

刘孝华，2007. 罗非鱼的生物学特性及养殖技术[J]. 湖北农业科学（1）：115-116.

罗明坤，2016. 尼罗罗非鱼♀×萨罗罗非鱼♂人工杂交卵子、精子相关的生物学特性研究[J]. 上海：上海海洋大学.

吕春双，2013. 罗非鱼的人工繁殖技术研究[J]. 中国农业信息（11）：144.

吕迅，张国强，邹东鹰，等，2002. 罗非鱼工厂化养殖技术与疾病防治[J]. 中国水产（1）：82-83.

马之瑞，严欣，陈丽婷，等，2023. 池塘循环流水养殖系统优化构建与罗非鱼高效生态养殖试验[J]. 科学养鱼（5）：22-24.

农光财，赵贵琳，赵思林，等，2020. 不同密度罗非鱼网箱养殖试验[J]. 水产养殖，41（8）：43，45.

王国栋，2022. 罗非鱼池塘养殖技术[J]. 农业工程技术，42（26）：82-83.

王茂元，2015. 吉奥罗非鱼苗种繁殖技术[J]. 渔业致富指南（5）：35-36.

王文彬，2018. 稻田养殖罗非鱼增收技术要点[J]. 渔业致富指南（19）：38-40.

徐梦雪，2020. 池塘工业化系统养殖罗非鱼试验总结[J]. 科学养鱼（9）：16-17.

许合盛，张宁，高平，等，2022. 罗非鱼生态健康养殖研究进展[J]. 当代水产，47（6）：72-73.

许莉鹃，2023. 罗非鱼池塘绿色生态养殖技术[J]. 养殖与饲料，22（5）：56-58.

杨弘，2006. 罗非鱼繁殖及养殖技术（一）[J]. 科学养鱼（1）：16-17.

杨弘，2006. 罗非鱼繁殖及养殖技术（二）[J]. 科学养鱼（2）：16-17.

杨弘，2006. 罗非鱼繁殖及养殖技术（三）[J]. 科学养鱼（3）：16-17，85.

杨弘，2006. 罗非鱼繁殖及养殖技术（四）[J]. 科学养鱼（4）：16-17.

杨永铨，张海明，陈远生，2013. WY♀-YY♂型罗非鱼繁殖体系研究[J]. 淡水渔业，43（1）：89-93.

杨永铨，张海明，梁宏伟，等，2013. 尼罗罗非鱼超雄鱼的生物学研究[J]. 淡水渔业，43（1）：94-96.

杨永铨，张中英，林克宏，等，1979. 莫桑比克罗非鱼YY型超雄鱼的生物学研究——1. 关于YY型超雄鱼的鉴别与存活力问题[J]. 淡水渔业（Z1）：3-6.

阴晴朗，2022. 罗非鱼池塘工程化循环流水养殖研究[D]. 上海：上海海洋大学.

张瑜霏，张宇雷，2022. 工厂化养殖红罗非鱼摄食耗氧规律[J]. 渔业现代化，49（3）：10-15.

张志敏，李庆勇，梁浩亮，等，2015. 不同亲本组合罗非鱼的繁殖性能及其子代雄性率的研究[J]. 中国农学通报，31（8）：64-70.

赵何勇，袁宗伟，黄彩林，等，2023. 红罗非鱼陆基圆池养殖技术[J]. 渔业致富指南（5）：52-53.

赵连军，代红梅，2021. 罗非鱼海水驯化及海上网箱养殖技术[J]. 河北渔业（11）：21-23.

钟东，宁广南，钟权，2022. 池塘主养罗非鱼套养斑点叉尾鮰试验[J]. 广西畜牧兽医，38（6）：279-280.

周亚，薛小腧，杨家贵，2020. 重庆三峡库区稻田罗非鱼养殖要点[J]. 海洋与渔业（10）：72-73.

# 第十五章
# 翘嘴红鲌

## 第一节　生物学特征

翘嘴红鲌（*Erythroculter ilishaeformis*），又名白鱼、太湖"三白"白鱼、白水鱼，为太湖名产"三白"之首，我国传统的优质淡水鱼。翘嘴红鲌主要栖息在水面开阔的江湖中，以上层的小型鱼类为食。太湖及长江中下游地区的湖泊天然饵料丰富，因而所产白鱼味道更好。该鱼生活于水体的上、中层，野生翘嘴红鲌以肉食性为主。最近几年的实践证明，翘嘴红鲌也可以食人工配合饲料，因此近几年养殖规模不断扩大，成为一个新兴的养殖品种。

### 一、形态特征

体被较小圆鳞。侧线稍下弯，后部伸延于尾柄中央。口上位，下颌坚厚而向上翘，体长而侧扁，体背及体侧上部呈灰色，腹部银白色。无须，鳃孔大，鳃盖膜不与峡部相连，鳃耙细长，密列。

**图15.1　翘嘴红鲌（彭仁海供图）**

下咽齿顶端略弯曲，鳃耙细长，鳔3室，中室圆大；从腹鳍基部至肛门间有腹棱，背鳍硬刺粗大，背鳍Ⅲ-7，臀鳍Ⅲ-25～27，胸鳍Ⅰ-13～14，腹鳍Ⅰ-8。侧线鳞59～62（上鳞数：11～12，下鳞数：5-Ⅴ），背鳍前鳞53，围尾柄鳞17～18。鳃耙25～29。

体延长，侧扁，背部隆起，腹浅弧形，在腹鳍鳍基部处凹入，腹面自胸鳍基部至肛门具有一肉棱，尾柄较短，尾柄长为尾柄高0.8～1.1倍。体长为体高的3.4～4.1倍，为头长的3.6～4.3倍。头中大，背面略平坦。头长为吻长的3.1～3.7倍，为眼径的3.3～4.2倍，为眼间隔的3.9～4.9倍。眼中大，上侧位，位于头的前半部。眼径为眼间隔的1～1.3倍。眼间隔略宽平。鼻孔每侧2个，上侧位，近于眼前缘。下咽骨狭长。下咽齿和端钩状。

### 二、生活习性

翘嘴红鲌是在湖泊、水库和外荡等大水体中生活的鱼类。成鱼一般在敞水区水体中上层活动，游动迅速，凶猛，善跳跃；幼鱼成群生活在水流较缓慢的浅水区域。摄食频率高，在严寒的冬季及生殖期间都照常摄食。

## 三、食性

主要以鱼类为食，食物选择性很强，多为中上层小型鱼类，如鲚、鲻、似鲚等其他鱼类，昆虫、枝角类、桡足类，吞食水生植物机会极大。随着个体的长大，食性会发生显著的变化，小个体主要以藻类，水生昆虫等为食，体长24 cm以上者，以鱼类为主要饵料，人工条件下经过驯化能摄食鱼糜、冰鲜鱼虾和人工配合饲料。

## 四、年龄与生长

翘嘴红鲌生长迅速，体型较大，最大可长至10~15 kg，常见个体0.5~1.5 kg。一般情况下，翘嘴红鲌的体长以第一年最快，第二年次之。从第三年开始，体长的年增长逐步下降，体重的年增重率也逐步下降。在人工养殖条件下，经过8~10个月的饲养，7 cm左右的种苗70%能长成0.5 kg上的商品鱼。1、2龄鱼处于生长旺盛期，3龄以上进入生长缓慢期。雌鱼性成熟后，生长速度无明显下降，雌鱼比雄鱼生长快。

## 五、繁殖特性

翘嘴红鲌具有明显的溯河产卵习性。自然条件下，长江中下游地区的翘嘴红鲌每年5月下旬，逐渐进入性成熟阶段，6月中旬至7月中旬（农历芒种后10天至小暑后10天）为生殖盛期，8月上旬结束。雄鱼2冬龄性成熟，雌鱼3冬龄成熟。雌鱼怀卵量为15万~20万粒/kg。

亲鱼大多集中在水草繁茂的敞水区，或沿岸泄水区产卵。卵具黏性，卵粒大，卵径0.7~1.3 mm。产出后便附着在水草上发育，在马来眼子菜、聚草的茎、叶和菱的根须上，黏附的卵尤多。产卵时亲鱼甚活跃，常跃出水面，击水之声可闻。在生殖季节雄鱼头部、背部和胸鳍的鳍条上均分布有细小、白色的珠星，尤以头部为多。

# 第二节　人工繁殖技术

## 一、亲鱼池条件

要求水源充沛，水质清新无污染，进排水方便，面积在1~3亩，水深1.5 m左右。若亲鱼池过大，容易因拉网次数过多而造成鱼体损伤，并且影响亲鱼吃食而致营养消退，从而影响产卵。亲鱼培育池最好选在产卵池旁边，以便于操作和减少亲鱼死亡。

## 二、亲鱼收集和培育

每年冬季，当水温在10 ℃左右时，从外河或湖泊等自然水域中收集体重在1 000 g以上、年龄在3龄以上的成鱼作为亲鱼。由于该鱼离水后易死亡，所以捕捞和运输操作均须小心，最好带水操作，用篓子或橡胶袋充氧运输，也可用活水船装运。如是在池塘中暂养的亲鱼，需经拉网锻炼2~3次再装运。也可在人工饲养的商品鱼中挑选，但必须避免近亲繁殖。放养前用5%左右的盐水进行消毒处理，然后放入池塘中培育，亩放200 kg左右。饲料主要投放小规格的鲜活鱼，投饲量要足，确保亲鱼能吃饱，并且每隔3～5天补投一次。或者用新鲜杂鱼切成小块后投喂。在繁殖前经常冲水增氧，有利于性腺发育成熟。

### 三、雌雄鉴别及亲鱼选择

每年6月至7月上旬，水温升至26 ℃时便可进行人工繁殖。性腺发育成熟的亲鱼，雄鱼的头部、胸鳍、背部等处出现灰白色珠星，手感粗糙，轻压后腹部生殖孔内会有精液流出，体重在0.8 kg以上。雌鱼的体表光滑，腹部膨大柔软，卵巢轮廓明显，体重在1 kg以上。性成熟雄鱼的副性征明显，头部及体表出现"追星"，手摸有粗糙感觉，轻压下腹部有乳白色精液流出。雌雄比为1∶1～1.5∶1。

### 四、催产、孵化

产卵池和孵化池可以分开，也可以是同一个池子。如采用同一池子的，则选择圆形环道结构形式，直径在3～4 m，底部有多个与环道平行的纵向出水孔，中心上半部设置60目筛绢的出水过滤网，池深1 m左右。水源要求水质较清新。每年6月上旬，当水温达到26～28 ℃时可进行催产。每批每池放亲鱼6～10组，水的流速控制在0.1 m/秒左右，并挂少量棕片或聚氯乙烯网条等作产卵巢。亲鱼放入产卵池后，池子上面必须罩好网片，以防止亲鱼跳出，造成不必要的伤亡。催产药物为LHRH-A2、DOM和HCG混合物，雌鱼的剂量为每千克LHRH-A210 μg，DOM5 mg，HCG1 000～1 500国际单位；雄鱼的剂量减半，每尾注射2 mL，在胸鳍基部注射，效应时间8～10小时。

采卵方法有两种，一是人工催情，让其自行产卵；二是人工催情人工授精。如让亲鱼自行产卵的，只要将注射催产剂后的亲鱼放入产卵池即可，产卵结束后将亲鱼全部捕起，体质好的留养，差的处理掉。鱼卵在原池中进行流水孵化。如人工授精的，在亲鱼开始发情并形成高峰时把雌雄亲鱼分别捕起，擦干鱼体上的水，然后将卵和精液一起挤入干的面盆中，并用硬鸡毛或手指不断搅拌，使其充分受精。数分钟后把受精卵慢慢地倒入已准备好泥浆或滑石粉的水中脱黏，继续搅拌，至鱼卵不结块为止。再经数分钟，把脱黏的卵放在清水中洗净，然后将其倒入孵化桶中进行流水孵化。如无孵化桶的，可将其直接倒入大面盆或大桶的清水中，一人倒卵，另一人放入棕片等产卵巢，使受精卵黏附在上面，最后将产卵巢放入流水环道或其他孵化池中进行孵化。孵化池中鱼苗的密度应控制在50万～80万尾/m³。一般孵化30小时可出膜。刚孵出的仔鱼长约4 mm，鱼体透明细小，卵黄囊较大，活动能力弱；2日龄仔鱼长约5 mm，鱼体呈半透明状，眼点明显，活动能力增强，从摆游向平游过渡；3日龄仔鱼长约6 mm，卵黄囊消失，腰点形成，体色逐渐变深，开始平游，消化器官发育基本完成，可开口摄食，此时开始投喂少量蛋黄等饵料，并适时移至鱼苗池进行苗种培育。

# 第三节　苗种培育技术

## 一、鱼苗来源

将翘嘴红鲌的野生鱼种在池塘培育2年，成为可催产的成熟亲鱼，每年7月是繁殖旺季，经人工催产、受精、卵孵化而获得。

## 二、培育池塘

夏花鱼种培育试验的池塘是普通的养鱼池塘，面积为3亩左右，水深1.0~1.5 m。试验池塘在放养翘嘴红鲌鱼苗前一周，均按常规方法用生石灰清塘消毒，培育试验的池塘水质，透明度20~50 cm。

## 三、水源

外荡水，水质清新，溶氧丰富，无污染。培育池进水用70目的筛绢袋过滤处理。

## 四、鱼苗放养

夏花鱼种培育试验池塘的鱼苗放养，均在受精卵孵化出膜后的第3天，即3日龄鱼苗进行放养。夏花鱼种培育池塘，其放养密度在10万~15万尾/亩。冬片鱼种培育池塘，其放养夏花密度在1.5万尾/亩。

## 五、饲养管理

夏花鱼种培育饲料主要有黄豆浆及鱼粉、蚕蛹粉、豆粕粉、四号粉等粉状饲料，后期鱼种培育以配合饲料为好。采用"肥水"下塘方式，适时加注新水，池塘水位随培育时间的增加、鱼体的生长而逐渐增加。夏花鱼种培育基肥—豆浆—粉状饲料。后期鱼种培育可以配合饲料，以补充天然饵料之不足，每日投喂3次，直至夏花鱼种出塘。期间采用培育管理方法，同家鱼夏花鱼种的培育管理方法一致，每日巡塘，观察和记录天气、水质、鱼的吃食活动及生长情况等。夏花、鱼种出塘前，需经2~3次拉网锻炼。

# 第四节　成鱼养殖技术

## 一、池塘养殖

翘嘴红鲌是生活在水体中上层，耗氧率较高，因而生长较快，又因为口上位而向上翘，极擅长吸吞表层含有丰富氧气的水，因而翘嘴红鲌易浮头难泛塘，能高产。

### （一）池塘条件

养殖池塘应选择采光良好，通风，四周无遮蔽物，靠近水源、水质良好的鱼池。

进、排水方便，土质以黑色壤土为好，pH值7～8。鱼池面积5～30亩，水深1.2～2.5 m，池底平坦，淤泥不厚，塘埂坚固不漏水，塘深不低于2.5 m。无敌害生物，水质要求清新，在苗种放养前15天左右，进行池塘清整消毒，用生石灰化成浆状进行全池泼洒消毒，每亩用量为100 kg，主要杀灭潜在的病原体及其他敌害生物。

### （二）种苗放养

养殖翘嘴红鲌应投放大规格的优质鱼种，规格为10～13 cm/尾（60～70尾/500 g）或9～10 cm/尾（80～90尾/500 g），每亩可投放1 000尾。因翘嘴红鲌喜食浮性饲料，每亩可套养花鲴100～200/尾（50～100尾/500 g）、鲫鱼150～300尾（10尾/500 g）。搭配套养鱼种可起到清理食场，吞食沉淀食物，调节和改善水质等作用。鱼苗最好是隔冬投放，最迟不能超过3月底，年前放苗温度较低，可提高鱼种成活率。翘嘴红鲌的最大弱点是鳞片比较松软，操作时稍有不慎，容易松动脱落而伤亡。池水肥爽，浮游动物丰富，池中必须配备增氧机。用活饵饲养鱼苗培育效果最好。

池塘养殖种苗放养规格要求大小均匀，规格在10～15 cm，可以考虑分级分池塘放养，有利提高成活和生长率。

### （三）饵料和投饵技术

饵料可分3种，一种是活饵，要求活饵规格为饲养鱼体的1/5，如麦穗鱼、白链、花链等，苗种阶段也可用鳊鲫鱼苗作为饵料。另一种是冰鲜鱼饵，必须是经过投喂驯化的种苗。最后是浮性配合饲料，为目前养殖首选。正常情况下，人工养殖翘嘴红鲌的全人工配合饲料饵料系数为1.5～2，冰鲜活饵料的饵料系数5～7。经过驯化养殖的翘嘴红鲌一龄鱼种完全可以摄食人工配合饵料，投饵量为鱼净重的2%～9%，并视鱼的摄食情况增减。

科学合理投饵是夺取养殖翘嘴红鲌丰收的主要环节，鱼种入塘后，对新水体有一个适应过程，即有半个月的适应期，过后可投入少量开口料，随后即可进行正常的投饵。饲料应选择适口的浮性饲料，每50 kg吃食鱼每天投饵量为1 500～2 500 g，投喂时间应根据吃食鱼的吃食余缺情况、气候、水质等因素灵活掌握。一般投饵方法：3—5月为每日4次，6:00—18:00，每次间隔3小时；6—7月为每日3次，6:00—18:00，间隔时间灵活掌握；8—9月为每日2次，8:00—17:00，早晚各1次；10—11月为每日2次，8:00—16:00，进行等时距投喂；12月后基本停食。

### （四）养殖管理

主要包括掌握天气状况、水质状况、鱼群活动和生长等情况，应做到心中有数，准确应变。调节水质，经常灌注新水，保持池水清新，透明度保持在25～50 cm，酸碱度中性偏碱为宜。翘嘴红鲌为肉食性凶猛鱼类，在养殖过程中虽然具备同类相残的能力，如果在管理中引起重视，一方面要确保池中有充足的饵料，另一方面又要视饵料摄食多少而调整，成活率还是较高的。另外特别是在夏季高温季节塘四周有一定量水草，注意注换新水，保持水质肥活嫩爽，一般每周注换水1次，换水量为池塘总水量的20%～30%。

池水管理应根据鱼的生长阶段和气温而定，放苗时宜水深1 m，高温天气宜水深1.5 m。因深水与水表温差较大，翘嘴红鲌不适应水表的强光高温，懒于上浮摄食，故要尽量缩小水体上下温差，为吃食鱼提供近距离摄食条件；秋季水深2 m，上下温差接近，有利于吃食鱼上浮自如摄食。

正常情况下，鱼塘不需经常换水，一旦发现剩饵过多或水质老化，可注入新水，排放老水，俗称打跑马水。进、出水口应装有坚固的拦鱼栅，换水量通常为1/2，池水透明度控制在35 cm；如池水肥度不够，可增施水产专用肥料（生物肥料，以有机肥作原料），用量可参照使用说明或池水肥瘦而定。

### （五）注意事项

（1）防止缺氧，需配备增氧机，根据气象预报和鱼类活动、吃食情况，启闭增氧机，确保池水溶氧5 mg/L以上；清除塘边杂物和水中残饵。

（2）翘嘴红鲌对药物十分敏感，用药须慎之又慎，切勿过量、错用。用药后食欲减退1～2天，属正常现象，不必惊慌。

（3）养殖水面不宜少于1亩，面积过小，不利于浮性饲料的漂浮，不利于设置食台，食台大小150～180 cm²为宜。

## 二、网箱养殖

翘嘴红鲌水库网箱养殖与较大水体的放流增殖是今后比较有前途的养殖方式。下面把网箱养殖要点介绍如下。

### （一）场地选择、网箱规格和设置

应选择在向阳背风的深水库湾安置网箱，一方面可以避免网箱在枯水期时搭底，另一方面深水库湾处风浪小，可以减少鱼群的应激反应。库区上游有化肥厂、农药厂、造纸厂等污染源的水域及航道、码头附近的水域均不宜设置网箱。

网箱一般为0.25/3x3的聚乙烯结节网，网目3 cm，网箱规格为长5 m，宽5 m，高3 m，系带箱盖的正方形六面体封闭式网箱。网目大小要根据鱼种大小来决定。根据翘嘴红鲌的体形及目前市场上鱼种大小等因素，网目以0.4 cm的无结网为起始，网目大小根据鱼的生长情况进行调整。网箱规格几平方米至一分箱均可（密封），网箱尽可能深，以大网箱为好。以毛竹等作为浮架，石头砖块等为沉子，箱距7 m左右。

网箱应先用1%的漂白粉溶液浸泡一昼夜，并于鱼种入箱前一星期安装下水，使粗糙的结节网片附生藻类后变得光滑，以防刚入箱的鱼种体表被摩擦而造成损伤。

### （二）鱼种放养

鱼种放养的密度可以20～150尾/m²（10～15 cm），随后根据鱼体生长而分级递减。放养时间最好在11月至翌年3月，鱼种质量主要看鳞片的完整与否。翘嘴红鲌鱼种消毒选择高锰酸钾和食盐为好。

鱼种规格为50 g/尾时，放养密度为30～40尾/m²；鱼种规格在100 g/尾以上时，放养密度为20～30尾/m²。

鱼种消毒采用10 mg/L的高锰酸钾溶液浸浴鱼体5～10分钟，或用3%～5%的食盐溶液浸浴鱼体10～15分钟。具体的浸浴时间应视当时水温和鱼种体质而灵活掌握。翘嘴红鲌为凶猛性鱼类，每箱放养的鱼种规格应基本一致，若鱼种大小不一，则会因抢食能力的强弱差异而导致个体间生长差异更大，从而出现互残现象，影响成活率和产量。

应在鱼种入箱时将个体差异较大的进行分档选别，分箱饲养。

### （三）饲料与投饲

养成阶段采用人工配合饲料效果不理想，应采用鲜活饵料，如淡水小杂鱼虾、冰鲜海水鱼等。水口电站水库库区麦穗鱼、餐条、银飘、虾虎鱼等上层小型野杂鱼资源十分丰富，一般小丝网单船作业，一天采捕量均在25 kg以上，最多可达50 kg。养殖户主要以采捕、收购野杂鱼来解决饲料的来源问题，若一天采捕、收购量过多，可冷藏于冰柜中备用。在小杂鱼虾数量少的情况下，可将小杂鱼虾用搅肉机搅成鱼糜后与人工配合饲料（40%鱼粉、30%豆粕、30%米糠或麦皮）按1∶1比例混合投喂。根据翘嘴红鲌喜欢摄食昆虫的特性，可在网箱区域内安装黑光灯，一般每4～6个网箱安装一盏（8 W），灯旁设置玻璃挡虫板，让蝇、蛾、蚊、虫等撞板后掉入箱内供翘嘴红鲌采食，以增加天然动物性饵料。

投喂方法养殖初期，可将小鱼虾搅成鱼糜后于每天8:00—9:00投喂1次，日投喂量为网箱内鱼体总体重的3%～5%；1个月后，可将饵料鱼剁成适口的小鱼块进行投喂，日投喂2次，日投喂量可增加到网箱内鱼体总体重的5%～8%，具体投喂量尚须根据天气、水温及鱼体摄食情况等灵活掌握。

翘嘴红鲌习惯于水体的中、上层猎取食物，因此，在投喂时，投喂速度要缓慢，使饲料能均匀分布于水面上，以让鱼群及时采食，防止饲料沉底散失，造成浪费。在投喂时可采用泼水或敲击毛竹漂架发出声音的方法来吸引鱼群摄食，经两周时间的驯养，使其形成条件反射，以后每当泼水或敲击毛竹漂架时鱼群即可上浮采食。

### （四）日常管理

翘嘴红鲌最适生长水温为25～28 ℃，水温高于28 ℃时，鱼体食欲下降。为保持适宜的水温，可在网箱内栽种适量的水葫芦等水生植物，但其总覆盖面积应低于网箱面积的30%。

检查网箱有无破损。水库库区野杂鱼类繁多，包括大口鲶、鳡鱼等大型凶猛鱼类，其在饥饿状态时常会冲撞、袭击网箱而造成网箱破损，因此应经常检查，及时修补。养殖期间必须记录鱼的吃食情况、天气变化、水温、每天投饲料次数、投饲量等；每月抽样检查鱼的生长情况和网箱，做好防逃、防病工作。

网箱要及时清洗。翘嘴红鲌对水体中溶解氧的要求高于常规鱼类，所以，网箱要及时冲洗，以防网目堵塞而引起缺氧死鱼。


# 第五节　病害防治技术


## 一、病毒性疾病

### （一）肝胆病
1.症状和病原
原因很多，主要有投入品因素，如饲料营养过多、缺乏或成分失衡、饲料变性或含有毒物质、化学药品滥用等；环境因素如养殖密度过大、水体环境恶化等；生物因素，如细菌、病毒感染等。主要症状是肝胆病以肝胆肿大、变色，鳃丝失血为典型症状。发病初期，肝脏略肿大，轻微贫血，色略淡，胆囊色较暗，略显绿色；发病中后期，肝脏肿大，肝呈黄白或黄红白相间的"花肝"或"绿肝"，肝脏轻触易碎，胆囊肿大，胆汁颜色变墨绿色或黄疸症。由于机体的抗病能力下降，发病严重的常同时伴有出血、烂鳃、肠炎、烂尾等症状。由于大多误诊，用药不对症，死亡率可达50%～90%。

2. 防治方法

（1）改进饲料配方，提高饲料质量，适当增加饲料中维生素和无机盐用量。切实做好预防措施。

（2）投喂新鲜、优质饲料，坚持"四定""四看"投喂方法。

（3）加强水质管理，定期注换水。

（4）定期泼洒药物消毒水体与口服药物，坚持对活饵、饲料台、食场进行消毒。贯彻健康养殖，科学管理，预防为主。一旦发生疾病就要及时准确诊断、精确用药。由于翘嘴红鲌对硫酸铜、高锰酸钾、敌百虫等药物比较敏感，使用量一定要计算准确。建议以定期投喂药饵作为预防手段，在捕捞、放养、养殖、运输中尽量避免鱼体受伤。

## 二、细菌性真菌性疾病

### （一）烂鳃病

1. 症状和病原

病鱼体色变黑变暗，离群漫游于水面、池边或网箱的边缘，对外界的反应迟钝，食欲不振。鳃瓣通常腐烂发白或有带污泥的腐斑，鳃小片坏死、崩溃，为柱状纤维黏细菌感染引起，此病危害很大，严重时造成大量死亡。

2. 防治方法

（1）注意放养密度不宜过大，不喂变质、不洁的饲料，及时清除池内或网箱内残余饲料。注意控制水质，及时换注新水。捕捞和运输操作时要尽可能避免鱼体损伤。网箱周围放置漂白粉挂袋，让鱼体经常消毒。

（2）以每立方米水体用1～1.2 g漂白粉或0.2～0.3 g强氯精或2～4 g五倍子全池泼洒，网箱可加大2～3倍浓度。或用2%～4%的食盐水浸浴鱼体10～30分钟，网箱养殖可同时更换新网箱。

（3）在水体消毒的同时，内服抗菌药物，如土霉素、多西环素，每千克鱼体重用药20～50 mg，或磺胺类药物，每千克鱼体重用药50～100 mg，拌入饲料连喂4～6天。或选用鱼疾宁-2型拌入饲料投喂，每500 kg鱼用药1包，连续5天，效果更好。

（4）0.4 mg/L浓度的二氧化氯，化水全池泼洒。

### （二）水霉病

1. 症状和病因

由水霉菌感染引起。水霉菌初寄生时，肉眼看不出异状，当肉眼能看到时，菌丝已侵入伤口且向内外生长与蔓延扩散，呈灰白色的棉絮状附着物，病鱼游泳失常，焦躁不安，直到肌肉腐烂，失去食欲，瘦弱而死；若鱼卵上布满菌丝，则变成白色绒球状，霉卵成为死卵。严重危害孵化中的鱼卵和鱼体体表带有伤口的苗种和成鱼。此病在水温低时发生，多因拉网、分箱、运输过程中操作不当受伤引起。

2. 防治方法

（1）在拉网和运输过程中，操作要细致，尽可能避免鱼体受伤。操作结束后，可用3%～4%的食盐水浸洗10～15分钟。

（2）大塘中用2 mg/L的高锰酸钾泼洒有一定作用。

（3）2～3 mg/L的亚甲基蓝全池泼洒。

（4）若病情严重可将池水放浅，用3～5 mg/L的治霉灵全池泼洒。

### （三）溃疡病

1. 症状和病因

发病初期，鱼体表常出现1个至多个红色小斑点，随病程发展，斑点扩大形成圆形、椭圆形或不规则的病灶，形似疖疮，充血肿胀，鳞片或鳍条蜕落、肌肉腐烂，严重时露出骨骼。每条病鱼出现的病灶大小数量不等，出现病灶的部位在头部、背部、体侧等不定。病原为嗜水气单胞菌。该病主要危害成鱼，一般每年的9月至翌年的4月较常见。受伤的鱼很容易引发此病，池塘、网箱均可见到。若继以水霉病则引起大批死亡，严重时死亡率可高达80%。

2. 防治方法

（1）在捕捞、运输等操作过程中要尽量避免鱼体受伤。冬春季节也要保持水质清新，水温10 ℃以上时要适当投少量饲料。

（2）鱼下塘或进箱时，要用2%～4%的食盐水或每立方米水体加漂白粉12 g，浸浴5～20分钟。

（3）投喂多西环素、磺胺类药或鱼疾宁-3，投喂方法与用量和烂鳃病相同。同时池塘用每立方米水体1～1.2 g漂白粉或2～4 g五倍子泼洒，网箱用药浓度是池塘的3倍。

（4）注射组织疫苗。取病鱼的肝、脾、肾及无其他污染的病灶组织，以1：10生理盐水捣碎、过滤，恒温60～65 ℃，经2～2.5小时后，取出加入0.2%的甲醛，即成组织疫苗。每尾注射剂量0.2～0.3 mL，保护力可达75%～85%。

### （四）肠炎病

1. 症状和病因

病鱼腹部膨大、肛门红肿，整个腹部至下颌部位呈暗红色，重症病鱼轻压腹部可见淡黄色腹水从肛门流出。剖开腹腔见积有大置腹水，流出的腹水经几分钟后呈"琼脂状"。肠管紫红色，剖开肠管，见肠内充满黏状物，肠内壁上皮细胞坏死蜕落，严重的病鱼整个腹腔内壁充血，肝脏坏死，为点状产气单孢杆菌感染引起。该病全年均可发生，夏天较为严重。发病较急，危害较大。

2. 防治方法

（1）严禁投喂变质或不洁净的饲料。

（2）土霉素拌入饲料投喂，每50 kg鱼用5～10 g，连续投喂4～5天，或每50 kg鱼用诺氟沙星5～10 g拌入饲料投喂，效果较好。

（3）全池泼洒0.5 mg/L的二溴海因，隔日再用0.3 mg/L浓度泼洒一次。

### 三、寄生虫性疾病

#### （一）鱼波豆虫病

1. 症状和病因

寄生于鳃部和体表。被寄生部位由于分泌过多的黏液而形成一层灰白或带有蓝色的膜。有时会出现细菌的继发性感染。病原为鱼波豆虫，全年均可发生此病，但在水温较低时危害较大。

2. 防治方法

15~25 mg/L福尔马林或用0.7 mg/L硫酸铜与硫酸亚铁（5∶2）全池泼洒。

#### （二）车轮虫病

1. 症状和病因

少量寄生时，没有明显症状，严重感染时，鱼苗、鱼种游动缓慢，不吃食，在浅水处游动，呈"跑马"症状，镜检可见鳃丝肿胀充血，体表、鳃上均比较脏，可见大量车轮虫。病鱼不吃食，离群漫游于池边或水面，鱼体消瘦发黑。鳃部常呈现暗红色和分泌大量黏液，鳃丝边缘发白腐烂。病原为车轮虫和小车轮虫。此病主要危害5 cm以下的种苗。流行期为4—6月。严重时可造成死亡。

2. 防治方法

（1）控制水质，不要太肥，放养密度不要过大。

（2）按每立方米水体0.7 g的硫酸铜、硫酸亚铁（5∶2）合剂全池遍洒。

（3）用3%~4%的食盐水浸浴5分钟左右。

（4）每立方米水体用30 g福尔马林溶液，全池泼洒。

（5）每立方米水体用苦楝树枝叶50 g煮水，全池泼洒。

（6）第一天用浓度为10 mg/L生石灰水调节水质，提高pH值；第二天上午用高聚碘以0.3 mg/L全池泼洒2天；第四天换水后用车轮净（按说明剂量）全池泼洒。

#### （三）锚头鳋病

1. 症状和病因

病鱼烦躁不安，食欲不振。体表着生有针状的锚头鳋，着生部位周围组织发炎红肿，出现红色斑块，继而组织坏死，为水霉和细菌的入侵创造条件。病原为锚头鳋。此病全年均可发生，以春、夏、秋季危害严重，各种规格的加州鲈均可发生，个体较大的一般死亡率不高，但鱼较瘦，外观难看，失去商品价值。

2. 防治方法

（1）用生石灰带水清塘，杀灭锚头鳋幼虫和成虫。苗种放养前用3%~4%的食盐水浸浴5分钟或每立方米水体用15~20 g高锰酸钾浸浴0.5~1小时。

（2）每立方米水体用马尾松叶25 g捣汁全池遍洒。

（3）用90%晶体敌百虫全池泼洒，使池水浓度为0.3~0.4 mg/L，疗效显著。

#### （四）小瓜虫病

1. 症状和病因

由多子小瓜虫寄生引起。在体表肉眼可见小白点，严重时体表似覆盖一层白色薄膜；主要寄生在鱼类皮肤、鳍、鳃、头、口腔及眼等部位，虫体大量寄生时，病灶部位组织增生，分泌大量黏液，形成一层白色基膜覆盖病灶表面，鳃上肉眼可见粒状小白点，故又称白点病。

2. 防治方法

放养密度不宜过大，日常加强营养，提高鱼体抵抗力。每15天定期用生石灰泼洒或强氯精挂袋，以保证水质良好。采用0.1 mg/L的拜特辛敌磷+拜特超铜治疗较为有效。0.1 mg/L拜特辛敌磷+拜特超铜全池泼洒，也有效果。

# 第六节　加工食用方法

## 一、清蒸翘嘴红鲌

### （一）食材

翘嘴红鲌1条、生菜叶适量、姜适量、葱适量、胡椒粉适量、料酒适量、白糖适量、盐适量、蒸鱼豉油适量、味精适量、花椒油适量。

图15.2　清蒸翘嘴红鲌
（彭仁海供图）

### （二）做法步骤

（1）把翘嘴红鲌刮净鳞片，从腹部正中开刀，去除内脏、鱼鳃，清洗干净。

（2）加入适量料酒、胡椒粉、盐、葱段、姜片，把鱼腌渍入味。

（3）由于鱼腹部较薄弱，最好用生菜叶把鱼腹部包裹，用牙签固定。这样可以使鱼背、鱼腹同时蒸熟。放入蒸笼，大火蒸制大约15分钟。

（4）倒除鱼盘内的蒸汽水，用干净的纱布擦净鱼周围盘面。

（5）把蒸鱼豉油、盐、味精、胡椒粉、料酒、花椒油、白糖调成浇汁，浇淋于鱼身表。

（6）提前切好细葱丝、胡萝卜丝、姜丝，覆盖在鱼表面，表面点缀香菜小段即可。

## 二、红烧翘嘴红鲌

### （一）食材

翘嘴红鲌500 g、老抽5 g、辣椒1根、花生油15 g、食盐5 g、姜15 g、料酒15 g、蒜适量、葱适量、醋适量、白糖适量。

### （二）做法步骤

（1）翘嘴鱼洗净，刮去鳞片、剪去两腮、挖除内脏，脊背处淤血一定要清洗干净、控干，鱼鳔洗净。

（2）将翘嘴鱼平放在菜板上，用斜刀法在鱼体上打上花刀，翻过来在另一侧也打上同样花刀，抹上盐和料酒腌制备用。

（3）炒锅（炒勺）烧干烧热，倒入花生油适量，待油热时（冒青烟）将翘嘴鱼放入炒锅（炒勺）中，炸（煎）至呈金黄色时把鱼翻过来继续炸（煎）第二面，至第二面也呈金黄色时捞出沥干油，放入盘中备用，如此将所有的鱼全部炸（煎）至呈金黄色。

图15.3 红烧翘嘴红鲌（图来源于网络https://baijiahao.baidu.com/s?id=1646060307389980343&wfr=spider&for=pc）

（4）炒锅（炒勺）内留下底油或倒入花生油适量，待油热时葱段、姜片、蒜片煸出香味，烹入料酒、老抽、醋倒入清水适量，然后加入适量的白糖、食盐，将炸（煎）好的翘嘴鱼整齐的放入炒锅（炒勺）中，大火烧开后烧制5~10分钟，然后将火关小一些，改用中火烧制（根据鱼体大小掌握时间），20分钟左右后，将炒锅（炒勺）内鱼全部翻动一遍，使鱼能均匀受热并入味。

（5）待烧至30分钟左右后将鱼捞出装入盘中，收汁后将汤汁均匀地浇在已烧好的鱼身上，撒下辣椒丁和葱即可。

## 三、炸翘嘴红鲌鱼块

### （一）食材

翘嘴红鲌3条、油300 mL、盐1勺、生抽1勺、黄酒2勺、淀粉30 g、花椒适量。

### （二）做法步骤

（1）将红鲌洗净切段，加盐、黄酒、花椒腌制入味。

（2）将腌好的红鲌加淀粉调匀，锅内加油烧热，放红鲌段慢火炸七成熟捞出，再急火炸两遍。

（3）将炸好的红鲌捞出，盛入盘中即可。

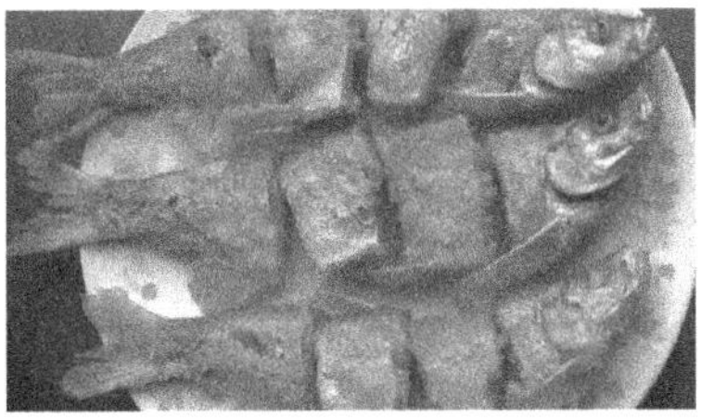

图15.4 炸翘嘴红鲌鱼块（图来源于网络http://mwx.douguo.com/cookbook/1299641.html）

## 四、翘嘴红鲌干鱼

### （一）食材

翘嘴3条、小葱1把、姜片5片、蒜头10瓣、八角2颗、花椒5 g、盐1勺。

### （二）做法步骤

（1）将鱼洗干净，背面开刀顺长片开，除去内脏、腮，用水冲洗干净，控干水分。

（2）腌制时盐度要控制在2%以内，才能既保鲜又保证低盐度，保证人体摄入的盐分不会太高，才是健康的食品。最不科学的是爆盐法腌制！腌鱼的主要原料是盐，辅料是料酒、葱、姜、花椒等。

图15.5 翘嘴红鲌干鱼（图来源于网络http://app.10yan.com.cn/cjyun/district/xsq/show_ys.html?id=813181）

（3）在通风好的条件下避开阳光直射快速风干（阴干）让鱼迅速脱水，鱼肉蛋白质才能很好地保存，而且蛋白质更富集浓缩了，几乎没有损失，同时鱼的脂肪也不会发生酯化，不失鱼的新鲜和鱼肉的口感。风干3~4天即可，然后冷冻保存。

### 五、烧风干翘嘴红鲌

#### （一）食材

风干翘嘴鱼1条、姜片适量、料酒适量、葱3根、红干辣椒2个、料酒适量、醋适量、油适量、大蒜瓣适量。

#### （二）做法步骤

（1）把风干翘嘴鱼洗净剁块，用冷水浸泡3小时左右。

（2）浸泡后洗净滤干水待用。

（3）辣椒切段，蒜瓣可切可不切。

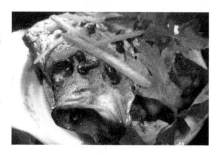

图15.6　烧风干翘嘴红鲌（图来源于网络https://jingyan.baidu.com/article/8275fc86aa385346a03cf6cd.html）

（4）起锅开火倒入植物油，把鱼放进锅里大火煎会儿，鱼表面微黄后改中火，加入大蒜和辣椒继续翻炒两下关火。

（5）另起一个蒸锅，锅里放清水开火，放入一个三脚架用来放碗，把炒好的鱼放入碗里，放适量生抽，豆豉均匀放在鱼肉上面，保持大火蒸12分钟左右关火。

（6）开盖取出来，香菜和葱切段，葱和香菜放在鱼肉上面即可。

# 第七节　养殖实例

## 一、池塘主养

南昌市农业科学院的严保华等2010年开展池塘主养翘嘴红鲌成鱼试验，取得了成活率96%，每亩产翘嘴红鲌481 kg，每亩收益4 680元，投入产出比为1∶1.65的好效果。

### （一）材料与方法

**1. 池塘条件**

试验池塘为长方形，采光及通风条件良好，四周无遮蔽。池塘面积2 400 m²，池深2.0 m，塘埂坚固不漏水，四周有水泥板护坡，有独立的进水、排水系统，并配备1台3 kW叶轮式增氧机和1台投饲机。

试验池塘选择在水库附近，水能从水库水渠直接流入池塘，排灌极为便利。水质符合《无公害食品——淡水养殖用水水质》（NY 5051—2001）的要求。

**2. 放养前的准备**

一是清塘消毒，鱼种放养前20天，用生石灰100 kg/亩干法清塘消毒，均匀泼洒，杀灭池塘中有害生物和病原生物，清除野杂鱼。清塘后暴晒4~5天，注水100 cm。二是培肥水质，鱼种放养前7天，池塘内施入经发酵的有机肥200 kg/亩，以培育水体中的饵料生物。

### 3. 鱼种放养

一是放养时间，翘嘴红鲌性暴躁，易跳跃，鳞片疏松，难以运输，容易受伤。因此，鱼种放养时间选择在冬季，水温10 ℃以下。本试验选择2010年1月7日投放大规格翘嘴红鲌鱼种入塘。二是鱼种来源，翘嘴红鲌鱼种来自南昌市农科院向塘水产良种基地人工繁殖并培养的大规格鱼种，规格大小一致，体表光滑，体质健壮，已人工驯化投喂配合饲料。三是放养模式，池塘主养翘嘴红鲌，搭配少量滤食性鱼类。四是鱼种消毒，为预防鱼病发生，提高放养成活率，鱼种下塘前，用3%食盐溶液浸泡10分钟。具体放养情况见表15.1。

表15.1　放养情况

| 品种 | 规格 | 数量（尾） | 放养密度（尾/亩） |
| --- | --- | --- | --- |
| 翘嘴红鲌 | 76.9 g/尾 | 4 000 | 1 100 |
| 鲢 | 6.0 cm | 250 | 70 |
| 鳙 | 6.0 cm | 70 | 20 |

### 4. 养殖管理

一是饲料投喂，翘嘴红鲌在苗种阶段已成功驯化投喂配合饲料，本次试验不采用投喂活饵料鱼或冰鲜鱼的养殖方式，养殖全过程均投喂浮性膨化颗粒料，使用江西丙申饲料发展有限公司的斑点叉尾鮰配合饲料，饲料粗蛋白质≥32%，粗灰分≤14%，粗纤维≤9%，总磷≥0.8%，赖氨酸≥1.8%，钙占0.4%～2.0%。投饲率根据季节和水温变化灵活掌握，3—4月水温低，饲料投喂量占鲌鱼体重1.5%～2.0%，日投喂2次；5—11月，饲料投喂量占鲌鱼体重的3%～6%，日投喂2～3次。投喂原则做到定时、定点、定量、定质，同时根据天气、水体溶解氧和鲌鱼摄食情况灵活把握，以投喂的饲料1小时内摄食完为止。二是水质管理，翘嘴红鲌不耐低氧，池塘水中溶解氧发生变化，要及时开动增氧机增氧。晴天中午开、阴天清晨开、连续阴雨天半夜开。由于投饵量大，水质易肥，养殖期间要多次加水，勤换水，保持水质清新，透明度30～40 cm，pH值7.2～8.5，溶解氧4 mg/L以上，并且定期使用光合细菌等复合微生物活性制剂来调节水质。7—8月高温季节，一般每周注换水1次，换水量为池塘水体总水量的20%左右。三是病害防治，翘嘴红鲌病害发生较少，但对药物敏感性强，应谨慎用药，采用"预防为主，防治结合"的病害防治方针。首先是池塘彻底清塘消毒；其次是鱼种下塘时用食盐溶液浸泡消毒；再则是保持水质清新，饲料新鲜优质；最后是鱼病高发季节定期用生石灰10 kg/亩化浆全池泼洒。

### （二）试验结果

经过320天养殖，2010年11月28—29日捕捞干塘，试验塘总产2 443 kg，其中翘嘴红鲌1 733 kg，鲢500 kg，鳙210 kg，总产值42 760元，每亩产值为11 877元。具体情况见表15.2。

表15.2　收获情况

| 品种 | 数量（尾） | 成活率（%） | 规格（kg） | 产量（kg） | 单产（kg/亩） | 产值（元） | 每亩产值（元） |
|------|-----------|------------|-----------|-----------|--------------|-----------|----------------|
| 翘嘴红鲌 | 3 850 | 96 | 0.45 | 1 733 | 481 | 34 600 | 9 611 |
| 鲢 | 250 | 100 | 2 | 500 | 139 | 3 000 | 833 |
| 鳙 | 70 | 100 | 3 | 210 | 58 | 2 100 | 583 |

　　养殖试验总计用饲料4 397 kg，饲料系数接近1.8，饲料成本16 700元，翘嘴红鲌苗种费2 000元，鲢鳙苗种费400元，池塘租金1 800元，分摊工人工资2 000元，电费2 000元，药品及其他支出1 000元，生产成本共计25 900元。产值扣除生产成本，利润16 860元，每亩收益为4 680元，投入产出比为1∶1.65。

　　**（三）分析与讨论**

　　（1）野生翘嘴红鲌的天然饵料主要以中上层鱼类为主，难以大规模在池塘养殖。随着翘嘴红鲌养殖技术不断提高，通过驯食可以完全摄食配合饲料。翘嘴红鲌对水体溶解氧要求较高，但同时又一定程度地耐低氧，适合在池塘高密度养殖。由于以上优势，池塘主养翘嘴红鲌成鱼将会成为一种新的名特优养殖模式。本试验取得的经验，对广大养殖户具有借鉴和指导作用。

　　（2）本试验采用粗蛋白质为32%的膨化饲料，饵料系数1.8。本试验饲料粗蛋白质含量偏低，造成饵料系数偏高，起捕规格0.45 kg，刚好达标。应选用专用鲌鱼饲料，粗蛋白质含量为40%以上，以提高鲌鱼起捕规格，既增加产量，又提高商品鱼价格，增加养殖效益。

　　（3）要提高池塘主养翘嘴红鲌成鱼的产量和经济效益，投放大规格鱼种是关键。由于翘嘴红鲌繁殖季节迟（6—7月），按常规的苗种培养方法，冬片规格在7~11 cm，池塘养殖期需要2年，不能当年养成商品鱼。可采取低密度培养鱼苗的方法，培养出15 cm以上的大规格鱼种，满足池塘主养翘嘴红鲌的需求。

　　（4）翘嘴红鲌性情暴躁，善跳跃，拉网起捕会刺激鲌鱼，10天甚至更长一段时间以后都不能恢复正常吃食，对生长有一定影响。池塘主养翘嘴红鲌成鱼，不能采用轮捕轮放、抓大留小的方式，只能采用成鱼一次性拉网干塘，集中销售的模式。

## 二、网箱养殖

　　作者团队在深水水库和具有一定深度且微流水的河道里设置网箱，开展集约化翘嘴红鲌网箱养殖，均取得较好效果，河道网箱养殖翘嘴红鲌文章发表于2013年《科学养鱼》第3期上。

　　**（一）材料和方法**

　　1.河道环境条件

　　淇河是豫北地区一条内陆河流，养殖区域位于河道流水缓冲区，流速0.3 m/秒，水质清新，溶氧丰富，pH值7.2~7.4，水深2.5 m左右。

2. 网箱结构与设置

网箱采用双层5×3股结节聚乙烯网片缝制，网目2.0 cm，网箱规格6 m×6 m×2 m，网箱设置区域为水深2.5 m、阳光充足、无污染、无干扰的流水拐弯处。网箱四边用毛竹作框架，用泡沫塑料和油桶作浮子，砖块作沉子，使网箱在水中能完全伸展开。鱼种放养前2周将网箱下水，使其软化并产生一些附着物，以减轻鱼种入箱时的擦伤。

3. 鱼种放养

2011年3月16日，用我们自己培育的大规格、体质健壮的翘嘴红鲌鱼种入箱，同时搭配少量鳙鲢鱼（鲢：鳙=5：1）。鱼种放养前用3%～5%的食盐水消毒15～20分钟。具体投放情况见表15.3。

表15.3　苗种投放情况

| 鱼种 | 重量（kg） | 数量（尾） | 平均规格（g/尾） | 价格（元/kg） | 费用（元） |
|---|---|---|---|---|---|
| 翘嘴红鲌 | 825 | 5 500 | 150 | 26 | 21 450 |
| 鳙、鲢 | 90 | 180 | 500 | 10 | 900 |

4. 饲养管理

鱼苗入箱第2天开始用适口的鱼种料进行投喂，3天后正常摄食，此时水温较低，每天投喂1次，11:00—12:00，每天投喂量为鱼体重的3%。以后随着水温升高和鱼体的长大，投喂量随之增加。7—9月水温28 ℃左右时，每天投喂4次，分别为8:00—8:30、11:30—12:00，14:30—15:00、17:30—18:00，每天的投喂量为鱼体重的5%～7%。投饲要专人负责，坚持"四定"，并根据天气、水温和鱼的摄食情况灵活掌握投喂量。安排专人进行日常管理，作好管理日志。每周清洗网箱1次，保证网箱水体的正常交换。及时清除废饵残渣和杂草等，保证网箱区域水体干净，水流顺畅。经常检查网箱是否破损，防止逃鱼。坚持以防为主。每半月用"溴氯海因"全箱泼洒消毒1次，方法是用500 g"溴氯海因"溶于水后全箱均匀泼洒，连用3天。此法可使鱼体和周围水域得到消毒，达到防病效果。定期用硫酸铜、硫酸亚铁合剂挂袋消毒。每月投喂药饵1次，每次连续投喂6天。

（二）结果

2011年11月23日停食捕售。收获翘嘴红鲌6 564 kg、平均规格1 200 g/尾，鲢鳙鱼450 kg。总销售收入162 036元，除去苗种费用22 350元、人工费和药费2 400元、饲料费34 434元，获利102 852元，投入产出比1：2.74。

（三）讨论与分析

1. 网箱设置及管理

网箱设置要远离主流水区，选择在流水拐弯处、流速较小区域，用锚等固定，并有一定的活动性。当雨季来临时，要及时清除河面漂浮物质，以免冲积在网箱周围，导致破箱逃鱼，造成损失。

2. 鱼种放养

网箱养殖翘嘴红鲌宜投放较大规格鱼种（150 g以上），因大规格鱼种成活率高、生长速度快、养成出箱规格大、经济效益较高，同时要搭配鲢鳙鱼等，摄食养殖区域的浮游生物，充分利用水体，增加收益。

3. 投喂管理

翘嘴红鲌摄食量比较大，而且每天最后1次的投饲量达全天的40%左右，因为此次翘嘴红鲌吃食比其他几次都好，这可能与翘嘴红鲌摄食习性有关，所以在生产上要充分考虑这一点，掌握好每天投喂量的分配。但也要防止投喂过量，一般八分饱即可。网箱养殖翘嘴红鲌饵料系数高达2.0，分析原因可能是鱼料不适合，翘嘴红鲌是偏动物性食性的鱼类，饲料营养要求高，粗蛋白质含量38%以上为好。翘嘴红鲌易受惊，故在日常饲养和管理中，应尽量避免受到外界惊扰，以减少不必要的伤亡和损失。

4. 鱼病防治

翘嘴红鲌抗病力较强，但是因为每天投喂大量的饲料，因此养殖区域存在诸多微生物，病原菌大量滋生。定期泼洒消毒剂消毒水体，同时要拌药饵，增强鱼体抵抗力。养殖期间防病措施得力，没有发生病害危害。

## 三、围栏养殖

在水库、湖泊或江滩等适宜的区域设置围栏，进行翘嘴红鲌单养或者与虾蟹等混合养殖，都是提升大水面渔业生产力的有效措施。江苏省滆湖渔业管理委员会办公室的杨光明于2011年3月至2012年6月在江苏省滆湖大水体内利用网围（围栏）进行了翘嘴红鲌健康高效养殖试验，取得了较好的效果。

（一）材料与方法

1. 环境条件

试验地点选择在宜兴市和桥镇楝聚村专业渔民周纪昌的30亩网围养殖区内，其中翘嘴红鲌的网围养殖面积为10亩。该水域土质与底泥为黏土，湖底平坦，淤泥层深度约10 cm。水质清新无污染，符合《无公害食品海水养殖用水水质》（NY 5051—2001）要求，透明度大于30 cm，底栖动物丰富，常年水深保持在1.2~1.5 m，风浪平缓，流速小于0.1 m/s。

2. 设施建造

网围结构由聚乙烯有结网片、细绳、毛竹桩、石笼组成。网围高度高出常年水深1.5 m以上，网目为3.0~3.5 cm。具体建造步骤如下：先按设计网围面积用毛竹桩按桩距3~4 m插入泥中，显示出围址与围形。把聚乙烯网片装上、下两道钢绳，且下纲用小石块灌制成直径为15 cm左右的石笼，沿着毛竹桩将装配好的网片依序放入湖中，下纲采用地锚插入泥中，下纲石笼应踩入底泥。网围设施建造关键是因风浪引起的下纲石笼抬空或老鼠咬破网片等引起的养殖鱼类逃逸。必须采用双层网围，外层网目3.5 cm，内层网目3.0 cm，内、外层网之间距离为3 cm，在两层网围之间的四角设置专门用来测试逃鱼的笼梢。翘嘴红鲌的网围养殖池设在整个网围中央，网目为2.2 cm。

3. 网围清塘

鱼种放养前，用地笼网和丝网等方法消灭网围内的敌害鱼类和其他野杂鱼类。

#### 4. 鱼种放养

2011年3月5日，从浙江省湖州购进翘嘴红鲌鱼种1万尾，规格为0.1～0.2 kg/尾。3月8日，搭配放养少量鲢鳙鱼（鲢：鳙为5：1），规格为0.15～0.2 kg/尾。所有鱼种均在下池放养前用3%～5%的食盐水消毒15～20分钟。见表15.4。

表15.4　鱼种放养情况

| 放养鱼种 | 放养时间(年-月-日) | 重量（kg） | 数量（尾） | 平均规格(g/尾) | 密度（尾/亩） |
|---|---|---|---|---|---|
| 翘嘴红鲌 | 2011-3-5 | 1 560.0 | 10 000 | 156 | 1 000 |
| 鲢鱼 | 2011-3-8 | 222.5 | 1 250 | 178 | 125 |
| 鳙鱼 | 2011-3-8 | 52.5 | 250 | 210 | 25 |

#### 5. 日常管理

一是饲料投喂，在翘嘴红鲌养殖池上风处安装自动投饵机一台。翘嘴红鲌鱼种下池3天后开始投喂浮性膨化颗粒饲料。在4月前和10月后每日投喂1次，投喂蛋白质含量40%的饲料，每日中午12:00投喂，日投喂量为鱼体重的2%～3%。4—9月投喂蛋白质含量42%的饲料，每日投喂3次，分别在9:00、13:00和17:00各1次，日投喂量为鱼体重的5%～8%。坚持"四定"投喂原则，并根据鱼体大小选择适口的浮性膨化颗粒饲料。

二是防逃检查，定期检查网围养殖设施，发现问题及时解决。台风季节，更要加固网围养殖设施，严防网围倒塌或下纲石笼抬空导致逃鱼。

三是鱼病防治，网围养殖翘嘴红鲌是在敞开式大水体中进行，故发生鱼病一般较难控制。每月1次用保肝灵、黄芪多糖拌饲内服，增强鱼体免疫力。翘嘴红鲌抗病能力极强，整个养殖过程中未发生病害。

#### （二）试验结果

养殖试验过程中，于2012年春节前后视市场行情开始起捕销售翘嘴红鲌商品鱼，至2012年6月25日全部销售结束。产量与规格：共收获翘嘴红鲌13 439.7 kg，平均亩产1 343.97 kg，平均规格1.37 kg/尾，成活率98.1%。白鲢1 904 kg，成活率95.2%。鳙鱼868 kg，成活率99.2%。经济效益：翘嘴红鲌销售收入403 191元，鲢鳙鱼销售收入18 793.6元，共计收入421 984.6元。翘嘴红鲌鱼种费49 920元，鲢鳙鱼种费1 585元，饲料费178 671元，人工工资15 000元，网围设施折旧费4 500元，鱼药费2 100元，生产船只折旧费2 000元，其他费用2 500元，共计支出256 276元。10亩网围面积共计获纯利165 708.6元，亩均获纯利约16 571元。投入产出比为1：1.65。饵料系数为1.6。

#### （三）讨论与分析

网围养殖翘嘴红鲌宜放养大规格鱼种（150 g以上），成活率高、生长快、养成规格大、经济效益较高。投喂翘嘴红鲌的浮性膨化颗粒饲料价格较贵，网围养殖翘嘴红鲌除放养适量鲢鳙鱼外，决不能放养其他吃食性鱼类跟翘嘴红鲌抢食，而降低养殖经济效益。

## 参考文献

杜淑玫，熊春贤，2020. 翘嘴红鲌大规格鱼种规模化培育技术[J]. 水产养殖，41（3）：55-57.

耿相昌，奉佳，陶聪，2023. 翘嘴红鲌池塘集约化养殖技术[J]. 当代水产，48（6）：76.

何义进，戈贤平，马腊平，等，2008. 翘嘴红鲌优质高效养殖技术讲座（三）翘嘴红鲌成鱼无公害养殖技术[J]. 科学养鱼（7）：12-14.

何义进，周群兰，赵永锋，等，2008. 翘嘴红鲌优质高效养殖技术讲座（五）翘嘴红鲌主要疾病生态防控技术[J]. 科学养鱼（9）：12-141。

胡新见，2017. 翘嘴红鲌池塘无公害养殖技术[J]. 现代农业科技（7）：235-236.

黄俊岭，张玉梅，李文清，2019. 天津市武清区翘嘴红鲌养殖试验[J]. 中国水产（10）：80-82.

李霞，2016. 池塘专养翘嘴红鲌成鱼养殖试验[J]. 山西水利科技（2）：124-125，128.

林培兴，2016. 翘嘴红鲌网箱养殖技术[J]. 渔业致富指南（7）：38-41.

刘波，王广宇，王庆，等，2008. 翘嘴红鲌优质高效养殖技术讲座（四）翘嘴红鲌人工配合饲料的配制与投喂[J]. 科学养鱼（8）：12-14.

卢全伟，彭仁海，易栖梧，等，2013. 翘嘴红鲌河道网箱养殖技术[J]. 科学养鱼（3）：40.

吕响明，2011. 河蟹与翘嘴红鲌网围混养技术[J]. 水产养殖，32（6）：19-20.

麦友华，向静，胡梓强，等，2015. 全雄黄颡鱼套养翘嘴红鲌高效健康养殖试验总结[J]. 当代水产，40（6）：89-90.

孟琦，姜坤，李玉清，等，2021. 池塘主养方正银鲫鱼种套养翘嘴红鲌试验[J]. 黑龙江水产，40（4）：5-7.

沙智林，沙叶新，2022. 翘嘴红鲌高效池塘混养技术[J]. 科学养鱼（1）：39-40.

唐黎标，2018. 翘嘴红鲌池塘无公害养殖技术[J]. 渔业致富指南（4）：34-36.

徐金根，王建民，曹烈，等，2016. 黄颡鱼套养翘嘴红鲌养殖试验[J]. 科学养鱼（1）：35-36.

严保华，熊春贤，金方瑜，等，2011. 池塘主养翘嘴红鲌成鱼试验[J]. 江西水产科技（3）：29-31.

杨光明，2013. 翘嘴红鲌湖泊网围健康高效养殖技术研究[J]. 科学养鱼（12）：36.

杨杰泉，2014. 网箱培育大规格翘嘴红鲌鱼种技术[J]. 科学养鱼（12）：9.

杨长宏，2017. 翘嘴红鲌的人工繁殖技术试验[J]. 安徽农学通报，23（7）：128-129，175.

杨质楠，刘洪健，满庆利，等，2014. 翘嘴红鲌生物学特性及池塘苗种培育技术[J]. 中国水产（6）：72-74。

游永武，2015. 翘嘴红鲌网箱养殖试验[J]. 渔业致富指南（17）：39-40.

余军林，俞泽溪，刘维，等，2016. 翘嘴红鲌、黄颡鱼池塘双主养高效生态养殖模式研究及效益分析[J]. 科学养鱼（11）：39-40.

张君，张开刚，2015. 网箱主养翘嘴红鲌外套大网箱养殖四大家鱼技术试验初探[J]. 渔业致富指南（6）：55-56.

张君，2019. 翘嘴红鲌成鱼池生态套养甲鱼技术[J]. 江西饲料（1）：17-18，20.

赵春霞，王秀娜，2006. 兴凯湖翘嘴红鲌的生物学特性及养殖研究现状[J]. 黑龙江八一
　　农垦大学学报（5）：48-50.

赵建华，2005. 湖泊网围河蟹与翘嘴红鲌生态混养技术[J]. 渔业致富指南（15）：30-31.

赵永锋，戈贤平，刘勃，等，2008. 翘嘴红鲌优质高效养殖技术讲座（二）翘嘴红鲌大
　　规格鱼种培育技术[J]. 科学养鱼（6）：12-13.

赵永锋，戈贤平，潘洪强，2008. 翘嘴红鲌优质高效养殖技术讲座（一）翘嘴红鲌生物
　　学特性和人工繁殖技术[J]. 科学养鱼（5）：12-14，28.

# 第十六章

# 黄 鳝

黄鳝（*Monopterus albus*）属鱼纲、合鳃目、合鳃科、黄鳝亚科。地方名鳝鱼、长鱼、罗鳝、田鳗、无鳞公主等。黄鳝广泛分布于全国各地的湖泊、河流、水库、池沼、沟渠等水体中。除西北高原地区外，各地均有记录，特别是珠江流域和长江流域，更是盛产黄鳝的地区。黄鳝在国外主要分布于泰国、印度尼西亚、菲律宾等地，印度、日本、朝鲜也产黄鳝。

## 第一节　生物学特性

### 一、形态特征

体蛇形，体表光滑无鳞，富有黏液，前段圆管状，向后渐侧扁，尾部短而尖；头膨大，吻钝；眼小，侧上位，为皮膜所覆盖，视觉不发达；口大，前位，上颌稍突出，上下唇发达，口裂超过眼后缘；上颌长于下颌，上下颌骨有细小的颌齿，具

**图16.1　黄鳝（彭仁海供图）**

上咽齿、下咽齿。鳃3对，无鳃耙，鳃丝羽毛状，鳃丝数21～25条，鳃孔较小，左、右鳃孔在腹面相连，呈倒"V"字形。背鳍、臀鳍及尾鳍均退化，并连在一起。

在水中不能单靠鳃呼吸，需要咽腔和皮肤进行辅助呼吸，特别是咽腔有皱褶的上皮，充满微血管，可以直接呼吸空气。夏天黄鳝常将头伸出水面呼吸，并将空气暂贮在咽腔中，因此黄鳝的喉部显得特别膨大。黄鳝栖息的洞穴，一般在水下5～30 cm处，以便随时将头伸出水面呼吸。由于黄鳝能利用咽腔和皮肤呼吸，所以离水后可较长时间不死。体长为体高的21.7～27.7倍，为头长的10.8～13.7倍，头长为吻长的4.5～6.1倍。有鼻孔两对，前鼻孔位于吻端，后鼻孔位于眼缘上方。脊椎数多，肛前椎数一般为84～97节，常见数为93节，尾椎数为75节左右，肠短，无盘曲，伸缩性大，肠中段有一结节，将肠分为前后两部分，肠长度一般等于头后体长。鳔已退化。心脏离头部较远，在鳃裂后约5 cm处。侧线发达，稍向内凹。黄鳝体呈黄褐色，具不规则黑色斑点，腹部灰白色。

## 二、生活习性

天然生长的黄鳝为底栖生活的鱼类，在浅水处用头钻洞，穴居生活，喜趋阴避光。栖于稻田、水库、池沼及河沟中，常在田埂、埂岸和乱石缝中钻洞穴居，亦喜栖于腐殖质多的水底泥窟中，在偏酸性水体中能很好地生活。喜集群穴居。夏出冬蛰，冬季栖息处干涸时，能潜入土深30~40 cm处越冬达数月之久。白天静卧洞内，晚间外出活动，夜间常守候在洞口捕食。气温、水温较高时，白天也出洞呼吸与捕食。摄食方式为噬食及吞食，食物不经咀嚼就咽下，食物大时，咬住食物后用旋转身体的方式来咬断食物，捕食后即缩回洞内。喜食活食，耐饥饿。对光和味的刺激不太敏感。

## 三、食性

黄鳝是以动物性食物为主的杂食性鱼类，主要摄食各种水生、陆生昆虫及幼虫（如摇蚊幼虫，飞蛾，水生、陆生蚯蚓等）、大型浮游动物（枝角类、桡足类和轮虫类），也捕食蝌蚪、幼蛙、螺、蚌及小型鱼、虾类。此外，兼食有机物质碎屑与丝状藻类。其食物组成中也有不少浮游植物（黄藻、绿藻、裸藻、硅藻等）。

人工养殖黄鳝可以投喂小鱼、小虾、螺蚌肉、蚬子肉、蚯蚓、福寿螺肉、蝇蛆、黄粉虫以及各种动物内脏，也可投喂少量商品饲料，如麸皮、煮熟的麦粒、菜类，或投喂黄鳝人工配合饲料。黄鳝也食浮萍、飘莎等天然水生植物。

## 四、年龄与生长

黄鳝刚孵出的幼鱼具有胸鳍，鳍上布满血管，经常不停地扇动，成为幼鱼的呼吸器官，稍长大即行退化。黄鳝的生长较缓慢，孵出后到卵黄囊吸收完毕的幼鳝体长一般达3~3.1 cm，1龄鱼可长至20 cm，2龄鱼长至30 cm，3龄鱼可长至40 cm。人工养殖的黄鳝，其生长速度与饵料充足与否有关，在饵料充足的情况下，一般要比自然界中生长得快。黄鳝寿命可达8~10年。最大个体体长70 cm，体重1.5 kg。

## 五、繁殖特性

人工繁殖黄鳝，必须了解黄鳝的繁殖特性，尤其要了解黄鳝独特的性逆转现象。

### （一）黄鳝的性逆转现象和雌雄外形特征

黄鳝不像多数脊椎动物那样终生属于一个性别，而是前半生为雌性，后半生为雄性，其中间转变阶段叫雌雄间体，这种由雌到雄的转变叫性逆转现象。

在达到性成熟的黄鳝群体中，较小的个体是雌性，较大的个体主要是雄性，两者间的个体被称为雌雄间体，而这种呈雌雄间体的性腺组织实际上是一个动态过程。在这个生理变化过程中，有功能的雌性转变为有功能的雄性。黄鳝的幼体性腺逐步从原始生殖母细胞到分化成卵母细胞，黄鳝从幼体进入成体，性腺发育成典型的具有卵母细胞和卵细胞的卵巢，以后又逐渐发展到变成成熟卵，这就决定第一次进入性腺发育成熟的个体都是雌鳝。雌鳝产卵后，可以明显地发现性腺中的卵巢部分开始退化，起源于细胞索中的精巢组织开始发生，并逐步分枝和增大，即性腺向着雄性化方向发展，这一阶段的黄鳝即处于雌雄间体状态。这以后卵巢完全退化消失，而精巢组织充分发育，并产生发育良好的精原细胞，直到形成成熟的精子，这时的黄鳝个体已转化为典型的雄性。

### （二）繁殖习性

#### 1. 繁殖季节及环境条件

黄鳝每年只繁殖1次，而且产卵周期较长。一般每年5—8月是黄鳝的繁殖季节，繁殖盛期在6—7月，而且随气温的高低而波动，可以提前也可推迟。繁殖季节到来之前，亲鳝先打洞，称为繁殖洞，繁殖洞与居住洞有区别：繁殖洞一般在田埂边，洞口通常开于田埂的隐蔽处，洞口下缘2/3浸于水中，繁殖洞分前洞和后洞，前洞产卵，后洞较细长，洞口进去约10 cm处比较宽广，洞的上下距离约5 cm，左右距离约10 cm。

#### 2. 性比与配偶构成

黄鳝生殖群体在整个生殖时期是雌多于雄。7月之前雌鳝占多数，其中2月雌鳝最多占91.3%，8月雌鳝逐渐减少到38.3%，雌雄比例0.6：1，因为8月之后多数雌鳝产过卵后性腺逐渐逆转，9—12月雌雄鳝约各占50%。自然界中黄鳝的繁殖，多数是属于子代与亲代的配对，也不排除与前两代雄鳝配对的可能性，但在没有雄鳝存在的情况下，同批黄鳝中就会有少部分雌鳝先逆转为雄鳝后，再与同批雌鳝繁殖后代，这是黄鳝有别于其他鱼类的特殊之处。

#### 3. 产卵与孵化

性成熟的雌鳝腹部膨大，体橘红色（个别呈灰黄色），并有一条红色横线。产卵前，雌雄亲鳝吐泡沫筑巢，然后将卵产于洞顶部掉下的草根上面，受精卵和泡沫一起漂浮在洞内。受精卵黄色或橘黄色，半透明，卵径（吸水后）一般为2~4 mm。雄亲鳝有守护卵的习性，一般要守护到鳝苗的卵黄囊消失为止。这时即使雄鳝受到惊动也不会远离，而雌亲鳝一般产过卵后就离开繁殖洞（有时雌鳝也参加护卵、护仔）。亲鳝吐泡沫作巢估计有两个作用，一是使受精卵不易被敌害发觉，二是使受精卵托浮于水面，而水面则一般溶氧高、气温高（鳝卵孵化的适宜水温为21~28 ℃），这就有利于提高孵化率。

黄鳝卵从受精到孵出仔鳝一般在30 ℃左右（28~38 ℃）水温中需要5~7天，长者达9~11天，并要求水温稳定，自然界中黄鳝的受精率和孵化率为95%~100%。

# 第二节　人工繁殖技术

黄鳝的人工繁殖方法与其它鱼基本相同，但由于怀卵量不大（200~600粒/尾），所以需要的亲鱼数量较多。选择和培育亲鱼时要选个体长度不同的，以保证雌雄比例协调。黄鳝繁殖的主要技术要点如下。

## 一、亲鱼选择

亲鳝来源可由亲鳝培育池获得，或从市场选购，只要亲鳝选择得好，人工繁殖均能获得成功。雌鳝选择体长30 cm左右、体重150~250 g的为好。成熟雌鳝腹部膨大呈纺锤形，个体较小的成熟雌鳝，腹部有一明显的透明带，体外可见卵粒轮廓，用手触摸腹部可感到柔软而有弹性，生殖孔红肿。雄鳝以选体重200~500 g的为好。雄鳝腹部较小，腹面有血丝状斑纹，生殖孔红肿。用手挤压腹部，能挤出少量透明状精液。在高倍显微镜下可见活动的精子。

## 二、催产和人工授精

可采用促黄体生成素释放激素类药物（LRH-A）、绒毛膜促性腺激素（HCG）、鲤鱼垂体（PG）催产。其中一次注射LRH-A效果较好。注射剂量视亲鱼大小而定，15～50 g的雌鳝，每尾注射LRH-A需5～10 μg，50～250 g的雌鳝，每尾注射10～30 μg。将选好的亲鳝用干毛巾或纱布包好，防止滑动，然后在胸腔注射，注射深度不超过0.5 cm，注射LRH-A量不超过1 mL。雌鳝注射24小时后，再给雄鳝注射，每尾注射LRH-A需10～20 μg。注射后的亲鳝放在水族箱或网箱中暂养，箱中水不宜过深，一般20～30 cm即可，每天换水1次。水温在25 ℃以下时，注射40小时后每隔3小时检查1次同批注射的亲鱼，效应时间往往不一致，故应检查到注射后75小时左右。检查的方法是，捉住亲鳝，用手触摸其腹部，并由前向后移动，如感到鳝卵已经游离，则表明开始排卵，应立即进行人工授精。

将开始排卵的雌鳝取出，一手垫干毛巾握住前部，另一手由前后挤压腹部，部分亲鳝即可顺利挤出卵，但多数亲鳝会出现泄殖腔堵塞现象，此时可用小剪刀在泄殖腔处向里剪开0.5～1 cm，然后再将卵挤出，连续3～5次，挤空为止。放卵容器可用玻璃缸或瓷盆，将卵挤入容器后，立即把雄鳝杀死，取出精巢，取一小部分放在400倍以上的显微镜下观察，如精子活动正常，即可用剪刀把精巢剪碎，放入挤出的卵中，充分搅拌（人工授精时雌雄配比，视卵量而定，一般为（3～5）:1，然后加入任氏溶液200 mL，放置5分钟，再加清水洗去精巢碎片和血污，放入孵化器中静水孵化。

## 三、人工孵化

孵化器可根据产卵数量选用玻璃缸、瓷盆、水族箱、小型网箱等，只要管理得当，均能孵出鳝苗。鳝卵比重大于水，在自然繁殖的情况下，鳝卵靠亲鳝吐出的泡沫浮于水面孵化出苗，人工繁殖时，无法得到这种漂浮鳝卵的泡沫，鳝卵会沉入水底。因此，水不宜太深，一般控制在10 cm左右。人工繁殖受精率较低，未受精卵崩解后很易恶化水质，应及时清除。在封闭型容器中孵化时，要注意经常换水，换水时水温差不要超过2 ℃。鳝卵孵化时，胚胎发育的不同阶段耗氧量不同。在水温24 ℃条件下测定每100粒鳝卵每小时的耗氧量，细胞分裂期为0.29 mg，囊胚期为0.46 mg，原肠期为0.53 mg。胚胎发育过程中，越向后期，耗氧量越大，因此，在缸、盆中静水孵化时，要增加换水次数。

刚产出的鳝卵呈淡黄色和橘红色，比重大于水，无黏性。卵吸水膨胀后，直径3.8～5.2 mm，重35 mg左右。成熟较好的卵吸水后呈圆形，形成明显的卵间隙，卵黄与卵膜界线清楚，卵黄集中于底部，吸水40分钟后，胚盘清晰可见。成熟不好的卵，吸水后卵不呈圆形，卵黄和卵膜界限不清，卵内可见不透明雾状物，这只能作为卵成熟度的指标，不能作为鉴定受精卵的指标。成熟好而未受精的卵，形成假胚盘，进行细胞分裂。因此，卵是否受精，要观察到原肠期。由于鳝卵卵黄丰富，未经处理的卵用肉眼和镜检很难看清楚,需用鉴别液透明后再做镜检。鉴别液配方是:福尔马林5 mL,甘油6 mL,冰醋酸4 mL,蒸馏水85 mL,孵化水温25 ℃左右,人工授精后18~22小时,观察卵受精情况。此时取出鳝卵,在鉴别液中浸3分钟后再在镜下观察,如囊胚向下延伸,原肠形成,可判断卵已受精。在同样条件下,神经板的形成在受精后约60小时。

水温22 ℃时,受精后327小时(288~366小时)仔鱼破膜而出。仔鱼出膜时体长一般在12~20 mm,刚出膜仔鱼的卵黄囊相当大,直径3 mm左右。仔鱼只能侧卧于水底或做挣扎状游动。孵出后24小时,仔鱼体长16~21 mm;孵化后72小时,仔鱼体长19~24 mm;孵化后120小时,仔鱼体长22~30 mm;孵化后144小时,仔鱼体长23~33 mm,颌长1.2 mm左右。此时卵黄囊已完全消失,胸鳍及背部、尾部的鳍膜也已消失,色素细胞布满头背部,使鱼体呈黑褐色,仔鱼能在水中快速游动,并开始摄食丝蚯蚓。

# 第三节  苗种培育技术

鳝苗培育池宜选用小型水泥池,池深30~40 cm,上沿要高出地面20 cm以上,以防雨水漫池造成逃苗。水池应设进、排水口,并用塑料网布罩住。水泥池面积一般不超过10 m²,池底加土5 cm左右。每平方米加牛粪或猪粪0.5~1 kg。水深10~20 cm,最好引殖丝蚯蚓入池,池面放养根须丰富的水葫芦。出膜后5~7天的鳝苗即可入池培育,每平方米放鳝苗100~200尾。开口饵料最好用丝蚯蚓,也可喂浮游动物,或用碎鱼肉等动物性饵料。黄鳝有自相残食习性,放养时切忌大小混养。平时注意水质管理,经常加注新水。经1个月饲养,幼鳝一般可长至8 cm左右。到年底每平方米可出幼鱼100尾左右,每尾体长可达15 cm,体重3 g左右,这时即可转入成鳝池饲养。

根据我们的试验:仔鳝卵黄囊快消失时,开始投喂饵料,对第一批鳝苗用两种饵料饲养,一组投喂动物性饵料,一组投喂配合饵料,经过19天的饲养,结果喂动物性饵料的一组仔鳝最大个体长4.7 cm,最小长3.9 cm;而喂配合饵料的一组仔鳝最大个体长只有3.9 cm,最小仅2.7 cm。

# 第四节  成鳝养殖技术

目前我国的天然黄鳝资源虽然比较丰富,但捕捉过度,资源必将迅速下降。天然捕捞产量还受季节性影响,主要集中在4—10月,而市场要求全年供应,难以满足市场需要。因此,应重视黄鳝的人工养殖。

## 一、鳝种的来源

鳝种的来源是养殖黄鳝首先要解决的问题,目前鳝种有下列几种来源。

### （一）野外直接捕捉

每年4—10月可在稻田或浅水沟渠中用鳝笼捕捉，特别是闷热天气或雷雨后出来活动的黄鳝更多，晚间多于白天。可于21:00—22:00，将鳝笼放在黄鳝活动处，当黄鳝出来觅食时，误入鳝笼，因鳝笼编有倒刺，进去后就难以出来。黎明时将鳝笼收回，将个体大的出售，小的用作鳝种。这种方法捕得的鳝种，体健无伤，饲养成活率高。另一种方法是晚上点灯照明，沿田埂渠边巡视，发现出来觅食的鳝鱼，用捕鳝夹捕捉或徒手捕捉（中指、食指和无名指配合）。捕捉时尽可能不损伤作鳝种的个体。捕得的鳝种如不能立即放养，可先放在盛有少量水的容器中暂养，每天换1次水，天热时每天换2～3次水。

### （二）市场采购

在市场上采购鳝种，要选择健壮无伤的。用钩钓来的鳝种，咽喉部有内伤或体表有损伤，易生水霉病，有的不吃食，成活率低，均不能用作鳝种。体色发白无光泽、瘦弱的也不能用作鳝种。一般可将黄鳝种分为3种：第一种体色黄并杂有大斑点，这种鳝种长得快；第二种体色青黄，这种鳝种生长一般；第三种体色灰，斑点细密，则生长不快。每千克鳝种生产成鳝的增肉倍数是：第一种1：（5～6），第二种1：（3～4），第三种1：（1～2）。鳝种的大小最好是每千克30～50尾，规格太小，成活率低，当年还不能上市；规格太大，增肉倍数低，单位净产量不高，经济效益低。

### （三）人工繁殖的苗种培育

即将由人工繁殖的鳝苗加以人工培育。详见苗种培育技术。

## 二、常规养殖

### （一）基本条件和要求

养黄鳝要选择水源充足、无污染、进排水方便的地方，长年流水更好。只要有这样的水源条件，饲养的面积可大可小，小的3～5 $m^2$，大的几十至几百平方米。房前屋后的零星地、坑道、水沟，都可以建池养黄鳝。面积大的可以专业养黄鳝，面积小的可作为家庭副业来经营。目前饲养的方式有多种，但无论采用哪一种形式，鳝种放养前都要用10 mg/L的高锰酸钾溶液在水温24～26 ℃条件下浸洗5～10分钟，或用浓度3%～4%的食盐水浸洗4～5分钟消毒，对防止水霉病比较有效，同时也可消除鳝种体表的寄生虫（如蚂蟥等）。消毒时若水温低，浸洗时间可长些，水温高，浸洗时间要短些。由于鳝种体质的个体差异，对药液耐受力不完全相同，因此浸洗过程中要随时观察鳝种反应，发现较长时间的强烈不安，或上浮等不正常现象时要立即捞出。消毒后的鳝种要及时放养，如不能及时放养，需用清洁水冲洗1～2次后再放浅水中暂养。

### （二）黄鳝池的建造

家庭养殖黄鳝，宜在住宅附近选择向阳、通风、水源方便的地方建池，以便看管。养殖池的大小视养殖规模而定，池形可与美化环境结合起来，圆形、椭圆形、方形均可，也可利用房前屋后的旧粪坑、低洼坑或废鱼池改建。养殖池最好用水泥、砖面结构，以防黄鳝钻洞潜逃。池子边缘要向池内倾斜，以免黄鳝尾巴钩墙外逃，在离池底部0.5 m高处的侧壁上，要安装一个水管，平时用塞子塞住，供换水时排水之用。

养殖池一般深1~1.5 m，池底铺上有机质较多的黏土，一般以20 cm左右为宜，也可模拟黄鳝的自然生活环境，在池中放入较大的石块、大瓦块、树墩等，做成人工洞穴。在这种环境中，黄鳝很少在池底钻洞，而群居在人工洞穴中，冬季揭开覆盖物，就能见到很多黄鳝群居在一起，极易捕捞。铺好底泥后，即可放水，水深保持在10 cm左右，因黄鳝习惯于身居穴中，头不时伸出洞外觅食或呼吸，水层太深，摄食和呼吸都要游出洞外，不利于生长。水中可适当种植水花生、慈姑等水生植物，以改善环境，夏天还可以遮阴降低水温，如果池子很大，放一些烂草堆，黄鳝喜欢栖息其中，同时草堆有机物能培养出大量浮游生物，供黄鳝食用。

### （三）鳝苗的投放

投入鳝苗前7~10天，每平方米池子用生石灰0.2 kg清塘消毒，以杀灭有害病菌。

初次饲养黄鳝，可在春季用笼诱捕水田、沟渠中体长10~15 cm的鳝种。已养过黄鳝的地方，可以自己留种，其方法是在每年4—8月黄鳝产卵繁殖后，将幼苗捞起专池饲养，留作翌年养殖的苗种。鳝苗要求无病无伤，背侧呈深黄色并带有黑褐色斑点，每尾体重在20~30 g为佳。这类黄鳝苗种适应性强、生长快。同池内投放的鳝苗种要求规格整齐，大小基本一致，以免为争食而互相残杀。一般每平方米投放体长10~15 cm的黄鳝苗种50~60条（1~1.5 kg）。

### （四）饲养管理

黄鳝生长季节一般在4—10月，摄食旺盛时期在5月到9月中旬，在饲养过程中应注意以下几点。

#### 1. 投饵要定时定量

每天投饵量为黄鳝体重的5%~7%。投饵过多，黄鳝贪食会胀死，饵料不足，会影响生长。根据黄鳝夜间觅食的特点，喂食时间一般在18:00—19:00进行，次日捞出吃剩的食物，以免腐烂败坏水质。在黄鳝种苗阶段，要做好食性的驯化工作。放养的头几天可以不投饵，之后将蚯蚓和其他饲料混合投喂，使幼鳝养成吃混合食物的习性。如果长期单投一种饵料，以后黄鳝的食性便难以改变，不利于养殖。

#### 2. 保持水质清新

高温季节要增加换水次数，及时清除残饵。此外，可在池中种植水生植物，这不仅可降低水温，净化水质，减少换水次数，还可以美化环境。下暴雨时要及时排水，以免鱼池满水黄鳝逃跑。夏季可搭凉棚遮阴，以利于黄鳝生长。

#### 3. 分池

成鳝产卵繁殖前，可在池内放些苔种或油菜等秸秆，让雌鳝在上面产卵。幼鳝孵出，及时捞入另一池中饲养，避免成鳝摄食幼鳝。成鳝池主要靠投喂人工饵料饲养，幼鳝池主要以肥水培育浮游动物，供幼鳝摄食。

#### 4. 捕捞

饲养黄鳝的起捕时间一般在10月至11月下旬，水温降至10~15 ℃时，此时黄鳝已基本停止摄食和生长，气温较低，黄鳝活动少，捕捞时不易受伤，也便于运输。起捕的方法可采用钩钓、网捕和排干池水捞捕。

### （五）黄鳝的越冬

秋末冬初，水温降到10～12℃时黄鳝停止摄食，钻入泥内越冬。此时，除将达到商品规格的黄鳝捕捞上市外，对留种的幼鳝要做好越冬保护工作。越冬方法，可将池水排干，保持池土湿润即可。温度较低的地方，要在池上盖一层稻草，以保温防冻。有些地方，也可带水越冬，但要适当把水灌深些，以防结冰冻死黄鳝。

## 三、无土流水养殖

与常规养殖技术相比，无土流水饲养法具有生长快、成本低、产量高、起捕方便等优点。

### （一）建池

选择有长年流水的地方建池，如水电厂发电后排出的冷却水，水温较高的溪水，大工厂排放的机器冷却水等。用微流水养鳝效果好，若采用天然流水养殖成本也较低。有温流水的地方还可以通过调节水温使黄鳝一直处在适温条件下生长。饲养池最好建在室内，用水泥、砖砌成，池面积2～3 $m^2$，池壁高40 cm左右，并设直径3～4 cm的进水孔2个，进水孔与池底等高，排水孔一个与池底等高，一个高出池底4～5 cm，孔口装金属网罩防逃。可采用若干池并成一排，将几排池又组合排列在一起，排与排之间，一条为小池进水渠，相邻一条为小池出水渠，小池进出水渠宽15～30 cm（视池的多少而定）。池外围建一圈外池壁，高80～100 cm，设有总进水口与总排水口。

### （二）放养

饲养池建好后，将总排水口塞好，灌满池水浸泡1周以上，再将水放干，然后将底下一个排水孔塞住，灌水4～5 cm深，保持各小池有微流水，将鳝种直接放入，每平方米放4～5 kg，规格大的可少放，规格小的可多放。从4月养到11月，成活率在90%以上，可长到每千克6～10条的规格。

### （三）投饲

鳝种放养后头2～3天不投饲，以后用蚯蚓等驯饲，方法和投饲量同静水有土饲养法。投饲时要适当加大流水量，将饲料堆放在进水口入口，这样黄鳝就会戗水争食。

### （四）管理

这种饲养方法，由于水质清新，只要饲料充足，鳝鱼不会逃跑，平时注意保证水流畅通，防止鼠、蛇等为害即可。饲养一段时间后，同一池的黄鳝如出现大小不匀，要及时将大小鳝分开饲养。

由于无土流水饲养法的水质始终清新，黄鳝吃食旺盛，不易生病，不仅单位放养量可增加，而且生长快，饲料效率高，产量高，起捕操作等也很方便。因此，虽然建池时投资略高，但经济效益较好。

## 四、稻田养殖

### （一）稻田的整理

每块田沿田埂开一条围沟，在块田中心向外纵横各开1条厢沟，沟宽50 cm，围沟与厢沟相通，深25～30 cm，使每块稻田分成4小块，每块面积6.25 $m^2$，所有稻田都插栽稻种。放养的鳝种体质健壮，规格一致。围沟与厢沟要在插秧时开挖好，鳝种放养时，禾苗已转青。稻田周围均用77.5 cm×42.5 cm的水泥瓦衔接围砌，水泥瓦与地面呈90°角，其下部插入硬土质部。

### （二）饲养管理

其一是水深，主要根据水稻生长的需要并兼顾黄鳝的生活习性，采取"前期水田为主，多次晒田，后期干干湿湿灌溉法"。即8月20日前，稻田水深保持6~10 cm，20日开始晒田，而后又灌水并保持水深6~10 cm，至水稻拔节孕穗之前，露田（轻微晒田）1次，从拔节孕穗期开始至乳熟期，保持水深6 cm，往后灌水与露田交替进行到10月14日。露田期间围沟和厢沟中水深约15 cm，养殖期间，要经常检查进出水口，严防水口堵塞和黄鳝逃逸。其二是投饵，自8月1日开始投饵，主要投在围沟及厢沟内，头两个月投料主要是蚌肉及动物内脏，其次是蝇蛆，第三个月主要为蚯蚓、蚌肉及动物内脏。每10天抽样称量1次，投饵量随黄鳝体重增加而按比例增加。晒田和露田期间停止或减少投饵量，10月5日后黄鳝摄食量下降，即停饵，合计共投饵59天。其三是施肥，基肥于平田前施入，禾苗返青后至中耕前追施尿素和钾肥1次，每平方米田块用量为尿素3 g、钾肥7 g。抽穗开花前追施人畜粪1次，每平方米用量为猪粪1 kg、人粪0.5 kg，为避免禾苗疯长和烧苗，人畜粪的有形成分主要施于围沟靠田埂边及厢沟中央，并使之与沟底淤泥混合。其四是病虫害防治，由于黄鳝在饲养期间能吞食小型昆虫，故病害少。为防止稻飞蛾危害，可喷洒1次叶蝉散乳剂。

稻田饲养黄鳝的结果表明，所有养鳝稻田的杂草明显少于不养鳝的稻田，稻谷的生长也明显好于不养鳝的稻田。稻田养黄鳝的方法是可行的，综合经济效益也是好的。

# 第五节　病害防治技术

黄鳝的抗病能力较强，在人工饲养过程中很少得病，但若管理不善或环境严重不良等，可影响生长速度和成活率。

## 一、细菌性真菌性疾病

### （一）赤皮病

1. 症状和病因

此病多为捕捞或运输造成外伤，细菌侵入皮肤而引起。其症状为体表局部出血发炎，鳞皮脱落尤以腹部和两侧最明显，呈块状，春末夏初为发病高峰。

2. 防治方法

（1）用漂白粉兑水全池泼洒均匀，使池水呈1 mg/L。

（2）2.5%~10%食盐水洗擦患部或把患病黄鳝放入2.5%食盐水浸洗15~20分钟。

### （二）肠炎病

1. 症状和病因

由细菌感染引起。患病黄鳝行动迟缓，体色发黑尤以头部最明显，腹部出现红斑，肛门红肿，轻压腹部有脓血流出，肠内无食，局部或全部充血发炎。

2. 防治方法

（1）用生石灰清池消毒，用生石灰20 mg/L全池泼洒。

（2）加强饲养管理，不投喂腐烂变质饲料，及时消除残饵，防止水质恶化。

（3）发病季节每5 kg黄鳝用肠炎灵1 g拌饵投喂，连喂3～5天。

（4）治疗需采用内服与外用药物相结合，外用药物常用1～2 mg/L高锰酸钾浸泡黄鳝1～5分钟。

（5）每50 kg鳝用大蒜250 g，捣烂溶解，拌饵投喂，连喂3～5天。

### （三）烂尾病

1. 症状和病因

此病由产气单胞菌中的一种细菌引起。病鳝尾部发炎充血，继之肌肉坏死腐烂，以致尾柄或尾部肌肉烂掉，尾椎骨外露。此病在密集养殖池和运输途中容易发生，严重影响黄鳝的生长甚至导致死亡。这种病一旦发生，治疗十分困难。因此，应切实注意以防为主。

2. 防治方法

（1）注意黄鳝池的水质与环境卫生，避免细菌大量繁殖，可减少此病的发生及危害。

（2）用0.24 mg/L聚碘全池泼洒。

（3）用0.25单位/mL的金霉素浸洗消毒患病黄鳝效果良好。

（4）用新威特1 mg/L泼洒，同时按每千克鲜饵添加阿莫西林可溶性粉8 g，连用3天。

### （四）出血病

1. 症状和病因

黄鳝败血型疾病，暂称黄鳝出血病。通过解剖和显微镜观察，证实该病是由气单胞菌引起的败血病，对黄鳝人工接种气单胞菌毒株，发病症状与原发症状完全相同，接种后91小时，黄鳝全部死亡。剖检可看到病鱼皮肤及内部各器官出血，肝的损坏较严重，血管壁变薄，甚至破裂。从病理学来分析，这是由于气单胞菌产生毒素而引起的。

2. 防治方法

（1）定期外用惠金碘3 mg/L+惠底安消毒水体，间隔3天后视塘口水质情况使用益水宝102或者益藻安105调节水质全池泼洒，内服红体康3 g+保肝宁3 g+拌料101为5 mL。

（2）先用养殖安1 mg/L+新威特0.5 mg/L全池连续泼洒2天，每天1次。待开口吃料后按每千克鲜饵添加爱福灭10为5 g+阿莫西林可溶性粉5 g，连用3天；第4～5天每千克鲜饵内服黄鳝电解多维或电解维他5 g（巩固治疗及恢复体质）。

## 二、寄生虫性疾病

### （一）棘头虫病

1. 症状和病因

由棘头虫寄生引起。患病黄鳝的食欲严重减退或不进食，体色变青发黑，肛门红肿。经解剖后肉眼可见肠内有白色条状蠕虫，能收缩，体长8.4～28 mm，吻部牢固地钻进肠黏膜内，吸取其营养，以致引起肠道充血发炎，阻塞肠管，使部分组织增生或硬化，严重时可造成肠穿孔，引起黄鳝死亡。

2. 防治方法

（1）药物清塘消毒，用0.05 mg/L的90%晶体敌百虫全池泼洒，可预防此病。

（2）每50 kg黄鳝用40～45 g 90%晶体敌百虫混于饲料中投喂，连喂6天。

（3）病鳝内脏要深理土中，切不要乱丢。

### （二）毛细线虫病

1. 症状和病因

患病黄鳝时常将头伸出水面，腹部向上。其他症状同棘头虫病。解剖后肉眼可见后肠内有乳白色细小如线的毛细线虫，体长为2～11 mm，其头部钻入肠壁黏膜层，破坏组织，导致肠中其他病菌侵入肠壁，引起发炎溃烂，如大量寄生可引起黄鳝死亡。

2. 防治方法

（1）药物清塘，用0.05 mg/L的90%晶体敌百虫全池泼洒，可预防此病。

（2）每50 kg黄鳝用90%晶体敌百虫5～7.5 g拌饲料投喂，连喂6天。

（3）把兽用敌百虫片（0.5 g/片）用水浸泡后碾碎按0.1%的量拌饲料使用，连喂6天。

（4）用贯众、荆芥、苏梗、苦楝树根皮等中草药合剂，按50 kg黄鳝用药总量290 g（比例16:5:3.5），加入相当于总药量3倍的水煎至原水量的1/2，倒出药汁再按上述方法加水煎第二次，将2次药汁拌入饲料投喂，连喂6天。

### （三）锥体虫病

1. 症状和病因

是锥体虫在黄鳝血液中营寄生生活而引起。锥体虫在显微镜下才能见到，颤动很快，但迁移性不明显。黄鳝感染锥体虫后，大多数呈贫血状，鱼体消瘦，生长不良。流行期在6—8月。

2. 防治方法

生石灰清塘，清除锥体虫的中间宿主蚂蟥（水蛭）；用2%～3%的食盐水或0.7 mg/L硫酸铜、硫酸亚铁合剂，浸洗病鳝10分钟左右，均有疗效。

## 三、其他病害

### （一）梅花斑状病

1. 症状

此病在长江流域一带常发生在7月中旬，症状为黄鳝背部出现黄豆或蚕豆大小的黄色圆斑。

2. 防治方法

在饲养池里放养几只蟾蜍（俗称癞蛤蟆）。已发病者，可用1～2只蟾蜍（池面积大，可多用几只），将头皮剥开，用绳系好，在池内反复拖几次，1～2天后即可痊愈。

### （二）昏迷症

1. 症状

此病多发于炎热季节，发病时黄鳝呈昏迷状态。

2. 防治方法

先遮阴降温，再将鲜蚌肉切碎，撒入池内，有一定疗效。

# 第六节　加工食用方法

## 一、家常干烧黄鳝

### （一）食材

黄鳝600 g（4条）。姜半块、大葱半根、大蒜1头（10瓣）、香葱几根、料酒1大勺、生抽1大勺、盐3 g、老抽半小勺（上色用）、糖15 g、醋1小勺、食用油2大勺、小尖椒2个。

### （二）做法步骤

图16.2　家常干烧黄鳝（图来源于网络https://www.xiachufang.com/recipe/104522057/）

（1）黄鳝宰杀去内脏，洗净后剪成约4 cm长的段，鱼身打花刀，易熟且便于入味。

（2）葱、姜、蒜、辣椒准备好。

（3）锅里放油，烧热后放入大葱段、姜片、蒜瓣、辣椒煸香。

（4）倒入黄鳝段，翻炒至变色。

（5）加入料酒、生抽、老抽、醋、糖、盐，继续翻炒2分钟。

（6）放入开水，至与黄鳝齐平，盖锅，大火烧开，改中火烧10～12分钟，至黄鳝软烂入味。

（7）视汤汁情况调整火的大小，将汤汁收得只剩少许，撒葱花出锅，鲜香微辣，鱼肉软滑，一点点汤汁恰到好处。

## 二、洋葱爆鳝背

### （一）食材

黄鳝400 g（约2条）、洋葱半个、生抽2勺、老抽1勺、黄酒4勺、糖2勺、食用油110 g、葱花适量、麻油适量、白胡椒粉适量。

### （二）做法步骤

图16.3　洋葱爆鳝背（图来源于网络https://hanwuji.xiachufang.com/recipe/105850948/）

（1）黄鳝剖开去骨、去内脏，呈鳝鱼片，洗净，切成段，洋葱切成丝。

（2）锅中放30 g油，放洋葱爆炒出香味后出锅。

（3）锅内放80 g油，加热后放入鳝段大火爆炒3分钟。

（4）加入生抽、老抽、黄酒和糖，翻炒后，中火焖3分钟。

（5）开盖稍稍收汁后放入已炒过的洋葱，翻炒后，加入葱花，就可以出锅。

（6）上菜前的点睛之笔，就是滴麻油，最后，洒上白胡椒粉。

### 三、响油鳝丝

**（一）食材**

黄鳝500 g、大蒜3瓣、葱花1把、姜几片、料酒1.5勺、生抽1勺、老抽2勺、淀粉1勺、盐适量、糖1勺、白胡椒粉适量、猪油1勺。

图16.4　响油鳝丝（图来源于网络https://baike.baidu.com/item//响油鳝丝/2063746?fr=ge_ala）

**（二）做法步骤**

（1）菜场买的活鳝鱼，烫熟，划丝，去肠，洗干净，切段。

（2）准备姜丝、蒜末、葱花，调一点点淀粉。烧热油，放入蒜末和姜丝，爆香味。

（3）出香味后，倒入洗干净的鳝丝，爆炒。

（4）倒入1.5勺料酒，去腥味。2勺老抽、1勺生抽，翻炒均匀。白砂糖1勺。

（5）再次搅拌均匀水淀粉液，倒入其中，撒上白胡椒粉。

（6）翻炒均匀，适当收汁，装盘，撒蒜末和葱花。

（7）有猪油的，舀一勺猪油，没有就用植物油，烧热后，浇在葱花蒜末上即可。

### 四、黄鳝烧红烧肉

**（一）食材**

黄鳝200 g、带皮五花肉300 g、大蒜10粒、白酒适量、老抽适量、白糖适量、食盐适量、鸡精少许、麻油少许、生姜1块、青葱1棵。

图16.5　黄鳝烧红烧肉（图来源于网络https://mpartner.xiachufang.com/recipe/102294560/）

**（二）做法步骤**

（1）鳝鱼处理干净后去头去尾，切段备用，五花肉切块，青葱洗净切段，生姜去皮切片备用。

（2）鳝段与肉块分别用开水焯一下后捞出洗净。

（3）锅内放油，热后将大蒜放入炸至金黄。放入葱段，姜片，香味出来后放入五花肉块，白酒，老抽，白糖，食盐及适量的纯净水。

（4）待肉块烧至六成熟后放入鳝鱼，烧至酥烂即可。

（5）大火收汁至汁浓酱厚，加鸡精，淋入少许麻油即可出锅。

### 五、蒜香鳝鱼

**（一）食材**

鳝鱼400 g、蒜、老抽、生抽、姜、糖、五香粉、麻油、小葱。

**（二）做法步骤**

（1）鳝鱼去头、去内脏，洗净后切小段。

（2）剥出蒜瓣，姜略拍碎备用。

（3）锅内油热后下姜块蒜瓣煸炒至表面微黄，倒入鳝鱼段快速翻炒至表面发白倒入黄酒翻炒焖盖片刻。

图16.6　蒜香鳝鱼（图来源于网络https://machtalk.xiachufang.com/recipe/1044274/）

（4）开盖后加入老抽生抽、糖、翻炒均匀，倒入开水没过食材1/4左右，加盖中火烧10分钟左右。

（5）待汤汁收至半干变浓稠，加五香粉少许辣油调味。

（6）关火后淋上麻油撒葱花即可。

## 六、板栗烧黄鳝

### （一）食材

黄鳝500 g、板栗300 g、老抽1勺、生抽2勺、盐3 g、大蒜1个、稻米油少许、冰糖15 g。

### （二）做法步骤

（1）将黄鳝清理干净，切成适量长度，大概在2.5 cm左右；板栗剥洗干净放置盘中，有些板栗比较难剥，还会沾上壳内的皮，为了不影响食用的口感，一定要剥除干净。

图16.7 板栗烧黄鳝
（彭仁海供图）

（2）大蒜去皮清洗干净备用。

（3）板栗清洗干净放入锅中，加3 g盐，加没过板栗的清水煮开后捞出板栗。

（4）锅加热，放入稻米油滑锅，在油锅中放入大蒜头炒出香味，等明显闻到蒜香味后再向锅中倒入黄鳝，中火煎至表皮变色。

（5）锅中加2汤匙生抽、1汤匙老抽、15 g冰糖和1罐啤酒，大火烧开转小火炖5分钟。

（6）放入板栗翻炒均匀，小火炖15分钟，大火收汁翻炒出锅。

# 第七节 养殖实例

## 一、静水土池养殖

2008年，李红岗与李旭东进行了静水无土养殖黄鳝试验，积累了一些经验，现总结如下。

### （一）池塘的建造

试验在河南省水产良种繁育场进行，黄鳝池室内建筑面积为10～20 m²，壁高0.8～1 m，池角建成弧形，池底、池壁平整光滑，进水口往排水口方向要有一定的坡度，便于排水清污，进水口和排水渠道要分开。养殖池中水位一般为10～15 cm，气温高时可加至25 cm。一般每个池里放1～2个高8 cm，长30 cm的无毒聚乙烯盘作为饵料台，分别放于池底的对角或两侧。

### （二）设置鱼巢

可作为鱼巢的东西有很多，各种管子、竹筒、砖瓦、废轮胎、水草和丝瓜等都可以做鱼巢。用废旧的自行车轮胎经高锰酸钾溶液消毒后做鱼巢，效果比较好。轮胎放在水草的下面，每个池放8～10个。

### （三）投放水草

鳝池要有遮蔽物，投放水草是静水无土养殖的关键技术之一，合理投放水草可净化水质，使换水次数减少为每月1～2次，且能起到防暑降温，减少应激反应和防治病虫害等作用。常见的水草有水花生、水葫芦、水浮莲和绿萍等，在不同季节按比例合理搭配水草。夏天以水葫芦和水浮萍为主，春秋以水花生、绿萍为主。水草种植面积不宜超过全池面积的2/3，至少要空出1/3的面积来设置食台和便于黄鳝活动。一般鳝种投放前15天投放水草，投入前要用高锰酸钾100 g/m³浸泡半小时消毒，或用硫酸铜10 g/m³浸泡杀虫。

### （四）套养品种

鳝池要放养田螺、小杂鱼和泥鳅等来清除残饵，调节水质。每平方米鳝池放养泥鳅不宜超过0.3 kg，泥鳅应在黄鳝驯食配合饲料后放养，方可充分发挥泥鳅吃食黄鳝粪便的作用；养蟾蜍对于预防黄鳝的梅花斑病有特效，每池放养1～2只即可；每平方米放养田螺不宜超过0.25 kg，另外还可在池中培养适量的绿藻等。

### （五）苗种投放

养殖成鳝适宜的投放苗种季节为冬春两季，绝大多数地区以早春放为好，即每年3—4月，水温为15 ℃左右时，放养鳝种最为合适。一般放养15～20 g的鳝种150～200尾/m²，或20～30 g的鳝种100～150尾/m²，或40～50 g的鳝种80～100尾/m²。鳝种入池时温差控制在±3 ℃之内，温度过大应进行人工调节。放养的鱼种要健康活跃，体表无伤，鱼种体色以黄色、青绿色为好。鱼种放养时要进行严格的消毒，用4%的食盐水浸洗消毒5～10分钟，同时剔除体弱有病的鳝种，减少养殖过程中的发病率，待黄鳝摄食正常后，可在池中搭养少量泥鳅，数量占5%左右。泥鳅上下游窜能防止黄鳝在高密度状态下引起的相互缠绕，降低黄鳝病害发生率。

### （六）饲养管理

黄鳝极易驯化，鳝苗投放后3天之内不要投饵喂食，3天后开始驯食。黄鳝最爱吃的活饵是蚯蚓、田螺和黄粉虫等，投饵之前用高锰酸钾溶液浸泡3分钟（不可被药水泡死）后，用清水冲洗即可投喂。在饲喂驯化期间，前3天投喂正常需要量的1/3，第4天再增加1/3，第5天以后按正常量投饵。正常情况下，摄食颗粒饲料占黄鳝体重的1%～3%，鲜活饵料占黄鳝体重的4%～6%。

投喂饲料坚持"四定""四看"的原则。"四定"：即定时、定量、定质、定位。定时：7:00—8:00，17:00—18:00各投喂1次；定量：一般鲜活饵料日投喂量为黄鳝体重的4%～6%；定质：饲料要新鲜，大块饲料要切碎；定位：饲料投放地点应固定，尽可能集中在池的上水口。"四看"一看季节，根据黄鳝四季食量不等的特点掌握投饵量，在6—9月，投喂量占全年的7%～8%；二看天气，晴天多投，阴雨天少投，闷热无风或阵雨前停投，雾天气压低时，要雾散后再投喂，当水温高于28 ℃或低于15 ℃时要减少投喂量；三看水质，水肥时可以正常投饵，水瘦时适当增加投喂量，水质过肥时投喂量适当减少；四看食欲，黄鳝活跃抢食快食欲强，一般以黄鳝能在2小时内吃完为好。

### （七）日常管理

每日早中晚巡塘3次，及时捕捞水面漂浮物，定期注入新水，每隔15天左右用生石灰15~30 kg/亩化水泼洒1次。

1. 夏季管理

夏季是黄鳝养殖的关键性季节，也是管理上最具风险性的季节。黄鳝生活的适宜温度为15~28 ℃，最佳为23~26 ℃，水温低于10 ℃停止摄食，因此夏季应在黄鳝池上搭建大棚，如果需要供给光照，原则上是"只照东头日，不给西头晒"，否则积温过大晚上放热缓慢不利于黄鳝生长。如果池水温度比较容易达到28 ℃以上，应将池水加至20~25 cm。

2. 越冬管理

在无土养殖的水泥池中，一般采用深水越冬，即在黄鳝进入越冬期前，将池水加深到0.8~1 m左右，让黄鳝钻入池底的巢穴中进行冬眠。在此期间，若水面结冰应及时人工破冰，防止黄鳝缺氧死亡。

3. 水质管理

要求池水肥、活、嫩、爽，溶氧量不得小于5 mg/L，pH值一般要求在6.5~7.0。气温在15 ℃左右时，池水要一周更换1次，每次可换去池水的1/4，气温在20 ℃左右时，每5天换水1次，每次换去池水的1/3。换水时间中午最佳，最好有阳光时更换，要定期清洗池底，一般3~5天清洗1次，高温季节2~3天清洗1次。定期使用水质改良剂，以调节水质降低水中有害生物。水体每隔10~15天用生石灰或漂白粉全池泼洒交叉使用，北方水质偏碱使用漂白粉多一些，南方水质偏酸使用生石灰多一些。

## 二、稻田养殖

建湖县恒济镇农业服务中心的肖召旺依托本镇荡滩资源丰富、地势低洼的优势，在稻田里进行黄鳝养殖，取得较好经济效益。

### （一）稻田工程建设

选作养黄鳝的稻田面积不宜过大，一般在500~1 000 m²，要求水源充足，排灌方便，水质良好无污染，稻田保水性强，具有通风、透光、土质呈弱酸性的肥沃田块。稻田工程建设应做好加高、加宽、加固池埂工作，要重点建设好防逃设施，在稻田四周用砖墙水泥勾缝或塑料板、薄膜围栏等（底部入泥30 cm）建成30~50 cm高的防逃墙，防止黄鳝钻洞逃逸。进、出水口用密眼铁丝网或尼龙网封好扎牢。稻田中开挖鱼沟、鱼溜，面积占稻田总面积的10%~15%，在距离田埂50~100 cm处开挖宽为90 cm、深为60 cm的鱼沟，田间鱼沟呈"十"字形或"#"字形状。在排水沟口附近或在稻田中央开设鱼溜，深60~90 cm，与鱼沟相通。鱼溜为夏季高温、施农药化肥及水稻晒田时黄鳝的栖息场所，又便于收获时集中捕捞。

### （二）施肥管理

为了保证黄鳝苗下塘时有充足而适口的天然饵料生物，并保证生长过程中浮游生物不断，坚持一次性施足基肥，后根据水质具体情况，及时、少量、均匀追肥。基肥以有机肥为主（约占80%）、每亩用腐熟的畜禽肥800~1 000 kg。施前先在阳光下暴晒

4~5天杀菌，所施基肥一次性深翻入土，然后上水，耙平、粉碎土块。在3月底4月初根据水质情况灵活进行追肥，一般20天左右追施腐熟有机粪肥1次，每次25 kg/亩。

### （三）水稻品种选择及栽种

饲养黄鳝的水稻品种应选择高产优质、耐肥力强，抗倒伏、抗病能力较强的水稻品种，如武育粳3号、徐稻3号、盐粳187号、南优6号等品种，6月初至中旬移栽结束。水稻移栽前秧苗要施一次农药，移栽时要求稀植，行距26 cm，株距20 cm。有利于通风透光，可有效防止病害的发生。水稻移栽后7~10天追施一次水稻分蘖肥，尿素10 kg/亩或碳酸氢铵20~25 kg/亩。

### （四）黄鳝苗种放养

待水稻移栽后，追施的化肥全部沉淀（一般7~15天），秧苗返青，保持鱼沟内水质透明度25~30 cm，田面3~5 cm水深。每亩放规格30~50尾/kg的鳝苗1 000~1 200尾，同时套养5%的泥鳅，利用泥鳅上下窜动可增加水中溶氧，防止黄鳝相互缠绕。鳝苗应选择无病无伤，游动活泼，规格整齐，体表黄色或棕红色的。放养前用5%~10%的食盐溶液浸泡10~15分钟，消毒后入田，入田时水温相差不能超过2~3 ℃，可有效预防黄鳝"感冒病"、水霉病和防止将病原体、寄生虫带到新环境。

### （五）饲养管理

1. 饵料投喂

黄鳝喜食蚯蚓、蝇蛆、螟虫、黄粉虫、飞蛾、水蛭、动物内脏、小鱼虾等，以投喂蚯蚓效果最佳。根据黄鳝昼伏夜出的生活习性，养殖期间在鳝池上方悬挂电灯1盏，灯泡离水面40 cm左右，夜间利用灯光诱集昆虫落水以利黄鳝捕食。由于黄鳝一般不吃配合饲料，故要经过人工驯食，驯食后也吃麸皮、菜饼、豆饼、米糠、瓜果皮等植物性饲料。无论何种饲料都要保持新鲜适口，不能腐烂。初养阶段，可在傍晚投饵1次，日投喂量为黄鳝体重的3%~5%左右。以后逐渐提早投喂时间，经过1~2周的驯食，即可形成每日3次投喂9:00、14:00和18:00，每次投喂根据天气、水温及水质灵活掌握投喂量，坚持"四定""四看"，形成黄鳝集群摄食的生活习性。

2. 日常管理

主要是田水的调节，要根据水稻各生长期的需水特点，兼顾黄鳝的生活习性，采取苗期、分蘖期稻田水深6~10 cm。分蘖后期至拔节孕穗前，轻微搁田一次，拔节孕穗始至乳熟期，保持水深6 cm，往后灌跑马水与搁田交替进行。搁田期内，鱼沟水深要保持在15 cm左右，并要经常换水，保持水质清新，溶氧丰富。动物性饲料一次不宜投喂太多，以免败坏水质。夏季要检查食场，捞掉剩饵，剔除病鳝。高温季节加深水位15~20 cm，利于黄鳝生长，暴雨时及时排水，以防池水外溢鳝苗逃跑。一般每7~10天换水1次，每次换水1/3以上，盛夏每2~3天换水1次。平时要加强日常管理工作，建立岗位管理责任制，经常检查田埂及进、排水口的防逃设施，发现毁损要及时修复、更换。另外要及时清除老鼠、水鸟等敌害生物，为黄鳝创造一个安静的生活环境。

待黄鳝80%的个体长到100 g规格以上时就可分批捕捞上市。捕捞时间于秋末和早春两季进行，方法可采用灌水篓网诱捕，或排水搁田集中捕捉，尽量不伤鳝体，并注意捕大留小，以便为下年饲养留有足够的鳝苗。

### 三、网箱养殖

可以根据情况在池塘、沟渠、水库等处适宜的地方设置网箱进行黄鳝的网箱养殖。江西农业大学动物科学技术学院的周秋白等在国家特色淡水鱼产业技术体系支持下，通过实地调研和试验研究，基本了解了黄鳝的生物学特性，确定了黄鳝基本营养需求，突破了人工繁殖和养殖关键技术，逐步形成了一套黄鳝池塘网箱健康养殖技术，取得较好经济和生态效益。

#### （一）池塘和网箱

1.池塘选择和清整

黄鳝养殖通常在面积10~50亩、水深1.5 m左右的浅水池塘中设置网箱；有较稳定、无污染的水源，污泥太深者应先作清淤处理，经过越冬、太阳暴晒，然后进行全池带水清塘。清塘消毒药物最好选用生石灰、漂白粉、强氯精等，生石灰300~500 g/m³或漂白粉10 g/m³，以杀灭池塘内有害微生物和水蛭等寄生虫，改善底质。一般清塘后30天左右可直接安装网箱，网箱内种植经过消毒的水草。

2.网箱大小和设置

网箱以4~6 m²、箱体高度1 m左右、长宽比为2 m×3 m或2 m×2 m为宜。网箱网目8~20目，每亩水面设置30~40个网箱，不超过水体面积的1/4，保证水体有充足的自净能力。网箱可用毛竹打桩固定四角或打桩牵拉钢丝绳，再将网箱四角固定在钢丝绳上。网箱入水深度40~60 cm，可随黄鳝养殖规格不同适度调整。

#### （二）鳝苗及放养

1.苗种来源

目前黄鳝苗种来源有两大途径，为野生苗种和人工繁殖苗种。野生苗种来源复杂，质量不稳定。全人工催产孵化繁殖苗种规格整齐、成活率高、生长快，但目前价格较高，供不应求，仍有待进一步量产。

2.苗种放养

黄鳝池塘网箱养殖和其他鱼不同，需要种植水草，黄鳝苗种需在水草返青正常生长时才可放养。池塘清整消毒后即可设置网箱并在箱中投放水草，清塘药物药性消失后，网箱经过30天左右的浸泡，箱体长出一层附着物，表面变得柔软，水草也开始发芽返青，此时可放养黄鳝苗。这样鳝苗一进入网箱，便有一个适宜的生长环境。

人工繁殖黄鳝苗种捕捞到放养时间短，应激小，通常在3月底4月初气温稳定时即可放养。野生黄鳝苗种从捕捞到放养要经过多道程序，时间长，受捕捞温度和天气变化影响大，过度应激反应导致黄鳝免疫力降低，易发病，一般在气温稳定在26 ℃以上放养较佳，生产上多为天气晴朗的6月底至7月中上旬。

苗种的放养密度依据养殖技术、放养时间和规格而定，但不宜太稀，否则难以驯食成功。5月放养温室炼苗的苗种，密度1.5 kg/m²；6月底到7月初放养常规苗种，密度2.0~2.5 kg/m²。

#### （三）饲养管理

1.黄鳝驯食

人工繁殖苗种一般已经完成驯食过程，只需按要求投喂。野生苗种需要驯食，最适驯食水温为26 ℃左右，一般优质苗入箱后2～3天即开口摄食，苗种下箱后的第2天就可以进行投饵驯食。黄鳝喜食的活饵料主要有水蚯蚓、蚯蚓、小鱼、小虾等，其中以水蚯蚓最佳。黄鳝下箱后可以投喂1周左右水蚯蚓，然后添加蚯蚓和鱼糜，摄食稳定后再添加配合饲料。总体上要根据本地资源选用鳝苗爱吃的鲜活饵料，定时、定点诱食；驯化集中摄食半个月左右，然后不断添加黄鳝配合饲料，完成转食过程。只要没有死鳝，黄鳝开食后摄食量会不断增加，如发现摄食不正常，需要停食检查。

2. "四定"投喂

一是定时，生产上通常为傍晚、天黑前1～1.5小时投喂为宜，既满足黄鳝摄食习惯，也便于天黑前观察黄鳝摄食情况；也可早、晚投喂或早上投喂，建议高温季节饲料投放采用早、晚各1次的方式。二是定位，黄鳝活动能力差，摄食半径约1.5 m，一般要求每2～4 m²设1个食台。食台可用水草铺设而成，食台处的水草要厚密，以有足够的浮力支撑饵料和吃食的黄鳝；也可设置专用食台，四角用4个大小相等的浮子调节，使食台沉入水中5～10 cm。食台周边要有水草掩盖，不要置于完全空白水面，以免饲料飘散或引来水鸟。三是定质，黄鳝是典型的肉食性鱼，动物蛋白质更易消化。以冰鲜鱼和配合饲料混合投喂方式，配合饲料蛋白质水平在40%以上为宜；全部投喂配合饲料，宜选择蛋白质45%～50%、脂肪7%～10%的动物蛋白源为主的配合饲料。市场上黄鳝配合饲料质量参差不齐，要选择口碑较好的饲料。四是定量，每次的投喂量应根据摄食情况而定，调整为八分饱、0.5小时左右吃完为度。黄鳝的最佳食欲温度为26～30 ℃，单纯投喂黄鳝膨化饲料，25 g/尾以上的黄鳝投饵率为2%～4%；冰鲜鱼：饲料为（1～4）：1，投饵率为3%～10%。2 g/尾以下黄鳝苗以水蚯蚓为主，日摄食率为10%～15%。一般喂食配合饲料10天、停喂1天，防止长期过饱食引发胃肠功能失调。

**（四）水质管理**

1. 网箱溶氧管理

黄鳝虽然能在缺氧时呼吸空气，耐污能力强，但水中缺氧对黄鳝生长不利，通常要求网箱内溶氧3 mg/L以上。改善溶氧方法：其一，可在网箱外设置增氧机，增大网箱网目，促进网箱内外水体交换；其二，维护水草正常生长，防止网箱中水草根系腐烂耗氧，加强饲料投喂管理，防止饲料过量沉入箱底耗氧等；其三，水质不良时加强换水或使用增氧剂等改良水质。

2. 网箱氨氮、亚硝酸盐管理

要减少氨氮，其一，减少冰鲜鱼投放，投喂氨基酸平衡的高质量饲料，减少残余饲料的积累；其二，清除网箱或排除池塘底部的沉积物；其三，促进氨氮利用，培藻或泼洒小球藻等加快铵（$NH_4^+$）的利用，保持池塘水体的高溶氧，用光合细菌、硝化细菌加快转化，以促进池塘硝化作用。要做到降亚硝酸盐，最为重要的是增加水体中的溶氧。有机质多的水体平时用芽孢杆菌，在料台局部少量泼洒，快速分解有机质，但芽孢杆菌耗氧，使用后需要增氧。同时，在网箱外合理套养花白鲢等控制藻类密度，促进藻类正常繁殖，吸收水中的氮、磷等营养元素，防止水体富营养化，可变废为宝。

## （五）小结

黄鳝网箱健康养殖，要做到以下几点：一是改大网箱为小网箱，网箱以4～6 m²为宜；二是改小网目为大网目，除5 g/尾以下鳝苗外，网目达到8～20目；三是改深水挂网为浅水挂网，一般以入水40～60 cm为宜；四是改刷网除藻为闷网除藻，通过将网箱堆放，用网布覆盖闷置发酵半个月再晒干，最后轻敲即可将网箱上附着物去除；五是改禾本科牧草为水花生和水葫芦；六是改冰鲜鱼为配合饲料。网箱小，网目较大，水体交换就好，水污染少，改善了养殖环境，从而可单人操作，解决了农村劳动力短缺问题。实现渔业增效、渔民增收、生态环保。

## 四、控温集约化养殖

长江大学动物科学学院的杨代勤等进行了高密度控温无土流水养鳝试验，取得较好效果。

### （一）材料与方法

1. 温室及养鳝池结构

试验温室2个，总面积900 m²，为全封闭采光型温室，内有砖砌水泥池若干个。每个水泥池的规格为0.9 m×0.5 m×0.4 m，池内用水泥抹光。水泥池整齐排列成若干排，池内水深为15～20 cm。水面上固定一块塑料泡沫板，泡沫板的面积约为水泥池面积的1/3固定在池水面中央。泡沫板的作用是遮挡光线，便于黄鳝躲藏栖息。每池均具有单独的进排水管，池底由进水口向排水口方向有一定的坡降，便于池内污物的排出。

2. 鳝种放养前的准备

养鳝水泥池修建好后，需要用水浸泡20～30天；在放养鳝苗前10天，用2 g/m³漂白粉全池泼洒消毒；在黄鳝放养的前1天，将池水放干并彻底洗刷干净，然后灌水15 cm左右。

3. 鳝苗的选购及投放

2004年4月23日投放黄鳝种苗，投放量见表16.1。种苗为笼捕的野生种苗。为保证黄鳝质量，在选择时，挑选体色呈黄色且杂有较大黑褐色斑点的健壮个体。苗种投放前用2%的食盐浸泡5分钟，消毒过程中，需将狂游、翻腹、体色发红、瘫软无力一抓即着、无"紧手感"的鳝苗剔除。

表16.1 控温流水无土养殖黄鳝的试验结果

| 试验点 | 放养尾重（g） | 放养量（kg/m²） | 起捕尾重（g） | 起捕量（kg/m²） | 增重（kg/m²） | 增重率（%） | 成活率（%） |
|---|---|---|---|---|---|---|---|
| 温室1 | 17.2 | 5.2 | 170.3 | 36.7 | 31.5 | 600.5 | 95.5 |
| 温室2 | 18.8 | 6.1 | 182.2 | 44.3 | 38.2 | 626.2 | 97.6 |
| 平均 | 18.00 | 5.65 | 176.25 | 40.5 | 34.85 | 613.35 | 96.55 |

4. 投饲及管理

饲料为自配的粉状配合饲料与新鲜白鲢肉。投食前先将白鲢肉绞碎，然后拌入粉料中，混合均匀并揉成团状，白鲢肉与配合饲料按3：7比例配制，放置在水下投喂。鳝苗入池的前2天不投食，让其充分适应养殖池环境，在第3天开始摄食。经过3~5天诱食，黄鳝可正常摄食。日投喂量为黄鳝体重的4%~6%，每天分2次投喂，9:00左右投喂第1次，19:00左右投第2次。投食前关掉进水和排水阀门，摄食完毕后，适当开大进排水阀门，将残饵及粪便及时排出。

5. 鳝池的日常管理

养鳝池长期保持微流水，流量控制在0.05~0.10 $m^3/h$，每天排污2次，分别在9:30和19:30左右黄鳝摄食完毕后进行。排污时水流量可适当增大。低温季节注意加温，高温季节加强进水以降低水温。确保养殖水温在25~26 ℃，空气温度在28~30 ℃；并且尽量保持室内水温和气温的恒定，避免波动，否则可诱发多种疾病。每天定时巡池，防止老鼠及蛇类侵入，及时清理死亡和体质衰竭的鳝苗，保持进排水系统的畅通。每隔1个月要分级1次，将大、中、小个体分开，以保持每池黄鳝个体大小基本一致。每隔15天泼洒消毒剂对养殖池及黄鳝消毒1次，每隔20天用药饵驱除鳝鱼体内寄生虫。

（二）结果及讨论

养殖试验于2004年11月22日结束，经过7个月、214天的养殖，黄鳝增重率达到613.4%，产量达到40.5 $kg/m^2$，净增重34.8 $kg/m^2$，成活率达到96.6%。

试验结果较池塘网箱养殖及水泥池有土静水养殖效果好，单位面积产量是网箱养殖产量的4~5倍。高密度控温无土流水养鳝改传统的有土养殖为无土养殖、室外养殖为室内养殖、静水养殖为流水养殖，并采取温室控温，养殖环境受外界气温的影响小，冬季可通过人工升温打破黄鳝冬眠，进行常年养殖，延长了养殖时间；同时采取微流水措施，使养殖水体水质清新、溶氧丰富，流水的刺激加快了黄鳝的活动和摄食，使黄鳝生长速度较快、病害发生少。总之，此法具有养殖密度大、生长快、质量高、成本低、起捕方便等的特点，是一种健康、经济、可持续发展的养殖方式。

## 参考文献

别传远，胡振，丁仁祥，等，2022. 仙桃忠善黄鳝繁养案例[J]. 渔业致富指南（5）：26-27.

邴旭文，徐跑，严小梅，2003. 黄鳝的饵料驯化与网箱养殖技术[J]. 渔业现代化，30（5）：22-24.

邴旭丈，2007. 黄鳝生态繁殖及养殖技术（下）[J]. 科学养鱼（12）：12-16.

曹涤环，2022. 黄鳝优质种苗的鉴别[J]. 湖南农业（6）：23.

陈克春，戴晓东，黄根东，2015. 黄鳝池塘网箱人工仿生态繁育技术试验[J]. 水产养殖，36（12）：1-3.

程翠，曲宪成，2010. 黄鳝性逆转研究进展[J]. 湖南农业科学（1）：121-124.

程兴兴，俞震颉，马兆鹏，2023. 恒温帆布池高密度养殖黄鳝试验[J]. 科学养鱼（3）：44-45.

储张杰，2009. 黄鳝性逆转调控途径的研究[J]. 武汉：华中农业大学.

董小虎，欧东升，王红权，等，2023. 黄鳝养殖主要问题及研究策略[J]. 当代水产，48（7）：72，74.

范淼，杨威，孙数，等，2021. 未产卵雌性黄鳝的性转变[J]. 水生生物学报，45（2）：

387-396.

高建军，2007. 黄鳝的养殖技术[J]. 现代农业（11）：69-70.

龚丽贞，2010. 蚯蚓高效养殖技术及其效益分析[J]. 现代农业科技（19）：304-306.

郭灿灿，2011. 黄鳝的网箱繁殖、孵化及仔鳝肠道产酶菌株的研究[D]. 武汉：华中农业大学.

冷国山，林松柏，高加清，等，2016. 黄鳝规模养殖[J]. 湖南农业（2）：26.

李红岗，李旭东，2021. 黄鳝静水无土生态养殖技术[J]. 河南水产（2）：21-22.

李瑾，2003. 黄鳝的生物学特征及养殖技术[J]. 江西饲料（2）：35.

李明锋，2009. 黄鳝生物学研究综述[J]. 现代渔业信息，24（5）：13-18.

李文辉，李永吉，张玲，等，2022. 黄鳝仿生态自然繁殖技术总结[J]. 科学养鱼（5）：10-11.

林易，陆露，2008. 黄鳝人工繁育及网箱稻田养殖技术讲座（一）黄鳝的生物学特性[J]. 渔业致富指南（1）：65-66.

裴琨，吴一桂，苏春伟，等，2020. 小型环道池流水孵化黄鳝苗技术[J]. 水产养殖，41（8）：53-57.

阮国良，杨代勤，2009. 黄鳝规模化繁殖的研究概况[J]. 湖北农业科学，48（4）：1008-1010.

沙先成，沙正月，李进村，2022. 黄鳝网箱养殖技术[J]. 现代农业科技，18：147-149，154.

盛森杰，2023. 黄鳝工厂化育苗与稻鳝共作产业化技术示范探索[J]. 现代农机（2）：80-82.

唐鹤菁，韦朝民，李明邦，等，2022. 黄鳝苗种培育技术要点[J]. 渔业致富指南（5）：52-55.

唐鹤菁，韦朝民，梁越，2022. 黄鳝亲本产卵期培育技术要点[J]. 渔业致富指南（2）：45-47.

万国湲，徐先栋，马本贺，等，2022. 黄鳝苗种感染胃瘤线虫诊断及防治[J]. 江西水产科技（5）：42-43.

王方雨，2006. 池塘网箱和稻田养鳝的生态环境特征及养殖效果分析[D]. 武汉：华中农业大学.

王华，苏鹏，葛明主，等，2023. 黄鳝生态健康高效养殖技术[J]. 江西水产科技（4）：29-31，54.

王烨明，2023. 黄鳝苗种早期培育适宜饲料研究[D]. 荆州：长江大学.

魏震，周定刚，任永林，2008. 黄鳝繁殖生物学的研究现状[J]. 河北渔业（11）：5-7，17.

文峥嵘，罗鸣钟，柴毅，等，2021. 黄鳝出血病研究进展[J]. 湖北农业科学，60（24）：5-10，15.

向丹，文峥嵘，罗鸣钟，等，2021. 黄鳝寄生虫种群生物学研究进展[J]. 生命科学研究，25（6）：493-503.

徐建强，李志涛，赵慧，2022. 黄鳝幼苗大棚培育技术[J]. 科学养鱼（4）：12-13.

徐凯，黄伟，李军，等，2014. 望江县黄鳝网箱生态繁殖试验研究[J]. 现代农业科技

（17）：284-285.

徐志威，2023.一种寄生黄鳝体表水蛭新种的鉴定、分析及防治[D].荆州：长江大学.

杨代勤，陈芳，张喜杰，等，2006.高密度控温流水养鳝试验[J].水利渔业（6）48.

杨海峰，朱涛，樊靖，2016.庭院水泥池黄鳝成鱼养殖技术试验[J].科学养鱼（9）：36-37.

杨文云，顾忠旗，王春华，等，2004.黄鳝性逆转过程中性腺形态学初步观察[J].动物
    医学进展，6：113-115.

杨仲锋，2020.黄鳝"二年段"网箱养殖模式探讨[J].农业开发与装备（5）：236，239.

张闯，符鹏，李双，等，2023.重庆市本土黄鳝全人工繁殖技术研究[J].科学养鱼
    （2）：20-21.

张秋明，荣仕屿，张讯潮，等，2023.黄鳝仿生态人工繁养技术浅析[J].广西农学报，
    38（4）：48-53，65.

周秋白，吴华东，吴红翔，等，2004.产卵与黄鳝性转化关联研究[J].经济动物学报
    （2）：89-91.

周秋白，张文平，余军，等，2022.黄鳝池塘网箱健康养殖技术[J].科学养鱼（2）：46-48.

周燕侠，2006.黄鳝的人工繁殖技术研究[J].南京：南京农业大学.

# 第十七章

# 泥　鳅

泥鳅（*Misgurnus anguillicaudatus*）在鱼类分类学上属鲤形目、鲤亚目、鳅科、泥鳅属。泥鳅被誉为"水中人参"，其味道鲜美，肉质细嫩，营养丰富，"泥鳅钻豆腐"是闻名中外的传统名菜。在医药上也具有较高价值，是我国外贸出口的重要水产品之一。泥鳅是一种杂食性小型淡水鱼类，普遍分布在我国除青藏高原外的各地河川、沟渠、水田、池塘、湖泊及水库等水域中。其适应性强、疾病少、成活率高，且繁殖力强、运输方便、饵料易得，已成为重要的水产养殖品种。

## 第一节　生物学特性

### 一、形态特征

泥鳅为小型鱼类，体前部呈圆柱形，后部侧扁，头小吻尖，口下位，呈马蹄形，须5对（吻须1对，上颌须2对，下颌须2对）。眼小，侧上位，被皮膜覆盖，无眼下刺。鳃孔小，鳃裂止于胸鳍基部。鳞小，埋于皮下，体部无鳞，侧线完全，但不显著，侧线鳞多于150。鳔很小，包于硬的骨质囊内。背鳍和腹鳍相对，具不分枝鳍条2，分枝鳍条7，起点约在前鳃盖骨后缘和尾鳍基部之中点，胸鳍距腹鳍较远，具不分枝鳍条1，分枝鳍条10，腹鳍不达臀鳍，具不分枝鳍条1，分枝鳍条5~6，臀鳍具不分枝鳍条2，分枝鳍条5，尾鳍圆形，尾柄上下窄扁隆起，末端与尾鳍相连。体背及两侧发黄色或暗褐色，随栖息水域环境而有所差异，腹部白色或浅黄色，头、体侧及各鳍均有许多不规则的黑色斑点，尾鳍基底上部有一黑色斑点。

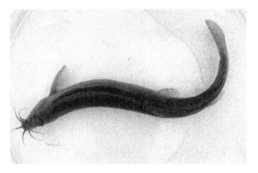

图17.1　泥鳅（彭仁海供图）

### 二、生活习性

泥鳅喜栖息泥质流水或静水水域和沼泽地、稻田等处，常出没于湖泊、池塘、沟渠和水田底部。泥鳅喜阴怕阳，喜浅怕深，白天潜伏在光线微弱的水底，傍晚出来摄食，对环境适应能力强，天旱或不利条件时，钻入泥层，只需保持湿润皮肤，就能维持生命，能利用口吸入空气进行肠呼吸，因此能在缺氧的水体中生活，离水后亦不易死亡。适宜的生活水温为10～32 ℃，最适水温为22～28 ℃；当水温在10 ℃以下或30 ℃以上时，泥鳅活动明显减弱；水温低于5 ℃或高于35 ℃以上时，就潜入泥中停止活动。冬季，泥鳅钻入淤泥20～30 cm处越冬，到第二年春天，水温达10 ℃以上时，才出来活动。

### 三、食性

泥鳅为杂食性，以底栖动物和有机碎屑为主，一般在夜间觅食。体长5 cm以下的鳅苗主要摄食动物性饵料，如轮虫、枝角类、桡足类等浮游动物，体长在5～8 cm时，除了摄食小型甲壳动物、昆虫幼虫、水蚯蚓外，还摄食高等水生植物、藻类和有机碎屑等，以后逐渐变为杂食性鱼类，几乎无所不食，凡水中和泥中的动植物及有机碎屑，都是泥鳅的天然饵料。生长温度为15～30 ℃，适宜温度25～28 ℃。水温下降到10 ℃以下或上升到30 ℃以上时，食欲减退，生长缓慢，水温下降到6 ℃以下或上升到34 ℃以上，呈不食不动的休眠状态。泥鳅多在晚上摄食，在人工养殖时，经过驯养可改为白天摄食。一般情况下，泥鳅肠胃中的食物为其体重的8%～10%；在繁殖季节，摄食量则更大些，泥鳅不同生长阶段的食物是不完全一样的。

### 四、年龄与生长

一般刚孵化的鳅苗，体长约0.3 cm，1个月后长到3 cm左右，半年后长到6 cm左右，第二年底体长可达13 cm，体重50 g左右。据报道，最大个体长达20 cm，重100 g左右。泥鳅全身圆滑，离水后不易死亡。在水温上升、水位上涨的梅雨季节极易逃跑。

### 五、繁殖特性

泥鳅一般二龄成熟，成熟个体雌性大于雄性。泥鳅是一年多次产卵的鱼类，产卵常在雨后夜间进行，有时白天也产。产卵活动期间，泥鳅胆子较大，常到水面上来追逐。4—9月为产卵期，以5—7月繁殖最盛，为多次分批产卵类型，产卵期以水温25 ℃左右时最盛，产卵于淡水水生植物基体上，卵略带黏性，米黄色，半透明。体长8 cm的雌鳅，怀卵量约2 000粒，10 cm的怀卵量为7 000粒，12 cm的怀卵量为12 000～14 000粒，体长15 cm的怀卵量10 000～18 000粒，体长20 cm的怀卵量为24 000粒。卵圆形，卵经1.2～1.5 mm。卵黄色，有黏性，但黏附力不强。

# 第二节　人工繁殖技术

### 一、亲鳅的选择与雌雄鉴别

人工繁殖用的亲鳅一般不易长期蓄养，最好是采集临近产卵期的天然泥鳅经强化培育后进行人工繁殖。采集时亲鳅必须选择2龄以上，体型端正、体质健壮、黏液较多、健康无伤的成熟泥鳅。雌鳅要求体长18 cm、体重30 g以上，腹部膨大柔软、富有弹性；雄鳅要求体长12 cm、体重15 g以上，胸鳍上"追星"明显。

雌雄鉴别是：成熟雌鳅个体明显大于雄鳅，胸鳍宽短、末端钝圆，呈扇形、腹部明显突出，身体呈圆柱形、生殖孔外翻，呈红色。雄鳅体型细小，胸鳍狭长，末端尖而上翘，第二鳍条基部有一骨质薄片，鳍条上有追星。

## 二、人工催产与人工授精

### （一）常用器具

产前必须备齐常用器具。器具品种为直径6 cm的研钵2只，供研脑垂体和精巢之用；容量为1~2 mL的医用注射器数支及4号注射针头数枚，用于亲鳅注射催产剂；解剖剪刀、刀、镊子各2把，用于摘取精巢；毛巾数条，家禽翅膀上的硬质羽毛数支，1 000 mL细口瓶1只，20 mL或50 mL吸管2支，水盆或水桶数只，用于亲鳅产前暂养，白色搪瓷碗数只。

### （二）催产

泥鳅人工催产时间要比天然繁殖晚，要求水温稳定达到20 ℃以上。催产药物一般常用的有：绒毛膜促性腺激素（HCG）、垂体和促黄体素释放激素类似物（LRH-A），剂量为每尾雌鳅注射HCG 300~400国际单位，或鲤鱼垂体1个，或LRH-A 5~10 μg，雄鳅剂量减半。注射部位一般采用背部肌肉注射，也可采用体腔注射，雌鳅注射剂量为0.2 mL、雄鳅0.1 mL，注射深度0.2 cm。注射时间以泥鳅于次日凌晨达到发情高潮为标准。注射后的亲鳅放入2 m×1 m×0.5 m（长×宽×高）的网箱内，每个网箱放亲鳅50组，雌雄比例为1：（1.2~1.5），同时在网箱内放置若干鱼巢。

### （三）人工授精

在临近效应时间时，若发现雌雄亲鳅追逐渐频，有雄鳅将身体蜷曲圈住雌鳅身躯，雌鳅呼吸急促等现象，说明发情高潮来临，此时挤压雌鳅腹部有金黄色卵子流出来并游离，说明可以进行人工授精了。人工授精宜在室内进行，一人将成熟的雌鳅用毛巾裹住，露出肚皮，并轻轻挤压腹部，将成熟卵子挤入干燥的白搪瓷盘中；另一人将配制好的精液浇在卵子上；第三人用手轻摇瓷盘，并用羽毛轻轻搅拌数秒钟后，加入少量清水以增强精子活力，提高受精率。然后将受精卵漂洗几次，放入孵化缸中孵化。

## 三、孵化

在一孵化缸中应放入相对集中在同一时间内的受精卵，卵为无色透明，半黏性。孵化用水要清新，含氧丰富，无污染，溶解氧要求在6~7 mg/L，pH值在7~8，每1 mL水放卵2~3粒。孵化缸中水流量应控制在能把受精卵冲到水面中心处，到接近水面时逐渐向四周散开后逐渐下沉为准。孵化适宜水温为20~28 ℃，最适水温为25 ℃，水温在24~25 ℃时30~35小时可孵化出苗。鱼苗孵化出后应继续在原缸内缓流水暂养，待大部分仔鱼卵黄囊基本消失后，向缸内投喂煮熟的蛋黄，每20万尾1个蛋黄。连喂2~3天后，即可下池转入苗期培育。

# 第三节　苗种培育技术

## 一、池塘条件

苗种培育以土池为好，面积以30～100 m²为宜，池深40～60 cm，池中开挖鱼溜，以利其栖息和避暑防寒，池埂池底夯实，进、排水口设拦鱼网，池底铺垫15～20 cm淤泥层，池中投放浮萍，覆盖面积约占总面积的1/4。

## 二、清塘培水

鳅苗下池前10天，用生石灰120～150 kg/亩带水清塘消毒。消毒后施300～400 kg/亩腐熟的人畜粪作基肥培水，池水加至30 cm。待水色变绿，透明度15～20 cm后，即可投放鳅苗。

## 三、苗种放养

鳅苗出膜第2天便开口进食，饲养3～5天，体长7 mm左右，卵黄囊消失，营外源性营养，能自由平游，此时可下池进入苗种培育阶段。鳅苗的放养密度以800～1 000尾/m²为宜，有微流水条件的可适当增加。注意，同一池中要放养同批孵化规格一致的鳅苗，以确保苗种均衡生长和提高成活率。

## 四、饲养管理

刚下池的鳅苗，对饲料有较强的选择性，因而需培育轮虫、小型浮游植物等适口饵料，用50目标准筛过滤后，沿池边投喂，并适当投喂熟蛋黄、鱼粉、奶粉、豆饼等精饲料。鳅苗体长达到1 cm时，已可摄食水中昆虫、昆虫幼体和有机物碎屑等食物，可用煮熟的糠、麸、玉米粉、麦粉等植物性饲料，拌和剁碎的鱼、虾、螺蚌肉等动物性饲料投喂，每天3～4次。同时，在饲料中逐步增加配合饲料的比重，使之逐渐适应人工配合饲料。饲料应投放在离池底5 cm左右的食台上，切忌撒投。初期日投饲量为鳅苗总体重的2%～5%，后期8%～10%。泥鳅喜肥水，应及时追施肥料，可施鸡、鸭粪等有机肥，用编织袋装入浸于水中，每次用量约0.5 kg/m²；还可追施化肥，水温较低时可施硝酸铵2 kg/亩，水温较高时可施尿素2.5 kg/亩。平时应做好水质管理，及时加注新水，调节水质。当饲养1个多月，鳅苗体长达3～4 cm，开始有钻泥习性时即可转入成鳅养殖。

# 第四节　成鱼养殖技术

## 一、池塘养殖

池塘养殖泥鳅是传统的养殖方式，也是目前最为主要、产量最高、效益最好的养殖方式，可以进行规模化养殖生产。

**（一）场址选择**

泥鳅养殖场址的选择应尽可能达到：水源要充足可靠，水质清新无污染，给排水方便能自灌自排，土质应选择中性或微酸性的黏质土壤，阳光充足，交通便利，电力有保障之地。

**（二）成鳅池的建造**

池塘面积为100~300 m²，在建造成鳅池时，考虑到泥鳅特有的潜泥性能和逃跑能力，池的四周必须高出水面40 cm，选择材料最好是水泥板、砖块或硬塑料板，或用三合土压实筑成。也可用纱窗布沿池塘的四周围栏，纱窗布下埋至硬土中，上高出水面15~20 cm。池深要求80~100 cm。底层要有淤泥20~30 cm，水深保持在30~50 cm。进水口高出水面20 cm，排水口设在池塘正常水平面相平处，排水底口设置在池底鱼溜底部，进、排水口用密网布包裹以防止泥鳅逃跑。为方便捕捞，池中设与排水底口相连的鱼溜，其面积约为池底的5%，比池底深30~35 cm。鱼溜四周用木板围住或用水泥、砖石砌成。

**（三）放养前的准备与放养**

放养前10天，清整鳅池，堵塞漏洞，疏通进排水管道，翻耕池底淤泥。再用生石灰清塘。池水深10 cm时，每10 m²施1 kg生石灰，将生石灰化成浆后立即全池均匀泼洒。清塘3天后，加水30 cm即可施基肥。基肥的用量：鸡粪每10 m²施3 kg；若施人粪、猪粪、牛粪时每10 m²施5 kg；若施化肥每立方米水可施氮素肥7 g，磷肥1 g。用以培养繁殖浮游生物，从而使鳅种下塘后即可摄食天然饵料。鳅种放养前可用8~10 mg/L漂白粉溶液进行鱼种消毒，当水温在10~15 ℃时浸洗时间为20~30分钟。

待消毒药物毒性消失后，每平方米放3~4 cm鳅种50~60尾，水源条件及技术力量好的可适当增加。在泥鳅池中可适当搭养中上层鱼类，如草、鲢、鳙等夏花鱼种，不宜搭配罗非鱼、鲤、鲫鱼等品种。

**（四）饲养管理**

1. 施肥

泥鳅属杂食性鱼类，喜食有机碎屑及浮游生物、底栖动物等。因此，在成鳅养殖阶段，应采取施肥措施来培育天然饵料。除施基肥外，还应根据水色，及时追肥。追肥常用猪粪、牛粪、鸡粪、人粪等农家肥，也可施过磷酸钙、尿素、碳铵等化肥，追肥量视水色而定，一般为基肥的30%~50%。池水透明度控制在15~20 cm，水色以黄绿色为好。

2. 投饵

泥鳅食性广，养殖时除施肥培育水质外，还应投喂配合饲料。泥鳅的食欲与水温有关。当水温在20 ℃以下时，以摄植物性饵料为主，占60%~70%；水温在21~23 ℃时，动植物饵料各占50%；当水温超过24 ℃时，植物性饵料应减少到30%~40%。供泥鳅摄食的动物性饵料有：鱼粉、动物内脏、蚯蚓、小杂鱼肉、血粉等；植物性饵料有：豆粕、菜粕、次粉、麦麸、谷物等。人工配合饲料，一般每天上、下午各喂1次，日投饵量为泥鳅体重的4%~10%。投饵应视水质，天气、摄食情况灵活掌握。水温

15 ℃以上时泥鳅食欲逐渐增强，25～27 ℃食欲特别旺盛，超过30 ℃或低于12 ℃时，应少投甚至停喂饵料。投饵要做到：定时、定点、定质、定量。

### （五）日常管理

日常管理工作主要是：调节水质，要保持池塘水质"肥、活、爽"。水色以黄绿色为佳，每星期换水1～2次；坚持每天巡塘3次，注意池水的水色变化和泥鳅活动情况；定期投喂预防鱼病药物；勤打扫饵料台并定期消毒；发现病害要及时治疗；对进、排水口，塘埂要经常检查，发现漏洞及时修复；在气候环境发生突变时，如天气闷热、气压低、下雷阵雨或连日阴雨时，应注意观察成鳅是否浮头。若浮头严重，应及时冲注新水。做好每日工作记录。

## 二、稻田养殖

### （一）稻田的选择和修建

选择水源充足，不旱不涝，日照良好，不受废水污染、无冷浸、质地松软肥沃的稻田养殖为宜，早、中、晚稻田都可养泥鳅，尤以中稻和一季晚稻增产幅度大。种植的水稻应是矮秆、不倒伏、抗病力强的品种。

稻田面积可大可小，田埂应加高加固夯实，高度以45～66 cm为宜。防逃设施要好，最好用塑料膜或木板、石板、网片等贴于埂的内侧，下端埋入硬泥中。进排水口要设拦鱼设备，防止泥鳅钻逃和野杂鱼进入。可用规格为宽90 cm、高45 cm用竹篾类编织成孔隙为2 mm的拱形栏栅，既不会使鱼外逃，又增加了进水面积，有利于控制养鱼稻田的水位，免致大雨漫埂。禾苗返青后，将稻田田角的稻株移栽在同田的其他行中或另田定植，腾出空地开挖鱼沟，小田开"田"形，大田可在田边开鱼沟，再在田中开"井"形鱼沟；沟宽33 cm、深26 cm或至硬度层，沟的交叉处开长100 cm、宽66 cm、深75～100 cm的鱼溜，以供泥鳅在晒田时栖庇；要做到沟沟相通、沟溜相连，沟溜面积占稻田面的5%～10%。

### （二）放养

插好秧、开好沟、安装好栏栅后，还需要施足基肥、培肥水质、繁育饵料生物。方法是在沟溜中用干燥或新鲜牛粪、猪粪、鸡粪、稻草和米糠等混合铺10～15 cm厚，再盖一层泥土。当稻田水中浮游生物多，对泥鳅鱼种生长有利时，即可放养泥鳅鱼种。泥鳅苗可人工繁殖培育或从天然和养殖水域零星捕捞收集，但放养规格大小要求基本一致，一般每亩稻田放养尾重2～5 g的小泥鳅60～120 kg，或每亩放10 cm以上泥鳅鱼种2万尾左右。如果是不投饵料的粗放养殖，放养数量则相应减少。

### （三）饲养

泥鳅在稻田中主要摄食水蚤、蚯蚓、摇蚊幼虫等，施肥能促使天然饵料生长，较投饵经济有效。施肥应先发酵，少量多次使用，水质太肥则不施，与池塘养鱼标准相同。放养密度高的稻田，应加投豆浆、面粉、米糠、豆渣、麦麸、青菜碎叶、蚯蚓、蝇蛆或鱼用配合饲料。投饵每天上午下午各1次，日投量为泥鳅体重的5%，并根据吃食情况增减。要设几个固定的投饵点，以减少饵料浪费和便于观察。

### （四）病害的防治及管理

放养鳅苗前10天，每亩用生石灰20 kg化浆全田遍洒消毒；鳅苗用3%的食盐水浸洗5～10分钟后入田；养殖过程中每隔1个月左右用漂白粉1 mg/L浓度遍洒1次。

稻谷增产鱼丰收的关键是鱼不逃走水不干涸。平时的田间管理，完全按水稻生产的常规要求进行，但除草不能频繁，必要时除1次即可。水深保持3～4 cm为好，特别在大雨时要防止洪水漫埂，注重田埂或栏栅周围出现漏洞。要勤观察，发现问题及时处理。

养泥鳅田对施基肥和农家肥无特殊要求，氨水只作基肥；若要用尿素、硫酸铵等作追肥，则应少量多次进行，要控制用量，每亩每次使用尿素4～5 kg或硫酸铵5～7 kg。一次施半块田，并要注意不要直接撒在鱼沟和鱼溜内。

稻禾出现病害时，应选用高效低毒农药。如杀虫脒、乐果、稻瘟净、磷胺等，并按常规剂量使用，切忌任意加大用量，要禁用除草药剂。从安全上考虑，施药前要加深田水6～9 cm。粉剂宜在早晨带露水时施用，水剂宜在晴天露水干后喷施，要尽量喷洒在稻禾的叶面上，避免粉、液直接喷入水中。

在割稻前，当田水放干后，泥鳅聚集到鱼溜中时，用抄网捕捞。钻入鱼溜周围泥中和底泥中的泥鳅，要用铁锹挖出。

## 三、网箱养殖

### （一）网箱的规格与设置

网箱可以设置在池塘、水库、河沟中，网箱一般呈线型排列，箱与箱相隔一个网箱宽度，网箱可用聚乙烯材料制作，网目大小以泥鳅种不能钻出为准。网箱可大可小，一般不宜超过30 m²，网箱高度在1.8 m左右。网箱框架为竹竿搭制，箱边相隔1～1.5 m用一根竹竿固定，直接固定于水中，网箱水下部分位1.5 m，水上0.3 m，箱底距塘底约0.5 m。泥鳅苗种放养前15天安置网箱，使网箱壁附着藻类，并移植水花生、水葫芦等漂浮植物，飘浮植物占网箱面积1/3，每亩水面放置的网箱面积总和为30 m²左右。

### （二）苗种放养

泥鳅苗种规格为25 g/尾，平均放养1～1.5 kg/m²。在投放网箱前经严格筛选，确保无病无伤，游动活泼，体格肥壮，鱼种规格尽量保持一致，并用3%的食盐溶液浸洗5～10分钟，再投放网箱中。

### （三）饲养管理

泥鳅属杂食性鱼类，整个养殖过程中，以专用颗粒饲料为主，每天投喂2次，上、下午各1次。鱼种入箱后停食1天，第二天开始投喂，平时日投喂量占鱼体重3%～5%，视鱼的生长、吃食、天气情况等因素酌情增减。

### （四）日常管理

每天早晚巡塘，检查网箱有否破损，泥鳅活动是否正常；清除过多水花生，使水花生网箱面积控制在1/3左右。7—8月高温季节，维持水花生占网箱面积的1/2。

## 四、捕捞、暂养和运输

### （一）捕捞

在池塘的排水底口外套张网，随着水从排水口流出，泥鳅慢慢集中到集鱼坑中，并有部分随水流出到张网中，再用水冲集鱼坑使泥鳅集中于张网中。若在放水同时在集鱼坑之外池塘中，每亩水面用5~6 kg，在火中烤3~5分钟后取出，趁热研成粉末，再用水浸泡3~5小时的茶枯泼洒驱赶泥鳅使其快速到集鱼坑中，则捕捞效果更佳。

### （二）暂养

泥鳅起捕后，不论是内销还是外运都必须放在鱼篓、网箱、水缸或水泥池中用清水（不投饵）暂养数天。其目的是：排除体内粪便，提高运输成活率；除去泥鳅肉质的泥腥味，改善食用口味；将泥鳅集中于一处，便于成批起运。

### （三）运输

成鳅的皮肤呼吸和肠呼吸功能很强，运输较方便。近程运输可采取干法运输，即把泥鳅装在容器内，保持皮肤湿润就可作近距离运输；中程运输可用木桶或运鱼大篓装运，一般1 kg水可装运1~1.5 kg泥鳅，气温在15 ℃时，可装运5~8小时；远程运输则应采用降温运送，即把鲜活的泥鳅置于5 ℃左右的冷藏车控温保温运输。

# 第五节　常见病害防治

## 一、病毒性疾病

### （一）泥鳅痘疮病

1. 症状和病因

为有囊膜的DNA病毒，与鲤疱疹病毒近似。发病早期在患病泥鳅体表出现白色小斑点，并覆盖一层很薄的白色黏液。随着病情的发展，白色斑点逐渐增多、扩大和变厚，严重时融成一片，形成增生物。增生物不转移，性状、大小各异，凸起0.5~5 mm，表面初期光滑，后来变粗糙，呈玻璃样或石蜡样。泥鳅感染此病后，其生长受到抑制而消瘦，游动迟缓，严重时死亡。此病流行于秋末和春初的低温季节，通过鳅体接触传播，蛭类可能是传播媒介。当水温升高到15 ℃以上时，患病轻的泥鳅会逐渐自愈。

2. 防治方法

（1）严格执行检疫制度，不从疫区购进泥鳅苗种。

（2）彻底清塘，适时更换新水，保持优良水质，加强饲养管理，进行综合预防。

（3）第1天用苯扎溴铵溶液全池泼洒，用量为每立方米水体0.1~0.15 g，第2天每立方米水体用复合碘溶液0.1 mL，全池泼洒，有一定疗效。

## 二、细菌性真菌性疾病

### （一）赤鳍病

1. 症状和病因

由短杆菌感染所致。病鳅鳍、腹部、皮肤及肛门周围充血、溃烂、尾鳍、胸鳍发白腐烂。

2. 防治方法

用1 mg/L浓度的漂白粉全池泼洒；或0.5 mg/L浓度溴氯海因全池泼洒；或用10 mg/L浓度的四环素溶液浸洗12小时。发病鱼用10～50 mg/L的土霉素溶液，浸洗10～15分钟，每天浸洗1次，连续浸洗5天。

### （二）打印病

1. 症状和病因

由嗜水产气单胞杆菌寄生所致。病鳅病灶浮肿、红色，呈椭圆形、圆形。患处主要在尾柄两侧，似打上印章。

2. 防治方法

用0.5 mg/L浓度的溴氯海因全池泼洒可达到治疗目的。用1 mg/L的漂白粉或2～4 mg/L的五倍子进行全池泼洒；或用漂白粉和苦参交替治疗法：第1天泼洒1.5 mg/L漂白粉，第2天用5 mg/L苦参熬成的溶液全池泼洒，连续3次交替，用药6天；对患病成鳅还用2%浓度的苯酚或漂白粉直接涂于患处。

### （三）水霉病

1. 症状和病因

由水霉、腐霉等真菌感染而致。此病大多因鳅体受伤，霉菌孢子在伤口繁殖，并侵入机体组织，肉眼可见发病处长有白色或灰白色棉絮状物。

2. 防治方法

用1 mg/L的高锰酸钾浸洗20～30分钟，连续用2～3天；或用400 mg/L的食盐加400 mg/L的小苏打浸洗1小时，对病鳅池可用0.1～0.15 mg/L浓度的高锰酸钾全池泼洒；用2%～3%浓度的食盐水浸洗病鳅5～10分钟，也可用医用碘酒涂于鳅病灶上。

## 三、寄生虫性疾病

1. 症状和病因

主要是由车轮虫、舌杯虫和三代虫等寄生虫所致。病鳅身体瘦弱，常浮于水面，急促不安。或在水面打转，体表黏液增多。

2. 防治方法

（1）车轮虫病预防措施是用生石灰清塘，在鳅种放养前用7～8 mg/L硫酸铜溶液浸洗15～20分钟。治疗可用0.7 mg/L硫酸铜和硫酸亚铁（5:2）合剂全池泼洒，或用30 mg/L浓度的福尔马林溶液全池泼洒，或用0.5～0.7 mg/L晶体敌百虫全池泼洒。

（2）舌杯虫病预防措施为用生石灰清塘，以及在鳅种放养前用8 mg/L硫酸铜溶液浸洗15～20分钟。治疗可用0.7 mg/L硫酸铜和硫酸亚铁（5:2）合剂全池泼洒。

（3）三代虫病预防措施用生石灰清塘杀虫，在鳅种放养前用5%食盐溶液浸洗5～10

分钟。治疗用2~3 mg/L的高锰酸钾，或用0.5~0.7 mg/L的晶体敌百虫溶液全池泼洒。

### 四、其他病害

#### （一）环境、营养不良引起的疾病

曲骨病因孵化时水温异常，以后的饲养中又缺乏维生素而致，防治方法是保持适宜的孵化水温并在饲料中添加各种维生素。气泡病因水质变化，水中氮气或其他气体过多所引起。所以，在培育鳅苗时，应避免投饵过多或用肥过量，多加注新鲜水。

#### （二）生物敌害

水蛇、鸟、凶猛鱼类、青蛙、水鼠、黄鳝、鳖、水蜈蚣、红娘华等，用相应的方法赶跑或者杀死。

#### （三）非生物敌害

主要是农药中毒，尤其在稻田养鳅时，为防治水稻病虫害常使用各种农药，但为兼顾稻田养殖的泥鳅，必须选择低毒、高效、低残留农药，禁用剧毒农药。

## 第六节　加工食用方法

### 一、红烧泥鳅

#### （一）食材

大泥鳅10条。大蒜头（整颗，不是蒜泥）10个、蒜片5片、辣椒（干的或新鲜的）3个、葱花少许。

#### （二）做法步骤

（1）热锅热油下姜片爆香。

（2）放入沥干水分的泥鳅和大蒜头煸炒。

图17.2　红烧泥鳅（图来源于网络https://www.xiachufang.com/recipe/105978470/）

（3）煸炒5分钟左右至泥鳅断生有点焦黄的时候，倒入生抽、老抽，少许盐和糖，辣椒，继续煸炒1分钟上色，再倒入一点水，水不要太多，不然泥鳅焖得太熟会影响口感。

（4）汤汁收得差不多的时候出锅（不要太干，稍微留点汤汁更好吃），撒上葱花即可。

### 二、辣椒炒泥鳅

#### （一）食材

泥鳅400 g。大蒜少量、红辣椒1个、姜少量、干红椒适量、生抽少量、盐适量、鸡精适量。

#### （二）做法步骤

（1）泥鳅滴几滴油养一夜，冲洗干净。

（2）泥鳅冷水下锅，加盖开火，烫死；泥鳅冲冷水，把身上的黏液洗净，去腥；锅洗净备用。

（3）姜、蒜切末、红椒、大蒜切好备用，切好的干辣椒、蒜片备用。

（4）热油，炸泥鳅，炸至金黄色定形，盛出待用。

（5）加入姜、蒜、红辣椒、大蒜、炒香。加泥鳅，快炒，加盐、生抽、干红椒、大蒜叶，翻炒几下，加鸡精起锅。

图17.3　辣椒炒泥鳅（图来源于网络 https://www.xiachufang.com/recipe/104193510/）

### 三、炖泥鳅

#### （一）食材

泥鳅1 kg、葱1根、姜8片、蒜7瓣、红干尖椒4个、香叶2片、八角2个、海天黄豆酱80 g、香菜1根、盐适量、油适量、料酒或白酒适量、老抽适量、陈醋适量。

#### （二）做法步骤

（1）泥鳅买回来后放些清水养一会，这段时间可以准备调料。

（2）用盐撒法去除黏液和土腥味，一手撒盐一手盖锅盖，搅动10分钟后倒掉盐水。

（3）锅中水开后，盐水处理的泥鳅控干冲洗干净后，倒入开水中，烫掉皮上的黏液，捞出洗净。

图17.4　炖泥鳅（图来源于网络 https://haokan.baidu.com/v?pd=wisenatural&vid=482469779420713371）

（4）起锅油热葱姜蒜爆香，放入洗净的泥鳅翻炒一下，加入料酒、老抽、陈醋再次翻炒，放黄豆酱、清水、八角、大料、香叶、干尖椒、食盐翻拌一下，把黄豆酱打撒，盖上锅盖大火开炖（水要没过泥鳅1 cm左右）。

（5）炖至汤汁浓稠（20分钟左右），开始收汁，注意不要煳锅。

（6）放些香菜提味，装盘出锅。

### 四、干炸泥鳅

#### （一）食材

泥鳅0.5 kg、鸡蛋、面粉、玉米淀粉、食用油、葱姜、胡椒粉、盐。

#### （二）做法步骤

（1）泥鳅洗净，去内脏和头备用。

（2）60°左右的温水，再烫一下。可以去除表面黏液，而且可以进一步去腥。

（3）放入葱姜，胡椒粉和盐拌均匀，腌制0.5小时左右。

（4）面粉、淀粉和鸡蛋放到碗里，搅拌均匀后

图17.5　干炸泥鳅（图来源于网络 https://image.baidu.com/search/detail?ct=503316480&z=0&ipn=d&word=干炸泥鳅照片&hs）

再加约5 g的食用油拌成酥炸糊，腌好的泥鳅去掉葱姜，倒入面糊中均匀地挂上糊。

（5）油温五成热，入锅炸至表面变黄捞出。

（6）油温回升到六成热，入锅再稍微炸一会儿，炸到表面酥脆捞出即可食用。

## 五、椒盐泥鳅

### （一）食材

泥鳅20条（8～10 cm长的）、青葱2根、姜5 g、蒜5 g、干椒5个、食用油适量、盐适量、料酒10 mL、椒盐适量。

### （二）做法步骤

（1）买来活泥鳅在盆中放水暂养1～2天，水中滴1匙食用油，使其吐净肚中沙污，中途换水1～2次。

（2）空锅烧大热，用篓捞起水中泥鳅迅速投入热空锅里，同时急速盖上盖，泥鳅全部死后，清除内脏，洗净备用。

图17.6 椒盐泥鳅（图来源于网络https://www.xiachufang.com/category/1001444/）

（3）锅洗净重新置火上，加食用油，油热五成时（手放在油上空，感觉有点温热），放入泥鳅，炸至表面凝固捞出，继续让锅中油温升至七成，再次放入泥鳅复炸至表面焦香，体呈金黄色，捞出摊晾控油。

（4）青葱、姜、蒜分别切成末，干椒切成小细圈。

（5）锅中留些许刚炸泥鳅的油，中大火加热，下姜蒜椒末爆香。

（6）倒入炸泥鳅，盐，料酒翻炒，最后再撒入椒盐拌匀，加重泥鳅的味道，关火，盛起泥鳅。

## 六、泥鳅焖豆腐

### （一）食材

老豆腐1盒、泥鳅0.5 kg、姜适量、葱适量、料酒少量、盐适量、生粉适量、干辣椒适量、豆瓣酱适量、辣椒油适量、花椒油适量、白糖适量、生抽适量、辣椒粉适量、青红椒丁适量、香菜适量。

图17.7 泥鳅焖豆腐（图来源于网络https://baike.baidu.com/pic泥鳅焖豆腐/8074378/1/）

### （二）做法步骤

（1）黑豆腐去包装盒，切小块备用。

（2）泥鳅开水烫过后把内脏清洗干净切成段，加姜、葱、料酒、盐腌制15分钟。

（3）泥鳅拍上生粉下锅炸，炸到金黄色捞出备用。

（4）起锅烧油，加葱姜干辣椒爆香，加入豆瓣酱炒出红油，再下辣椒油、花椒油、料酒、生抽、盐、白糖加水煮开。

（5）下入泥鳅和豆腐盖上锅盖焖5分钟后撒上辣椒粉，生粉兑水勾芡，再加上青红椒丁点缀，出锅撒上葱花和香菜，泥鳅焖豆腐就做好了。

### 七、黄焖泥鳅

图17.8　黄焖泥鳅
（彭仁海供图）

#### （一）食材

泥鳅600 g、黄酒10 g、云腿50 g、精盐10 g、蒜瓣100 g、味精3 g、葱30 g、白糖12 g、姜50 g、肉清汤500 g、甜酱油20 g、熟猪油1 000 g（约耗100 g）、酱油10 g。

#### （二）做法步骤

（1）分别把每条活泥鳅用剪刀从腹部挑开，清除内脏，放入容器，加精盐5 g、黄酒拌匀，腌约10分钟，云腿切为细条，葱切为寸段，姜切为片。

（2）炒锅置旺火，注入熟猪油，烧至六成热，放入泥鳅，炸至淡黄色，用漏勺捞出。再将蒜瓣放入炸出香味捞出，与泥鳅一齐放入砂锅内。

（3）炒锅置中火，注入熟猪油20 g，烧至七成热，放入葱、姜炝锅，再放入云腿、酱油、甜酱油、白糖、精盐5 g、胡椒粉炒香，注入肉清汤烧沸，舀去浮沫，倒入装有泥鳅的砂锅中。

（4）砂锅上旺火烧开，移至小火上炖30分钟（盖上盖子）。待汁水收至快干时，加入味精，拣去葱、姜，盛入盘中即成。

# 第七节　养殖实例

## 一、庭院养殖

湖南省沅江市农业农村局的曹立耕就庭院如何养殖泥鳅进行了总结，具有很好的借鉴价值。

### （一）池塘条件

庭院池塘养殖泥鳅要因地制宜，池子最好建在阳光充足、水源好的地方，可挖泥池或用砖砌池。一般面积为60～100 m²，池深70～100 cm，水深40～50 cm，泥池的池壁须用砖或石块浆砌，做到坚固、耐用、无漏洞。砖砌池池底铺20～30 cm肥沃黏土，以利天然饵料的繁殖和泥鳅钻潜栖息。池对边要设进出水口，进水口要设有过滤设施，一般用聚乙烯网布安装在进水口处，出水口建栏鱼设施。

### （二）培肥水质

放养前1个月进行清塘，每亩用生石灰50 kg化浆全池泼洒后，注入新水50 cm。放养前应施足基肥，每100 m²水面用干鸡粪40 kg左右，均匀撒在池内，或者在池塘边四角堆上鸡、鸭、猪粪等有机肥，每100 m²施25～30 kg，经常翻动，使其肥分充分分解扩散全池，促进浮游生物大量繁殖，水体透明度达到20 cm为宜。施肥后3～5天，放养前清池消毒后，鳅种即可下塘。

### （三）鳅种放养

目前人工养殖的苗种主要来源于野生捕捞，如果有人工繁殖培育的种苗更好。鳅种要求规格大小一致，体长3 cm以上，活泼健壮的鳅种，每千克200尾左右，春季水温15 ℃以上时开始放苗，每亩放3 cm以上的泥鳅苗2.5万～3万尾。鳅种放养时用3%食盐水浸泡10分钟消毒，以杀灭病菌和寄生虫。于晴天放养，每平方米水面放养350尾（约500 g）。

### （四）定量投饵

泥鳅属杂食性鱼类，饵料来源广，诸如水蚤类、丝蚓、豆饼、米饭、菜叶等均可作饵料。投饵量随季节而异，一般4—5月投鳅总重量的3%～4%；6—9月为8%～10%；10—11月3%～4%。每天分2次，早、晚各1次，定点投喂，以2小时食完为宜，防止投喂过多，否则会出现胀死。秋末，留池的小规格和亲鳅已进入越冬期，可向池中适施基肥，以利越冬。

### （五）日常管理

泥鳅养殖，采用大量投饲精料的方法，水质极易过肥，管理不好会水质变坏。所以，每10～15天加注10～15 cm新水1次，以保持水质良好，特别是在雷雨天、闷热天气时，若发现泥鳅不停地在水面上下窜动或浮头，说明水中缺氧，易泛池死鱼，应立即注新水，或开动增氧机增氧。平日注意巡塘检查进出水口处防止外逃。盛夏水温高，要搭棚遮阴避暑，水面养些水生植物，有条件的可引入微流水更好。平时注意每日巡塘，堵塞外逃。

### （六）捕捞上市

由于泥鳅具有钻入泥内越冬的习性，且泥鳅在5 ℃以下会停止摄食，因而捕捞泥鳅要选择在入冬前进行。除采用设置集鱼坑、集鱼道及固定投饲场所张网捕捉外，还可用炒过的米糠或鳗鱼粉等置于虾笼中，傍晚时置于投饲场或较隐蔽处，晨间收起；也可于排水口外系网或张网，夜间排水，并由注水口不断注水，约可捕获60%的泥鳅。用须笼捕鳅时，在须笼中放入可口味香的面粉团，然后放入池底，0.5～1小时拉上来检查一次，拉时收拢袋口，以免泥鳅逃跑，多放几个须笼，起捕率可达50%～80%。

## 二、池塘主养

长春市水产品质量安全检测中心的郭贵良等2016年在吉林省中部地区试验养殖了大鳞副泥鳅，取得了很好的效果。

### （一）材料与方法

1. 池塘选择

池塘面积10亩，池塘之间互不相通。水源充足，注排水方便，水质清新无污染。池塘底部淤泥厚度10 cm左右，水深最大可达2.5 m以上。道路电力等基础设施完善，池塘配置3.0 kW的增氧机两台。

2. 池塘消毒

将准备进行试验养殖的池塘在上一个养殖周期（2015年）结束后排干池水，让池底经过一冬季的彻底冷冻、暴晒。

2016年5月10日，将准备试验养殖的池塘注水，进排水口均设置防逃网罩。在池水深达10 cm左右后停止注水，将2 000 kg的生石灰化成石灰乳全池泼洒消毒。清塘消毒后，坚持每天早晨日出前后巡塘，及时捞出蛙卵，以免蛙类大量繁殖，影响泥鳅的驯化和生长。5月20日，将池水注到100 cm左右深。

3. 鱼种投放

5月28日，将在广东省提前培育好的平均体长5.1 cm的大鳞副泥鳅35万尾放入养殖池内。鱼种规格一致、体表光洁、肌肉丰满、无伤无病、游动活跃、争食凶猛。为控制水质，搭配平均规格为160 g/尾的白鲢鱼种2 000尾。苗种放养前用3%的食盐水浸浴消毒。

4. 投喂

一是投喂方式，由于大鳞副泥鳅比较懒惰和喜欢在池边游动，为保持大鳞副泥鳅长势均匀，采用沿池塘四周均匀抛撒饲料的方式进行投喂。二是饲料选择，放苗后的前一个月投喂粉料和小破碎饲料，一个月后开始饲喂小粒径浮水料。饲料是正规厂家的泥鳅专用料。三是投喂数量，每天投喂量根据天气、温度、水质等情况随时调整，日投喂量为大鳞副泥鳅体重的4%～8%。四是投喂次数，按照少量多次的原则，每天投喂5次，分别为7:00—8:00、10:00—11:00、13:00—14:00、16:00—17:00、19:00—20:00，投喂量占日投喂量的比例为1.5：1.5：2：2：3。

5. 养殖管理

一是栽植蕹菜，6月10～15日，在池塘水面架设浮架种植蕹菜，使蕹菜占池塘面积的1/5左右。蕹菜不仅能吸收池水中多余的营养物质，清洁水质，还可以为泥鳅遮阳、降低水温，吸引水生昆虫作为泥鳅活饵料。二是设置防逃网，在养殖池内离岸30 cm左右的四周用夏花网布围成一圈封闭的围网，围网下部埋于池底泥下10 cm左右，上部高于水面50 cm左右。使泥鳅不能靠近池壁，首先可以预防老鼠和蛇等生物对泥鳅的危害，再则可以防止泥鳅逃跑，从而可以提高泥鳅的养殖成活率。三是坚持巡塘，平时坚持早、中、晚巡塘，以便及时了解大鳞副泥鳅的摄食情况，及时捞出死鳅、残饵等，防止破坏水质、传染疾病等，同时填好养殖生产记录。大鳞副泥鳅逃逸能力很强，平时注意检查防逃设施是否完整，塘埂是否渗漏等，尤其在暴雨、连日大雨时加强防范。四是调节水质，养殖过程中，6月水深控制在1.0～1.5 m，7—9月水深控制在1.5～2 m。水色保持为黄绿色，透明度控制在15～25 cm。平时注意及时加注新水和开增氧机进行增氧。

6. 病害防治

首先做到无病先防、有病早治。在养殖期间，每20天用生石灰消毒1次，每次每亩用生石灰15～25 kg，化成浆后全池泼洒。其次，在鱼饲料中每15天添加抗菌、消炎药物1次。同时添加一些维生素C和维生素E，以提高大鳞副泥鳅的抗应激能力。

（二）试验结果

养殖期间一切正常，9月末开始出池销售。经过120多天的养殖，总净产大鳞副泥鳅商品鱼10 500 kg，白鲢商品鱼1 300 kg。大鳞副泥鳅成活率86%，平均体重35 g/尾。总产值262 000元，总利润112 000元，投入与产出比1：1.75。

平均亩净产大鳞副泥鳅1 050 kg，白鲢商品鱼130 kg。亩产值26 200元，亩纯利11 200元。

### （三）讨论

（1）通过一年来对大鳞副泥鳅的试验养殖，证实大鳞副泥鳅完全可以在东北寒冷地区进行养殖，并且在技术运用合理的情况下，完全可以取到很好的养殖效果。

（2）为了保证苗种质量和提高大鳞副泥鳅的养殖成活率，采取在南方提前定向培育苗种的方法，保证投放体长5 cm左右的大规格大鳞副泥鳅鱼苗，取得养殖成活率达到86%的养殖效果。

（3）在7—9月高温季节，采取无病先防、有病早治的策略。每20天用生石灰消毒一次，并且每15天在鱼饲料中添加抗菌、消炎药物一次，同时添加一些维生素C和维生素E投喂，养殖期间未发生病害。

（4）泥鳅对饲料的营养要求较高，选用正规厂家的、蛋白质含量为36%的大鳞副泥鳅专用膨化饲料，采用少量多餐的投喂方法，每天投喂5次，对泥鳅生长具有比较好的效果。

## 三、稻田养殖

安徽省蚌埠市水产技术推广中心的汤二红，在安徽省蚌埠地区开展泥鳅稻田养殖，实现稻渔种养模式多样化，取得较好经济效益，规避了稻渔发展以虾为主模式单一市场风险。

### （一）稻田选择和田间建设

#### 1. 稻田选择

选择面积15亩，长方形，长宽比为5：3，周边无污染，水源充足、水质好、排灌方便、保水能力强的稻田。

#### 2. 田间工程

在稻田田埂内侧1 m处沿四周开挖环型沟，沟深1.2 m、宽3.5 m，坡度比1：1，环沟长度取决于沟的面积，不超过稻田总面积的10%。没开挖环沟的地方留在田埂靠近路边位置作为机耕道，便于机械收割播种。田块横向每隔20 m开30 cm深的浅沟，沟宽50 cm，与周边环沟连接，以便泥鳅能从不同方位进入稻田活动和觅食，需要烤田时泥鳅能洄游到沟内，环沟与浅沟呈"用"字形。

#### 3. 防护设施

防护材料选择聚乙烯网片，网片规格10目，高70 cm以上，沿田埂四周填埋，网片埋土的深度为15 cm，网片每隔3 m用细的毛竹加固。防护设施的主要作用是防止雨天泥鳅外逃和敌害进入稻田。在田块上方架防鸟网，防鸟网离稻田高度3 m以上，防鸟网材料也选择聚乙烯网片，网目直径10 cm。

#### 4. 进排水设施

进水用PVC管连接，直径30 cm，管子一端连接水渠进水口，进水口前部安装过滤栅，过滤栅用直径0.6 cm的钢筋焊接，栅的缝隙0.5 cm，起着阻挡杂草、野杂鱼等功能；管子进入田地另一端用网片固定，网片做成直径40 cm的筒型，筒长4 m以上，网目规格40目。排水口设在环沟最低处，底部预埋直径30 cm PVC管子连接到排水沟，稻田一侧管口连接直角弯头，弯头上连接垂直的管子，管的高度1.2 m，管的上端装上过滤网罩，当水位超过设定的高度，水自动溢出，需要排干池水，将管子拔掉，在管口放上防逃设备即可。

**（二）泥鳅放养与管理**

1. 苗种投放

投放时间6月25日，插秧后15天，秧苗返青，放养品种选择台湾泥鳅，放养规格5 g，每亩放养量1.5万尾，共计75 kg，沿环沟分散投放。放养苗种要求体表光滑，黏液丰富，体色一致有光泽，无异样斑点，无伤病，游泳迅速，逆水力强，规格一致。投放前用聚维酮碘溶液浸泡10分钟，浓度为3 mg/L。

2. 投喂

泥鳅苗种投放3天后开始驯化投喂，驯化前期每天2次，上午和傍晚各1次，沿环沟四周投喂饲料，开始少量投喂，避免浪费饲料，污染水质；驯化1周左右，泥鳅养成到环沟集中吃食的习惯，每天投喂改1次，傍晚投喂。在环沟不同地点，设置饲料吃食情况观察点，观察点用聚乙烯网片做成食台，食台做成圆形，直径1.2 m，放在水面下50 cm处。食台上投喂饲料量与环沟其他地方量一样，投喂半小时后观察，如果吃完，则增加饲料量。投喂过程中根据天气、水质、水温等多项参数调整饲料投喂量、投喂时间。泥鳅的摄食量与水温密切相关，6月日投喂量为泥鳅总体重的4%，7—8月日投喂量为泥鳅总体重的1.5%，9—10月日投喂量为泥鳅总体重的4%。投喂饲料是泥鳅专用硬颗粒饲料，饲料蛋白质含量为30%。泥鳅能摄食田间小型昆虫，为增加捕食虫量，在稻田边安装太阳能灭虫灯5盏。

3. 水质管理

养殖前期，水质较瘦，为防止青苔等藻类大量繁殖，施用生物肥肥水，同时培育天然饵料供泥鳅摄食。定期泼洒EM生物制剂进行水质调节，生物制剂具有无残毒、不污染水质、抑制或杀死有害菌、提高动物免疫力、改善水质等优点。高温季节，水质变化较快，为防止池水过肥和老化，每天补充新水，补水量与消耗量一致，每半月换水1次，每次换水量为1/10，池水透明度保持在30 cm。

4. 水稻管理

选择抗病、耐肥、抗倒伏、紧穗型的粳稻品种。6月3日，田块施足腐熟有机粪肥或生物肥，然后上水至田面上，待田土泡透后，进行提浆、整平、灭茬，6月10日插秧机插秧。水稻行株距为30 cm×18 cm，每亩栽插1.3万～1.4万穴。分蘖肥每亩施用尿素3～5 kg，抽穗肥每亩施用尿素8～10 kg、氯化钾10～15 kg，灌浆期每亩施用磷酸二氢钾250 g加尿素500 g。

水稻病害主要有稻瘟病、纹枯病、白叶枯病、细菌性条斑病，虫害有三化螟、稻纵卷叶螟、稻飞虱等。防治病虫害选择低毒、高效的生物农药喷施。喷药时，喷头向上对准叶面喷施，不要把药液喷到水面，并采取加高水位降低药物浓度的方法，或采取降低水位只保留浅沟有水的办法，防止农药对泥鳅产生不良影响。喷雾药剂宜在稻叶露水干之后喷施，而喷粉药剂宜在露水干之前喷施。

5. 日常管理

一是防逃，每当雨天，特别是暴雨天，注意田埂四周有无水流入稻田，一旦有水流入形成水流，要及时堵住，否则泥鳅会顶水而逃。经常检查排水口过滤网罩是否堵塞和破损，发现问题及时解决。二是防病，定期对水体进行消毒，每隔15天用生石灰和强氯精消毒1次，注意两者交替使用，生石灰每亩用5 kg，强氯精使用浓度为0.3～0.4 mg/L。发生赤皮病，泼洒0.3 mg/L聚维酮碘，严重时连续泼洒3天，每天1次。三是起捕，在水稻稻谷收割后进行，10月中旬开始缓慢降低田块水位，逐渐将田块水放干，让泥鳅聚集于环沟之中，用地笼起捕上市，晚上捕获率高，每隔10 m放1个地笼。当水温低于15 ℃时泥鳅活动能力下降，可采取冲水方法提高捕获率。四是稻田水位调节，插秧后立即注水促进秧苗返青，水位控制在4～6 cm深，以不淹没秧苗心为准。定植后7天，秧苗活棵返青，稻田水位保持3 cm深，以提高水温，促进分蘖。有效分蘖结束后，排水晒田2～3天，当水稻叶色由浓绿转为黄绿色时，应立即复水至5 cm深，并保持浅水位至幼穗分化期。之后随着水稻生长，水位逐步加高至30 cm深。水稻收割前7天，将田中积水彻底排尽，晾干泥土后便可收割。水稻种植后，返青期沟水低于田面，泥鳅在养殖沟中活动。水稻开始分蘖到水稻熟期，沟、田水相平，泥鳅与水稻共生。10月中旬，水稻黄熟后至第二年再次种植前，沟水低于田面，泥鳅重回沟内。

### （三）总结与讨论

#### 1. 效益分析

经过115天的养殖，泥鳅平均规格25尾/kg，捕获泥鳅6 000 kg，投喂泥鳅饲料8 400 kg，泥鳅售价每千克16元，泥鳅收入96 000元。水稻单产542 kg，收获水稻8 130 kg，单价每千克2.7元，水稻收入21 951元，总收入117 951元。水稻种植每亩成本860元，水稻种植总成本12 900元，泥鳅养殖每亩成本4 400元，泥鳅养殖总成本66 000元，泥鳅养殖和水稻种植生产总成本78 900元。最后得出总利润39 051元，每亩利润2 603元。与常规种植水稻每亩利润603元相比，稻鳅共生每亩利润增长332%。

#### 2. 稻米品质

稻田养殖泥鳅，泥鳅可以吃稻田内浮游生物、水生昆虫、甲壳动物、水草等，减少水稻病虫害发生，泥鳅活动改变土壤结构，有助于水稻生长。泥鳅残饵粪便为水稻生长提供营养。稻渔种养，水稻种植与常规水稻种植相比，化肥用量和农药用量下降30%以上，稻米品质提高。稻鳅共生稻米的价格通常是常规种植稻米价格的2倍。

#### 3. 生物制剂应用效果

养殖过程中定期泼洒EM生物制剂改良水质，经常泼洒生物制剂的稻田，与不用生物制剂的稻田相比，其浮游生物明显丰富，尤其是浮游动物更明显。分析原因是生物制剂将水体中残饵、粪便等分解，分解产物为浮游植物的生长提供了营养，浮游动物利用浮游植物生长繁衍，大量的浮游动物为泥鳅提供优质的饵料，降低饵料系数，改善水体环境。

## 四、网箱养殖

梅州市梅县畜牧兽医水产局的赖春涛等在广东省梅州市梅县区梅西水库展开了水库网箱养殖泥鳅试验，取得较好经济效益。

### （一）试验材料与方法

#### 1. 试验条件

该试验水库位于梅州市梅县区西部程江中游，集水面积350 km²，正常库容5 100万m³。该试验养殖区域选取梅西水库主坝右侧库湾，库湾内设置的网箱规格为4 m×6 m×3 m，网衣材料为聚乙烯，窗纱式网眼，每边长0.2 cm，为防雀鸟侵害，网箱加盖网。养殖过程中因发现泥鳅拱钻造成网箱穿孔，泥鳅外逃，后改用尼龙编织网衣，菱形网目，32目，网箱规格4 m×4 m×3 m。泥鳅鱼苗来自广州一帆水产科技有限公司。

#### 2. 试验方法

一是鱼种投放，2015年4月9日，投放4~5 cm的台湾泥鳅苗4万尾。二是饵料投喂，投喂的饲料多种。开始时喂鱼浆加虾料，接着是0号泥鳅料（膨化，蛋白质含量34%），再后来1号罗非鱼料（膨化，蛋白质含量30%），此外还用酒店的剩菜剩饭培育蝇蛆头围增加营养。投喂数量以满足台湾泥鳅的饱食为准。投喂次数，开始每天3~4次，投喂时间分别为7:00、11:00，15:00、19:00；后来每天2次，投喂时间分别为9:00点和17:00—18:00。三是鱼病防治，养殖期间发现部分台湾泥鳅因皮肤外伤引起细菌感染。起初是烂嘴烂尾，是鱼苗场拉网捕鱼及吊养时受伤所致，继发细菌感染，个别出现疖疮，叮咬摩擦网箱引起嘴部受伤感染细菌发炎引发疾病。用于治疗的药物有氟苯尼考、恩诺沙星（鱼康菌克）等，用药物溶解于水，喷洒饲料投喂和挂篓方式消毒，用量参照说明，效果好。过程中出现少量死亡，未发生大批死鱼情况。四是日常管理，由梅县上官塘湖心绿色水产养殖场老板叶凯能先生专管。养殖期间主要是观察泥鳅活力和摄食情况，做好饲料投喂、病虫害防治、防逃、洗刷网箱污物等工作。

### （二）试验结果

#### 1. 收获情况

根据已经销售和现存网箱内台湾泥鳅的数量估算，到试验结束时这批泥鳅的成活率在80%左右，至2015年10月28日清箱，收成泥鳅650 kg。

#### 2. 成本情况

详见表17.1。

#### 3. 网箱养殖泥鳅试验利润

本试验最后收成泥鳅650 kg，销售收入可达32 500元，扣除成本14 400元，可盈利32 100元，每平方米利润为380元，经济效益显著。

表17.1 网箱养殖泥鳅试验成本核算 （单位：元）

| 鱼苗费 | 运输费 | 饲料 | 网箱工具 | 人工费 | 渔药费 | 成本合计 |
| --- | --- | --- | --- | --- | --- | --- |
| 6 000 | 2 000 | 2 000 | 1 300 | 3 000 | 100 | 1 4400 |

### （三）讨论

通过试验得出以下结论：水库网箱养殖泥鳅是可行的，效益比池塘养殖高，池塘养殖泥鳅每亩产量可达到2 500 kg以上。若环境条件好，养殖户疾病控制技术、管理技术到位，每亩产量可以突破5 000 kg，市场收购价约30元/kg，即池塘养殖泥鳅最高收益225元/m²，若扣除成本费，收益更低，远不及网箱养殖泥鳅每平方米获利385元的高收益。

水库网箱养殖泥鳅的优点是养殖密度高、管理方便、节约成本。但管理过程要注意四防：即防受伤、防敌害、防外逃、防病害。投喂饲料要新鲜，蛋白质含量有保证，有活鲜饵料搭配更理想。

## 参考文献

曹立耘，2022. 庭院池塘如何养殖泥鳅[J]. 新农村（12）：31-32.

陈金辉，林曼芬，罗月红，等，2021. 真泥鳅鱼苗规模化人工生产技术研究[J]. 农业工程技术，41（23）：83-84.

翟旭亮，2011. 泥鳅繁殖生物学和人工繁殖技术研究[J]. 重庆：西南大学.

杜学红，吴红梅，胡俊明，2020. 泥鳅人工繁育及苗种培育[J]. 农村实用技术（4）：113-114.

方世贞，张竹青，李正友，等，2010. 泥鳅生物学特性及水泥池养殖试验[J]. 农技服务，27（3）：374-375.

高磊，2019. 北疆地区泥鳅池塘集约化养殖技术[J]. 新疆农垦科技，42（11）：33.

郭贵良，王桂芹，孙丽，2018. 北方寒冷地区池塘主养大鳞副泥鳅技术[J]. 科学养鱼（5）：39-40.

胡雨，2017. 泥鳅（*Misgurnus anguillicaudatus*）受精生物学研究[D]. 重庆：西南大学.

胡子剑，2019. 泥鳅人工繁殖技术[J]. 渔业致富指南（18）：45-46.

黄广华，陈希环，周磊涛，等，2021. 泥鳅苗期适宜饲料研究[J]. 江西水产科技（4）：9-10，15.

赖春涛，钟必华，甘沛君，等，2016. 水库网箱养殖台湾泥鳅试验初探[J]. 渔业致富指南（3）：50-51.

赖春涛，2016. 梅县水库网箱养殖台湾泥鳅初探[J]. 海洋与渔业（1）：64-65.

李兵，李世凯，王林善，2021. 鳅-虾-鱼-菜池塘共生生态养殖试验[J]. 农技服务，38（8）：43-46.

李懋，刘思阳，熊全沫，1991. 大鳞副泥鳅与泥鳅杂交的生物学研究[J]. 武汉大学学报（自然科学版）（2）：117-120，125，138.

李有根，肖林华，黄平，等，2019. 台湾泥鳅规模化人工繁殖与苗种培育技术研究[J]. 江西水产科技（5）：9-13.

刘俊得，刘博，鲍克杰，等，2017. 泥鳅人工催产、自然受精的繁殖方法[J]. 黑龙江水产（4）：30-33.

刘庆武，2018. 稻田生态泥鳅养殖技术[J]. 农民致富之友（19）：115.

刘月芬，2018. 稻田养殖台湾泥鳅高产技术研究[J]. 中国水产（3）：85-86.

骆小年，段友健，郭童，等，2021. 北方须鳅人工繁殖与胚胎发育研究[J]. 大连海洋大学学报，36（2）：187-194.

马本贺，陶志英，吴早保，等，2020. 大鳞副泥鳅新品系的人工繁殖及胚胎发育[J]. 水产科学，39（6）：863-870.

马本贺，王海华，万育辉，等，2022. 金红色大鳞副泥鳅人工繁殖与苗种培育技术[J]. 科学养鱼，9：12-13.

马仁胜，束庆云，2019. 泥鳅池塘生态养殖技术[J]. 现代农业科技（5）：208，211.

孙成，孙守旗，2018. 稻田养殖台湾泥鳅试验[J]. 水产养殖，39（8）：16-18.

汤二红，2020. 示范点稻田养殖泥鳅技术总结[J]. 科学种养（9）：55-56.

唐黎标，2019. 稻田养殖泥鳅的优点及其管理注意事项[J]. 渔业致富指南（20）：44-45.

田静，2023. 北方地区稻田养殖泥鳅的技术要点[J]. 黑龙江水产，42（2）：152-153.

王永苓，孙朦朦，何家瑞，2019. 泥鳅繁殖生长及苗种培育技术研究[J]. 农村科学实验（12）：74-75.

杨明轩，刘建春，张安荣，等，2019. 台湾泥鳅人工繁殖技术[J]. 养殖与饲料（11）：51-53.

杨明轩，刘建春，张安荣，等，2019. 台湾泥鳅人工繁殖技术探讨[J]. 水产养殖，40（11）：38-39.

杨壮志，涂杰，周东礼，等，2015. 大鳞副泥鳅多密度多介质网箱养殖试验[J]. 水产养殖，36（8）：7-10.

印杰，雷晓中，李燕，2009. 泥鳅的健康养殖技术讲座（2）泥鳅的生物学特征[J]. 渔业致富指南（7）：57-58.

袁超，2019. 泥鳅网箱养殖技术[J]. 农家参谋（9）：106，108.

袁德平，2019. 泥鳅池塘高效养殖技术[J]. 渔业致富指南（24）：52-53.

曾灿朱，伍治理，陆娟娟，2020. 泥鳅标准化高密度养殖技术的研究[J]. 农家参谋（4）：178-179.

曾令方，卢智发，侯树鉴，等，2018. 泥鳅网箱养殖技术研究[J]. 大众科技，20（5）：99-100，105.

张国民，2011. 池塘网箱生态套养黄鳝、泥鳅技术[J]. 水产养殖，32（9）：28-30.

张君，张开刚，饶正有，2016. 池塘小网箱养殖泥鳅试验[J]. 渔业致富指南（16）：44-45.

张淼，2015. 泥鳅的生物学特性及繁育技术[J]. 黑龙江水产（4）：15-17.

张小磊，梁少民，齐庆超，2018. 泥鳅规模化人工高效孵化技术[J]. 河北渔业（8）：34-36，40.

周世明，周雄，2021. 池塘微流水养殖泥鳅技术[J]. 科学养鱼（1）：46-47.

邹青，2011. 泥鳅的生物学特性及养殖方法[J]. 养殖技术顾问（5）：268.

# 第十八章
# 鳗 鲡

鳗鲡（*Anguilla japonica*）又名青鳝、白鳝、风鳝、河鳗、鳗鱼、日本鳗，属无鳍目、鳗科、鳗属。鳗鲡肉嫩味美，营养丰富，且具滋养健身之功效，所以它是举世公认的水产珍品。日本一年一度的"鳗鲡节"，家家都要吃鳗鲡。我国长江皆产鳗鲡，以下游产量为多，但自20世纪50年代兴修水利建闸，水系改变以后，鳗苗来源中断，成鳗产量急剧下降，远远不能满足人们的需要。江苏、浙江、上海等地有许多工厂余热水可供利用，自然条件相当优越，发展养鳗业大有可为。

## 第一节　生物学特性

### 一、形态特征

鳗鲡体延长，躯干部圆柱形，尾部侧扁。头中等大，尖锥形。吻短而钝。眼较小，卵圆形。眼间隔宽阔，略显平坦。鼻孔每侧2个，前后鼻孔分离；前鼻接近上唇前缘，呈短管状，两侧鼻孔分开较远；后鼻孔位于眼正前方，裂缝状；前后鼻孔之间的距离略小于两前鼻孔间的距离。口

图18.1　鳗鲡（彭仁海供图）

大，端位；口裂微向后下方倾斜，后伸达眼后缘的下方；下颌稍长于上颌。齿细小，尖锐，排列成带状；上下颌齿带前方稍宽，具齿4～5行，向后渐减少至2～3行；犁骨齿带前方宽阔，具齿5～6行，向后渐减少至2～3行，呈细锥状向后延伸，后端伸达上颌齿带后端相对的位置。唇发达。舌游离，基部附于口底。鳃孔中等大，侧位，位于胸鳍上角稍后的下方，呈纵垂直裂缝状。肛门明显位于体中部的前方。体表被细长小鳞，5～6枚小鳞相互垂直交叉排列，呈席纹状，埋于皮下，常为厚厚的皮肤黏液所覆盖。侧线孔明显，起始于胸鳍前上方的头部后缘，平直向后延伸至尾端。背鳍起点明显在肛门远前上方，其起点至鳃孔的距离约为起点至肛门距离的1.7～2.2倍。臀鳍起点与背鳍起点的距离小于头长。背、臀鳍较发达，与尾端相连续。胸鳍较发达，外缘近圆形，长略大于口裂的长度。

## 二、生理特性

皮肤由外皮和鱼鳞组成，外皮又由表皮和真皮组成，鳗鱼的黏液从外皮中排出。鳞则卷伏于真皮中，无法直接见到。鳗鲡的呼吸功能，皮肤呼吸占3/5，因此可在陆上潮湿环境中能较长时间生活。具有脂肪层，易受食饵的影响，其"气味"也随着饵料"气味"而改变。消化器官中胃极其发达，但其肠甚短，近乎直线。因此，在夜间缺氧"浮头"时，常将吃的饵料吐出来，为了防止这一点，在养殖池中，喂饵须注意时间，往往夜间要让其空腹。鳗体两侧中央有发光的点腺组成的侧线，具有多种感觉作用。鳗眼由外膜、中膜、内膜组成，昼夜都能视物觅食。鳗鳃不仅能吸收水中的溶氧，而且能吸取空气中的氧气，其呼吸占全部呼吸功能的2/5。鳗鲡是鱼类中嗅觉神经最发达的一种。鳗鱼用口中的神经末梢来品尝食物，如在鳗鱼池中一投入食饵，鳗群便从各方汇集过来，由此可见其嗅觉和味觉的敏锐性。

## 三、生活习性

### （一）对光线的反应

在天然水域的鳗鲡白天隐藏有阴暗处，夜间出来索饵。主要摄食小鱼、蟹、虾、甲壳动物和水生昆虫，也食一些动物腐败尸体及高等植物碎屑。在池塘饲养的鳗鱼也喜在阴蔽处摄食和栖息。鳗鱼对弱光有趋光性，随着鳗苗的生长，这种趋光性就减弱或消失。

### （二）对水流的反应

鳗鱼有喜顶水逆流的习性，尤其是幼小时更为明显。在养殖池中，当有水注入时，大群鳗鱼顶水逆游，甚至在垂直的池壁上有水流下时，鳗鱼就有跃跃欲登之势。若用普通的土池养鳗，当夜间降雨或池塘进水时，池中鳗鱼就会大量逃走。所以，在鳗鱼养殖中必须做好池塘防逃设施。

### （三）对盐度的反应

鳗鱼是广盐性鱼类，即适应于淡水中生活，又适应于海水中生活，虽然一生中大部分时间在淡水中度过，但当水中盐度变化较大时，鳗鱼有迅速调节体内渗透压的能力。在海水中饲养鳗鱼也能生长，只是养成的鳗鱼皮硬，质量较差。

### （四）呼吸

鳗鱼的呼吸，除了和一般鱼类一样用鳃呼吸之外，皮肤也能营呼吸的作用。特别是当环境条件限制不能进行鳃呼吸时，就能把躯体露出水面营皮肤呼吸。水温在15 ℃以下时，只用皮肤呼吸即可维持生命。因此，在活鳗运输时就利用这个特性，降温并保持鳗体表湿润，运输成活率很高。如果遇到鳗池严重缺氧而不能增氧时，只要排掉池水，或者抛一些木板、竹筏等浮在水面，鳗鱼就会游向池边或攀上木板营皮肤呼吸而不至于窒息而死。

### （五）水温要求

鳗鱼是温水性鱼类，当水温在25～28 ℃时，鳗鱼的摄食量大，消化吸收率也高，因此人工养殖的饲料系数就较低。当水温超过30 ℃或低于20 ℃时，鳗鱼的摄食量减少，生长缓慢，饲料系数提高；当水温上升到35 ℃或降到15 ℃以下时，鳗鱼的摄食量极少，日摄食量小于体重的0.5%，或处于停食状态。越冬以后的鳗鱼，体质消瘦，急需补充营养，当开春后水温上升到18 ℃以上时，就看到鳗鱼上食场摄食。因此，饲养鳗鱼要尽早开食，适时投喂以提高鳗鱼的生产量。

## 四、食性

鳗鲡是肉食性鱼类，主要以田螺、蛏、蟹、虾、桡足类和水生昆虫为食。不同生长阶段其摄食对象有明显变化。白仔鳗苗主要摄食轮虫、枝角类、水丝蚓、水生昆虫幼虫、贝类残渣和有机碎屑等。体重100 g以上的幼鳗常追食小鱼、小虾，还可摄食各类动物尸体。鳗鲡摄食强度与水温有密切关系。一般在3月中、下旬，当水温上升到12 ℃左右时开始摄食；11月中下旬，水温下降到12 ℃左右时停食；6—7月和9—10月，水温在24~30 ℃时摄食强度最大，其摄食量占体重的5%~10%。

## 五、年龄与生长

野生鳗鲡比养殖鳗生长慢。如春季从海口进入钱塘江口的白仔鳗，体长6 cm左右，体重约0.1 g；翌年春体长达15 cm左右，体重约5 g；第三年春天，体长达25 cm左右，体重约15 g；第四年以后才能达到上市规格约150 g。池塘培育的鳗苗生长较快，体重0.1 g的白仔鳗苗，经过6个月培育，当年秋后达到14 g，翌年秋天，大部分达到上市规格。温流水培育鳗苗生长更快，体重0.1 g的白仔鳗苗，经过6个月培育，平均规格达到25 g，再经过4~6个月的饲养，可全部达到上市规格。

## 六、繁殖特性

鳗鲡是降河洄游性鱼类，在每年春季，幼鳗自海进入江口，雄鳗通常就在长江口成长，而雌鳗则逆流上溯进入长江干、支流与江河相通的湖泊中，有的甚至上溯到几千千米的长江上游各水系中生活。此鱼虽生活成长于淡水中，但产卵繁殖于海洋。它们在江河湖泊中生长、肥育，成熟年龄5~8龄。鳗鲡的性腺在淡水中不能很好地发育，只能停留在早期阶段，在2—4月间，体长达45.0 cm以下的鳗鲡往往连精巢、卵巢也难以区别。性腺即将成熟的鳗鲡于秋冬季节顺水降河而下，进入大海后才逐渐成熟起来，体色变为蓝黑色，体侧有一层金黄色的光泽，胸鳍的基部变成金黄色，呈现所谓的婚姻色。性成熟的雌、雄鳗鲡成对地到达产卵场，在那里进行产卵繁殖。但亲鳗产卵后，已是精疲力竭直至死亡。

孵化出几日的幼鳗经过变态，并长出长而锐利的锯齿，称"白仔鳗"，因其体透明亦称"玻璃鳗"。到出生后的第三天它们游进沿岸河口。通常在5—6月间在沿海一带可发现这种白色柳叶状透明的小鱼，随波逐流，此即幼鳗。这些成群的幼鳗进入河口时，已由扁平叶状变成圆筒状，在淡水里开始生命的第二阶段。当鳗鲡进入淡水约两周左右，体色变黑，已初具成鳗形态，称"黑仔鳗"。它们继续逆流而上，到达内陆各地的江、河、湖泊和池塘中。以水生昆虫和螺等为食，一般在淡水中生活5~10年，育肥长大，体内储备了大量脂肪，多者达体重的20%以上。在天然环境中，鳗鲡雌雄性比为6∶4，雌性个体较长，可长到1 000 g，最大体长达75 cm，雄性个体较小，最大个体长达61 cm。

## 第二节　鳗苗的暂养、运输

到目前为止，鳗鲡的人工繁殖还没有成功，鳗苗靠天然捕捞而获得。我国海岸线漫长，鳗苗资源十分丰富，年产鳗苗20~30 t（包括台湾省）。每当鳗苗汛期来临时，沿海和河口开始进行捕捞，捕捞到的鳗苗集中暂养后再运输到养殖场。

**（一）鳗苗的暂养**

目前暂养和转运站停放鳗苗最常用的方法是网箱暂养法。该方法较简单，效果较好。一般箱为长方形，置于木架框内而半浮于水面，其大小视实际需要和便利操作而定。箱布宜用30~40目的尼龙筛绢或丝绢，过密不利于箱内外水的流通，易造成缺氧，过稀则要逃苗。为减少昼夜水温差幅度和提高暂养能力，箱深要1 m以上。使用时，箱上沿离水面至少有30 cm的距离，防苗爬出。苗入箱后要加强管理，每天洗刷箱布一、二次，以免脏物阻塞布孔，并及时捞出箱内的死苗和脏物。下雨天苗很活跃，要防止其沿箱布爬出。暂养密度在水质清新、箱内外流通良好的情况下，每立方米水体为6~8 kg。此法既经济又简便，但暂养时间不能过长。

**（二）鳗苗的运输**

利用鳗苗擅长皮肤呼吸的特点，运输鳗苗多采用特制的木箱进行"干运"。木箱长方形，箱底和箱壁上都有"气窗"，窗上装有眼孔为1~1.5 mm的金属网或塑料纱，以便通气和漏水。这种干运法比水运的装载量大，又便于管理，长70~80 cm、宽40~50 cm、深10~12 cm的木箱，可装运鳗苗2 kg。装运时先在箱底上铺上数层洗净的纱布或脱脂棉，其中填衬泡沫塑料为最好，加水浸湿，然后放入鳗苗，5~6个箱重叠起来，最上面一个加盖，这样装运5~6小时很安全。若运输时间更长时，最上面需加一个盛冰箱，放入碎冰块，使其不断滴下冷水，以降低下面各运输箱内的温度，并保持鳗苗的湿润。这时装运鳗苗的箱子可不铺纱布或棉花，这样运输30小时，成活率仍达到80%以上。

## 第三节　鳗种培育技术

鳗鲡养殖可分为以下几个阶段：从0.11 g白仔培育到2 g黑仔叫白仔培育阶段；从2 g黑仔培育到10 g鳗种为黑仔培育阶段；把鳗种培育到20 g左右幼鳗叫鳗种培育阶段；把20 g左右的幼鳗养殖成250 g以上的商品鳗叫成鳗养殖阶段。

表18.1所指的鳗池类型主要是温室养鳗池，对于露天静水式养鳗池，就不分得那么细了，一般为几百平方米或几亩的面积。

表18.1　各阶段需要的鳗池类型

| 序号 | 养殖阶段 | 鳗池名称 | 面积（m²） | 池水深（cm） |
|---|---|---|---|---|
| 1 | 白仔培育阶段 | 一级池 | 30～100 | 60～70 |
| 2 | 黑仔培育阶段 | 二级池 | 10～300 | 60～70 |
| 3 | 鳗种培育阶段 | 三级池 | 300～500 | 65～100 |
| 4 | 成鳗养殖阶段 | 成鳗池 | 500～700 | 65～120 |

## 一、培育池建造

养鳗池形状有方形、长方形、近圆形等多种，池内要设饵料台、水车式增氧机、注排水装置，以及为保持池水温度而设置的蒸汽加热管和热水管等，较完善的养鳗池还安装有保温棚架、池水过滤和净化等设施。

鳗池由池檐、池壁和池底组成，饲养成鳗的池，不需要做池檐。因鳗苗长大超过15 cm，即被称为幼鳗时，一般便不再喜欢爬行，其外逃可能性就小了。池壁要能防渗漏，渗漏不仅导致水量损失，还会造成鳗苗外逃，并可能影响池壁本身的牢固。可以用混凝土、钢筋混凝土、砖、块石等砌筑，砂浆的标号要高于一般建筑用砂浆。在采取护面措施之后，还应对外池壁添土夯实。池底底质，除鳗苗培育池可用水泥池底，利于盘池、分池以外，一般均以土底堆盖砂石层为好，这是由于水泥底虽然易于清洗，但其自净能力差，而砂石层和土底可产生杆菌和硝化杆菌，增加对水质的净化作用，这与天然河流的自净能力是接近的。还有，鳗鱼在白天为避开强烈阳光，喜欢隐蔽躲藏，砂石层也创造了一个可以隐蔽的环境，但砂石层不能太厚，否则下部缺氧，在厌氧发酵时会产生硫化氢等有害气体。

## 二、鳗苗驯养、筛选和分养

鳗苗培育是鳗鱼生产的重要一环，要发展鳗鱼生产，首先必须抓好鳗苗的驯养培育。鳗苗在自然环境中，它是昼伏夜出，分散觅食，以浮游动物、水蚯蚓等天然饵料为食。鳗苗驯养就是改变它的生活习性、食性，以满足大规模人工养殖的需要，即改变夜间摄食为白天摄食，改变分散觅食为集群摄食，改变食鲜活饵料为摄取配合饵料。驯养的成败是培育好鳗种的关键。

### （一）放养前的准备工作

1.池子消毒

鳗苗驯养与培育一般采用水泥的一、二级池。初用时，要在放养前先注入新水浸泡，反复换水几次，使新建水泥池的pH值为7.4左右再使用。若是原来已经养过的水泥池，只要提前洗刷干净后，注入新水。放养前10～15天，用30～50 mg/L的漂白粉或生石灰泼洒清塘。

放苗前2～3天打复水，注水时在进水口要用40目尼龙绢过滤掉大型浮游生物和小鱼小虾。注水后用0.5 mg/L的晶体敌百虫全池泼洒，杀死水蚤、锚头蟍幼体。放养前一天放入岩盐使池水盐度达到5‰。

2. 工具准备

鳗苗箱、大小鳗苗网箱、鳗苗筐、鳗苗捞海、称重工具及器皿、温度计、pH计、消毒药物等。该消毒的物品可用漂白粉或福尔马林消毒后待用。加热设备、增氧设备要检修，严防漏电。

3. 水源水质的测定

溶氧、pH值、铵态氮、亚硝酸根离子、游离态氮等的指数，必须符合养鳗的用水标准，特别是深井水最好经过曝气后使用，防止鳗鱼产生气泡病。

### （二）放养及消毒

1. 加强鳗鱼对环境的适应性

从江河中捕捞到鳗苗，经过长途运输后，体质比较衰弱，对环境的适应能力较差，特别是水温变化，故需有一个适应过程。放养前将装有鳗苗的尼龙袋放于池水中，一般内外水温差不超过3 ℃，使池水与袋中的水湿差逐渐缩小直到平衡。然后开袋（若用鳗苗箱运输的把箱置于池边，逐步用池水淋鳗苗箱，使鳗鱼体温与水温相接近），倒入鳗苗网箱，暂养0.5～1小时。开动增氧机，待活动正常时剔除污物、死苗后放养。放养结束4小时后，开始慢慢升温。

2. 水温与鳗苗生长的关系

鳗苗在20 ℃以下易患水霉病，25 ℃以上自愈且生长较好。但超过30 ℃时新陈代谢旺盛，呼吸次数急剧增加，最终会提高饲料系数，又会增加排泄物污染水质，甚至出现缺氧现象。所以鳗苗池的水温应控制在25～28 ℃为宜。据试验，在同等饲养条件下，不同水温鳗苗的生长速度是不一样的，生活在28 ℃左右的鳗苗比在25 ℃左右的可增重1/4以上。试验表明：温度是鳗苗生长的重要因素，把温度控制在28 ℃左右，是促进长膘、缩短饲养周期的有力措施。必须指出，鳗苗对温度的变化要有一个适应的过程，切忌大幅度突变。刚放养时，水温要逐日提高，第一天控制在20 ℃左右，第二天提高到22 ℃左右，第三天再提高到25 ℃，经2～3天后方可调整到28～29 ℃。此外，排灌水也不要大起大落，排污前先把水温降下来，注进新水后再慢慢提高。

3. 放养密度

一级池放养鳗苗150～250 g/m²，规格为6 500～7 000尾/kg。

4. 鳗苗消毒

由于鳗苗在采捕、暂养、运输过程中，很易擦伤而感染细菌性疾病和水霉病。所以放养时必须进行消毒，药物用量及处理时间见表18.2。

表18.2　鳗苗消毒药物用量及时间

| 药物 | 容器内药浴 | | 全池泼洒 | |
|------|------------|--|----------|--|
| | 浓度（mg/L） | 持续时间（分钟） | 浓度（mg/L） | 持续时间（小时） |
| 食盐 | | | 700 | 24 |
| 高锰酸钾 | 5 | 5～15 | 1 | 12 |
| 聚碘 | 1 | 5～15 | 0.2 | 12 |
| 灭菌灵 | 10 | 5～15 | 0.5 | 12 |

### （三）驯养的主要步骤

#### 1. 引食饵料

鳗苗驯养的引食饵料，以丝蚯蚓的引食效果最好。也有采用牡蛎、蛤肉、鱼肉等捣碎成浆状引食的，也有采用红虫引食的，但效果不如丝蚯蚓。丝蚯蚓气味对鳗苗有较理想的引诱力，营养较好，个体细长，活动迟钝，便于鳗苗摄食，另外它生命力强，残留的丝蚯蚓不会死亡溃烂而影响水质。

#### 2. 第一阶段的驯养

驯养开始，丝蚯蚓要提早1小时用高锰酸钾消毒，避免致病菌带入培育池内。驯养工作一般从20:00开始，每个一级池四周设置铁丝网制成的规格30 cm×30 cm×10 cm的食台5~6个，在每个食台上方近水面处配置15~25 W白炽灯一盏（利用鳗苗对弱光有趋旋光性的特性进行灯光诱食），一般放养后第三天的夜里开始驯养。投食前5分钟将增氧机关停，待池水平稳后开灯投饲，第一天按鳗苗重量的5%试投，第一次投喂1/3，以后每隔3小时1次，最后一次要在天亮前投喂。投喂顺序按食场位置由近而远逐个投放。每次投喂丝蚯蚓不要一次投完，而是在1.5小时内吃完，若在1小时内吃完可适当添加一些。1.5小时内吃完后，无论饵料是否过剩，均应停食，取出多余的饵料，关灯，食台离开水面，同时开动增氧机。第二次投喂量一般是全天投饲量的1/6~1/5，根据第一次摄食情况略可增减，最后一次投喂结束后，将剩余饵料（一般较少）加入少量新鲜的饵料分撒在培育池的四周底部，分撒量一般为鳗苗重量的1%~2%，便于没有上食台的鳗苗摄取。这样投饲3~4天后，一般能有80%的鳗苗到食台摄食，摄食量超过鳗苗重量的30%以后，开始将第一次投喂的时间逐渐向后推移。经过7~8天时间的引食，鳗苗能逐渐地适应白天摄食。另一种引食方法是在引食前几天，先将丝蚯蚓撒投在培育池的四周底部，让鳗苗自由摄食，待鳗苗对摄食丝蚯蚓有一定习惯后，再行食台投饲驯养。

#### 3. 第二阶段的驯养

即将以丝蚯蚓投饲过渡到人工配合投饲的过程。当转为白天投喂丝蚯蚓后，由切断的丝蚯蚓逐渐改为整条投喂。丝蚯蚓的投喂量达到鳗苗放养重量的80%左右，就可以逐步向配饲料投喂过渡，3~4天时即可达到完全投喂配合饲料。比例是以前一天的投饲量为基础，按丝蚯蚓与白仔鳗饲料的比，以第一天7:3、第二天5:5、第三天3:7的顺序调配，即把丝蚯蚓捣浆掺入白仔鳗饲料，搅拌成浆糊状投喂，并逐步过渡到100%的白仔鳗饲料，日投饲率为5%~10%。每天仍按投喂丝蚯蚓的时间投喂，每天4次。

鳗苗经过前段时间驯养，体色出现黑色素，从透明的白仔鳗转为黑色不透明的黑仔，个体增大迅速，可由远而近地逐渐减少食台，最后使鳗苗完全集中到食场摄食，并且把食台铁丝网目从0.3 cm改换为0.4 cm，避免鳗苗长大后，钻不进食台摄食或鳗苗摄食后饱腹钻不出食台而受损伤。

### （四）日常管理

#### 1. 水质管理

在温室培育鳗苗，由于池子小，放养密度大，加之温度高，鳗苗新陈代谢旺盛，水质变化频繁，判断水质优劣，主要是看水中悬浮物多少，增氧机打出来的水泡是否很快消失，以及鳗苗的活动状态。如果池水清净，悬浮物少，水泡很快消失，鳗苗摄食正常，上台率高，则水质良好。有条件的地方，可定期进行水质化验，水质良好的指标是：水温28~29 ℃，pH值7~9，溶氧量为5.5 mg/L以上，氨氮2 mg/L以下，亚硝酸盐0.1 mg/L以下，轮虫个数每毫升1个以下。

水质管理工作，主要是在每天上午投喂完毕即进行洗池，使池中污物尽量排出，清洗结束注入新水，一般换水30%。如果天气变化，气压降低，水中溶氧减少或因药物等化学因素影响，鳗苗出现吐食或浮头现象，说明水质恶化，应及时增加换水量。

增氧机在水质管理中十分重要，它除了增氧作用外，还能促进有机物分解，并使残饵污物集中到池底中心，利于清除。增氧时要求水泡多，水流则不可太强，一、二级池设1台0.3~0.5 kW增氧机即可，三级池则需设1台0.75 kW增氧机。其运行时，除投饵时暂停外，要求全天运行。

2. 防病治病

鳗苗体质娇嫩，因此做好防病工作相当重要，池水必须严格消毒，彻底杀灭水体中的病原菌和寄生虫，一般采用0.5%~0.7%食盐或0.2~0.5 mg/L的聚碘杀灭水体中的致病菌和原生动物、寄生藻类。饲料要新鲜，营养全面，特别是引食时的丝蚯蚓，丝蚯蚓生活于有机质丰富的污泥水中，必须严格地漂洗消毒。

**（五）筛选与分养**

鳗苗由于健康状况不同，摄食机会有异，经过一段时间饲养，造成个体差异很大，尤其是一级池，若鳗苗个体大小悬殊，会出现弱肉强食，饥饿时还会互相残杀。同时，由于体重的增加，相对密度增大，若不及时分养，势必影响小规格鳗鱼种的生长率和成活率。而不同规格的鳗苗种，在饲养管理上也不尽相同，故分养选别以后就能更好地饲养和管理。鳗鱼种的选别分养，一般15~20天进行一次，露天池分养到9月为止。在炎热的夏季，应在早晨利用气温降低时的有利时机进行。为了防止鳗苗种在分养操作中由于腹中有食物而容易受伤，在分养前必须停食。一级池和二级池中体重1 g以下的鳗种由于苗小体弱，只要在分养前一天下午停食即可，分养较大规格的鳗种要停食1天。

在筛选之前，先用网将鳗苗集中起来，一般在水泥池饲养的可一次性放干池水，让鳗苗随水流进预先套在排水口的袖网（或三角网）之中，然后再移往事先搭好的网箱内。另一种办法是用饵料把鳗苗吸引到食台后，反复几次用手抄网将鳗苗捞起，余下的再放干池水捕获。筛选工具可用竹制的鳗筛、选别网和木制的选别器。选鳗苗的选别网筛见表18.3。

**表18.3 选别网筛选鳗苗的规格**

| 选别网网孔规格（mm） | 2 | 2.5 | 2.75 | 3.5 | 5.0 | 6.5 |
|---|---|---|---|---|---|---|
| 选别鳗苗规格（g/尾） | 0.2 | 0.5 | 1.0 | 1.4 | 2.0 | 5.0 |
| 选别鳗苗规格（尾/kg） | 5 000 | 2 000 | 1 000 | 700 | 500 | 200 |

不同规格的鳗苗通过筛选后，便可分放到各个池子放养，放养密度见表18.4。

表18.4　二级、三级池放养密度

| 级别 | 规格（尾/kg） | 放养密度（g/m²） |
|---|---|---|
| 二级池 | 500 ~ 1 000 | 600 ~ 800 |
| 三级池 | 100 ~ 200 | 1 200 ~ 1 500 |

# 第四节　成鳗养殖技术

将鳗种养成为商品鳗供应市场或提供出口的鳗鱼都称之为成鳗。我国（包括香港地区）吃鳗喜欢愈大愈好，而日本却以250 ~ 350 g/尾的最受欢迎，价格也较高。目前我国成鳗多出口日本，故规格一般要求在每千克3 ~ 4尾。

## 一、专池养鳗

### （一）鳗种放养

在鳗种放养前必须清整鳗池，对池子进行消毒。方法是向池中注少量水使池底浸没为止，每立方米水用漂白粉30 ~ 50 g消毒，或者用生石灰清塘，除去池中的有害生物。然后在放养前2 ~ 3天，把清塘后池中积水排出，换入新鲜水。如果水源是河水，必须用尼龙筛绢（60 ~ 80目）过滤，并且每立方米水需用0.5 g晶体敌百虫消毒，杀灭水蚤、锚头蚤等有害生物。鳗种必须经过消毒后才可放养，方法和采用的药物与鳗苗消毒相同。

### （二）鳗鱼投饲"四定法"

鳗鱼投饲必须掌握"四定"法，即定时、定位、定质、定量。

1.定时、定位能养成鳗鱼定时定位摄食的习惯

鳗鱼在适温条件下，摄食配合饲料后6 ~ 8小时，食物从胃移至肠，但完全被消化吸收和排出粪便则需20小时。所以成鳗每天只投饲1次，一般在每天8:00—9:00投给。早春、晚秋的早晨水温较低或阴雨天水中溶氧较低时，可推迟1 ~ 2小时投饲，而盛夏水温超过30 ℃以上，要提早1 ~ 2小时投饲，这样可提高鳗鱼的摄食量。当鳗鱼养成定时、定位摄食的习惯以后，一到投饲时间，把食台放入水中，鳗鱼就从各处蜂拥而至，甚至早在食场等候。这样对减少饵料的流散，提高摄食量，降低饲料系数都有好处。

2.定质是指要保证饲料的质量

配合饲料不能受潮、变质。制成的饲料要软硬适度，太硬了鳗鱼不易取食，太软了又容易流散而污染水质，一般成鳗配合饲料加水1.1 ~ 1.3倍，幼鳗饵料1.5 ~ 1.7倍。为了提高饲料蛋白质的利用率，配合饲料在调制中要添加油脂，一定要选用好的鱼油或植物油，已经氧化的油脂不能用。油的添加量随水温不同而有所增减。水温28 ℃时添加油脂重量为饵料量的6%，水温下降到20 ~ 25 ℃时，油的添加量减为3% ~ 4%，水温降到20 ℃以下时，油的添加量减为2% ~ 3%，或者不添加油脂了。

3.定量就是根据鳗鱼的摄食、消化情况，投给适量的饲料

成鳗投饲量因鳗鱼规格大小、天气、水温、溶氧、浮游生物组成等不同而相差很大。当天气晴朗，露天池的水温29 ℃，池水中微囊藻生长良好，透明度20 cm左右，溶氧在每升水5 mg以上时，鳗鱼的摄食量就较大。故一般体重20～30 g的鳗种日投饲率为2%～4%（饲料干重占鳗鱼重量的百分比），40～80 g的鳗种为3%～5%，100 g以上的为4%～8%，但实际上的投饲量还应根据鳗鱼吃食情况进行调整，一般掌握在投饲后10～30分钟内吃完为适量。

**（三）天然静水式成鳗池的日常管理**

成鳗池由于放养的密度较大，通过一段时间饲养，鳗鱼重量每平方米达1.5 kg以上，鱼病也较幼鳗时多。因此，做好池塘的日常管理工作就十分重要。成鳗池的日常管理归纳起来就是：一勤、二早、三看、四防。

一勤就是勤巡塘 每天巡塘三次，凌晨巡塘注意鳗鱼有否浮头，中午巡塘注意鳗鱼吃食后的情况，晚上巡塘注意有无浮头先兆。特别是连续阴雨天，如鳗鱼聚集增氧机旁，就是缺氧的预兆。

二早就是早放、早开食 提倡隔冬放养，开春后随时注意鳗鱼上食场觅食的现象，当水温上升到15 ℃以上时就开始试食，水温18 ℃以上就正式开始投饲了。

三看就是看吃食、看水色、看天气 看吃食主要看鳗鱼是大量集中在食场还是散乱，是否抢食或吐食。要研究其原因，调整投饲量或采取措施。看水色主要看池水水色变化，了解浮游生物变化情况，微囊藻是否占优势，浮游动物情况如何等，决定换水数量及微囊藻引种。看天气主要看当时气象情况，并预测变化趋势，便于采取有效措施。

四防就是防嚤、防病、防逃、防水变 防嚤就是防止鳗鱼缺氧浮头，鳗鱼浮头往往出现在连绵阴雨、雷雨之前或凌晨。池水中水蚤大量繁殖时，白天鳗鱼也会缺氧浮头。当发现有浮头迹象时，要开增氧机或注入新水增氧，并在增氧机前装网捞除水蚤。防病就是防止鳗病，要随时注意鳗鱼摄食和活动情况，如发现鳗鱼摄食量降低，且有离群缓游或死鳗的，要检查研究病况，采取防治措施。防逃就是防止逃鳗，池塘注水管口要包筛绢，既防止杂物或小鱼虾进入池中，又防止鳗鱼从进水口逃逸。还要注意池塘水位不能过高，防止鳗鱼从池壁上方逃出，发现排水口拦鱼栅、网破损应及时修理。防水变就是防止池水变恶。露天池水色最好为蓝绿色，上下水色一致，若发现池水水色分层（表层蓝绿、底层灰白）或池水变清、变棕黑色等，都要研究水色变的原因，采取有效措施。

## 二、网箱养鳗

近几年来，国内很多单位进行了水库网箱养鳗研究，取得理想效果，为养鳗业开拓了广阔前景。水库网箱养鳗的技术如下。

**（一）养鳗网箱设置地点的选择**

进行水库网箱养鳗，要选择水库面积300亩以上、水深10 m以上、无污染、光照好、有微流水的敞水库区。库周围植被要好，这样可避免暴雨带来水质混浊的弊端。还要求水质清新，透明度1.5 m以上，溶氧6 mg/L以上，pH值7～8.5，氨氮0.5 mg/L以

下，5—10月表层平均水温23 ℃以上。

### （二）养鳗网箱的结构和设置

1. 网箱框架

网箱框架有两种，一种是毛竹框架，另一种是金属框架，框架均为长方形，都可采用3 m×4.5 m规格。毛竹框架价格低，材料来源广，养殖者乐意采用，金属框架投资多，其优点是整体结构牢固，经久耐用。

2. 网箱结构

材料采用聚乙烯无结网片，网目大小根据饲养对象的个体大小选择0.4 cm、0.6 cm和1.0 cm 3种。网箱为双层结构，内层敞口式加盖（在网箱上盖的短边一侧装缝拉链，以便于开启进行投喂和操作），底层用钢筋作沉子撑开网衣，外层为防逃箱，箱外底角用砖块作沉子。三种网箱分别饲养3种不规格的鳗鱼，它们的设置面积比例见表18.5。

3. 网箱设置

网箱设置采用浮动式，设置毛竹框架网箱时，用粗毛竹捆扎并连成长50 m左右的牢固的浮动走道，走道两侧每隔3 m连结一条与走道垂直的，长度约为4.5 m的竹筏以设置网箱，使走道两侧各设置15个网箱，成为一组，即每一组共30个网箱，在网箱框架的四角，与水面垂直各插入1支3 m长的毛竹，将其固定在框架上，毛竹下端装一半圆形铁环，穿引绳索，用以固定网箱下角，网箱露出水面50 cm。一般3组网箱需6人管理，每3组网箱搭设一简易管理棚舍，供管理人员休息及堆放饲料、用具等。在水库岸边打桩，用缆绳固定全部网箱组，必要时抛锚加固。金属框架网箱，用角钢和木板制成宽0.6 m的走道，以废旧汽油桶作浮筒，框架分列走道两侧。设定网箱设置面积比例的目的是既要使网箱相对集中，管理方便，又要保持水流畅通，有较好的水文交换条件。

**表18.5　3种养鳗箱的规格和设置的面积比例**

| 网箱种类 | 饲养对象规格（g/尾） | 内层箱规格（宽×长×高）(m) | 外层箱规格（宽×长×高）(m) | 无结网片网目规格（cm） | 占网箱总面积的比例（%） |
|---|---|---|---|---|---|
| 黑仔鳗 | 2～7 | 2×4×2.0 | 2.5×4.5×2.5 | 0.4 | 35 |
| 鳗种箱 | 7～25 | 2×4×2.5 | 2.5×4.5×3.0 | 0.6 | 35 |
| 成鳗箱 | ＞25 | 2×4×2.5 | 2.5×4.5×3.0 | 1.0 | 30 |

### （三）鳗种及放养

1. 鳗种

当年黑仔鳗要求体质好，无疾病，尾重2 g以上；2龄鳗种，要求体重20 g以上，体质健壮，背色青灰，大小均匀，这样的鳗种当年出成率60%以上；还可部分选用三龄鳗种，俗称"老头"鳗，尾重40 g以上。

2. 放养

鳗种运到水库后，放养前先将装鳗种的尼龙袋置于暂养箱中，待袋中水温接近箱内水温时，将鳗种放入暂养箱暂养数小时，鳗种体色逐渐转为正常，经药物消毒，然后放养入网箱中，放养密度见表18.6。

表18.6　鳗鱼的入箱规格与放养密度

| 入箱规格（g/尾） | 1~2 | 2~4 | 4~8 | 8~20 |
|---|---|---|---|---|
| 放养密度（尾/m²） | 800~1 000 | 600~800 | 500~600 | 400~500 |
| 入箱规格（g/尾） | 20~40 | 40~80 | 80~160 | 160以上 |
| 放养密度（尾/m²） | 300~400 | 300~350 | 250~300 | 200~250 |

### （四）投喂

鳗种放入网箱后6~12小时就可引食，将搅拌好的饲料放入网箱中的饲料筐内，保持环境安静，鳗鱼便会逐渐集中到饲料筐吃食，正常情况下5~10分钟内可将饲料吃光。如果鳗种入网箱后沿网箱壁巡游，可用塑料薄膜围在箱壁四周的水表层，以减少水流刺激，即可消除鳗种"跑马"现象。投喂饲料要做到"四定"：定时，每日9:00和16:00各投喂一次；定位，饲料筐放在网箱中固定位置，一般在网箱开口处，以便观察吃食情况和清理残剩饲料；定质，质量好的饲料色黄味香、颗粒细、粉末均匀、拌和后黏性强，在水中散失少，鳗鱼喜摄食。对20 g以下的喂黑仔鳗饲料，20 g以上的则喂以成鳗饲料。定量，日投喂量的掌握与季节、水温有关，并要考虑到个体大小的不同。在水温为28~32 ℃情况下，日投饵率掌握见表18.7。并在饲料中加入占饲料重量3%~4%的植物油，天气变化或发现有鳗病时，适当减少投喂量。存箱鳗鱼总体重按下列公式估算。

存箱鳗鱼总体重=箱内原鳗鱼重量+（当日摄食总重×饲料效率）

表18.7　不同规格的鳗鱼日投饲量

| 鳗鱼规格（g/尾） | 1~5 | 5~30 | 30~100 | 100~150 | 150以上 |
|---|---|---|---|---|---|
| 日投饲量（%） | 5~7 | 4~6 | 3~5 | 2~4 | 1~2 |

### （五）分养与洗箱

1.分养

鳗鱼个体间争食能力不同，养殖一段时间后，个体大小差异显著，一般间隔25~30天要分养1次，分养时3个网箱同时进行，将网箱中的鳗鱼分成大、中、小三档规格，重新分养在3个网箱中。鳗鱼规格较小（40 g/尾以下）时用筛选，规格较大时，在塑料盒中手选。分选操作要快而轻，分选前停食1天，分选后药浴消毒再放养入箱。夏季要在早晨凉爽时进行分养，不能在强烈日光下。

2.洗箱

洗箱的目的是防止网目被污染物堵塞，保持良好的卫生环境和通畅的水流条件。

通过定时换箱进行排污,一般黑仔箱5天换一次,鳗种箱7天换一次,成鳗箱10天换一次。为预防鳗病的发生,在放养和分箱时均用呋喃类药物消毒,鱼病高发季节在饲料中掺入药物,发现个别病鱼立即隔离治疗。

### (六)日常管理

网箱养鳗日常管理主要是经常巡视检查,发现网箱破损,及时修补,洗刷箱壁上的附着物,保持箱内外水流通畅,根据水位变化调整缆绳、锚绳,并做好环境条件如天气、水温、溶氧量等和鳗生长情况如体重、体长的增长、病害发生以及技术措施如投喂量、用药情况等方面的记录。此外防治鳗病也是日常管理中一项重要工作,在鳗种入箱前和分养时进行药浴消毒预防发病,水温在20 ℃以下时,用3%的食盐和2 mg/L次甲基蓝合剂药浴,水温20 ℃以上时,用3%食盐和1 mg/L高锰酸钾合剂进行药浴,药浴时间3分钟左右。养殖过程中,如发生病害,及时用药物治疗。

老鼠、水獭是鳗鱼主要敌害,常潜水破网咬伤鳗鱼外,还使鳗鱼穿孔逃光,因此,除在库周投放药物灭鼠外,采用双层网箱是提高安全系数的好办法,值得推广。在台风、暴雨季节,要密切注意气象台的预报,及早做好防风、防洪工作,把网箱转移到安全的地方,以免造成不应有损失。

# 第五节  病害防治技术

随着养鳗业的发展,放养密度的提高,疾病的危害也随之增大。特别是露天静水式养鳗池,池水和池底环境变化很大,成为疾病直接或间接的诱因,鳗鱼也和其他鱼类一样,防病工作十分重要,除了我们前面谈到的鱼池消毒,鱼苗种放养前药浴等措施外,在管理上要合理投饲,切忌暴食,食台等工具应经常洗刷凉干、日晒和定期消毒。此外,在发病季节要定期在饲料中加入抗菌药物,防止细菌性疾病的发生。

## 一、病毒性疾病

### 鳗欧洲病毒病

1. 病症和病因

属双RNA病毒感染。该病主要发生在冬季,在日本及中国的台湾省引起日本鳗死亡,尤其是幼年鳗鱼死亡率高。8~14 ℃时,4~26 g感染后20天内死亡率达55%,对200~400 g的鳗是否有影响尚不清楚。濒死的鳗出现短暂的肌肉痉挛或鱼体局部僵化,臀鳍和有些病鱼的腹部充血,肾肿大,有腹水。肾小球增生性肾炎,肾小球严重损坏,肾间质发生局灶性坏死,有些肾小管上皮细胞发生浑浊肿胀及坏死;肝脏局灶性坏死;一些鱼的脾脏大面积坏死。

2. 防治方法

(1)避免过密饲养,保持良好水环境。

(2)发病池塘全池泼洒烟叶7~10 g/m³(开水泡15分钟),第二、三天泼洒二氧化氯3~5 g/m³、五倍子5 g/m³,第四天泼洒"博灭",第八天全池泼洒光合菌和净水剂

$30 \sim 50 \text{ g/m}^3$。停食$1 \sim 2$天后，于每100 kg饲料添加4 g五倍子，连服$5 \sim 7$天。

（3）发病池塘用聚维酮碘$0.5 \text{ g/m}^3$与中药$10 \text{ g/m}^3$（大黄1份、贯众0.5份、板蓝根1份等药物）浸泡12小时后，全池泼洒。

## 二、细菌性真菌性疾病

### （一）烂鳃病

**1. 病症和病因**

病鳗软弱地在池边水面或水流缓慢的角落静止不动，呼吸急促，体色苍白，挤压鳃部，见鳃孔流出混有血液的黏液，鳃通常呈现桃白色，溃烂并附着污物或藻类，割开腹腔，内脏显得没有血色。本病是由一种黏细菌（*Flexibacter colomana*）引起的鳃病，菌体长$4 \sim 8 \text{ μm}$，宽$0.5 \sim 0.7 \text{ μm}$，该菌寄生鳃组织，其代谢产物中有解肮酶，而导致细胞死亡、崩溃和组织腐烂。

**2. 防治方法**

（1）加强水质管理，因藻类繁茂时本病不发生，即使发生其危害亦小，故可加碳酸钙（$40 \sim 80 \text{ mg/L}$）以调节透明度，保证绿藻类的繁茂。

（2）初夏到盛夏间投喂饲料过多易发此病，因此要注意给饵率（一般为2%），同时可在配合饲料中添加铁剂，以防病鱼贫鱼。用抗菌药物拌饲料内服。每千克重鱼体用磺胺类药100 mg，（首次加倍），四环素、土霉素、大黄各20 mg，五倍子4 mg，拌于饲料中投喂，每天1次，连用$5 \sim 7$天。

（3）病鳗对氧气不足很敏感，需及时增氧。

（4）0.8%～1%浓度的食盐对本病治疗有一定效果。

### （二）赤鳍病

**1. 病症和病因**

鳗鱼在各生长阶段症状表现也不同。10 g以上的鳗鱼、臂鳍、胸鳍、尾鳍出血发红，肛门红肿，严重时上下颌、腹部等出血溃疡。鳗苗到小规格鳗种，肉眼可见躯干肌肉部位白浊不透明，低倍镜检查可见鳍上有血斑。由产气单胞杆菌、鳗大肠杆菌等引起的疾病。本病为常年多发病，从鳗苗到成鳗都会发生，水温25 ℃以下发病率高，易传染，特别是低水温期发病后很难治疗，死亡率较高。鳗苗放养开食后$1 \sim 2$周内，由于粪、残饵等污物沉积池底，水质污染极易感染本病，在露天池中经常和水霉病并发。该病是危害养鳗生产的主要病症之一。

**2. 防治方法**

（1）10 g以上的鳗鱼，如还能摄食饵料的，可以把抗菌药物按鳗鱼重量的0.01%～0.02%，掺入饲料内投喂$4 \sim 6$天。

（2）若鳗鱼患病较重，已不来食场吃食时，可用10 mg/L的聚碘全池泼洒消毒。

（3）若鳗苗、小规格鳗种并发水霉病时，可施用浓度为$1 \sim 3$ mg/L霉菌净全池泼洒。以上三法的效果都很好。

### （三）肠炎病

1. 病症和病因

病鳗肛门周围红肿，腹腔发炎并有恶臭。由鳗大肠杆菌感染引起，过量投饵容易发生此病。

2. 防治方法

（1）饲养过程应坚持"四定"投喂，加强水质管理，合理控制投放密度，增加增氧机的配套。

（2）在发病池塘，饲料量要适当减少，饲料中减少或停止加进鱼油。

（3）用土霉素拌饲料内服效果很好。口服抗生素，减少投饵量，即用肠炎灵制成药饵投喂，每千克鳗鱼用药量分别为10 mg及0.5 g，连续投喂4天。

### （四）烂尾病

1. 病症和病因

尾部皮肤溃烂脱落、发炎、充血、鳍条充血、末端蛀蚀。严重者可见真皮及皮肤深层的肌肉组织坏死，整个尾柄部烂掉。尾柄部并发水霉时，在水中游动形似白色尾巴。烂尾病主要是由细菌引起的，经研究已证实的有两种细菌，一种是斑点气单胞菌（*Aeromonas punctata*），另一种是柱状屈挠杆菌（*Flexibacter columnaris*）。前者主要是鳗鲡受损伤（如操作损伤，细菌或寄生虫造成的损伤，药物损伤等）后引起感染，后者是原发性感染，鱼体不受损伤也能感染。

2. 防治方法

注意改善水质，减少病菌的数量，防止鱼体损伤便可预防或减少发病。发病后可用下列方法治疗，疗效较好。

（1）采取转塘并用4%～5%的食盐浸洗1～2分钟的方法。

（2）采用2.5 mg/L聚碘维持24小时以上，也可同时辅以20～30 mg/L福尔马林。

### （五）水霉病

1. 病症和病因

寄生初期在寄生部位边缘见到不鲜明的小白斑，菌丝逐渐伸展呈棉毛状，菌丝从表皮伸到真皮至肌肉，甚至侵入到鳗苗内脏，由水霉菌寄生所引起。水温15～20 ℃时发病率高，因此，露天池发病率要比温水池高，对鳗苗危害特别大。鳗种在并塘时被擦伤，越冬期易发此病。

2. 防治方法

（1）病鳗苗用1 mg/L的霉菌净消毒或用0.7%食盐水消毒可预防水霉病。

（2）鳗种在越冬期间泼洒浓度为0.15～0.20 mg/L的高锰酸钾3～4次，可预防水霉病的发生。

## 三、寄生虫性疾病

### （一）车轮虫病

1. 病症和病因

本病一年四季皆可发生，病鳗外观并无明显的症状，镜检可见许多圆形的虫体，多时可达数千个，病鳗鳃部黏液增多。本病由车轮虫引起，当虫体大量侵袭鳃部时，常常成群地聚集在鳃的边缘或鳃丝缝隙里破坏鳃组织，严重时使鳃组织腐烂，鳃丝的软骨外露，严重影响鱼的呼吸机能，使鱼致死。

2. 防治方法

（1）发病初期，用30 mg/L的福尔马林药浴12小时，疗效显著。

（2）用含氨量为25%的氨水杀虫，浓度为60 mg/L，药浴18小时，疗效很好。

（3）硫酸铜和硫酸亚铁合剂，全池泼洒，用硫酸铜0.5 mg/L和硫酸亚铁0.2 mg/L，效果较好。

### （二）指环虫病

1. 病症和病因

病鳗外表无明显异常，镜检（100倍）可见头部有4个黑色眼点的虫体，病鳗鳃丝黏液增多，呈暗灰或苍白色，呼吸困难，常离群独游，行动迟钝，摄食量少。该病由指环虫引起，由于指环虫以其锚钩及边缘小钩钩住鳗的组织，破坏鳃丝的表皮细胞，刺激鳃丝细胞分泌过多的黏液，妨碍鱼的呼吸，产生贫血，当大量感染后，鳗鳃部成显著浮肿，呼吸困难，游动缓慢，不吃食，鱼体瘦弱，终致死。

2. 防治方法

（1）用30 mg/L福尔马林全池泼洒。

（2）0.2～0.5 mg/L晶体敌百虫（含量为90%）全池泼洒。

（3）用晶体敌百虫加面碱（$NaCO_3$）合剂，比例为1：0.6全池泼洒，使池水呈0.1～0.24 mg/L。

### （三）三代虫病

1. 病症和病因

与指环虫病一样，其外表没有明显的异常，但仔细观察会发现鳃片表面粗糙，呈现一层灰白色黏膜，用100倍显微镜检查，可以看到0.1～0.4 mm的虫体。发病初期，病鳗时而狂游于水中。本病由三代虫寄生于鳗鳃引起的，三代虫以锚钩和边缘小钩钩住鳃组织，以致鳃丝造成创伤，刺激分泌引起黏液，呼吸困难，食欲减退，身体消瘦，如不及时治疗，可造成大批死亡。

2. 防治方法

（1）用20 mg/L的高锰酸钾浸洗病鳗30分钟。

（2）其余与指环虫病相同。

# 第六节　加工食用方法

## 一、香煎鳗鲡

### （一）食材

鳗鲡1条、生抽1汤匙、老抽1茶匙、白酒少许、白糖1茶匙、胡椒粉1茶匙、咖喱粉

1茶匙、孜然少许。

**（二）做法步骤**

（1）鳗鲡清洗干净，切段，用1汤匙生抽、少许老抽、半汤匙白酒、1茶匙糖、1茶匙胡椒粉、1茶匙咖喱粉、1茶匙自热粉腌制一下。

（2）烧热锅，涂一薄层油，放入淹好的肉片，中火2分钟，翻一面。

（3）重复这个过程2～3次，鱼肉煎香煎透就可以了。

图18.2　香煎鳗鲡（图来源于网络https://home.meishichina.com/recipe-611882.html）

## 二、清蒸鳗鲡

**（一）食材**

鳗鲡1条、生姜1块、香葱1根、料酒1汤匙、盐适量、蒸鱼豉油适量。

**（二）做法步骤**

（1）将鳗鱼清洗干净之后，切段，然后加入1汤匙料酒，加入适量食盐，抓匀摆盘。

（2）蒸锅上汽之后，放入鳗鱼，大火蒸10分钟。

（3）出锅后倒掉汤汁，加入蒸鱼豉油，可切点葱丝放上面，再用热油爆香即可。

图18.3　清蒸鳗鲡（彭仁海供图）

## 三、鳗鱼寿司

**（一）食材**

鳗鲡200 g、蚝油1汤匙、冰糖15 g、老抽少许、花生油20 mL、米饭1碗、寿司醋1勺、芝麻海苔适量。

**（二）做法步骤**

（1）焖一锅米饭，较软口感比较好。

（2）海鳗洗净身上黏液，先切成段，再去掉鱼骨，切成片。

（3）炒锅放油，先把鳗鱼两面煎黄，再加入蚝油、老抽、冰糖和少许水，炖到汤汁黏稠，鳗鱼全身全部裹上浓稠的料汁就可以了，放在盘子里待用。

（4）蒸好的温热的米饭，拌入寿司醋，加入切碎的芝麻海苔，拌匀后，团成椭圆形的米饭团，煎好的鳗鱼块放在米饭上，好吃的鳗鱼寿司就做好了。

图18.4　鳗鱼寿司（图来源于网络https://image.baidu.com/search/detail?ct=503316480&z=0&ipn=d&word=鳗鱼寿司图片&step_word）

## 四、辣蚝鲜风干鳗

### （一）食材

鳗鲡1条、白果50 g、青椒20 g、红椒20 g、葱20 g、姜20 g、蚝鲜辣炒汁26 g。

### （二）做法步骤

（1）鳗鲡宰杀洗净后，用蚝鲜辣炒汁16 g腌渍晾干。

（2）将风干的鳗鱼切片拉油，定形待用。

（3）青红椒切成片焯水，白果焯水待用。

（4）小料切碎爆香加入主辅料，用余下的10 g蚝鲜辣炒汁翻匀即可装盘。

图18.5 辣蚝鲜风干鳗（图来源于网络https://weibo.com/7365350391/MxECEov2y）

# 第七节 养殖实例

## 一、水泥池精养

南宁市武鸣区锣圩镇水产畜牧兽医站的潘锦仙对鳗鲡水泥池养殖与病害防治技术进行了总结，具有很重要的参考价值。

### （一）养殖条件

南宁市武鸣区锣圩镇位于广西的西南部，水质优良，无污染，属于珠江支流的武鸣河途经该镇，同时地下水源丰富。由鳗鲡养殖基地在锣圩镇群兴村，这里三面环山，空气清新，有通地下水及河流的100亩的水潭，常年有水。锣圩河河水常年从旁边流过，周边无工厂及村庄，是养殖鳗鲡的极佳环境。基地主要以养殖美洲鳗鲡（以下简称美鳗）为主。

### （二）养殖前的准备

1. 清洗消毒

以水泥池精养为主，水泥池分为鳗苗池和成鳗池。鳗苗池一般为220 m²，成鳗池为300 m²，为四方形水池。清洗消毒前安装好进排水口的排污板。排污板内安装一层20～25目的塑料筛网。在鳗苗放养前15天，用生石灰200 mg/L全池泼洒消毒，15天后用清水洗刷干净。投苗前7天用20 mg/L高锰酸钾浸泡3天，排干水后备用。

2. 调配水质

投放鳗苗前，往鳗苗池注水35 cm深，2～3天后逐步升温，每8小时升高0.5 ℃，加食盐，逐步将盐度调配到0.7%。

### （三）苗种培育

1. 苗种选择

在2019年5月从北美洲进口美洲鳗鲡苗种，苗种大小均匀，体色透明，活动力强。

2. 苗种投放

选购的美鳗规格为6 000尾/kg，放养密度为600尾/m²。苗种运回来后，先测量苗袋的水温，再测量一下养殖池的水温。它们之间的温差不能大于2 ℃，打开鱼苗袋，加入少许池水，轻轻摇动鱼袋后再次放入少许池水，反复几次后才将鱼苗缓慢倒入池中。

3. 诱食及饲养管理

诱食一般在放苗后2～3天，开始先把红虫用清水洗干净，碾碎后全池泼洒，以后逐渐缩小泼洒范围，最后诱导鳗苗集中到饵料台摄食，饵料台放入水泥池底部，打开饵料台上的电灯，利用灯光吸引鳗苗上饵料台摄食。摄食结束后关灯，打开增氧机增氧，3天后全虫投喂。苗种培育阶段，水的透明度应控制在30～40 cm，水温控制在29～30 ℃。苗种投放20～30天后，根据白鳗生长情况，可以把排污板内的塑料筛网撤掉，这有利于更好地排出池底的粪污。每天投喂2～3次，视水温及天气情况调整投饵量，以30分钟内吃完为准。放苗1个月后逐步转为配合饲料，每天投喂2次（一般在4:30和17:30），一般投饵量占鱼体3%～5%，但也要根据水温及天气变化调整投饵量。

4. 苗种分养

白鳗苗经过2～3个月饲养，个体差异开始变大，需要分级饲养，分级需停料1天。选别池和鳗种池水温要相近，同时要注意带水操作。动作轻缓，每次过筛的鳗鱼不能太多。分级是为了避免争食不均和保证合理的养殖密度。

**（四）成鳗养殖**

鳗鱼苗种经过了3～4个月饲养，鳗种长到300尾/kg左右时，可以转入成鳗池养殖。放养的密度一般为300尾/m²。

1. 鳗种投放

投放前对成鳗池进行检查维修，主要是检查进排水口的排污板是否有漏洞，有要及时更换。投放前也按鳗种池消毒的方法对成鳗池进行清洗消毒。

2. 饲养管理

饲养管理做到定时、定位、定质、定量。每天投喂2次，在5:00和17:00投喂，以30分钟吃完为宜。同时也根据水温及天气变化调整投饵量。

养鱼要先养水，随着摄食量增加，水质容易变坏，要及时换水。投喂2小时后要换水排污。水透明度在30 cm左右。经过2～3个月的饲养，鳗鱼大小不均匀，需要适时分养。分养在上午或晚上进行。需停食1天，过程要轻缓，避免鱼体受伤。分池后用0.3 mg/L高锰酸钾全池泼洒，对鱼体进行消毒。

**（五）小结**

这次的新冠疫情对鳗鱼的出口造成了很大的影响，鳗鱼的价格从2019年的每吨6万元，到2020年2月降至每吨2万多元。一直到每年的4月，鳗鱼的价格才回升至每吨4万多元。但日本、韩国、俄罗斯等国家的烤鳗消费，依然依靠从我国进口。随着疫情的好转，依然有着极大的利润空间。因此，只有不断提高养殖美鳗的技术水平，用科学健康的方式养殖美鳗，才能让美鳗养殖产生更好的社会效益和经济效益。

## 二、池塘养殖

福建天马科技集团股份有限公司的张蕉亮摸索出一套池塘无公害养殖花鳗鲡技

术，具有较高的借鉴价值。

## （一）池塘条件

花鳗鲡池塘养殖大多采用静水式土塘生态养殖模式，选择水源充足无污染、排灌方便的土塘作为养殖池。土塘面积一般以5~10亩为宜，放养规格小的花鳗鲡黑仔进行苗种培育，以3亩左右为宜。池塘以长方形为佳，南北向，深为2.0~2.5 m，养殖水深1.5~2.0 m，要设有防逃设施，以防止花鳗鲡逆水逃脱；池底由四周向中央或向排水口倾斜；每3亩配置一台水车式增氧机，如池塘深2 m以上，应在池中央加配1~2台1.5 kW叶轮式增氧机。

## （二）池塘消毒

每亩池干塘消毒用生石灰75~125 kg溶解水后全池泼洒，消毒7~10天后，注入新水40~50 cm，并用含氯消毒剂全池泼洒，2~3天后用海中宝1 kg/亩全池泼洒解毒后就可对池塘进行肥水；旧池塘要先将池水抽干，把池塘中的淤泥用推土机推掉，暴晒20~30天，放养花鳗鲡前将池塘进水到正常养殖水位后，每亩用生石灰250~450 kg带水消毒，10天后再用20~30 kg/亩的茶籽饼杀死野杂鱼虾等，再经过7~10天，追加2.0~2.5 kg敌百虫/亩+300 g兴棉宝（氯氰菊酯）/亩，除去池塘的浮游动物等，15天后便可试水放养花鳗鲡。

## （三）苗种培育

花鳗鲡的白仔鳗苗培育一般在水泥池进行，培育过程基本与日本鳗鲡相似，这里不作详述。所不同的是培育期间水温控制相对会比日本鳗鲡略高，水蚯蚓或开口料摄食量不如日本鳗鲡，投喂时需适当控制，因而白仔培育阶段生长速度会明显慢于日本鳗鲡。池塘花鳗鲡苗种培育主要是指将规格100~200尾/kg黑仔培育至10~20尾/kg的幼鳗，是花鳗鲡池塘人养殖的关键阶段。当花鳗鲡苗种在水泥池中标粗到规格为100~200尾/kg，才放进土池母塘培育至10~20尾/kg，起捕后筛选，再放进池塘养殖至商品鳗鱼。

## （四）鳗种放养

土池养殖花鳗鲡，肥水下塘，花鳗鲡体质恢复快，一般第2天即可上台摄食试投的饲料。可用肥水宝2 kg/亩全池泼洒，2~3天水色转绿后，再全池泼洒EM菌、利生素或益水宝等微生态制剂，以利于池塘建立有益微生物种群优势，抑制有害微生物的发展，防止藻类因营养贫乏而死亡。为了保持池塘浮游生物的稳定，最好搭配部分其他鱼类，如鲢鱼（10尾/亩）、鳙鱼（20~30尾/亩）等，尽量不要搭配鲤鱼、罗非鱼、鲫鱼，因这些鱼常携带一些病原体易感染花鳗鲡，且易与花鳗鲡抢食人工配合饲料。花鳗鲡鳗种的放养密度具体见表18.8。

表18.8　花鳗鲡鳗种的放养密度

| 放养前花鳗鲡规格（尾/kg） | 放养密度（万尾/亩） | 备注 |
|---|---|---|
| 100~200（母塘） | 1.5~2.0 | 当母塘花鳗鲡规格达到30~50尾/kg，约占50%比例，在各方面条件适 |
| 30~50（成鳗塘） | 0.25~0.3 | 宜时便可捕捞筛选出池，小规格留在原母塘继续饲养，一般经过2~3 |
| 10~20（成鳗塘） | 0.15~0.2 | 次筛选，鳗种培育基本结束。一般花鳗鲡培育至10~20尾/kg便基本定 |
| 5以上（成鳗塘） | 0.05~0.1 | 型，鳗鱼商品率大于90%，回塘养殖的花鳗鲡较少 |

### （五）投喂技术

每天投喂时间依不同季节而定，一般每天投喂2餐，5:00—6:00投喂1次，占日投喂量的六七成，18:00—19:00投喂1次，占日投喂量的三四成。花鳗鲡规格较大、水温较低或较高时，可每天只投喂1次。花鳗鲡在前期和中期的生长速度比日本鳗鲡慢，但在后期的生长速度非常快。不同规格的花鳗鲡在适宜水温投饲率见表18.9。

**表18.9　不同规格的花鳗鲡在适宜水温投饲率**

| 项目 | 花鳗鲡规格（尾/kg） | | | | |
| --- | --- | --- | --- | --- | --- |
| | 100 ~ 200 | 50 ~ 100 | 20 ~ 50 | 5 ~ 20 | 5以下 |
| 饲料种类 | 黑仔1号料、黑仔料 | 黑仔料 | 黑仔料、幼鳗料 | 幼鳗、成鳗料 | 成鳗料 |
| 投饲量（％） | 3 ~ 5 | 2 ~ 3 | 1.5 ~ 2 | 1.1 ~ 1.5 | 0.8 ~ 1.2 |

### （六）水质调控

花鳗鲡对水质的要求比较高，要求水质达到"肥、活、嫩、爽"，保持适宜的透明度（20 ~ 25 cm）。养殖水体中要有适量的蓝绿藻繁殖，一般水色以黄绿、草绿和茶褐色为好，养殖过程要密切注视水中藻相变动情况及浮游动物繁生活动情况。当观察到池边有少量大型浮游动物（枝角类、桡足类、轮虫类等）时，花鳗鲡摄食会下降，应及时用蛛虫煞星杀灭过多的浮游动物，沿池塘边2 m左右范围泼洒，并停开增氧机1 ~ 2小时，时间选择在晴天的早上或傍晚使用；若藻类过量繁殖，水色变得绿而浊、不清爽，甚至出现"水华"，可采用换水或用EM菌、利生素或益水宝全池泼洒，若在没有水换的情况下，可借用药物（硫酸铜或蓝水宝）在下风处藻类集中的地方多点泼洒，杀死部分藻类，杀藻剂使用后，藻类死亡容易使水质变坏，需注意增氧及调节水质；有时水体中藻类很少，使得水体变得清瘦，这会影响花鳗鲡的摄食和生长，此时可采用"引种"、施肥办法，同时用保水王（光合细菌）先在阳光下活化1 ~ 2小时，然后全池泼洒，可促进藻类迅速繁殖。

### （七）日常管理

一般每隔10 ~ 15天用药物预防1次，细菌性疾病可用生石灰、高锰酸钾、含氯消毒剂或碘制剂，全池泼洒杀菌；寄生虫病可用中草药制剂鱼虫克星、活力1号、敌百虫等全池泼洒；真菌性疾病可用水霉净、过氧乙酸全池泼洒；另外应注意饲料的品质和营养效果，坚持投喂优质品牌饲料，定期在饲料中添加药物（消化酶制剂、中草药、生大蒜、保肝宁、鳗用多维、盐酸小檗碱及抗生素）预防疾病，定期施用微生物制剂、水质改良剂等措施来营造平衡良好的池塘水体生态环境。

## 三、网箱养殖

寿宁县犀溪乡水产技术推广站的叶于清总结了山塘水库网箱养殖鳗鱼的经验，很有参考价值。

**（一）场地选择**

选择水面开阔、水质良好、风速较小、低潮时能保持水深4 m以上的山塘、水库，水的pH值以7.0～8.5为宜、透明度要求35 cm以上、水温要求8～30 ℃。

**（二）网箱制作与设置**

1. 网箱制作

选用原木锯成长4 m（6 m）厚2 cm宽20 cm（40 cm）的条块，用铁片螺丝连接而成口字型，木架下用绳子绑牢圆筒型的泡沫浮球，浮球规格长1 m直径50 cm，每个网箱绑结8～12个浮球为宜。网箱制作选用聚乙烯无结节网片制成中方型的网箱，网箱网目规格：幼鳗0.3～0.5 cm，成鳗0.8 cm，网箱的大小以9～16 m²为宜，即3 m×3 m×3 m或4 m×4 m×4 m，幼鳗与成鳗的网箱比例为1∶3为宜，网箱上口四边绑结于木架上，网箱四周保持悬浮于水面50 cm以上，网箱四底角悬吊上小石头装袋的沉子，以保证网箱四底角的拉伸。

2. 网箱设置

采用一字型排列的浮漂式网箱，两边距岸边5 m以上，箱距保持50 cm以上，中间两头用水泥打桩，用240股网绳拉紧。泡箱，鱼种投放前7～10天，网箱应放在水中浸泡，因新制的网箱表面粗糙，直接投放苗种极易造成鱼体受伤，为此，提前7～10天将网箱放到水中，以达到网箱附着藻类而光滑，避免网衣擦伤鱼体。

**（三）苗种放养**

3月下旬至4月上旬水温达到13 ℃以上，即可购进10～20 g/尾的鳗鱼苗种，在25 ℃下，以1.0%～1.5%的食盐水浸泡后投放，投放密度10～15 kg/m²为宜，投放苗种后第2天开始投喂。

**（四）饵料投喂**

选用全价的鳗鱼配合调料，投喂坚持四定。

1. 定质

保持饲料新鲜不变质，拌料后立即投喂，防止α-淀粉裂化影响饵料黏合性。

2. 定量

投喂量根据鳗鱼的不同生长阶段以及不同的天气、水温、鱼的摄食情况，随时调整，一般幼鱼期投喂量为鱼体重的3%～5%，成鱼期投喂量为鱼体重的5%～15%，正常情况下，以1.0～1.5小时内吃饵料为适量。

3. 定时

除初春和冬季每天20:00投喂1次外，其他季节均以每天5:00投喂1次，20:00再投喂1次。

4. 定位

在每个网箱上吊好食台，每次都把饵料投进食台内投喂。

**（五）日常管理**

1. 及时分箱

一般情况下，每隔1个月，用不同网目的无节结网筛选、分级1次、筛选规格整齐的苗种放进同一网箱，分级前1～2天停止喂食，筛选过程中操作要小心细致，避免擦伤鱼体，防止感染，筛选后用高锰酸钾药浴，消毒后再放入网箱。

### 2. 更换网箱

网箱在水中一段时间，网体上的附着物会影响网体的水体交换，影响鳗鱼的健康成长，所以必须经常清洗更换网箱，一般夏秋季每15天更换1次，初春和冬季每50天更换1次，换下来的网箱清洗干净，以备下次使用。

### 3. 水质管理

养鱼先养水，良好的水质是鳗鱼健康成长的关键，如网箱内的水质被污染而又不及时排出，则可能爆发烂鳃病、烂尾病及高温期的"狂奔病"和各种寄生虫病，所以保持网箱内的水质始终处在有益微生物群的有效控制之下是养鳗成功的必要条件。所以必须经常检测水体保持溶氧量5 mg/L以上，pH值为7.0～8.5。

## 参考文献

陈飞，2023. 工厂化精养鳗场尾水综合利用及治理实例[J]. 科学养鱼（5）：32.

陈福艳，李旻，林佳豪，等，2022. 以水蚯蚓为饵料的美洲鳗鲡工厂化养殖研究[J]. 中国水产，10：78-81.

樊海平，2010. 双色鳗的生物学特性与养殖要点[J]. 科学养鱼（2）：36，93.

高晓阳，2016. 日本鳗鲡人工繁殖及生化成分转移的初步研究[J]. 上海：上海海洋大学.

黄文华，2013. 工厂化循环水培育菲律宾鳗鲡苗种试验[J]. 福建水产，35（5）：386-390.

江春坤，2016. 鳗鲡工厂化循环水养殖模式简述[J]. 科学养鱼（11）：38-39.

蒋天宝，刘利平，高晓阳，等，2011. 日本鳗鲡人工繁育研究的进展[J]. 水产科技情报，38（3）：121-127.

蒋天宝，2013. 日本鳗鲡人工繁殖技术优化及雌鳗卵巢发育相关生理生化因子的变化[D]. 上海：上海海洋大学.

赖晓健，关瑞章，罗鸣钟，等，2013. 花鳗鲡和太平洋双色鳗鲡混合苗种循环水高密度培育的研究[J]. 渔业现代化，40（5）：1-6.

蒙日才，黄斐群，周万元，等，2023. 广西美洲鳗鲡工厂化养殖技术[J]. 水产养殖，44（7）：58-59，62.

潘锦仙，2020. 鳗鲡水泥池养殖与病害防治技术总结[J]. 江西水产科技（2）：26-27.

齐巨龙，赖铭勇，王茂元，等，2012. 鳗鲡循环水高密度养殖试验研究[J]. 上海海洋大学学报，21（2）：212-217.

丘继新，方彰胜，谢骏，等，2013. 日本鳗鲡人工繁殖的研究进展[J]. 安徽农业科学，41（34）：13269-13272.

曲焕韬，李鑫渲，王敏懿，等，2009. 花鳗鲡工厂化循环水高密度养殖模式初探[J]. 渔业现代化，36（4）：13-16，70.

孙剑，2015. 三种欧洲鳗鲡养殖模式研究[D]. 上海：上海海洋大学.

唐黎标，2022. 日本鳗鲡循环水养殖技术[J]. 渔业致富指南（2）：51-54.

王茂元，赖铭勇，齐巨龙，等，2011. 欧洲鳗鲡封闭式循环水养殖初探[J]. 科学养鱼

（2）：29-30.

肖江南，关瑞章，赖晓健，等，2015. 循环水养殖花鳗鲡适宜温度的研究[J]. 安徽农业科学，43（19）：122-124.

肖利，吴惠仙，薛俊增，等，2010. 日本鳗鲡繁殖生物学研究概述[J]. 上海海洋大学学报，19（3）：321-326.

徐继松，2013. 日本鳗鲡和美洲鳗鲡循环水养殖技术的研究[M]. 福建：集美大学.

叶于清，2012. 山塘水库网箱养殖鳗鱼技术探讨[J]. 水产养殖，33（12）：44-45.

张蕉亮，2014. 池塘无公害养殖花鳗鲡技术[J]. 科学养鱼（9）：35-36.

张森，谢仰杰，黄良敏，2011. 日本鳗鲡人工繁殖研究现状及存在问题[J]. 水产科学，30（6）：362-368.

郑建平，1995. 日本鳗鲡的生物学特征及人工饲养技术（一）[J]. 内陆水产，7：23-24.

郑建平，1995. 日本鳗鲡的生物学特征及人工饲养技术（二）[J]. 内陆水产（8）：17-18.

钟全福，叶小军，陈斌，等，2021. 鳗鲡工业化循环水养殖的病害特点及防控策略[J]. 湖北农业科学，60（S2）：357-361.

# 第十九章

# 牛　蛙

## 第一节　生物学特性

牛蛙（*Lithobates catesbeiana*）在分类学上属脊椎动物门、两栖纲、无尾目、蛙科、蛙属。是世界蛙类中仅次于巨蛙的一种大型蛙类。因为它的叫声似公牛，故名牛蛙，又因为它供食用，故又称为食用蛙。牛蛙的营养十分丰富，据分析，每百克牛蛙肉中含蛋白质19.9 g、脂肪0.3 g，是一种高蛋白质、低脂肪、胆固醇极低、味道鲜美的食品。

### 一、外部形态

牛蛙是大型蛙类，体长一般12.7～20.3 cm，体重可达2 kg以上。成体皮肤裸露，略粗糙，无特殊覆盖物，含有丰富的黏液，以保护皮肤湿润。全身分前、后、背、腹、左、右六面。背部颜色常随栖息环境而不同，一般呈深褐色，头部及口缘呈鲜绿色，四肢颜色和背部相似，并具深浅不一的虎斑横纹，腹部呈灰白色，并杂有点状暗灰色斑纹。雌蛙咽喉部颜色和腹部相同，雄蛙咽喉部呈深黄色，头和躯干之间无明显界限。

#### （一）头部

头部宽扁呈三角形，有3对感受器。眼呈椭圆形，位于头的背侧，眼的上方有上眼睑，下方有下眼睑，连接在下眼睑的上方有一层内折叠透明的瞬膜，平时居下，当潜入水中时可以向上移动遮住眼球，起保护作用。眼前方有2个小鼻孔，眼之后方有1对近似圆形的耳鼓膜，雌小雄大。耳鼓膜与眼的直径比例，雌蛙为1.0∶1.1，雄蛙为1.3∶1.0，是成熟牛蛙用以鉴别雌雄的主要依据之一。口前位，口裂深及耳鼓膜之下，上口缘的皮肤卷如唇，将垂生于前颌骨、上颌骨边缘的一排颌齿掩蔽。口腔内的舌软厚而多肉，前端固着在口腔底部，后端有缺刻，呈游离状态并能自由翻卷，当捕食时舌的后端翻出，将食物卷进口中，由于舌的表面有滑腻的黏液能将食物黏滞而不脱落。雄蛙的咽侧下还有1对外声囊，以1对声囊孔与口腔相通，鸣叫时声音洪亮。

#### （二）躯干部

包括胸、腹两部分，两者界限不明显，胸腹部宽肥而短粗。躯干之末端略扁，背面有一泄殖腔的开口，称肛门。

#### （三）四肢

牛蛙四肢粗壮，前肢较短，由上臂、前臂和手三部分组成。手具四指，以第3指最长，顺次为第4、第2指，第1指最短，顺序为3、4、2、1。1、2指有3个关节，3、4指有4个关节，指的末端尖圆。成熟的雄蛙第1指内侧有明显的灰黑色突起，称婚姻瘤，用于繁殖。后肢长大，由股（大腿）、胫（小腿）、足三部分组成，肌肉发达，适于跳跃。足有5趾，趾间有发达的蹼，蹼达趾端，可以区别其他蛙类。

图19.1　牛蛙（彭仁海供图）

**（四）体色**

牛蛙体色与栖息场所相适应，普通牛蛙体色为黄褐色或绿褐色，生活在明亮场所的蛙体表呈现黄绿色，斑点鲜明。栖息在黑暗地方或营养不佳的蛙，体表常呈暗黑色，斑点及斑纹都不明显，雌性牛蛙咽喉部呈白色，带有暗灰色斑纹，雄性牛蛙咽喉部为黄色，到繁殖季节，它们咽喉部的色素尤为鲜明。

## 二、生活习性

**（一）栖息**

牛蛙多栖息于湖沼、小溪、池塘等水域环境，洞穴、阴凉潮湿处是牛蛙最适宜的栖居处所，如水面长有浮水植物，则匍匐于水草，仅以头部露出水面，一遇惊扰便迅速潜入水中。牛蛙有群居习性，往往是几只或几十只共栖一处，当适应了一种环境之后，便不轻易迁居异地。

**（二）活动**

牛蛙在浅水中产卵。觅食活动在浅水或离水不远的潮湿陆地进行，在食物充足而安全的地方伺机静候，如果没有外来的惊扰时，可以长时间不改变位置。牛蛙行动多为跳跃或游泳，这些运动主要依靠发达的后肢来完成，如遇敌害或惊扰时，即用后肢用力一蹬，向前跃进1～2 m远，或扑入水中，还可跳越1 m余高的障碍物。牛蛙喜静，怕惊扰，一旦受恐吓，立即潜入水中或钻进洞穴深处，或窜入茂密的草丛中。听觉灵敏，能察觉相距十几米甚至几十米远的声响。

**（三）越冬**

牛蛙属于变温动物，其体温和活动受外界环境的影响。一般在10月中旬以后，气温低于10 ℃时，停止活动和摄食，潜入水底淤泥或潮湿的松土层中越冬，翌年3月，气温回升到10 ℃以上时，越冬期结束。牛蛙在我国的越冬期，从南至北逐渐延长，在长江以南，没有像本地青蛙那样真正的冬眠，即使是在冬季，只要气温达10 ℃以上时，便可出来活动、觅食。

越冬时幼蛙多数伏在水底冬眠，少数则钻入池底表层淤泥中越冬。成蛙主要伏在池底表层淤泥中冬眠，蛰伏处的淤泥常下陷成窝状，有的还在水面附近的堤埂上掘洞冬眠。蝌蚪则沉入水底过冬，但它的冬眠是极不完全的，整个越冬期间，只要天气晴好，表面水温略有上升，就可看到蝌蚪在水中游动。

## 三、食性

牛蛙的蝌蚪与变态后的食性截然不同，蝌蚪期对动物饲料（如水蚤类）和人工饲料如鱼肉、蛋黄、动物内脏、动物尸体等动物性饲料及马铃薯、豆渣、米糠、玉米粉、西瓜皮、水果以及池中的绿苔等植物性饲料都能摄食，可以说是毫无选择，但在自然环境中主要是以浮游生物为食。蝌蚪一旦变态成蛙后，便一反过去的杂食性习性，全部成为非活饲料不吃，尤其是植物性饲料根本不理睬，喜食小型动物。如蚯蚓、昆虫、蝇蛆、小鱼虾及其他一些甲壳动物，个体大的牛蛙，有时也能捕食蛇、鼠等较大的动物。

牛蛙摄食时，往往是静候在安全、僻静之处，蹲伏不动，让捕食物件运动时才猛扑过去。但多在捕食物件第一次运动时并不捕食，而在第二次、甚至第三次运动时才捕食。它的动作迅速而准确，很少落空，食物进入口腔内并不咀嚼，而是整个囫囵吞下。在人工饲养条件下，牛蛙通常是成群聚集在饲料台上摄食，你争我夺，热闹非凡。

### 四、繁殖特性

性成熟的个体雌性一般在350 g以上，雄蛙300 g以上，雄蛙前肢第一指有"婚姻瘤"。作为亲本的雄蛙2龄以上、雌蛙3龄以上，一般种蛙用于繁殖的年限为3～5年。蛙产卵是断断续续的，每次排卵数千至数万粒，牛蛙多在傍晚开始抱对，在4:00—5:00开始产卵。特别是闷热天气和暴雨转晴后更是牛蛙抱对产卵的适宜时机。牛蛙卵孵化时间随孵化的水温、气温、日照、水质等因素的不同而异。一般而言，水温在25～30 ℃孵化最适宜，两天即可孵出蝌蚪；22～25 ℃孵出约需3天，18～20 ℃约需4天才能孵出。牛蛙卵除用孵化池或蝌蚪池孵化外，还可用盆在室内或室外孵化。

## 第二节　人工繁殖技术

长江流域一般在5月中旬前后，当水温升到18 ℃以上时，性腺成熟的牛蛙就开始交配产卵。这时要加强亲蛙的饲养管理，认真做好采卵、孵化和饲养蝌蚪的各项准备工作。

### 一、亲蛙的选择和雌雄搭配

亲蛙是繁殖的基础，选择2～3龄无病、无伤、体格健壮、体重400 g以上，雌性腹部膨大，雄性婚姻瘤明显的个体作为亲蛙。经过3～4次产卵的亲蛙，个体虽大，产卵数量也多，但往往卵的质量较差，受精率不高。选择亲蛙的工作应在产卵前一个月进行，便于加强营养，强化培育，也可在头年晚秋，冬眠前选择好亲蛙，选定的亲蛙放在产卵池单独饲养。

亲蛙放养的雌雄比例也应根据具体情况而定，一般生产规模不大，亲蛙群体较小，其雌雄比以1：1为宜，亲蛙群体较大的可按1.5：1或2：1的雌雄比例放养，也有主张以3：1的比例放养。因为同一群体的亲蛙不可能都在同一时期内产卵，而雄蛙在排精后能在较短时期内又产生大量的精子，所以，适当减少雄蛙的比例，仍然可以获得正常的受精率，但根据作者的经验，雌雄比例2：1左右为宜，否则会影响受精率。

### 二、人工催产

在生产中牛蛙一般都能自然产卵受精，但虽然是强壮的蛙也并非每只都产卵，至于它们为什么不产卵有很多原因，如环境不适合、发育不良、体质较差、经不起气候的变化等。鉴于此类原因或实验需要，可对牛蛙进行人工催产，人工催产的药物一般有蛙脑下垂体（脑下腺）、绒毛膜促性腺激素（HCG）、促黄体生成激素类似物（LRH-A）等，注射的剂量可按蛙的体重计算。牛蛙催产所需的激素剂量比其他蛙要大，一般雌蛙每千克注射蛙脑垂体15~20个，或LRH-A为400 µg，或HCG为5 000国际单位，或者三种药物混合注射（剂量为上述各药物各1/3），这些药物和方法均有催产效果，混合注射效果最佳。可以一次注射，也可分次注射。分次注射则每天注射一次，第一次注射LRH-A，第二次注射其他药物。注射用药物用生理盐水稀释，每只稀释量为0.5~1 mL。雄蛙精巢内常年存在着可供正常受精的成熟精子，一般不需要注射雌性腺激素来促进精子的生成，但为了促进雌雄蛙的抱合，可给雄蛙注射相当于雌蛙1/2的剂量。注射的部位可以采用腹腔注射、皮下注射或肌内注射。

　　一般在注射后48小时左右产卵，如不产卵，挤压腹部，泄殖腔内也没有卵子流出，则需作第二次注射，药物的催产作用是累积的，故第二次注射的剂量可适当比第一次小。注射药物后，如仅是为了生产需要，就可以将雌雄蛙放在一起，让其自然抱对产卵即可。

### 三、孵化

　　孵化设备有土池、水泥池、网箱、孵化框等。在生殖季节，每天9:00，应绕产卵池进行巡查（如果生产规模大，每天17:00左右，再巡查一次，也有少数个体在白天产卵），特别是晚上雄蛙鸣叫非常频繁及雨过天晴后的次晨，是牛蛙产卵的盛期，应及时将受精卵移入孵化池或其他容器内进行孵化，不能使受精卵留在产卵池内。因为亲蛙或水体中其他蛙和鱼会摄食受精卵的胚胎，风雨也能将卵和胚胎击沉，卵和胚胎沉入水底后会窒息死亡。

　　牛蛙卵的孵化适宜水温为20~30 ℃，最适水温为25~28 ℃。孵化的速度和水温的高低直接有关，水温20~21 ℃时为102小时，22~23 ℃时为96小时，24~25 ℃时为84小时，27~28 ℃时为60小时。孵化用水的pH值以6.5~8.5为合适，pH值低于6或高于9的水对蛙卵孵化不好。盐度在2‰以内的水，对卵的孵化及蝌蚪的成活均较好，盐度超过2‰会使孵化速度减慢，孵化率下降，蝌蚪畸形增加，0.3%时孵化的蝌蚪大部分死亡。水中的含氧量和蝌蚪的孵化也有直接关系，一般不能低于3 mg/L。

　　孵化密度为每平方米5 000~10 000粒卵为宜。如果气温过高，在孵化池的上方应设置荫棚，防止太阳直晒，遇寒潮时，应在孵化池上加一塑料顶盖，防止水温骤降，有条件的地方还可在塑料顶盖下用蒸汽加温，例如利用电热水壶发出蒸汽，保持空气温度，防止水温降低，也是可行的，但不能用煤火加温，因煤火散发出有害气体太多。孵化条件适宜，孵化率可达90%以上。

## 第三节　蝌蚪的饲养技术

　　蝌蚪是牛蛙的幼体，是牛蛙一生中很重要的发育阶段。蝌蚪营水生生活，具有一系列适应水生生活的器官，它的饲养方法也和营水陆两栖生活的成体有所不同。

## 一、放养

蝌蚪一般在孵化后7～10天，卵黄囊消失，肠管沟通，开始吃食，这时就应该将蝌蚪移至蝌蚪池中进行饲养。

一般孵化10天的蝌蚪，每平方米投放500～1 000尾，30日龄的蝌蚪，每平方米放养100～200尾比较适宜。同池蝌蚪生长速度不一致，应按蝌蚪的大小进行分级饲养，从刚孵化的小蝌蚪养成幼蛙需要分2～3次，第一次在孵化后半个月左右，第二次在30天后，至50～60天再分养一次。第一次分养很重要，经过50～60天的饲养后，大部分蝌蚪长出后肢，有个别已长出前肢，根据后肢长短和前肢长出情况进行分级饲养，可成批获得不同规格的幼蛙。

放养密度对蝌蚪生长的影响很大，密度不同，生长速度也就不同。据报道，蝌蚪平均长度为46～48.5 mm，平均体重为1.0～1.5 g，水泥池饲养，放养密度为100尾、300尾、500尾，以米糠为饲料，每天投喂量为蝌蚪体重的10%左右，结果以每平方米放养100尾的效果最好。因而认为平均体重1 g左右的蝌蚪，放养密度以每平方米100～300尾比较适宜。

## 二、饲料及投喂

蝌蚪杂食且贪食，对米糠、玉米粉、花生饼、豆饼、鱼粉、动物内脏及蔬菜等都能摄取。在不同的生长阶段应投喂不同的饲料品种和数量。刚孵化出膜的蝌蚪（鳃盖完全期以前），有卵黄作为营养，蝌蚪的消化道尚未打通，咽后消化管内有一团上皮细胞堵塞，故不必投喂饲料。如在此时期内投饲，将损伤其消化道。出膜后4～5天，方可供给少许蛋黄、豆浆及浮游生物等，但数量不宜过多，以防水质恶化和造成浪费。刚下池的蝌蚪个体小，活动能力弱，多群集在一起，2～4天后分散于池边摄食天然饵料，如蓝藻类、轮虫类及腐殖质、苔藓等。6～7天，蝌蚪可在水中缓慢游动时，应辅以少量人工饲料，如豆浆、米糠、花生饼、豆饼、鱼粉等。不到20天的蝌蚪，如投喂鱼块、番薯等大块饲料时，需碾成糊状供其食用。到1个月左右时，就可用较粗的饲料喂养，如整条死鱼、西瓜皮、南瓜皮、果皮等，20多天后，蝌蚪甚为活跃，常跃出水面呼吸空气。此时，可逐渐增加投饲量，一般，在前肢长出前，投喂量为蝌蚪体重的10%左右，前肢长出后，尾部开始萎缩，投饲量可减少一半。

每天投饲的数量应根据天气和水质情况而定，天气凉爽而水质较瘦，可适当多投，天气炎热而水质又肥则适当少投。原则上每天投喂1次，如果所投饲料是属于干粉类物质，则先要将其充分浸湿，搅碎后再投喂。否则蝌蚪会因饱食干饲料后，在消化道内发酵而发生气泡病。

## 三、饲养管理

蝌蚪个体小，对外界不良环境及敌害的抵抗能力差，在饲养过程中务必保持适宜的环境。

### （一）水温

大蝌蚪能耐受的最高温度是38 ℃，水温在35 ℃以上时就会影响其生长发育，体质衰弱，活动能力降低，摄食量减少，40 ℃时，就会全部死亡。所以，在盛暑季节必须采取人工降温措施，在蝌蚪池上搭凉棚，或在池周种植树冠发达的乔木，防止阳光直射，灌注新水等，可使水温保持在35 ℃以下。蝌蚪的耐寒能力很强，越冬成活率高，在任何低温下，只要有水就能生存，故在临近越冬时才变态的蝌蚪，可以令其不变态，就以蝌蚪的形态越冬，这样更便于管理。刚变态的幼蛙就越冬，其体质弱，适应能力差，在越冬期死亡率高，不便管理。

### （二）水质

饲养池的水质必须良好，影响水质的因素很多，主要是水中溶氧量减少。在适当时候就应换新水，最好能保持微量流水，防止水质变坏。早期蝌蚪对溶氧要求比较高，水中溶氧需保持在3.5 mg/L以上，但一个月左右的蝌蚪，由于肺逐渐发达，蝌蚪可到水面呼吸空气中的氧，水中溶氧只要保持在1.5 mg/L以上就行了。水中pH值应保持在6.5～7.5，盐度应保持在2‰以内，才适合于蝌蚪的生长发育。

### （三）消灭敌害

每天早晚都要巡视蝌蚪池，除注意水温、水质的变化外，还应注意敌害、病害的危害情况，发现敌害应立即消灭或驱除，发现病害立即治疗。

## 四、蝌蚪的变态

从产卵受精到蝌蚪变态成幼蛙，需经历多久的时间由于受环境、气候、季节、饲料、水质、水温、放养密度等多种因素影响而很难确定，即使是同一批蝌蚪，其变态时间也迟早不一。在长江中下游一带，5—6月孵化出来蝌蚪，从孵化以后便经历较高的气温，如饲料配合得当，只需70～80天便可变态成幼蛙，如在4月或7—8月孵化出来的蝌蚪，则所需时间又长些。很晚才孵化的蝌蚪，由于孵化出来后气温已下降，或即使是孵化比较早的蝌蚪，由于环境条件不宜或饲料不当，当年不能完成变态，要在翌年4—5月才能完成变态。蝌蚪的变态是受其体内甲状腺水平的影响，饲喂动物性饲料对加速蝌蚪的变态很重要，植物性饲料则能促进其个体长大，应提倡植物性饲料和动物性饲料混合喂养。

蝌蚪变态时，首先是在尾鳍基部两侧出现后肢芽，随着后肢的生长，前肢也开始伸出，约在孵化后60～70天，前肢伸出后，尾部开始被吸收。在此时可以不喂饲料，主要依靠吸收尾部来供给所需营养。作为蝌蚪呼吸器官的鳃，在此时已退化，由肺取代，故变态中的蝌蚪不能长期潜入水中，需不时露出水面呼吸。这时候，池中的水浮莲、凤眼莲等水生植物为已长出四肢的变态蝌蚪登陆时休息提供了重要场所。蝌蚪四脚完善、尾部完全被吸收后，即变态成幼蛙，应转入幼蛙池饲养。

变态幼蛙的体重和蝌蚪大小有关，通常水泥池中蝌蚪较小，变态后的幼蛙体重4 g左右，而土池中的蝌蚪较大，变态后幼蛙体重可达7 g以上。

# 第四节　人工养殖技术

## 一、幼蛙的饲养

一般性腺尚未成熟，个体在100 g以下的牛蛙称为幼蛙。

刚变态后的幼蛙，适应能力很差，饲养管理工作要细致，这个时期管理的好坏，对整个养蛙生产有很大的影响。蝌蚪变态成幼蛙后如果继续留在蝌蚪池饲养，会由于条件不适或密度过大而影响其生长，因而要转入幼蛙池中饲养。

### （一）幼蛙池

蝌蚪四脚长成并去尾即成幼蛙，幼蛙与蝌蚪要分开饲养。幼蛙池的面积可视生产规模而定，小型1～2亩，大型5～10亩，水深0.5～0.8 m。土池和水泥池都可养幼蛙，但土池的效果较好。一般的蝌蚪池也可用来饲养幼蛙，但池周陆地或池中要放置一些浮水植物作为幼蛙的栖息场所。如是小水泥池，在夏天一定要搭凉篷，防止水温过高；土池池底要求质地坚实，留有3～5 cm稀泥。其他条件与产卵池基本相同。

### （二）放养

幼蛙的放养密度应根据个体大小而定，一般每平方米放养刚变态的幼蛙100～150只，30天后，体重达25～50 g，放养80～100只，体重60～100 g，放养60～80只，如果条件许可，还可适当加大密度。同时也应考虑到气候因素，夏天天气炎热，密度应稍稀，冬、春季密度可适当增大。同池幼蛙，在相同的环境条件下，其生长速度不一致，应按蛙体大小进行分池饲养，否则会产生大蛙吃小蛙的现象，严重影响幼蛙的成活率。

### （三）饲料及其投喂

刚变态的幼蛙饲料以蝇蛆和小蚯蚓等小型动物为主。投喂方法是把饲料置于饲料盘上，或撒于池边固定的投饵点。平均每100只幼蛙每天投饵100～150 g，幼蛙长到15～20 g时，便可投喂小杂鱼、小虾和个体较大的蚯蚓等，平均每天的投饵量相当于幼蛙体重的10%～15%。牛蛙在25～30 ℃时，摄食能力最强，温度太高或太低，食量就会减少，甚至停食，这是正常现象，不必忧虑，但投饵量不可死搬硬套，要根据具体情况而定。每天的饲料可以1次投喂，也可以分两次投喂，实践证明：分次投喂效果更好，可以避免"分食"不均的现象。

牛蛙从蝌蚪变态成幼蛙后，就只能摄食活动饵料，对静态饲料视而不见，有人认为这是因为牛蛙两眼间距较大，不能形成双眼视觉。如能研制出人工模拟生物行为投饵机或以其他方法使静态饲料"活化"，牛蛙也可摄食。

通过驯饲使其摄取死的动物饲料和人工配合饲料。其方法是在变态后期开始，按日减少活饵，而混之以少量"死饲"，但在蝌蚪变态成幼蛙的短期内，因体质变化，将可能出现短期停食情况，不必惊慌。蝌蚪变态成幼蛙后就供给人工饲料（死饲），以养成其摄食死饲的习惯，但还是必须活饵与"死饲"混合投喂。"死饲"如是大鱼、动物内脏等，应根据蛙的个体大小切成粒状或条状，或做成人工颗粒饲料。驯食开始时，可将人工饲料放进饲料盘内，再在饲料盘中放入数条活泥鳅，将饲料盘一半沉入水中，一半露出水面，活泥鳅在饲料盘中带动盘中之人工饲料，幼蛙一见盘中饲料全部都震动，以为均是活饵，便会抢着吃。如无活泥鳅，可在饲料盘上方装一桶水，桶底开一小孔，使桶中之水一滴一滴不停地滴在饲料盘中，饲料盘中的水一震荡，盘中的饲料亦随着波动，牛蛙又误认为是活饵而抢食。体重达50 g以上，可同时采用灯光诱虫，以补饲料不足。

**（四）饲养管理**

一般每天投饲1次（有人认为只要饲料充足，可以几天投1次），投饲前，必须清除饲料盘中的残饲，检查饲料盘是否完好。及时分级饲养，饲养一定时期后，应将大小悬殊的幼蛙分级饲养，以防大蛙吃小蛙。为使其加速生长，对大小不同的蛙给以不同的放养密度，也是一个重要措施。要经常检查围墙和门四周有无漏洞、缝隙，发现后立即堵塞，防止牛蛙逃跑。消除池边杂草，及时驱除蛇、鼠等敌害，并保持池内通风阴凉，水质新鲜。大多数蛙都是在幼蛙阶段越冬，越冬期间幼蛙成活率的高低与生态条件有密切关系，越冬幼蛙池水深应保持在70 cm以上，池底要有一定的淤泥，池上覆盖芦苇、冬茅等覆盖物，既可保温、又可防止某些敌害的进入，越冬成活率可达90%以上。如果水位太浅，池底又无淤泥，越冬成活率很低。

## 二、成蛙的饲养

成蛙的饲养是整个牛蛙养殖过程中的最后一个环节，也是最重要的一个生产程序。目前牛蛙养殖可分精养和粗养两种方式。粗养，就是将蛙放养于比较宽广的场所，利用天然饵料任其自然生长。精养，则是利用较小的池子，采用人工投饵，进行高密度养殖。下面主要是介绍精养的方式。

**（一）养蛙池**

成蛙养殖一般可利用塘堰、藕塘和小型的天然积水池稍加整理改造而成。位置应选择在地势平坦、水源充足、排灌管理方便、洪水不泛滥、天旱不干涸的场所，如有流水条件则更为理想。成蛙池以300~1 000 m²为好。土质养蛙池除了水面以外，四周和池子中间要留有一定面积的陆地，一般陆地和水面之间的比例为1：1。池的坡度要大，便于牛蛙登陆休息和捕捉食物。水深应根据当地冬天结冰的厚度而定，主要应保证冬天在冰层下仍有一定的水深，以便牛蛙在池底安全过冬，长江流域的水深应保持在1~1.5 m。

**（二）放养、饵料及管理**

1. 放养

成蛙的养殖密度一般为每平方米20~50只，密度大小随成蛙体型大小及养殖管理水平、水温、水质等因素而酌情调整。

2. 饵料

牛蛙在天然环境中吃食的饵料，主要有家蝇、胡蜂、蚂蚁、金龟子、叩头虫、蚜虫、龙虱、步形虫、蝎蝽、猎蝽、蜻蜓、螳螂、蟋蟀、蝼蛄、蝗虫、蜘蛛、田螺、螺蛳、泥鳅、鲤鱼、蝾螈、龟、鳖、蛇及其他蛙类。所以在人工养蛙池中要装置诱虫灯，以诱集昆虫作蛙的饵料。但在人工高密度养蛙时，单靠诱集昆虫已满足不了牛蛙的生长需要。据试验，糠虾、小鱼、粪蛆和小型的蚯蚓，都是刚变态幼蛙最喜吃食的饵料。

但在大规格生产时，光靠吃食这些饵料显然是不行的。应在幼蛙长到50g左右时在活饵料中掺入蚕蛹、河蚌肉、螺蛳肉、动物内脏等动物性饵料，将之一起投放在专设的饵料台和饵料盘中，通过活饵料的带动和牛蛙自身在饵料盘中的跳动，使静态饵料发生跳动，牛蛙误认为是活饵料而争相捕食。当牛蛙习惯这样取食后，再逐步增加静态饵料的比例，直到全部用静态饵料来取代活饵。

牛蛙的吃食量很大，一只牛蛙从深夜12:00到翌日1:00的1小时内，可捕食8只蝗虫。另据观察，一只牛蛙在15分钟内吃食13只蝼蛄。在人工饲养条件下，牛蛙的吃食量随着温度的不同，大致变动在牛蛙总体重的5%~20%。

3. 饲养管理

牛蛙在精养条件下，吃食量大，粪便也多，容易污染和恶化水质，从而引起各种疾病。这种情况在水泥池饲养成蛙时更为突出，所以对水泥池要勤于洗刷，更换新水，还要定期用生石灰和漂白粉消毒。土池饲养牛蛙虽有土壤的吸附作用，但也要定期加注或更换新水，如有流水条件，采用流水饲养效果更好。

防逃是牛蛙饲养管理工作中一个很重要的内容。必须经常检修防逃设备，堤埂上的洞穴要及时堵塞，以防止蛙从洞中潜逃。雨天牛蛙跳跃攀爬尤为活跃，更要防逃。

牛蛙的敌害很多，田鼠、鼹鼠、猫、蛇、鸟类都是它的天敌，必须采取积极措施加以捕捉驱除。

**（三）牛蛙的生长**

人工饲养的牛蛙，一般在变态后1个月能长50g，两个半月长到130~150g，第2年可以长到350~400g，第3年能长到700~800g，达到商品规格要求。

# 第五节　病害防治技术

牛蛙一般不易感染疾病，但在人工集约精养的条件下，特别是在蝌蚪阶段，也会感染寄生虫病和细菌性疾病。牛蛙及其蝌蚪都会遭到其他生物敌害的侵袭，如不及早防治，将会给牛蛙生产带来重大损失。

## 一、病毒性疾病

### （一）腿病、红斑病

1. 症状和病因

红腿病由病毒引起，蛙后肢红肿以致溃烂，红斑病是蛙体局部红肿，严重时溃烂，病因不明。多是由于放养过密、环境恶劣或捕捉装运途中挤压受伤，病原体侵入伤口感染所致。幼蛙和成蛙都能感染发病，且传染迅速，危害十分严重，可在几天内使整池的牛蛙死亡。

2. 防治方法

（1）患此两病蛙可用20%食盐溶液浸泡24小时，有一定疗效。据报道，高浓度高锰酸钾浸泡病蛙有较好疗效。

（2）对发病率较高的蛙池应即刻灌注新水，改善水质。发病前要用药物预防，每星期用百万分之一漂白粉全池泼洒一次，并经常用十万分之一浓度漂白粉液洗刷食台和其他养蛙工具。

（3）发病的蛙用2 mg/L的卡那霉素或磺胺甲基异恶唑或5%的食盐水浸泡，疗效显著。

## 二、细菌性真菌性疾病

### （一）肠胃炎

1. 症状和病因

肠道感染病菌引起。多发生于4—9月，传染性强，病蛙东爬西窜，游动缓慢，喜钻泥，后期平躺池边不怕惊扰。此病多发生在春夏秋之交，发病原因与饲养管理不当、饲料不洁、栖息环境恶劣有关，并常与红腿病并发。发病时，病蛙身体瘫软，无力跳跃，并停止摄食。

2. 防治方法

（1）经常清洗饲料台和更换池水，保持水质清新。

（2）发现此病后，应立即隔离病蛙，并用1～2 mg/kg的漂白粉全池泼洒消毒。

（3）胃散片或酵母片日服2次，每次半片，连服3天。

（4）每天给病蛙喂酵母片2次，每次半片，3天后见效。

### （二）水霉病

1. 症状和病因

病蛙体表有大量霉菌丝体繁殖，形似棉絮状的白色或灰白色物，病蛙焦躁不安，食欲不振，游动迟缓，严重时会平躺在池边或浅滩，不怕惊扰。

2. 防治方法

用5 mg/L的高锰酸钾浸泡病蛙30分钟，连续几次。

### （三）肿腿病

1. 症状和病因

该病因蛙的腿部受伤后被细菌感染引起。病蛙腿部水肿呈瘤状，影响摄食，致使蛙营养不良而死亡。

2. 防治方法

把病蛙腿部放入30 mg/kg的高锰酸钾溶液中浸泡15分钟后，再注射4万单位的庆大霉素2～4 mL。第2天重复1次，效果较好。

## 三、寄生虫性疾病

### （一）车轮虫病

1. 症状和病因

患病蝌蚪全身布满车轮虫，肉眼观察可见尾鳍黏膜发白，尾鳍组织破坏，严重时，全部尾鳍被腐蚀。蝌蚪游动缓慢，漂浮水面，不摄食，直至死亡。

2. 防治方法

（1）减少养殖密度，扩大蝌蚪活动空间。

（2）蝌蚪放养前全池泼洒硫酸铜，每平方米水用药0.7 g，或在患病蝌蚪池泼洒

5：2的硫酸铜和硫酸亚铁合剂，使池水含药浓度为0.7～1 mg/L，可有效地治疗车轮虫病。用2%食盐水浸泡蝌蚪5～15分钟，也有一定疗效。

### （二）舌杯虫病

#### 1. 症状和病因

多发生在水质差，饲养密度大的蝌蚪池，传播很快。舌杯虫多寄生于蝌蚪尾部，严重时遍布全身，肉眼观察可见体表长满毛状物，很像水霉。

#### 2. 防治方法

患病时每立方米水体遍洒0.7～1 g硫酸铜，疗效很好。

## 四、其他病害

### （一）气泡病

#### 1. 症状和病因

患病蝌蚪肠道充满气泡，腹部膨胀，身体失去平衡浮于水面，如不及时抢救，会引起大量死亡。

#### 2. 防治方法

不用未经发酵的肥料培肥水质，池中腐殖质不能过多，干粉饲料要充分泡湿后才能投喂，投饲量要适当。对水生植物过于繁殖的池，在高温期间每2～3天冲新水一次，并搭凉棚遮阴，可防此病发生。如发现有气泡病发生，应及时向池中注入新水，防止病情恶化，并将蝌蚪捞出置于新鲜水中暂养1～2天，不投饵，或将蝌蚪置于清水中用20%硫酸镁液泼洒，两天后再放回蝌蚪池，疗效较好。用食盐水泼洒也有疗效。

### （二）敌害

牛蛙及其蝌蚪的敌害很多，如水蜈蚣（龙虱幼虫）、蜻蜓幼虫、野杂鱼（乌鳢、鳜鱼等肉食性鱼类）、龟、鳖、蛙类（特别是虎纹蛙及其蝌蚪）、鸟类等都是蝌蚪的敌害。鼠、蛇等能危害幼蛙和成蛙（包括亲蛙），大蛙也能吞食小蛙，池塘中水绵过多也能将蝌蚪和幼蛙网死。

一只水蜈蚣一昼夜能杀死蝌蚪20～30尾，以体长2～3 cm的蝌蚪受害最多，另外，它对幼蛙也有一定的危害。用1～4 mg/L的2.5%敌百虫洒在水面即可杀灭水蜈蚣，对蝌蚪无害。

蜻蜓幼虫对蝌蚪危害相当大，它主要是从腹部将蝌蚪咬死。在池岸喷洒高效低毒驱虫药可避免蜻蜓在池内产卵繁殖。水绵漂浮于水中，蝌蚪或幼蛙游入其中很难蜕身，可用硫酸铜（0.7～1.4 mg/L）将它杀灭。

# 第六节　加工食用方法

## 一、牛蛙火锅

### （一）食材

牛蛙1 500 g、青笋200 g、茭白200 g、白萝卜200 g、精制油100 g、姜5 g、蒜

5 g、葱5 g、干辣椒5 g、花椒3 g、冰糖3 g、豆瓣酱100 g、味精10 g、鸡精20 g、料酒20 g、胡椒粉5 g、红汤2 500 g。

**（二）做法步骤**

（1）牛蛙宰杀去头的内脏，斩成4 cm见方的块，入汤锅氽水捞起。

（2）青笋，茭白，白萝卜去外皮，改成小块洗净装入火锅盆待用。

图19.2　牛蛙火锅（图来源于网络 https://haokan.baidu.com/v?pd=wisena tural&vid=11023387342837470518）

（3）姜切成指甲片，葱切成"马耳朵"形。

（4）炒锅置炉上，下油加热，放豆瓣酱、姜片、葱、花椒、干辣椒、炒香并呈红色，放牛蛙肉、整蒜子、冰糖、炒酥、掺红汤，下味精、鸡精、胡椒粉、料酒，烧沸，除尽浮沫。

（5）倒入盛有青笋，茭白，白萝卜的火锅盆，上台即可。

## 二、干锅牛蛙

**（一）食材**

牛蛙3只、白洋葱1个、青蒜100 g、干辣椒50 g、鲜朝天椒4枚、老姜20 g、蒜10瓣、笋50 g、料酒、醪糟各1汤匙（15 mL）、白砂糖、小茴香各1茶匙（5 g）、盐1/2茶匙（3 g）、豆豉2茶匙（10 g）、豆瓣酱1汤匙（15 g）、花椒10 g、八角2枚、干淀粉50 g、油200 mL（实耗50 mL）。

图19.3　干锅牛蛙（图来源于网络 https://www.xiachufang.com/recipe/ 104236454/）

**（二）做法步骤**

（1）牛蛙买回时请店家代为宰杀、去皮，洗净后斩成大块，加入盐和料酒腌20分钟。

（2）青蒜择洗干净，切成3 cm长的斜片。白洋葱剥去老皮切成细丝。鲜朝天椒切成小片。老姜切末。

（3）中火加热炒锅中的油，将腌好的牛蛙块表面沾少许干淀粉，放入油中煎炸至表面微黄，捞出沥干油备用。

（4）炒锅中留1汤匙油，中火加热至五成热，放入豆豉、豆瓣酱煸炒出红油，锅中加入八角、小茴香、花椒、干辣椒、蒜瓣和老姜末翻炒出香味。

（5）炒锅中放入炸好的牛蛙块翻炒片刻，加入醪糟、白砂糖、朝天椒片继续翻炒3分钟。

（6）另取一个炒锅，倒入少许底油，中火加热至六成热，放入洋葱丝和青蒜片快速翻炒片刻马上盛出，放入事先预热好的锅仔中，将炒好的牛蛙放入锅中，即可上桌。

## 三、泡椒牛蛙

**（一）食材**

牛蛙500 g、大葱150 g、色拉油200 g、料酒10 g、泡姜10 g、精盐1 g、味精2 g、

泡红辣椒150 g、胡椒粉1 g、干豆粉20 g。

**（二）做法步骤**

（1）牛蛙宰杀去头去皮去内脏洗净，斩成块，用盐、胡椒粉、干豆粉、料酒上浆码味。泡红辣椒去蒂去籽切成节，大葱洗净切成节，泡姜切成姜米。

（2）炒锅下油烧至七成热，将牛蛙下锅滑熘断生后捞起。炒锅内下少许油烧热，下泡姜、泡椒节炒出香味，下牛蛙，烹入料酒，放味精、大葱节簸转起锅装盘即可。

图19.4 泡椒牛蛙（图来源于网络https://haokan.baidu.com/v?pd=wisenatural&vid=8846087567676601680）

### 四、宫保牛蛙

**（一）食材**

牛蛙、木耳、酱油（老抽）、料酒、醋、盐、鸡精、糖、水淀粉、葱花、蒜末、姜米。

**（二）做法步骤**

（1）新鲜牛蛙，洗净控干（要控干，否则上浆的时候挂不住浆，所有要上浆的菜都是这个道理），用酱油料酒和水淀粉上浆备用。

（2）酱油（老抽）、料酒、醋、盐、鸡精、糖、水淀粉、葱花、蒜末、姜米调和成汁备用。

图19.5 宫保牛蛙（图来源于网络https://haokan.baidu.com/v?pd=wisenatural&vid=4144377663575460797）

（3）将浆好的牛蛙滑油后盛出，锅中留油少许下干红椒炸至棕红色。

（4）下发好的木耳翻炒。

（5）加入滑过油的牛蛙，倒入兑好的调味汁，大火颠几下即可。

### 五、麻辣牛蛙

**（一）食材**

牛蛙500 g、豆腐250 g、蒜苗50 g、豆瓣酱30 g、辣椒面10 g、姜末5 g、蒜米5 g、精盐2 g、绍酒20 g、酱油15 g、鸡精3 g、味精1 g、胡椒粉1 g、花椒粉5 g、蛋清糊40 g、水淀粉15 g、鲜汤100 g、混合油60 g。

**（二）做法步骤**

图19.6 麻辣牛蛙（图来源于网络https://haokan.baidu.com/v?pd=wisenatural&vid=6897297813200910901）

（1）牛蛙宰杀后去皮，除骨切成2.5 cm大小的丁，牛蛙宰杀后去皮，除骨切成2.5 cm大小的丁，蒜苗洗净切成细粒，豆瓣酱剁细。

（2）牛蛙丁放入碗中，加精盐、绍酒、胡椒粉和蛋清糊抓匀，入沸水锅中焯一水；豆腐放入加有少许精盐的沸水锅中煮一下，捞出待用。

（3）炒锅上火，加入混合油烧热，下豆瓣酱、辣椒油、姜米、蒜米炒香出色，倒入鲜汤，下入豆腐，烹入绍酒，调入精盐、酱油、鸡精略烧然后下入牛蛙烧至入味，随后勾芡，放入味精和蒜苗粒翻匀，起锅装盘时撒上花椒面即成。

### 六、酱爆牛蛙

#### （一）食材

大牛蛙1只、青椒适量、料酒、甜面酱、糖、葱花、姜丝、胡椒粉、麻油。

#### （二）做法步骤

（1）牛蛙宰杀后切成小块，将牛蛙用盐腌一会儿，用水冲洗干净，切块。

（2）青椒切成合适大小，用开水焯一下。

（3）锅里放油，油六成热时，倒入牛蛙煸炒，加稍许盐、料酒炒到牛蛙断生后盛起。

图19.7　酱爆牛蛙（图来源于网络https://www.xiachufang.com/recipe/1039632/dishes/）

（4）锅里再倒入少许油，煸香葱花、姜丝，下甜面酱、白糖、和水煮一下，倒入牛蛙翻炒，倒入青椒继续翻炒，让汁充分裹在材料上，最后淋些麻油盛起。

# 第七节　养殖实例

## 一、庭院养殖

福建省莆田市城厢区海渔办水产技术推广站的郑国洪进行了庭院小水体牛蛙养殖试验，取得较好效果。

### （一）池塘建造

利用房前庭院空地120 m²，可建成1个10 m²的亲蛙池、1个25 m²的蝌蚪培育池，8个8~13 m²的养殖小水泥池，其中，小水泥池池高1.2~1.4 m，采用砖砌、水泥砂粉刷，池内由沟和饲料台组成，沟位于池内边三周，宽22~25 cm，深28~32 cm，底部有出水管通向池外，以便排水，并设有20 cm×20 cm的网罩，以防牛蛙从水管逃走。在饲料台靠池岸边留出一出水管通向池外，上设有20 cm×20 cm的网罩。每口池池边都设有宽5 cm的水管头，连接2 m左右的软管，以便蛙池进水。养殖水源由院子中的深水井抽入。

### （二）饲养管理

2005年7月6日在8个小水泥池中投放变态后的幼蛙3 600只，平均每只体重8 g，平均投放密度42只/m²。对刚变态的幼蛙投喂蝇蛆、蚯蚓等活饵进行诱食，经过一段时间饲料的驯化，逐步摄食死饵，种类有小鱼、干蚕蛹等。饲养1个月左右牛蛙大小差异较大，及时将大小分池，逐级进行饲养管理。投喂量依据饲料种类而定，一般鲜活饵料为蛙体总重的10%左右，干品为蛙体总重的3%~4%。为了使蛙池内的温度不至于太高，夏季可在蛙池上方搭棚遮阳，以免牛蛙被烫伤。平时做好蛙池的排污换水、防逃、防敌害生物等工作。

### （三）养成情况

经过5个月的精心饲养管理，于2006年1月30日清点，最大个体体重达283 g，最小个体体重98 g，平均体重228 g，总产量766 kg，平均产蛙9 kg/m²，存活数3 363只，成活率达93.4%。

### （四）经济效益

以目前市价24元/kg算，产值达18 380元，扣除成本（固定财产按15%折旧）6 000元，纯利润为12 380元，经济效益十分显著。

### （五）几点体会

牛蛙的庭院集约化养殖具有占地面积少、投资较少、见效快、产量高、简单易行、效益显著等特点，是家庭致富的好项目。采用此种池子结构，饲料台上牛蛙密度大，随着牛蛙的扑食整个饲料台池水波动起来，使死饵变"活"，形成一蛙吃食众蛙争食的场面。小水泥池还有利于清洗和观察，便于管理和操作。夏季在蛙池上方搭棚遮阳，池水温度可保持清凉，可使牛蛙安全度夏，并防止中暑死亡。及时进行清池排污、换水、药物消毒，防治病害是提高养蛙成活率的关键。

## 二、网箱养殖

湖南科技学院的何福林等于2003年进行了用膨化饲料在水库网箱中养殖牛蛙试验，取得了良好的效果。

### （一）材料与方法

1. 水域环境条件

双牌水库位于湖南省南部，属中亚热带大陆性季风湿润气候，四季分明，雨量充沛，春夏多雨，秋冬多旱，日照充足，热量丰富。网箱设置区双牌水库江村渔场水面开阔，水质清新。选择背风向阳，环境安静，水深6～8 m，无杂草、污物，风浪不大，水流缓慢，汛期也不会出现大量泥沙、急流之处设置网箱。养殖期间水17.5～36 ℃（水表层下40 cm测量），表层溶氧5～9 mg/L，正常水位时水体透明度60～100 cm，pH值6.8～7.4。

2. 网箱设置

用聚乙烯网片制成的加盖封闭式网箱4个，网目10 mm，规格为6 m×3 m×1.5 m。网箱用毛竹固定成长方体呈一字形排列，入水深度为70～80 cm，露出水面70～80 cm，箱间距2 m，箱内安放浮于水面的木制食台2～4个（兼作栖息台），食台长2 m，宽1 m，每个食台正上方的盖网安置4个塑料漏斗便于投饵。网箱提前1个月放入水体，使箱体上附生一些丝状藻类，以避免网箱擦伤蛙体，箱内1/2的水面放养水葫芦作隐蔽物。

3. 牛蛙放养

2003年4月20日，从湖南道县水产养殖试验示范场购买驯食成功的越冬幼蛙7 200只放入1#、3#网箱开始试验，试验1个月后，将1#、3#网箱小规格牛蛙分别放入2#、4#网箱（放养情况见表19.1）。

表19.1 水库网箱养殖牛蛙放养情况

| 放养时间 | 网箱编号 | 放养数量（只） | 放养密度（只/m²） | 放养总重（kg） | 个体均重（g） |
|---|---|---|---|---|---|
| 04-20 | 1# | 3 600 | 200 | 179.5 | 49.86 |
| | 3# | 3 600 | 200 | 181.2 | 50.33 |
| 05-20 | 1# | 1 620 | 90 | 172.6 | 106.54 |
| | 2# | 1 819 | 101 | 163.4 | 89.83 |
| | 3# | 1 620 | 90 | 177.9 | 109.81 |
| | 4# | 1 836 | 102 | 169.7 | 92.43 |

**4. 饲料投喂**

使用湘潭市水科所生产的牛蛙配合膨化浮性颗粒饲料，饲料的粗蛋白质含量为31.2%，粗脂肪含量为4.72%。严格遵循"四定"投饵原则，每天定时（9:00、16:00）投喂2次，投饲率为1%~3%，根据天气、水温、摄食情况调节投饲量，投饲率随牛蛙个体增长而逐渐降低。每月定期随机抽样检测200只牛蛙的生长情况，及时调整投饲量。

**（二）结果**

**1. 生长与收获情况**

经4个月饲养，成活率94.3%，总重2 460.1 kg，总增重2 099.4 kg，饲料系数2.34（见表19.2）。

表19.2 水库网箱养殖牛蛙的生长收获情况

| 检测时间（月-日） | 网箱编号 | 总重（kg） | 数量（只） | 放养密度（只/m²） | 均重（g） | 均增重（g） | 日均增重（g） | 月增重率（%） | 饲料消耗（kg） | 成活率（%） |
|---|---|---|---|---|---|---|---|---|---|---|
| 05-20 | 1# | 172.6 | 1 620 | 90 | 106.54 | 56.68 | 1.89 | 87.19 | 360 | 95.5 |
| | 2# | 163.4 | 1 819 | 101 | 89.83 | 39.97 | 1.33 | | | |
| | 3# | 177.9 | 1 620 | 90 | 109.81 | 59.48 | 1.98 | 91.83 | 383 | 96.0 |
| | 4# | 169.7 | 1 836 | 102 | 92.43 | *42.10* | 1.40 | | | |
| 08-20 | 1# | 612.7 | 1 597 | 89 | 380.00 | 273.46 | 2.97 | 83.15 | 1 039 | 98.6 |
| | 2# | 582.7 | 1 789 | 99 | 325.71 | 235.88 | 2.56 | 83.68 | *977* | 98.4 |
| | 3# | 646.7 | 1 589 | 88 | 406.99 | 297.18 | 3.23 | 85.93 | 1 116 | 98.1 |
| | 4# | 618.0 | 1 814 | 101 | 340.68 | 248.25 | 2.70 | 86.14 | 1 040 | 98.8 |

**2. 经济效益**

销售收入34 441元，饲料成本21 626元，新增产值12 815元，网箱新增产值178元/m²，显著高于牛蛙常规养殖和鱼塘网箱养殖效益。

### （三）小结与讨论

**1.牛蛙的生长速度快，个体生长差异大**

牛蛙进入网箱时均重约50 g，经4个月饲养，均重达到325.71～406.99 g，体重增长5.5～7倍，日均增重1.33～2.97 g，可见牛蛙的生长速度快，且个体绝对增长速度随牛蛙生长而加快，而个体增长倍数相对减少。试验结束时，3＃网箱牛蛙个体均重与2＃网箱相差81.28 g，可见牛蛙个体生长的差异大。

**2.严把种苗的进箱关，严格分级饲养**

网箱养殖牛蛙的生长速度与进箱的个体体重呈显著正相关，养殖中务必确保同一网箱放养蛙苗来源相同，规格一致，健康无外伤，挑选同一批中最优质的蛙苗，严格把握蛙苗的进箱关。试验牛蛙收获与放养的数量相差411只，与牛蛙的死亡记录269只相差较大，此现象主要原因是大蛙吃小蛙、强蛙吃弱蛙所致，因此牛蛙的网箱养殖一定要严格分级分箱饲养。

**3.确保合理的放养密度**

笔者认为：在本试验条件下，体重50～100 g牛蛙的适宜放养密度为160～200只/m²，100 g以上的牛蛙放养密度为80～100只/m²。

**4.加强管理，严把饲料质量关**

日常管理中主要做好"四消、四定、三勤、两及时"。本试验的合理设置解决了养蛙的摄食、栖息场所和防逃问题，实现了牛蛙无陆地养殖，网箱设置于水库大水体中，箱内外水体不断交换，使蛙的排泄物和残饵及时溶入水体，不断净化箱内环境，使蛙获得比常规养殖更为稳定的生态条件，养殖成活率高达94.3%，为牛蛙养殖和综合提高水体养殖效益提供了新的发展途径。

## 三、集约化养殖

宁国市水产技术推广站的梅志安安徽省宁国市竹峰办事处利用2 600 m²水面进行了美国牛蛙集约化健康养殖技术的探索，取得较好效果。

### （一）场地选择

养殖场地处避风向阳，光照时间长，周围环境安静，交通方便，生物饲料来源方便，水质清新无污染，pH值6.5～7.5，排灌方便。

### （二）蛙池建造

蛙池包括产卵池、孵化池、蝌蚪池、幼蛙池、成蛙池和种蛙池，均为土池，长方形，面积30 m²/个，池内建一些土堆，占1/3面积，水深30～60 cm，池壁坡比1∶3，四周及中间土堆建有洞穴，池壁绿化并搭夏季遮阴网。

饲料台设置在水下10 cm处。150～200只幼蛙搭设一个幼蛙食台。制作方法：先做一个长60 cm、宽50 cm、高10 cm、厚2 cm的木框，然后将聚乙烯网布拉紧，用塑料包装压条，再用铁钉钉在木框的底部即可。

养殖场地用石棉瓦围起来，围栏入土15～20 cm，高1 m，设有进排水管并用20 cm×20 cm网罩罩住。

### （三）人工繁殖

#### 1.种蛙选择与培养

种蛙在越冬前或初春牛蛙结束冬眠后选留。要求体质健壮、体色光亮、无伤无病、跳跃活泼、贪食、2～4龄，雄蛙要求咽喉部呈亮黄色，前肢婚姻瘤明显，体重400 g/只以上。雌蛙要求体形丰满，腹部膨大，体重500 g/只以上，雌雄比例1∶1。

将种蛙放入种蛙池中精心饲养，放养密度1～2只/m²，每天投饵量占体重的5%～10%，每3～5天加注新水1次。

#### 2.人工催产与孵化

美国牛蛙人工催产在水温20 ℃以上，而且是连续晴天时进行。按雌蛙体重来确定使用绒毛膜促性腺激素（HCG）剂量，一般为1 200 IU/kg体重，肌内注射。种蛙按1∶1的比例放入产卵池内，约40小时后，雌雄蛙开始抱对产卵。催产后每天黎明、中午和傍晚时检查产卵池，发现卵块及时收集后送入孵化池孵化。

受精卵适宜孵化温度18～33 ℃，2天左右即可孵出小蝌蚪，正常情况下孵化率达90%以上。受精卵在放入孵化池中孵化时，密度为5 000粒/m²，水深20～25 cm，孵化池上方用塑料膜搭建遮阴防雨棚。

刚出膜的蝌蚪全长5～6 mm，游泳能力差，依靠头部的吸盘吸附在水草或池壁上生活，以吸收卵黄囊为营养。3～4天后，卵黄囊吸收完毕，蝌蚪开始游动、摄食，此时每天投喂搓细的熟蛋黄，10天后可以转入蝌蚪池中饲养。

#### 3.合理放养与科学饲养

放养前用0.2 kg/m²生石灰全池消毒后，注入新水，水深0.5 m，同时施入发酵后的有机肥1.5 kg/m²来培育水质。放养刚变态的幼蛙，规格4～5 g/只，数量200只/m²。

#### 4.科学饲养

一是15天内的饲养，蝌蚪因身体细小，一般以单细胞藻类为主要食物，也吃颗粒细小的蛋黄浆水、豆浆。投喂方法是在放养蝌蚪之前培肥水质，饵料台内每日投放1次蛋黄、豆浆。二是15～30天的饲养，喂豆浆（渣）、豆饼及配合饲料，辅以动物性饲料。投喂方法是先将豆饼等粉状饲料煮熟搓成团，动物性饲料切碎，每天16:00—17:00投喂1次，一部分投放食台上，另一部分泼洒在池内阴凉处。三是30天以上的饲养，每天投喂2次，9:00—10:00和17:00—18:00各1次，每次每100尾喂食20～50 g，以投喂切碎的动物内脏等动物性饲料为主，辅以玉米粉、豆饼和配合饲料。四是幼蛙驯养方法，将蚕蛹等静态饲料放入食台中，按比例放入黄粉虫、蚯蚓等会爬行的活饵料，幼蛙见到这些饵料由静变动，误认为是活虫，在争食的同时也摄食了这些"动"的静态饵料。驯食分三个阶段，第一阶段1/3静态饲料拌合2/3活饵料喂养，第二阶段静态饲料和动态饲料对半拌合喂养，第三阶段以2/3静态饲料和1/3活饲料喂养，每阶段7～10天。

### （四）日常管理

#### 1.水质和变态期的管理

池内残渣余饵每天及时捞出，5～7天加注新水7～10 cm，注水时间7:00～8:00，春末夏初灌浅水，以利水温升高。高温季节加注池水，或放入少量水浮莲，避免水温过高影响生长。每隔10～15天用1 g/m³浓度的漂白粉溶液对蛙池泼洒消毒1次。蝌蚪在前肢长出后，尾部收缩时，呼吸作用也因鳃的退化而靠肺来进行，所以不能长期潜入水中。因此，除了要保持安静的环境使其变态外，还要在池中搭放一些木板等物协助变态幼蛙登陆。

2. 及时分池

幼蛙生长一个阶段后，因饵料投喂不匀以及个体间体质强弱的差异，会出现个体大小不一的现象，且牛蛙有大吃小的恶习，应及时分池饲养。当规格达到25~50 g/只时，调整到60~80只/m²。规格达到50~100 g/只时，调整到30~40只/m²。规格达到100 g/只时，调整到20~30只/m²。

3. 防逃除害

牛蛙善于爬跳，坚持每天早、晚各巡池检查1次防逃设施，如有破损的及时修补，还要经常观察池内有无蛇、鼠等敌害，一经发现立即捕杀。认真做好日志，包括日期、天气、水温、放养情况、投饵种类及数量、牛蛙活动情况、病害防治及捕捞销售等项目。

**（五）试验池幼蛙的放养**

当幼蛙培育到规格25 g/只以上是，选择健康的幼蛙放养。1#蛙池放养规格27 g/只，数量3 200只，重量86.4 kg。2#蛙池放养规格30 g/只，数量2 900只，重量87.0 kg。3#蛙池放养规格28 g/只，数量3 000只，重量84.0 kg。

**（六）病害防治**

整个养殖阶段没有发现重大疾病，蝌蚪和幼蛙阶段少量出现头背部体色发黑，表皮脱落，东爬西窜，游泳缓慢，反应迟钝等现象，诊断为腐皮病和肠炎病。腐皮病用1 g/m³浓度的漂白粉溶液全池消毒，100 kg蛙每天用20 g土霉素拌饵投喂；在颗粒饲料中添加适量的鱼肝油，皮肤可再生，1周可治愈。肠炎病每日给病蛙拌食投喂酵母片2次，5 kg/次饲料中加1片，连喂3天，效果较好。

**（七）试验池养殖结果**

3口蛙池，每口面积30 m²，总面积90 m²，放养幼蛙9 100只，共收获商品蛙8 471只，重量4 241 kg，成活率93.1%（表19.3），产值63 615元，纯利润25 446元。

表19.3　商品蛙收获情况统计

| 蛙池号 | 面积（m²） | 收获情况 | | | 成活率（%） |
|---|---|---|---|---|---|
| | | 规格（g/只） | 数量（只） | 重量（kg） | |
| 1# | 30 | 518 | 2 982 | 1 544 | 93.2 |
| 2# | 30 | 487 | 2 720 | 1 324 | 93.8 |
| 3# | 30 | 496 | 2 769 | 1 373 | 92.3 |
| 平均值 | 30 | 500.3 | 2 824 | 1 413 | 93.1 |

**（八）讨论**

蛙池及时清毒排污、加注新水、防逃除害及蛙病防治是提高养蛙成活率的关键。

　　试验证明，从刚变态的幼蛙开始，采用蚯蚓和小鱼虾等活饵料和颗粒饲料等静态饵料一起投喂，使静态饵料在活饵料带动下起到活化的办法，幼蛙是可以食静态饵料的，效果很好，这为集约化养殖牛蛙解决了关键问题。驯食期间，不宜将野生幼蛙或野生蝌蚪作为牛蛙饵料，以免驯食失败。

　　收集卵块时，将附卵块的水生植物一同剪下，用盆将卵块连同水生植物一起盛起，注意不能使卵块颠倒，要始终保持黑色的动物极一直向上，切记不能用手或网捞取。

　　在高密度集约化养殖中，利用30 W的紫外灯或40 W的黑光灯诱虫为饵效果很好。

　　夏季是牛蛙生长的"黄金时期"，随着水温的升高，牛蛙食量增大，7—8月达到最高峰，投饵量逐步增加，达到蛙体重的15%～20%。

　　牛蛙有较高的食用价值，其味道鲜美，营养丰富，胆固醇含量低，是一种高蛋白食品，有较大的市场需求。牛蛙不仅是防治农作物病虫害的能手，蛙皮还可以制革等。养殖牛蛙是一项投资少、收益大、见效快、节水节地的好项目，是农村广大农民的致富之路，其发展前景广阔。

## 参考文献

白敬一，1992. 商品牛蛙集约化养殖新技术[J]. 中国水产（2）：26-27.

包文虎，2000. 网箱养牛蛙的日常管理[J]. 安徽农业（11）：28.

丁亮，2000. 网箱高密度养牛蛙技术[J]. 农村实用技术与信息（7）：37.

丁亮，2000. 网箱高密度养蛙[J]. 河北供销与科技（7）：41.

范琦，谢白云，2017. 牛蛙的人工养殖[J]. 农家参谋（10）：177.

顾晓，徐根源，1994. 牛蛙养殖技术讲座——第一讲牛蛙的生物学特性[J]. 科学养鱼（5）：2.

何福林，陈才，2006. 膨化饲料水库网箱养殖牛蛙试验[J]. 水产科学（3）：140-142.

何福林，黄兴国，2002. 蛙鱼网箱混养试验[J]. 中国水产（8）：46-47.

霍亮，2013. 牛蛙的生物学特性、饲养方法及药用价值[J]. 养殖技术顾问（5）：205.

姜秀菊，冯伯森，1997. 从牛蛙的繁殖生物学谈人工繁殖牛蛙的技术要点[J]. 中国水产（2）：18-19.

林婉丽，2014. 牛蛙集约化无公害养殖技术[J]. 渔业致富指南（22）：43-45.

刘筠，刘楚吾，1997. 牛蛙的人工繁殖与养殖技术（三）[J]. 农村养殖技术（9）：20.

龙建军，1997. 网箱养蛙技术（一）[J]. 内陆水产（5）：22-24.

罗温云，1997. 牛蛙人工繁殖与养殖技术（四）[J]. 农村养殖技术（10）：16.

罗温云，1997. 牛蛙人工繁殖与养殖技术（五）[J]. 农村养殖技术（11）：21.

梅志安，2011. 美国牛蛙集约化健康养殖[J]. 水产养殖，32（9）：47-49.

王雷，张春源，2008. 牛蛙流水式养殖法[J]. 农民致富之友（5）：39.

王晓清，汪旭光，文祝友，等，2002. 牛蛙生物学性状的研究[J]. 湖南农业大学学报（自然科学版）（1）：54-56.

温罗云，1997. 牛蛙人工繁殖与养殖技术（二）[J]. 农村养殖技术（8）：17.

温罗云，1997. 牛蛙人工繁殖与养殖技术（一）[J]. 农村养殖技术（7）：19.

熊文芳，2023. 牛蛙的生态养殖技术[J]. 黑龙江水产，42（4）：325-326.

徐鹏飞，2010. 池塘鱼—蛙养殖技术[J]. 科学种养（9）：39.

杨成华，1994. 集约化养牛蛙新技术[J]. 适用技术之窗（4）：15-16.

于丽萍，1997. 庭院养殖牛蛙技术[J]. 江西水产科技（3）：29.

赵婧，林旭垫，陈汉锶，等，2023. 牛蛙歪头白内障病的病原鉴定和药敏试验[J]. 水产养殖，44（10）：40-46.

郑国洪，2006. 蛙类养殖技术之五——牛蛙集约化养殖高产新技术[J]. 中国水产（10）：30-31.

郑松周，沈浩铎，郑章荣，2004. 池塘鱼蛙立体养殖技术[J]. 农业科技通讯（6）：37.

郑松周，郑章荣，沈浩铎，2004. 鱼塘网箱养殖牛蛙高产技术[J]. 福建水产（2）：55-56.

周蓉，2008. 牛蛙流水式养殖法[J]. 技术与市场（3）：31.

朱云华，2003. 利用网箱养牛蛙 每亩获利超廿万[J]. 渔业致富指南（12）：21.

# 第二十章

# 鳖

鳖（*Pelodiscus sinensis*）在动物分类学上属于脊椎动物门、爬行纲、无弓亚纲、龟目、鳖科、鳖属。主要产于亚洲的温带与亚热带，我国大部分地区均有分布。

鳖是一种名贵的、经济价值很高的水生动物。鳖肉味鲜美，营养丰富，蛋白质含量高。据测定，每100 g鳖肉中蛋白质含量高达16.5 g，脂肪含量1 g，碳水化合物1.6 g，灰分0.9 g，钙107 mg，磷135 mg，铁1.4 mg，硫胺素0.62 mg，核黄素0.37 mg，烟酸3.7 mg，维生素A达13个国际单位。鳖全身各部分均可入药，鳖甲、鳖肉、鳖血、鳖胆都可作药治病。鳖作为一个优良养殖品种，相对利润还是很高，发展人工养鳖业仍是一项高效益的淡水养殖业。

## 第一节　生物学特性

### 一、形态特征

鳖的体形扁平，略呈圆形或椭圆形。体表披以柔软的革质皮肤。有背腹二甲，背甲稍凸起，周边有柔软的角质裙边，腹甲则呈平板状，二甲的侧面由韧带组织相连。背面通常为暗绿色或黄褐色，上有纵行排列不甚明显的疣粒。腹面为灰白色或黄白色。鳖颈长而有力，能伸缩，转动很灵活。吻尖而突出，吻前端有一对鼻孔，便于伸出水面呼吸。眼小，位于头的两侧。口较宽，位于头的腹面，上下颚有角质硬鞘，可以咬碎坚硬的食物。口内有短舌，肌肉质，但不能自如伸

图20.1　鳖（彭仁海供图）

展，仅能起到帮助吞咽食物作用。鳖的四肢扁平粗短，位于身体两侧，能缩入壳内。前肢五指，后肢五趾，四肢的指和趾间生有发达的蹼膜，第1～3指、趾端生有钩状利爪，突出在蹼膜之外。由于鳖有粗壮的四肢和发达的蹼膜，因此它能在陆地上爬行，又能在水中游泳，在抓到食物时其有力的前肢和利爪还能将大块食物撕碎，便于咬碎吞咽。雌鳖尾较短，不能自然伸出裙边，体形较厚。雄鳖尾长，尾基粗，能自然伸出裙边，体形较薄。

## 二、生活习性

鳖是主要生活在水中的两栖爬行动物，喜栖息在江河、湖泊、池塘、水库和山洞溪流中。鳖是变温动物，对外界温度变化很敏感，其生活规律和外界温度变化密切相关。鳖是用肺呼吸的，所以时而潜入水中或伏于水底泥沙中，时而浮到水面，伸出吻尖进行呼吸。鳖还具有"三喜三怕"的特点，一是喜阳怕风，在晴暖无风天气，尤其在中午阳光线强时，它常爬到岸边沙滩或露出水面的岩石上"晒背"。二是喜静怕惊，稍有惊动便迅速潜入水中，多在傍晚出穴活动，寻找食物。黎明前再返回穴中。刮风下雨天很少外出活动。三是喜洁怕脏，鳖喜欢栖息在清洁的活水中，水质不洁容易引起各种疾病发生。鳖还有挖穴与攀登特性。鳖虽生性胆怯，但好斗，常有大鳖残食小鳖，强鳖残食弱鳖现象。

## 三、食性

鳖为变温动物，其活动能力也随水温变化而变化。适应它摄食和生长的水温范围为 20～33 ℃，最适水温为 25～30 ℃，在最适水温范围内，鳖的摄食能力最强，生长速度也最快。20 ℃ 以下摄食量下降，15 ℃ 以下停止摄食，10 ℃ 以下即钻入泥沙或石缝中冬眠。冬眠期间不吃食不活动，能量消耗较少，主要依靠体内积累的脂肪维持生命。

鳖的食性杂而广。但以食动物性饵料为主，稚鳖喜欢食小鱼、小虾、水生昆虫、蚯蚓、水蚤等。幼鳖与成鳖喜欢食虾、蚬、蚌、泥鳅、蜗牛、鱼、螺蛳、动物尸体等。也食腐败的植物及幼嫩的水草、瓜果、蔬菜、谷类等植物性饵料。人工养殖时，除投喂上述饵料外，还可投喂新鲜的蚕蛹、蝇蛆、动物内脏和饼类、豆类等。高密度饲养时，除了投喂天然饵料外，还必须增喂配合饲料。

## 四、年龄与生长

在自然条件下从稚鳖养成商品鳖（500 g/只左右）一般需要 3～4 年。春天在水温 18 ℃ 左右，鳖于 10:00 许常爬上岸静伏于地，头足伸开，"晒盖"。在饲料充足、管理良好的条件下，刚出壳的小鳖甲长 2.87 cm，重 3.37 g。至年底甲长 3.63 cm，重 6.75 g。第二年底甲长 8.42 cm，重 93.7 g。第三年甲长 12.1 cm，重 225 g。第四年底甲长 16.66 cm，重 450 g。性成熟为 5～6 龄。作为种鳖，最好为 4 龄以上，尤以重 2～5 kg 者为佳。在中国华南地区性成熟可更早，为 3～4 龄。华中地区 4～5 龄。

## 五、繁殖特性

鳖是雌雄异体动物，卵生生殖，体内受精，体外孵化。在自然条件下，体重 0.5 kg 左右达到性成熟。当水温达到 20 ℃ 以上时发情交配。交配后两周，雌鳖开始产卵，最适宜的产卵水温为 25～29 ℃，产卵时间一般在夜间或黎明。产卵前鳖爬上岸寻找离水不远、地势较高、安静僻静的泥沙滩作为产卵场所。产卵时鳖先用后肢挖土掘洞（洞深一般 10～12 cm，直径 10～15 cm，成漏斗状），产过卵后盖土，然后压实。雌鳖依其年龄个体大小、体质强弱和饵料优劣，产卵窝数、每窝卵数都有所不同。一年中可产卵 3～5 次，年产 10～50 枚。两次产卵前后相隔 2～3 个星期，到立秋前后终止产卵。

# 第二节　苗种繁殖技术

随着养鳖业的迅速发展，鳖的苗种资源已不能满足养殖生产的需要，因此进行鳖的人工繁殖，生产大量的稚鳖具有重要的现实意义。

## 一、亲鳖的选择与培育

选择优良亲鳖是提高鳖卵孵化率的首要条件。优质的亲鳖每年可产卵4~5批，每批产卵20个以上，卵大，受精率和孵化率均较高，稚鳖生长发育也快。

鳖达到性成熟的年龄时的体重，随饵料和生活环境条件的不同而有差别。一般情况下，达到性成熟年龄的鳖体重为0.5 kg左右。亲鳖最好在5龄以上体重大于0.5 kg，个体大的亲鳖不仅产卵数多，卵大，而且孵出的稚鳖体质健壮，成活率也高。因此。选择的亲鳖体重大好。

选择的亲鳖应无病，无伤，健壮，皮肤光亮、体形正常、背甲后缘革裙边较厚，并较坚挺，行动敏捷，如将其身掀翻能立即翻转恢复原状，并迅速逃跑。

选留亲鳖的雌雄比例一般为（3~4）：1为好。

### （一）亲鳖放养

亲鳖放养前，池塘先用石灰按常规方法排水清塘，如果池水浅，第二天按每立方米池水加100 mL福尔马林药物将池水消毒一次，能使亲鳖在以后的培育过程中不易生病。过半月后再向池内注入新水，这时可将运回的亲鳖放养到池中。

亲鳖放养时的最初水温为15~17 ℃。在此水温下，亲鳖一般不吃食或吃食量很少，利用这段时间让其对新环境有一个适应过程，几天后随水温升高，鳖即开始摄食。

亲鳖放养密度，应根据个体大小而定。个体大的少放，个体小的多放，一般以每1~3 m²放养1只为宜。在密养的情况下，每亩水面放养量不宜超过500只，总重量不超过300 kg为宜。

### （二）亲鳖的喂养

鳖是变温动物，它的吃食、生长和发育与水温有密切关系。亲鳖冬眠期过后，当池水温度上升到18 ℃左右时，就要开始喂少量的饵料，每2~3天投喂1次，春秋两季比较凉爽，每天投喂1次。夏季池水温度达到28~30 ℃时，鳖的食欲旺盛，生长和发育最快，应抓紧时机投以量足、质好的饲料，最大限度地满足其营养需求，每天早晚各投喂1次，让亲鳖吃饱吃好。当水温32 ℃以上，其吃食量又明显减少，投饵量要相应减少，在一般情况下，每次的投饵量为池内亲鳖总体重的5%~10%。

亲鳖产卵前，投喂蛋白质丰富（蛋白质含量45%以上）、营养全面的饲料（人工配合饲料或小鱼、小虾、蚯蚓、蝇蛆、动物内脏、熟动物血、蚕蛹、螺肉、蚌肉、熟化麦粒、饼类、瓜类、蔬菜），以动物性饲料为主，辅以植物性饲料。饲料中脂肪的含量尽量低，而碳水化合物最高不超过20%。新鲜动物性饲料的气味对鳖有诱食作用，可增加其食欲和摄食量，所以动物性饲料一定要新鲜。

亲鳖在生长发育过程中，特别是产卵季节，体内需大量蛋白质和钙质供性腺发育和产卵的需要，因此，向亲鳖池投放活体螺蛳是较好的解决办法。活螺蛳不败坏水质，还能在池水中生长繁殖，不断补充鳖池中螺蛳的消耗。亲鳖产卵后，仍要投喂蛋白质丰富（45%以上），脂肪高（5%~8%）的饲料，加强营养，恢复体质，促进性腺再生长发育，保障亲鳖第二年繁殖。

### （三）亲鳖池的日常管理

亲鳖池应定期灌注新水，及时清污，以保持水质清新，透明度为35~40 cm较为适宜。对于注水不方便，不能定时注水的亲鳖池，隔月每亩用10~20 kg石灰，化成石灰乳均匀泼撒池中，改善水质。池水水深一般控制在0.8~1.2 m，春天池水不宜过深，以利提高水温，入夏后则应增加水深，防止水温过高，入秋后再适当降低水位。当水温降至15 ℃以下时，亲鳖就开始钻入土中冬眠，此时选晴天将池水放浅，待鳖全部钻入土中，再将池水加满，以利于亲鳖安全越冬。

要特别注意保持亲鳖池的安静环境，注排水时应尽量控制不出水流声，尤其在亲鳖的交配期。

## 二、亲鳖的发情、交配和产卵

每年4月下旬至5月上旬，当池水温度上升到20 ℃左右时，性成熟的亲鳖一般都开始第一次发情交配，时间一般在下半夜至黎明前夕。

亲鳖交配后10~20天雌鳖就开始产卵，通常5—8月是鳖的产卵期，其中6月下旬至7月底为产卵盛期。雌鳖一般在22:00以后产卵。亲鳖产卵与温度有密切关系。气温25~29 ℃、水温28~30 ℃是亲鳖产卵的最适宜温度。水温30 ℃以上时，产卵量则随温度上升而下降，气温、水温超过35 ℃时，基本停止产卵。另外，产卵还与气象条件有关，往往是雨后晴天或久晴雨后产卵较多。若阴雨连绵、天气过于干燥或水温骤然升降，均会停止产卵。如果产卵场泥沙板结，鳖挖穴困难，也会停止产卵。

## 三、鳖卵的人工孵化

### （一）鳖卵收集

亲鳖产卵始于5月中旬左右，收集鳖卵工作从5月上旬就应开始。每天早晨太阳未出、露水未干之前，在产卵场根据雌鳖产卵留下的足迹仔细查找卵穴的位置，一旦发现卵穴后就在旁边插上标记，同时还要检查一下产卵场之外的空地，以防亲鳖到处挖穴而遗漏。发现卵穴后不要马上挖卵，应等待8~30小时，鳖卵两极能够明显地辨别时再行采收。鳖卵收集时可采用特制的浅形木箱收运，箱底铺上一层3~5 cm厚的细沙或稻壳，用以固定卵位和不使其颠倒，将挖出的鳖卵动物极向上，整齐地排列在卵箱中，切莫将两极方向倒置，否则将影响胚胎正常发育而降低孵化率。鳖卵两极容易识别，凡卵顶有白点的一端为动物极，另一端为植物极。鳖卵采收完毕后，应将卵穴重新填平压实，把地面沙土平整好，再适量洒些水，使沙土保持湿润，以利下批亲鳖产卵和人工寻找卵穴。

收取的鳖卵，在送孵化器孵化之前，还要检查卵粒受精情况，其鉴别方法是通过卵粒外部特征判断。如果取出的卵体积较大，卵壳色泽光亮，一端有一圆形的白点，白点周围清晰光滑，即为受精卵。若取出的卵无白点，或白点呈不规则不整齐的白斑，该卵就是未受精或受精不良的卵，应予以剔除。最后，将当日收取的受精鳖卵，标记取出时间，送孵化器孵化。

在盛夏及干旱季节，亲鳖产卵场早晚要适量洒水，使之保持湿润状态；在多雨季节，则应保持产卵场排水畅通，防止积水。

**（二）鳖卵孵化**

鳖卵的孵化有多种方式，通常采用室内孵化器孵化和室外半人工孵化两种方式。

1. 室内孵化器孵化

孵化器采用木板或其他适宜材料专门制作，也可利用现有的木箱、盆、桶等多种容器代替。孵化器一般规格为60 cm×30 cm×30 cm左右较为适宜。孵化器底部钻有若干个滤水孔。先在孵化器底部铺5 cm左右厚的细沙，然后再在沙上排放卵，卵与卵之间保持2 cm左右的间隙，并根据孵化器深浅，排卵2~3层，但不要超过3层，每排一层卵都要在其上盖一层3 cm左右细沙，排卵盖沙完毕，在靠孵化器一端埋置一个与沙面平齐的搪瓷盆类的容器，内盛少许清水。这是利用稚鳖孵化后就有向低处爬行寻找水源的习性，可诱集出壳稚鳖自动爬入盆内便于收集。为了在孵化过程中保温、保湿并利于观察，可在孵化箱上盖玻璃或透明的塑料薄膜。孵化器内沙土要有7%~8%的含水量，孵化期间，每隔3~4天喷水一次，保持孵化沙床湿润，但不要积水过多，一般喷水后的沙土以用手捏成团手松即散为度。孵化沙床温度应控制在30~33 ℃范围内，如果温度过低，可在孵化器内安装电灯或室内用电炉、火炉等办法提温。当温度过高时，要及时采取遮光和通风降温措施。这样经过40天左右时间的孵化，稚鳖就能破壳而出。

2. 室外半人工孵化

这是一种利用亲鳖池的休息场及产卵场作孵化场地，适当地采取人工辅助措施，利用自然温度孵化鳖卵的方法。其做法如下述。

孵化场地一般选择在亲鳖池背北朝南的向阳一侧。在靠近防逃墙的地势高处，挖几条10 cm深的沙土沟，将鳖卵并排放在沟内，卵的动物极朝上，然后覆盖10 cm左右的湿润沙土，沙土含水量以手捏成团，松手即散为宜。沟边插上温度表和标牌，温度表插入10 cm深，标牌上记好鳖卵数量和开始孵化日期等。在孵化沟的两端用砖迭起，砖上横置几根竹竿用于遮阴挡雨。在孵化过程中要注意在孵化沟上洒水，以便沙土保持湿润状态，特别是天热干旱时，洒水次数要适当增加。另外要注意保持孵化沟排水良好，周围不能积水。孵化后期，稚鳖即将孵出之前需要在孵化场周围围上防逃竹栅，可在竹栅内地势低处埋设水盆，盛少量水，并使盆口与地平面相平，以诱集出壳后的稚鳖入盆，便于收集。由于这种方法完全是靠自然温度孵化，没有加温措施，孵化温度不能控制在最适温度范围内，因此鳖卵孵化的时间一般较长，孵化率也不甚稳定。

# 第三节　幼鳖培育和成鳖养殖技术

## 一、养鳖池的种类和要求

养鳖池可分为亲鳖池（兼产卵池）、稚鳖池、二龄幼鳖池、三龄幼鳖池和成鳖池五种。由于养鳖场的生产目的不同（如苗种场或商品鳖场等），各类鳖池在总池塘面积中所占的比例亦不同。一个自行解决苗种、生产结构较完善的商品鳖饲养场，各类鳖池面积在总面积中所占的比例可参考表20.1设置。

表20.1　各类鳖池面积占总面积的百分比

| 鳖池名称 | 稚鳖池 | 二龄鳖池 | 三龄鳖池 | 成鳖池 | 亲鳖池 |
|---|---|---|---|---|---|
| 占总面积的百分比（%） | 5 | 10 | 20 | 45 | 20 |

### （一）亲鳖池

为了满足亲鳖性腺发育和产卵的需要，亲鳖池应建在日照良好、环境僻静的地方。亲鳖池由池塘、休息场（兼设饵料台）、产卵场、防逃和排灌设施等部分组成。

亲鳖池的面积应根据实际生产规模确定。一般每个亲鳖池面积200～400 m²较为适宜。池深约1.5 m，水深0.8～1.2 m。要求池底平坦，向排水口略有倾斜，以便必要时将池水排干。亲鳖放养前，池底应铺一层0.3 m左右的松软沙土，以利于鳖的潜沙栖息和越冬。鳖池四周要砌防逃墙，用砖或石块砌成，墙高不低于40 cm，墙基埋入土中0.3 m，墙内壁要求光滑，防鳖攀爬逃逸。墙体也可采用水泥板或塑料板代替。墙顶端要做成向池内伸出15 cm的檐，以提高防逃效果。在亲鳖池的进、排水口处也要设置可靠的防逃设施，一般安装适宜孔目的铁丝网即可。在鳖池周围防逃墙的内侧要建休息场，供亲鳖上岸晒背休息。休息场可建在池中央或池北向阳一侧。休息场面积一般为亲鳖池面积的10%～20%。休息场上设几处饵料台，以使亲鳖养成定点摄食的习惯。为了给亲鳖提供产卵场所，亲鳖池还需修建产卵场。产卵场设置在地势较高、地面略有倾斜（不积水）、背风向阳的堤岸上。产卵场面积要根据亲鳖放养数量而定，通常按每只雌鳖占0.2 m²的面积进行规划设置。产卵场用沙质土铺成，沙土厚度为30 cm左右，此外，鳖喜欢在荫蔽、凉爽、湿润、无直射阳光的环境中产卵，因此，产卵场处栽种阔叶树木或高秆叶茂作物很有必要。

### （二）稚鳖池、幼鳖池的建造

所谓稚鳖就是指刚孵化出的幼仔，其饲养池称稚鳖池。刚孵化出壳的稚鳖，身体非常娇嫩，对环境的适应能力差，要求鳖池一部分建在室内，另一部分建在室外，室内池要向阳、光线明亮，室外池则要建在向阳背风的地方。

稚鳖池通常采用水泥结构，面积不宜过大，以3～10 m²为好。池深0.5 m，池底铺上10 cm厚的细沙，池内水深20 cm。稚鳖池的结构除了不设产卵场外，其他方面基本上与亲鳖池相同。若稚鳖池壁垂直于池底，则应用木板或水泥板搭设休息台，休息台露出水面的面积约为稚鳖池水面积的1/5左右。室外土池的面积可大些，每口池面积50 m²左右较为适宜，如果在池上面盖层网片更好，可防止敌害侵袭。

越冬后的稚鳖称幼鳖，饲养幼鳖的池塘称为幼鳖池。由于幼鳖对环境的适应性和活动能力比稚鳖强，因此鳖池面积要相应扩大，一般50～120 m²为宜。池壁可用条石砌成，并用水泥抹光，池底也可采用水泥底，但要铺上10 cm左右的细沙和软泥。池壁高0.7～1 m，水深0.4 m左右，进、排水口都要有防逃设施。幼鳖池和稚鳖池一样，也应在池中搭设休息场，其面积大约占饲养池面积的1/10。饲料台设在休息场上，饲料台上方用帘子遮阴。

**（三）成鳖池**

幼鳖越冬后即进入成鳖饲养阶段，为其建筑的饲养池就叫成鳖池。成鳖池专用于培育可以当年达到出售规格的商品鳖。

成鳖池可以利用原有养鱼池修建，池子的结构、设施基本同幼鳖池，每口成鳖池面积300～1 000 m²。池深1.5 m，水深1 m左右。池底可以利用原有的自然土层，若自然土层过于坚硬，可以铺上15～30 cm厚的泥沙或粉沙，池的周围要留一定的斜坡作为鳖的休息场，坡面与水面夹角为30°～40°为好。池的周围砌有高40 cm以上的防逃墙，墙顶出檐15 cm，以此提高防逃效果。另外，养殖池的进、排水口也应安装可靠的防逃设施。

## 二、稚鳖的饲养

稚鳖在沙盘或浅水盆内暂养2～3天后，即可以移到稚鳖池中饲养。温度过高或过低都不利于稚鳖的生长。因此，对早期（7—8月）和晚期（约10月）破壳的稚鳖不要直接移入室外稚鳖池饲养，最好先放在室内池中进行养殖。若条件所限不能在室内池饲养，应对室外养鳖池遮阴降温或保暖防寒。中期（9月上旬前后）破壳的稚鳖，可以直接放到室外稚鳖池中饲养。

稚鳖的放养密度以每平方米水面放养15～30只为宜，也可放到50只。还要根据稚鳖的破壳时间和大小，分池放养。

稚鳖对饵料要求较高，饵料要精、细、软、鲜、嫩，营养全面，适口性好。通常在稚鳖出壳后的1个月内喂些红虫、糠虾、摇蚊幼虫、丝蚯蚓等，也可投喂鸡、鸭蛋类和生鲜鱼片、动物的肝脏等，切忌投喂用盐腌过的各种动物肉或内脏，也不要投喂脂肪含量高的饵料。在投喂动物内脏、大鱼虾、河蚌、螺等饵料时，必须预先搅碎后再投喂，以提高适口性。如果有可能最好将鱼粉、蛋黄或鱼虾、河蚌、螺、蚌肉搅碎后加入少量的面粉，制成人工配合饲料投喂。投饵不但要定点（设食台）、定时，还要做到定量。一般投饵量为全池稚鳖总体重的5%～10%，并应根据鳖的食欲、天气、水质情况灵活增减。

稚鳖入池饲养前，用万分之一的高锰酸钾溶液浸泡1～2小时。稚鳖对不良的水质环境适应能力也较弱，因此要经常清除池中残饵、污物，每隔3～5天更换一次新水（新水水温要接近原池水温），每次换水量为全池水量的20%～30%，水的透明度保持在30～40 cm。

## 三、幼鳖的饲养

将规格较小的幼鳖留在稚鳖池中饲养，养到7月左右新的稚鳖孵出时，再将其转移到幼鳖池中饲养。

**（一）水质条件**

水源主要为地下水，水量丰富、水质优良，符合渔业水质标准。

### （二）鳖池构造

#### 1. 鳖池改造

选择环境安静、淤泥较少、进排水方便、背风向阳且光照充足的鳖池，根据要求对鳖池进行了改造。在池底和池边加装由过滤棉、生物过滤漠和PVC管组成的循环水设施。全池增设由罗茨鼓风机、PVC管和微孔增氧盘组成的微孔增氧设施。改造的目的是通过循环水系统和微孔增氧系统的结合，增加大容量鳖池水体流动的频率和流量，以达到提高养殖水体溶氧量、降低水中氨氮的效果。改造后的鳖池有效养殖面积100 m²、水深1.5 m。投饲期鳖池的平均水温约25 ℃，平均溶氧量达6 mg/L。

#### 2. 栖息网巢设置

栖息网巢是很关键的养殖设施，主要由细钢丝绳、网绳以及聚乙烯网片组成，网绳规格为9股、聚乙烯网片规格为7目。细钢丝绳通过铁钩悬挂在鳖池两壁，高度稍低于水面约30 cm，池壁上每间隔1 m悬挂一根细钢丝绳，细钢丝绳上每间隔60 cm就用网绳悬挂一个折叠成束状的网片，高度约30 cm，距离池底约30 cm，注水后整个网片没入水中，网片在水中因水的浮力撑开，形成一个个小网巢，幼鳖便藏身其中，该装置增大了幼鳖的栖身空间，从而可以增大养殖密度。

#### 3. 浮式食台设置

浮式食台主要用于稚幼鳖培育阶段，在养殖过程中，结合实际需求，摸索研制出的一个集食台和晒背台于一体，可自由拆装、移动并可避免稚幼鳖损伤的装置。该装置主要由木板、PVC管和网片组成。该装置可自由放置于水面，可大幅度增加稚幼鳖的采食空间，提高稚幼鳖的生长速度。

### （三）幼鳖放养

#### 1. 鳖池消毒

排干池水，用生石灰按50 g/m²的量加水溶解，待沉淀后，再全池泼洒消毒池底。7天后注满池水，用生石灰按30 g/m³的量加水溶解，用澄清液全池泼洒后放入幼鳖。

#### 2. 幼鳖来源

幼鳖为自繁苗种，所选幼鳖均经过挑选，体质健壮、规格整齐、无伤无病。

#### 3. 幼鳖消毒

幼鳖下池前采用2%～3%的盐水浸浴5～10分钟，注意盐水与池水温差控制在2 ℃以内。

#### 4. 放养时间

幼鳖于2016年5月30日经消毒后入池。

#### 5. 放养规格和密度

放养幼鳖规格平均49.2 g/只，密度8只/m²，共计804只。

### （四）投喂管理

#### 1. 饲料种类

所用饲料为绞碎的冰鲜鱼与粗蛋白质含量43%的成甲鱼配合饲料，冰鲜鱼与配合饲料配比为3∶1。

#### 2. 投喂方法

严格按定时、定量、定质、定点的"四定"原则进行投喂。定时：6—9月（水温≥

25 ℃）每天9:00和16:00各投喂1次，10—11月（20 ℃≤水温≤25 ℃）每天16:00投喂1次，12月至翌年4月鳖进入休眠期，停喂饲料。定量：日投喂量为鳖体重的2.5%~3%，根据天气状况和鳖的摄食强度进行调整，控制在1~2小时内吃完为宜，每1~2个月根据鳖体重和养殖情况对投喂比例进行调整。定质：每日投喂前均对冰鲜鱼和配合饲料进行检查，确保无污染、无腐败变质后进行配料。定点：饲料固定投放在食台上，投放前检查确保食台未被水淹没。

### （五）日常管理

1.巡箱、巡塘、建档

每天坚持早、中、晚巡池，观察水质、水温变化、水流量以及鳖的活动情况，发现异常情况及时采取措施。每天投饲前检查防逃设施。随时掌握鳖吃食情况，及时清扫食台，清除残余饲料、杂草、污物等。做好日常记录，建立养殖档案，包括放养、投饲、用药、水温等情况记录及巡查观察记录。

2.水质控制

采用高密度的养殖模式，因此水质控制主要是严控水中氨氮和保证溶氧充足。主要采用循环水和每日定时注入高度约30 cm新水的方式，同时配合微孔增氧设施进行控制。

### （六）病害防治

坚持"以防为主、防治结合"的原则。鳖入池前坚持活体消毒，并注意检查消毒效果；每月用生石灰按30 g/m³的量消毒水体。日常养殖过程中，随时观察鱼体情况，发现病鳖及时检查，提前避免病害大面积发生。

## 四、成鳖的饲养管理

### （一）池塘养殖

幼鳖越冬后应进入成鳖饲养管理阶段。成鳖池塘饲养管理基本上与幼鳖管理相同，下面仅就个别不同之处做简单介绍。

成鳖的放养密度，体重50~100 g的二龄鳖，每平方米放养5只左右；体重约200 g的三龄鳖，每平方米放养2~4只；体重在400 g以上的四龄鳖每平方米放养1~2只，成鳖养殖阶段同样应坚持按鳖的规模大小分池饲养的原则。

成鳖的投饵方法、数量、次数和采用的饲料种类和幼鳖基本一样。采用配合饲料比采用各种单项饲料效果更好，其配方为：鱼粉60%~70%，马铃薯淀粉20%~25%，外加少量的干酵母粉、脱脂奶粉、脱脂豆饼、动物内脏、血粉、维生素、矿物质等。或用鱼粉（或血粉、蚕蛹粉、猪肝渣等）30%、豆渣30%、麦粉30%、麦芽3%、土粉3%，另加植物油、蚯蚓粉、骨粉各1%，维生素0.1%。在生长适温期内，如采用上述配方，日投饵量占鳖总体重的5%~10%。

成鳖池的水质管理也是一项不容忽视的重要工作，因为水质条件的好坏直接影响到鳖的生长发育和对疾病的抵抗能力。如果水质过于清瘦，透明度太大时，可以向池塘中施一定量的发酵腐熟的粪肥，培肥水质。当水质过肥时，则应适当灌注新水或每半月至一个月施一次生石灰加以调节。

### （二）加温周年养鳖

按常规方法养鳖，生长缓慢，一般从孵化不久的稚鳖长到500 g左右的商品规格，需4年或更长的时间，如果人工将养鳖池的水温常年控制在30 ℃左右的最佳温度范围内，就可以大大加速鳖的成长和大大提高鳖的成活率，同时也能达到缩短养鳖周期的目的。这就是日本各地广泛采用的加温养鳖，使养鳖生长周期缩短至12～15个月的诀窍所在。

加温养鳖池一般为水泥结构，面积以20～50 m²为宜，可设数口池子，以利不同规格的鳖分池饲养。池子的结构要求与其它常温鳖池基本相同。鳖池建在温室内，如果建在室外则需搭架覆盖塑料薄膜保暖。

加温养殖根据升温方式不同分四种，即锅炉加温、电热加温、温泉水加温和工厂废热水加温。后两种不需要花费燃料和电费，但在使用前还须对温泉水和废热水的水质进行化验，若化验后发现热水内含有对鳖有害物质，就不能直接作为饲养用水，而应在池底设置管道，将温泉水或废热水通过管道，间接加热鳖池水温。

加温养殖一般从9月下旬开始，至翌年5月中旬结束。在鳖移入前，鳖池要用漂白粉作一次消费处理，然后再加水，并把池水温度调整到30 ℃左右，再把鳖放入池中。

鳖的放养密度可比常规养殖提高1倍，饲养管理要求与常规养殖相似，重点是加强水质管理，控制好水温并确保有充足的光照。最好每星期换水1次，换水时要注意新旧水温不能相差太大。养殖过程中，池水温度也应尽量保持相对稳定，防止水温忽高忽低，影响鳖的正常摄食与生长。

到翌年5月，当室外水温达24～25 ℃时，就要适时将鳖移到室外进行常温养殖。但是在移养前几天，要逐渐降低温室内养殖池水温，使鳖对降温有个适应过程。

### （三）鱼、鳖混养

鱼、鳖混养，在一般情况下每亩可产鳖50～100 kg，产鱼150～200 kg。根据我们近几年来进行鱼、鳖混养的试验结果表明，每亩净产鲜鱼300～400 kg，净产鳖100～150 kg。可见鱼、鳖混养比单纯养鱼每亩池塘经济效益高3～4倍。

**1. 鱼、鳖混养池**

鱼鳖混养池的建设应以适于养鳖的需要为准。因此，除去稚鳖池因其水体小不适于混养鱼类外，幼鳖池、成鳖池和亲鳖池（水位在1 m以上），均可混养鱼类。如果鱼池改造成鱼鳖混养池，必须根据各类鳖池建设要求，建筑防逃墙、饵料台、休息场和产卵场等。

**2. 鱼、鳖混养密度与品种搭配比例**

鳖的放养密度为4～15 g的幼鳖，每亩水面放养3 300～6 600只，饲养1年，个体重量达到50 g左右；100 g以上的幼鳖，每亩水面放养660～1 330只，饲养1年，体重达240～400 g。具体分级放养密度见表20.2。

表20.2 鳖的分级放养密度

| 个体规格（g） | 4～15 | 50～100 | 100以上 | 750以上 |
|---|---|---|---|---|
| 放养密度（g/m²） | 5～10 | 2～4 | 1～2 | 0.1～0.5 |

（1）鱼种的放养密度和搭配比例：一般以浮游生物食性的鱼类，例如鲢、鳙、白鲫等为主的混养对象，适当配养鲤、鲫、罗非鱼等杂食性鱼类，也可配养一定量的草鱼、团头鲂等草食性鱼类。通常一、二龄鳖池每亩投放夏花鱼种500尾左右，经一年培育出塘时可获大规格鱼种。三、四龄鳖池每亩投放10 cm以上大规格鱼种350尾左右，用以养成商品鱼。鱼种的搭配比例为，鲢占55%～65%，草鱼、团头鲂占20%，鳙鱼占10%～15%，鲤、鲫鱼占5%～10%。

（2）鱼、鳖混养池中投饵着重点是鳖。通过鳖的代谢废物，繁殖大量的浮游生物，以此满足浮游生物食性鱼类的饵料需要，对于规格在10 cm以下的草食性鱼类，可喂各种饼类、麸皮、米糠等精饲料，10 cm以上时可投喂水旱草类。鳖的饵料与单养相同，由于鳖在生长发育过程中需要较多的钙质，所以还要定期向池中投放适量的生石灰。一般在生长季节，应坚持每隔30天施一次生石灰，每次每亩用量为30 kg。此外，在养殖过程中，还要根据天气、水质、水温等具体情况及时加注新水，增加溶氧，改善水质，防止鱼类严重浮头和泛池事故的发生。

# 第四节 病害防治技术

鳖的生活能力和抗病能力都很强，在饲养过程中一般较少发生病害，但如果饲养不善，也会引发鳖病，甚至大量死亡，要做好防患于未然。

## 一、病毒性疾病

### 出血病

1. 症状和病因

系由病毒所致，病鳖腹甲遍生出血斑和出血点，背甲出现溃烂状增生物，溃烂出血，咽喉内壁大量出血和严重坏死，肠道、肾脏、肝脏也可能出现出血症状。

2. 防治方法

注意病鳖隔离饲养，并用生石灰清塘消毒；使用磺胺药或抗生素拌入饲料中投喂，每天每千克体重用药0.1～0.2 mg/L有一定疗效。

## 二、细菌性真菌性疾病

### （一）红底板病

1. 症状和病因

可能由细菌侵入引起。腹甲底板发红发肿，甚至发生腐烂，露出腹甲骨板；病鳖脖子粗大，拒食，反应迟钝，常钻进草丛，很易捕捉。

2. 防治方法

用1 mg/L浓度高锰酸钾浸洗和涂抹。肌内注射抗生素，用量每千克鳖15万单位。

### （二）颈肿病

**1. 症状和病因**

也称鳃腺炎病，为细菌性疾病，传播迅速，死亡率极高，病鳖颈部明显肿大，口鼻出血，全身浮肿，但腹部无出血斑和出血点，腹中间泛白呈贫血状，严重时肠内大出血，肠道内充满淤血。

**2. 防治方法**

将病鳖取出隔离，对池水、底沙及饲养工具、餐具等用200 mg/L的漂白粉消毒后才能使用。

### （三）水霉病

**1. 症状和病因**

系水霉菌大量繁殖引起，对稚、幼鳖危害较重。菌体常寄生在鳖的四肢、颈部和腹下，形成棉絮状。病鳖食欲不振，生长发育缓慢。

**2. 防治方法**

鳖在放养、捕捞和运输时，操作要小心，避免皮肤受伤；采用0.04%的小苏打和0.04%的食盐合剂全池泼洒，有一定的预防效果；病鳖可用3%～4%浓度的食盐水浸浴5分钟。

### （四）白斑病

**1. 症状和病因**

白斑病又称毛霉病，在流水养鳖中易发生本病。主要症状是在病鳖的四肢、裙边等处出现白斑，早期仅在边缘部位，后来逐渐扩张形成一块块血斑，使表皮坏死腐烂。一般情况下本病死亡率较低，但当霉菌寄生到咽部时，则会影响其呼吸逐步死亡。本病常年均可流行。

**2. 防治方法**

在放养前应彻底消池消毒，放养操作要小心，防止鳖受伤。受伤后可用1%磺胺药膏涂擦患处；将病鳖在10 mg/L浓度漂白粉水溶液中浸泡3～5小时也能有效治疗本病。白斑病病原体是一种霉菌，在流水池的新水中，有繁殖加快的倾向，而在污水水体中，这种霉菌的繁殖生长受到其他竞争细菌的抑制，因此抗生素药物可能具有促进本病发展作用，所以一般不予使用。而在经常施肥的鳖池中，使水质保持一定的肥度，对本病的控制有一定的效果。

### （五）真菌性腐皮病

**1. 症状和病因**

这是由于鳖在池内争斗受伤真菌感染而引起的，常表现在体表，如水霉病、白斑病等，真菌在适宜环境下生长感染鳖伤口发病，鳖苗发病时，颈部、腿部、裙边出现白色絮状的斑块。在春天和秋天，室外养殖的鳖发病初期出现行动缓慢、摄食迟缓等症状，随着病菌的侵染，出现拒绝取食的症状，有的趴在食台上不动，有的漂在水面上。

**2. 防治方法**

（1）首先注意池水清洁，发现鳖病应及时隔离治疗，可用10 mg/L浓度的磺胺类或抗生素药物浸洗病鳖48小时。

（2）发病后，应及时治疗控制，室内养殖的，首先要对鳖生长环境进行彻底消毒、杀菌，可将池中水放至没过鳖体背，每立方米水使用20 g高锰酸钾进行消毒，将高锰酸钾溶解在水中，进行泼洒，等待1小时将水位恢复正常。

（3）可用中药乌梅30%、羊蹄根20%、五倍子40%、艾叶10%，以每立方米水体第一次用40 g、第二次用30 g、第三次用25 g的量煎汁泼洒。每次使用间隔3天。

## 三、寄生虫性疾病

### 钟形虫病

**1. 症状和病因**

由钟形虫寄生引起的疾病。病鳖摄饵率降低，四肢、甲壳、颈部等处出现簇簇棉絮状物，当水质呈绿色时，虫体亦被染成绿色。

**2. 治疗方法**

用10 mg/L漂白粉水溶液，药浴24小时，或用2%～3%食盐水浸洗10分钟，亦有较好效果。

## 四、其他病害

### （一）饲料不良病

**1. 症状和病因**

由于饲料变质导致变性脂肪酸在体内大量积累，造成代谢机能失调而产生病变。病鳖身体隆起变高，且变得重厚，腹甲暗褐色，有浓重的灰绿色斑纹，四肢及颈部肿胀，皮下水肿，体态异样，病鳖脂肪变色，呈黄土色或黄褐色有恶臭味。

**2. 防治方法**

投喂新鲜优质饲料，饲料中经常添加维生素E。如投喂人工配合饲料，不易产生此病。

### （二）水质不良引起的鳖病

**1. 症状和病因**

是由于池水不流通、水质恶化、水中氨氮含量长期在100 mg/L以上时容易发生此病。病鳖四肢、腹部明显充血、红肿、溃烂，露出腹甲骨板，裙边溃烂成锯齿状或产生许多疙瘩。

**2. 防治方法**

经常保持池水清新，发现此病及时更换池水，就能痊愈。

# 第五节　加工食用方法

## 一、霸王别姬

### （一）食材

甲鱼1只、鸡半只。姜10片、大蒜5个、大葱1根、酱油2勺、啤酒1瓶、陈皮1小块、八角4个、丁香4个、草果2个、香果2个、花椒1把、辣椒1把、鸡精适量、冰糖适量。

**（二）做法步骤**

（1）甲鱼，鸡肉，清洗干净，焯一道水。

（2）用猪油，起锅烧油，佐料炒香，倒入备用甲鱼鸡肉，炒几分钟后加入啤酒，翻炒。

（3）加入适量水用高压锅，压10分钟，喜欢吃烂一点可以多压几分钟。

（4）焖好后，加入适量盐，鸡精。起锅，再撒上葱花即可。

图20.2　霸王别姬（图来源于网络https://image.baidu.com/search/detail?ct=503316480&z=0&ipn=d&word=霸王别姬菜照片&hs）

## 二、干锅飘香甲鱼

**（一）食材**

面饼50 g、甲鱼500 g。上海青50 g、香水料100 g、鸡精3 g、野山椒15 g、八角2个、桂皮5 g、姜10 g、高汤500 g、蚝油5 g。

**（二）做法步骤**

（1）将200 g鸡油，100 g猪油混合在一起入四成热油锅里烧热，放入100 g姜粒小火炸香。

（2）将干紫苏50 g、八角50 g、小茴香50 g、桂皮20 g、白扣20 g、搅打成颗粒状，放入锅中，再加入500 g豆瓣酱、100 g野山椒用小火慢炒15分钟。

图20.3　干锅飘香甲鱼（图来源于网络https://baike.baidu.com/item/干锅飘香甲鱼/17101254?fr=ge_ala）

（3）将甲鱼改刀成5 cm长的方块，将躲好的甲鱼块入四成热的油锅中小火煸炒8分钟至八成熟捞出沥油。

（4）净锅上火，加入少量的油烧制五成热下香水料、耗油、野山椒、八角、桂皮、姜，加高汤，用中火烧开后改小火煨20分钟入味，加入鸡粉、味精调料起锅，撒些芝麻和葱段。

## 三、啤酒焖甲鱼

**（一）食材**

甲鱼0.5 kg、排骨1根、啤酒1瓶、洋葱适量、辣椒5颗、大葱1半、冰糖适量、姜适量、蒜适量。

**（二）做法步骤**

（1）甲鱼剁块，用水煮开，清洗3～5次。

（2）姜、蒜，辣椒，用油爆香。

（3）倒入甲鱼块炒，放入冰糖，老抽，啤酒，焖20分钟。

（4）收汁前放洋葱。

图20.4　啤酒焖甲鱼（图来源于网络https://image.baidu.com/search/detail?ct=503316480&z=0&ipn=d&word=啤酒焖甲鱼&step_word）

## 四、香辣甲鱼鸡煲

### （一）食材

甲鱼1只、青脚鸡半只、大蒜6瓣、老姜2块、小葱1根、小米椒10个、青尖椒3个、酱油3勺、盐1勺。

### （二）做法步骤

（1）杀好鸡和甲鱼。

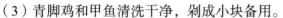

图20.5　香辣甲鱼鸡煲（图来源于网络https://www.xiachufang.com/recipe/104698347/）

（2）煮一锅开水，关火把甲鱼丢进去烫烫表面，把一层老皮去掉，清洗干净。

（3）青脚鸡和甲鱼清洗干净，剁成小块备用。

（4）配料备齐。姜切丝，蒜对半切粒，小米椒切圈，青椒切块，葱切段。

（5）锅内放油，放入一半的姜丝、鸡块翻炒变色。鸡炒微黄后加入甲鱼一起炒，炒至无血水，铲起备用。锅内放油加入姜丝，蒜粒，小米椒煸香。

（6）加入甲鱼和鸡一起炒香后放入酱油、盐翻炒。转入砂锅，砂锅内放少许水，大火烧开，转中小火焖15分钟。

（7）开盖放入青椒块，翻拌。盖上盖子焖1分钟，撒上葱段，即可。

## 五、天麻炖甲鱼

### （一）食材

天麻片15 g、甲鱼1只、葱、姜、麻油、调制蒜泥。

### （二）做法步骤

（1）用沸水将甲鱼稍烫一下后，刮去表面泥膜，挖净体内黄油。

图20.6　天麻炖甲鱼（图来源于网络https://haokan.baidu.com/v?pd=wisenatural&vid=82865 17993441454169）

（2）用甲鱼胆在甲鱼壳背上涂1周，腹盖向上置于容器中。

（3）将天麻片、葱、姜覆盖其上，加黄酒适量后，容器加盖，隔水炖1.5～2小时。

（4）食时，根据食者的喜好，用麻油或调制蒜泥等调味汁水，蘸食新炖熟的天麻及甲鱼，并喝汤。

## 六、剁椒排骨炖甲鱼

### （一）食材

甲鱼半只、肋排0.5 kg、木耳10个、金针菇2两、铁棍山药3两、葱姜适量、枸杞5～6粒、剁椒1小勺、生抽20 mL、盐适量、料酒10 mL、黑胡椒适量。

### （二）做法步骤

（1）木耳水发后洗净铁棍山药去皮切块待用。

（2）排骨、甲鱼切块，加入盐、生抽、料酒、胡椒、剁椒、拌匀。

图20.7　剁椒排骨炖甲鱼（图来源于网络https://www.xiachufang.com/recipe/101833454/）

（3）碗底放木耳、金针菇、山药、上铺盖排骨和甲鱼，放葱姜和枸杞。

（4）水烧开后放入碗，大火蒸30～40分钟结束。

# 第六节　养殖实例

## 一、庭院养殖

广西柳江区百朋镇水产畜牧兽医站的柏韦军等总结了利用农村家庭庭院或房前屋后的空地进行建池，或对原有的池塘进行改造后养殖中华鳖的一种养殖模式。此种养殖模式不仅能提高生产者的经济效益，给农闲时带来养殖休闲乐趣，而且其养殖生产成本低，养殖技术简单易于操作。

### （一）鳖池的设计及建造

1. 鳖池的设计

鳖池应符合中华鳖生活习性的要求，选择环境安静、水源充足、进排水方便的地方建池。鳖池要背风向阳，便于鳖晒背。

2. 鳖池的建造

鳖池的面积通常是以50～200 m²为宜，池深1.5 m，保持0.8～1.2 m的水深。池底铺上20～30 cm厚的泥、沙各半的混合土，泥选用黄泥、沙选用细小经消毒过的河沙。泥沙不仅可以提供鳖潜伏栖息，而且能净化水质。通常鳖除了摄食、晒背等活动外，大部分的时间都潜伏于泥沙中，故泥沙必须细软，以避免鳖潜伏时体表被擦伤。土池池底不铺混凝土、池壁不用砖砌，水泥池则需要在池底铺上混凝土，池内壁用水泥抹光滑。池内休息、摄食场应设在出水口一端，面板用水泥板或木板架设，宽30～50 cm，斜板多用石棉瓦或水泥瓦，斜板与水面成30°～50°。摄食、休息场一般占全池面积的1/10。池壁顶部需修建防逃返边，宽5～10 cm。由于成鳖阶段个体增大，为保证有足够的空间满足其晒背的需要，摄食、休息场的面板可适当扩大。如饲养亲鳖，鳖池的向阳面需建一个沙土产卵场。鳖池要靠近水源，建成进排水系统。

### （二）放养

1. 放养前的准备

一是鳖池要消毒冲洗干净，用生石灰150～200 mg/L或漂白粉10 mg/L泼洒消毒后放入鳖种。二是放入漂浮性水生植物水葫芦或水浮莲经漂白粉5～10 mg/L或高锰酸钾100 mg/L消毒后放入稚鳖池，数量不超过池水面的1/3，为鳖提供遮阴、晒背场所。

2. 鳖苗放养

一是用于养殖的稚幼鳖质量要求无伤病、无残次、有活力的稚幼鳖，同池同批放养的规格应尽量一致，以避免弱肉强食影响小规格稚幼鳖的摄食和生长。二是为防止鳖病发生，稚幼鳖需药浴下塘。通常可采用30 mg/L浓度的高锰酸钾药浴15分钟，或用10 mg/L的漂白粉药浴10～15分钟，也可以用2%～5%的食盐水药浴10～15分钟。三是放养方法，放养时将装有消毒鳖的箱或筐轻轻放入池水中，让鳖自行爬出，游入水中。四是放养密度，通常稚鳖在10 g以下，放养10～15只/m²，10 g以上稚鳖放养5～10只/m²，2～3龄的幼鳖放养3～5只/m²，亲鳖放养1只/m²，雌雄比例为4∶1。

### （三）饲养

投喂的饲料主要有鱼虾、螺蚌肉、蚯蚓、黄粉虫、蛆蛹、蝌蚪以及动物内脏和尸体等，也可吃植物性饲料，或投喂蛋白质含量在45%以上的配合饲料或养鳖专用饲料。稚鳖投喂的动、植物饲料重量比例为2∶1，成鳖动、植物饲料重量比例为1∶1。日投喂量为池鳖体重的5%～10%，坚持定量、定时、定质、定位原则。投饲量的多少应根据气候状况和鳖的摄食强度进行调整，所投的量应控制在2小时内吃完为宜；水温在18～20 ℃时，每2天1次，水温20～25 ℃时每天1次，水温25 ℃以上时每天2次，一般9:00和17:00—19:00各投喂1次；饲料投放在未被水淹没的饲料台上；鳖在越冬期间不投喂饲料。动、植物性饲料应新鲜、无污染、无腐败变质，投喂前应作消毒处理。

### （四）日常管理

坚持早、中、晚巡池检查，每天投饲前检查防逃设施；随时掌握鳖的吃食情况以此调整投喂量；观察亲鳖的活动情况，如发现行为异常的或病鳖，及时隔离治疗或淘汰；发现病死鳖禁止食用，应做深埋或销毁处理；勤除杂草、敌害、污物；及时清除残余的饲料清扫饲料台；查看水色、量水温、闻有无异味；做好病害防治；做好巡塘日记。

## 二、池塘养殖

聊城市东昌府区农村工作服务中心的王素芬在聊城市东昌府区梁水镇鑫祥养殖家庭农场实施了中华鳖池塘高效生态混养试验，取得了较好的经济效益。

### （一）材料与方法

1. 池塘条件

试验场环境安静，交通便利，电力条件良好。养殖池塘3个，共25亩，水深1～2.5 m，水质良好，排灌水方便，进排水设施分开。池底不渗漏，保水、保肥性能较好，底泥深度保持在10～15 cm。为防止中华鳖逃跑，进排水管孔用铁丝网堵住，并在池塘四周设置50 cm以上的防逃墙。

2. 放养

选择晴好天气进行，亩放养幼鳖300～500只、鲢鳙等滤食性鱼100～200尾、草鱼80～100尾，另外在3—4月，每亩投放活螺蛳100～200 kg、抱卵青虾或仔虾5～8 kg，为中华鳖提供喜食的天然活性饵料。苗种放养情况见表20.3。

表20.3 苗种放养情况

| 池号 | 面积（亩） | 幼鳖 | | 鲢鱼 | | 鳙鱼 | | 草鱼 | |
|---|---|---|---|---|---|---|---|---|---|
| | | 平均规格（g/只） | 放养密度（只/亩） | 平均规格（g/尾） | 放养密度（尾/亩） | 平均规格（g/尾） | 放养密度（尾/亩） | 平均规格（g/尾） | 放养密度（尾/亩） |
| 1 | 6 | 376 | 445 | 290 | 65 | 243 | 73 | 300 | 84 |
| 2 | 10 | 459 | 306 | 267 | 82 | 274 | 61 | 263 | 93 |
| 3 | 9 | 327 | 489 | 229 | 114 | 258 | 68 | 259 | 100 |

### （二）养成管理

#### 1. 水质调控

科学控制水位，保持水质清新，要定期注水、换水，使池水透明度维持在30 cm左右。高温季节及时控制藻类过量生长，防止水草老化和死亡。定期泼洒生石灰10~15 kg/亩进行消毒，每月泼洒1~2次，也补充了中华鳖健康生长所需要的钙质。池水pH值高时，不要使用生石灰。养殖中后期，随着池塘负载量的增加，特别是高温季节耗氧较多，合理开启增氧机，做到"三开两不开"，防止泛池。7月随着投喂量的增加，水质逐渐变肥，使用微生物制剂调节水质。及时进行施肥，少量多次，通常每8~10天施用1次，促进浮游生物和底栖生物的繁殖，改善鳖的隐蔽栖息条件，减少相互撕咬。

#### 2. 饵料投喂

鱼饲料投喂量为吃食性存塘鱼体重的3%~5%，以1~2小时吃完为宜。每天投喂2~3次，投食时间为9:00、15:00—16:00。螺蛳、青虾为中华鳖提供了天然的高蛋白质饵料，同时要投喂高蛋白质和较高钙质的全价配合饲料，投喂量为存塘鳖体重的8%，傍晚投喂量要占日投喂量的60%~70%；养成稚鳖定时、定点摄食的习惯，但中华鳖喜欢夜间活动，每天傍晚一定要投喂1次。4—5月和10月，每天投喂1~2次；6—9月，水温适宜，中华鳖的消化吸收能力大大增强，每天投喂2~3次，使其快速生长。投喂量以投喂后2小时吃完为宜，但应根据当时的天气、水温、水质、中华鳖的摄食、有无疾病等情况灵活掌握。

#### 3. 日常管理

养殖巡查是一项重要的日常性工作，一般每天早、中、晚巡塘，查看天气、水质、鱼鳖活动和防逃设施是否损坏等情况，特别是黎明时水温低，水中含氧量最少，检查有无浮头、病鱼、死鱼等现象，发现问题及时解决，做好生产记录。同时要注意防病、防大风、防暴雨逃鳖。另外，根据中华鳖的生活习性，必须保持安静的周围环境，尤其要减少池中拉网次数，防止对鳖的惊扰。

### （三）养殖效益

经过两年的实施，试验取得了较好的养殖结果，收获情况见表20.4。

**表20.4 试验收获情况**

| 池号 | 面积 | 成鳖 | | | 鲢鱼 | | | 鳙鱼 | | | 草鱼 | | |
|---|---|---|---|---|---|---|---|---|---|---|---|---|---|
| | | 平均规格(g/只) | 总产量(kg) | 亩产量(kg) | 平均规格(g/尾) | 总产量(kg) | 亩产量(kg) | 平均规格(g/尾) | 总产量(kg) | 亩产量(kg) | 平均规格(g/尾) | 总产量(kg) | 亩产量(kg) |
| 1 | 6 | 989 | 2 245 | 374 | 1 684 | 591 | 99 | 1 814 | 715 | 119 | 2 167 | 928 | 155 |
| 2 | 10 | 1 120 | 2 913 | 291 | 1 592 | 1 175 | 118 | 2 148 | 1 179 | 118 | 1 932 | 1 527 | 153 |
| 3 | 9 | 783 | 2 929 | 325 | 1 307 | 1 207 | 134 | 1 927 | 1 061 | 118 | 1 649 | 1 261 | 140 |

鱼鳖高效生态混养池共起捕优质生态商品鳖8 087 kg，产值646 960元；鲢鱼

2 973 kg，产值32 703元；鳙鱼2 955 kg，产值41 370元；草鱼3 716 kg，产值52 024元；中华鳖平均单产为323 kg/亩，鱼平均单产为386 kg/亩。总产量达到17 731 kg，产值合计773 057元，单位产值30 922元/亩。成本434 300元（苗种147 050元、饲料240 580元、塘租25 000元、其他21 670元）。总效益为338 757元，亩均效益达到了13 550元。

### 三、控温集约化养殖

作者团队的合作者许银在河南省荥阳市贾鲁河畔开展温室甲鱼繁育，经过多年的试验，总结了很成熟的技术体系，得到很广泛的推广应用。浙江海洋学院萧山科技学院的张永正等对中华鳖温室养成与"温室—外塘"二段式养成模式进行了对比试验，总结出了两种模式的优缺点，对于指导生产具有重要参考价值，现介绍如下。

#### （一）材料和方法

1. 试验条件

试验采用浙江省常见的暗温室，单幢面积为500 m²，室内单池面积约25 m²，池深80 cm，水深30 cm，池底中央设有排污地漏，池底坡度为3%，池内设置网片但无砂。采用压力锅炉蒸汽及水空调加温，通过加温空气使水温保持在30～31 ℃，每池都设管道增氧装置。试验用外塘单池面积为2亩，平均水深1.6 m，池底淤泥平均深度为20 cm。温室和外塘水源为钱塘江水，经管道输送至养殖场，水质良好。

2. 苗种来源

本次试验苗种均为试验单位自繁自孵的日本品系中华鳖。

3. 试验设计

本试验选取10 000只平均规格为4.9 g的鳖苗，并选取一幢温室与4只外塘作为试验池，于2009年8月8日将鳖苗放养于温室，放养密度为20只/m²。一次放足，中途不分养。于2010年6月20日将该温室一半池子（共10个）的幼鳖起捕后转入外塘进行二段式养殖，外塘平均放养密度为546只/亩，而另一半池子的幼鳖继续养殖至2010年9月上旬出售。转入外塘养殖的那部分中华鳖于2011年5月底前一次性起捕出售并统计产量与规格。

4. 日常管理

一是投饵，温室与外塘养殖使用中华鳖粉状配合饲料，考虑到水下摄食更适合于鳖的生态习性，应激小，故用饲料机自制成软颗粒料，进行水下投喂，软颗粒比团状饲料不易浪费，但投喂过多、残饵在水中浸泡时间过长也会散开，反而不易被取食，会造成更严重的饲料浪费，并污染水质，所以应根据鳖摄食强度随时调整投喂量，并采用每日3次投饵方式，使饲料在40分钟内能摄食完，投喂时间为8:00、13:00、18:00。外塘投喂为每天早晚2次，至9月10日后因摄食量下降改为每天1次。二是水质控制与病害防治，温室养殖池水深由稚鳖时的5 cm逐渐加深至30 cm。前期每半月排污1次，温室养殖中后期每两三天排污1次，并24小时充气。在外塘放养鲢鳙鱼种以调节水质，鱼种于冬春季节先放，规格为70～100 g/尾的鲢鳙鱼种每亩分别放养30尾、15尾。

为防止病害发生，鳖苗放养前采用15 mg/L高锰酸钾溶液药浴15分钟进行消毒，幼鳖放养于外塘前用0.7%粗盐水浸泡鳖种10分钟。饲料中定期添加维生素C、免疫多糖和大蒜素等,增强鳖体免疫力。并且注重用微生物制剂调节水质,并严格控制投喂量,及时排污。温室养殖阶段用板蓝根、大黄、地榆、五倍子、大青叶、苦参、黄芩等中药配伍抗真菌和细菌病。同时常用板蓝根、野菊花等防病毒性病害。外塘养殖阶段当夏季高温水质过肥时,每隔15天用20 g/m³生石灰水或1 g/m³强氯精轮换泼洒。

### (二)试验结果

中华鳖两种养殖模式下生长及成活率统计见表20.5,成本与效益情况分别见表20.6和表20.7。

#### 表20.5　中华鳖两种养殖模式生长及成活率情况

| 模式 | 温室养殖阶段 | | | | | 外塘养殖阶段 | | | | |
|---|---|---|---|---|---|---|---|---|---|---|
| | 放养规格(g) | 放养数量(只) | 养殖时间(d) | 出池规格(g) | 成活率(%) | 放养数量(只) | 养殖时间(d) | 出池规格(g) | 成活率(%) | 总产量(kg) |
| 温室养成 | 4.9 | 5 000 | 378 | 651 | 86.8 | | | | | |
| 二段式养成 | 4.9 | 5 000 | 322 | 401.4 | 87.4 | 4 370 | 335 | 912 | 91 | 3 626 |

#### 表20.6　温室养成模式成本与效益

| 模式 | 成本(万元) | | | | | | 总产量(kg) | 售价(元/kg) | 产值(万元) | 总利润(万元) | 利润(万元/亩) |
|---|---|---|---|---|---|---|---|---|---|---|---|
| | 苗种 | 饲料 | 能耗 | 人工费 | 温室折旧 | 合计 | | | | | |
| 温室养成 | 1.0 | 5.1 | 0.5 | 1.0 | 0.6 | 8.2 | 2 825 | 36 | 10.2 | 2.0 | 5.3 |

注:自繁的日本品系的中华鳖苗成本为2元/只,能耗为1元/只,以一个年薪为4万元的工人管理2幢温室估算人工费,温室建造成本估算为600元/m²,5年折旧完。

#### 表20.7　"温室-外塘"二段式养成模式成本与效益比较

| 模式 | 成本(万元) | | | | | | 总产量(kg) | 售价(元/kg) | 产值(万元) | 总利润(万元) | 利润(万元/亩) |
|---|---|---|---|---|---|---|---|---|---|---|---|
| | 苗种 | 饲料 | 能耗 | 人工费 | 温室折旧及塘租 | 合计 | | | | | |
| 二段式养成 | 1.0 | 7.8 | 0.6 | 2.0 | 1.0 | 12.4 | 3 626 | 62 | 22.5 | 10.1 | 1.26 |

### (三)小结与讨论

(1)中华鳖温室直接养成与"温室—外塘"二段式养成两种模式均有较好的效益,每亩年利润分别达到5.3万元与1.26万元。从单位面积利润看,明显是温室直接养成这种模式高,但从投入产出比看,则分别是1:1.24和1:1.81,风险也是前者高。前者养殖成本为29元/kg,当养殖总量增加时,价格很可能滑落至成本价,比如2010年8月温室鳖的价格最低降至25元/kg左右,不及成本价。

（2）从两种养殖模式所产中华鳖的品质看，采用了"温室—外塘"的二段法养殖的中华鳖，由于后期在室外水体养殖，水体环境好，又可在阳光下晒背。外观和品质比温室鳖有较大提高，尤其是在外塘经过一个冬季后，背部多呈浅黄绿色、爪比较尖、活力比温室鳖强，脂肪比温室鳖少些，口感较好。随着消费者对中华鳖生态绿色方面要求的提高，温室鳖市场和利润空间会有所压缩，而二段法养殖模式将有较大的发展前景。

## 参考文献

柏韦军，朱瑜，2008. 中华鳖庭院养殖技术[J]. 养殖与饲料（8）：9-10.

常中山，2022. 鳖的病害预防及治疗方法[J]. 江西水产科技（3）：38-39，48.

高倩，杨硕，葛京，等，1996. 中华鳖"黄金鳖"的繁育制种及稚、幼鳖培育技术要点[J]. 河北渔业（4）：18-20，46.

黄凯，2020. 龟鳖养殖病害的预防及治疗方法[J]. 江西水产科技（5）：32-33.

蒋静，陈明君，许浩华，2010. 温室培育大规格鳖种技术要点[J]. 科学养鱼（6）：8.

林静毅，2023. 中华鳖温棚绿色高效养殖示范[J]. 科学养鱼（3）：28-29.

刘文斌，汤国辉. 温室鳖病发生原因及防治措施[J]. 农村经济与科技（7）：26，30.

苗小霞，张洮，2023. 菱角塘甲鱼养殖模式初探[J]. 中国水产（2）：67-69.

申晓东，江学海，李小义，等，2023. 高原山区"稻+鱼+鳖"共生关键技术[J]. 科学养鱼（10）：16-17.

汤爱萍，2019. 封闭式循环水工厂化中华鳖养殖技术初探[J]. 渔业致富指南（16）：47-49.

滕忠作，叶香尘，张盛，等，2017. 黄沙鳖高密度健康培育技术试验[J]. 科学养鱼，12：41-42.

王飞飞，胡飞，2021. 台湾鳖工厂化水泥池繁、养殖技术[J]. 渔业致富指南（14）：47-50.

王刚，魏泽能，陆剑锋，2021. 稻鳖共作模式种养试验与效益分析[J]. 科学养鱼（4）47-48.

王素芬，2022. 中华鳖淡水池塘高效生态混养试验[J]. 科学养鱼（4）：43-45.

严国平，2011. 集约化温室养鳖和仿生态养殖商品鳖[J]. 水产养殖，32（2）：19-20.

杨子建，2022. 池塘生态高效养殖甲鱼技术[J]. 新农业（6）：63-65.

叶建生，陈海天，2022. 稻田仿生态甲鱼养殖技术（上）[J]. 农家致富（15）：32-33.

叶建生，陈海天，2022. 稻田仿生态甲鱼养殖技术（下）[J]. 农家致富（16）：32-33.

张林，1995. 中华鳖快速养殖技术（一）——中华鳖的生物学特征[J]. 今日科技（11）：9-10.

张林，1995. 中华鳖快速养殖技术（二）——鳖池的设计与建造[J]. 今日科技（12）：5-6.

张林，1996. 中华鳖快速养殖技术（三）——亲鳖的遴选与培育[J]. 今日科技（1）：7-8.

张林，1996. 中华鳖快速养殖技术（四）——鳖的人工孵化[J]. 今日科技（2）：8-9.

张林，1996. 中华鳖快速养殖技术（五）——鳖的饲养与管理[J]. 今日科技（3）：8-9.

张林，1996. 中华鳖快速养殖技术（六）——鳖病防治[J]. 今日科技（4）：9-11.

张永正，黄利权，李立夫，2012. 中华鳖温室养成与"温室—外塘"二段式养成模式对比试验[J]. 科学养鱼（7）：35-36，93.

赵春光，2022.创新稻田龟鳖养殖 促进龟鳖产业发展（上）[J].科学养鱼（8）：24-25.

赵春光，2022.创新稻田龟鳖养殖 促进龟鳖产业发展（中）[J].科学养鱼（9）：24-25.

赵春光，2022.创新稻田龟鳖养殖 促进龟鳖产业发展（下）[J].科学养鱼（10）：11-12.

赵春光，2023.甲鱼养殖节本增效关键技术（上）[J].科学养鱼（3）：13-14.

赵春光，2023.甲鱼养殖节本增效关键技术（中）[J].科学养鱼（4）：13-14.

赵春光，2023.甲鱼养殖节本增效关键技术（下）[J].科学养鱼（5）：13-14.

赵昕，2022.稻田仿生态甲鱼养殖模式效益好[J].农家致富（19）：6-7.

# 第二十一章

# 大 鲵

大鲵（*Andrias davidianus*）属两栖纲、有尾目、隐鳃鲵科、大鲵属，俗称娃娃鱼，因鸣似小孩啼哭故名，为我国所特产，故又有中国大鲵之称。大鲵在我国各地均有分布，主产于华南、西南的深山密林溪流间。常见个体重2～5 kg，体长50～150 cm，最大个体可达10～20 kg。因大鲵肉质细嫩、味道鲜美、营养丰富而具有很高的食用及药用价值。近年来，由于人为的滥捕滥杀加之自然生态环境遭到严重破坏，导致大鲵资源日趋减少，属濒危动物，故被国家列为二类重点保护野生动物。研究大鲵生物学特性及人工繁殖技术，对大鲵的保护和利用具有重要意义。

## 第一节 生物学特性

### 一、形态特征

大鲵体表裸露，皮肤光滑有弹性，布满不规则点状或斑块状青灰色素，腹部均为灰白色，头部宽扁，口大略呈半圆形，吻端圆，犁骨及颌骨具齿，犁骨齿较发达，是捕捉食物的主要工具，成体不具鳃，用肺呼吸，眼分布于头部上两侧位，眼间隔宽而平坦，眼很小，无眼睑，位背侧，眼间距宽，鼻孔每侧各1个，小而呈圆形，位于眼前上方。舌大而圆，与口腔底部相连，四周略游离。

图21.1 大鲵（彭仁海供图）

躯干粗壮扁平，颈褶明显，体侧有宽厚的纵行肤褶和若干圆形疣粒椎体双凹型，腹部肥胖，约占体长的1/2，背部有一条不明显的退化背鳍延伸至尾部。大鲵具有前、后肢各一对，前肢4指，后肢为5趾，肢体形状与蛙肢相似，蹼不发达，仅趾间有微蹼。尾长约为头体长的一半，尾高为尾长的1/3～1/4，尾基部略呈柱状，向后逐渐侧扁，尾背鳍褶高而厚，尾腹鳍褶在近尾稍处方始明显，尾末端钝圆。两后肢腹部间具有一生殖孔，外端与排泄孔相吻合，肛孔短小成短裂缝状，雌性的肛周皮肤光滑，雄性沿肛裂两侧形成疣粒状，雌鲵不具受精器。生活时体色变异较大，一般以棕褐色为主，其变异颜色有暗黑、红棕、褐色、浅褐、黄土、灰褐和浅棕等色。背腹面有不规则的黑色或深褐色的各种斑纹，也有斑纹不明显的。幼体与未达性成熟的次成体的体色均较淡，以浅褐色为主，且有分散的小黑斑点；腹面色较浅；四肢外侧多有浅色斑。

## 二、生活习性

大鲵属变温动物，常生活在深山密林的溪流之中，喜在水域的中下层活动，可在0~38 ℃的水中生存，适宜水温为16~28 ℃。当水温低于14 ℃和高于33 ℃时，摄食减少，行动迟钝，生长缓慢，当水温在10 ℃以下时开始冬眠，完全停止进食，大鲵对水体中的溶氧和水质相对来说要求较严格，当水中溶氧在5 mg/L以上时，水质清爽无污染，最适合大鲵的生长发育，尤其是孵化繁殖当中和幼体阶段，水体中的溶解氧必须保持在5.5 mg/L以上，培苗池的水体保持常流状态，pH值适宜范围为6.0~9.0，而最适pH值为6.8~8.2。在自然生态环境中，大鲵营底栖生活，白天隐居在洞穴之内，夜间爬出洞穴四处觅食，并喜阴暗，怕强光和惊吓。

## 三、食性

大鲵在不同的水域中，食物来源也略有不同，它们食量大，为肉食性动物，主要捕食水中的鱼类、甲壳类、两栖类及小型节肢动物等，此外在大鲵的胃中也发现有少量植物组分，常以溪中鱼、虾、蟹、蛙等为食，也捕食螺蚌、水蛇、鼠类及水生昆虫等。生活在长江流域大鲵所处栖息地内，有着白甲鱼、宽口光唇鱼、马口鱼等鱼类，为大鲵提供了广泛的捕食对象。大鲵新陈代谢较为缓慢，停食半月之久，胃内仍有未消化的食物。它的耐饥力很强，只要饲养在清洁凉爽的水中，数月甚至一年以上不喂食不致饿死。在人工养殖条件下，除了摄食各种野生鱼外，也能以一些动物尸体、动物血液或内脏为食。通过驯食，也能摄取人工配合饲料。

## 四、年龄与生长

受精卵在水温14~21 ℃条件下，经38~40天孵化出苗；水温升高可在33~35天孵化，水温下降时可在68~84天孵化。刚孵出的幼体体长25~31.5 mm，体重0.3 g，无平衡肢，外鳃3对，呈桃红色，体背部及尾部褐色，体侧有黑色小斑点；腹面黄褐色，两眼深黑色。7~8天后体呈浅黑色，全长33~37 mm；前肢芽棒状，开始有指的分化，后肢短棒状，尖端圆球形；14天左右，体呈暗褐色，但腹面仍为黄褐色，前肢已分化出4个指，后肢开始分叉；28天时全长43 mm左右，此时卵黄消失，能游泳和摄食；全长170~220 mm时外鳃消失。

在自然环境条件下，因水质好饵料资源丰富，大鲵生长速度较快，最大个体可达10~15 kg。在人工养殖条件下，以2~5龄时的生长速度最快，尤其是2龄期，体重年增长倍数达6.5~9.8，体长年增长倍数达2.2左右。池养大鲵体重的增长明显比野外种群快，这主要与人工投饵营养较全面和水温较为适宜有关，即使是在严冬也不会冬眠。大鲵寿命50~60年。

## 五、繁殖特性

大鲵为卵生动物，繁殖期为每年的5—10月，一般7—9月是产卵盛期。在水中完成受精过程，产卵多在夜间进行，一次可产卵400～1 500枚。大鲵的卵多以单粒排列呈念珠状，但也有在1个胶囊内含2～7粒者。大鲵在产卵之前，雄鲵先选择产卵场所，一般在水深1 m左右有沙底或泥底的溪河洞穴处，并进入洞穴内，用足、尾及头部清除洞内杂物，然后出洞，雌鲵随即入洞产卵，有的雌鲵也在浅滩石间产卵，产卵一般在夜间进行，尤其是在雷雨的夜晚，产卵之后，雌鲵即离去或被雄鲵赶走，否则雌鲵可能将其自产的卵吃掉。雄鲵独自留下护卵，以免被流水冲走或遭受敌害。孵卵期间，如有敌害靠近，雄鲵则张开大嘴以显示威胁动作，以此抵御其他敌害的侵袭。雄鲵或者把身体弯曲成半圆形，将卵圈围住，加以保护，待幼鲵孵出，分散独立生活后，雄鲵才离去。

在人工养殖条件下，雌鲵4～5龄达性成熟。当大鲵性成熟时，挤压雄鲵腹部能排出乳白色精液，滴入水中即可散去，雌鲵可产出念珠状长链型的带状卵，体外受精。在繁殖季节，大鲵常发出似娃娃的叫声。孵化繁殖最适宜水温为22～25 ℃。

# 第二节　人工繁殖技术

建造大鲵仿生态繁殖区、仿生态养殖池，设置流水系统。池与池之间形成自然落差，水流入池时，形成哗哗的流水声。有条件的养殖场可以引用天然的小溪水，入口处用20目纱网过滤。要求水质清、凉、无污染，水温18～22 ℃。养殖池布设5～6个繁殖洞穴。

## 一、大鲵亲本的选择和培育

选择5龄、6龄或以上、体重600 g以上的体质健壮、无伤残、无异样的大鲵作为人工养殖的亲鲵。亲鲵池每2 m²放养1条雌亲鲵和1条雄亲鲵，投喂麦穗鱼、鳑鲏鱼、虾虎鱼等大鲵喜爱的鲜活生物饵料，按时投喂，保证亲鲵均匀食饱。催产池要先消毒清池，搭好遮光网，营造微流水环境。

## 二、发情、交配和产卵

### （一）仿生态繁殖池建造
仿生态繁殖池建在山洞外，从泉水口直接引管道通向洞外作为水源，然后从出水口构筑2条人工渠道，顺渠道水流方向在两侧修建人工洞穴，洞穴为圆形，直径120 cm，高度60 cm，洞口24 cm×33 cm；洞内铺设鹅卵石，向洞口呈一定斜坡；养殖池水位保持在30～35 cm，控制洞穴顶部有25 cm露出水面。洞穴上方有圆形盖板，盖板上设直径30 cm的观察口，洞穴盖板覆盖泥土10 cm，水渠内种植水草，整个养殖区内广种绿植，并在夏季设置双层遮阳网，确保养殖区内的水温在适宜范围内。全天保持微流水。进排水口和陆上通道口都要安装防逃设施。

### （二）种鲵的投放
亲鲵统一在11月投放，一个洞穴1只亲鲵，每个洞穴口用铁栅栏封住洞口，防止大鲵进入其他洞穴相互打斗，水流可自由出入。

### （三）日常管理

**1. 饵料投喂**

均投喂鲜活鱼虾，投喂前用3%～5%的食盐水浸泡消毒，密度为3～5尾/m²，发现不足时及时补充，死鱼及时捞出。仿生态繁殖模式下，大鲵产卵期间停止投喂，产卵结束后补投小鱼虾。

**2. 水质管理**

仿生态繁育模式由于建在室外，繁殖池水温受水源水温和室外天气的影响，一年之中波动较大，1—3月水温逐渐降低，2月平均水温低至9.3 ℃，7—9月水温逐渐升高，8月可高至26.5 ℃。当水温低于10 ℃或者高于25 ℃时，大鲵的摄食基本停止，因此认为此时大鲵处于休眠状态。

**3. 日常管理**

及时清除残饵和粪便，定期清池，尤其是仿生态池洞穴内水流交换稍差，需及时用水管冲刷清池，同时用药物消毒以预防病害，5—10月每3天清洗一次，11月至翌年4月每7天清洗一次。进入7月后，仿生态池的栅栏移除，以便雌雄种鲵相互配对，此阶段要防止大鲵相互打斗咬伤，尤其是夜间活动较多，发现打斗及时分开，一旦有咬伤较严重的种鲵，捞起单养疗伤，并用庆大霉素按剂量5 mg/kg肌注防止感染。经过1个月左右的相互适应，种鲵之间基本平静，其自行配对完成。

### （四）产卵与孵化

**1. 成熟度鉴定**

生态繁殖模式中当发现到种鲵有冲水、推沙、求偶等行为时开始成熟度鉴定。雄鲵发育成熟的标志为：第二性征明显，挤压生殖孔，有乳白色的精液流出。雌鲵的特征：腹部膨大、松软，用手触摸有黄豆颗粒般凹凸感，生殖孔红润。

**2. 人工催产**

仿生态繁育模式首先采取雌雄种鲵自由交配，无须药物催产，待到繁殖后期，对于还未交配产卵的种鲵则进行人工催产。

**3. 产卵和受精**

仿生态繁育模式下培育的种鲵在9月初，部分雌鲵腹部膨大。雌鲵在即将产卵时到雄鲵洞中，经过1～2小时完成产卵，雄鲵同步授精。产后雄鲵将雌鲵赶出洞外便开始守洞护卵孵化，孵化过程中雄鲵有较强的攻击性，因此需将栅栏封住洞口以防其他种鲵进入。

**4. 孵化**

仿生态繁育采取自然与人工孵化相结合的方式。当发现亲鲵完成自然产卵受精后，雌鲵离开后雄鲵会守护受精卵。此时在洞口用栅栏隔离防止其他大鲵进去。孵化期间，雄鲵会对受精卵进行照顾，需每天投喂2～3尾冰块处理后活力稍弱的鲫鱼。每天观察发育情况，发现有少量稚鲵出膜后，为了方便后期的稚鲵统一培育管理，需将受精卵转移至室内孵化。

### 三、人工授精孵化

#### （一）人工注射性激素

人工繁殖一般选择每年立秋过后进行，根据大鲵泄殖孔的松紧度确定具体注射时间。因雌、雄大鲵发情期差异较大，自然条件下受精率低，人工繁殖需要选择适宜的亲体，计算好时间注射性激素，以调整其排卵时间。一般情况下，雄鲵要提前24~36小时注射。按照LRH-A2使用8~12 μg/kg与HCG-I使用1 100~1 300 IU/kg配比，混合成性激素，注射混合液0.5 mL/kg。采用盆腔内注射，即从大鲵后背侧肋间注射，深度以穿过肌肉层为宜。

#### （二）精子采集

选择健壮的雄性大鲵作为种鲵，将种鲵放置在事先准备好的采精台上，用布巾将种鲵包裹好，将泄殖孔翻转朝外，反复推挤，精液流出后用洁净的器皿盛装。为保证精液质量，采集的精液要经过显微镜检验。选择精子活力最强的精液作为备用种精液。选定后的种精液放入储精箱保存。

#### （三）卵子采集

选择已注射性激素且即将产卵的雌性大鲵，当雌鲵卵胶膜从泄殖孔排出，用洁净的器皿盛装。

#### （四）人工授精

用注射器从储精箱内抽取精液，均匀挤到鲵卵上，然后轻轻搅动，使卵与精子结合，完成受精。大约5分钟后，用清水冲洗受精卵，反复冲洗3~4次，冲去多余的精液。

#### （五）人工孵化

将受精卵放入瓷面盆等容器孵化，最好使用微流水，以提供充足溶氧。水温控制在17~19 ℃，水温高于19 ℃会造成胚胎发育畸形。24小时后观察发现，受精卵表面裂变成1条沟。48小时后观察发现，受精卵表面裂变成"十"字形沟。对未出现"十"字形沟的卵应及时清理掉，以防污染其他受精卵，影响孵化。第13~18天，在显微镜下观察，胚胎发育头尾芽泡；第20~25天，胚胎发育头尾雏形明显；第30天，胚胎发育脊椎头尾形成、眼口长成、体色加深；第33~38天，四肢长成，开始破壳孵化；第43天，幼鲵孵化出膜，卵黄提供营养，在水中自由游动；第53~60天，卵黄消失，幼鲵各器官逐步发育完善，可以捕食水中的浮游动物。

### 四、幼鲵的培育

人工授精70天左右，幼鲵除仍具外鳃以外，大鲵外部形态和内部结构已基本发育完成。此时可以投喂水蚤、蚊蝇、水生小昆虫、小鱼虾、鱼浆等饵料，每天8:00、17:00各投喂1次。大鲵具有惧光性，摄食多在夜间，白天也偶尔摄食。幼鲵池每天要换1次新水，除去残渣剩饵，保持池水清澈。水深控制在10~15 cm，pH值控制在7~8。平时注意观察鲵苗活动、摄食等情况，记录好日志，发现问题时应及时处理；按时投喂生物饵料，适时调配营养结构；及时将体质差、弱小的个体分离单养；定期测量大鲵体重、体长并做好记录。

# 第三节 成鲵的养殖技术

## 一、养殖池建造

饲养大鲵的水泥池应建在环境安静、阴凉潮湿、水源充足的地方。幼鲵池面积一般为1~2 m²，池壁高50 cm，水深30 cm；成鲵池面积一般为10~20 m²，池壁高1.2 m，水深50 cm，池形以长方形为好，设进出水口，池底四周或中间建造洞穴，一般1个池子2~3个，穴高20 cm，穴深50 cm，宽40 cm，洞穴外用水泥抹平，以防擦伤大鲵。池中可放鹅卵石、砾石或熔融性石块，增加水体矿物质含量。池子可建在室内，也可建在室外，室外饲养池周围栽有树木遮阴，使池子阴凉。池中建1个栖息台，供大鲵陆上休息。

## 二、鲵种放养

幼鲵放养前，要仔细检查幼鲵池有无损坏，进行维修和消毒。幼鲵药浴消毒，防止水霉病和细菌性疾病。对幼鲵的数量和规格进行检查，按个体大、中、小分级，分池饲养。同一种规格的个体，其摄食能力基本相同，可避免互相残食。放养密度要根据各地不同的饲养方式、技术水平、饲养条件而定。

## 三、饲料及投喂

幼鲵开口饵料可投喂摇蚊幼虫、水蚯蚓、水蚤等易消化活饵，饲养达20 g以上后可投喂小虾、小鱼及牛羊肉糜，100 g以上可投喂泥鳅、低值鱼虾蟹等，也可投喂人工配合饵料。人工配合饵料蛋白含量要高达40%~50%，主要以鱼粉和α-淀粉为主，使用之前用水调成团状、块状和长条状，投放到饵料台上。

日投饵率：活饵料为10%~15%，饵料投在水中，如是鲜活泥鳅或小鱼虾，也可一次投入，满足3~5天的摄食量。发现池中有死鱼、死虾或死泥鳅，及时捞出以免败坏水质。人工配合饵料的投饵率为10%，一般投在食台上，通常在傍晚天黑前投喂。水温在15~25 ℃范围内，尤其在20 ℃左右，大鲵在天黑后的3小时内摄食量最多。当天气闷热、水温较高或水质不好时，大鲵摄食减少或停止摄食，所以投饵时要根据具体的情况，灵活掌握。

## 四、日常管理

大鲵的日常管理可简单归纳为一勤、二早、二看、四防。

一勤。勤巡池，每天巡池3次，早晨巡池看摄食后情况，中午巡池注意水温变化，晚上巡池观察大鲵摄食状况。

二早。早放养、早开食。注意春节后水温上升时，是否在摄食，如未摄食，要加温，促使大鲵尽早摄食。

二看。看摄食、看水质情况。看摄食，主要是看大鲵在食场中摄食是集中还是散乱，看是否抢食或有无吐食现象，以便调整投饲量；看水质，主要是看水质是否清新、透明度是否高，以便采取措施改善水质。

四防。防暑：夏天水温高，大鲵易得病，因此，要防暑降温。室外防暑主要设置遮阳物，使光照强度降低。换水采取在深夜进行，这样有利于大鲵"渡夏"。防病：要随时注意大鲵的摄食活动情况，如发现大鲵离群独游，要检查病况，采用隔离防治措施，及时治疗。防逃：经常检查进出水处，加强管理，防止大鲵逃逸。防水变：注意水质变化，保持水质清新。

# 第四节　病害防治技术

## 一、病毒性疾病

### （一）大鲵虹彩病毒病

1. 症状和病因

虹彩病毒感染所致。患病大鲵行动呆滞，食欲不振，偶见吐食现象，体表黏液分泌增加。下颌出血，头、四肢、腹部肿大、有出血斑，背部有突起的白色病灶；严重者白色病灶溃烂，四肢皮肤坏死、肌肉溃烂，甚至断肢。解剖可见腹腔内有大量淡黄色或含血液体，肝肿大、呈灰白色或因淤血呈花斑状，脾肿大、紫黑色，肾肿大、出血，肺囊充血、出血，肠腔充满淡黄色或含血液体。

2. 防治方法

（1）大鲵生境应确保阴凉无风，水质干净，水温10～25 ℃，溶氧量3 mg/L及以上，pH值6.8～8.8。定期换水消毒，确保养殖池洁净安全。

（2）饵料来源应确保安全，健康无病害，防止投喂携带病毒的饵料。饵料投喂要确保定时、定量、定位、定质，并根据季节、年龄、水温、摄食状况等因素灵活调整。另可在饵料中添加药物以增强组织器官抗病毒功能，提高机体免疫能力。

（3）对发现患病的大鲵及时做好隔离，未患病大鲵用黄芪多糖、电解多维、葡萄糖连续7天浸泡，同时进行虹彩病毒抽样PCR检测。养殖场、养殖水体及养殖用具等用高锰酸钾和聚维酮碘彻底消毒，饵料鱼用高锰酸钾浸泡消毒，工作人员进出患病鲵隔离区时做好严格消毒，防止疫情扩散。

（4）腹腔注射头孢拉定配合氟苯尼考和维生素C+E浸泡有一定治疗效果。

## 二、细菌性真菌性疾病

### （一）烂尾病

1. 症状和病因

主要为嗜水气单胞菌、屈挠菌。大鲵患此病时，尾柄基部至尾部末端常呈现红色小点或红色斑点状，周围皮肤组织充血发炎，表皮略呈灰白色，严重时患病组织肌肉坏死，尾部骨骼外露，常带有暗红或淡黄色液体从创伤部位浸出。病鲵活动减弱或伏地不动，不思食，尾部变得僵硬，不久便死亡。此病四季均可发生，6—8月间是该病发生的高峰期，主要危害1~3龄大鲵。

2.防治方法

（1）用0.2~0.3 mg/L二氧化氯全池泼洒包括饵料台，人造洞穴，每天1次，3~4天为1疗程。

（2）对病情较重的大鲵先用15~25 mg/L浓度高锰酸钾溶液浸洗创伤部位，并用棉球将创伤部位表面的附着物清洗干净，随后用消治龙软膏或硫黄软膏等消炎药物涂敷患处，每天1次，5~7天为1疗程，并结合用大黄（2~3）g+卡那原粉（2 g）+维生素C（2 g）+维生素E（2 g）+维生素B（2 g）每千克体重用量，将上述药物均匀拌入饵料中投喂，连用3~4天。

（3）对病鲵先用高锰酸钾溶液清洗患处（浓度是每立方米加入20 g高锰酸钾），每天1次，连续7天可治愈。

**（二）腐皮病**

1.症状和病因

是由嗜水气单胞菌引起的一种疾病，其症状是病鲵体表常出现不规则状红色肿块，发病初期于红色肿块中央部位有米粒大小的浅黄色脓包，并逐渐向周围皮肤组织扩散增大。当脓包穿破后便形成疖疮样的病灶，病灶组织充血发炎，呈糜烂状。这时感染相当快，病鲵卧伏于池中不食，如不采取措施及时治疗，死亡率较高。

2.防治方法

（1）定期用0.3~0.4 mg/L强氯精或0.2~0.3 mg/L二氧化氯泼洒全池，进行彻底消毒灭菌处理，发现大鲵患病时，应迅速将病鲵隔离分池饲养。

（2）发病期每天1次，连续4~6天，并用医用过氧化氢冲洗患处，随后用消治龙软膏或肤炎康软膏涂敷患处，每天1次，4~7天为1疗程。再按大鲵体重每千克注射甲鱼保康剂针剂0.3~0.4 mL，注射部位一般为前肢下端软组织处，呈45°角注入，每天1次，连用3~4天即可治愈。

（3）对能吃东西的病鲵，按每千克鲵体重，每天口服大黄100 mg和多种维生素150 mg，连续口服5天。对不能摄食的病鲵，按每千克鲵体重，肌内注射庆大霉素1 000单位，隔1天后复注1次。注意！庆大霉素不能随意增加用量。

（4）对能摄食的病鲵和不能摄食的病鲵，都可采用2~4 mg/L庆大霉素浸泡，每天浸泡4~8小时，泡到病好为止。也可用恩诺沙星浸泡，浓度也是采用2~4 mg/L。新霉素等对此病也有疗效。对溃疡面大的，用庆大霉素原粉涂抹。

**（三）肠炎病**

1.症状和病因

主要为肠型点状气单胞菌。病鲵起初精神不振，食欲减少，严重的不摄食。病鲵发病中期激动不安，在池中乱撞池壁，最后无力地伏于池底，活动减少。观察其粪便不成形，入水不久后即散开，而正常的大鲵粪便入水后半小时后仍呈圆棒状。后期脱皮严重，皮肤无光泽。观察其泄殖孔呈红色，严重时，轻压腹部有血水流出，腹部膨胀。解剖病死鲵，可见肠道发炎、充血，出现糜烂。

2. 防治方法

（1）发现大鲵患病，要及时隔离治疗，防止传染，对所有用具及病鲵养殖池用20 mg/L高锰酸钾溶液进行消毒，病鲵用抗生素药物进行治疗。。

（2）对能摄食的病鲵，用土霉素一片插入饵料鱼或肉块中投喂，连用1周即可。对严重不能摄食的病鲵，用腹腔注射青霉素或庆大霉素的办法，药用剂量为1万单位/kg病鲵体重，每天1次，连续注射3天。

（3）也可对病鲵停食2天左右，让大鲵处于半饥饿或饥饿状态时加入饵料中投喂，用大黄每天1次，连用5天也可治愈。

**（四）烂脚病**

1. 症状和病因

主要为嗜水气单胞菌。肢体红肿、末端有内凹的病灶、脚底发炎溃烂，坏死皮肤呈灰白色，肌肉充血、出血，严重的出现断肢现象。解剖可见肝脏肿大充血，胃、肠有点状充血。

2. 防治方法

（1）在投喂时要对所用饵料进行杀虫消毒等基本的处理，对于活饵可在暂养池进行药饵投喂和活体药物消毒，对非活饵料可采用药物浸泡。

（2）可以选用维生素C和黄金多维、黄氏多糖等营养类药物和鲵病速康内服，同时浸泡病鲵，从而提高鲵体的自身免疫力和抗病能力。

（3）对于病情严重的病鲵应及时捞出隔离，维生素C+黄金多维+鲵病速康+之血先锋+败血停+三黄散连续内服7～10天。

（4）第1～2天，每天过氧化氢或舍利泰洗净病灶后抹上四环素软膏或用1%的龙胆紫药水抹于病灶，并且用水霉净浸泡药浴1～3小时然后放流到环境好的池中隔离单养。第3～4天，每天用维生素C和黄金多维浸泡药浴9～12小时然后放流到环境好的池中隔离单养。第5～8天，每天用舍利泰或者杀毒先锋涂抹病灶，并且药浴5～8小时然后放流到环境好的池中隔离单养。第9～10天，每天继续黄金多维+维生素$B_1$药浴8～10小时。

# 三、寄生虫性疾病

**（一）吸虫病**

1. 症状和病因

拟牛头吸虫、无棘吸虫、东方后槽吸虫、椭圆大鲵吸虫、马边鲵居吸虫、沐川鲵居吸虫、短肠中肠吸虫。多数种类寄生在娃娃鱼（大鲵）肠壁的黏膜层，引起肠壁红肿发炎，少数种类寄生在胃里。如果是吸虫少量寄生，对娃娃鱼（大鲵）影响不大。如果是吸虫大量寄生，易堵塞肠道，并引起肠胃穿孔。

2. 防治方法

（1）可用敌百虫消毒池子（由于大鲵对敌百虫敏感，可先把大鲵移出，待池子消毒清洗后，再把大鲵移入。）杀死水体里的寄生虫卵及幼虫。特别是夏、秋两季要加强预防，定期在饵料里包埋驱虫剂（例如在新鲜猪肝里包埋灭虫精）以杀死体内寄生虫。对于在野外捞取的青蛙、螺、蚌等都要经过消毒后方可投喂（最好是煮熟了投喂）。

（2）可参考兽医治疗吸虫的方法，用吡喹酮、硝硫氰醚等药物治疗。

**（二）线虫病**

**1. 症状和病因**

寄生在娃娃鱼（大鲵）皮下的线虫，发病部位在四肢、背部、腹部、尾部，4—5月在躯干部（尤其是两侧）有线虫寄生。触及患部，大鲵有疼痛反应。此时大鲵多不进食，6月以后自然消失。也有线虫寄生在娃娃鱼（大鲵）肠道的，主要寄生在前肠的肌肉层，线虫头部钻入肠壁，破坏组织，吸取组织营养。还有线虫寄生在小肠、直肠的。还有寄生在胆囊内的线虫。

**2. 防治方法**

治疗方法可参考兽医治疗线虫的方法，用甲苯达唑、阿苯达唑等药物包埋在新鲜猪肝里喂大鲵，达到驱虫的效果。

# 第五节　加工食用方法

## 一、烧娃娃鱼

### （一）食材

娃娃鱼250 g、熟猪油50 g、料酒25 g、白糖10 g、水淀粉30 g、葱段20 g、蒜瓣20 g、姜片10 g、食盐10 g、酱油50 g、味精3 g、植物油1 000 g。

### （二）做法步骤

（1）先将娃娃鱼头部砍一刀（不要砍断）放血，接着用90 ℃热水浸烫，刮洗表皮黏液，再从肚剖开，除去内脏，然后用刀切成月牙形小块。

图21.2　烧娃娃鱼（图来源于网络 https://haokan.baidu.com/v?pd=wisenatural&vid=9732262381006539066）

（2）炒锅放在旺火上，加植物油烧热，投入鱼块，炸至金黄色捞出控油。原锅去油，坐旺火上烧热，加熟猪油25 g，然后入葱段、蒜瓣、姜片爆出香味，再放鱼块颠翻一下，加入料酒、酱油、食盐、白糖、鸡汤，烧开后将锅移文火上，加锅盖烧约20分钟，待鱼烧熟，将锅再移旺火上，加味精，用水淀粉勾芡，最后加熟猪油25 g颠翻，淋香油盛盘上桌。

## 二、三扒大鲵

### （一）食材

娃娃鱼250 g、火腿、冬菇等，调料是湿淀粉、胡椒面等；料酒15 g、味精0.3 g、水淀粉20 g、葱段30 g、蒜5 g、姜3 g、食盐4 g、胡椒面0.2 g、植物油1 000 g。

### （二）做法步骤

（1）将大鲵剁成块，用开水氽透捞出沥干水分，加盐1 g、料酒10 g、酱油5 g拌匀，用油炸成金黄色后捞出。

（2）将干贝洗净，除去老筋，放碗中，加开水、料酒5 g，上笼蒸酥取出，整齐地放入蒸碗中间。冬菇放干贝的半边，火腿切柳叶片放另半边，大鲵皮向下压在上面，上放葱段、生姜、蒜、砂仁，加鸡汤200 g、盐2 g、酱油10 g、胡椒面，上笼蒸酥取出，拣去葱、姜、蒜、砂仁，放大盘中；将油菜加干贝汤烧熟，围在鱼旁边。

图21.3　三扒大鲵（图来源于网络 https://image.baidu.com/search/detail?ct=503316480&z=0&ipn=d&word=三扒大鲵&hs）

（3）锅中用原汤加鸡汤200 g烧开，加味精、葱、油，用湿淀粉勾芡，淋入鸡油，浇在鱼上即成。

### 三、黄焖娃娃鱼

**（一）食材**

娃娃鱼250 g、火腿、冬菇等，调料是湿淀粉、胡椒面等；料酒15 g、味精0.3 g、水淀粉20 g、葱段30 g、蒜5 g、姜3 g、食盐4 g、胡椒面0.2 g、植物油1 000 g。

**（二）做法步骤**

（1）将娃娃鱼宰杀、用开水轻烫刮除表层黏液。

（2）把鱼肉剁成长3 cm、宽0.5 cm的条形。

图21.4　黄焖娃娃鱼（图来源于网络 https://image.baidu.com/search/detail?ct=503316480&z=0&ipn=d&word=黄焖娃娃鱼&hs）

（3）锅烧热加入菜籽油80 g、猪油50 g，放入五花肉80 g煸香，加入姜10 g、娃娃鱼肉片1 000 g大火煸干水分、然后倒入150 g啤酒、添四勺高汤，放盐5 g调味，盖上锅盖小火焖煮8分钟收汁即可。

### 四、清蒸娃娃鱼

**（一）食材**

娃娃鱼300 g。萝卜、枸杞、姜片、葱、盐等。

**（二）做法步骤**

（1）将娃娃鱼宰杀、用开水轻烫刮除表层黏液。

（2）把鱼剁成长3 cm、宽0.5 cm的块状，用姜、葱、蒜食盐等佐料腌制30分钟。

（3）瓦罐中放1 000 g水，下鱼块，姜片，大火煮滚后改中火，保持翻滚沸腾状态至汤汁乳白（15分钟左右）。

图21.5　清蒸娃娃鱼（图来源于网络 https://image.baidu.com/search/detail?ct=503316480&z=0&ipn=d&word=清蒸娃娃鱼&step_word）

（4）改小火，慢炖2小时左右，加盐调味装碗即可。

### 五、虫草蒸娃娃鱼

#### （一）食材

洗净的娃娃鱼350 g（活体约0.5 kg）、上好红枣10颗、虫草10只（或者是虫草花）、宁夏枸杞20粒、上等清高汤750 g、食盐10 g、鸡粉10 g、姜片10片、白糖10 g，大葱20 g、蒜瓣20 g。

图21.6　虫草蒸娃娃鱼（图来源于网络 https://image.baidu.com/search/detail? ct=503316480&z=0&ipn=d&word=虫草 蒸娃娃鱼&step_word）

#### （二）做法步骤

（1）将娃娃鱼宰杀、用开水轻烫刮除表层黏液，娃娃鱼腩或鱼背上的肉平均切成20块备用。

（2）将入味好的娃娃鱼料入锅炒煮后捞出备用。准备好10个带盖气盅。

（3）每个盅内放置两块鱼料，然后依次放入红枣、虫草、枸杞、姜片，将高汤调好味。

（4）分别装入每个盅内，加盖入蒸锅内蒸20分钟即可。然后取出每个盅内的姜片上桌即可。

### 六、鲵宝羹

#### （一）食材

娃娃鱼杂100 g、白灵菇片50 g、党参10 g、小茴香3 g、料酒10 g、熟猪油30 g、白糖10 g、水淀粉30 g、葱段20 g、蒜瓣20 g、姜片10 g、食盐10 g、鸡粉10 g、浓高汤500 g。

图21.7　鲵宝羹（图来源于网络http:// daniwawayu.jinchishengwu.com/ danicaipu/23.html）

#### （二）做法步骤

（1）把鱼肠洗净均匀的打成小结，鱼肝切条、鱼肚切条与鱼肠小结大小一致洗净，加料酒、食盐、鸡粉、葱、姜、蒜、腌制10分钟。

（2）放入砂锅中，砂锅加入浓高汤上旺火放入其他辅料及适量的水，旺火炖10分钟。

（3）改文火煨制20分钟，拣去其他成型辅料（留白灵菇），撇去浮沫勾芡即成。

# 第六节　养殖实例

## 一、大鲵仿生态人工繁殖技术

安徽省农业科学院水产研究所的王永杰等利用深山峡谷溪河或山泉洞穴之中的天然条件，模拟大鲵的自然生态环境，开展人工繁殖技术，取得较好效果。济源市韩太国利用山泉水仿生态人工繁殖，加温温棚进行孵化和育苗，取得较好结果。河南省水产科学研究院的赵道全研究员在卢氏县开展大鲵人工繁殖、苗种培养和成鱼养殖，均取得较好效果。现就他们的经验总结如下。

## （一）繁殖场地选择

自然界中天然大鲵繁殖场地在深山峡谷溪河或山泉洞穴之中，其气候特点是温凉湿润，日照少，云雾多，降水量充沛。仿生态繁殖场地质条件选择石灰岩层，河床多石质、砾质、卵石，植被茂密，覆盖率60%～80%，水源丰富，雨量充沛，水流量一般在0.3～0.5 m/分钟。水质要求溶氧5 mg/L以上，pH值6.5～7.5，硬度大，钙含量35.2～56.5 mg/L，镁含量13.0～19.7 mg/L，水质清新。

## （二）仿生态繁殖池的建造

仿生态繁殖池的要求，长度一般为30～50 m，宽度为0.8～1.5 m，池深0.4～0.6 m，池的作用是水流与大鲵摄食活动场所，池的形状L型。穴洞呈弧形，洞口向池，池口的长宽高均为30～40 cm，穴洞长0.8～1.2 m，宽0.8～1.2 m，高0.3～0.5 m。穴洞是前低后高，穴洞内墙用大卵石砌成，穴洞底部用小卵石铺5～10 cm垫层，穴洞上方用水泥制板或当地石板盖上，覆土30～40 cm，隔热保暖，在覆土上面种植水草遮阴。穴洞上方安装透气管，同时在溪流两边和穴洞旁种植草木，在溪流两边设立防逃围栏。

## （三）大鲵亲体选择与培育

1. 亲本选育

亲本选择采用同一区域雌雄产地不同的亲本为原则，挑选体重5 kg以上，体型好、体质健壮、无病无伤的大鲵进行培育，经严格挑选性腺发育良好、副性征明显的雌雄大鲵作为亲鱼。

2. 亲鱼的喂养

亲本培育时的饵料适合多元化，平时以高蛋白、低脂肪、低热量及富含微量元素饵料为主，产后及产前30天投喂高蛋白、高脂肪、高热量的食物。亲鱼的食物有泥鳅、溪蟹、米虾、青蛙、鱼块等高蛋白饵料，食量多少以吃完不剩为度。雄鲵要多喂溪蟹，少喂脂肪类饵料，雌鲵临产前30天投喂一定数量的青蛙，可提高卵带质量，通过控制亲鲵食物的品种和数量还能起到调节性腺发育速率的作用。

3. 亲鱼池的水位流量调节

大鲵喜浅水，平常水深比大鲵体高深5～10 cm即可，因大鲵卵不耐水压，随着雌大鲵卵巢的发育要逐步降低水位，临产前雌大鲵喜待在岸上，身体保持湿润即可。大鲵喜静，需要微流水环境，但在繁殖季节需要流水和大水流的刺激，雄大鲵从春季开始要逐步加大水流量以促进性腺成熟。

4. 亲鱼的光照调节

大鲵畏强光，喜在月光皎洁的夜晚离穴活动觅食。大鲵驯养要保持阴暗的弱光环境，穴洞里面光照在50～200 lx，池中在1 500～2 500 lx。光照对于大鲵性腺成熟具有重要的生理促进作用，从春季开始要根据月相变化规律给大鲵补充一定强度的光照。

5. 亲鱼池的温度调节

大鲵池水源有山洞源头水、山谷暗泉水和深井水，用保温管道引入，山洞水季节水温变化在4～24 ℃，山谷暗泉和深井水温度一年四季稳定在15 ℃左右。大鲵的培养主要用山洞水，水温随季节周期变化。从春季开始对雄大鲵池适当加入一定流量的暗泉水或井水以人为提高雄大鲵池水温1～2 ℃，能加快雄大鲵性腺发育进度，从而解决雄大鲵成熟比雌大鲵迟的难题，使雌雄大鲵能同步进入繁殖期。也可适当降低雌大鲵池水温，延缓雌大鲵性腺发育进程，以达到雌雄大鲵同步成熟的作用。

6. 亲鱼的疾病防治

野生大鲵是一种抗病力极强的动物，但在人工养殖环境中却较容易发生疾病。大鲵疾病的防治重在预防，要按照大鲵的生理特点和野生环境条件来创制人工驯养繁殖环境，做到大鲵池阴暗幽静、成体大鲵分池独养、水源清洁水质良好、进排水各池独立、食物新鲜洁净、喂食均匀、检查捕捉大鲵操作轻缓温柔，每日定时巡池检查，发现有异常现象及时处置。大鲵驯养繁殖过程中常见疾病有两种：一是因投喂了不洁的食物引起大鲵反吐、厌食，一般停食7天即可自愈，若是产前亲鱼则不能停食，用抗生素口内喷雾，1～2次/天即可；二是由外伤引起的皮肤溃烂，用庆大霉素溶液药浴8小时，连用2天，有很好的疗效。

**（四）大鲵人工繁殖**

1. 新鲵性别区分

区分亲鲵的性别并进行针对性培育至关重要。对亲鲵的雌雄鉴别方法主要从头部、体型、行为、褶皱和泄殖孔等方面加以区分，相同规格的大鲵，雄性头部相对较大，一般头宽大于体宽，头部两侧有一个明显的突起。相反，雌性鲵的头部较小，头部没有明显的突起，眼后也无隆起，整个头部的线条比较柔和。在相同的培育条件下，特别是繁殖季节，雄性大鲵的体型略显瘦长，腹部较小。而雌性大鲵的体型略显胖短，躯干部分从前至后一般稍向两侧突出，腹部膨大而柔软，有饱满松软和富有弹性之感。繁殖季节雌雄鉴别：雌性泄殖孔小，周围向内凹陷，内周边光滑，泄殖孔无小白点突起。雄性泄殖孔大，周围外凸，形成椭圆形的隆起圈，泄殖孔外隆起圈上有不规则的小白点突起。

2. 亲鱼的催产注射

大鲵催产使用宁波激素制品厂生产的鱼用促黄体释放激素类似物（LRH-A2）、绒毛膜促性腺激素（HCG）和鲤鱼脑垂体混合注射。剂量根据每尾大鲵的性腺发育程度、提质和繁殖习性而具体确定。为防大鲵挣扎受伤，使用塑料输液器注射激素操作简便、效果很好。将输液器针头插入大鲵背部肌肉，入针深度约为0.5 cm，一人手持注射器从输液器软管另一端缓缓将药液注入大鲵体内。因为注射时大鲵可以自由活动，减少了大鲵的应激反应，能提高大鲵卵带和精子的质量。

3. 人工授精

人工授精可以得到很高的受精率，而且一尾成熟雄大鲵的精液能供3～4条雌大鲵产卵所需。雌大鲵开始产卵时，按雌大鲵数量的1/3挑选雄大鲵挤出微量精液镜检，若精子发育良好、活力强、畸形少则留用，否则淘汰另选雄大鲵。雌大鲵产卵完毕，收集卵带放入干净瓷盆，一人将雄大鲵用毛巾包住头部后抱起对着瓷盆，一人轻挤雄大鲵腹部，让精液流在卵上，每盆卵用4～5 mL精子即可，然后加入精子培养液，再加入适量的清水，用羽毛辅助搅拌均匀，静置5分钟后加水漂洗两遍，即可进行人工孵化。

### （五）人工孵化

孵化生态环境条件：一是水温，大鲵受精卵的孵化水温14～20 ℃，孵化时间为35～40天。水温在18～21 ℃，则需要36天。人工控温22～23 ℃，则只需27天。水温变化幅度不宜过大，严格控制在±2 ℃。二是溶氧量，大鲵受精卵要在含氧量很高的水中发育，水中溶氧量低于3 mg/L，对胚胎发育会产生抑制作用，甚至造成受精卵窒息死亡。故受精卵在孵化期间，水中溶氧量不得低于3.5 mg/L，受精卵的孵化适宜溶氧量为5～7 mg/L。三是光照，受精卵在黑暗条件下孵化，适宜大鲵受精卵的光照为50～100 lx。

利用水龙头压力跌水增氧，控制昼夜水温变幅不超过1 ℃，孵化池水深30 cm左右，始终保持微弱的流水状态，受精6小时内不要触动，6小时后将卵子小心移入直径20 cm、深10 cm的塑料滤篮内，塑料滤篮用泡沫浮子浮于水面上，卵子逐渐吸水膨胀。当卵堆接近水面时要及时分篮，如此最终每个篮子可容200枚卵子，孵化过程中每隔1～6小时需用羽毛轻轻翻动卵子1次。当胚胎能自行运动旋转后就不需要人工翻动了，对于未受精的和发育不良、坏死的胚胎要及时剔除，以防感染正常胚胎。

### （六）幼鱼培育

大鲵胚胎出膜后，可放在大塑料盆中静水培养，水深5～8 cm换水1次/天，用微弱流水效果更佳。30天左右卵黄囊吸收完毕，可适时投喂开口饵料。开口饵料可用活体水丝蚓或鱼糜，鱼糜需用纱布过滤以除细刺。先投喂1～2天的鱼糜，待娃娃鱼开始排粪后再投喂水丝蚓，这样能提高娃娃鱼的成活率。大鲵的生长速度差别较大，培育过程中要及时按体长规格分池饲养，以防自相残杀，幼体培养要保持安静、阴暗弱光的环境，避免强光和噪声的干扰。

## 二、大鲵生态养殖

鱼台县渔业发展服务中心的周玉军通过实地调研，对山东省鱼台县大鲵的生态养殖模式及经济效益进行分析研究，具有重要参考价值。

### （一）环境条件

一方面，因大鲵具有喜阴喜静的习性，所以在进行人工养殖时尽量选择环境较为安静、潮湿的地方；另一方面，在人工养殖环境下，水质、水温、pH值以及饵料等因素都是非常重要的影响因素，因此在选址时尽量选择交通便利、饵料丰富且水资源丰富、水质较好的地点。根据实地调研了解到，鱼台县大鲵生态养殖模式在水资源的取用方面一般是直接抽取地下水，地下水水温一般能达到16～18 ℃。由于地下水水质干净，pH呈中性，溶氧在3.5 mg/L以上，所以无须对水源进行特殊处理，可以降低成本，提高利润率。

### （二）池塘修建

大鲵养殖池塘的选址及设计应符合大鲵自然生长环境，鱼台县仁源大鲵养殖专业合作社的养殖场建立在鱼台唐马镇甄庄村南边开阔地带，且远离村民居住地，环境较为安静。大鲵养殖池塘主要建设在室内，由合作社自搭大棚，棚顶覆盖遮盖物，棚内划分为多个池塘，通常以长方形或正方形为主，一般采取砖混结构。关于池塘的建筑面积，未形成肠道的稚鲵养殖池塘面积在4 m²左右，大约能够养殖幼鲵1万多条，形成肠道的幼鲵养殖密度在60～70条/m²，如若养殖密度提高则需将水位相应提高5 cm。另外每2排池塘中间还需设走道，便于饲喂、巡池等日常管理。

池塘的两端留有进水口和出水口，排污口则需设置在池塘底部。池塘内的水从主进水口进入，因此进水口要直接与主进水管道连接。另外，进水口还需比池中水面高60 cm左右，并且进水口管道要向池中伸入20 cm左右。出水口则通常设置在与进水口相对的池角。此外，为防止大鲵逃跑，还需在出水口设置防逃网，网的大小需适应大鲵体型。

**（三）苗种选择及投放**

一是养殖池消毒，新建的养殖池通常为水泥质地，且为碱性环境，但适宜大鲵生长的环境pH值为6.5～7.5的中性水质，所以新建养殖池需充分浸泡才可使用。为中和池塘的碱性，可以用0.5 kg/m³或者10 mL/m³的标准向池中泼洒食醋或冰醋酸，待水池完全浸泡1周后，再将池壁和池底清洗干净，并将水彻底排掉。为充分进行中和，上述办法至少重复3次，直到放入池中水的pH值在6.5～7.5为止，此时可将大鲵幼苗放入池中。二是苗种选择，在进行苗种选择时，大鲵的颜色、体表、眼睛及尾巴是选择优良苗种的依据，优先选择规格整齐、体质健壮、体型正常、活力强、无畸形、无伤病以及无寄生虫的优质幼鲵。为提高成活率，大鲵幼苗选择100 g以上或体长在10 cm左右最为合适。三是苗种消毒，为防止大鲵苗种将带有病原微生物等有害物质带入养殖池，可以用5%的食盐水将其浸泡15分钟，然后再将大鲵苗种放入池中，为避免大鲵受到不必要的伤害，切忌直接扔投。

**（四）饵料投喂**

大鲵为肉食性动物，在自然界中以蟹类、蛙类、鱼、虾、水生昆虫幼体、小鳖及鼠等作为主要食物。在人工生态养殖条件下，一般投喂泥鳅、青蛙、白链、鲫鱼等。特别要注意的一点是，不论是自然界中的大鲵还是人工养殖的大鲵都偏好吃活体饵料。

**（五）日常管理**

根据大鲵生活习性可制定相关日常管理制度：一是保持水体干净无污染，溶氧量保持在3.5 mg/L以上，水体环境pH值在6.5～7.5；二是注意大鲵生活环境要避免光照，并且要安静，夜晚巡查时要注意使用低亮度的灯光；三是注意控制水温，水温最好保持在16～18 ℃，最高不超过22 ℃；四是及时清理池塘内的污水、粪便及饵料残渣等杂物，保持大鲵生活环境的清洁；五是加强巡视，坚持凌晨和傍晚巡视养殖池，观察大鲵生长状况、生活环境等，防止大鲵逃跑。

## 三、工厂化控温养殖

陕西省水产工作总站的霍长江等总结了地处陕西黄河滩区合阳渔业基地5单元的宁陕龙泉大鲵养殖公司工厂化养殖基地，充分利用陕南繁育的大鲵良种优势，结合合阳当地地热水资源实现常年控温养殖经验，加之饵料上以渔业生产基地丰富廉价鲜活鱼为主，商品鲵以每千克100～120元的批发价格常年对外销售，该公司2017年销售商品鲵6.5万kg、产值660万元，净利润300万元，取得较高的经济效益，值得参考借鉴。

### （一）基本设施

龙泉大鲵工厂化养殖基地位于合阳县黄河滩区渔业基地5单元，占地面积143亩，一期建有彩钢瓦保温养殖车间（77 m²）两排各22间，共44间3 388 m²，2013年建好投入使用。水源有热水、冷水井各一眼。其中利用黄河滩区地热水资源优势打热水自喷井一眼，每小时200 m³，水温31～32 ℃。800 m³水塔调温池一座，控制常年水温在20～21 ℃，满足大鲵生长需要，每个养殖车间尾水汇聚总渠后流入鱼池再利用。

### （二）苗种投放

苗种主要来自宁陕种质资源保护区的苗种，规格每千克60～100尾，密度为一龄鲵种8～10尾/m²，二龄鲵种5～6尾/m²，同一池鲵种规格一致。消毒用5%的食盐水浸泡15分钟来进行，投放时间为3月。统一规划，逐年投放，确保商品鲵常年对外供应。

### （三）饵料投喂

大鲵10 cm以下主要投喂水丝蚓活饵料，10～15 cm以黄粉虫为主，15～20 cm以黄粉虫为主，添加鱼肉丝，主要为鲢鱼肉丝，当其摄食全部适应鲢鱼肉丝后，就可以全部投喂鲢鱼肉丝了。加工肉丝时要以脊椎肉为主，剔除内脏、头、鱼骨、鱼刺，保证饵料的适口性。

### （四）生产周期

3月投放的鲵苗当年可以生长到0.3～0.4 kg，第二年可以生长到0.7～1 kg/尾，第三年长到1.5～3 kg/尾，即可作为商品鲵上市。

### （五）注意事项及疾病预防

定期消毒，投放鲵苗前、每次分池时都要严格消毒。定期分池，控制密度及每池规格一致。控制水温20～21 ℃，温差在1～2 ℃，特别是苗种养殖期间控制水温尤为重要。严禁病区的苗种、饵料鱼进入饲养区。

### （六）经济效益

经过多年统计苗种、人工、水电、药物、饵料、承包费等，商品鲵每千克成本可控制在56～64元，近两年销售价格在每千克100～140元，据统计2017年共销售商品鲵约6.5万kg，产值660万元，净利润300万元，投入与产出比在1∶（1.5～2.5），效益较为可观。

## 参考文献

贺屹潮，赵萍，金晶，等，2021. 大鲵加工与开发利用研究进展[J]. 食品工业，42（6）：357-361.

霍长江，王西耀，王鹏，等，2018. 陕西黄河滩区大鲵工厂化控温高效养殖初探[J]. 科学养鱼（8）：44.

康升云，王海华，冯广朋，等，2020. 井冈山地区大鲵繁养技术之一：亲本培育技术[J]. 江西水产科技（3）：19-21.

康升云，王海华，冯广朋，等，2020. 井冈山地区大鲵繁养技术之二：仿生态繁育技术[J]. 江西水产科技（3）：22-24.

康升云，王海华，冯广朋，等，2020.井冈山地区大鲵繁养技术之三：全人工繁育技术[J].江西水产科技（4）：9-11.

黎奇忠，2023.桑植县大鲵生态养殖技术要点[J].江西水产科技（2）：41-42.

李万贺，2023.辽东地区中国大鲵室内水泥池人工养殖试验[J].渔业致富指南（3）：69-72.

李蔚，董传甫，2014.中国大鲵传染性疾病病原体研究进展[J].广东农业科学（3）：136-144.

林作昆，曾德胜，2019.大鲵生物学特性及人工繁殖技术[J].现代农业科技（23）：209-211.

孟彦，杨焱清，肖汉兵，2010.人工养殖大鲵常见病害防治[J]..科学养鱼（5）：50-51.

沈方方，张佳鑫，陈军平，等，2021.大鲵常见疾病的流行病学调查及防治技术[J].河南水产（2）：39-41，44.

石建宁，2020.仿生态溪流下大鲵养殖技术要点[J].水产养殖，41（7）：58-59.

时少坤，喻大鹏，雷美华，等，2020.大鲵感染虹彩病毒病例诊断和防治[J].畜牧兽医科学（电子版）（17）：32-33.

孙雪娜，冯文生，冯广朋，等，2020.井冈山地区大鲵繁养技术之四：养殖现状和发展前景[J].江西水产科技（5）：17-20.

索钰杰，林格，江南，等，2021.大鲵虹彩病毒病灭活疫苗安全性与免疫效力研究[J].淡水渔业，51（4）：34-41.

唐君仪，孙钰其，龙岳林，2021.大鲵野外仿自然生境繁育保护地设计与营建[J].绿色科技，23（18）：15-18.

王文博，刘品，窦玲玲，等，2021.中国大鲵研究概况[J].水生生物学报，45（2）：464-472.

王文星，2020.大鲵养殖技术[J].现代农业科技（11）：227-228.

王永杰，陈红莲，王银东，等，2014.大鲵仿生态人工繁殖技术[J].安徽农学通报，20（14）：114-115，119.

王永杰，陈红莲，王银东，等，2017.提高大鲵人工繁殖出苗率的关键技术[J].水产科技情报，44（2）：62-65.

王煜恒，陈军，洪玉定，等，2019.不同繁殖模式对大鲵繁殖效果的影响[J].河北渔业（10）：26-28，33.

熊燕，宋建宇，王静，等，2021.大鲵生物学指标测定及肌肉营养成分分析[J].现代农业科技（2）：185-187.

杨著山，张桂姣，贾翠莲，等，2021.广西泗涧山大鲵仿生态自然繁殖技术初探[J].南方农业，15（17）：117-118.

喻大鹏，程俊，夏洪丽，等，2022.一株大鲵虹彩病毒的分离及鉴定[J].淡水渔业，52（4）：11-17.

张晗，邓捷，赵虎，等，2020.大鲵病毒性疾病最新研究进展[J].河北渔业（4）：49-52.

张晗，邓捷，赵虎，等，2021.大鲵寄生虫性疾病研究进展[J].河北渔业（2）：37-

38，46.

张捷，2017. 大鲵繁殖、生长及养殖技术研究[D]. 南昌：南昌大学.

张芹，宋威，屈长义，等，2021. 大鲵仿生态养殖池塘水环境浮游生物组成及繁殖效果研究[J]. 经济动物学报，25（3）：156-159.

张玉清，2020. 大鲵地下室养殖模式探讨[J]. 中国水产（3）：72-76.

赵道全，谢国强，武慧慧，等，2021. 大鲵种质资源保护及开发利用[J]. 农村实用技术（8）：78-79，87.

周玉军，李国敬，赵洪坤，等，2022. 鱼台县大鲵生态养殖模式及其效益分析[J]. 基层农技推广，10（2）：68-70.